ものづくりを超えて

模倣からトヨタの独自性構築へ

Kazuo Wada
和田一夫………【著】

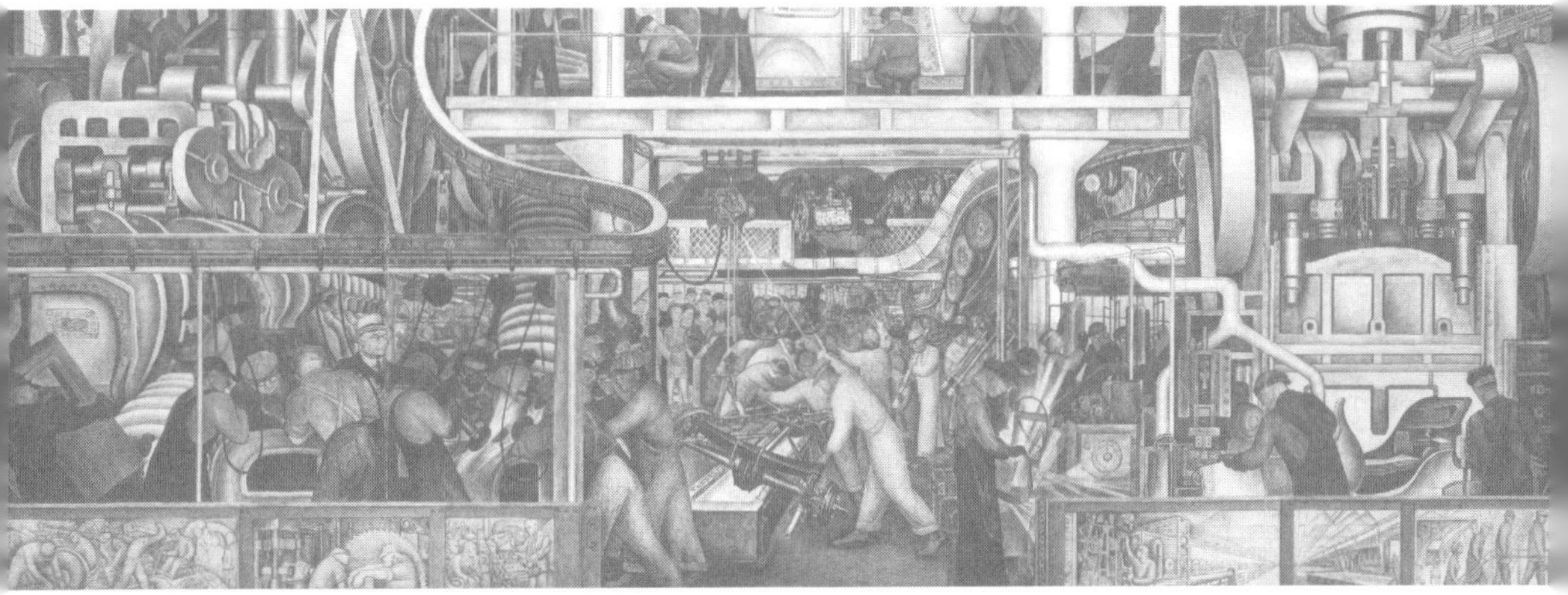

名古屋大学出版会

はしがき

本書の副題を「模倣からトヨタの独自性構築へ」とした。本書は、おもにトヨタ自動車（それも製造現場）の管理をめぐる話題から始まる。このように書くと、多くの読者は「かんばん」、「かんばん方式」という言葉を脳裏に浮かべるに違いない。現在でも書店に行けば（あるいは、オンラインで書物を探してみれば）、「かんばん」や「かんばん方式」に関する書物が数多く出版されていることがわかる。

それらの書物では、しばしば「かんばん方式」の起源や成り立ちについて触れている。その場合、著名な人物がアメリカでスーパーマーケットを訪ねたことからヒントを得て「スーパーマーケット方式」が生まれ、それが「かんばん方式」に展開したと書かれることが多いようである。「納得できる話」だと多くの人が考えているせいだろう。しかし、こうした類の「お話」は「まゆつば」もののことも多い。実際、ひと手間かけて調べてみれば、著名な人物がアメリカに渡る前から、トヨタ式スーパーマーケット方式の試行は始まっている。「トヨタ式スーパーマーケット方式」が「スーパーマーケット方式」と簡略化され、その語がアメリカのスーパーマーケットを喚び起こして英雄的な人物の渡米に結び付けられる。まったく「よくできた話」だ。

「よくできた話」が冗談として通用しているのならばともかく、専門的な訓練を受けたはずの研究者もテキストに真面目に書く。このことが「トヨタ式スーパーマーケット方式」とは何かということを見る目を曇らせる。かつてトヨタの最終組立ラインは「同一車種同一仕様の車を五台単位」で流す混流生産だった。この事象と「トヨタ式スーパーマーケット方式」とは何か関係があるのか。このように考えると、事態は違ったように見えてこないか。

こう書いたところで、「かんばん方式」や「かんばん」自体を論じない限り、多くの人は納得するまい。そもそも「かんばん方式」という用語は、「かんばん」を使った「方式」だと言っているにすぎない。「かんばん」をどのように使えば「生産」を「管理」する仕組みになるのかについては何も示していない。戦後、「伝票式工程管理」という用語が流行った際に、次のようなコメントをした人物がいることを前著で紹介した。「多くの伝票を使用し、伝票中心の管理方法であるから斯く名付けられるわけであり、勿論従来はこの管理方式一色であったが、こんな名は付けられていなかった」と（『ものづくりの寓話』名古屋大学出版会、二〇〇九年、三三二頁。以下、『寓話』と略称する）。そう言ったのち、この人物は、伝票式工程管理について丁寧に説明していた。

いまや「かんばん」、「かんばん方式」は日常用語としても定着している。だが、「かんばん」とは何かとなると、意外と詳しくは知らない。それゆえ本書の第1章1でこの点をいささか丁寧に説明することにした。具体的に、見えるものから「実態」に迫る。そのためには「かんばん」について多少の知識が必要なのである。先を急ぎたい読者は、さしあたり第1章の扉の図や図1-3〜図1-8などを見て、第1章1を飛ばしていただいてかまわない。読み進むうちに興味がわけば、立ち戻ってみていただければ幸いである。

「かんばん」が新聞などで話題になることもある。「かんばん」のような紙に書かれた情報で「管理」をしていると決めつけ、二一世紀にもなって「デジタル情報」を駆使して「管理」しない日本企業は遅れているなどと言う。こうした人は、一度、第1章の扉や図1-3、図1-8の「かんばん」をじっくりと見てみればよい。大学生向けのテキストなどではこれらの「かんばん」を（あえて図入りで）取り上げながら、そこで最も目につくものをあたかも避けるかのように、何も説明しない。

数パラグラフ前に「『生産』を『管理』する仕組み」と書いたが、もっと直截に「生産管理方式」と書けと考える読者もおそらく多いに違いない。だが、「生産」と書いただけで、工場や製造現場だけを思い浮かべ、その場所だけが「ものづくりの現場」だと思い込む人もいるだろう。しかし、「『生産』を『管理』する仕組み」とは、いわゆる製造現場だけの問題ではないのだ。本書のタイトル『ものづくりを超えて』とは、「ものづくり（の現場）を超えて」という含意があるとさしあたり考えていただいて結構である。「ものづくり」に関係する「現場」は、狭い意味での製造現場だけではない。第2章を読み終えたとき、工場内部だけに視野を限定した本書第1章や前著で垣間見えたと思った仕組みが、まったく違って見えるようになれば著者としてはうれしい。

本書の「ものづくり」は前著と同様に、互換性部品を使って行う製造のことである。分析の対象は自動車であり、もっとはっきり言えばトヨタ自動車である。なぜか。この企業が生み出した「管理」の仕組みが、画期的なものだったからである。それは、さまざまな形で模倣もされている。

本書が対象とするのは、ＩＴ（情報技術）ないしＩＣＴ（情報通信技術）が驚くほど進展した時期であり、それと同時に、この国際的な技術水準から遙かに立ち後れた産業が、貿易の自由化や資本の自由化に臆することなく（準備を整えて）立ち向かっていく時期である。この時代状況に対応することで、先進工業国とは隔絶した水準の差があった産業を日本に移植していくのみならず、自由化に立ち向かうための努力・構想力によって、先進国の模倣から始まった企業が紆余曲折の末に独自のシステムを築いていくのである。これを物語るのが本書である。

目次

第1章
「かんばん」から何が見えてくるか？

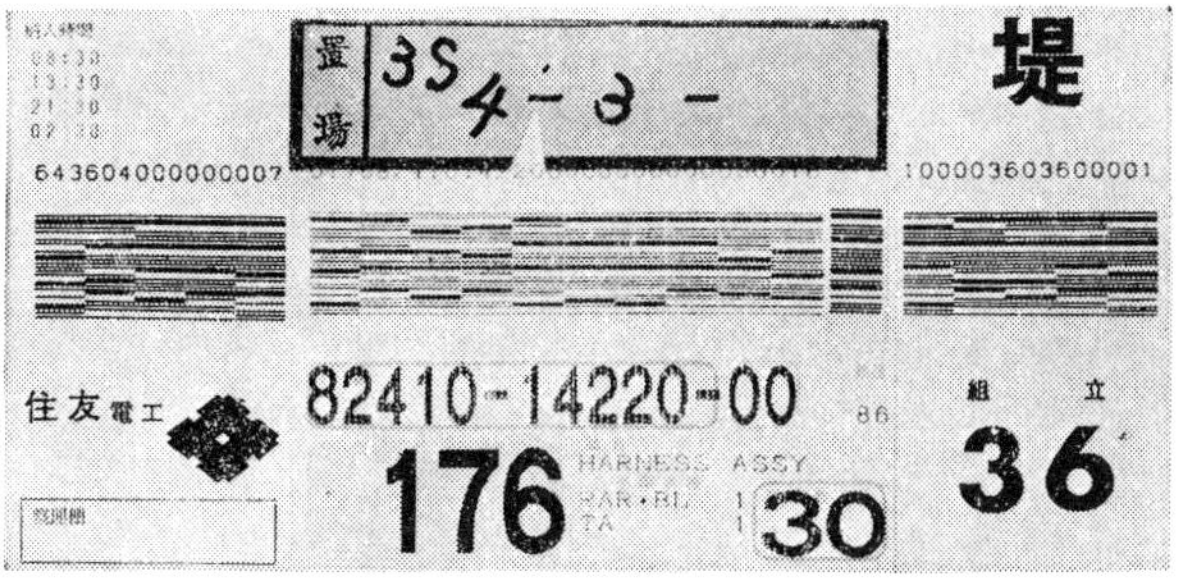

「かんばん」の一例

出所）大野耐一『トヨタ生産方式——脱規模の経営をめざして』（ダイヤモンド社，1978年）52頁。

1　「かんばん」とは何か?——先達に学ぶ

(1)「かんばん」はどのような文脈で語られているのか?

日常用語で「かんばん」「看板」と言えば、「商家などで、家号、職業、商品などを表わして店頭あるいは人目につきやすいところに掲げたもの」(『日本国語大辞典』)を思い浮かべる。だが、ものづくりの現場で「かんばん」はまったく別の意味を持っている。実際に製造現場の見学に行けば、あるいは特にトヨタの生産システムや製造現場に関する文献を読めば「かんばん」という用語を否応なしに頻繁に耳や目にする。トヨタの生産システムそれ自体を「かんばん方式」や「カンバン・システム」と呼ぶこともあり、製造現場を扱う書物・論考では「かんばん」という用語をよく使う(数多く使われるためか、表記は「かんばん」「カンバン」「看板」が混在している。本書ではできるだけ「かんばん」という表記にするが、引用文の場合は原文のままとする)。「かんばん」という用語は『オックスフォード英語辞典』も載録する。同辞典では日常用語での意味(ポスターなど)を語源として記すが、製造現場で使う意味で"kanban"を掲載している。

トヨタ生産方式や生産管理に関する多くの実務書、ビジネス書や研究書でも「かんばん」への言及は多い。それ以外の一般向けの書物もその例にもれない。アップルの創業者の一人、スティーブ・ジョブズの伝記にも「かんばん」に関する話題が登場する。ビジネス書などでどのように「かんばん」が紹介されているのかを示す格好の例でもあるので、紹介しておこう。

周知のように一九九七年一月に「ジョブズは非公式・非常勤のアドバイザーとしてアップルに復帰」する。[1] その後のアップルで何が起きたのか。

業務《オペレーションズ》のトップも、ジョブズが［一九九七年にアップルに戻って］来てわずか三カ月でプレッシャーに耐えられず、辞めてしまう。それから一年近く、業務はジョブズ自身が担当した。面接した候補者がすべて「昔ながらの製造畑という感じだった」からだ。マイケル・デルのように、ジャストインタイムのカンバン方式で工場とサプライチェーンをまわしてくれる人材が欲しかった。[2]

この「人材」が一九九八年に雇うティム・クックであった。彼はジョブズの後にアップルのＣＥＯになる。その当時のクックをジョブズは次のように評している。

ティム・クックは調達畑の出身で、これが良かったんだと思う。彼と僕［ジョブズ］はまったく同じ見方をしていた。僕は日本でカンバン方式の工場をたくさん見学したし、マックでもネクストでもそういう工場を作った。やりたいことははっきりしてたんだ。そしてティムに会い、彼も同じことを望んでいた。[3]

クックは何をやったのか。これを次のように説明する。

クックはアップルの主要サプライヤーを一〇〇社から二四社まで絞り込み、取引継続と引き換えに都合のよい条件を呑ませるとともに、アップル工場のすぐ近くに拠点を置くよう求めた。一九カ所あったアップルの倉庫は一〇カ所を閉鎖する。置き場を減らすことで在庫を減らしたのだ。

二カ月分もあった在庫は、一九九八年年頭にジョブズが一カ月まで減らしていたが、それをクックは、九月に六日分まで圧縮。その一年後には、なんと二日分にまで減らしてしまう。瞬間風速では一五時間分ということもあった。四カ月かかっていたアップルコンピュータの製造工程も二カ月にまで短縮する。このような対応には、コストが大きく削減されるだけでなく、コンピュータに最新の部品が使えるというメリットもあった。[4]

実にすばらしい成果である。在庫の圧縮と言い製造期間の短縮と言い非の打ち所がない。これをもたらしたのは何か。個人的な才だと理解することも可能かもしれない。だが、「カンバン方式」の導入こそが原因だとも読める。どのように読もうと、「カンバン方式」、「カンバン方式の工場」はうまく使いこなせば輝かしい成果を上げるのだ、という印象は残ろう。ところが、いまや英語圏でも用語「カンバン方式」を使うので、その説明は一切ない。「カンバン方式」とは何で、それをどのように使うことで成果につなげたかについて、こうした伝記が論ずる必要は無論まったくない。

だが研究書や論文、テキストでも、「カンバン方式」を採用したが故に在庫などが削減されたと簡潔に記されることが多い。主要論点が別にあれば「カンバン方式」の説明さえない。

この状況はある意味で当然でもある。国語辞書も「カンバン方式」を項目に採用するほどなのだから。この言葉は日本語にすっかり定着したのである。馴染み深い言葉に定義や注釈を加えつつ論考を書き進めることなど誰もしない。しかし、あえてこの用語にこだわることから議論を始めようというのが、本書であり本章なのである。

最初に、国語辞書がこの「かんばん方式」をどのように説明しているかを確認しておこう。

《トヨタ自動車の考案した生産方式》生産側は使用する部品と数量を記したカンバンとよばれる作業指示票を部品供給側に送り、部品供給側は必要な数量の部品を生産して提供する方式。部品の在庫を最小限に節約し、製品の単価を下げることを目的とするもの。ジャストインタイム（JIT（ジット））生産方式。（『大辞泉』）

辞書でさえ、短い字数の中に「部品の在庫を最小限に節約し、製品の単価を下げることを目的とする」方式と書く。それゆえ、「複雑な因果関係などにこだわらず、この方式の目的が実現したと考えればよいのだ」と考える読者も多いに違いない。

だがなぜ『大辞泉』は、作業指示票という現在ではあまり聞き慣れない用語をあえて使い、それを「カンバン」と同一視しているのだろうか。本当に、作業指示票（「カンバン」）を生産側が部品供給側に送り、それに従って必要な数量を生産することで、「部品の在庫を最小限に節約し、製品の単価を下げること」が実現可能なのだろうか。このような単純な（ように思われる）作業手順で実現できるものなら、トヨタが考案する以前に他の企業が考案していなかったのだろうか。また、簡単な作業手順で部品在庫が節約でき製品単価が下がるとすれば、他企業でも手順の模倣は容易なはずだ。模倣が容易なら、他企業はその手順・方式を導入し、多くの企業にまたたくまに普及してしまい、最初に考案した企業が持っていたはずの競争上の優位は消え去ってしまうだろう。

この些細な疑問への回答を得ようと、テキストや研究書、論文をいくつも読んでみた。だが、あまりにも些末な問題なせいか得心がいくような説明を見いだせない。

疑問はまだある。トヨタがその方式を考案したとしても、その着想それ自体がまったくの独創なのだろうか。一九五〇年代のトヨタはようやく互換性製造を実施できる水準に達しつつあったが、その製品は世界水準の品質・デザイン・価格から遙かに後れをとっていた（ただし、日本国内の道路が未整備であったため、世界水準の自動車を日本国内に輸入しても快適に走行できる地域はきわめて限定されていた状況でもあった）。そうした企業が、それまで積み重ねられてきた経営管理の意識的な取り組みや手法とはまったく無縁・無関係に、独創的な手法を生み出すことが果たしてできたのだろうか。

このような疑問を念頭に置きながら調べ始めたのが本章の成り立ちである。調べ始めると、「カンバン方式」という用語の意味する内容さえ論者の間で見解が一致しているようには思われなかった。要するに、「カンバン」（「かんばん」）を使う「方式」だという点では論者の見解が一致しているのだが、「方式」、つまり「ある一定のやり方。定まった形式・手続き」（『大辞泉』）の具体的内容については必ずしも一致していないのである。また、「使用する部品と数量を記したカンバン」が「作業指示票」の役割を果たしていることは事実であっても、それが果たすのは「作業指示票」の役割だけなのだろうか。つまり、「かんばん」という具体的なものさえ曖昧なまま議論がなされているようなのである。

このため、本章では最初に「かんばん」とは何かについて考えてみることにする。これは実際に「かんばん」を見たことのない読者にとっても有益であろう。言うまでもなく、「かんばん」については先達が説明をしてきている。彼らの説明に基づき「かんばん」とは何かを考えることから始めたい。

（2）『トヨタ生産方式』は「かんばん」をどのように説明しているのか？

トヨタの生産システムを論ずる人たちがあたかも教典のごとく扱う『トヨタ生産方式』（一九七八年刊）という書物で、著者の大野耐一（あるいはそのゴーストライター）は「かんばん」について次のように書く。

　トヨタ生産方式の運用手段は「かんばん」である。「かんばん」としていちばん多く用いられている形は長方形のビニール袋に入った一枚の紙切れである。

　この紙切れが、大きく分けて「引き取り情報」または「運搬指示情報」および「生産指示情報」として、トヨタ自工内およびトヨタ自工と協力企業相互間の情報として、縦横に駆け巡っているのである。[5]　［太字は原文］

また同書の「付録　主要用語辞典」の項目「かんばん」は次のように記す。

　後工程が前工程に引き取りに行く、この間を「引き取り情報」または「運搬指示情報」としてつなぐのが、「引き取りかんばん」、または「運搬かんばん」という。「かんばん」の重要な役割の一つである。もう一つ、いまの前工程が引き取られた分だけつくるために、生産を指示する「工程内かんばん」がある。この二つの「かんばん」が表裏一体となって、トヨタ自工の工場内の各工程間、トヨタ自工と協力企業との間、またそれぞれの協力企業内の各工程間……こういった具合に、「かんばん」が回っている。ほかにやむをえずロット生産しなければならない、たとえばプレス部品の生産に使われる「信号かんばん」がある。「かんばん」は人間の意思が込められた、いわば「情報」である。[6]

この二つの引用文によれば、「かんばん」は「引き取りかんばん」（あるいは「運搬かんばん」）と「工程内かんばん」に大きく二分される。だが、ロット生産をする場合には「信号かんばん」が別にあるという。このことはわかるが、先の二種類のかんばんとの関係については説明がない。なぜロット生産のときだけ「信号かんばん」なのか。なぜそういう名称なのか。こうした疑問を解く手掛かりは同書にはない。

これら二つの引用文を読めば、「かんばん」について『トヨタ生産方式』が主張したいことはわかる。同書本文で「引き取り情報」（＝運搬指示情報）と「生産指示情報」というものに「人間の意思が込められ」て「かんばん」になっているのだと。だが、「情報」に「人間の意思が込められて」「かんばん」になるとはどういう意味なのだろうか。「ある物事の内容や事情についての知らせ」（『大辞泉』）である「情報」を受け取ったら、そのまま放置せずに、「何かをしようとするときの元となる心持ち」（『大辞泉』）つまり「意思」を持つようにせよ、という意味だと解そう。そうすれば、「かんばん」を受け取ったら、そこに書かれている情報を放置しておくことなく直ちに行動に移すことになる。だから、「引き取り情報」（＝運搬指示情報）が「引き取りかんばん」（＝運搬かんばん）になっているのは次のように考えればよいのだろう。「かんばん」を受け取ったら、そこに記されている情報を放置することなく直ちに引き取り手に部品を渡すのだと。

なお、「生産指示情報」は「生産指示かんばん」なのかと思いきや、同書付録の説明では「工程内かんばん」となっている。これとても「工程内かんばん」の前には、あえて「生産を指示する」と書いてあるように、この「かんばん」を受け取ったら、そこに記されている情報に基づき直ちに生産（加工）すると解すればよかろう。

「引き取りかんばん」（＝運搬かんばん）と「工程内かんばん」の「ふたつの『かんばん』が表裏一体となって……各工程間［を］……回っている」という。これは、トヨタのホームページでの「かんばん方式の概念図」でも同じである（図1-1参照）。ただしこの図の「かんばん」の名称は『トヨタ生産方式』での呼称とは異なっている。「引（き）取りかんばん」はそのままだが、「工程内かんばん」が「仕掛けかんばん」と名称が変わっている。これはトヨタグループが運営する「産業技術記念館」の展示図（図1-2参照）でも同じなので、最近では「引（き）取

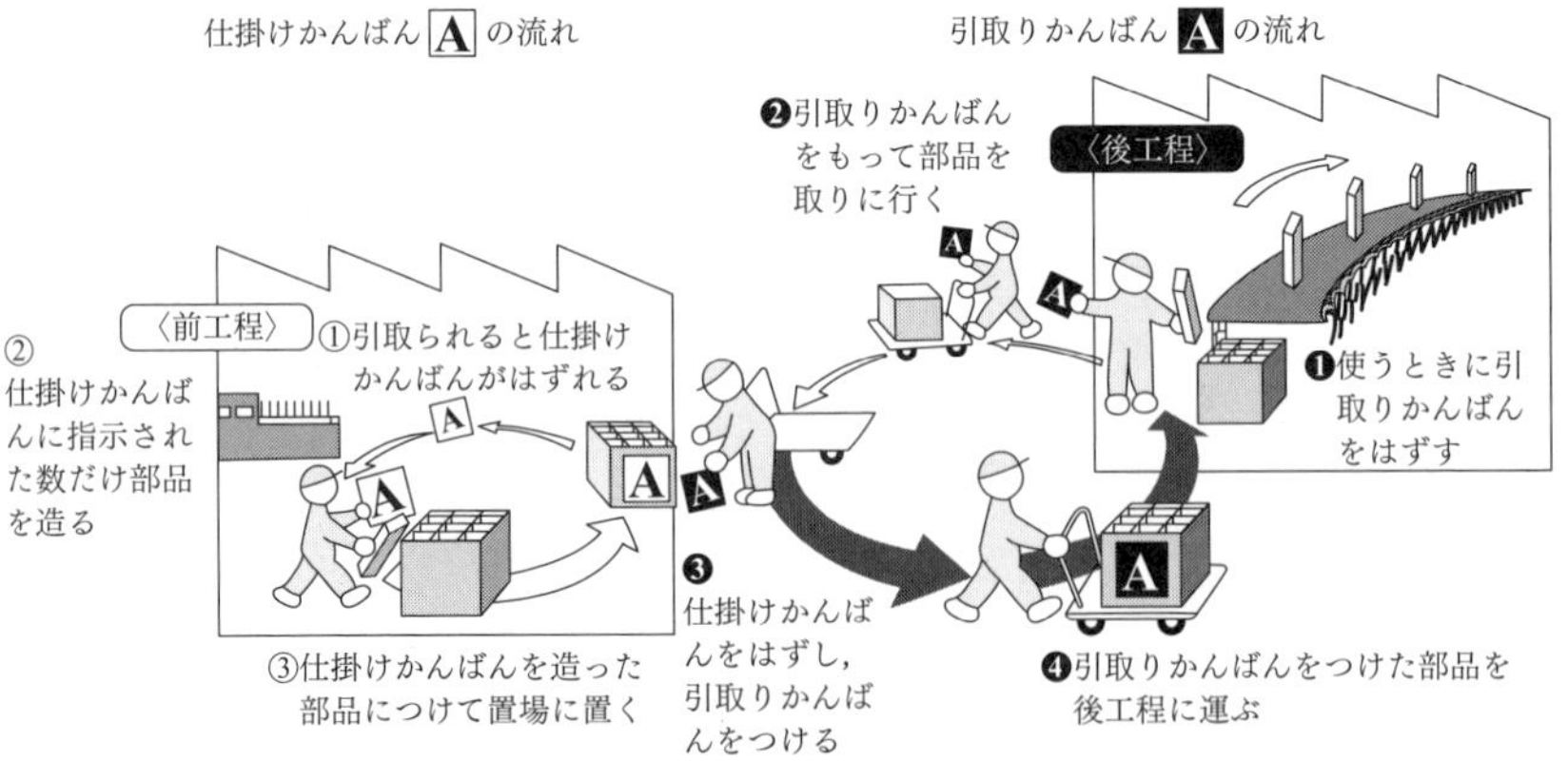

図 1-1　かんばん方式の概念図(1)

注）この図には「かんばんには『仕掛けかんばん』と『引取りかんばん』の 2 種類があり，部品の管理を行います」という説明が付いている。
出所）トヨタ自動車のホームページによる。なお，この図は拙著『ものづくりの寓話』（名古屋大学出版会，2009 年）532 頁を再掲。詳しくは同書の該当頁参照。

りかんばん」と「仕掛けかんばん」に名称が統一されたものと考えられよう。

「かんばん」がトヨタと「協力企業相互間の情報として、縦横に駆け巡っている」という『トヨタ生産方式』の指摘は、図1-1からは直感的に理解できないかもしれない（「協力企業」という用語は近頃の用例に従って、「サプライヤー」と言い換えることにしよう）。しかし、図1-2には明示的に描かれている。図1-2の、「3使われた部品だけをタイミングよく引取る」と同時に「4引取られた部品だけを手際よく生産し、補充する」点に注目して見れば、図1-1の説明と何ら変わることはない。さらに図1-2の「α部品工場」がトヨタの工場で、「β部品工場」がトヨタ外部のサプライヤーでも説明に変更を加える必要はない。この図1-2は「かんばん」がトヨタやサプライヤーの「工場群で一体的に運用されていること」を示している。[7] 図1-2を見れば、まさに「かんばん」がトヨタとサプライヤーとの間を「縦横に駆け巡っている」ように思われる。

「かんばん」の形状については『トヨタ生産方式』は次のように言う。「『かんばん』でいちばん多く用いられている形」（傍点は引用者による。以下、特に断らない限り同様）

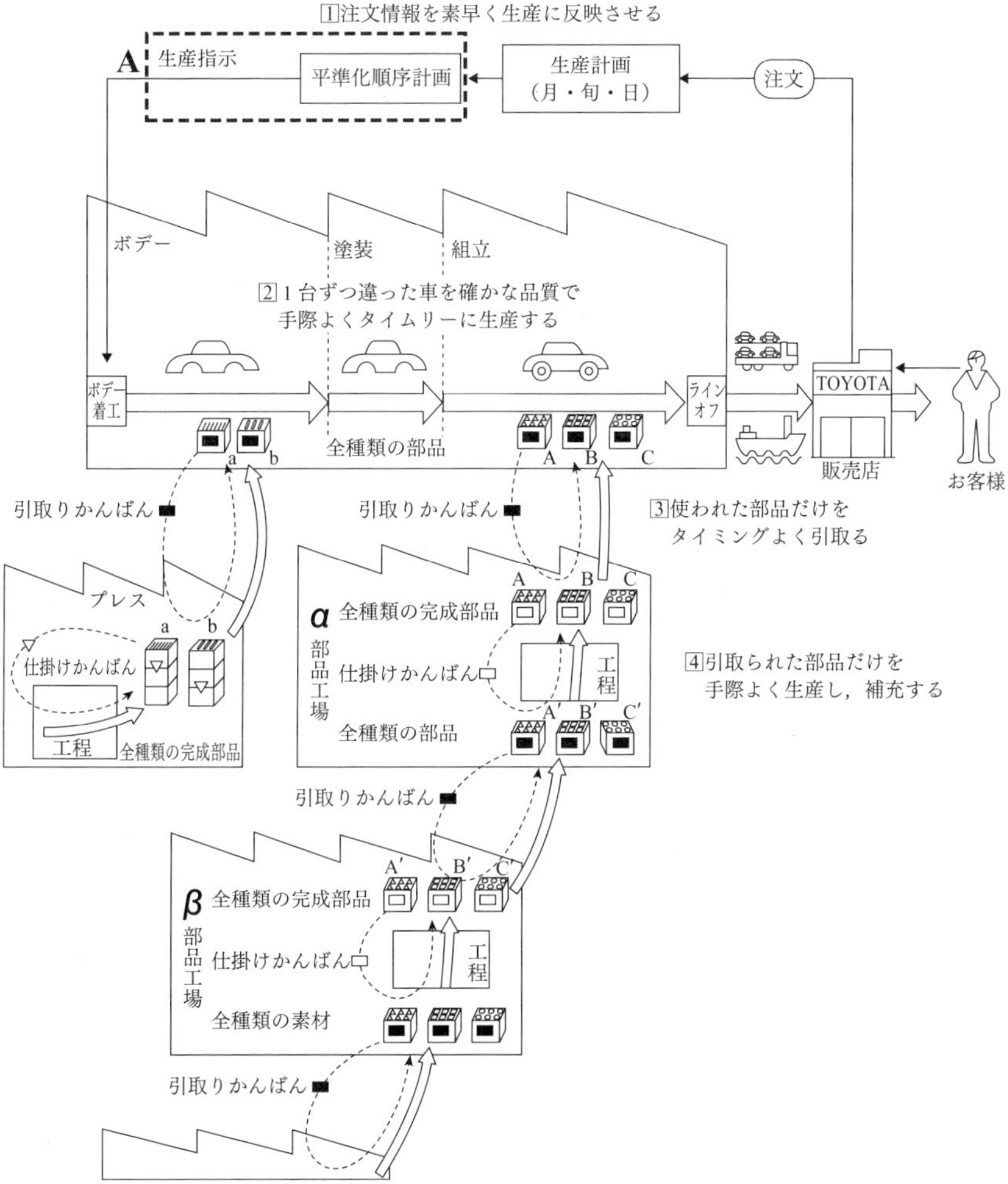

図1-2　かんばん方式の概念図(2)

出所）産業技術記念館の展示説明を一部修正。なお，この図は拙著『寓話』535頁を再掲。詳しくは同書534-37頁を参照。

は「長方形のビニール袋に入った一枚の紙切れ」だと。この説明を厳密に考えれば、「かんばん」にはこの形以外のものも存在するということになる（実際に「存在」する。この点はさしあたり本節(3)③参照）。

実際の「かんばん」には、どのような情報がどのように記されているのか。これに関する具体的な説明は『トヨタ生産方式』にはない。同書は「長方形のビニール袋に入った一枚の紙切れ」である「かんばん」の写真を掲載している（本章の扉参照）。ただし、この実物写真には何の説明もない。実際の「かんばん」の写真こそ、「かんばん」とは何か、そこにはどんな情報が記されているかを雄弁に物語っているというのであろう。

これが「かんばん」そのものについての『トヨタ生産方式』の説明である。本章扉の図の情報について考察する前に、『大辞泉』と『トヨタ生産方式』との説明を比較検討しておきたい。

実は『大辞泉』の説明は、経営学者の森本三男が『日本大百科全書』に執筆した「かんばん方式」という項目の要約とも言うべきものである。森本に敬意を表して後者の説明を引用しておこう。

> トヨタ自動車㈱が開発した生産管理方式で、在庫圧縮に有効なため、広く普及した。前工程で生産したものを必要の有無に関係なく後工程に流す方式をやめ、後工程で部品などの需要が生じると、部品名、納入時間、数量などを記した作業指図票（かんばん）を作成し、前工程や部品会社に戻し、それに従って必要なものだけを流してもらうという方式である。必要なものを必要なときに必要なだけつくることを基本理念とする。近年はトヨタ生産方式あるいはリーン・プロダクション（むだのない生産）方式とよばれることが多い。

ここでは「かんばん」は明示的に作業指図票と記されている。『大辞泉』では作業指示票であった。『トヨタ生産方式』本文では「生産指示情報」と書かれていた。作業指図、作業指示、生産指示がほぼ同一内容だと見なして、同書での情報を票と考えるとどうなるか。生産指示票、引き取り票、運搬指示票となる。これらは一九六〇年代初め頃まで生産管理の現場や文献で頻繁に使われていた用語である。当時の生産管理の観点から「かんばん」はどのように考えられるだろうか。この点はやや詳しい説明が必要なので本章2で扱うことにする。

ここで注目して欲しいのは『大辞泉』や『日本大百科全書』(森本三男執筆)による「かんばん方式」の説明では、作業指示(指図)票のみで全体が機能するかのように書かれていることである。一方、『トヨタ生産方式』では二種類の「かんばん」が表裏一体となって動くことが強調されていた。つまり、このような単純なこと(しかし基本的な理解に関わること)でさえ、大きく異なった説明が流布しているのである。

こうした状況なのだから、迂遠のようではあっても「かんばん」には何が記載されているのかを次に確認していくことにしたい。

(3)「かんばん」はどのように分類・説明されているのか？

①『トヨタ生産方式』が掲載した「かんばん」は何を記載しているのか？

「かんばん」には何が記載されているのか。さしあたり検討すべきは『トヨタ生産方式』に掲載されている本章扉の図である。この図について、同書は何も説明を加えていない。だが、トヨタの生産システムに関する先駆的な研究者、門田安弘の『トヨタシステム』(一九八五年刊)は、大野耐一の書物を補足するかのように「かんばん」そのものを詳しく説明・分類している。これを参考にしよう。

扉の図とほぼ同じ図を門田は掲載して詳細に説明する(図1-3参照)。扉の図と図1-3(1)は記載されている情報には違いがあるものの、ほぼ同一の形式で書かれている。この図1-3(1)に記載されている内容の説明が図1-3(2)である。

[図1-3(2)の]かんばんは、住友電気工業(サプライヤー)からトヨタの堤工場に納品する際に使われるかんばんを説明的に示したものである。トヨタの工場内で使われるかんばんは、バーコード化されていないが、外注かんばんはすべてバーコード化されている。36という数字は同工場内の、部品を受け取るステーション[特定の場所]を指している。ステーション36に配達された後部ドアワイヤーは部品置場3S(8—3—213)に運

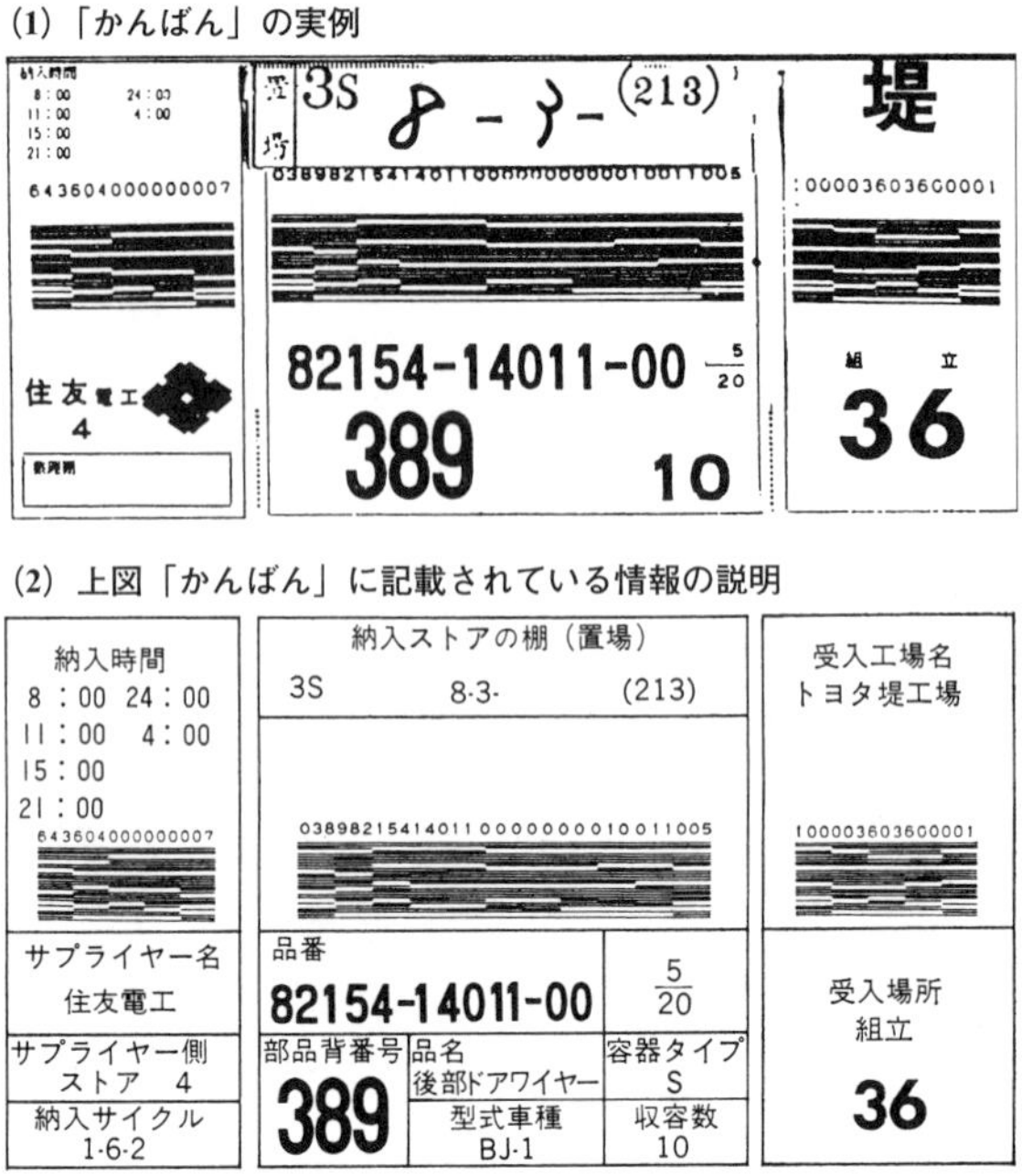

図1-3　実際の「かんばん」とその説明

出所）門田安弘『トヨタシステム――トヨタ式生産管理システム』（講談社，1985年）78頁。

ばれる。この部品の背番号は389である。

　トヨタ生産方式は小ロット生産を旨にしているので、毎日頻繁に運搬、納品することが必要である。このため納品回数［および時間］はこのかんばんに明記されてなくてはならない。

（中略）

　時によると、サプライヤー名の下欄には1―6―2のような数字が標記されている。これは当該品目が、一日六回配達されるべきこと、さらに同部品は当該かんばんがサプライヤーに送られてから「二回後の配達」で納品されなければならないことを意味している。(8)

この説明で「かんばん」の指示内容は具体的にわかる。さらに『トヨタ生産方式』が掲げた「かんばん」（本章扉の図参照）は厳密に言えば「外注かんばん」と呼ばれるものだということも明らかになった。「外注かんばん」と呼ばれる理由は簡単である。トヨタとその外注先のメーカー（サプライヤー）との間で使用されるからである。

門田の説明によれば「外注かんばん」にはトヨタ側が部品を受け取る場所（サプライヤーからすれば部品を運び込む場所）と置き場所、さらにサプライヤーが納入する時期、運搬する数量、運搬する容器が明記されている（伝統

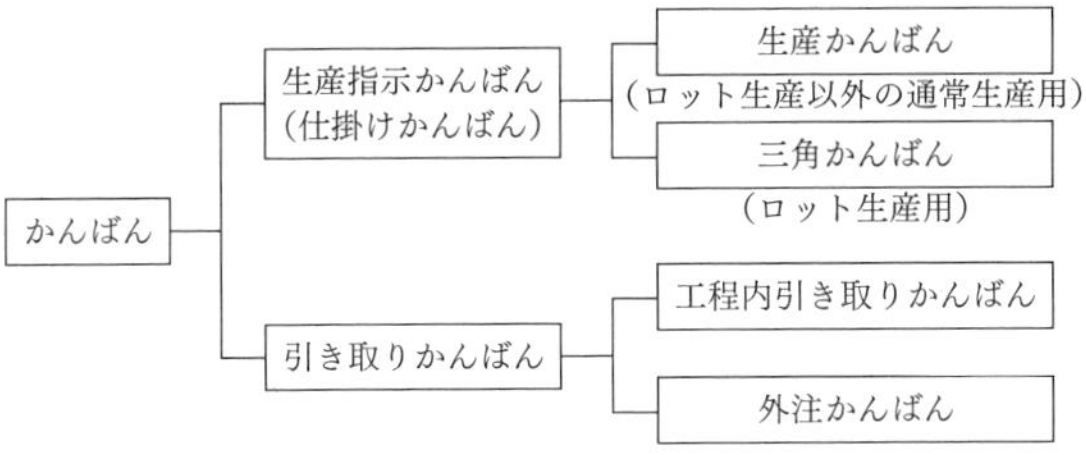

図1-4　主要な「かんばん」の分類(1)

出所）門田安弘『トヨタシステム』80頁。

的な生産管理用語であれば、「移動票」と呼ぶ）。もちろん、その部品が何であるかを示す情報（品名など）も記されている（同じく「現品票」と呼ぶ）。

門田は「かんばん」を分類し、「外注かんばん」以外にも三種類の「かんばん」があることを示す（図1-4参照）。

後工程と前工程という抽象的なレベルで説明するならば、かんばんの機能は図1-1のように、「仕掛けかんばん」と「引き取りかんばん」の二種類ですむ。この二種類のかんばんで、後工程における生産の進捗状況が前工程に伝えられ、その情報に基づいて前工程が生産を開始する。この一連のプロセスが「かんばん」を媒介として行われているわけである。いまトヨタとサプライヤーという所有権・会計単位の違いを考慮する必要がなく、かんばんが全生産工程で使われていると考えてみよう。自動車の最終工程の進捗状況が、「仕掛けかんばん」と「引き取りかんばん」の二種類を使いながら（生産工程が枝分かれしている場合も含めて）順に前工程に伝えられ、生産が進行していく。これが「かんばん」から見た生産工程のイメージであろう。実際、図1-2もそのように読み取れるように描かれていた。門田が主要な「かんばん」を分類した図1-4も、大枠はこれを踏襲している。なお、「外注かんばん」が「引き取りかんばん」に分類されているが、生産を指示する情報が何も記されていないのであるから当然であろう。

この上で門田は、「仕掛けかんばん」を「生産かんばん」と「三角かんばん」の二つに分類し、「引き取りかんばん」は「工程内引き取りかんばん」と「外注かんばん」の二つに分けている。「引き取りかんばん」のうち「工程内」と「外注」が区別されている理由はとりあえず明らかであろう（ただし「工程内」という表現を含め、詳しくは後述する）。一方、「三角かんばん」が「ロット生産用」であり、「ロット生産以外の通常生産用」が「生産かんばん」であると説明していることから考えて、ロット生産か否かで「仕掛けかんばん」の形態が違うことがわかる。

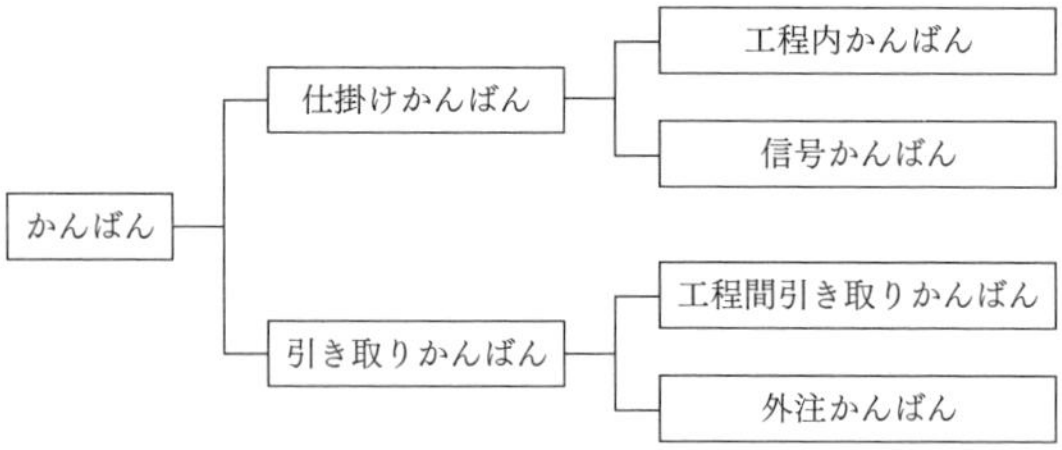

図 1-5　主要な「かんばん」の分類(2)

出所）小谷重徳『理論から手法まできちんとわかるトヨタ生産方式――入門書の決定版』（日刊工業新聞社，2008 年）73 頁。

②信号かんばんとはどのような役割を果たすのか？

門田は図1-4では「三角かんばん」と書いているが、彼は書物の本文では次のように書く。

　ダイキャスティング、プレス、ないしは鍛造工程でのロット生産に指令を与えるために、「信号かんばん」が使われる。……信号かんばんは、［複数の箱に同一部品が納められており、それらの箱］全部でロットサイズ分の部品［の数量］を収納した［いくつかの］箱の中の一つに掛けられてある。引き取りがこのかんばんの掛けられた［箱の］ところまで進むと、生産指示が発動されなくてはならない。[9]

この説明の後、「信号かんばん」の一種が「三角かんばん」だと書く。したがって、図1-4の分類は「仕掛けかんばん」をロット生産の場合とそうでない場合に分け、ロット生産の場合には「信号かんばん」が使われ、その中の一種類に「三角かんばん」があると書いた方が正確である。したがって分類としては図1-5のほうが実態にあっていよう。

「信号かんばん」は、複数の箱［パレット］が重ねられている途中の箱に掛けられており、「信号かんばん」のところまで減ると生産指示を発動する。これが必要な理由をトヨタの元・従業員（青木幹晴）は、さらに詳しく次のように説明する。

鍛造・鋳造・プレスなどのように一つのラインで多種類の品物を加工しており、段取り替えに時間を要する工程すなわちロット生産をしている工程で仕掛け順序を決定するために使う。このかんばんの目的がロットの仕掛け順序を決めることにあるため、一ロットに一枚が必要となり、すべてのパレットにかんばんが添付されるわけではない[10]。

一ラインで複数の部品・品物を加工しており、段取り替えを行っている工程で、生産への取り掛かりの合図（＝信号）を出すかんばんが「信号かんばん」である。段取り替えには時間がかかるために、ロットサイズの部品・品物がすべてなくなる前に合図を出す必要があるのである[11]。

③仕掛けかんばん、引き取りかんばんとは何か？

図1-4と図1-5の分類は一致していない。図1-4の「工程内引き取りかんばん」が、図1-5では「工程間引き取りかんばん」となっている。図1-4の「工程内」が単に誤植だという解釈もあろうが、その後の門田の著作でも図1-4は変更されることなく使われている。さらに図1-5では「工程内かんばん」は、「仕掛けかんばん」の下位項目として出現する。

「工程内かんばん」は図1-4の「生産かんばん」と同じ意味なのだろうか。この疑問を解くために、「仕掛けかんばん」と「引き取りかんばん」がどのように使われているかを検討してみよう。

『トヨタ生産方式』は、図1-1や図1-2にあるような「仕掛けかんばん」や「引き取りかんばん」に何が記載されているかについても詳しくは説明していない。

そもそも「仕掛けかんばん」には何が書かれているのだろうか。ここでも門田の著作に依拠しよう。各種かんばんに記載されている情報を、早い時期に詳しく紹介したのは門田だからである。彼は「仕掛けかんばん」を書物に掲載し、次のように説明する（図1-6参照）。

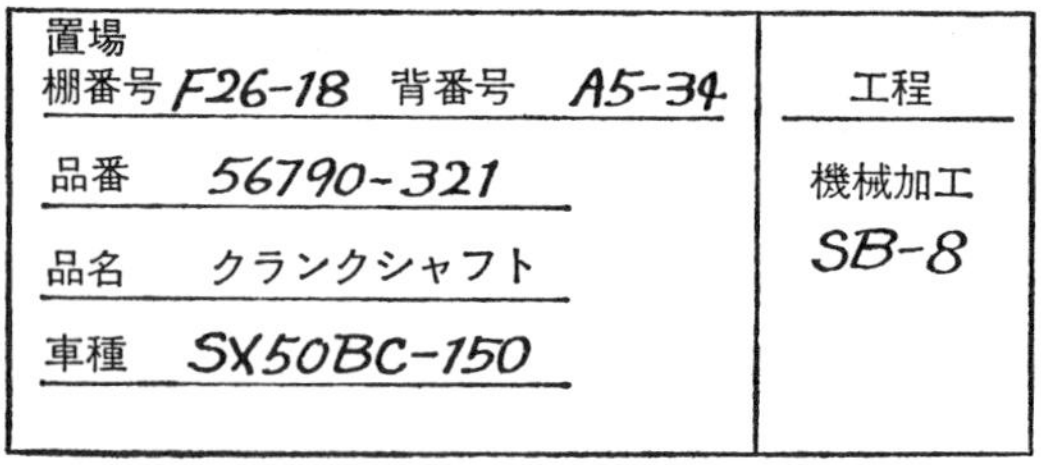

図 1-6 「仕掛けかんばん」の一例

出所）門田安弘『トヨタシステム』76 頁。

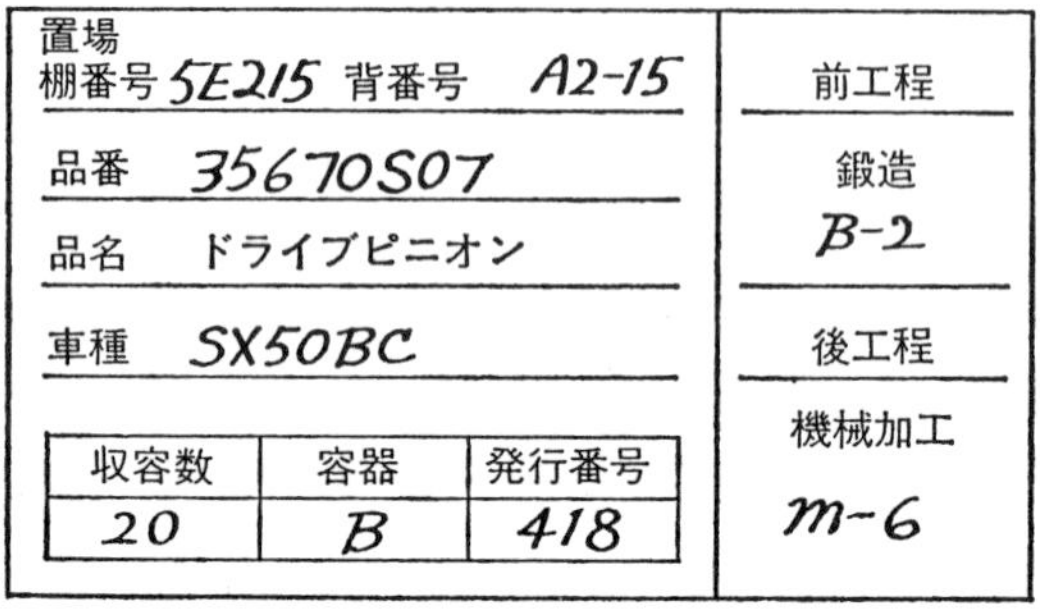

図 1-7 「引き取りかんばん」の一例

出所）門田安弘『トヨタシステム』76 頁。

［図1-6の］かんばんは、機械加工工程SB-8がSX50BC-150型乗用車のクランクシャフトを生産しなければならないことを示している。生産されたクランクシャフトは部品置場F26-18に置いておかれる[12]。

この説明によれば、「仕掛けかんばん」は特定の工程に対して特定の部品・製品を生産するように指示し、生産終了後に置く場所を指定しているだけである。指示内容は「部品置場」の位置にも関係するが、基本的に特定の生産工程内部で完結する。ある意味では特定の部品・製品の生産開始を指示するだけである。別名として「工程内かんばん」や「生産かんばん」と呼ばれるのも、その機能に即した呼び方である。

「引き取りかんばん」の方はどのようなものか。門田は「引き取りかんばん」は「後工程が前工程から引取るべき製品の種類と量を指定したもの」だと述べた後[13]、実例を示して次のように説明する（図1-7参照）。

［図1-7の］かんばんは、この部品を作る前工程が鍛造であり、後工程の運搬者は鍛造部門のB-2の場所に行って、ドライブピニオンを引き取るよう指示している。後工程は、機械加工である。

各部品箱には部品二〇個が収納されており、部品箱の型はB。このかんばんは、発行された八枚のうちの四番目のものである。品目背番号とは、その品目の略号である。[14]

この「引き取りかんばん」は明確に前工程、後工程という二つの工程に関わる作業を指示している（後述するように〔本章2(1)〕、伝統的な生産管理用語で言えば、移動票と現品票を兼ね合わせた指示をしている）。「仕掛けかんばん」が一工程内部で完結する作業の指示だったこととは対照的である。こう考えると、「かんばん」の分類は生産工程内部に限定されるもの（「仕掛けかんばん」）と、二つの工程に関わる指示をするもの（「引き取りかんばん」）とに二分すればわかりやすい。事実、トヨタの元・従業員（青木幹晴）がトヨタの工場について解説した書物もそのように分類している。[15] 実務的にも、この二分類のほうが理解しやすいのであろう。

「引き取りかんばん」は「後工程が前工程から引取るべき製品の種類と量を指定したもの」であるから、その両工程がトヨタ内部にある場合と、後工程（トヨタ内部）と前工程（サプライヤー）が会計単位の異なる組織体に属する場合とがある。後者が「外注かんばん」である。そして前述のように、前者は図1-5では「工程間引き取りかんばん」、図1-4では「工程内引き取りかんばん」と記されているのだが、おそらくそれはトヨタ内部における工程間の引き取りに関する指示だという意識（図1-5）で分類するか、サプライヤーではなくトヨタ内部の生産工程内に関わる指示だという意識（図1-4）で分類したかの差であって、実態の把握について差はあるまい。

ただ「外注かんばん」に関しては、「引き取りかんばん」の原則が崩れていることに留意が必要である。この点についても、門田は詳しく次のように説明する。

外注かんばんには、下請けのサプライヤーに部品の引き渡しを求める指示が記されている。

トヨタの場合、部品は原則として下請「サプライヤーの」工場から引き取る。しかし、部品の契約単価には配達費が含まれているから、普通はサプライヤーが部品を配達する。

実際にトヨタのほうから出向いて部品を引き取る場合は、単価から配達費が差し引かれる。したがって外注かんばんも本質的には引取りかんばんの一種である。[16]

「外注かんばん」がトヨタ内部での「引き取りかんばん」と違う実態が明記されている。後工程から前工程に部品を引き取りに来て運んでいく指示がなされているからこそ「引き取りかんばん」である。そしてトヨタ内部での「引き取りかんばん」では、後工程から前工程に「引き取り」に行くから、前工程での場所と後工程での場所が明示されている（図1-7参照）。これに対し「外注かんばん」では「納入場所」（お届け場所）しか明示されていない（本章扉の図、図1-3参照）。トヨタとサプライヤーとの間で使われる「外注かんばん」は「引き取りかんばん」の一種だとはいうものの、実態はサプライヤーからすれば「お届けかんばん」になっているのである。だからこそ、本章扉の図、図1-3の外注かんばんには「納入時間」が明記されていたのである（先に引用した門田の外注かんばんの説明では、この点が抜け落ちている）。

サプライヤーは外注かんばんで指示されている納入時間にトヨタに部品を納入する。つまり、「トヨタとサプライヤーとの間では、『部品をお届けする（プッシュ）』ことが運行ダイヤにしたがって行われて」（『寓話』五三八頁）おり、「少なくとも部品の動きから見れば、後工程から前工程への引き取り「プル」という原理は、トヨタの自動車生産の全工程には貫徹されていない」（『寓話』五三九頁）。サプライヤーは運行ダイヤに従ってトヨタの工場内に設置されている定められた納入棚に部品を納入し、トヨタ内部で生産が進行して必要となった当該部品を後工程がそこに引き取りに来るのである。戦後になってトヨタやトヨタグループ内で「ジャスト・イン・タイム」という用語が急激に広まったのは「ダイヤ運転」ないし「定時運転」という手法の採用が契機であった（『寓話』第6章1参照）が、その痕跡が外注かんばんにも残っているのである。

話をもう一度「仕掛けかんばん」に戻そう。

「仕掛けかんばん」が特定の生産工程内部で完結し、特定の部品・製品の生産開始を指示するだけなら、図1-6のような詳細な情報が必要だろうか。実際、特定の生産工程内部で一種類の部品・製品を製造することになっていれば、ただ単に生産開始を合図するだけで事足りるのではないか。この疑問に関して元・従業員の青木は、図1-

5で言う「仕掛けかんばん」のうち「工程内かんばん」と分類されたかんばんについて次のように説明する。工程内かんばんの役割は「何が引き取られたかを工程の先頭に伝えること」だ。その目的を果たすだけだから、オーソドックスなかんばんを使わないといけない、ということはない。重力でも圧縮エアーでも磁力でもなんでも活用すればよい。

ここで「電気仕掛け」にすると、故障した際に人がすぐにそれを見破ることができない。このため、トヨタの工程内のいろいろなからくりは「機械仕掛け」が原則だ。機械仕掛けなら、異常が発生しても人がすぐにそれを察知することが可能だからだ。(17)

したがって、この「工程内かんばん」にはピンポン球やコイン、円盤も使われていたという。(18)実際、生産数量も増え現場の整備が進み、一種類の部品・製品だけが製造される工程であれば、工程内部だけで完結する指示に図1-6のような詳細な情報は、少なくとも現場の作業者には必要がなくなったということであろう。したがって、『トヨタ生産方式』が言うように「長方形のビニール袋に入った一枚の紙切れ」が『かんばん』でいちばん多く用いられている形」であっても、先に指摘したように「かんばん」には、この形以外のものも存在する。特に、「仕掛けかんばん」のうち「工程内かんばん」と呼ばれるものは、「長方形のビニール袋に入った一枚の紙切れ」である必要がない。

2　「かんばん」と帳票は関係があるのか？

(1) 作業指図票などという表現で「かんばん」を理解できるのか？

先に、森本三男が執筆した、辞書での「かんばん」の説明で「作業指図票」という用語が使われていることを紹介した。おそらく「作業指図票」という用語をほとんど聞いたことがない読者も多いに違いない。用語の説明はともかくとして、そもそも「作業指図票」などという表現で「かんばん」を理解できるのだろうかと考える読者もいるだろう。こうした用語で「かんばん」を説明できるか否かに的確に答えられる人物を一人あげるとすれば新郷重夫であろう。彼は戦前から戦中・戦後にかけて生産現場の能率向上に携わった人物であるだけでなく、トヨタの生産技術講習会での講師でもあり（『寓話』五二四頁参照）、著名なコンサルタントでもあった。「かんばん」の運用についても初期の頃から知っていたと思われる。

新郷が工程管理における伝票のあり方と「かんばん」の機能を比較している文章を紹介しよう。

普通工程管理を行う場合には次の〝三つの伝票〟が主な機能を果たしている。

①**現品票**……その製品が何であるか、を表示する

②**作業指示票**……「何を、いつまでに、どの位の量を作るか」を指示するもの

③**移動票**……どこから、どこへ運搬すべきか、を指示するもの

以上の通りであるが……〝カンバン〟は……全くこれと同様の機能を果たしているのであって、決して特別のものではないのである。すなわち、

◆**仕掛けカンバン**……現品票と作業指示票

◆**引き取りカンバン**……現品票と移動票

の役目を果たしていることになる。[19]［太字は原文。以下同様］

工程管理の専門家であれば、「かんばん」といえども工程管理に必要な「伝票」類と重ねて考えるのは当然の発想である。

新郷は従来の工程管理に必要な伝票と「かんばん」の相違についても次のように書く。

自動車の生産が、〝**繰り返し生産**〟であるため、

○カンバンを反復使用する
○カンバン枚数を限定することによって、流動数を限定し、作りすぎのムダを排除して最小限度のストックに規制する

という点に特徴があるのであって、それはむしろ〝カンバン制度の特徴〟と考えるべきであろう。従って、カンバンそのもので考えれば、依然として「作業指示票としての機能」は保持しているのであるから、繰り返し生産ではない〝単発生産〟に対しても、単に「作業指示や移動の指示」のみであれば、その機能を発揮することになる。ただし、単発生産であるから、生産の終了後、現場から引き上げる必要があることになる。[20]

これに付け加える説明は不要であろう。「かんばん」は工程管理に使われる「伝票」の機能を持っていると新郷は主張しているのである。

さらにもう一点、新郷の「かんばん」に関する見解を紹介しておきたい。彼は一九六〇年頃にトヨタに行った際に、工場長であった大野耐一に会ったという。その際、大野から「カンバン制度」をやろうと思っていると言われた。そして、大野から「どうだろうか？」と問いかけられて、新郷は次のように答えたという。

なかなか面白いですね。私は鉄道の育ちなので、鉄道で使っている〝タブレット方式〟によく似ていると思います。

列車が単線区間を運行するとき、区間ごとに特殊な孔のあいている〝タブレット〟というものを運転士が駅長に渡すのです。そして駅長は、この〝タブレット〟を嵌めてハンドルを動かすと、初めて線路が開くことになります。又、次のタブレットを駅長から運転士に渡すようにして、絶対に一区間に一列車しか運行できないように制限してしまうのです。ちょうど、そのタブレットのような働きを、そのカンバンがするのですね。なかなか良いやり方だと思いますから、是非おやりになったらよいでしょう。[21]

これに続けて、新郷は大野の言葉を次のように記している。

別れ際に大野さんが、フト、

「どうしても、現場の連中が〝作りすぎ〟をして仕方がないので……」

と、言葉を残されたのである。私は、この最後の

「どうしても、現場の連中が〝作りすぎ〟をして仕方がない……」

といわれた言葉が、今でも耳に残っており、結局、カンバン制度というのは、大野さんの最後の言葉である、

「〝作りすぎ〟をして仕方がないから……」

といわれた言葉に〝本当の意義がある〟のではないだろうか、と今でも考えているのである。[22]

「作りすぎ」をやめさせる。これが「かんばん」の「本当の意義」だと新郷が考えていたことは、彼が同書に掲載した「トヨタ生産方式の体系図」にも、そのように書いていることからも窺える。

「かんばん」がない限り製造を始められない。製造現場の作業者が個人的な判断で先行的に製造を開始して（作業者自身の都合を優先させる、つまり部分最適化の行動をして）、全体最適化を目指して策定された製造計画（順序計画）を乱させない、これが「かんばん」であろう（部分最適化が生じそれへの対応をとった事例については、本章4(3)参照）。このように考えてくると、『トヨタ生産方式』が次のように書いていることは示唆的である。

トヨタ生産方式では、「かんばん」によって「つくり過ぎ」が完全に押さえられるので、余分の在庫を持つ必要もなく、したがって、倉庫もその管理人も不要であり、無数の伝票類をまきちらすこともないのである。[23]

事実、同書では「つくり過ぎ」の問題を繰り返し述べた上で、それを防止することに「かんばん」の意義があると語っている。

（2）トヨタでは帳票がどのように扱われてきたのか？

前著でフォード社における生産システムを検討した際、H・L・アーノルドという人物による論考（彼の死後に書物として刊行された）を参考にした。フォード社の状況を知るために、この論考を検討した研究者は日本にも多い。だが、その論考に帳票類が多く掲載されている点に注意を喚起した人はほとんどいない。アーノルドは「六〇年の経験を持つ豊かな機械工にして工場管理者」だっただけでなく（『寓話』七頁）、一九〇〇年には『完全な原価管理者』[24]なる書物を著した人物であった。彼はまさに体系的管理運動の体現者の一人なのである。その彼にとって、フォード社がどのような帳票を使っているかは中心的な関心事だったに違いない。トヨタも自動車生産にある程度の見通しがつけば、従来の帳票類を再考する動きがあったのではないか。これが、次に扱いたい問題である。

「トヨタで帳票がどのように取り扱われてきたか？」という疑問に答える材料は、すでに前著でも示しておいた。トヨタは戦時中の一九四四年に製造部を設置するが、これに関連して『トヨタ自動車二〇年史』は次のような記述をしている（『寓話』三〇一―〇二頁）。

従来、製造関係の現場は、粗形材部、機械部、組立部からなっており、その管理部門としては、別に製造企画部がありました。昭和一九〔一九四四〕年の春、これらの各部を統一して、製造部が誕生しました。このときにあたって、これまで不十分であった製品の完成個数、材〔料および〕加〔工〕不〔良〕数などを的確につかみ、しっかりした原始記録をつくって、賃金計算（組請負制度がひき続き行われていました）、原価計算の基礎資料を整備すべく、同部のなかに、そのための事務担当部署として工務課を設けました。そして、この部署ではあくした原始記録は、賃金計算課および原価計算課へ送られました。

社長豊田喜一郎も、この方式をもって、全工場を改善するように強く指示しました。戦時中で、用紙その他の点で、たいへん困難なときでありましたが、この新しい方式のために帳票を変更し、事務の流れを改善するなどの努力を払いました。[25]

「原価計算の基礎資料を整備」すること、これが旧来の帳票を変えることに直結する。製造現場の実態を把握し、管理しようとすることが、帳票の整備へとつながっているのである。アメリカの体系的管理運動が生み出し実践してきたことを、それから約半世紀の時を隔てて日本の企業が実践しつつある、と読み取れないだろうか。

帳票の整備はこれだけにとどまらない。敗戦後、トヨタは自動車事業の再建を目指して一九四七年に経営調査委員会を発足させ、その下に管理分科会を発足させる（『寓話』三一六―一七頁参照）。ここで書類の規格統一を図っただけでなく、管理分科会の下部組織である原価計算分科会では次のようなことが行われていた。

材料管理分科会は、……4半期ごとに購入計画表を、月ごとに購入資材原価表および契約残高明細表をつくるほか、……受払残高カードの改善……などを行いました。

また、原価計算分科会は、……特定製造指図書制度の改善……などをはかりました。[26]

まさに帳票の整備である。

一九四八年には取締役の斎藤尚一から「もっと原単位、原価の面から、各工場の実態をつかみ、経営管理に資」するよう命じられた大野耐一は「駆動工場をモデルに、工場の合理化」を進める（『寓話』第4章3(2)②参照）。その駆動工場では従来の報告書を整備して「作業日報」と「検査日報」の二種類にまとめる。この二つの日報は各種の帳票を基に作成されていったのである（『寓話』三一一頁の図4-5参照）。

さらに、ＩＢＭ機（パンチカード・システム）の導入を決めた後、一九五二年一二月には「帳票管理を全社的に開始」し、翌五三年六月には「各部・工場・課に帳票管理担当者を設置」する（『寓話』三九五頁）。この当時、従来の経理業務の変革に携わっていた人物は次のように回顧している。

当時の経理で使っていた伝票は、一枚の伝票に借方、貸方、それぞれの仕訳がみんな記入されるようになっていました。担当者は、その伝票を奪い合うようにして転記や計算をしなければならず、ミスや手待ちが続出して、たいへんなむだがありました。

ちょうどそのころ、将来、会計制度の機械化が行われるだろうということを聞いていましたので、従来の固定観念的な簿記形式から離れて、新しい伝票式会計制度を取り入れてみました。
今まで一枚の伝票であったものを仕訳の数だけ伝票をつくり、色分けもしてしかもそのまま帳面にするという形にしていったんです。これで分業体制がとれるようになり、その後の電算機導入にも楽に対応していけるようになりました。(27)

トヨタでは遅くとも一九四〇年頃より帳票の整備が進められ、一九五〇年代初頭からはパンチカード・システム導入を視野に入れた帳票の変革が行われていたのである。

こう書いてきてもまだ「かんばん」と帳票との間に何の関係があるのかと疑問を持つ読者もいるかもしれない。トヨタが対外的な公的文書で「かんばん」について説明したのは『トヨタ自動車三〇年史』（一九六七年刊）が最初だと思われるが、そこでは「かんばん」を次のように説明している。「各部品ごとに一種類のかんばん（多くは鉄板だがビニール袋に入った帳票式のものもある）をつくり、これに後工程が前工程に注文する品物の品番と数量などを記入し」た(28)（『寓話』五三三頁）。これが「かんばん」なのである。ここで指摘されている「ビニール袋に入った帳票式」の「かんばん」は、『トヨタ生産方式』が「かんばん」の例としてあげた本章扉の図の外観とも一致している。

(3)『トヨタ生産方式』は帳票をどのように扱っているのか？

辞書や生産管理の専門家が「かんばん」を作業指示票や作業指図票のような伝票になぞらえていたことを見た。このことは認めたとしても、(1)項の引用文に「トヨタ生産方式では……無数の伝票類をまきちらすこともない」とあるのは言葉の綾にすぎないと考える読者もいるに違いない。そもそも伝票と「かんばん」を関係づけようとすること自体が奇妙だと思っているかもしれない。

実際、「無数の伝票類をまきちらすこともない」ことが、本章扉の図の「かんばん」の効用であるかのように『トヨタ生産方式』が描くのは不正確である。その「かんばん」は伝票類をさらに生み出すからである（この点は本章3(1)で取り上げよう）。ただ、このような文脈で論じられること自体が、同書の執筆者にとっては不本意かもしれない。引用文では「倉庫もその管理人も不要であ」るの直後に、「無数の伝票類」と書き加えているのであるから。書き手としては、一九五八年の「出庫票全面廃止」という事実が念頭にあってのことと思われる[29]。

なぜ『トヨタ生産方式』はあえて、「無数の伝票類をまきちらすこともない」と、本来ならば伝票などに触れる必要もない（と多くの読者が思っているに違いない）のに言及したのだろうか。この表現の直前に次のような文章があることに着目したい。

一般に企業では「何を・いつ・どれだけ」といった内容の情報は、仕掛計画表、運搬計画表、生産指示書、納入伝票などの帳票の形で仕掛係がつくり、現場に流される……[30]。

言うまでもないことだが、「帳票」とは帳簿と伝票のことである。ここでは仕掛計画表などがあげられており、冊子形態になっていなくても製造現場の活動を数量（ないし貨幣額）で記録・表示などしているものを帳簿と呼んでいるようである。また取引の要件を記した紙片が伝票であり、ここでは納入伝票があげられている（この納入伝票は新郷重夫の言う工程管理に必要な機能としてはあげられていない）。

『トヨタ生産方式』の著者も、生産の現場ではふつうは帳票が大きな役割を果たすことが当然であるかのように書いている。森本三男や新郷だけではないのである。

念のために言えば、帳簿と伝票以外の形態も含めて「帳票」と呼ぶことは用法として異例ではない。戦後に日本生産性本部がアメリカに派遣した事務管理視察団はその報告書で次のように述べている。

帳票という語は、帳簿の帳と伝票の票をとって、そのむかし満鉄で使用されたのがはじめだといわれている。しかし、ビジネス・フォームには帳簿でも伝票でもない報告書用紙等のごときものも含まれているので、これを帳票と呼ぶことは必ずしも適当ではないが、他の用語がそれぞれ別の意味と混同されるおそれがあり、一般にも帳票と呼びならわされているので、ここではその用例に従うことにした。したがって、それが、帳簿と伝票に限定されるものでないことはいうまでもない(31)。以下でも、「帳票」という言葉を使う場合には帳簿と伝票に限定せず、報告用紙などのようなものも含むことにする。

新郷が「かんばん」を工程管理に使う伝票類の機能から考えたように、『トヨタ生産方式』の著者も生産の現場で帳票が大きな役割を果たすことを当然のように認めている。こうした発想はどこから来ているのだろうか。これは経営管理の発展に深く関わっている。この問題について次に考えてみよう。

(4) バーコードの利用は伝票作成だけにとどまるのか？

「かんばん」を介して現場での作業が順次進行していくためには、生産の平準化が前提となる。ある程度の平準化生産を実現するのにトヨタは長い時間がかかった（さしあたり『寓話』第6章2(6)⑤参照）。また闇雲に「かんばん」を導入しても生産の平準化が実現するわけでもない。図1-2で生産の平準化を保障しているのは太い点線で囲んだAの箇所、つまり平準化順序計画を策定して生産指示をしている部分である（『寓話』五三六頁参照）。各々の部品製造に要する時間を把握し、生産の平準化を実現するように、多様な車種の順序計画を決めて生産を指示する。この生産指示を着実に実施していくために、「かんばん」が使用されているのである。

「かんばん」の枚数をどのように決めるか、またある車種の生産を打ち切る場合に「かんばん」をどのように処理して部品の生産をやめるかなどは、実務的にはたいへん重要な業務になる。これらの点は、これまでも引用してきた青木幹晴、小谷重徳の書物に詳しいので、こうした「かんばん」の実務に関心がある読者は参照して欲しい(32)。両者ともに、トヨタに勤務経験があるだけに実務面について（とりわけ青木の書物は）具体的である。

ここでは、実務に携わった経験があり『ゼミナール経営管理入門』（二〇〇四年刊）を著した風早正宏によるコメントについて考えてみたい。彼は自らが実務で「かんばん」を採用した経験から次のように言う。

> 私たちが……カンバンを採用したとき、工場コンピュータの原価計算プログラムとカンバンをつなぎ合わせる工夫が必要になった。工程と上下流側の間で、カンバンがついた収納箱を巡回させれば必要なだけのものは作れる。工場コンピュータが、カンバンが何回巡回したか把握していないと総生産数量が分からなくなる。たとえば、カンバンがついた収納箱が一〇個収納するようになっているとすると、これが二回巡回すると二〇個作り、三回回転すると三〇個作っている。カンバンは巡回数をコンピュータに自動的には入力しないから、巡回数を把握するようにシステム設計をしておかないと、二〇個作ったのか三〇個作ったのか分からなくなる。[33]

これは実務的には大きな問題である。だが、図1-7の「引き取りかんばん」には発行番号が明示されており、門田は「発行された八枚のうちの四番目のもの」だと説明していた。だとすれば、発行番号の一番目が戻ってきた回数を数えればよいわけである。門田の書物（一九八五年刊）の刊行から二〇年ほど経てば発行番号をスキャナーで認識することもできるようになるはずなので、風早の指摘する問題の解決には役立つように思われる。

ところが、二〇〇四年までトヨタに在籍していた青木はこの推定を次のように否定する。

> 前工程がトヨタ社内の場合は債権債務を確定させる必要がないため、面倒なかんばん読取機を通すことはしない。[34]

それではトヨタとサプライヤーが関係する外注かんばんの場合はどうか。本章扉の図ではよくわからないが、図1-3では「品番」欄の横に「5-20」とあり、発行番号のようである。また図1-8の電子かんばんでは「かんばん」の下部、「品番」「収容数」と並んだ欄の横に「発行連番」とある。外注かんばんでも「引き取りかんばん」のように発行番号が、また電子かんばんになっても発行連番が記載されている。発行したかんばんの総数がわかるように、かんばんには連番が記載されているのである。これならば風早の指摘した問題を解決することは可能であろう。ある車両の製造を打ち切る際には、あと何個かで部品の製造を止めねばならない状況が生まれる。その業務に、かんばんに記載されている発行連番は有用であろう。しかも、「債券債務を確定する必要」があるトヨタとサプライヤーの間であれば、必ず解決しなければならない問題のはずである。この点について青木は実務経験に基づき次のように言う。

打切り業務については、特に外注部品引取かんばんで素晴らしい仕組みが考え出された。なぜなら、このかんばんは部品メーカーとトヨタとの間で債権債務を確定しなければならないため、必ずかんばん読取機を通し、納品書・受領書をアウトプットさせる必要があり、その際のデータをいろいろと活用できたためである。[35]

この後、前の引用文（「前工程がトヨタ……」）があり、そのためトヨタ内部では「改善が進まなかった。しかし数的には圧倒的に外注部品が多いため、改善の効果は大きかった」と書いている。[36]

ではこの「素晴らしい仕組み」とは何か。「コンピュータですべての打切り部品のその一ヶ月間の必要個数と必要かんばん枚数を算出」し、かんばんが「読取機を通る度にそこに記憶させているかんばん枚数」をそこから差し引いていくことであった。

これは、発行連番を活用すれば同じことができそうである。だが現場では「回転しているかんばんの中には紛失して」いるものもあり、「実際に回っているかんばん回転枚数を正確に把握できない」のだそうである。[37] ただ外注かんばんのバーコードは打ち切り業務にも利用されていることはわかった。もはや伝票作成だけではないのである。

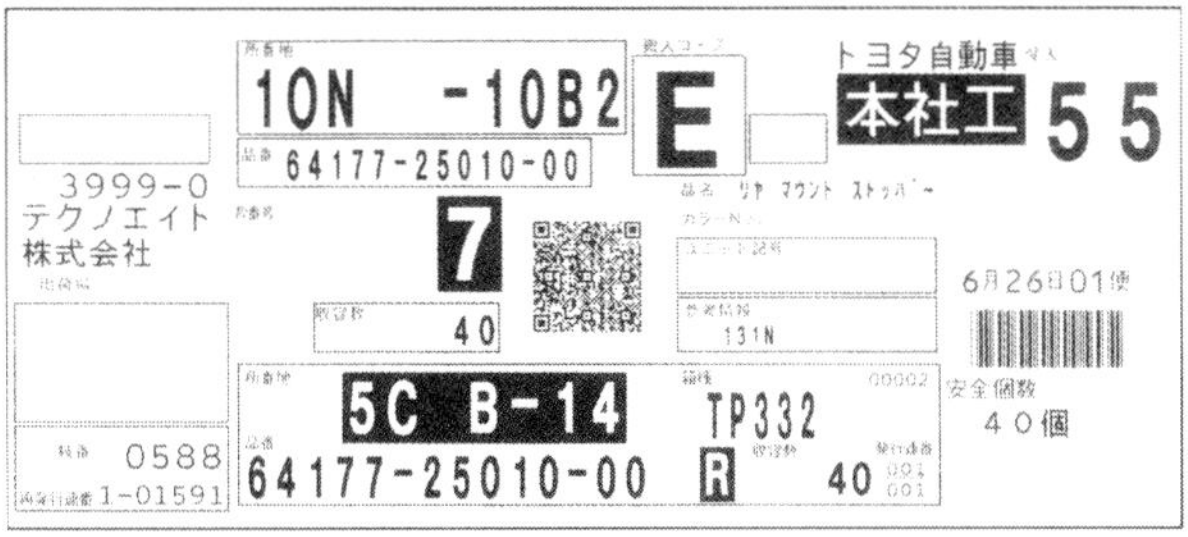

図 1-8　電子かんばん化された「外注かんばん」の一例

出所）小谷重徳『理論から手法まできちんとわかるトヨタ生産方式』72 頁。

ここまで「かんばん」の動きについて紹介してきた。あえて風早の指摘を取り上げたのは別の意図もあってのことである。彼は「工場コンピュータの原価計算プログラムとカンバンをつなぎ合わせる工夫が必要」となったと実務面から書いている。また青木も「「コンピュータですべての打切り部品のその一ヶ月間の必要個数と必要かんばん枚数を算出」すると書く。このように「かんばん」を企業経営に活用しようとすると、その背後ではコンピュータの利用が欠かせないように思われる。

かんばん（あるいは、トヨタの生産システム）の説明では、意図すると意図しないとにかかわらず、情報システムとの関連についての説明はきわめて少ない。だが、バーコードをスキャナーで読み込んだ情報をどのように利用・活用しているかを考えただけでも、少なくとも何らかの効率的な情報処理方法や機器（おそらくはコンピュータ）を活用していると想定できるのではないだろうか。

（5）なぜ製造現場の管理に帳票が関連するのか？

なぜ伝票、広く言えば帳票にこだわるのか。これをもう少し説明しておこう。

二〇世紀後半の日本の製造現場では「『何を・いつ・どれだけ』といった内容の情報」が帳票の形で流されることは見慣れた光景となった。だが、仕掛品などの加工対象（現物）だけを製造現場に流すのではなく、その現物の動きを帳票に記録していくことが意図的に始まったのは一九世紀末のアメリカである。こうした着想の先駆者である陸軍将校ヘンリー・メトカーフはその著名な論考（発表）を次のように印象的な喩えから始めている。

音符が考案される以前の音楽という芸術について想像してみよう。不朽の名作だったかもしれない楽曲でさえも唱う声が消えされれば、失われてしまうことを考えてください。……さて、記録なしで管理することは、音符なし——耳だけ——の音楽のようなものです。[38]

記憶ではなく記録に基づいて製造現場を運営すべく、製造現場に流す帳票のシステムを彼は提案する。[39] これ以降、アメリカでは管理者が製造現場を統括するさまざまな案が提示されていく。

こうしたアメリカにおける帳票による製造現場の管理は、原価の正確な把握を意図していた。この点を土屋守章は次のように書く。

工場内において命令されたことが実行されないで放置されたりすることなく、工場内で行なわれるいろいろな作業が全体として調和を保ち遅滞なくなされるように、個々の作業に必要な原材料を整え、作業の進捗状況を把握し、製品の原価を正確に決定することであり、この問題は作業の進捗にともなって発生する原価をたえず正確に分析するシステムを導入することによって解決されると考えられていた(40)。

この説明だけでは、土屋が主張したい大きな枠組み（流れ）はわかりにくいので、晩年に彼が書いた教科書から引用しよう。この問題に土屋ほど生涯こだわり続けた日本人研究者はいない。学生向けのテキストからの引用だけに、彼の主張は明瞭である。

当時［一八八〇年代、九〇年代］はたまたまＭＩＴ（マサチューセッツ工科大学）などの工科系大学が卒業生を出し始めた頃で、それらの大学を出た機械技師たちが工場の中に入っていった時期である。彼らは、多少でも科学的な思考方法をもって直接に労働者の作業を観察しつつ、工場の作業の効率の向上を考えていた。

当時の工場では、一方で専業化を通じて生産品目が限定されていき、他方でその限定された品目を効率的に生産するために、工場内の作業工程の分割を進めていた。すなわち、産業間の社会的分業と工場内の分業に基づく協業が、同時に進行していた。この分業を通じて、確かに工場の中の個々の作業はきわめて効率的になっていったが、工場の中の作業を全体として調整しなければ、工場の作業はバラバラになって、全体はかえって非効率になる。彼らはこの問題に気づき、工場の作業の全体をシステマティックに調整するために、工場の中にシステムをどのように埋め込んでいくかという問題意識を持つようになった。

彼らは、そのような問題意識と関連して、マネジメントという機能の重要性に気づいてきた。彼らがマネジメントを意識した場所は、工作機械が並んで設置されている機械工場（マシン・ショップ）であった。この作業場において、労働者により効率的に仕事をさせると同時に全体的な調整を実現していくという課題にこたえるため、**マネジメントの科学**（science of management）というべきものがありそうだ、という議論になっていった。

多くの機械技師たちが共通にこのような問題意識を持つようになると、彼らの学会であるアメリカ機械技師協会（ASME）の中でも、この問題を議論するようになった。この学会の機関誌（Transactions of ASME）に、そこでの発表や討論が収録されている。機械技師たちのこのような活動を総称して**システマティック・マネジメント運動**と呼ぶ。[41]［太字は原文］

メトカーフらの主張は、「マネジメントの科学」の誕生に関わっているのである。土屋が後の「マネジメント」に関する議論に触れて次のように述べていることには注意しなければならないが、「マネジメントの科学」成立の発端は製造現場の掌握であり、そのために帳票の重要性が意識されていったのである。土屋の文章を引用しておこう。

> この場合のマネジメントは機械工場でのマネジメントであり、これより広くとった場合でも、せいぜい生産工場の現場で効率をあげるためのシステムに関するものである。その後、一九一〇年代からマネジメントの問題は、工場に限らずに企業活動の全般にかかわって論じられるようになったが、それらの議論も当初は生産活動の調整のための考え方を延長したものであった。[42]

また「体系的管理運動《システマティック・マネジメント・ムーブメント》」と名付けたのは、経営史家ジョゼフ・A・リッテラーだということにも留意しておきたい。[43]彼の議論は幅広い分野の研究者に影響を与えた。例えば、サンフォード・M・ジャコービィは『雇用官僚制』でこの体系的管理の展開を次のように紹介する。

> 一八八〇年以降、生産管理に関する論文が、アメリカ機械技師協会の「会報」や『エンジニアリング・マガジン』のような商業誌に前より頻繁に現れるようになる。それらの論文の骨子は、機械工場やその他の金属加工

企業の急成長が工場内の無秩序を招いており、生産速度を上げるには、さらなる調整や体系化が必要だ、ということにあった。……

（中略）

体系的管理はじめ、機械工場で発見された無駄や混乱の改善策の寄せ集め以上のものでなかった。……生産の調整を促進するために、技師たちは、書式、記録、手続き基準、および指導票などの助言をした。エール・アンド・タウン・ロック製造会社の技師でもあり社長でもあったヘンリー・タウンは、自分の企業で利用している工場管理システムの概要を、何編かの論文に書いて反響を呼んだ。そこでは、注文を受けると本社で番号と付箋をつけて、しかるべき製造部長に回される。次にそれが適当な職長に与えられ、職長は別の特定の用紙にその注文品の完成予定日を記して部長に送り返す。陸軍兵器部が運用するいくつかの大兵器廠で部長として働いてきたヘンリー・メトカーフは、手順伝票の使用を導入した。この伝票は本社で用意され、ある注文品が通過する諸部門の範囲と、それぞれの部門で遂行さるべき作業とを指示している。(44)

土屋が言うように「作業の進捗状況を把握」するために伝票類の整備が進み、「詳細な原価計算制度の発展」をもたらしていく。(45)こうして生まれた「新しい生産管理システムの下でも、職長はある種の不可欠の機能をなお維持していた。彼らは原価データの収集を助け、記録を作成して提出し、部品や材量の指図書を書いた。にもかかわらず、技師たちによって導入された革新は、職長の自治を大幅に削減したのであった。彼は、製造すべきユニット、用いるべき方法、作業を進める際の順序を指示され」るようになる。(46)技師と職長との関係が変化し、「体系的管理運動は、生産における職長の役割を減少させた」のである。(47)

このように書くと、フレドリック・W・テイラーとの関連についての疑問が出るだろう。これについても、ジャコービィは次のように書く。

テイラーは「科学的管理」の制度によって最もよく知られるが、この制度は、当時ほかの機械技師たちによって提案されていた種々の体系的管理の手法を総合したものであった。彼の名声は、何か特定の革新というよりは、伝統的管理法に対する断固たる態度、商売と科学と道徳的原理をブレンドして宣伝する手腕によるものであった。生を終えた一九一五年ごろまでにテイラーは国民的人物になっており、科学的管理は、工場現場から遠く離れた社会的文化的領域にも浸透していた[48]。

アメリカの「国民的人物」になったテイラーが主張したことは、「種々の体系的管理の手法を総合したもの」だったと、ジャコービィは考える。別の言い方をすれば、経営史家アルフレッド・D・チャンドラーJrのように体系的管理運動を担った人々、つまり「統合と調整のための工場管理に関する初期の著者たち[49]」を「科学的管理法の端緒[50]」として扱うこともできる。だが土屋、ジャコービィだけでなくチャンドラーも、テイラーの活躍前に体系的管理運動が一九世紀末のアメリカに展開していたことは否定しない。そしてそこでは帳票制度の整備が積極的に進められていたのである。

大河内暁男も『経営史講義』で次のように書いている。

課業を達成するよう管理を実施するため、工場組織のなかに工程管理を行う計画部の設置、職能別の職長制の導入、時間研究に基づいて基準を設定した個別作業の方法を労働者に指示する作業指図票の活用など、さまざまの方策をテイラーは考え出したのである[51]。

大河内は、「作業指図票の活用など」をテイラーは考え出したと書くものの、慎重にも「作業指図票」を考え出したとは書かない。作業指図票に象徴される製造現場の管理を最初に提案した人物がメトカーフだということを認識しているからである。大河内は別の箇所で次のように書いている。

一八八〇年代からアメリカにおける工場管理の合理化を求めて活躍した人物の一人、兵器廠担当の陸軍将校メトカーフ（Henry Metcalf）は、工場において労働者の作業時間と原料が消費される基礎となったあらゆる作業指図、部品、工具、機械に関する情報を取り集める方法を開発した[52]。

大河内がこの引用箇所で注記している文献は、先に述べたリッテラーの論考とともに[53]、メトカーフの著書である[54]。いまやデジタル版やオンデマンドの再版でも入手できるようになったこの書物を瞥見すれば多くの帳票が掲載されていることが了解できよう。こうした手法（作業指図票などを用いて製造現場を管理する方法）の重要性を最初に主張したのが、この項で最初に引用したメトカーフの論考なのである[55]。そのタイトルにある原語“shop-order”は作業指図書、指図票あるいは製造指図書（票）などと訳されてきた。訳語が完全に固定しない理由の一つは後続の研究者が“shop-order”ではなく、より明確な表現を求めて“production order”や“works order”を使う場合が多かったこともあろう。

アメリカで帳票に基づく製造現場の管理がごく当然のように行われていたかどうかは、前著で紹介した立川飛行機の例でわかる（『寓話』第5章1(3)③参照）。アメリカのロッキード社から一九三八年に来日した技師が、立川飛行機に対し「①材料出庫票［倉出票］、②作業票、③検査票、④支払い票が横に連続したもの（これをクーポンと呼ぶ）」（『寓話』四一二頁）を印刷して、工程管理に使うやり方を教えた。加工対象物が倉庫から出て、加工がなされ、検査を経て支払いが完了するまでの一連のプロセスの途中で、クーポンの各種の伝票を切り離し、各業務の遂行をチェックしながら管理をすること（しかも、その背後でパンチカード・システムを使うこと）を教えたのである。だが、立川飛行機では「クーポンは部品［加工対象物］と共に動くのが原則」（『寓話』四一八頁）すら実現できず、この管理方法は成果を上げることができなかった。

この事例から次の二点が言えよう。第一に、アメリカでは帳票による管理がパンチカード・システムを利用するように展開していたこと。第二に、こうした工程管理のやり方がこの時期のアメリカではごくありふれた知識になっていたからこそ、アメリカ人の技師は何のためらいもなく、こうした管理手法の導入を勧めたということである。これはまた次のことを意味する。アメリカで一九世紀末から始まったとされる帳票を利用した管理が、パンチカード・システムという新たな情報機器を利用するように展開していたということである。

一九世紀末のアメリカで始まったという、帳票を利用して製造現場を管理する試みは、日本で受け入れられたのだろうか。これを次に検討してみよう。

（6）帳票による製造現場の管理は日本でどのように受け入れられたのか？

帳票によって製造現場を管理しようというアメリカでの動きは日本でも吸収されていく。例えば、実際にアメリカに数年間滞在し、アメリカの「東部地方の諸工場に於ける管理業務の実地視察」を行い、さらにある企業で一年余り「工場組織内の各部署を巡歴し……工場管理実務の習得に全力を尽」くして一九三〇年に日本に帰国した安藤彌一という人物がいる。彼は一九三二年に自ら「アンドカード機器制作所並に管理研究所」を創設する。[56] このように社名に、帳票を示す「カード」と自らの姓を記したのであるから、彼がいかに帳票に熱心かがわかろう。彼は著書『工場改善』（一九四〇年刊）で工場の生産管理における帳票の意義について次のように述べる。

台帳並に統計諸表が、［生産管理］方式の一段と具体化された神経中枢であり、心臓部であるとすれば、諸伝票は、神経系統における繊維であり、血管に於ける血球又は血液に該当するものである。[57]

さらに、当時の日本における工場管理の現状を、安藤はやや批判的に述べる。

今日、世の多くの工場幹部は、適切なる台帳や統計諸表の必要を痛感し、出来得る限り之が活用を欲して居る風が、漸く台頭して来た如く見られるが、未だ適切なる伝票制度の利用に関しては、余り之が研究を進めて居らざるのみならず、出来得る限り之を避ける風が多分に見受けられる。諸伝票制度に関する研究不十分と之が回避的態度とが、結局真に目的とする所の意義ある帳簿も、亦効果ある統計諸表をも、殆んど之を展開し得ないで居る実例を、今日猶我邦の工場に於て幾多発見し得るのである。[58]

この安藤の観察が自らの会社などの役割を強調するために、現状に批判的になりすぎていると考えることも可能だろう。だが、実際に日本企業の製造現場でも「適切なる台帳や統計諸表の必要」が認識され始めていたのである。

安藤の書物が出版された時期よりも前に、研究者も帳票の重要性については言及していた。例えば、神戸商業大学（現・神戸大学）の平井泰太郎が選択かつ著した『産業合理化図録』（一九三二年刊）は、工場全体を帳票の流れとして示した「工場事務過程分析図」を掲載している。[59]それだけでなく、指図書（つまり"shop-order"）を用いた製造現場の管理について次のように説明し、その後に数種類の指図書の例を掲げる。

指図書を発行することは一見無駄の様に見ゆるが、作業内容を明確に知らしめ、作業に於ける経済的、時間的無駄を起こさしめず、安心して作業に専心せしめるが故に作業能率を上げ得ること甚だ大である。而も夫れにより、作業の進行状態の統制が可能なるを以て日程を遵守し、計画と実行とを一致せしめ履行期を誤ることなくてすむから、合理的生産経営には是非採らるべき作業統制の制度であると云はねばならぬ。[60]

また長谷川安兵衛の『原価計算』（一九四一年刊）では「帳簿組織」という章の中に、「帳簿書類」という節を設け、「製造指図書（製作命令書）」などを例示するまでになっている。[61]製造現場での実施程度はともかく、少なくとも論理的には、帳票を整備する重要性について一九四〇年頃までには認識されていたと言えよう。しかも、アメリカでの帳票を用いる製造現場の管理の目的が原価の正確な分析にあるという土屋守章の主張に沿った方向に発展していた。

日本では戦時期になり帳票を用いた管理はさらに徹底していく。だが、それは正確な原価を把握するどころか、戯画的な様相を呈した（『寓話』一四〇頁）。

工場では多種類の伝票を使っており、その数は「戦時中に飛行機工場で数十万に達したところがある」とも、「現場に流す伝票だけで月にトラック一台分を必要とする場合もあった」ともいう。……伝票の処理は後回しにされたうえ、伝票の紛失が頻繁に生じた。[62]

この状況を、次のように記した論者さえいた（『寓話』一四〇頁）。

一般工場に於ては屢々物と伝票と作業が遊離し、工程管理係は物を追って工場中を駆け廻り、現場の役付者は

物の取扱、整理に追われて、増産の為に最も肝要な作業改善を為す暇もなく、労して効無き日々を送っていたのである。(63)

帳票制度を整備して製造現場の管理を図り、正確な原価の把握を目指していた企業も、少なくとも一部には存在した。しかし、帳票による管理を表面的には実現したにもかかわらず、帳票と製造現場にある現品（仕掛品）とが遊離してしまう企業も多かったのである。このために、帳票を基に日程計画や生産量を把握しているつもりでも、それは実態とはかけ離れたものになった。この点を一九四一年の論考で安藤は次のように言う。

伝票制度によって、作業工程管理を整然と実施する方法の在ることさえも知らないでいる所がある。その種工場の内には目睫《もくしょう》［すぐ目の前］の必要に迫られては行き当たり場当たりに伝票や書式を設けて来て居るが為に、却って伝票や書式の渦の内に困惑しているが如き奇現象を呈して居る所も尠《すくな》くない。しかしてその多くの人々は自らの愚を悟る前に訳もなく益々諸伝票制度を嫌って、当ても無き何物かを追うが如く探し迷って居るのがその一般状態である。(64)

この解決策を次のように主張する。

各種伝票によって分析的に採られた時間を科学的に研究することこそ、今日我国の工場にとって最も大切の事ではないでしょうか。即ち生産期限を合理的に短縮し経済的生産を持続する上に於て、更に今日多くの工場にみるあのだらしない納期遅延を防遏《ぼうあつ》［防止］する上に於て、殆ど絶対的に必要の事と存じます。斯くの如き生産期限構成時間を各係員の職責分担別に採集し、所定の統計方式に従って、先づ各工場毎に綜合統計化し、更に国家的に生産期限の監査体系を確立し得たならば、それこそ我国の工場が今日持って居る生産能率増進上の癌を、殆ど全面的に抉《えぐ》り取り得るものと信ずるものであります。(65)

まさに「各種伝票によって分析的に採られた時間を科学的に研究すること」、つまり各種伝票の分析から得られる所要時間でなぜ作業を完了しないかを考究することによって「生産能率増進」を図ることこそ、帳票を用いる管理の目指すところであった。それは形式的に帳票を使うことを意味しない。だから安藤は、陸軍省主催の講習会にもかかわらず、自分の講演を次のように結ぶ。

今日軍当局によって実施された原価計算方式の採用よりも、叙上《じょじょう》［前に述べたこと］の要旨に副う所の工程管理方式を真先に実現せしめて貰いたかったと、切実に感ずるものであります(66)。

ある意味では、安藤の言うことは、戦後日本の製造現場が目指すべきものとなった。こうした背景を知っている実務家にとって、「無数の伝票類をまきちらすこともな」くなるという説明は魅力的だったに違いない。互換性部品を使った製造、つまり繰り返し同一製品を製造する業種が本格的に移植され始める時期であれば、帳票の利用方法も新たな課題として認識されざるをえない。こうした状況を熟知していた新郷重夫は、鋭くも「かんばん」の意義を考える際に「繰り返し生産」と「単発生産」に生産を分類して論じていたのである（本節(1)参照）。製造現場や経営管理の実務・研究に携わる者にとっては、帳票の問題はまさしくその根幹に関わる問題なのであった。

3　なぜ外注かんばんにバーコードが付いているのか？

前節では先達の説明を整理しながら「かんばん」と帳票について考えてみた。次に「かんばん」の動きを検討してみよう。「かんばん」の動きがわかりやすいのは、トヨタという企業内部で動く「かんばん」ではなく、トヨタとサプライヤーの間を移動する外注かんばんである。この外注かんばんにはバーコードが付けられていることがわかった（本章1(3)①参照）。

なぜバーコードが外注かんばんに付けられているのだろうか。これを手掛かりに、外注かんばんの動きを見てみよう。

（1）トヨタとサプライヤーの間で「かんばん」が動くことで何が行われているのか？

『トヨタ生産方式』では外注かんばんだけの写真を掲げ、それによってかんばんの役割全般を語っていた。だが門田安弘の説明からは外注かんばんが特異なかんばんだということもわかる。「トヨタの工場内で使われるかんばんは、バーコード化されていないが、外注かんばんはすべてバーコード化されている」[67]からである。電子かんばんになって二次元コードになっても、それがバーコードの一種であることに変わりない（図1-8参照）。なお、図1-8の二次元コードが、携帯電話などのカメラ機能で読み取れるQRコードだとわかる読者も多かろう。このQRコードは一九九四年にデンソーの一部門が開発したものだという[68]。まさしくトヨタに関連した企業で、QRコードが開発されたこと自体、興味深い事実ではないだろうか。

ではなぜ外注かんばんだけすべてバーコード化する必要があるのだろうか。何の必要性もないのにバーコード化するほどコスト意識の甘い営利企業体はないだろう。

そもそもバーコードとは「機械による読み取りを前提に開発され」（『広辞苑』第六版）たものである。その用途についても辞書が明快に述べているので、一、二例をあげておく。

製造業者名・商品名などの情報を、太さの異なる棒線の組み合わせで表示したもの。しま模様を光学的検知法で読み取り、売り上げ集計などに用いる。（『imidas』）

代金計算と販売状況の把握のため……電算機処理できるように商品分類や価格などを太さの異なる多数の棒線からなるマーク（バー）で印刷してあるもの。（『日本国語大辞典』）

かんばんの中では外注かんばんは特異な存在である。外注かんばん以外のかんばんは、トヨタという同一の会計単位の内部で使用される。これに対し外注かんばんは、相互に独立した会計単位であるサプライヤーとトヨタの間で使用されるかんばんである。

サプライヤーとトヨタが実質的には一体化して自動車の生産を行っているとしても（かんばんが企業の境界も意識

しないかのように「縦横に駆け巡っている」[69]としても)、サプライヤーとトヨタは独立した会計単位である。サプライヤーがトヨタに部品を納入すれば（サプライヤーが製品に外注かんばんを付けてトヨタに納入した時点にせよ、トヨタが実際に生産に使用するためにその製品から外注かんばんを外した時点にせよ)、サプライヤーはその製品をトヨタに販売したことになり債権が発生する。トヨタ側は代金を支払う債務が生じ、サプライヤーは販売代金を後に回収することになる。サプライヤーとトヨタとの間では、いずれかの時点で資金決済する必要がある。

外注かんばん以外のかんばんはトヨタという同一の会計単位の内部における工程間で使われるから、資金決済の必要は生じない。資金決済以外に、工程ごとに詳細な情報を得たい（あるいは、複数の工場を保有するようになり同一工程の工場間の比較ができる情報を得たい）などの経営管理的な要請がなければ、かんばんは生産の円滑な稼働を補助する役割を果たせばよいだけであろう。しかし「サプライヤーと顧客会社［ここではトヨタ］の間では、価格や金銭上の情報が必要である」[70]。つまり、サプライヤーとトヨタの間では資金決済のために帳票が必要である。この点について、門田は丁寧に次のように書いている。

双方の会社［トヨタとサプライヤー］で経理部門の支払勘定（買掛金ないし支払手形）と受取勘定（売掛金ないし受取手形）を決済していくためには、何らかのインボイス（証票・伝票）が発行されなくてはならない。このインボイスは、協力企業［サプライヤー］から［トヨタに］供給される当該品目の総数量を、確認・検査するのにも使われる。[71]

当然である。異なる会計単位の企業間での取引上の決済は帳票に基づいて正確になされねばならない。これは外注かんばんを使ったとしても、変更できる筋合いのものではない。

具体的な実務を検討してみよう。外注かんばんはすべてバーコード化されている。したがって、外注かんばんのバーコードは、バーコードリーダー（スキャナーとも呼ばれる光学文字読み取り機）で情報を読み取り、コンピュータで処理が可能となる。このため「光学文字認識」(Optical Character Recognition；OCR) の略称を使って「ＯＣＲかんばん」とも、外注かんばんは呼ばれていたという(72)（門田は図1-3(1)を示した際に、それを「ＯＣＲかんばん」とも呼ぶと指摘しているのだが、そこではこれ以上の説明をしていない。だが門田は上記の図が「ＯＣＲかんばん」とも呼ばれている、ということを示しておきたかったのであろう）。コンピュータでバーコードの情報を処理できれば、その情報を加工して紙に印刷することもできる。サプライヤーとトヨタとの間で資金決済用の帳票作成も容易になる。

ただ、問題はＩＴ（情報技術）関連機器の普及が進んだのは近年のことであり、かつては機器の価格が高くて、どのサプライヤーにもバーコードリーダーがある状況ではなかったということを忘れてはならない。『トヨタ生産方式』が上梓された一九七八年頃には、バーコードを読み取る機器がどこにでもある状況ではなかった。一九七七年にはアップルⅡが発表され、翌七八年にはインテルがＣＰＵの８０８６を発表したものの、まだ8ビットのマイコン（今風に言えば、パソコン）ですら一部のマニアだけに人気が出始めた頃である。ましてや、情報機器の普及にはほど遠かった。一九七九年に爆発的人気を博したアーケードゲーム「スペースインベーダー」などによって、進行している技術変革の大きな流れを一部の人が感じ取っていた時代なのである。

このように考えると、遅くとも一九七〇年代末に外注かんばんにバーコードが付いていたこと自体、情報技術の利用としては先進的な取り組みだったことがわかる（詳しくは本節(4)参照）。逆に、それだからこそ、バーコードリーダー（とそれで読み取った情報を処理できる機器類）がどのサプライヤーにも設置されている状況ではなく、トヨタとサプライヤーとの間での資金決済に伴う帳票の問題でも、リーダーを持っているサプライヤーと持たないサプライヤーとではその動きがやや異なっていたことに留意しておく必要がある。

サプライヤーがバーコードリーダー（と情報を処理できる機器）を保持していなければ、トヨタに納品に来たサプライヤーの運転手が自社への外注かんばんをトヨタのバーコードリーダーで読み取り、納品伝票や受領伝票などを印刷する。そのうち受領伝票などを新たな外注かんばんとともに自社（サプライヤー）に持ち帰る。一方、サプライヤーがバーコードリーダーを保有していれば、トヨタから自社に外注かんばんを持ち帰り、自社のバーコードリーダーで読み取り必要な伝票を印刷する。時間の経過とともに（情報機器の価格が低下するに従い）、この方式が一般化した。

バーコードの普及程度により、場所がトヨタになるかサプライヤーになるかはともかくとして、外注かんばんのバーコードを利用して帳票が印刷されることに変わりはない。この印刷された帳票を「ＯＣＲカード」と呼び、それには「四種類あって、納品伝票、支給伝票、受領伝票、売上伝票」があった。[73] 注意しなければならないのは、「ＯＣＲカード」はバーコードを光学認識して印刷した紙の帳票であり、もはや情報はデジタル情報ではないということである。

サプライヤーがトヨタに部品を納入する場合、部品とともに外注かんばんもトヨタに渡す。だが、その他にも帳票のやり取りが次のように生ずる。

　トヨタの受入れ場所（つまり、購買部門である）では、納品伝票と受領伝票に印が押され、トヨタ側は、納品伝票だけを受け取り、受領伝票はサプライヤーに返す。[74]

このように外注かんばんの動きをやや仔細に見ると、外注かんばんをサプライヤーが受け取るたびに四種類の伝票が作成される。部品などの現品をサプライヤーがトヨタに納入する際には、少なくとも納品伝票と受領伝票への押印にトヨタは関与し、サプライヤーは受領伝票を持ち帰る。納入が多頻度であれば、その頻度に応じて伝票類の数は多くなる。

前述の引用文（「受領伝票はサプライヤーに返す」）の直後に、門田はきわめて興味深い記述をする。

　納品伝票はトヨタの電算室［コンピュータ・ルーム］に転送され、そこでＯＣＲ（光学文字読取り機）によって買掛勘定のデータがアウトプットされる。

　ついで、このデータが経理部門に送られ、そこで、仕入先元帳、仕入帳、および総勘定元帳の支払い勘定などにエントリー（記入）される。

一方、サプライヤーの手元に残された売上伝票は、サプライヤーのＯＣＲで処理され、受取勘定のデータがアウトプットされる。サプライヤーはこのデータを、得意先元帳、売上帳、総勘定元帳の受取勘定にエントリーする。[75]

バーコード化された外注かんばんを使って四種類の伝票を印刷し、納品・受領を確認してそれらに押印した後に、さらに双方のＯＣＲでそれらを読み込み、コンピュータで会計処理をするというのである。こうした情報を集計した後、一覧表形式にしてトヨタとサプライヤーとが月ごとに照合した上で、実際の資金の授受が行われるのであろう。

日本で郵便番号がＯＣＲで処理されるようになったのが一九六〇年代末であり、ＯＣＲ処理が可能なフォントの規格（ＪＩＳＸ９００１）制定は一九七〇年である。紙の帳票に印刷された数値情報をＯＣＲで認識しコンピュータに取り込んで会計処理に使うことは、門田の『トヨタシステム』（一九八五年刊）が書かれた頃には、技術的には可能であっても、まだまだ先端的なものであったように思われる。

ここでは特に次の点を確認しておきたい。バーコードの付いた外注かんばんを用いても「帳票」はなくなっていない。それどころか外注かんばんは新たな伝票を生み出し、その作成を容易にする点で大いに貢献している。

ところが、『トヨタ生産方式』では「一般に企業では『何を・いつ・どれだけ』といった内容の情報は、仕掛計画表、運搬計画表、生産指示書、納入指示票などの帳票の形で仕掛係がつくり、現場に流される」[76]と説明した後に、次のような一文が見られた。

　トヨタ生産方式では、「かんばん」によって「つくり過ぎ」が完全に押えられるので、余分の在庫を持つ必要もなく、したがって、倉庫もその管理人も不要であり、無数の伝票類をまきちらすこともないのである。[77]

しかし、少なくとも「外注かんばん」は資金決済に必要な「伝票類」を新たに発生させている。ただしトヨタではその伝票類を、通常業務のように納品・受領の確認（押印）をした後、さらにＯＣＲによって情報をコンピュータに取り込み会計処理に用いていたのである。

（2）バーコード化された外注かんばんによって資金決済に問題は生じないのか？

バーコード化された外注かんばんの使用により帳票の作成は容易になる。だが、これだけでトヨタとサプライヤー間の資金決済が円滑にいくものだろうか。

外注かんばんを使い、部品を納入するたびに納品伝票や受領伝票が作成される。これが資金決済の証憑書類［事実を証明する根拠となる書類］である。これを基にサプライヤーはトヨタに資金請求を行い、トヨタは同じく伝票という証憑書類に基づいてサプライヤーからの請求をチェックし、問題がなければ資金を支払う。これが大まかな実務の流れである。

門田安弘の外注かんばんの説明に次のような表現があった。

トヨタ生産方式は小ロット生産を旨にしているので、毎日頻繁に運搬、納品することが必要である。このため納品回数はこのかんばんに明記されてなくてはならない。(78)

外注かんばんには納入回数だけではなく、納入時間も記されていた（本章扉の図、図1-3参照）。サプライヤーは多頻度で少量ずつトヨタに部品などを納入する。納入頻度が高ければ、作成される伝票の数も多くなる。伝票の数が増えるにつれ、人為的なミスは増えるのではないか。これが「資金決済が円滑にいくものだろうか」という疑問の理由である。

生産台数の増大とともに、帳票（具体的には、納品伝票や受領伝票など）の数が増えていく。もちろん、帳票の型式に大幅な変更を加えるか、一回の納入量を大幅に増やせば（大ロットで低頻度の納入にすれば）帳票の数を増やさずにすむ。だが納入方法を大ロット・低頻度に変化させれば、トヨタは受入スペースを大幅に増やすなどの対応が必要になる。日本電装［現・デンソー］が「日産制」と称して、「一日当たりの生産量で倉庫に入る分量を制限し……さらに、一日分の生産量を何回かに分割して管理し、その分割した分量で納入する」（『寓話』五〇五頁）方向に動いてきたことを考えれば、トヨタが大ロット・低頻度の納入を目指したとは考えがたい。

納品伝票や受領伝票などが着実に増え、そうした伝票類をもとに資金決済のための作業が行われる。伝票の数が増えていく状況では、人間が関与する作業である限りミスの生じる可能性も大きくなろう。このことについて、二〇〇四年までトヨタに在職していた元・従業員（青木幹晴）は次のように書く。

一連の作業の中で、かんばんや経理証票［伝票］の紛失が発生しても決して不思議ではない。それが全体に対してごく少ない割合であっても、［トヨタとサプライヤーの間での］債権債務を確定させる経理現場では大変な作業となる。

月次の決算では確定させないが、年二回ある期末決算時にはすべての不照合について確定させなければならないため、トヨタや外注部品メーカーの経理部や購買部ではこの処理に多大な工数をかけていた。私が［トヨタの］経理部でこの業務を担当した際の実感として「これこそがトヨタかんばん方式の最大の欠点だ」と強く思った。[79]

無理もない。現物による管理と言いながら、外注かんばんを使う納品・受入業務による資金決済は伝票に基づく管理だからである。

伝票などの紛失（その他の人為的ミス）によって、トヨタとサプライヤーで決済すべき買掛金・売掛金の額が一致しない場合が生ずることは避けがたい。それでも完全な情報に基づいて資金決済をするつもりなら納品伝票・受領伝票のすべてを確かめざるをえない。だが早期に決着を図る慣行も存在していた。トヨタが資金支払いを計上しているにもかかわらず、サプライヤー側がトヨタに支払い請求をしていない場合、無条件でトヨタがサプライヤーに支払う。トヨタが部品を受領していなければ資金支払いの手続きをとるはずがないという想定で、サプライヤー側に受領伝票の提示を求めずに資金決済を行うのである。問題なのは「逆にトヨタに計上されていなくて、外注部品メーカーに計上されている」決済である。この場合はサプライヤーが当該部品の「受領書のコピーをトヨタに提示して」トヨタが支払うことで決済する。[80] サプライヤーが「この受領書を大量文書のなかから探し出すのが大変」なことは想像に難くない。[81] こうした慣行があっても、それでもこの「処理に多大な工数」がかかっていたというのである。

これだけではない。伝票から資金決済用のデータをしばしば手作業で入力していたのである。こうした状況ではさまざまなトラブルは避けがたい。その例を、先の元・従業員は次のように書いている。

毎日トヨタの全工場から膨大な納品書がトヨタ電算部に送られてきて、手入力で処理しなければならない。工場のすべての部品受入場には納品書・受領書をアウトプットさせるプリンターがあるのだが、その中にはインクの薄いものや桁ズレを起こすものなども多々発生しその都度、「インプットできないので明確にせよ！」と工場へつき返されてくる。[82]

念のために、この時代に使われていたプリンターはレーザー・プリンターでもインクジェット・プリンターでもない。ドットインパクト・プリンターといって、一文字相当の範囲に細いピンが縦横に並んでおり、それがインクリボンを叩いて文字や図形を印刷するものであった。印刷すれば騒音がけたたましいだけでなく、不鮮明な文字や数字が印字されることもしばしばだった。そのため印字を正確に読み取ることさえ困難な場合もあったのである。

こうした問題の解決が、バーコード化されている外注かんばんの情報をデジタル情報として電子的にやり取りする電子かんばんの導入であったことは理解しやすい。もう一度、元・従業員の説明を聞こう。

「電子かんばん化」により、納品書・受領書が廃止され、すべてデータにより処理されるようになったため、あの若き日の悪夢の債権債務確定処理業務が消えてなくなってしまった。[83]

電子かんばんの導入によって、外注かんばんの抱えていた伝票処理にまつわる問題は一応解決されたのである。なお、外注かんばんの作成にも非常に多くの工数が費やされていたことを忘れてはならない。多種類の自動車が組み立てられるようになり、そのモデル・チェンジが行われ、サプライヤーに発注する部品も、その数・種類が多くなるだけでなく変更もある。サプライヤーは部品を多頻度でトヨタに納入する。一種類の部品につき外注かんばんは一枚ではすむまい。一方、三カ所に区切られた、ビニール袋に入っている外注かんばんは、特別な機械で作成されるわけではない。だとすれば、誰かがそれを作成しなければならない。その状況は次のようであった。

かんばんを作成する場合は、かんばんの種類ごとに、この三種類の紙片［図1-3参照］を用意し、なんと手作業でビニールケースに入れていた。車種の切替時などは非常に大量のかんばんを作成しなければならず、他部署からも応援をもらわなければならない場合もあった(84)。

外注かんばんは手作業で多数つくられ、その外注かんばんとともに、サプライヤーが部品をトヨタに納入する回数に応じて、伝票が作成されていたのである。外注かんばんを使えば帳票がなくなるわけではない。だが、それでもバーコード化された外注かんばんが作成された後には、納品伝票や受領伝票などの帳票作成はまだしも容易になったのであり、電子かんばんによってはじめて一応の解決を見たのである。

(3) 外注かんばんには最初からバーコードが付いていたのか？

門田安弘は「外注かんばんはすべてバーコード化されている」（本章扉の図、図1-3参照）と主張していた。

二一世紀初頭の日本では小売店、例えばコンビニエンス・ストアで買い物をすればレジで店員がバーコード・スキャナーを使う姿を日常的に目にする。だがバーコードが開発された後(85)、実際にビジネスの世界で広く使われ始めたのは一九七〇年代末から八〇年代初頭だと思われる。一例をあげれば、世界的な小売企業、ウォルマートが店舗でバーコード・スキャナーを使って商品コードの読み取りを始めたのが一九八一年である。しかも全店舗ではなく限られた店舗であった。同社が全店舗で使用するようになったのは一九八〇年代末頃になってのことだという(86)。また、日本のセブン-イレブンが全店舗でバーコードを販売と同時に読み取るＰＯＳ（ポイント・オブ・セール）システムを始めたのも、一九八二年以降である。その状況を社史は次のように書く。

> 昭和五七［一九八二］年秋からＰＯＳシステムの全店導入がスタートした。全店配備完了は翌五八年二月である。
>
> 当時、日本ではまだソースマーキング（製造段階で商品の包材にバーコードを表示）率が非常に低かった。量販店、生協など一部でＰＯＳの実験的導入の例はあったが、全店導入という本格的な取り組みは例がなかった。(87)

流通業でも一九八〇年代初頭になってようやく店舗でバーコードの読み取りが始まったことがわかる。しかもこの時期、日本の製造業ではバーコードを商品の包装に付ける商習慣さえ定着していなかった。このように考えると、『トヨタ生産方式』（一九七八年刊）がバーコードの付いた外注かんばんを掲載していること自体、トヨタが時代に先駆けた試みを行っていたことを如実に物語っているのである。ではいったい、いつからトヨタではバーコードを外注かんばんに付けたのだろうか。外注かんばんにバーコードが付いていない時期があったとすれば、その外注かんばんはどのようなものだったのだろうか。

まず、いつから外注かんばんにバーコードが付くようになったのかを考えてみよう。現在の外注かんばんにはバーコードだけではなくＱＲコードが付いており（図1-8参照）、本節(1)でこの「ＱＲコードは一九九四年にデンソーの一部門が開発」したものだということを紹介した。そのデンソーの社史『日本電装三五年史』（一九八四年刊）に次のような記述がある。

> 当社［現・デンソー］は……いわゆる〝かんばん〟をコンピュータに読み取らせる〝バーコードシステム〟を開発した。
>
> これは、流通業におけるＰＯＳ（販売即時管理システム）に倣って、生産の仕組みに管理のモノサシを入れたものであるが、これを取り入れることによってトヨタ生産方式の導入効果は倍増した。同システム［バーコードシステム］は五五［一九八〇］年に、ＳＩＭＳ（Single sauce Information Management System）というブランド

名で販売されたが、現在までに、当社に五〇システム、トヨタ自動車に六〇システム、関連グループに八〇システム、合計一九〇システムが動いている。(88)

一九八〇年になってデンソー（当時は日本電装。以下、デンソーと記す）はバーコード・システムを外部に販売するようになったという。だが、いつから同社の社内やグループ内でこのシステムを使い始めたのだろうか。いつトヨタは外注かんばんにバーコードを付け始めたのだろうか。また、外注かんばんにバーコードが付けられ始めたのはデンソーによる技術開発が契機なのだろうか。

トヨタの五〇年史『創造限りなく』はバーコード・リーダーの導入について次のように述べている。

購入部品の増加によって、かんばんの取扱いや納品伝票の事務処理も大きな問題になってきた。そこで、仕入先、品番、収容数などかんばんの情報を処理するバーコード・リーダー・システムを開発、［昭和］五十二［一九七七］年に導入した。これで部品受入に関する事務処理は大幅に軽減され、五十六年には外注部品の打切管理に、さらに五十八年にはかんばんの回転枚数管理にも活用するようになった。(89)

この説明では「購入部品の増加」が原因でバーコード・リーダーが導入されたことはわかる。だが、「購入部品の増加」が引き起こしたという事務処理の問題がどのようなものだったのかについては具体的な説明がない。そのため、「部品受入に関する事務処理は大幅に軽減され」たことについては、抽象的な印象しか持ちえない。

ただ本章2(4)で触れた青木の言う「素晴らしい仕組み」（かんばんのバーコードを読み取り、打ち切り管理に使うなど）はバーコード・リーダーが導入されて以後、一九八〇年代初頭から始まったことは確認できる。

『創造限りなく』の説明は、バーコード・リーダー・システムの開発主体について明確には述べていない。トヨタの可能性もあるが、別の主体が「開発」していたとしてもおかしくはない書きぶりである。こうした疑問を持って資料を探すと、デンソーの社内報（一九七八年七月号）の「システム機器販売㈱の動向」という記事に目が留まった。そこでは一九七六年にデンソーが六〇％出資で設立した社員一四名の会社についての記述があり、この会社が扱っているバーコード・リーダー・システムが次のように解説されている。

バーコードをトヨタ自工の納入カードに印刷し、それを読取らせ、出荷、納品業務等を簡素化しようとするシステムで現在、［デンソー社内の］各製造部生産管理課に設置されています。今後は、トヨタグループ各社への普及を検討中です。(90)

この説明では、「トヨタ自工の納入カード」にバーコードが付いていたことはわかるが、これが「かんばん」かどうかは判然としない。またデンソー内部でバーコードが活用され始めていることはわかるが、トヨタではどうなのかは不明である。

しかしこの疑問はいとも簡単に解消できる。デンソーの社内報（一九八〇年四月号）の記事「トヨタ自工におけるバーコードリーダー利用について」に情報がある。この記事のリード文は次のように書く。

昭和五十二［一九七七］年に、トヨタ自工において、バーコードリーダーが導入されて早や二年がたちました。今やトヨタ自工はもちろんトヨタ関係のボデーメーカーへも拡大されています。(91)

記事では、設置台数の動きも書かれており、一九七七年に一台が設置されて以降、翌七八年には九台、七九年二四台、そして八〇年四月には三二台が設置されているという。(92)

なぜ、どういう背景があって、トヨタはバーコード・リーダーを導入したのか。この点についても、この記事は次のように詳しく説明する。

トヨタ自工と仕入先間の部品納入は「かんばん」を媒体として密度の高い生産管理方式によって行なわれています。以前は納入および受領に関連する事務作業が「パンチカード」をもとに行なわれていました。その後、車両生産台数が年々増加し、生産工場も拡大され、車の仕様も多様化することにより「パンチカード」の月間取扱い枚数は、［昭和］四十［一九六五］年で十万セットだったものが、五十三［一九七八］年には百五十万セットと飛躍的に増加してきました。このため①出庫時のカード起票処理工数と処理ミスの増加②多回納入の採用によりさらに事務処理が増加③その結果、パンチ工数の増加等の問題が発生し無視できない状態になってきました。これらの問題を踏まえ、何等かの方法で「パンチカード」を減らしたいと言う要請がありました。

種々考えられていた中で、デンソーで使用されていたバーコードリーダーに目が向けられ、納入処理の実態に見合った改良が加えられたのち採用されることになりました。(93)


トヨタとサプライヤー（仕入先）との間での部品納入は「かんばん」（「外注かんばん」）を媒介として行われていたが、それに伴う事務作業は、バーコード導入以前には「パンチカード」を利用していたというのである。

正確に言えば、デンソーでは、少なくとも社内ではOCRの利用が一九七〇年代中頃には始まっている。一九七六年四月にデンソーが初めて光学文字読み取り装置を設置することを伝える同社の社内報は次のように言う。


この装置は帳票に書かれた文字や数字を自動的に読んで、直接コンピューターに入力できる媒体（カセット・テープ）を作成します。

従来はコンピューターで処理するデーターを作成するためには、伝票を人手でパンチする手法か、みな様もご存知のカードをマークする手法しかありませんでした。

これらの方法に比べると第一に、手作業が大幅に削減される。

第二に、コンピューター処理までのリードタイムが極端に短縮され、事務作業の効率化に著しく役立つことができます。(94)


同記事は丁寧にも図1-9を掲載し、当時のコンピュータに情報を入力する方法を解説している。若い世代の読者はカセット・テープがコンピュータに入力する媒体と言われることに違和感があろう。だが、フロッピー・ディスクの出現以前には、磁気テープが収納されているカセット・テープは非常に便利な媒体として利用されていたのである。

本節(1)で外注かんばんによって伝票が作成されることを次のように書いた。

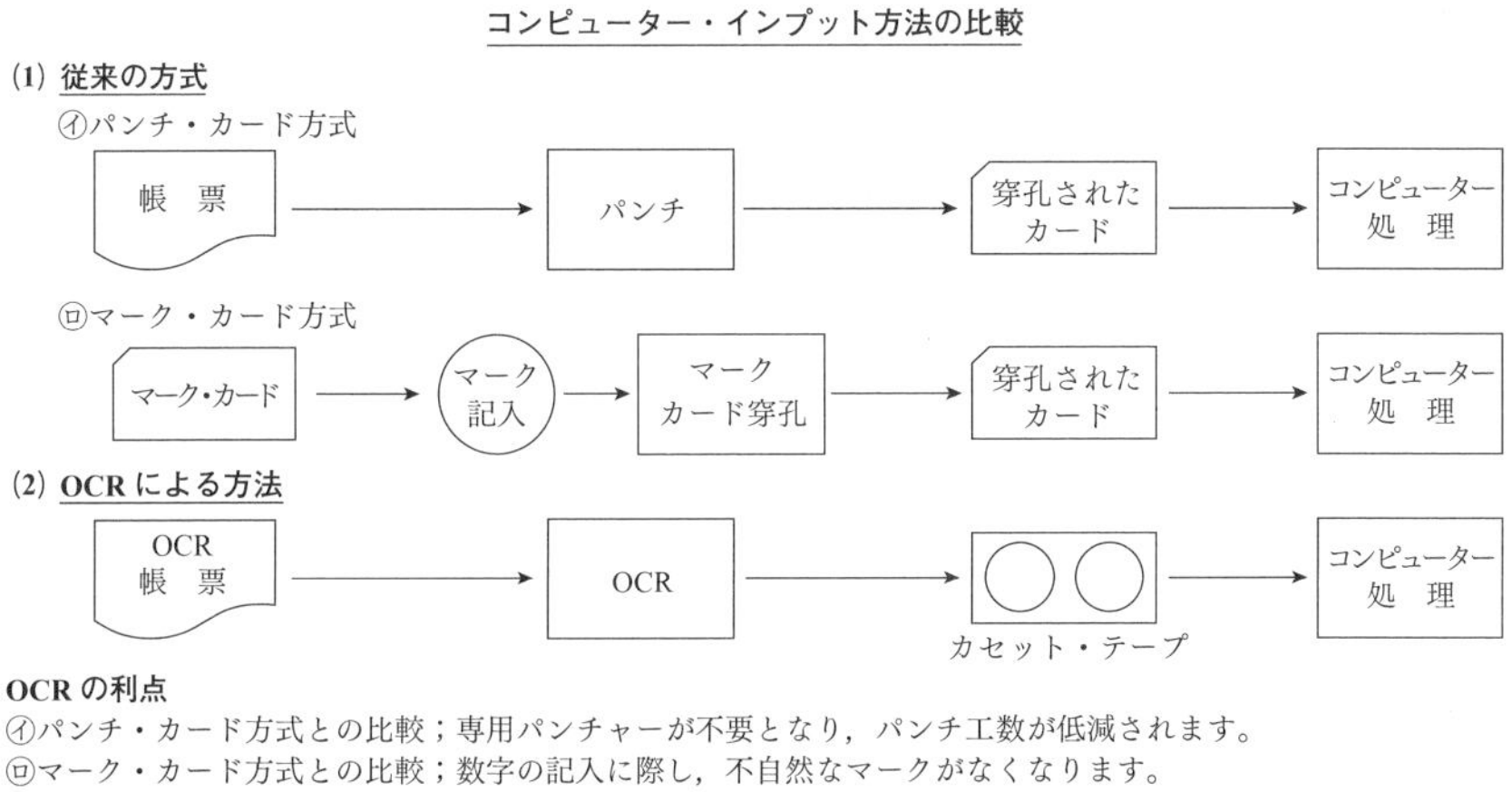

図 1-9　バーコード導入以前のコンピュータ・インプット方法の比較

出所）日本電装『電装時報』(1976年6月) 32頁。

外注かんばんをサプライヤーが受け取るたびに四種類の伝票が作成される。部品などの現品をサプライヤーがトヨタに納入する際には、少なくとも納品伝票と受領伝票への押印にトヨタは関与し、サプライヤーは受領伝票を持ち帰る。納入が多頻度であれば、その頻度に応じて伝票類の数は多くなる。

外注かんばんにバーコードが付けられた後は、それをＯＣＲで処理して帳票が印刷されていたものを「ＯＣＲカード」と呼んでいた。図1-9を見ると、バーコード導入以前に、少なくともデンソーではＯＣＲの導入が進んでおり、ＯＣＲで文字認識する帳票のことを「ＯＣＲ帳票」と呼んでいたことがわかろう。

ＯＣＲによる伝票処理が普及したのちに、バーコードが導入され、パンチカードに取って代わっていったことを念頭に置けば、次の説明は理解できよう。

　バーコードリーダーの利用は「かんばん」が持っている情報（仕入先、品番受入等）を、バーコードとして記号化させ、これを光学的に読みとり、納品書、受領書を自動的に作成します。この納品書、受領書はＯＣＲ（ＯＰＴＩＣＡＬ、ＣＨＡＲＡＣＴＯＲ、ＲＥＣＯＧＮＩＴＩＯＮ…光学的文字認識）で読み取らせることができます。一号機は、五十二年五月から元町工場に設置され、現在トヨタ自工の八工場、三十二台へと拡大されており、本年は日野自工を始めとして（二月五日より実施）トヨタ関係各ボデーメーカーにも採用される予定です。[95]

ＯＣＲの認識率が高ければ、バーコードの情報から帳票を印刷し、それをＯＣＲで認識することにもそれなりに合理性はある。関係する各社のデータ処理システムを統一することなく、ＯＣＲによって認識した情報を各社のシステムで処理すればよいからである。

トヨタの外注かんばんにバーコードが付けられ始めたのは一九七七年である。『トヨタ生産方式』（一九七八年刊）に何気なく掲載されているバーコード付きの外注かんばんは使用され始めてから一、二年しか経っていないものだったのである。おそらく当時、バーコード利用を考えていた業界の人たちにとっては、その写真は驚きだったに違いない。だが多くの一般の読者が、白黒の縞模様（バーコード、本章扉の図参照）の意味を理解することは不可能だったに違いない。

この外注かんばんにバーコードを付けることは重要な変革だった。このことはトヨタの社内団体であるトヨタ技術会の四〇年史『新たな飛躍』（一九八七年刊）に掲載されている蛇川忠暉（当時は生産管理部長、後にトヨタ自動車副社長、日野自動車社長・会長）の回顧からも明らかである。ここで蛇川が「かんばん」と称しているのが「外注かんばん」であることは文脈から明白であろう。

部品の種類・量の増大でかんばん運用の事務作業が本来のかんばんの機能を阻害することのないように、効率化に取り組んだのが、かんばん情報のバーコード化である。これは、かんばん持ち帰り時に、リーダーでかんばんを読み取り、納受領書と持ち帰り確認表を作成する仕組みで、世界初の横バーコード化、当社初のＯＣＲ帳票採用と昭和五二［一九七七］年当時としては画期的なシステムであった。現在では、オールトヨタで約二〇〇台のシステムが稼動しており、打切り時のかんばん自動停止、回転枚数把握等の機能整備がはかられトヨタ生産方式の近代化に寄与している[96]。

（4）なぜ外注かんばんにバーコードが付けられたのか？

外注かんばんにバーコードが付けられた経緯はすでに説明した。その説明からでも、なぜバーコードが外注かんばんに付けられたかはわかる。すでに引用した文章にあるように、パンチカードの使用枚数が「飛躍的に増加」したせいである。月間取り扱い量は一九六五年の一〇万セットから、バーコードを導入した一九七八年には一五倍の一五〇万セットになっていたのである。パンチカードには、穿孔作業（情報を機械で処理できるようにパンチカードの所定の場所に孔をあける作業）が必要である。この作業はキーパンチャーが行う必要があり、パンチカード数が増えれば必要な人員も増加する。それと同時に、穿孔作業は基本的に手作業なので、誤った箇所に穿孔してしまうことは避けがたい。処理するパンチカードが増えれば、それに伴い穿孔作業の誤りも増えざるをえないのである。誤った箇所に穿孔されたパンチカードの使用を防ごうと検査・選別作業を慎重に行ったとしても、誤って穿孔されたパンチカードの使用を完全に防ぐことは不可能に近く、その訂正作業にも時間を割く必要が出てくる。

なぜパンチカードの使用枚数が増大したのだろうか。元町工場（一九五九年開設）だけでも「一九六八年から一九七八年にかけて単一車種での車型は増え（二車種での車型合計は約二倍に増え）、それに応ずるかのように外注部品点数も約二倍に増えていった」のである（詳しくは、本章4(3)および後掲の表1-1参照）。さらに、一九六四年に本社工場（旧・挙母工場、一九三八年開設）内に知多鍛造部を新設し、その製造施設として知多新鍛造工場が完成した後[97]、次々と工場が開設されていった。一九七八年にまでに開設された工場を年代順に示そう。上郷工場（一九六五年）と高岡工場（一九六六年）、三好工場（一九六八年）、堤工場（一九七〇年）、明知工場（一九七三年）、下山工場（一九七五年）、それに衣浦工場（一九七八年）である。これらの工場の立地はいずれも愛知県である。二一世紀になってもトヨタの国内工場の立地に占める比重は愛知県が大きいが、そのほとんどが外注かんばんにバーコードが付けられる以前（一九七七年以前）に開設された工場なのである。上記の工場に田原工場（一九七九年）と、貞宝工場（一九八六年）、広瀬工場（一九八九年）を加えれば、二〇一一年時点で愛知県に立地する全工場となる。

この工場数の増大は自動車生産台数の増加に対応している。トヨタが年産二万台を初めて達成したのは一九五四年であり、月産一万台を初めて超えたのは一九五九年一二月であった。この生産水準を達成するのに創業から約二五年がかかっていた（『寓話』一六四―六五頁参照）。これ以降の生産台数の伸びは驚くべき速さである。一九五九年に年産一〇万台に達し、年産一〇〇万台には一九六八年、年産二〇〇万台には一九七二年に達する。一九七七年（外注かんばんにバーコードが付いた年）には約二七二万台で、年産三〇〇万台を視野に捉える状況であった（実際に、年産三〇〇万台を達成したのは一九八〇年）。

この生産台数の急増は間違いなく、『創造限りなく』が言う「購入部品の増加」をもたらした。しかも、車種の増加だけでなく単一車種内での車型も増えたため、購入部品の量が増えただけでなく、その種類も増大したであろう。これはサプライヤーがトヨタに一回で納入する部品数量がたとえ一定であっても、納入回数が大幅に増えることを意味する。それだけでなく、トヨタは納入ごとの部品数量を減らし高頻度で納入を要請するようになる。このため「多回納入［高頻度納入］」の採用によりさらに事務処理が増加」したのである。その結果、「出庫時のカード起票処理工数」が大幅に増え、「パンチ工数の増加」を招いた。[98] この問題を解決するために、バーコードが外注かんばんに付けられたのである。

先に引用したように、バーコード化した外注かんばんの導入時を回顧しながら蛇川忠暉が「当時としては画期的なシステム」というだけにとどまらず、さらに踏み込んで「打切り時のかんばん自動停止、回転枚数把握等の機能整備がはかられトヨタ生産方式の近代化に寄与」したというのも、これまでの記述から理解できるであろう。

ここで問題の焦点を外注かんばんからトヨタの最終組立ラインに移そう。

4　最終組立ラインではラベル（張り紙）がなぜ今でも使われているのか？

（1）最終組立ラインでのラベル（張り紙）とはどのようなものか？

二一世紀になっても、自動車工場の見学に行くと言えば、最終組立ラインの見学をすることを普通は意味する。その最終組立ラインを見学すると、図1-10(1)のように自動車が組立ラインに並び、各自動車に張り紙（ラベル）のようなものが付いているのを目にする。この「ラベルは多種類の車を次々に組立てていく順序を最終組立ラインに指示する手段として使われ」ている。[99] そのラベルの一例が図1-10(2)である。このラベルについて門田安弘は次のように説明する。

(1) 最終組立ラインでラベルが使われている状況

(2) 最終組立ラインで使われているラベルの一例

組立No.			仕向地	
車型				
AJ56P-KFH				
リヤスプリング	リヤアクセル	ブースター	スティヤリングロック	コラプシブルハンドル
	S	M	A	
デフギヤ比	フリーホイールハブ	電気系統	排気対策	トランスファー
400				
オルタネーター	エアクリーナー	オイルクーラー	ヒーターエアコン	フロントウインチ
500Z			H	
寒冷地オイル	高度補償	LLC	ファン	リアフック
			D	
EDC				寒冷地向
A				

図 1-10　最終組立ラインで使われるラベル

注）それぞれの自動車の前方に四角く白く写っているのがラベル。
出所）門田安弘『新トヨタシステム』（講談社, 1991年）94-95頁。

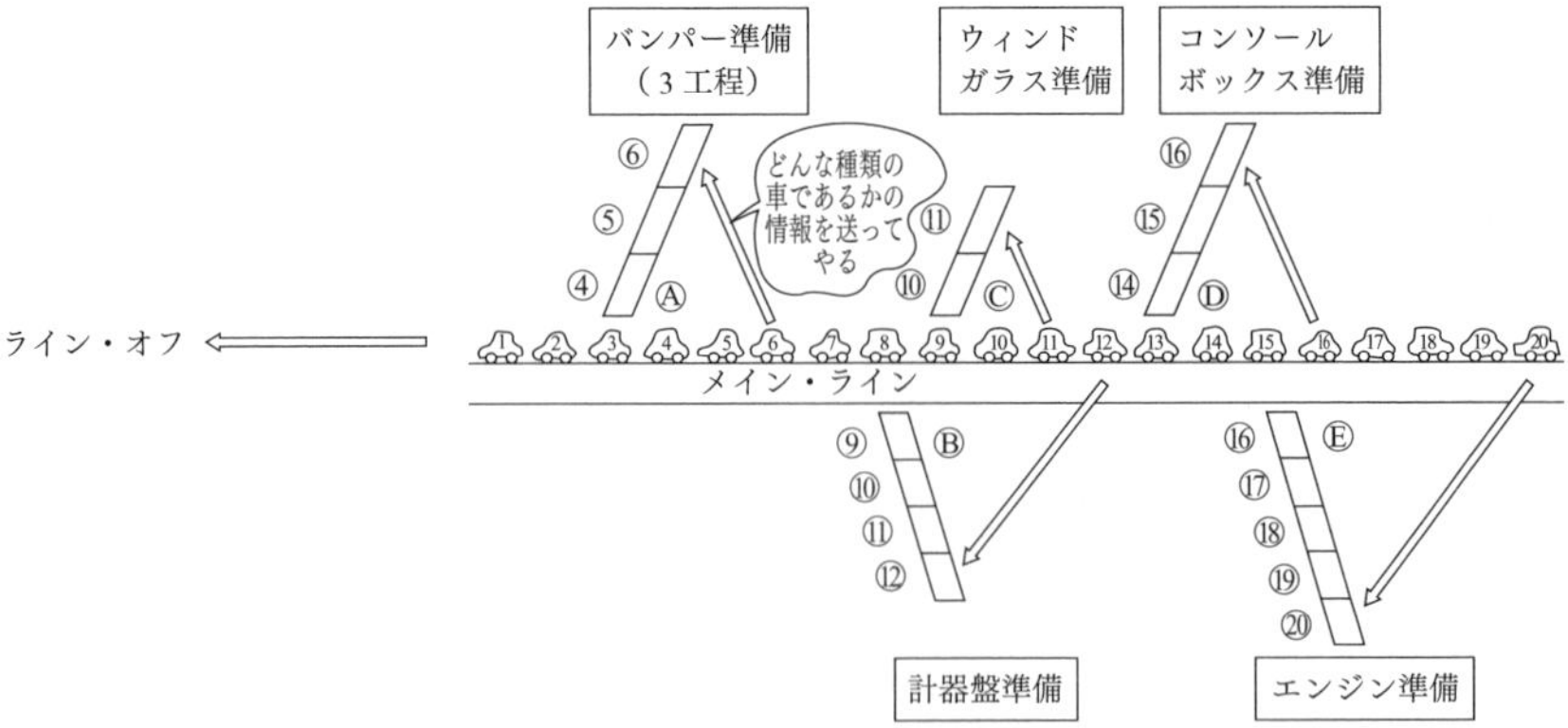

図1-11　最終組立ラインの概念図

出所）大野耐一『トヨタ生産方式』88頁。

ラベルは実際にかんばんと呼ばれるわけではないが、作業者にストアの各種部品をハンガーにかけるよう指示するか、これら部品を組付ラインで組付けるよう指示する。一種のかんばんとして利用されるわけだ[100]。

トヨタ内部の工程で仕掛けかんばん、引き取りかんばんの動きを検討しようとしても、実際にすべての工程を見学するわけにはいかない。また、全工程に共通した特徴となれば、図1-1の説明のような簡潔なものになってしまう可能性が高い。「かんばん」の動きそのものではなく、その動きが何かによって統制されているのではないかという問題意識からすれば、具体的な工程でやや詳細に検討を重ねてみるほうがよいのではないか。そうした考えで、「一種のかんばん」であるという最終組立ラインのラベル（張り紙）に注目してみたい。

このラベル（張り紙）について、『トヨタ生産方式』は実に懇切丁寧に説明をする。最終組立ラインを理解する上でも有益なので、その説明を紹介しておこう。

イラスト［図1-11］は自動車工場の最終工程である組立ライン（またはボディ組付ライン）を示す。各サブ組付工程が、まん中を流れるメイン・ラインと組み合わさって生産ラインを形づくっている。イラスト［図1-11］中の番号は車の通しナンバーである。すなわち、一号車がライン・オフしようとしており、二〇号車が第一工程にはいってきたと考える。生産情報（順序計画）は一台ずつ、組立ラインの第一工程へ出される（いまは二〇号車の仕様が出されたところである）。第一工程の作業者は、車にこの車がなんであるか、すなわち、生産のために必要な情報をすべて記入したはり紙（生産指示表）をつける。[101]

引用文で「はり紙（生産指示表）」となっているが、生産指示票と理解すればまさに仕掛けかんばんである。組立ライン上の自動車そのものに張ってあるのだから、現品票も兼ねている。

図1-11にはメイン・ラインの他に「エンジン準備」など五つのサブ組付工程が描かれている。そのサブ組付工程にメイン・ラインから情報を出す。これを示すために矢印が描かれている。この状況を「バンパー準備」に即して、『トヨタ生産方式』は次のように説明する。

サブ工程の作業者についても、車がみえる場合は問題がない。しかし、設備や柱の陰になってみえない場合などは、つぎのように情報出しを行なう。いまAの工程で、バンパーを組付けているとする。バンパー準備の工程は三工程とする。このA工程でいま必要なのは、六号車にはどんなバンパーがつくかということである。したがって、メイン組付けの六号車を組んでいる工程がバンパー工程のあたまの作業者に情報を教えてやるようにしている。それ以上の情報は、いまは不要なのである。[102]

実に巧みな説明である。だが、メイン・ラインを進む車（ないしは、それに付けられている「はり紙」）を見てバンパーを作成するのだろうか。「はり紙」が見えないバンパー準備の工程ではどのように「情報を教えて」もらうのだろうか。元・従業員の青木幹晴は次のように説明する。

ユニット組付ラインから車両組付ラインへ供給されるエンジンやトランスミッションなどの大物部品にも、当初はかんばんが使われていた。しかし大物部品のため膨大な在庫量・在庫スペースが必要だったため、これらの大物部品についてはかんばんをやめ、車両組立ラインの仕掛け順序にしたがって、一台ずつ持ちにいくことにした。[103]

ここで言う「ユニット組付ライン」が図1-11の「エンジン準備」などのサブ組付工程、「車両組付ライン」が「メイン・ライン」だと考えればよい。同図の「エンジン準備」の工程への情報も「当初はかんばん」によっていたという。ただ、メイン・ラインで車両の組み付けが始まり車種に変更がないと確定すれば、メイン・ラインでの車種の仕掛け順序の情報があればよい。だから「エンジン準備」工程では順序情報に従ってメイン・ラインにエンジンを一台ずつ運んだのである。実は、さらに「電子かんばん」の導入で再度、大きな変革があったことを青木は描いているが、それはここでの考察の範囲外としよう。

このように見てくると、自動車の組立ラインでも車に貼り付けられたラベル（張り紙）やかんばんが現場の作業者に対する指示の役割を果たしている。門田の言うようにラベル（張り紙）も「一種のかんばん」だと考えれば、全面的にかんばんに依存しているように思われる。

しかし、青木が書いているように、「仕掛け順序」だけでも生産は順調に進行する（突発的な事態が生じ、車種の組立順序が狂わない限り）。だが、「生産順序計画」の策定方法については『トヨタ生産方式』は一切触れていない。また、同書は「多過ぎる情報は、進み過ぎを誘発」すると書くものの、[104]その詳しい説明もしない。

次に、別の観点から最終組立ラインでの生産を考えてみよう。

（2）最終組立ラインはどのようにコンピュータで制御されているのか？

『トヨタ生産方式』には、「平準化した順序計画……などはコンピュータを用いてはじめて可能になる」とも、コンピュータを「道具として自由に使いこなす」とも書いてある。[105]だが、その「自由に使いこなす」様子は描かれていない。ここでは、そのコンピュータが最終組立ラインの生産にどのように使われていたのかを検討しよう。

この問題を、きわめて早い時期に記したのはまたしても門田安弘である。門田の『新トヨタシステム』（一九九一年刊）は次のように書いている。

> 広い意味での自動車の組立ラインはボディ溶接工程、塗装工程、組立および検査工程から成り立っている。これらの諸工程を制御する方式として中央集中型のコントロール方式と自律分散型のコントロール方式とがある……。[106]

確認しておこう。広義の自動車の組立ラインは、ボディ溶接など数種類の工程を含むものを指す。最終組立ラインというのは、広義の組立ラインの中の一工程である組立工程を指す。

右の引用文がわかりにくいとすれば、文中にある「中央集中型」や「自律分散型」のコントロール方式が理解しがたいためであろう。それも、この引用文が「自動車工場のコンピュータ制御システム」という章（第六章）の冒頭からの引用だとわかれば一応の意味が推定できよう。後で詳しく述べるが、一九六〇年代後半以降、自動車の組立ラインはコンピュータ制御に大きく依存していたのである。

門田の『新トヨタシステム』からの引用を続けよう。

> 組立・検査工程は、組立ラインにボディがオンしたところで、カードをカードリーダーで読み取り、作業指示書（艤装部品指示書ともいう）をラベルプリンターで出力する。[107]

自動車工場のことを熟知している読者であれば、要するに車体の外観が整って、その車体が最終組立ライン上に置かれて、車の内装品などを取り付ける作業（艤装）について述べていることは直ちに理解できよう。

だが、引用文中の「カード」、「カードリーダー」が何を指すかを直感的に理解できる読者は少ないのではないか。

門田の説明を聞こう。この「カード」についての説明は、最終組立工程より前の工程（具体的にはボディ溶接工程）で車体らしき外観（ボディシェル）が作られる箇所にある。まさに広義の組立ラインの最初の工程（あるいは通常は組立工場内部の最初の工程）での記述である。

> シェルボディラインの頭［最初］のところには、磁気カード発行機（マグ発行機と呼ばれる）があって、車両

カード（マグカード）を発行する……。このマグ発行機に対してＡＬＣ［アッセンブリー・ライン・コントロール］室から指示がいくのである。車両カードは車の型式番号を示すものであって、シェルボディラインの頭で車体に付けられる。これは、かんばんではなく磁気カードであり、電車の自動改札機用に使う切符のように、このカードの下部には磁化された部分がある。さらに、車体がボディラインを進んでいくに際し、各工程の頭（関所［車両の進行をチェックする場所］）において車両カードをカードリーダーに差し込むと、コントロール室では、該当車両番号の車が今どの工程を流れているのかが、直ちにディスプレイ上でわかるようになっている。[108]念のため説明すると「磁気カード」とは、カードの磁気に情報が書き込まれているものである。銀行のカードやクレジットカードは磁気カードの一種で、そこに貼られた磁気テープに情報が記録されている（次第に、磁気テープはＩＣチップに代替されつつあるが）。銀行カードやクレジットカードの情報を読み出す機械が磁気「カードリーダー」である。つまり「車両カード」には個々の車両に関する情報が記録されていて、そのカードの情報をカードリーダーで読み取ると同時に、コントロール室はその位置情報を確認できるようになっていたのである。

門田が活写しているのは、組立ラインがコンピュータ制御になっている状況である。ＡＬＣ室とは「工場別のミニコンピュータが置かれた管制室」であり、そのミニコンピュータから各工程のラインにあるコンピュータ（ワークステーション）に生産計画データが転送される。[109]まだコンピュータと言えばメインフレームを指した時期である。大型のメインフレーム・コンピュータは、それから発生する熱を冷却する必要もあり、その設置には大規模な設備が必要であった。それより小型のコンピュータはミニコンピュータ（ミニコン）と呼ばれ狭い部屋などでも設置可能であり、それがＡＬＣ室に置かれていたのである。この当時、ミニコンより小型のコンピュータはワークステーションと称されており、メインフレームやミニコンとつながれた端末としても使われていた。このように階層的なコンピュータ・システムによって、組立ラインは制御されていた。[110]このシステムの下で磁気カードを使って、個々の自動車がどの工程を進行中かを把握していたのである。

こうしたコンピュータによる制御がなされている中で、ラベルが使用されているわけである。再び、門田の説明を聞こう。

組立ラインは一〇〇工程近くもあって、また、スピードメーターだけでも三〇種類もある。これを一枚のラベル（フード指示紙［自動車のボンネットに貼り付けられている組み付け指示が書かれた紙］）だけでは、表示しきれないので、ラベルはラインのところどころで出すようになっている。つまり、一枚のラベルだけでは組み付けるべき各種部品を表示しきれないのである。(111)

コンピュータ制御されている状況で、組立ラインの何カ所かでラベルはコンピュータから送られてくるデータを出力（つまり、紙に印刷）している。それが車のボンネットのところに貼られているという説明である。この説明は二一世紀初頭に自動車の組立工場を見学して目にする情景と感覚的にも一致する。

最終組立ラインでは全体としてコンピュータ制御されており、その中で現場の作業者に対する指示はラベル（張り紙）でなされている。ラベル（張り紙）での指示とコンピュータ制御は相対立するものでもない。

こうした点を念頭に置いた上で、『トヨタ生産方式』に「多過ぎる情報は、進み過ぎを誘発し、順序まちがい」を生み出すと書いてあることに着目し(112)、その背景について検討しておこう。

（3）なぜ組立ラインでラベル（張り紙）は使われているのか？

組立ラインのコンピュータ制御が実用化されるのは一九六〇年代後半以降（昭和四〇年代以降）である。コンピュータ制御が必要となった事情をトヨタの五〇年史『創造限りなく』（一九八七年刊）は次のように簡明に述べる。

> 昭和四十年代には、生産量の拡大だけでなく、ワイドセレクションあるいはセリカのフルチョイスに代表されるように、車種の多様化が飛躍的に進んだ。生産量が急増して車種が広がると、月別・日別の日程計画、組立順序など、工程ごとに平準化した生産計画をたて、それを製造工場にタイムリーに指示するには、どうして

もコンピューターの力が必要になる。(113)

さらに、コンピュータを導入した結果、組立ラインでの作業はどのように変化したかについても次のように雄弁に語る。

ラインサイドの端末機から、組み立てる車両の流れに合せて作業者に取り付ける部品を指示するので、作業者の判断業務は大幅に軽減され、その分、組付間違いを防ぎつつ仕様の拡大に対応できるようになったわけである。(114)

この書き方からすると、コンピュータ導入の効果は絶大であったかのようである。ところが、これに続くパラグラフでは、その効果が十分には発揮できなかったことが微妙な言葉遣いで描かれる。

しかし、オンライン・コントロール・システムの場合、情報が早く送られるだけに、それが先行作業の要因となって作業の標準化を困難にしたり、工程で異常が生じたときに柔軟性を欠くなどいくつかの問題を含んでいた。そこで［昭和］四十年代の半ば［一九七〇年頃］から、コンピューターによる生産指示とかんばん方式の接点を求めて試行錯誤が始まった。(115)

ここで言う「試行錯誤」とは具体的にどういうことなのだろうか。

この点について、トヨタの四〇年史『トヨタのあゆみ』（一九七八年刊）は「生産指示は端末機から『はり紙』へ」と題する項目で次のように実に明快に述べる。

情報が各端末機から先出しされた結果、先行作業が行われるようになり、その結果、組付ミスの多発、作業の標準化の阻害といった欠点が目立つようになってきた。

また、前半の工程でトラブルが発生しボデーを流す順序が変更されると、後半の工程で組付を誤ったり、組付が不可能になるという事態も発生するようになった。

このため、端末機による生産指示をやめて、ボデーそのものに生産指示情報を運ばせることになり、ボデーに貼付した「はり紙」による生産指示方式に切り替えた。

　作業者は、生産指示情報を作業対象そのものから得ることになったため先行作業による組付ミスもなくなり、変化への対応も柔軟に行えるようになった[116]。

　作業者が自分で端末機（つまりは、ディスプレイ）を見て、今後の生産予定を確認できるようになった結果、作業者自らの判断で作業順序を変更したりすることになり混乱が生じたというのである。

　会社全体の観点から生産の平準化を考慮して組立ラインに指示が出される。だが作業者は眼前にある自動車やそれへの指示だけでなく、この自動車の後にどのような自動車に何を組み付けるのかといった情報をディスプレイで確認しながら作業を行うようになった。その結果、作業者が個人的な観点から作業効率を考えた作業順序の変更や作業速度の調整などを行うようになり、現場に混乱が生じたのである。

　こうした混乱の結果、端末機は作業現場から撤去される。『トヨタのあゆみ』は次のように述べている。

　作業ラインの端末機は、遂次廃止され、返却された。オンライン・コントロールのための端末機は、ラインの初めの工程で「はり紙」を準備するために必要なものだけが残された[117]。

　実際、トヨタの元町工場における生産管理方法の変遷に関する論考を読むと、組立工場では一九七〇年から「端末機の設置（五二個）」があったにもかかわらず、一九七五年以降には「すべてはり紙を見て組付」に変更されたとなっている[118]。

　この詳しい事情を見てみよう。

　元町工場では「部品点数の増加に伴う、㋑管理工数の増加（部品手配から生産指示まで）、㋺作業および管理の複雑化によるトラブルの増加（部品手配ミス、組付ミスなど）に対処する」ことが課題になる[119]。『創造限りなく』に書いてあった車種の多様化、生産台数の急増が作業現場に問題をもたらしたのであろう。元町工場だけに限ってみると、一九六九年には「クラウン、マークII、コロナの三車種」を生産しており[120]、一九七三年には「コロナの［生産

表 1-1　元町工場における車型，部品点数，生産性の比較（1968，78 年）

		1968 年	1978 年
車　型	クラウン	104 車型	147 車型
	マークⅡ	50	168
外注部品点数（買い入れ点数）		約 8,400 点	約 16,500 点
生産性	クラウン	100	175
	マークⅡ	100	200
	工場全体	100	250

出所）豊坂照夫・真野正俊「10 年後の生産量管理と工務の役割」『トヨタマネジメント』（1978 年 9 月号）34 頁。

を堤工場に」移行」があって、[121] 車種数は減少しているように考えられがちである。だが単一の車種内のバリエーションは大幅に拡大していた。一九六八年から七八年にかけて単一車種での車型は増え（二車種での車型合計は約二倍に増え）、それに応ずるかのように外注部品点数も約二倍に増えていった。それにもかかわらず、工場全体の生産性は落ちずに二倍を上回る伸びを示している（表1-1参照）。

この生産性の伸びを支えた要因の一つには「電算機［コンピュータ］の活用」もあったであろう。実際、コンピュータの使用を推進し、組立工場では一九七〇年以降に端末機を五二台設置した。[122] 機械部品でも一九七〇年には「車型の膨大な増加により、端末機による生産指示」に変更した。[123] だが、このように端末機を設置して「打ち出し記号を見て生産」をするようになると、[124] 問題が生じた。

> 端末機による生産指示は、組立工場のトラブルがすぐ機械工場につながり、組立工場あわせて、ラインストップしたり残業したりするとか、塗装工程内の不良による平準化のみだれが機械工場の平準化生産を阻害するなどの理由から、昭和四九［一九七四］年末より、かんばんの導入を実施してきた。[125]

コンピュータによる生産制御を推し進めたがトラブルが生じ、張り紙（ラベル）の使用に戻ったり、「かんばん」を導入したというのである。

このように書いても、そもそも生産現場の管理にコンピュータを使うイメージを思い浮かべることができない読者も多かろう。あるいはトヨタが「［昭和］四十年代の半ば［一九七〇年頃］から、コンピューターによる生産指示」を導入していたこと、それ自体が疑わしいと考える読者もいよう。すでに引用した社史などの文章で疑問に答えているとは思うが、一九六七年の『技術の友』に掲載された口絵とそのキャプションも参照されたい（図1–12参照）。「データを入れると中央電算処理装置……が瞬時にそれを処理して……作業指示を行う」というその文章には、最新の情報処理機器が導入されたことを誇らしげに語っている印象がある。また、この口絵のタイトルが「EDPS（電子計算組織）による工場管理」になっていることにも注目したい。「EDPS」はエレクトロニック・データ・プロセシング・システム（Electronic Data Processing System. 電子情報処理システム）の略で、現在（二〇一〇年代）であればこの用語は普及しており、容易に意味もわかる。だが一九六〇年代末にこの用語が一般的に使われていたとは思われない。主に技術者が参画している「トヨタ技術会」（口絵を掲載している雑誌の発行主体）という社内団体でも「EDPS」という用語は普通には使われていなかったであろう。この用語を口絵タイトルに使ったのは新たな情報処理機器に対する期待と自負があったからではないか。トヨタは情報処理機器の使用に消極的な企業どころか、きわめて積極的に使用を推し進めた企業なのである。

写真1

写真2

写真3

図1–12　EDPS（電子計算組織）による工場管理

注）なお，この図のタイトルはオリジナルのまま。説明は次のように書かれている。「インプットステーション（写真2）からデータを入れると中央電算処理装置（写真1）が瞬時にそれを処理してアウトプットターミナル（写真3）で作業指示を行う」。

出所）『技術の友』第18巻3号（1967年），口絵より。

しかし、こうした期待を込めて導入した機器が、実際に作業現場で使用されると、問題が生じたのである。

5　「かんばん」は情報システムとは無縁なのか？

(1)『トヨタ生産方式』では情報システムをどのように説明しているのか？

トヨタでは生産計画の体系で、コンピュータが大きな役割を果たしていることは否定できない。ところが、この問題を多くの研究者が重要視しているようには思われない。それは、「かんばん」を生産計画の体系に位置づけるよりも、生産現場における「かんばん」の動きに重きを置いて見てきたためではないか。

こうした議論の傾向を形作った一因が『トヨタ生産方式』の記述にあることは間違いない。しかし一方、「かんばん」と情報システムとの関連を考えるヒントも同書にある。

この問題を扱うためにも興味深い逸話を紹介しておこう。本章1(2)で、『トヨタ生産方式』に触れた際、「著者の大野耐一（あるいはそのゴーストライター）」とあえて書いた。これは近年になって、三戸節雄が『トヨタ生産方式』のゴーストライターだと自ら名乗り出たからである。[126] もちろん同書の「あとがき」にも次のように記してある。

この書［『トヨタ生産方式』］をまとめるに当たっては、経済ジャーナリストの三戸節雄氏にたいへんお手をわずらわせる結果となってしまいました。同氏の熱心なるご協力なしには、この書は生まれなかったであろうと思い、ここに特記して感謝申し上げます。[127]

多忙な人物による書物にはゴーストライターがいることは周知の事実であろうが、自ら名乗り出ることはあまりない。もちろん例外はある。最近では同じ自動車産業あるいは経営に関連した書物としてあまりに有名なアルフレッド・P・スローンJrの『GMとともに』についても、ジョン・マクドナルドがその執筆から出版に至る過程を明らかにした。[128] 本書では書物の奥付に従って大野耐一を著者と記しているが、それは、引用するたびにいちいち注記することはあまりにわずらわしいからである。また、もはや『トヨタ生産方式』と大野耐一の名前は一般には分かちがたく深く結び付いており、真の執筆者は大野だと信じられているからでもある（これはゴーストライターにとって、きわめて名誉なことだと思うが）。さらに、『トヨタ生産方式』の記述自体も信頼度が高いと考えられている。数十年もの時間を経て同書はまさに「歴史的書物」になっているのである。

ここであえて三戸に触れたのは、彼が興味深い話を披露しているからである。

> 筆者［三戸］が連日連夜、考えに考え何度書き直しても書き切れなかったテーマがある。それは「トヨタ生産方式」と表裏一体になってシステムを構成する「トヨタ式情報システム」である。ここだけは全面的に、張富士夫［元・トヨタ自動車会長］の手を煩わした。[129]

三戸はきわめて優秀な執筆者である。『トヨタ生産方式』が達意の文章で書かれていればこそ、類書が続々と出版される中で、刊行後三十数年を経た今でも版を重ね売れ続けているのである。もちろん取材から執筆、さらに最終段階での確認まで苦労が多かったことは十分考えられるし、実際そのように回想している。だが、その有能な彼にして「書き切れなかったテーマ」が「『トヨタ生産方式』と表裏一体になってシステムを構成する『トヨタ式情報システム』」だったということは、本章、特に本節の観点からは興味深い。

張の書いたパラグラフがどこなのかも三戸は明確に記している。その箇所は『トヨタ生産方式』の「第二章　トヨタ生産方式の展開」における「トヨタ式情報システム」という節における次の箇所だという。[130] 三戸自身が「『トヨタ生産方式』にとって肝心要のポイントなので、張富士夫の執筆箇所を全文引用」したように、[131] ここでも当該箇所をすべて引用する。

> トヨタ生産方式をスムーズに動かすためには、トヨタ式生産計画およびトヨタ式情報システムがしっかりと組み上げられていなければならないのである。
>
> まずトヨタ自工には年間計画がある。これは今年一年で何台つくるかという大わくの生産台数（同時に販売

台数）である。たとえば、今年は二〇〇万台つくろうというようなものだ。

つぎに月度生産計画なるものがある。たとえば、三月に生産される車については、一月に何をどれだけつくるかが「内示」され、二月に入ると、車種から型式その他細目にわたる生産内容が「確定」される。外部の協力企業へも同じ時期にそれぞれ「内示」と「確定」の情報が送られる。それにしたがって、今度は日程計画を綿密に練ることになるのである。

トヨタ生産方式にとっては、この日程計画の立て方が重要である。ここで生産の「平準化」を徹底して日程計画のなかに織り込んでいくのである。

前月の後半に、各ラインは種類別に一日当りの生産量を知らされる。これをトヨタ自工では、日当りレベルと呼んでいる。いっぽう、日程計画をさらに平準化して並べた「順序計画」を、最終組立ラインのあたまに、一か所だけ送ってやればよい。

ここがトヨタ式情報システムの一大特徴である。他の企業においては、すべての生産工程にいろいろの情報を送ってやらなければならないだろう。(132)

見事な説明である。年間計画を月度生産計画、日程計画へと落とし込み、順序計画を作成するということが簡潔に語られている。図1-2の上部に書いてあったように「生産計画（月・旬・日）」から「平準化順序計画」を策定し、「ボデー着工」の指示がなされると説明してある。

三戸は引用する際に原文にはない強調を加えている。引用文の最後尾に傍線を引いて強調しているのである。その箇所を再掲する。

日程計画をさらに平準化して並べた「順序計画」を、最終組立ラインのあたまに、一か所だけ送ってやればよい。

ここがトヨタ式情報システムの一大特徴である。他の企業においては、すべての生産工程にいろいろの情報を送ってやらなければならないだろう。

図1-2の太い点線で囲んだAの箇所から「最終組立ラインのあたまに、一か所だけ」順序計画を送ることが強調されているのである。

この順序計画がどのように作成されているかについては、この節の直前「必要なときに必要な情報」で次のように説明する。

　アメリカ式の大量生産方式はコンピュータを存分に駆使して効果をあげている。私どものトヨタ自工でも、コンピュータそのものを拒否しているわけではない。それどころか平準化した順序計画や、計画段階における部品ごとの日当たり必要数の計算などはコンピュータを用いてはじめて可能になる。ただ私どもは道具として自由に使いこなすが、これにふり回されることはしないように努めている。それによって人間性が疎外され、しかもコスト高になるような使い方は絶対に拒否している[133]。

順序計画などは「コンピュータを用いてはじめて可能になる」とは書かれているが、その具体的な説明はない。もちろんコンピュータを「道具として自由に使いこな」している状況が具体的に描かれることもない。

先に引用した張の文章とされる箇所から、『トヨタ生産方式』は「トヨタ式情報システムが生産現場でどのように機能しているかを説明」するとして、組立ラインでの説明に移る。そしてその説明をひと通り終えると、次のように「トヨタ式情報システム」の節を結ぶ。

　コンピュータをぞんぶんに駆使すれば、一つ一つの工程に、いま必要な情報だけを知らせることは可能である。ただし、そのためには膨大な周辺機器と回線を必要とし、費用の面からも現実的でなく、信頼性にも問題がでてくる。……

　多過ぎる情報は、進み過ぎを誘発し、順序まちがい、つまり必要な物が必要なときにできず、つくり過ぎと同時に欠品をもたらす原因となり、ひいては計画変更が簡単にできないラインの体質に結びつく。

企業の場では、過剰な情報は抑制されなければならない。トヨタ自工では、つくられるものに情報を背負わせることによって、これをおさえている。(134)

「トヨタ式情報システム」の節では、情報システムとは言いながらその具体的な内容についてはほとんど知ることができない。「つくられるものに情報を背負わせる」という表現で、「かんばん」の役割が暗に強調されるだけである。

この引用文で「多過ぎる情報は、進み過ぎを誘発し、順序まちがい、……つくり過ぎと同時に欠品をもたらす原因」だという表現には、現実的な裏付けがある。ここまで読み進んできた読者には、この点は理解できよう（本章4(3)参照)。しかし、だからといって、組立作業の現場を支える管理的側面から見れば、コンピュータが排除されたわけではない。この点を次に考えよう。

(2) コンピュータは完全に排除されたのか？

コンピュータの導入を推し進めたものの、製造現場では張り紙（ラベル）を再び使うようになったとか、かんばんが導入されたと言うと、コンピュータは生産の制御には完全に使われなくなったと思い込みがちである。そのように考えがちなのは先行文献の多くが、かんばんについて論じる際にはコンピュータ制御との関連を話題にしないからでもあろう。先に見たように、門田安弘は『新トヨタシステム』（一九九一年刊）で最終組立ラインにおけるコンピュータ制御についてバランスのとれた記述をしている。そこでは張り紙（ラベル）とコンピュータ制御が両立している様子が描かれていた。

ところが、門田の著作を検討してみると、奇妙なことに気付く。彼は何度かトヨタの生産システムに関する書物を書いているが、「自動車工場のコンピュータ制御システム」に関しては『トヨタシステム』（一九八五年刊）にも、『トヨタ・プロダクション・システム』（二〇〇六年刊）にも記述はない。企業の機密に属する事柄だったのかという推測もありえようが、トヨタ自動車工業の四〇年史『トヨタのあゆみ』（一九七八年刊）や五〇年史『創造限りなく』（一九八七年刊）には関連した記述があるだけに、奇妙な感が拭えない。なぜ門田は、一九九一年刊行の書物にあった説明を、二〇〇六年刊行の書物では省いてしまったのだろうか。彼は一九八五年刊行の書物にはなかった章をあえて設けて論じていたのに。『トヨタ生産方式』（一九七八年刊）にもコンピュータ制御に関する詳細な記述がない。こうしたことが相まって、この点に関する検討が注目を浴びることは少なくなったのではないか。

本章冒頭で述べたように『オックスフォード英語辞典』は“kanban”を載録しているが、同辞典は用語の使用例を時系列で示す点に特色がある。この単語の用例として掲げてあるのは、一九七七年に外国雑誌に掲載された論文であり、この論文が、英語圏での「かんばん」および関連用語の普及に大きな影響があったことを窺わせる。この論文は、次のように書く。

　ジャスト・イン・タイム生産の生産管理システムであり、労働者の能力を最大限に活かすのがかんばんシステムである。かんばんシステムの運用（utilizing）に、トヨタの現場（workshops）はコンピュータにはもはや依存していない。[135]

この文章を掲げた後に、かんばんの役割を示す図1-13を掲げる。

かんばんの動きだけに着目するなら、図1-13の「車両組立」以下の部分（薄いアミで示しているところ）だけにかんばんによる指示が関わっている。その意味では現場ではコンピュータが大きな役割を果たしているようには見えない。だが、生産計画の体系で「車両組立」より前の段階ではコンピュータの役割が大きいことは自明であろう。『トヨタ生産方式』にも書いてあるように「平準化した順序計画……などはコンピュータを用いてはじめて可能になる」からである。[136]

ちなみに、『トヨタ生産方式』の英訳版（一九八八年刊）では、オリジナル版で掲載されていた外注かんばんとは違うものが掲載されている（図1-14参照）。門田が『トヨタシステム』（一九八五年刊）で「外注かんばんはすべて

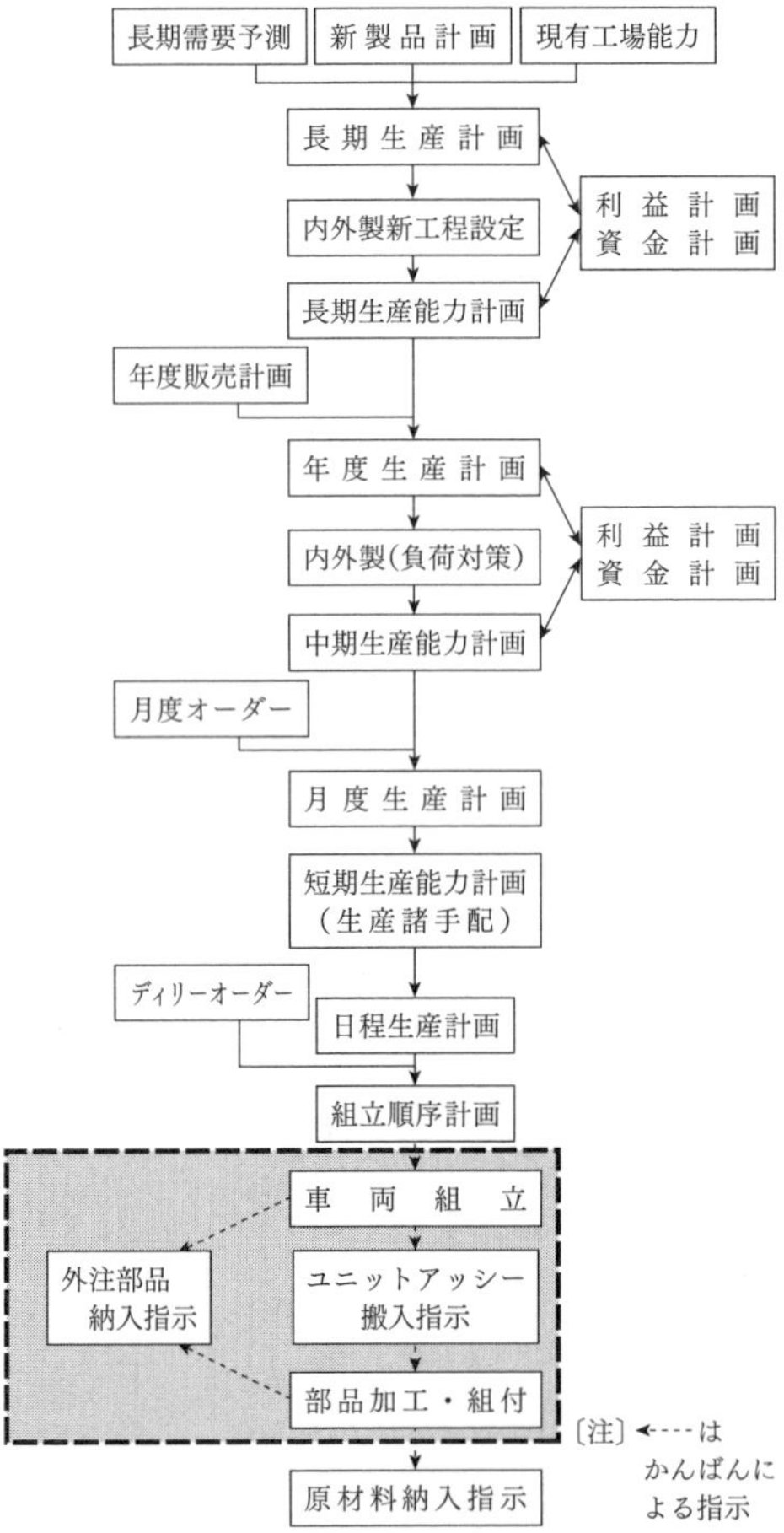

図 1-13　生産計画の体系

出所）Y. Sugimori, K. Kusunoki, F. Cho, and S. Uchikawa, “Toyota Production System and Kanban System : Materialization of Just-in-time and Respect-for-human System”, *International Journal of Production Research*, vol. 15, no. 6 (1977), p. 560.
なお，この図は著者の一人（杉森胖）の論考「トヨタ生産方式とかんばん方式――ジャスト・イン・タイム生産と人間尊重システムの実現」『トヨタマネジメント』（1977 年 11 月）56 頁に掲載された図を掲載した。訳語の混乱などでの誤解をおそれ，原著者による同一の図を掲載した。

バーコード化されている」と述べていたにもかかわらず、この図1-14のかんばんにはバーコードが付いていない。バーコードがあればその処理は何らかの情報機器によるものと想定できる。だが、この図からそうした推定は不可能である。この図1-14と同じ「かんばん」（日本語表記の）は『トヨタの現場管理』（一九八八年刊）にも掲載され、簡単な説明もある（図1-15参照）。一九七八年刊の『トヨタ生産方式』や門田の書物が発刊された時にはバーコード付きの外注かんばんが掲載されていたが、一九八八年刊行の二冊の書物には同一の外注かんばんが日本語・英語で掲載されているにもかかわらずバーコードが付いていないのである。この理由は不明である。この時点で多くの外注かんばんからバーコードが消え去ったとは考えられない。情報提供側（おそらくトヨタ）の意図が働いたのだろうか。事情はわからないが、いずれにせよ門田の『トヨタシステム』刊行以後に、バーコードが外注かんばんから消え去ったという話は聞かない。それに、バーコード使用に問題が生じたのであれば、蛇川忠暉が『新たな飛躍』（一九八七年刊）でバーコードの使用を「当時としては画期的なシステム」と回顧するとは考えがたいであろう（本章3（3）参照）。

話を実際の工場における状況に戻そう。一九八〇年代初頭に堤工場の生産指示がどのように行われていたかを見てみれば、生産指示の全体に占めるコンピュータが果たす役割がいかに大きいかがわかる。次の引用文を図1-16

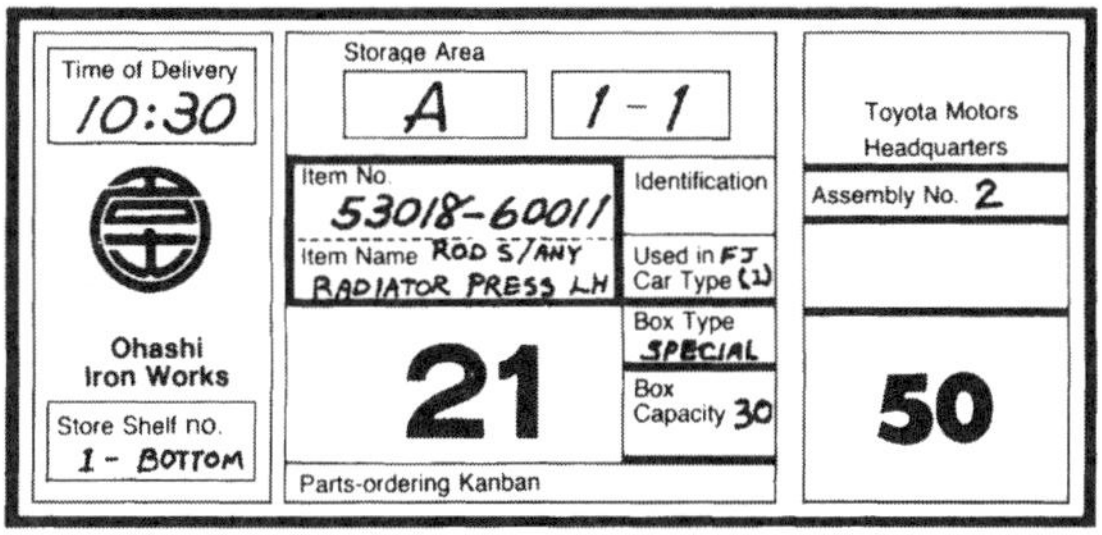

図1-14　『トヨタ生産方式』英訳版に掲載された「かんばん」

注）大橋鉄工というサプライヤーへの部品発注用の「かんばん」として掲載されている。

出所）Taiichi Ohno, *Toyota Production System : Beyond Large-Scale Production* (Productivity Press, 1988), p. 27.

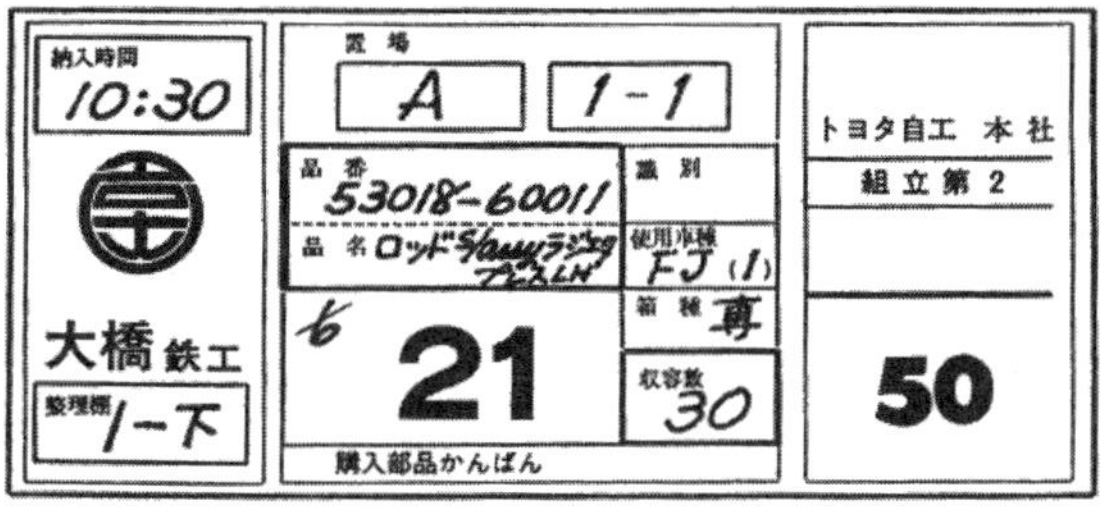

図1-15　『トヨタの現場管理』に掲載された「外注かんばん」

注）これは「外注かんばんの例」として『トヨタの現場管理』に掲載されたもの。中央部の細部にはわずかな相違があるものの，図1-14とほぼ同一である。これには次のような説明がある。「大橋鉄工からトヨタ自工本社工場への納入に使われる外注かんばん。50は本社工場の受入れゲートの番号。納められたロッドはAに運ばれる。21は部品名を背番号化したもの」。

出所）日本能率協会編『トヨタの現場管理――「かんばん方式」の正しい進め方』（日本能率協会，1988年）125頁。

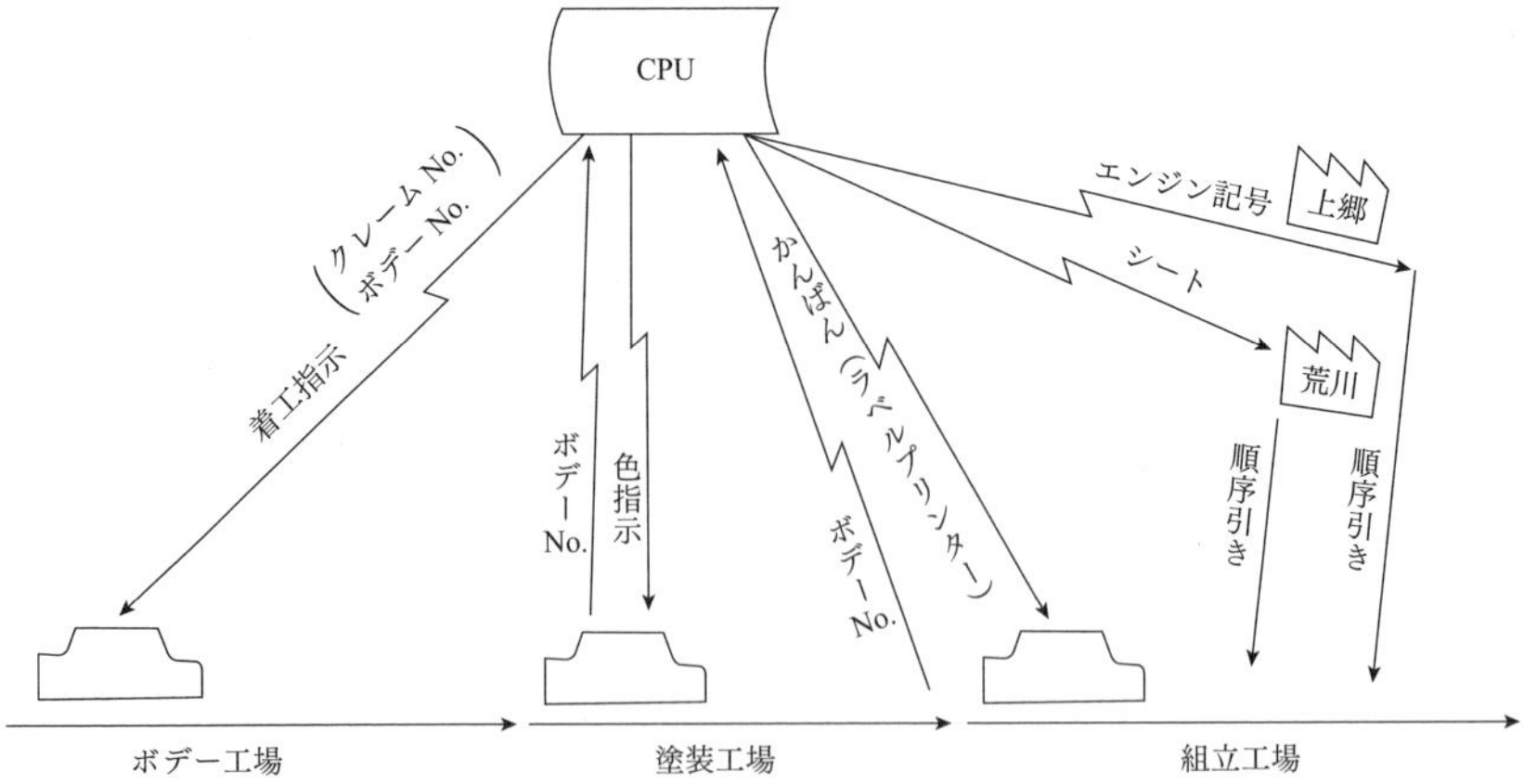

図 1-16　堤工場の生産指示システム

出所）北田寛一「需要の変動，多様化に対する工場の対応」『トヨタマネジメント』（1982 年 9 月）20 頁。

を参照しながら読んでもらいたい。

理想的な順序計画に基づき、コントロール室から生産指示を行う。アッセンブリーラインコントロール（ＡＬＣ）の仕組みでは、ボデー着工から塗装、組立、最終検査まで、順調に流れる中で、異常を管理できるようにしている。生産の実際はなかなか順調にはいかず、工程内での品質不良、設備故障等のトラブルにより、順序が乱されることになる。このような流れの異常を逸早くキャッチし、正常な流れに戻すために、コントロール室では塗装工程のボデーを重点にモニタリング（パネルコントロールといって、車両一台一台の流れが刻々判るようにしている）し、かつインターフォンで関連部署に連絡、必要な事項は前工程にもつなげている。昼夜とも一人二時間交替で、パネルと睨めっこである。

生産指示は電算機の力を借りて、要所に端末機を配し、コントロール室のＣＰＵと結んで、オンラインで行っている。生産に取り掛かるギリギリまで情報をインプットしないのは、変動、異常への対応をより容易にするための智恵である[137]。

このように生産計画の体系を考えてみればコンピュータの役割を無視することはできない。一方、作業現場ではかんばんが大きな役割を果たしている。相互に補完する役割があるのである。このように考えると、なぜコンピュータで現場の労働者に生産指示することが可能になったにもかかわらず、張り紙（ラベル）を再び使うようになったり、かんばんの使用を拡大するようになったのか、もう一度その本質的な理由を考える必要がある。この点は生産計画全体を考察してから立ち返って検討することにしよう。

ところで図1-13の生産計画の体系によると、「車両組立」と「部品加工・組付」から点線の矢印が「外注部品納入指示」に向かっている。これはまさしく外注かんばんを示すものである。この外注部品納入指示には情報システムが関わっていないのか。この点の検討を手掛かりに生産計画の体系に迫っていくことにしよう。

6　部品購入業務に情報システムはどのように関わったのか？

(1) パンチカードは部品購入業務にどのように使われていたのか？

トヨタがコンピュータなどで部品購入業務に関わる情報を処理し始めたのはいつか（この問題についてはすでに前著『寓話』で簡単に触れた）。ここで「コンピュータなど」と書いたのには理由がある。パンチカードを使うＩＢＭ機を導入した後、トヨタはこの機械を部品購入業務に使い始めるからである。入力にパンチカードを使うコンピュータであるが、現代の読者が想定するような機械とは異なるので、あえてこう書く。その当時としては先端的な情報処理機器である。ここで想起して欲しいのは外注かんばんがバーコード化されたのは一九七七年であり、それまでは「納入および受領に関連する事務作業が『パンチカード』をもとに行なわれていた」たという事実である（本章3(3)参照）。この点に着目し、パンチカードが購入業務に使われ始めた頃から一九七七年までの購入業務を、パンチカードの使われ方に焦点をあてて検討してみたい。

トヨタが部品購入業務の一部にパンチカードを使い始めたのは一九五七年三月一日で、全面的に実施したのが同年九月一日である。トヨタがパンチカード機械ＩＢＭ機の据え付けを始めたのが一九五三年末であるから、ＩＢＭ機導入から三年を経てのことである[138]。

トヨタが部品購入業務にＩＢＭ機を利用するようになる前に、ＩＢＭ機をどのように使用していったのかを確認しておこう。新奇な機器に単純に飛びつくだけであれば、ＩＢＭ機導入から三年間も部品購入業務への利用を待つ必要もないだろう。この三年の間に、トヨタはどんな業務にＩＢＭ機を利用していたのであろうか。これを最初に見ておこう[139]。

トヨタが経営管理に直接的に関連する業務にＩＢＭ機を利用したのは、まず人事統計である（一九五四年一月開始）。この人事統計に続き、一九五五年には人事・給与関係では昇給・賞与計算、退職給与引当計算、年末調整などにＩＢＭ機を使用する。さらに経理・原価計算関係にも使っていく。具体的には材料原価計算と買掛金および前払金（有償支給）計算、決算関係では一九五四年六月から素材と用度品の一部について、一九五四年一二月には部品と用度品の残りにも使い始める。

こうした業務への利用後に、トヨタは製造現場の工数関係にＩＢＭ機を積極的に利用し始める。一九五四年一〇月に製造部門の一部で、翌五五年二月には製造部門すべての月次工数計算にＩＢＭ機を使用する。一九五六年二月にはクレーム計算や材料や加工不足の計算、さらに検査統計にも使い始める。検査統計は同年二月に鍛造・熱処理・車体・鋳物の各工場を対象に始め、三月には総組立工場、五月には第三機械工場、六月に第一機械工場、第二機械工場と対象を順次拡大していった。一九五六年七月には月次製品時間計算のテストを行った上で、八月には本格的に実施している。さらに、一九五六年九月から工数管理計算にもＩＢＭ機を使用し始める。

工数管理計算にＩＢＭ機を使うとはどのようなことか。具体的な作業を追ってみよう。「部品ごとに、工程・工順別に基準時間（期首および期中）の台帳をカード化」する。この基準時間マスターカードをパンチカードで作成し、この「カードによって、基準時間台帳や原価計算で使用する加工費台帳を作成」し、さらに「各種の統計を作成」する。[140] これは一九五四年一〇月に始めた月次での工数把握をさらに推し進めたことを意味しよう。月次工数計算では「毎日、工数日報をＩＢＭカードにせん孔し」「月末に締切って、作業時間を集計し」たり、「部品別に、作業時間を集計し」ていた。それが月単位ではなく、より短い期間で「部品ごとに、工程・工順別に基準時間」を把握することになったのである。

この工数管理計算のＩＢＭ化により、機械負荷計算のＩＢＭ化の前提条件が整う。「基準時間マスターカードを利用して、必要な情報をとり、計算カードを作成し」「生産計画により、生産個数と生産日付をせん孔して、機械別・部品別・日程別の機械時間と人工時間を計算し、一表にまとめ」る作業がトヨタで進んでいく。[141] この機械負荷計算のＩＢＭ化は一九五八年三月に車体工場第一車体課で始められ、次第に各工場に広げられた。

トヨタが部品購入業務にパンチカードを全面的に使うようになったのは、ＩＢＭ機を工数管理計算に使い始めて一年後であった。だが、機械負荷計算のＩＢＭ化以前のことである。製造現場に関する情報の収集・解析作業にＩＢＭ機を全面的に利用していく中途の段階で、まさしく「各種伝票によって分析的に採られた時間を科学的に研究」[142]していく中で、部品購入業務にパンチカードを使い始めたのである。このことを確認しておこう。

次に、購入部品の発注から実際の受入での業務に沿って、パンチカード（ＩＢＭカード）がどのように使われたかを見てみよう。前著でも簡単に業務を説明しておいたが、[143]『トヨタ自動車二〇年史』（一九五八年刊）により業務内容を詳細に紹介しておこう。[144] ここで問題としたいのはサプライヤーとトヨタとの間での部品などの取引に関わる業務である。

購入業務は「契約」に始まり、「納入指示」、「受入」を経る。この順序に業務内容とそれに伴って作成される帳票が紹介されている（表1-2参照）。

確認しよう。契約から納入指示（発注）までの部品購入業務にパンチカード（ＩＢＭカード）を使って「諸表」を作成する（表1-2の「作成する諸表」の欄参照）。契約台帳、分割納入カード、検収通知カード、計画カード、基

表 1-2　部品の契約から購入・納入までの実際

業務名	IBM 機械化開始期日	シゴトのあらまし	作成する諸表
1. 契　約	a. 1957 年 3 月 1 日（一部分） b. 1957 年 9 月 1 日（大部分）	(1) 購入部品の，型式，品番，品名，内示数量，分割納入回数など必要な項目をせん孔して，マスターカードを作成します。 (2) 契約更新のときに，機械で見積依頼書を印刷し，また購入単位の決定したものについては，契約申入書を作成します。 (3) マスターカードによって，契約台帳（IBM カード）をつくり，購買部へ送り，購買部は，これによって，購入部品の管理をします。	(1) 見積依頼書 (2) 契約申入書 (3) 契約台帳（IBM カード） (4) 四半期別買入予定額集計表
2. 納入指示（発注）	a. 1957 年 3 月 1 日（一部分） b. 1957 年 9 月 1 日（大部分）	(1) 翌月の生産計画と在庫の状況から資材管理課で買入数量を決定し，これを定められた回数に分割し，すでに IBM 機械で作成された検収通知カードに記入し，せん孔します。 (2) 納入月日，数量のせん孔された検収通知カードから分割納入カードを作成し，メーカーへ渡します。また，資材管理課が日々の進行を見るのに便利なように，計画カードまたは基礎カードを作成します。 (3) メーカーごとに納入指示書を作成します。 (4) 受渡課・検査部・資材管理課倉庫が日々の納入状況のはあくができるように，受入予定表を機械で作成します。	(1) 分割納入カード（IBM カード） (2) 検収通知カード（IBM カード） (3) 計画カード（IBM カード） (4) 基礎カード（IBM カード） (5) 納入指示書 （イ）A グループ （ロ）B グループ (6) 検査場所受入予定表（検査部・受渡課用） （イ）A グループ （ロ）B グループ (7) 倉庫別受入予定表（資材管理課用） （イ）A グループ （ロ）B グループ
3. 受　入	a. 1957 年 3 月 1 日（一部分） b. 1957 年 9 月 1 日（大部分）	(1) 受入日，数量，抜取検査数など分割納入カードに記入してある事項を，毎日そのカードにせん孔します。 (2) 入荷ずみの分割納入カードと検収通知カードを照合して，検収通知カードに受入日・数量を入れてメーカーへ送ります。 (3) 分割納入カードの金額を計算して，受入集計表や買掛金明細表などを作成します。	(1) 受入数量集計表，（原価計算課用・資材管理課用） (2) 購入部品抜取検査集計表 (3) 単価未決定分受入明細表 (4) 買掛金明細表 (5) 起票用リスト

出所）トヨタ自動車工業株式会社社史編集委員会編『トヨタ自動車 20 年史』（トヨタ自動車工業，1958 年）804-05 頁。

礎カードである。この部品購入業務でトヨタからサプライヤーに渡すのが分割納入カードである。このカードを、トヨタは事前に作成した検収通知カードから作成する。つまり、分割納入カードと検収通知カードは対をなし、それぞれ納入指示と受け取り確認用のパンチカードである。なぜ分割納入カードと呼ばれているかは次の表現からわかろう。「買入数量を決定し、これを定められた回数に分割」する。月間の購入数量を決定した後、その数量全体を分割してサプライヤーに納入してもらう。このため、あえて分割納入カードという用語で呼んでいるのである（表1-2の「シゴトのあらまし」欄参照）。

表1-2には奇妙な表現もある。「納入指示（発注）」業務で「作成する諸表」では、何の説明もないまま「(5)納入指示書」などの欄に「Aグループ」「Bグループ」という分類がある。これは何か。何の変哲もないグループ分けのように思える。だが、Aグループ、Bグループとは具体的に何を意味するのだろうか。

実は一九五九年の段階での納入業務はIBM機（つまり、パンチカード）を使うものと、従来の伝票によるものがあった。これが表1-2での「Aグループ」「Bグループ」という分類に対応する。Aグループは従来の伝票による発注をし、BグループはIBM機を使って発注する。こうした分類は当時の慣行で、ことさら説明する必要もないものと考えられたようであり、表1-2が依拠した資料にも特段の説明はない。だが、この呼称をトヨタでは長く使っていた。一九六三年の『トヨタマネジメント』に掲載された表では、明確に「分割IBM化」（部品購入業務にIBM機を使用し、購入総量を分割ないし細分して納入させること）が実行可能かどうかでAグループ、Bグループを分類している（表1-3参照）。「分割IBM化」すると、一定の時期（例えば一カ月間）での総量は同じでも、サプライヤーはその数量を細分化し、多頻度（例えば一日五回）で少量ずつトヨタに納入するので、結果として、トヨタでは手持ち在庫が減るが、部品購入に伴う事務作業は増える。

このA、Bグループという分類呼称は、一九六九年の『トヨタマネジメント』の論考も踏襲している。ただし六九年になると「かんばん」が外注部品にも採用され始めているためA、B、Cの三グループに分類が変わっている。

表 1-3　購入部品の分類

	分割 IBM 化	部品特性	管理の度合	部品実例	最良と思われる納入方法	最良と思われる受入方法
Aグループ	不可能	① 特別仕様の部品（Option 関係） ② 支給専用部品（特に 2 社以上支給） ③「大もの」部品（日程に合わせて納入すべきもの） ④ 内製工程などによる制約のある部品 ⑤ 機械化への過渡として，現在安定してない部品（将来 IBM 化可能）	大	○ミッション ○アクスル関係 ○電装部品 ○スプリング ○エアー・クリーナー ○プロペラシャフト　etc.	ジャスト・イン・タイム方式	ライン側受入
			小	○特殊車種用部品（たとえば消防車，国警車） ○不定期少量使用部品 ○厳しい検査の必要あるもの	定期注文方式	集中受入または整備室受入
Bグループ	可能	① 使用速度の一定のもの ② 比較的「小もの」の部品 ③ 大部分の部品	クランプ，ブラケットパッキング，ボルトなど大部分の部品		定量注文方式	同　上

出所）荒木隆司「当社における部品納入計画・進行統制および在庫管理――納入指示の IBM 化にともなう新しい問題点」『トヨタマネジメント』（1963 年 1 月号）54 頁。

Aグループは「ハンド［手作業］で納入日、納入量を部品担当部署で、それぞれ記入して外注先に送る」。Bグループは、「安全在庫、標準納入ロット、箱収容数、リードタイム、納入サイクルなどを考慮し、日程計画により機械で計算された部品」。ここまでは基本的に一九五九年の二分類と変わっていない。新たに付け加わったCグループには、「カンバン納入部品で、納入の性格上、後補充の考え方に立つので、いわゆるリードタイムは用いない」という説明がある。[145] つまり、A、Bグループに新たに「カンバン納入部品」のCグループが加わったのである。さらに細かく言えば、この他に「テレメール」（会員制通信ネットワーク）を使った納入指示も出現しているが、これは試験的な運用だったのか、Dグループなどの呼称は付けられていない。この論考がさらに興味深いのは、一九六九年一〇月時点でトヨタの元町工場に納入される部品の上記分類別の割合を示している点である

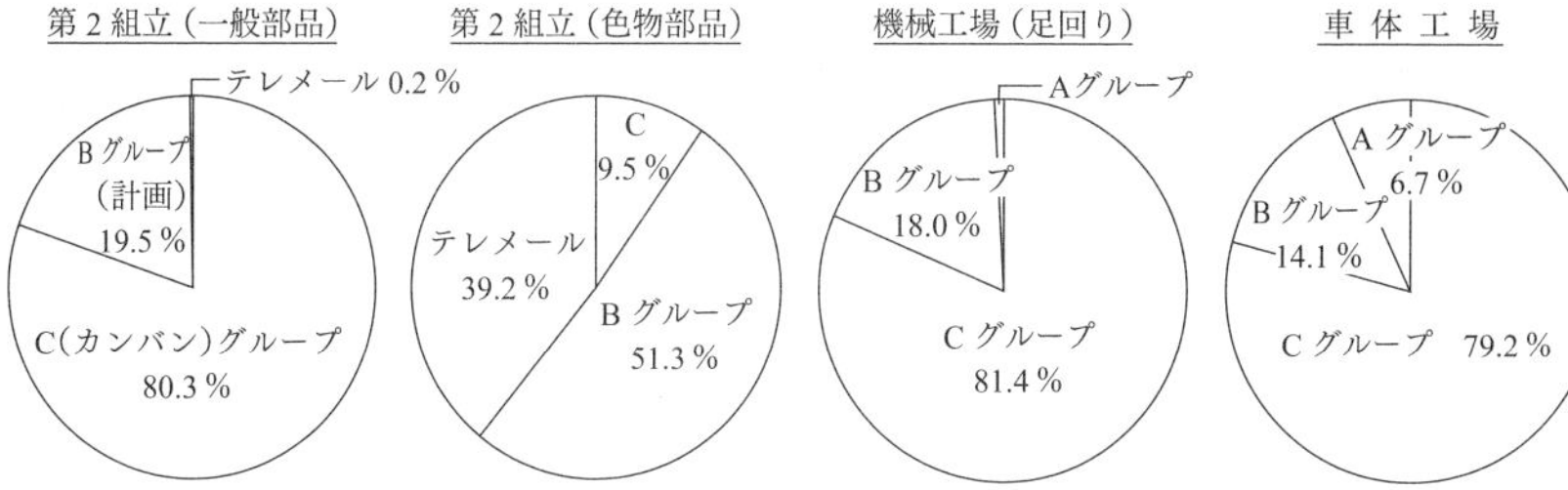

Ａグループ――ハンド指示にて納入　Ｃグループ――カンバンにて納入
Ｂグループ――計画納入　テレメール――テレメール指示にて搬入

図 1-17　元町工場への納入部品の扱い区分比率（1969 年 10 月末）

出所）山川邁・木下潔「外注部品の量および納期管理について」『トヨタマネジメント』（1969 年 12 月）55 頁。

（図１‐17参照）。テレメールによる指示のほとんどが「色物部品」に集中し、Ａグループは組立工場向け部品ではなくなっている。Ｃグループが「色物部品」以外では最も高い比率を占めている。Ｂグループも「色物部品」では過半を占め、他の工場でも一四％から二〇％近い比率を保っている。

一九六三年、六九年の二時点の論考から、グループ分けの変化を考えてみよう。Ａ、Ｂグループともに分類の基準からすれば、両時点で内容に変化はない。両時点で分類が変化したのは、一九六九年の時点では三分類となり、六三年のＢグループが、六九年にはＢ、Ｃグループに細分されたかのように見える点である。しかし実際はどうだったのだろうか。一九六九年のＢ、Ｃグループはともに ＩＢＭ機を使い、納入を分割していたのだろうか。これと「かんばん」を使う納入との関係はどうなっていたのか。この疑問について、ＩＢＭ機を使う納入管理の開始頃からの事情に詳しい水野崇治（後にトヨタ自工取締役）が実に的確に一九六七年の『品質管理』で次のように述べている（水野は品質管理での論客としても著名である）。

　「納入ロット」をさらに細分したロット（運搬または仕掛ロット）ごとに前述の「ＩＢＭカード」のほかに「看板」と称する「タブレット」を発行し、……、運搬や仕掛の微調整を、「看板」と「現品ロット」の一対一対応関係を利用して、帳票や計算の手数を省略しつつ、目で直接事実を確認することにより現場で実施しようとするものである。[146]

「かんばん」（水野の表記では「看板」）を利用する場合でも、「ＩＢＭカード」が付されていることがわかる。一九六九年のB、CグループはいずれもIBM機を使う納入だったのである。この時点では「納入（する）ロット」を「さらに細分」し、「運搬または仕掛」用ロットになり、そのロットにパンチカードと「看板」を付けている。「かんばん」を使っていても、パンチカードも部品と一緒に動いている点に留意したい。

この引用文は別の観点でも興味深い。「タブレット」という言葉にはもちろん「薄板に文字を書いたもの」という意味があるが、かつてなら普通は「鉄道で、単線区間の列車の衝突事故を防止し、列車の安全な運行を保つために用いられる通票」（『日本国語大辞典』）であった（それだからこそ、辞書でもこの意味が最初に説明されることが多い）。前述の鉄道の〝タブレット方式〟に言及した新郷重夫の発言を思い起こさないだろうか（本章2（1）参照）。ただし、二〇一二年九月二二日にJRの旅客線でのタブレット使用による列車運行は終了した。水野が「タブレット」という表現を独自に思いついたのか否かは知りえないが、一九六九年の時点でさえ、『看板』と称する『タブレット』を発行し」と書いていることから、『品質管理』という雑誌の読者にとってさえ、「看板」（「かんばん」）は説明を必要とする用語であり、一般にはそれほど知られた存在ではなかったことがわかる。実際、先の引用文の前には、次のような表現がある。

この「看板方式」は買手［トヨタ］の近隣にある売手［サプライヤー］の流れ生産に近い方式で、生産されている部品に適用されている。(147)

つまり、「かんばん」を使うサプライヤー数も、その立地する地域も限定されていたのである。このため「かんばん」についての理解も広まっていなかったと考えられる。

一九六九年の水野の論考は「納入部品の現品管理・検収・支払関係業務」についても次のように説明する。

当社［トヨタ］においては、このあたりの業務は「納入ロット」と「カード」の一対一対応関係をもとに行なっている。［トヨタの］日程課では、「部品納入依頼表」発行の二日後に、この表に記載されている「納入ロット」に対応した「ＩＢＭカード」（「部品納入カード」と「部品受領カード」の二種類からなる）を作成して売手「サプライヤー」に送る。売手はこのカードと部品をセットにして［トヨタに］納入することになっている。[148]

ここで使われている「部品納入カード」「部品受領カード」が、表1-2で言う「分割納入カード」と「検収通知カード」に対応する。また「部品納入依頼表」は表1-2では納入指示書にあたり、これはパンチカードではない。パンチカードに焦点をあてて見る限りでは、一九五〇年代末の頃と変わらず、二種類のパンチカードが「部品納入依頼表」とともに外注部品の購入に使われている。二種類のパンチカードは発注の際にトヨタ側からサプライヤーの手に渡り、サプライヤーがトヨタに納入するロットとともにトヨタ側に戻っている。

「かんばん」方式を採用する部品でも、パンチカードの動きに変わりはない。『看板』と称する『タブレット』と合わせて二種類のパンチカードが部品とともに動いていたのである。

（2）なぜパンチカードが部品購入業務に使われていたのか？

部品購入業務になぜパンチカードが使われているのだろうか。この疑問に答えるためにも、二種類のパンチカードが購買業務においてどのような役割（機能）を果たしていたかを理解しておく必要がある。この問題をここで考えることにしよう。

結論から先に言えば、二種類のパンチカードは帳票の機能を果たしていた。本章3（1）（2）で述べたように、外注かんばんは二つの異なった会計単位間での債権・債務処理作業を支援していた。この役割をパンチカードが担っていたのである。

これを示すために、二種類のパンチカードが使用されていた頃に出版された新書サイズの書物（明らかに一般的な読者を想定している書物）『伝票とのたたかい――帳票のはなし』（一九五九年刊）の内容を紹介しておきたい。

この書物で著者の大塚純一は次のように述べる。「帳票の最終の目的は、いうまでもなく経営です。……経営と

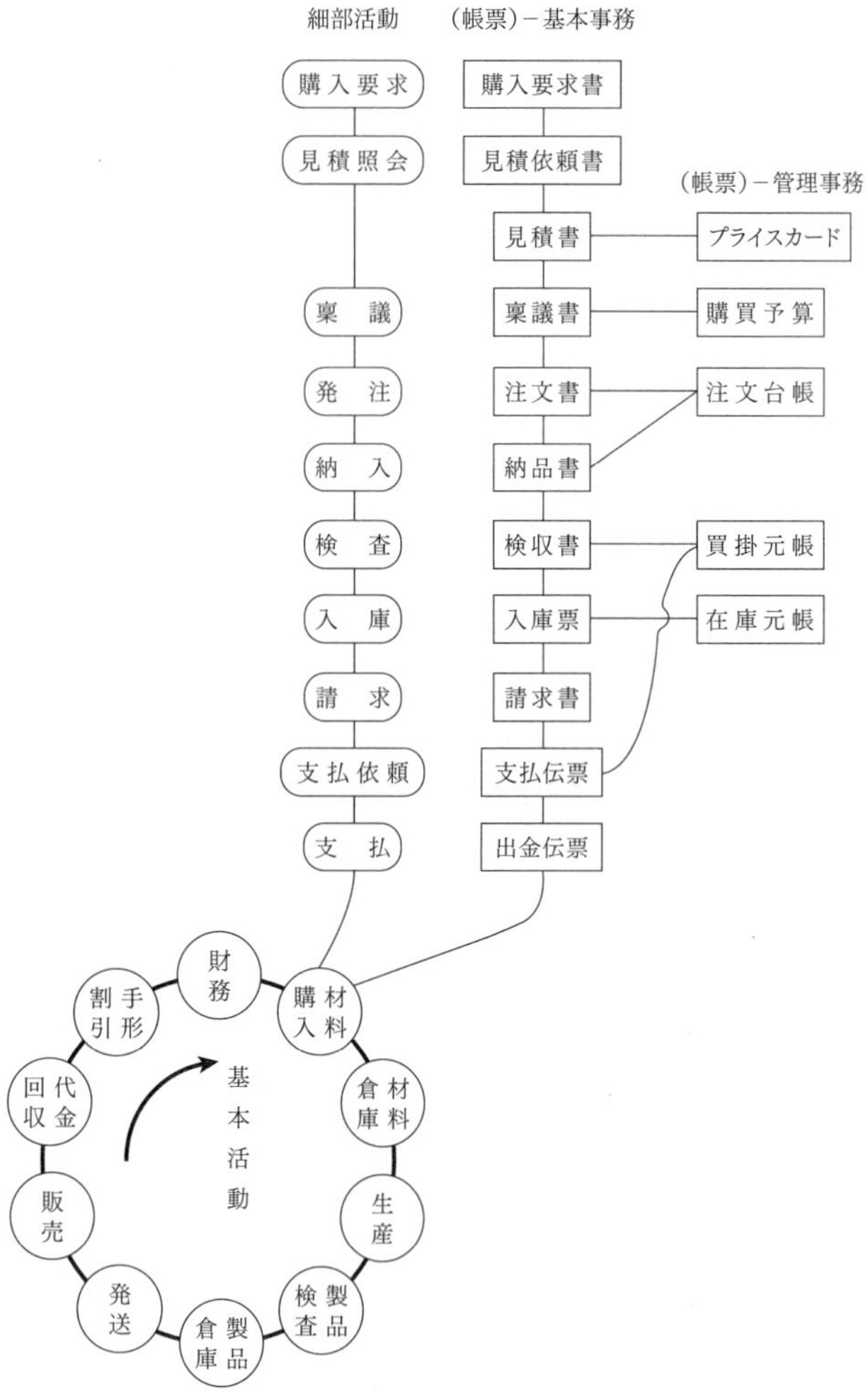

図 1-18　経営活動と帳票の関係

出所）大塚純一『伝票とのたたかい――帳票のはなし』（白桃書房，1959 年）60 頁。

の関連において帳票のはたらきについて検討してみましょう」。そしてこの後に彼は「経営と帳票との関係を図示したもの」を掲載し（図1-18参照）、次のように説明する。

図の左下の太線でつないだ活動は、製造業の基本的な活動で、製造業においてはこれらの活動を通じて、経営目的である製品を製造し販売して利益を得ているわけです。図の上部はこれらの活動の内部を、さらに詳しく見るために、材料購入についての詳細活動を示したものです。この図でわかるように、結局材料購入は、購入要求、見積照会、……支払の各細部活動によって行なわれます。

そこで帳票ですが、帳票はそれらの細部活動を具体的に進める道具として、それぞれの細部活動に対応して使われています。たとえば購入要求書、見積依頼書などです。そして帳票はそれぞれ与えられた任務である活動を果すべく、その持前の特性をそこで発揮しているわけです。たとえば購入要求書は、製造部門から購買部門へ必要な材料とその数量を伝達するのに使われ、検収書は納入先へ合格数を伝達するとともに、支払の牽制照合に使われます。

帳票はこのようにして、それぞれの基本的な細部活動を果すために使われますが、このほかにもそれらの細部活動をより効果的にするための活動があり、それらもまた帳票を使って行なわれます。図の上部右側に示したのが、それらの帳票です。[149]

トヨタとサプライヤーとの間での部品発注・納入・支払いのプロセスは図1-18での細部活動を見ればよい。トヨタ側の立場に立てば、発注から、納入、検査、入庫さらに支払い依頼・支払いが関係する活動となる。それを帳票から見れば、注文書、納品書、検収書、入庫票、支払伝票、出金伝票となる。サプライヤーは注文書を受け取り、納品書とともに部品などを納入し、検収書（さらに受領書）を受け取り、請求書をトヨタに提出する。トヨタとサプライヤーとの間での取引では部品などが所有機関を実際に移転する。この移動の着実・迅速な実施・確認とともに、この移転に伴う金銭的処理を支援しているのが帳票である。

トヨタがIBM機を導入して、購入部品の契約から納入指示、受け入れの業務に全面的に使用するようになった後の状況を示す表1-2を参照すれば、二種類のパンチカード（分割納入カードと検収通知カード）はそれ自体が帳票であるにとどまらず、他の帳票作成を容易にしていることがわかる。

二種類のパンチカードがトヨタとサプライヤーの間を移動する。サプライヤーに部品の納入指示をする際に、まだ穿孔されていない分割納入カード（パンチカード）がサプライヤーの手に渡る。当該部品をサプライヤーがトヨタに納入する際には、その部品とともに分割納入カードがトヨタ側に移る。その分割納入カードに情報を穿孔した後、その情報をトヨタが保持していた検収通知カードのそれとＩＢＭ機で照合・確認した後、検収通知カードがサプライヤーの手に渡る。トヨタ側に戻った分割納入カードからトヨタは買掛金明細表を作成する。一方、サプライヤーは検収通知カードから売掛金回収のための作業をすることになる。ただし、検収通知カード（パンチカード）を自社内で処理できる（ＩＢＭ機を保有している）サプライヤーはこの当時では限られているので、実質的にはトヨタが検収通知カードとともに、それから印刷した用紙も渡していたのではないか。ここまでは表1‐2から確認・推定できる。

このように主張しても、資料を勝手に再構成・推定しただけで、実際にそのように処理されていたのかという読者の疑念を完全には払拭できまい。別の資料を提示しよう。

一九六一年四月の『トヨタマネジメント』というトヨタ社内で刊行されていた雑誌の記事を紹介する。[150] 外注部品にかんばんが使われる以前である。この記事の執筆者の所属は「生産管理部部品管理課」とあるので、部品がどのような手続きを経て納入されているかについて詳しい立場にあったと想定してもよかろう。というのも、一九五七年に、部品の納入管理業務は従来の購買部から「生産管理部に移管」されたからである。[151]

この記事は冒頭の「現在機械化されている部品管理業務」という節を次のように始める。「現在行われている一連の部品関連業務を図示すると次のようになります。（とくに部品の動きを中心にして）」。図示とあるが簡単な図で、次のように五段階に分けてある（説明文は原文のままである）。

①月次生産計画その他の資料にもとづく納入計画の作成

↓

②納入者への指示（納入指示書）

←　③納入（IBMカードによる）
←　④受入検査
　　　入庫出庫
←　⑤仕掛

この図示の後に説明が次のように続く。

①で計画ができあがると、その計画は一ロット一葉に分割された納入カード（IBM）の納入日および数量の項にパンチされます。また納入指示書はこのカードを機械にかけてプリントします。部品は納入カードによって納入され、入庫のところまで同じ経路を通るので、倉庫受入れの集計は機械によって行われ、同時に経理上の重要な資料となります。

すなわち、現在一連の部品管理業務は上図［右に掲げた①から⑤までの説明のこと］②のところから④の入庫のところまで機械化されているわけです。[152]

『トヨタ自動車二〇年史』（一九五八年刊）に依拠した先ほどの説明と多少の相違がある。分割納入カードへのパンチの仕方である。月次生産計画作成の後、サプライヤーに対し月間総量で納入を指示するのではなく、月間必要数量を細分し一ロットごとに納入カード（パンチカード）を作成し、その時点でパンチする。『二〇年史』の説明では、部品納入指示の段階ではパンチカードには穿孔せずに、部品納入とともにカードがトヨタに戻ってきた時点で情報を穿孔していた。穿孔の時期が変更されたのである。また、『トヨタマネジメント』の説明は「部品の動きを中心にして」いるせいか、検収通知カードについては一切触れられていない。さらに、トヨタが納入カードから納入指示書を印刷してサプライヤーに渡している。つまり、納入カード（パンチカード）は納入指示書とともにサプライヤーの手に渡るのである。これならばサプライヤーがＩＢＭ機を保有していなくとも対応できる。

『トヨタマネジメント』の説明では、納入計画が「一ロット一葉に分割された納入カード（ＩＢＭ）」になると読める。『二〇年史』ではここまで明確な説明がない。だが、おそらく年表の一九五五年の項にある「納入部品の納入単位定数制採用」と関係があろう。サプライヤーの納入部品ごとに納入単位が決められたので、「一ロット一葉」のパンチカートを付けることが容易になったのであろう。

パンチカードが帳票の役割を果たしていることを、この『トヨタマネジメント』の説明に沿って説明しよう。納入カードそれ自体が注文票（納入指示票）である。このパンチカードから注文書（納入指示書）を印刷して、納入カード・納入指示書が一緒にサプライヤーの手に渡る。トヨタは納品された部品を納入カードと検収通知カードを使って受け入れる。それによって検収書、さらに入庫票を作成する。サプライヤーは納入指示書・検収書から請求書を作成する。トヨタとサプライヤーの取引に関わる帳票のすべてではないが少なくとも重要な帳票の一部がパンチカード化され（あるいはパンチカードから作成され）ている。その結果、集計などの作業がＩＢＭ機によって行われるのである。

これまでの説明でわかるように、一九五〇年代末（遅くとも一九六〇年代初頭）までに、サプライヤーとトヨタの間では部品納入業務に関してパンチカードが使われていた。具体的には（分割）納入カードと検収通知カードの二種類である。それらは「かんばん」方式が導入される以前であったが、部品とともに動き、また部品と引き替えに、異なる会計単位を移動していたのである。そして「かんばん」方式導入後も、二種類のパンチカードは使われ続けた。パンチカードが資金決済用の帳票作成を容易にしていたからである。その後、バーコードが外注かんばんに付けられるようになってはじめて、バーコードがパンチカードが果たしていた機能を担うようになり、今度はバーコードが「サプライヤーとトヨタとの間で資金決済用の帳票作成」を容易にするのである（本章３（１）参照）。

小谷重徳は電子かんばん化された「外注かんばん」を著書に掲げているが（図1-8参照）、その際に何気なく「大きさは縦八・五㎝、横二〇㎝」と書き添えている。このようなところにこそ、旧来の慣行が露わになる。小谷が掲げた寸法は、ほぼＩＢＭパンチカードの大きさなのである。実際にはさまざまな大きさの外注かんばんが使われるようになっているが、それでも依然として多いサイズはこの大きさである。外注かんばんはパンチカードとともに動いていたので、両者は似通ったサイズになったのであろう。

バーコードの付いた外注かんばんをもう一度見てもらいたい（本章扉の図、図1-3参照）。バーコードが付いているとはいうものの、二一世紀になって通常見るバーコードとは異なっていることに気付かないだろうか。このような奇妙なバーコードだからこそ、蛇川忠暉は「世界初の横バーコード化」と呼んでいたのである（本章3(3)参照）。何が奇妙なのか。よく観察すると、通常見るバーコードが九〇度倒れて外注かんばんの左部分に五個、中央部に一個、右部分に五個、計二一個が並んでいるように見えないだろうか。少なくともパンチカード二枚分の情報を外注かんばんのスペースに詰め込むための（おそらくは、外注かんばんに書かれていた情報をすべてバーコードに盛り込むための）工夫であろう。パンチカード二枚分の情報を通常のバーコード二一個を横に倒して並べることで、蛇川が何気なく書いているように「納受領書と持ち帰り確認表を作成する仕組み」ができあがったのである(153)。そしてこれ以後、パンチカードが外注かんばんと一緒に動いていた慣行は人々の記憶からは忘れ去られる。記録に残されるのは「バーコードリーダー採用（かんばん自動読取機(154)）」という言葉か、せいぜい次の文言だけである。

仕入先、品番、収容数などかんばんの情報を処理するバーコード・リーダー・システムを開発、［昭和］五十二［一九七七］年に導入した。これで部品受入に関する事務処理は大幅に軽減され、五十六年には外注部品の打切管理に、さらに五十八年にはかんばんの回転枚数管理にも活用するようになった(155)。

バーコード付きの「かんばん」になる前には、パンチカードが「かんばん」とともにサプライヤーとトヨタの間を動いていた。ではそもそもパンチカードがなぜ部品購入業務に導入されていたのだろうか。この点を次に考えてみよう。

（3） なぜパンチカードが部品購入業務に導入されたのか？

パンチカードは帳票であり、他の帳票作成を容易にしている。だが、大塚純一も述べているように「帳票は、経営において用具としてのはたらきをしているわけです。そして非常に大切な用具ではありますが、用具以上の何物でもない」。帳票が用具以上の何物でもないのと同様、パンチカードやＩＢＭ機もそれだけでは「用具以上の何物でもない」。では営利企業が、旧来の部品の発注から納入に至る業務を変える意図もなく、旧来の帳票をパンチカードに代替するためだけに、パンチカード導入に伴う新規の設備投資をするであろうか。このように考えれば、旧来の帳票をパンチカードに切り替えるには何か意図があってのことではないかと考えられよう。この問題を考えることが、前項の問い「なぜパンチカードが部品購入業務に使われていたのか」にも本当の意味で答えることになろう。パンチカードが業務で果たしていた役割（機能）を考えるだけでなく、そもそもなぜパンチカードが導入されたのかを考えてみたい。

ある出来事が生じた後（しかも、数十年も後になって）、その当事者に意図を問いただしたとしても意図と結果を峻別することは困難なことがしばしばある。それどころか、場合によれば、当初の意図と反した結果が生じていたにもかかわらず、その結果から逆算した形で「意図」が語られることも多い。こうしたことを念頭に置き、できる限りその当時に語られている「意図」を探索してみると、次のような発言に目が留まった。一九五八年に掲載された雑誌での座談会で、「ＩＢＭにしたネライというものがあったと思うんだけれど、目的は一応達したということなんですか」という質問に答える、司会をしていた経営調査室・水野崇治の発言である。この水野は、前出の「水野」と同一人物である。

部品購入という、せまい意味のＩＢＭ制度ということでは、一応ネライに達した。つまり、会社がどういう部品を、いつ、なん個、入れさせようということを決心したのちに、そのことをメーカーに伝え、そして結果をまとめあげるというのが、第一段のネライであった。ところが、管理ということからすれば、……きまったということにしている、いつ、なん個ということを、きめるのが最も大切なんですね。それについては全然手がついていない。……

ですから、はっきりいえば、手のかわりにＩＢＭを使ったのは、会社の決心をいっせいに通知しよう、つまり事務手続きを一挙に解決しようということではじめたわけですね。それが、いつ、なん個を決めることに、当然発展し、同時に計画からはずれたものをキャッチすることに発展するであろうという予想のもとに、第一歩として事務手続のところだけをやってたわけですが。部品購入全体の立場に立って見れば、それは不充分だと、かんじんなところに手がついていない状態ですね。[156]

トヨタがＩＢＭ機を導入した意図が明確に語られている。真の目的は「どういう部品を、いつ、なん個、入れさせようということを決心」するためだというのである。その決定後の「事務手続きを一挙に解決」することは第二の目的であった。だが、第一の真の目的の方、つまりトヨタ側から生産計画に基づいて個々の部品の納入個数、納入期日（時間）をサプライヤーに指示することには着手できてない。それでも、こうした状況がいずれ実現できるようになるだろうと考えて、部品購入に関わる「事務手続き」だけをＩＢＭ機を使う処理にした。しかし、「部品購入全体の立場に立って」考えてみれば「最も大切な」「いつ、なん個、入れさせようということ」はＩＢＭ機で処理できていない。だからこそ、「かんじんなところに手がついていない状態」だと言っているのである。実に率直な状況認識ではないか。

この認識は前項で引用した一九六一年四月の『トヨタマネジメント』の記事でも同じである。そこでは記事から「現在行われている一連の部品関連業務」を図示したものを引用し、「①月次生産計画その他の資料にもとづく納入計画の作成」から五段階で管理業務を紹介した。その記事では、この管理業務の流れを示した後、次のように説明している。

①の部分が機械化されれば、一連の部品管理業務も全面的に機械化［ＩＢＭ化］されることになるわけですが、これには相当の困難が予想されます。機械［ＩＢＭ］に助力を求めるには、現在人の手によって行われている作業の手順を分析解明し、機械が消化し得るような思考過程へと、再構成してやらなくてはなりません。これだけはどうしても人間がしなければならないものですが、その準備についてはこの①の部分はもっとも困難な要素を含んでいるように思われるからです。[157]

ここで言う「①の部分」、つまり「月次生産計画その他の資料にもとづく納入計画の作成」がなぜ「もっとも困難な要素を含んでいる」のか。この理由がわかりにくいと考える読者もいよう。この点を一九六二年に発表された記事は次のように明快に述べている。

たとえば材料計画と内製仕掛計画とを結びつけようとする。計算、集計などシゴトのボリュームが膨大なので、残業に残業を重ねたとしても、生産計画が決定されてから完成するまでには大変な日時を要する。単体部品の必要数を算出し、材［料］加［工］不［足］数を加算し、粗形材在庫を差引し、機械設備能力と負荷、要員計画とを検討して仕掛計画ができあがる。それから初めて材料計画にとりかからねばならない。原単位を乗じ、在庫量を差引し、契約残を検討してから発注量が決まる……。

標準化の上にたったりっぱな材料計画ができたころには、すでに手配遅れという始末になるであろう。あるいは、生産計画を二、三カ月も前から決定しなければならなくなるであろう。業務に関連をもたせる必要性はわかっていても、結局各部署で必要に応じてばらばらに計画されてゆくという結果にならざるをえないであろう。

ここで大きく浮かび上がるのは、電子計算機の機能である。命令したことしか計算してくれないが、スピードは非常に速い。したがって、生産管理、購買管理、原価管理における膨大な計算体系をこなすには、有効な働きを示すであろう。……人間の頭脳のごとく、複雑微妙に修正がされない以上、初めから業務を標準化し、プログラムを決定しておかねばならないであろう。[158]

「電子計算機」、具体的にはＩＢＭ機の機能を利用して「材料計画」を立案しようとしていたのである。月次の生産計画などから必要な部品、材料を算定して「材料計画」（つまりは「納入計画」）を立案するには膨大な作業量を要する。このためにＩＢＭ機の利用により「材料計画」を策定しようとしたのである。だが、当時のＩＢＭ機の能力では簡単に実現できるものではなかった（図1-13で言えば、「月度生産計画」から「短期生産能力計画（生産諸手配）」に至るプロセスが容易には実現できなかったのである）。この状況で納入手続きの「事務手続きを一挙に解決」する目的でパンチカードが部品の購入業務に使われ始めたのである。この点は特に留意すべきである。

この「いつ、なん個ということを、きめるのが最も大切」だと認識しつつ、「手のかわりにＩＢＭを使っ」て、「事務手続きを一挙に解決しよう」とするほど部品購入に伴う事務作業量は多かったのだろうか。この点を考えない限り、パンチカードが導入された意味はわからない。一九五九年二月に発表された座談会「購買業務の合理化」では具体的な数値が示されている。出席者の一人が次のように発言する。

　いわゆる雑事務量がふえすぎて、本来の業務ができないという声がありますので、まず統計をとってみたんですが、昨年［一九五八年］三月を一〇〇とすると、事務量は昨年末現在で二三〇パーセントに増加しているんです。前よりは帳票も改善したし、事務の合理化もやってるんですが、それだけ事務量におっかけられているという現状なんですね。[159]

これに対して、座談会にゲストとして出席していた人物が次のように質問する。

　事務量がふえたということは、量的にですか。それとも質的にもふえているんですか。[160]

この質問に出席していた調査課担当員の山下幹雄という人物が次のように返答する（長いがあえて全文引用する）。

　量的にふえているんですね。こまかな数字を挙げますと、一日平均の出庫票が、部品関係だけで五三〇枚、

> 納品書が三〇〇枚、直送納品書が三〇〇枚、これは出庫と両方を兼ねていますから、処理としては六〇〇枚、注文書が一一三枚、合せて一五四三枚。これが部品関係のうち、ＩＢＭを除いた処理ですね。先回（一月〜一二月）のＩＢＭ発注点数は、号口［本格的な生産向け］が五五六七点、補給部品が一〇一七点、今回（一月〜四月）は、この調子でいくとすれば、号口が六一二〇点、補給部品は一一二六点です。ほぼ一〇パーセント増ですね。分割回数は、前回月平均で号口で七三、五一三回、補給部品で一九二五回。今回は月平均、それぞれ八二、一九五回、二、五四八回。平均してひとつの注文に対して一カ月一件について、一三四回である。[161]

これによると、一部の部品納入がパンチカードを用いて行われるようになっても、一日平均一五〇〇枚もの伝票を処理しなければならない状況である。さらに、パンチカードを使う発注点数は増え、一部品を分割して納入する回数も増えている。パンチカードを導入したからといって事務作業量が大幅に減少したわけではない。分割納入が増えれば、パンチカードの枚数は増え、穿孔作業には要員が必要となる。

（4）部品購入業務は何を目指したのか？

パンチカードを部品納入に伴う事務作業を機械化するために使用していたことはわかった。

そこで次に、外注部品の購入に関する問題への対処から、トヨタが将来の方向をどのように展望していたのかを考えてみよう。

これを検討するために、再び一九五九年二月に発表された座談会「購買業務の合理化」での発言に戻ってみよう。この座談会で司会をしていた水野崇治（当時は経営調査室主担当員）が、座談会の途中で「購買の担当者としては、ぜひともこういう資料はほしいんだという問題もあると思いますが」と話を向けると、次のような返答がくる。

> 実際やってみると手間取るのは、原単位の問題ですね。価格交渉や材料入手のばあい具体性をもったもので相手に説明しなければならない。そのために相手を納得させ得る原単位がほしいということなんです。たとえ

ばアッセンブリー［構成部品］としての購入のばあい、ゴム合成樹脂・鉄板・ガラスなどに分けられるものは、分解した形での原単位がほしい。そしてそれを、大体車種別に分項して表示したものがほしい。これは個々にやっても、やれんことはないとは思うんですが、それぞれ忙しいし。だけどこれはぜったいに必要ですね。[162]

この発言に対し、座談会にゲストとして参加していた工務部査業課の担当員が、「価格をきめるときには、当然そういう経過をたどっているはずだと思いますが」と発言すると、購買部調査課長の鬼頭基之は現状を次のように説明する。

わたしの方でいうと、技術係に図面がきますね。あれが原本になって、どの部品はどういう材料がいって、その重量はどれくらいかということは、ある程度でるわけです。ところが車種が多いために、今の陣容では図面管理にせいいっぱいなんです。台あたりをまとめるところまでは、いかないんですね。そういうことで、今のところは必要に応じて、とりあえずまとめていくというわけです。[163]

これを補足するように購買部調査課担当員の山下幹夫が次のように発言する。

わたしが調べたところでは、現在の標準車種が一六種類、生産計画にでている車種は四二種類ある。それだけのものを車種ごとにもてるかどうかは、疑問がありますね。[164]

この説明の直後、再び鬼頭が現状を次のように説明する。

ですから、それはいくらいってみたって、すぐにはできませんよ。目標としては考えているんだけれど、とりあえず部品表、工程表を整理しておいて、いざ資料が必要となった時には、それらを基にして作れば作れる状態にしておこうということを考えているんです。これだけでも、たいへんなことですけれど。[165]

ここで言及されている部品表について説明しておこう。自動車はさまざまな種類の部品から構成されている。現在では約二万点もの部品が使われているという。一種類の車両について車両仕様書が作成される。さまざまなオプションがあるため、同一の車名でも仕様が異なることも明示する必要がある。使われるすべての部品は部品の形状、材質、要求機能を図面で明示しておく必要がある。これは通常は一定の様式で分類した品番で管理する。トヨタでは部品表とは「図面で起こされた品番と車両の関係を明示するものである。また単体部品が車両になるまでの生産工程も示す」ものである。この説明が掲載されたのは一九七四年のトヨタ社内雑誌『技術の友』である。部品表がコンピュータでようやく利用できるようになった頃の説明である。生産する車種数が増大しただけでなく、一車種での仕様が大幅に増えたため、手作業で部品表を利用・維持していくことが限界に近づいていた様子を、この記事は次のように語る。

ここ数年、国内市場の多様化の要請と輸出の地域対策（法規制、不具合対策等）により仕様の増大を来たし、それが必然的に技術情報の増大を招いた。

……仕様の増加にともない品番数が増えていることがわかる。技術情報は年々増えているわけであるがクラウンの例でいくと［昭和］四六［一九七二］年五月から四七年一〇月までに部品表本紙が実に一・四倍（二、二〇〇枚から三、一〇〇枚）に増えた。他の車種についても同様で、この間に乗用車系で平均して一・四倍になっている。この技術情報量の増大はこれをもとに業務に展開する後行程だけでなく、設計サイドにおいても情報の混乱のもとであり技術情報のハンド［手作業］による管理は困難になりつつあったわけである。[166]

一九五九年の座談会から、「とりあえず部品表、工程表を整理しておいて」ということが着実に社内で実施されていたこと、それは一九六〇年代末になってもコンピュータで処理できる状況にはなっていなかったこと（紙ベースで保持・運用されていたこと）がわかろう。

次に視点を変え、この座談会「購買業務の合理化」から一〇年後の論考から、トヨタの部品購入業務がどのように変化したのかを確認しておこう。参考にするのは一九五九年の座談会で司会をしていた水野が、一九六九年に発表した論考「プロダクション・コントロール」である。彼によれば、「以前は手作業でやっていた」生産日程計画は「三年ほど前［つまり、一九六六年頃］からは電算機［コンピュータ］によっている」[167]。さらに組立順序計画が策定され、「組立ラインごとに、塗色などさらに詳細な条件を加えた、一台単位の計画がたてられる」までになっていた。一〇年間で実に大きな変化が生じている。こうした状況では部品購入業務も大幅に変化していた。

> 車型別組立計画が定まれば〝部品引当て編成マスター〟を使用して、工程ごとの部品必要数は、マトリックス計算で、簡単に計算できる。……
>
> 〝部品必要数の算出〟ができると、内製需品の手配をしたり、工程の負荷計算を精密にやり直すことができる。しかし、最大の用途は、車両構成部品の約八〇％を占める、外注部品の納入指示に結びつけることである。これは、自動車メーカーにとって、重要な管理事務なので、一〇年以上まえ、すなわちＰＣＳ［パンチカード・システム］時代から実施されている。その内容は、現在大いに充実しているが、基本的考えは同じであって〝適時・適量の納入〟を確保することにある。
>
> 発注先・納入整備室・安全在庫・荷姿・納入間隔などのデータは〝購入部品手配単価マスター〟に入っている。また、この〝マスター〟を利用して、内示数のような仕入先の製作手配に必要なデータを予報することもできる。計算ができれば、納入依頼・納入カード・新入計画表などの管理用資料や、検収や支払いに必要ないっさいの作業は容易に行なえる。[168]

引用文の中で「マスター」とはコンピュータ用語で「業務遂行のための基礎情報」であり、それがコンピュータに利用可能な「ファイル」や「データベース」となっていることを意味する。この用語さえ理解できれば、引用文の意味は明瞭であろう。部品購入業務もコンピュータの計算処理でできるようになったと。実際、かつては困難だった生産日程計画でさえコンピュータで処理できるようになったのだから、何万点にも及ぶ部品の購買業務であってもコンピュータ処理が可能になったと。ふつうこのように思うであろう。

だが、現実は違うのだ。水野は先の引用文の直後に次のように付け加える。

> このように書いてくると、なにもかもが電算機を活用して簡単にできるように考えられるが、実際には問題

があり、その解決には多くの努力を要する。[169]

何が問題なのか。その問題の一つが、まさに「マスター」なのである。水野の言葉を聞こう。

〝マスター〟編成上の困難である。その最大の要因は、頻繁に行なわれるモデル・チェンジについていけないことにある。このためには「製品企画から量産立上がりにいたる企画準備の工程」の管理を、電算機を活用したシステムで実施できるような、画期的な改善を、別途実現しなければならないと考える。[170]

水野が言う「別途実現しなければならない」「画期的な改善」とは何か。それは結局のところ「マスター」にある。業務遂行上の基礎的データベースであり、「工程ごとの部品必要数」や「内示数のような仕入先の製作手配に必要なデータを予報する」のに使えるものであろう。これこそトヨタが言う部品表であろう。しかしそれは、この水野の論考刊行時点（一九六九年）では、コンピュータで処理できるデータベースにはなっていなかった。基礎的な「マスター」編成にまさしく難点があったのである。

トヨタでは部品表がコンピュータで処理できないまま、部品表を使う業務のコンピュータ利用が進展する。一九七四年の『技術の友』の論考は「部品表をもとに行っている電算化業務」として次の業務を掲げる。

a　部品手配業務（生［産］管［理部］、工場）
b　補給部品業務（パーツカタログ作製、補給部品手配―業務部、自販）
c　原価計算（経理）
d　基準時間計算（生管）[171]

部品の購入業務に直接関わる「部品手配業務」だけでなく、多岐にわたる業務が、根幹の「部品表」がコンピュータ化されるのを待たずに、コンピュータ処理で行われていたのである。『技術の友』の論考が次のように言うのもわかろう。

部品表を使う側の業務の電算化は以前から著しく進んでおり、現在は部品表からの展開はハンドで行なっている。それが情報源になる部品表が電算化するとハンドによる部品表の展開作業をなくすことはもちろん、展開業務の精度向上につながるわけである[172]。

部品表がコンピュータ処理されないままに、それに依存する業務のコンピュータ利用は進んでいった。だが、自動車の生産が始まってからでも大小さまざまな設計変更がさまざまな部品についてなされるのが普通である。そのたびごとに、部品表を訂正し最新なものに更新して、最新版を関係部署が使用できるようにしなければならない。生産する車種が少なく、単一の車種内のバリエーションも少なく、頻繁にモデル・チェンジすることもなければ、部品表を手作業で維持管理していくことも可能であっただろう。しかし、「頻繁に行なわれるモデル・チェンジ」は手作業による部品表の維持管理を困難にしただけでなく、コンピュータの処理能力の限界もあいまって、部品表をコンピュータ処理できるようにする作業の進展さえも難しくしていたのであった。

一九六〇年前後のトヨタでは長期生産計画や日程生産計画の算出さえもコンピュータによって処理することはできなかった。そうした状況にあっても、一九五七年から「外注部品の納入指示」などの管理事務作業はパンチカード・システムを使いながら実施し始める（表1-2参照）。その後、車両の日程生産計画などもコンピュータを使って算出できるようになり、実際にも使用できるようになる。車両そのものは多数の部品から構成される集合体であるが、その部品レベルの情報を集約し容易に利用できるようになれば、購買業務は大幅に合理化される。より具体的には水野の一九六九年の論考が言うように「部品引当て編成マスター」、「購入部品手配単価マスター」があれば、各車種の「工程ごとの部品必要数」もわかり、「内示数のような仕入先の製作手配に必要なデータを予報する」ことが可能になる。正確に言うならば、そうしたことが実現可能であることが一九六〇年代末までに明確に意識されるようになったのである。

一九五九年の座談会「購買業務の合理化」では、部品の購買業務に関わる事務作業にパンチカードを使うだけでは問題を解決したことにならないという認識は生まれてきていた。それを端的に示していたのが、「ＩＢＭのやり方についても検討の時期に来ている」[173]という荒木正次の発言であったろう。しかし、「検討の時期に来ている」という認識はあっても、何を目標にどのように実現していくのかは実は明確になっていなかった。だからこそ、「とりあえず部品表、工程表を整理しておいて、いざ資料が必要となった時には、それらを基にして作れば作れる状態にしてお」くことを「目標としては考えている」とはいうものの、「いくらいってみたって、すぐにはできませんよ」と短期的には実現不可能だということを強調せざるをえなかったのである。無理もない。何万点にもなる自動車の部品の図面を管理し、車両ごとの工程表を整理することに着手し始めたばかりだったのである。

しかし、購買業務を合理化する必要は一気に高まっていた。購買担当者にとって問題だったのは、目先の生産台数の増減以上に、一九五九年八月に稼働開始する元町工場の存在だった。新たな工場の稼働を念頭に置いて、予想される「生産台数の急増と生産車種の多様化」(現実に元町工場稼働後にそうなった)に対応するためには[174]、「月次生産計画その他の資料にもとづく納入計画の作成」に手をつけないまま事務手続きだけをパンチカードで行うやり方には限界があるというのが、座談会最後での発言の真意であったように思われる。

7　いつ、なぜ、何が契機で「かんばん」が導入されたのか?

(1)　いつ「かんばん」は導入されたのか?

「いつ」、かんばん方式が導入されたのかと書けば、賢明な読者から「一九六三年だ。なぜ『トヨタ自動車三〇年史』に書いてあるようなことを聞くのか」とおしかりを受けそうである。実際、「昭和三八〔一九六三〕年には新たに〝かんばん方式〟と呼ばれる管理方式を採用して、同調化管理を個々の部品加工に、さらに進んで粗形材製造工程にまで拡大強化した」と社史に書いてあるし[175]、それは前著(『寓話』五三三頁)にも引用した。ただ、ここで考えてみたいのは「かんばん方式」ではなく、「かんばん」がいつ導入されたかである。それも何が契機で「かんばん」が導入されたのかを考えてみたいのである。

『トヨタ生産方式』は、「かんばん」の起源とそこに表示されている情報については次のように説明する。

昭和二十八［一九五三］年ごろ、機械工場内でスーパーマーケット方式を採用したと言ったが、実際の運用の手段として、部品の品番その他、仕掛上の必要事項を表示した紙切れを「かんばん」と称して使い出していたのである。それから「かんばん方式」と呼ばれるようになったのであるが、それをうまく使いこなすことさえできれば、工場内の動きを一体化、つまり、システム化できることを直感した。一枚の紙切れで、生産量・時期・方法・順序、あるいは運搬量・運搬時期・運搬先・置き場所・運搬具・容器などが、一目瞭然となるのではないか。この情報手段は生かせるぞ、と当時から考えていた。(176)

『トヨタ生産方式』では「アメリカのスーパーマーケットの研究をして、実地に応用を始めていた」と、トヨタが独自の生産方式を生み出したという点を強調している。だが、この説明には大いに疑問がある。このことは前著で論じた。簡明に記せば、「五台分［の部品］をセットとして［ダイヤ式定時制］運搬」し、その際「部品を［後工程から］前工程に取りにいく」ことが、トヨタ式スーパーマーケット方式の実態である（『寓話』第6章、特に「2　スーパーマーケット方式の導入」参照）。

上の引用文では「一枚の紙切れで、生産量・時期・方法・順序、あるいは運搬量・運搬時期・運搬先・置き場所・運搬具・容器などが、一目瞭然となる」とあった。この文中の「あるいは」を「同類の物事の中のどれか一つであることを表す」（『大辞泉』）と厳密に読めば、「生産量・時期・方法・順序」を「一枚の紙切れ」で書くことを指向したものが一種類の「かんばんα」（と仮に呼ぶ）に結実し、「運搬量・運搬時期・運搬先・置き場所・運搬具・容器など」を「一枚の紙切れ」で書き表したものが別種の「かんばんβ」（と仮に呼ぶ）になったと読める。

ダイヤ式定時制運搬では後工程から前工程に必要な部品などを「取りに伺う」。このために、後工程から「取りに伺う」担当者には、受け取るべき部品などの種類と数量を特定する必要があるだけでなく、それが置かれている場所や、次に「取りに伺う」時期などを明示的に指示する必要がある。これが「運搬量・運搬時期・運搬先・置き場所・運搬具・容器など」を書いた「一枚の紙切れ」となる（「かんばんβ」）。つまり、「移動票」（「運搬票」）と「現品票」を兼ねた「引き取りかんばん」である。また、「生産量・時期・方法・順序」を「一枚の紙切れ」に書いたもの（「かんばんα」）は、「生産を指示する」という「仕掛けかんばん」で「作業指示票」（「生産指示票」）と現品票を兼ねたものである。

この引用文は単純に、現代の「引き取りかんばん」と「仕掛けかんばん」が果たしている役割を、一九五三年頃に投影して書き記しただけのようにも思われる。「かんばん」が生まれてきた経緯についての説明は実はほとんど記されていない。そこでこの点を次に考えてみよう。

スーパーマーケット方式を始め、ダイヤ式定時制運搬の搬送機械（トレーラーなど）で部品を後工程から前工程に「取りに伺う」ようになれば、運ぶ部品を確認する意味でもその部品が何であるかを表示する「現品票」と「運搬量・運搬時期・運搬先・置き場所・運搬具・容器など」を示す「移動票」（「運搬票」）が必要になったはずであろう。この二つの「票」（の機能）を一体化したものが「引き取りかんばん」である。

一方、ある工程での作業を終えると、その工程から後の工程に部品（仕掛品）を順次、送っていく状況であれば、およその「作業指示票」（「生産指示票」）さえあれば（種類が少ない場合には、それさえなくても）、製造はいちおう進展する（もちろん、製造予定時間などが厳しい状況では、これだけでは困難であろうし、部品の種類が増えてくれば混乱することは明らかである）。しかし、後工程から前工程に部品を「取りに伺う」ようになれば、それだけでは不十分で、後工程で必要になる部品（仕掛品）の生産量や時期などを正確に伝えることが必要になる。つまり、後工程での必要に連動する形での「作業指示票」（「生産指示票」）が必要になり、それが「引き取りかんばん」と連動する「仕掛けかんばん」になると考えられるのである。このように考えれば、トヨタにおける「かんばん」（「引き取りかんばん」と「仕掛けかんばん」）の発生は、「スーパーマーケット方式」運用に起因すると推定できる。

この推定を裏付ける資料はあるか。この観点からすれば、トヨタにおけるスーパーマーケット方式導入の当事者の一人である有馬幸男による一九六〇年の論考「トヨタ式スーパーマーケット方式による生産管理」に興味深い論点が書かれている。伝票の使用についてである。有馬は同論考の冒頭「昭和二八―二九年当時のトヨタの状況」という項目を次のように始める（『寓話』四七八―八〇頁参照）。


当時の機械工場では、機械加工された部品はすべて、運搬班が一品、一葉の伝票によって組付工場に運搬をしていた。すなわち「前工程から後工程に運ぶ」という方法であり、また出来上った数は相手の事など少しも考えずに送っていたのである。[17]

「昭和二八―二九年」（一九五三―五四年）頃のトヨタでは運搬に際して伝票を使用していた。これは驚くに当たらない。ただ留意しておく必要があるのは、この時期のトヨタでは「前工程から後工程に運ぶ」方式だったことである。ここまでは前著でも論じたことで、あらためて問題にする必要はあるまい。

ここで問題としたいのは、有馬がここで「一品一葉の伝票」となぜわざわざ書いているのかということである。伝票の運用は一品（一種類ないし一ロット）に一枚を付けるのがむしろ普通であろう。しかし、有馬が論考を書いている一九六〇年の時点では、有馬の言う「トヨタ式スーパーマーケット方式」が実施され、運搬は後工程から前工程に「取りに伺う」状態になっていた。とすれば、その彼が「当時の機械工場では……」と過去を振り返りながら執筆している時に、もし何も状況が変化していないならば「一品一葉の伝票」と書くだろうか。執筆時点では伝票が変わっていたのではないだろうか。変化があったからこそ、当時はこうだったと強調したくなると考えるのが自然であるように思う。

さらに、一九六〇年前後には帳票を変更する他の要因もあったことを忘れてはなるまい。『工程管理便覧』（一九六〇年刊）には、従来の帳票類は、単純に「生産量が多くなるにつれて、いろいろな面で運用が困難」になるとい

った表現が見られる。[178] トヨタのように互換性部品を使用した製品の生産を行うことは、同一種類の製品を繰り返し

生産することを意味する。これは雑多な製品を少量ずつ生産することとは違う形の帳票類が生産現場で求められる

という ことである。同じような仕事が続くと帳票類の扱いはどうなるのか。この点について『工程管理便覧』は次

のように言う。

中量生産から多量生産へ移行する段階になると、同じ仕事がひんぱんに繰返して流れるので、各ロットごとに作業伝票をつけるということが形式的になってくる。つまり、このようなめんどうな手続をとらなくても、第一工程に材料を供給してやりさえすれば現場の作業はなんとか動いてゆくからである。したがって伝票制度を現状に即応して簡易化するとともに、伝票の様式や運用法を現状の管理に必要な程度に改める必要がある。[179]

生産量が増大し、ある生産工程で同一の品物を加工して、次の工程に送ることをしているとどのような事態になるか。この点についても先の『便覧』は詳しい。

ロット生産でも生産数が増してくると、ロットの回数や一ロット当りの数が多くなるが、事故が起ったか生産が追われてくると、現品は必ずしも一ロット単位では移動せず、五個でも一〇個でも、でき上るそばから次の工程へと逐次送られるようになりやすい。この傾向は組立工程に近くなるほど著しくなる（甚だしい場合には一日に二回以上運ばれることもある）。このような場合には移動票（一ロットにつき一枚）の運用は困難になるし、そのつど送付伝票を作成するのも煩雑すぎて、実際上は不可能に近い。このような場合の対策として考案されたものが前進伝票で一枚の伝票を何回も繰返して使うことによって記録の手間をはぶこうとするものであるが、簡単な様式の例を左表に示すが［図1-19参照］、これは一品一葉式のもので、部品別、工程別に各職場（工程）ごとに一枚ずつ作って配布しておく。現場では運搬のたびに、これに送付数と累計数（追番）とを記入して現品に添付してもってゆき、次職場で受渡しの際に受領印をもらって伝票を持ちかえる。この伝票は何回でも継続して使えるし、どんなハンパな数が動いても累計数によって確実な記録ができる点が便利である。こ

の用紙は取扱いの便宜上から厚紙のカード状にしておく方がよいことになる。(180)

ある工程での加工を終えた仕掛品をロット単位で次工程に運ぶ。この場合には、ロットごとに伝票を付けて次工程に渡し、受領票をもらう。こうして製造現場の秩序は保たれ、生産計画が着実に実施できる。だが生産量が増えてくると、こうした秩序が乱れる場合がある。ロット単位に満たない数量で次工程に運んだ方が、次工程の生産が円滑に進行する場合があったりする。また、加工している工程でも仕掛品を一定数量になるまで工程内に保持するより、加工を終えた後に適当な数量で次工程に運んだ方が、広い作業スペースを確保でき、加工作業が容易なことに気付く場合もあろう。生産数量が増えると、製造現場ではこのようなことが起きる可能性が大きい。こうした行動を妨げているのが旧来の帳票である。この帳票を改変し、ロットごとの管理ではなく、ある工程から次工程に届ける仕掛品の総数で管理しようというのが「前進伝票」（図1-19参照）という考え方である。一九五〇年代中頃以降の生産管理関連の書物には、こうした帳票の例が多く掲載されている。日本の製造業の実態上の変化が、帳票の変化に反映されているのであろう。前進伝票では、依然として次工程の責任者が受領したことを確認する必要がある（受領印を押すスペースがある）点と、繰り返し使うという理由で「厚紙のカード状」の帳票にするよう勧められている点に留意しておきたい。

前進伝票が使われる製造現場では、仕掛品は前工程から後工程へと送られて進んでいく。一方、トヨタ式スーパーマーケット方式では、後工程から前工程に部品を「取りに伺う」。ではこうした現場では帳票はどのように変化していくのであろうか。現場の実態に関

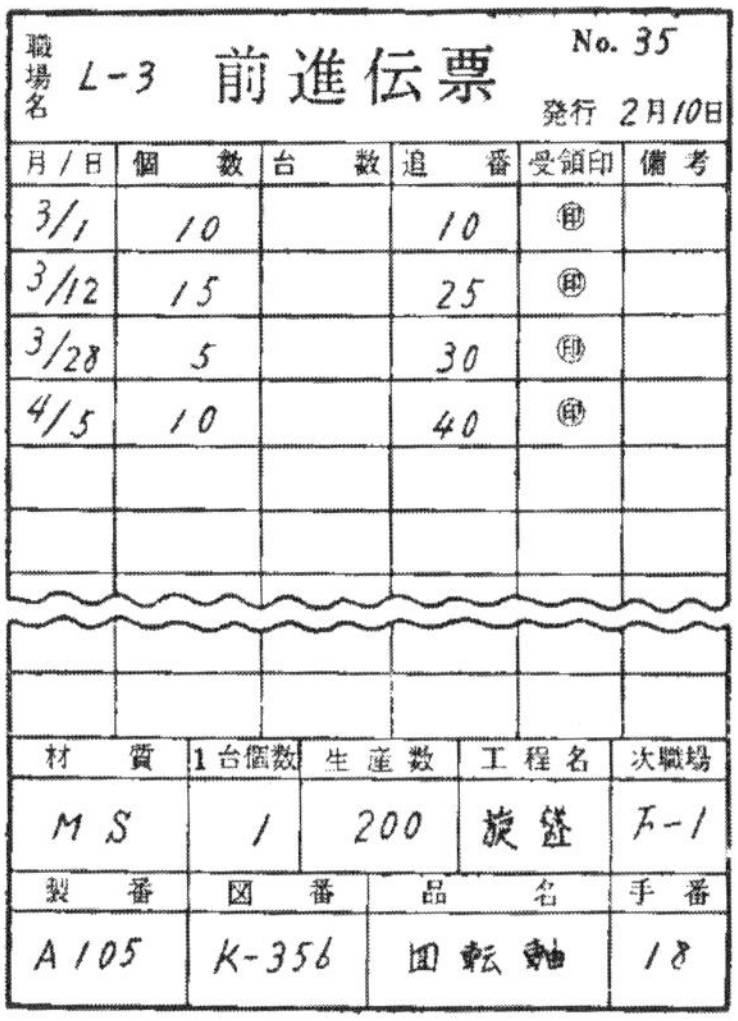

職場名 L-3　前進伝票　No. 35　発行 2月10日

月/日	個数	台数	追番	受領印	備考
3/1	10		10	㊞	
3/12	15		25	㊞	
3/28	5		30	㊞	
4/5	10		40	㊞	

材質	1台個数	生産数	工程名	次職場
MS	1	200	旋盤	F-1

製番	図番	品名	手番
A105	K-356	回転軸	18

図1-19　前進伝票の一例

出所）工程管理便覧編集委員会『工程管理便覧』（日刊工業新聞社，1960年）276頁。

する「些細な慣行」を記した資料を未だ発見できないでいるが、このような日常的に使っているものこそ、記録として残されることは少ないのであろう。しかし、問題は細部に宿るのであり、帳票の変化があったのかについて引き続き考えていきたいが、その前に、トヨタ式スーパーマーケットとは何かを確認しておこう。

(2) トヨタ式スーパーマーケット方式とは何か?

トヨタ式スーパーマーケット方式とは「五台分［の部品］をセットとして［ダイヤ式定時制］運搬」し、その際「部品を［後工程から］前工程に取りにいく」ことだとすでに記した。

この方式について、トヨタの『二〇年史』は次のように説明する。[181]

ある工程で必要とする数量が、つねに前工程で調達できて、しかも、前工程には、それ以上の数量は絶対にストックされていないとしたら、スーパーマーケット方式が実行されているわけです。[182]

このように述べた後、同書はトヨタ式スーパーマーケット方式の「あらまし」として次の五項目を列挙する。

1. 従来は、前工程の者が加工ずみのものを後工程へ運搬していましたが、それを改め、逆に後工程のものが前工程へ引取りに行くという方法にしました。

2. 各職場間の輸送に使っていたトラックをやめ、リフト・トラックおよびトレーラーに代え、一定の時間表に基づいて五台分ずつ運ぶことにしました。そのために、五台分を積むのに最も適当な容器を製作し、品物を絶対に床に置かぬことにしました。

3. 現場は、後工程への配慮のあまり、とかく物をよけいにつくりたがります。これを、日々の生産指示どおりに、生産すればよいというように、しだいにしむけていきました。

4. この方式では、機械故障のばあいクッションになる手持部品がないので、機械故障を絶無にするよう、予防保全の措置を強化しました。

5．このスーパーマーケット方式は、協力工場［サプライヤー］にも同一歩調をとってもらわねば、実効があがりません。そこで、協力工場と密接な連絡をとり、技術の交流を行ない、ばあいによっては機械の貸与を行ないました。そしてスーパーマーケット方式にあわせて、計画的な納入を実行してもらうようにしました[183]。

この説明は『三〇年史』の記述とも大きな違いがない[184]。こうした説明では、具体的な運用について一応の理解は得られるものの、例えば、なぜ「五台分ずつ」なのかという疑問を抱いても解決すべき糸口がない。

このように考えると、トヨタ式スーパーマーケット方式について考える際に、参考となる文献はやはり有馬幸男の論考しかない。有馬は実に注意深く次のように書いている（『寓話』四五七頁参照）。

総組立工場の型式別の組立日程の順序に、先行して機械工場の組付ラインは組んで行き、総組立工場に運ばれて行けば、必要な車が計画日程の順に組立てられることになる。また組付工場は、自分の所で組む順序に、機械加工のマーケットに必要部品をとりに行くというやり方が生まれてくる。これがトヨタ式スーパーマーケット方式の原理である[185]。

有馬が言うトヨタ式スーパーマーケット方式の「原理」とは何か。考えやすいように箇条書きにして整理しておこう。

①総組立工場では「型式別の組立日程の順序」が決定されている。
②この「組立日程の順序」の情報に従って、「機械工場の組付ライン」は生産をする。
③総組立工場の生産進行に先だって、機械工場の組付ラインは生産をする。
④機械工場の組付ラインは、機械加工をしている工場に部品を取りに行く。

総組立工場の「型式別の組立日程の順序」は、①から明らかなように、あらかじめ決定されている。その情報は、②から明らかなように、機械工場の組付ラインにも知らされている。ということは、おそらく他の工場にも知らされている。③から明らかなように、少なくとも機械工場の組付ラインは、①で言う総組立工場の「型式別の組立日程の順序」の情報に従って、組立工場の生産進行に先だって生産をしている。各部品の組み付けには時間がかかるので、その作業に必要な時間（リードタイム、手配番数＝手番）を見込んで生産をしておかねば、総組立工場から必要なものを取りに来ても渡せないからである。

トヨタ式スーパーマーケット方式で重要な点（「原理」の中核部分）は、総組立工場（最終組立工場とも言う）の「型式別の組立日程の順序」の情報が他の工場にも知らされ、その順序に従って、他の工場でも生産が進行することであろう。そのように各工場が準備しておくことで、総組立工場が必要とした時点で、必要なものを供給できるというわけである。

ところでこの方式では「「五台分［の部品］をセット」にして運搬していた。なぜ「五台分」がセットなのか。有馬は次のように言う。

こうして会社は需要者の必要な車を、必要な台数だけ、日々の計画通り生産して行く方向にむかった。また、ちょうどその当時にトレーラーが当社にも入荷され、けん引車の「けん引能力」と、「計算の簡単」ということから、必要な個数を五ときめた。[186]

この文章は別に特別なことは何も言っていないかのように読める。しかし、ここでなぜ「計算の簡単」という言葉が出てくるのだろうか。たしかに、「五」の倍数であれば計算は容易のように思う。だが、この文章が奇妙な構造となっていることが気になる。「必要な個数を五ときめた」要因は、「けん引能力」と「計算の簡単」の二つである。「けん引能力」は「けん引車」（トレーラー）によって規定されている。一方、この「『けん引能力』と」の後、句点で区切られて続く「計算の簡単」については修飾する語句は何もない。読み手は「目の子勘定で必要な部品数を揃えるのも楽だろう」などと想像しながら読みがちである。

ここで、方式の「原理」を思い起こしてみよう。総組立工場では「型式別の組立日程の順序」を決定することが「原理」の要である。この「必要な個数を五」とすることは、「型式別の組立日程の順序」の単位も「五」となっていることになろう。それでは、「組立日程の順序」の単位を「五」とすることで、「計算の簡単」という状況が生まれるのだろうか。

一九六一年の『トヨタマネジメント』に掲載された論考は、「月次生産計画その他の資料にもとづく納入計画の作成」を機械化（ＩＢＭ化）することが困難だと述べていた[187]。また一九六二年の同誌に掲載された論考でも、「材料計画と内製仕掛計画とを結びつけようとする」ことが大変だと述べていた[188]。一つには必要な計算量が膨大で、当時のＩＢＭ機では能力不足だったからである（本章6(3)参照）。だからといって、部品の購入業務では業務の効率化すべてを放棄したわけではなく、納入に関連する事務作業の簡略化・効率化にＩＢＭ機を使い始めていた。

一九六九年の『品質管理』に掲載された水野崇治の論考によれば、トヨタが生産日程計画を電算機で策定し始めたのは一九六六年頃からで[189]、これ以前の時期には「手作業でやっていた」という[190]（本章6(4)参照）。ということは、トヨタ式スーパーマーケット方式での「型式別の組立日程の順序」決定も基本的には手作業が主体であったことになる。それならば、車種を「型式別」に分類して、「五」台単位で生産日程計画を策定することは、まさに「計算の簡単」に大いに寄与する。簡易なやり方で「型式別の組立日程の順序」が決定でき、各工場に事前にこの情報を伝えることができる。

前著で次のように書いた。

　工場全体で生産を平準化するという条件は、実際には一種類の自動車を製造することによっては達成が困難である。車の型式や色などを組み合わせてこそ部品レベルまでの生産の平準化が行われる。こうした作業を手作業で達成することはほとんど不可能である。たとえ達成できても、実際には工数がかかり過ぎて実用には向かない。（『寓話』五三一頁）

「部品レベルまでの生産の平準化」ができる可能性が視野にあっても、実際には、計算能力が不足しているだけでなく、各部品の生産標準時間も完全には掌握できていないし、そもそも不安定であった。そうした状況で、どうやって将来に備えるか。不十分なものであっても、より完全な平準化の準備となるような試みをすることであろう。それが車種を「型式別」に分類して、「五」台単位にまとめることであったのではないか。標準時間や個別の機械の能力の把握が不十分なので、生産の平準化が不十分なことは言うまでもない。だが、部品が「五台分に不足の時はこの五台分は、運搬しないというやり方」をとることで、次第に必要なリードタイム（手番）の情報が修正・集積されていく。これが、計算能力が不十分な中でも、トヨタ式スーパーマーケット方式を実施した真の意図ではなかったか。

だから岸本英八郎が一九五〇年代末にトヨタの工場を観察し、次のように記したのだろう。「事前に決められた組立日程にしたがい、同一車種同一仕様の車を五台単位でアッセンブリー組立ライン、総組立ラインを［に］流してゆくしくみ」になっていると[191]（『寓話』四四一頁）。この時期のトヨタは、五台単位で平準化を試みていたのだ。「一台単位の計画」をトヨタが策定できるのは一九六〇年代中頃以降である[192]（本章6（4）参照）。

（3）スーパーマーケット方式の導入によって、帳票はどのように変わるのか？

トヨタ式スーパーマーケット方式では、最終組立工程における自動車の「型式別の組立日程の順序」は各工場に通知されている。各工場はその情報に従って必要な部品などの生産を（最終組立工程の実際の生産進行に関係なく）進めることが可能である。そして後工程から前工程に「取りに伺う」トレーラーなどの運搬車が動いて、工程間の運搬を行う。そこでは「運搬」という行為が生産の実際の進行を後工程から前工程に伝える役割を果たしている。重要なことは、運搬車に要求された部品を五台分セットで確実に渡すことである。

自動車の最終組立工程での生産は、「型式別」に分類されている。そのため分類ごとに、前工程に「取りに伺う」部品を明示する必要がある。だが、この時期であれば、トヨタが生産する自動車を色別まで考慮して分類しても、おそらく何百もの種類になることはない。これを書き出すことは、手間がかかっても不可能ではない。しかも、

「型式別」の分類なので、一度限りで生産が終了するものではなく、時間をおいて繰り返し生産される。

ではこのとき帳票はどのように変化したのか。トヨタの『二〇年史』は次のように述べる。

部品の出庫票は一品一葉で、従来出庫のつど伝票を切っていたのを、昭和三〇［一九五五］年から月一枚の出庫票に改めました。資材の出庫のうち、使用部署が一定している木材などは必要のつど購入し、納品書を、即出庫票となるようにしました。事務用度品も予算の裏づけのあるものだけを、一括出庫するようにしました。[193]

帳票は「一品一葉」ではなく「月一枚」に変わったのである。当時使われていた「前進伝票」と似たようなものだと考えればよいだろう。この時期、繰り返し使われる「前進伝票」は「厚紙のカード状」の帳票にするよう勧められていたのだった。

トヨタ式スーパーマーケット方式の試行が始まった頃（一九五〇年代中頃）には、「鋳物工場、鍛造工場、車体工場などの内製品の仕掛については、工務部計画課（昭和二七年七月、計画課となる）で、月に何を何個つくれという生産指示書を各工場へ出」していた[194]（『寓話』四七六頁）。そして遅くともトヨタ式スーパーマーケット方式が導入された際には、月産の総生産量だけでなく「型式別の組立日程の順序」の情報を各工場は手にするようになったことになる。帳票は部品などの受領確認に欠かせないが、「型式別の組立日程の順序」の情報（おそらくは、一覧表のような帳票）が事前に渡されているので、それを部品などの受領・受渡しの確認にも利用したであろう。

ここまでは資料から確認できる。だがすでに本章2(3)で述べたように、『トヨタ生産方式』によれば、トヨタでは一九五八年に出庫票は全面廃止されている。[195]ということは、「月一枚の出庫票」で部品などの受領確認をすることはしなくなったのである。したがって、有馬幸男が一九六〇年の論考で「機械加工された部品はすべて、運搬班が一品一葉の伝票によって組付工場に運搬をしていた[196]」と書いたときには、すでに「月一枚の出庫票」で部品の受領確認をすることはしていなかったことになる。

トヨタ式スーパーマーケット方式では、最終組立工程においては自動車の「型式別」に組立日程が決定されている。その「型式別」順序を月単位にまとめれば「月一枚の出庫票」の作成は可能である。しかし、現実には「型式別」順序で生産が進行し、後工程から前工程に係が一定の時間表に基づいて五台分ずつの部品を「取りに伺う」のである。この際に、一カ月分の総量や順序を記した帳票があらかじめ必要なのだろうか。少なくとも運搬を担当する作業者にとって問題なのは、実際に運搬すべき部品が何であるかということと数量、そしてそれがどこに置いてあり、またそれをどこへ運ぶかであろう。すなわち「運搬量・運搬時期・運搬先・置き場所・運搬具・容器など」が明確になっていることである。しかも、最終組立工程で自動車が「型式別」に順序だって組み立てられるようになった。Aという型式であればαという部品の組み合わせを、Bという型式の車種であればβという部品の組み合わせを運ぶことになる。たとえロットごとに「一品一葉」の伝票を付けて運搬票・現品票として運んでいたとしても、時間の経過とともに同じ伝票を何度も書いていることに気付くだろう。何種類かの伝票を事前に用意し、それを繰り返し使うことで伝票作成に関わる労力（工数）の節約が可能なことがわかる。当初は、事前に流されていた「型式別の組立日程の順序」の情報を利用した「月一枚の出庫票」によって部品の受け渡しを確認していたとしても、やがてそれは不要視されるようになるであろう。それによって中間倉庫とともに出庫票が全面的に廃止されたのではないか。それはまた実質的に「かんばん」が出現することになった過程だと推測される。

このような推測ではなく、トヨタ式スーパーマーケット方式の導入が、トヨタにおいて確実に帳票に変化を及ぼしていたことを忘れてはならない。それは一九五五年に「一品一葉」から「月一枚」の出庫票に変わった（ただし、前述のように五八年には廃止）だけではない。『二〇年史』はトヨタ式スーパーマーケット方式の進展を次のように書く。

昭和三一〔一九五六〕年、スーパーマーケット方式に対応し、これまで部品の保管は、たなへばら積みしていたのを、メーカーから作業現場へ直送するのを原則とし、整備室で保管の必要あるものは、パレット（箱）につめたまま保管するようにした。一つのパレットにつめる数をあらかじめきめておき、パレット単位に部品を整理し、仕掛数に応じて、パレットごと出庫するようになりました。

昭和三二［一九五七］年、スーパーマーケット方式の発展に伴い、注文から、納品までを、IBM、機械にかけ、ました。この結果、倉庫管理事務はひじょうに簡素化され、仕掛品も驚くほど減少し、在庫管理に大きな効果をあげました。[197]

これとほぼ同じ文章を『三〇年史』別巻は掲載しながら、「注文から納品までをIBM機械にかけました」を「注文から納品までの事務処理を機械化」したと修正している。[198]「注文から納品まで」の部品購入業務で「IBM機械にかけ」るとは、パンチカードを使うことである。まさしく、「IBM機を工数管理計算に使い始めて一年後に、部品購入業務にパンチカードを使用し始めたのである（本章6(1)参照）。『三〇年史』別巻がこれをあえて「事務処理を機械化」すると修正したのは正確を期すためで、トヨタ式スーパーマーケット方式が導入され、最終組立工程における自動車の「型式別の組立日程の順序」がトヨタ内部の各工場に通知されるようになったものの、まだ外製部品の購入業務をIBM機で完全には処理できなかった中で、「注文から納品までの事務処理を機械化」することが始まったのである。よりはっきり書けば、部品購入業務を「全面的に機械化」できなかったために、[199]事務処理のみを機械化したのである（本章6(3)参照）。その結果、本章6で論じたように、帳票の一部がパンチカード化されていった。

(4) なぜ「かんばん方式」は一九六三年に導入されたのか？

トヨタの社史『三〇年史』では一九六三年に「かんばん方式」が導入されたと書く。なぜ六三年なのだろうか。一九六三年六月一日にトヨタは新しい品番制度を導入する。戦時中、「昭和一九［一九四四］年に当時の陸軍第四研究所より、トヨダ、ニッサン、ジーゼル自工三社の品番がまちまちで……使う者にとって不便だから大体同じものにして戴きたい」という要求があって、トヨタは新たな品番体系を導入した。[200]「敗戦によりこれ［品番］に関する対外関係は無くなったが戦後当社［トヨタ］の規定として、型式は旧品番の方法、区分を表わす数字は陸軍第四研究所提唱の規定を採用することに決定」していた。(201) この後、「品番体系は過去二〇数年間に、数回にわたって変更され」たものの、「もっとも大幅に変更されたのは」この戦後の変更であり、一九六三年まで使用されていた。(202)

一九六三年の品番改正は大幅なものであり、「トヨタ自工、およびトヨタ自販で扱うすべての自動車部品、および用品が対象になり、また全体図、組立図、関係図、計画図の図番も同時に改正」した。(203) この時期に大幅な品番改正が行われたのはなぜか。これについては次のような説明がある。

品番の改正によって技術部における品番の付与が合理化されるほかに、社内の品番を伴う業務の機械化が促進されるとともに、現在すでに機械化されている業務においても、工数の節減と完成する資料の確実性を増すことができます。(204)

ここでも「業務の機械化」、すなわち業務をＩＢＭ機で処理することをさらに促進することが狙いだった。トヨタ式スーパーマーケット方式の採用が示すように、自動車の「型式別の組立日程の順序」を五台単位であれＩＢＭ機で計算できるようになれば、すべての部品手配をＩＢＭ機で決定していく方向に前進する。その際には、ＩＢＭ機で処理しやすい（「業務の機械化」ができる）品番体系の採用が必要だったのである。

トヨタ内部で使われる「引き取りかんばん」「仕掛けかんばん」も品番が明示されてこその「かんばん」である。だから『三〇年史』別巻は「かんばん方式」についても次のように書くのである。

かんばん方式は、昭和二九［一九五四］年ころから機械部において実施されてきたスーパーマーケット方式運用の手段として、品番その他仕掛上の必要事項を標示した「かんばん」を部品に掛け、工程間の情報連絡に使用したことから名づけられた方式で、原理は……スーパーマーケット方式と同じである。

［昭和］三八［一九六三］年に至り機械部だけにとどまらず、広く全工場に実施が計画され、三八年三月から逐次トライアルを重ねながら拡大し、六月にはほぼ全工程に実施した。

この方式はその後改良が加えられ、流れ生産工程のみにとどまらずロット生産工程にも実施され、書類や伝票によることなくタイムリーな生産を行なうことに効果をあげている。[205]

これに対し、トヨタの『三〇年史』の本巻は「かんばん方式」について次のように説明する。

昭和三八［一九六三］年には新たに〝かんばん方式〟と呼ばれる管理方式を採用して、同調化管理を個々の部品加工に、さらに進んで粗形材製造工程にまで拡大強化した。

この〝かんばん方式〟というのは、それぞれ各部品ごとに一種類のかんばん（多くは鉄板だがビニール袋に入った帳票式のものもある）をつくり、これに後工程が前工程に注文する品物の品番と数量などを記入し、これによって前工程は、後工程が必要とする品物を、必要なときに、必要な数量だけ生産を行ない、これを全工程を通じて繰り返すことによって全工程が回転的に運用される〝かんばん〟によって結びつけられるようになっている。また、この〝かんばん〟は、工程、用途などにより形状、色彩が異なっており、ひと目で見分けがつくので、どんな未経験者であっても、生産上あるいは運搬上のミスをおかさなくてもすむなど、作業上の便利さを考えて数多くのくふうがなされている。[206]

『三〇年史』の本巻と別巻の説明には大きな相違点がある。本巻では、トヨタ式スーパーマーケット方式との関連にはほとんど触れられていないのに対し、別巻の説明はスーパーマーケット方式との関連で「かんばん方式」を説明する。それどころか、スーパーマーケット方式の運用手段として「かんばん方式」が説明されている。それも当然で、IBM機による業務の機械化が進む中で品番を整備するとともに、「五台分［の部品］をセットとして「ダイヤ式定時制」運搬」によって「部品を［後工程から］前工程に取りにいく」際に使われる帳票こそが「かんばん」の原型なのである。だからこそ「かんばん方式」は厳密な意味で「方式」とか「仕組み」ではなく、スーパーマーケット方式を運用する手段としての「かんばん」に着目した呼称にすぎない。「かんばん」を使うから「かんばん方式」と呼び名を付けても、その方式を運用する仕組みについては何も語っていないのである。

ただ「かんばん方式」という用語が広く使われている理由も考えておく必要がある。具体的には、旧来の工程管理方式は「伝票式工程管理」と呼ばれたように、[207] 伝票（広く言えば帳票）を多く用いた管理をしていた。これに対しスーパーマーケット方式が進展した段階では、製造現場で見られるのは「かんばん」となり、多くの帳票は消え去る。その意味で「かんばん方式」という表現は、旧来の管理方式に慣れ親しんだ人々にとっても、新たな方式を特徴づけるには簡潔で印象的であり、魅力的な表現だったと思われる。先に引用した『三〇年史』別巻の記述にも、丁寧に「書類や伝票によることなくタイムリーな生産を行なう」ことで効果が上がった旨が記されていることに注目したい。まさしく、互換性部品を使う製造は繰り返し同じ製品をつくるプロセスでもあり、その際旧来の帳票からどのように脱却するかは実務的に大きな問題だった。だからこそ日本では「前進伝票」などの導入によって、帳票作成・確認の労力を節減しようと工夫を重ねてきたのである。別巻の「書類や伝票によることなく」という表現は、旧来の帳票による管理からの脱却を宣言しているようにさえ読める。

旧来からの工程管理に携わっていた人物ほど、「書類や伝票によることなく」という表現には深い感慨をおぼえたに違いない。また、旧来の工程管理を知らない人々にとっても、「かんばん」が新たな生産管理方式だという説明はわかりやすく聞こえたに違いない。それは結果として、運用手段にのみ注目させることになり、「トヨタ式スーパーマーケット方式」とは何かを考える意欲をそぐことになった。スーパーマーケットからヒントを得て、「スーパーマーケット方式」を考えついたと言うだけで、その方式が具体的にはどういうものであるかについては一切語らないことが一般的な傾向となったのである。

（5）購入部品にも「かんばん」が適用されたのか？

一九六三年にトヨタは「かんばん方式」を採用した。だが、これまでの説明では少なくとも明示的には、内製部品に「かんばん」が付けられたことしか述べていない。前に引用した『三〇年史』本巻の記述は、「かんばん」の形式には詳しく触れているにもかかわらず、購入部品への適用には一切触れていない。いったい購入部品についても、「かんばん」は適用されたのだろうか。

前に引用した『三〇年史』本巻の説明では「各部品ごとに一種類のかんばん（多くは鉄板だがビニール袋に入った帳票式のものもある）をつくり」と、「かんばん」の形態について説明するが、そこに掲載されている「かんばん」は明らかに信号かんばんであり（図1-20参照）、「ビニール袋に入った帳票式」のものについての写真は掲載されていない。その頃の「ビニール袋に入った帳票式」を彷彿させる写真（図1-21参照）が、一九七八年に出版された書

図1-20　『30年史』に掲載された「かんばん」

注）この写真に付けられたキャプションには「“かんばん”のつけられた部品」とだけある。
出所）トヨタ自動車工業株式会社社史編集委員会編『トヨタ自動車30年史』（トヨタ自動車工業，1967年）425頁。

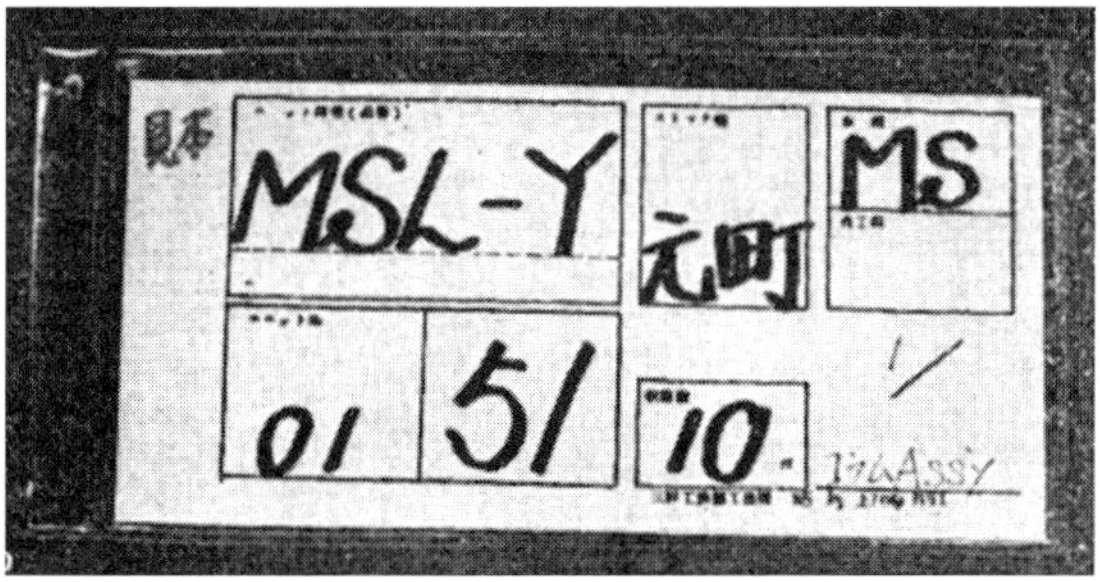

図1-21　「内製かんばん」の写真

注）この写真には次の説明が付けられている。「自社工場内での生産部品のかんばんで，この場合，元町工場への納入を指示している。**MSL-Y**は，部品を記号化したもので，この場合は，コラムの部品（アッシー）。**MS**は，車種，クラウンを意味する。01は，**MSL-Y**を背番号化したもの。**51**は，この部品がどこで使用されるのか，納入場所を指示している。**10**は，1箱当たりの収容個数で，この場合，1箱にコラムの部品が10個詰められていることを表わしている。（注）かんばんには，このほか三角型をしたもの。ワッペン様のものなどさまざまな種類がある。狙いどおりの工程管理ができれば，形態などは各工場まかせにしていてよいわけだ。ただし紙製のかんばんは，水ぬれ，汚損を防ぐために厚手の透明ビニール袋入りにすることが肝要である」［太字は原文］。
出所）斉藤繁『トヨタ「かんばん」方式の秘密――超合理化マニュアルを全面解剖する』（こう書房，1978年）90頁。

物（大野耐一の『トヨタ生産方式』と同じ出版年である）に掲載されているので、あわせて示しておく。この書物には「仕掛けかんばん」や「引き取りかんばん」といった明確な表現はなく、「内製かんばん」と説明されている。内容を具体的に見れば、「仕掛けかんばん」の初期の姿を示すものである（図1-6と基本的には同じであることがわかろう）。

なお、この書物には次のような説明がある。

かんばんには一定の様式はない。部品納入指示用のかんばんのほか、内製工程などでは一メートル四方もある鉄板製のかんばんを使用している。これには部品数量を掲示するほか、指示事項をチョークで書き込めるよう黒板部分もっついている。(208)

これは、『三〇年史』が掲載した「かんばん」の写真（図1-20）の説明にもなっているだけでなく、明確に「部品納入指示用のかんばん」と書かれており、購入部品に対しても「かんばん」が適用されていたことを窺わせる。しかも、「外注かんばん」と説明を付けられた図1-22の中央下部には実際に「購入部品かんばん」という文字が見える（これはトヨタが提供した見本の「かんばん」に印刷されていたのであろう）。ともかく、この書物の筆者にとっては、「仕掛けかんばん」と「引き取りかんばん」の区分よりは、「かんばん」は内製部品用と購入部品用とに二分されるものとの意識が強かったと考えられる。

この筆者の意識にならって、いつから購入部品に「かんばん」が採用されたかを検討したいのだが、実はそれについて明示的に書いていているものは少ない。

ただ、『三〇年史』別巻は微妙な言い方で次のように言及する。

購入部品の納入指示方式は、［昭和］三七［一九六二］年一二月、当時の問題点を集約整理し、荷姿・収容数・納入回数の適正化および月間指示量の平均化を重点に改善された。しかし、これだけでは常に在庫量を適正に維持することは困難であり、その対策として三八年一二月から、逐次ＳＤ方式（Synchronized Delivery の略、同

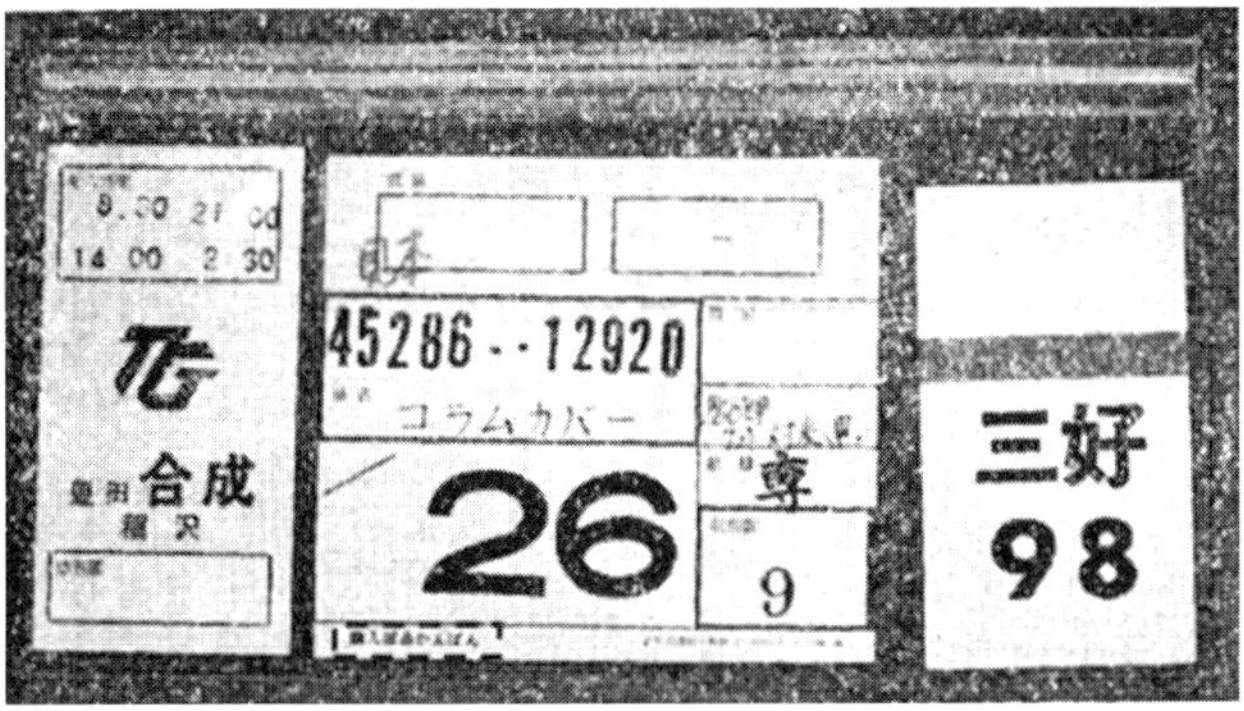

図 1-22　「外注かんばん」の写真

注）写真の中央下部の点線で囲んだ箇所に「購入部品かんばん」と書かれている。この写真には次の説明が付けられている。「豊田合成相沢工場から，トヨタ自工三好工場への納入を示しているかんばん。**品番 45286‥12920** は，部品名コラムカバー（ハンドルにつながっている軸棒を包んでいるカバー）を示している。26 も部品名を表わしているものだが，これは豊田合成が製品出荷場所の番号として活用しているもので，いわば背番号。**使用車種 160G TA 対米（黒）** は，乗用車「セリカ」用で米国向け輸出仕様に使われることを表わしている。三好 98 は，三好工場の部品受け付け窓口を意味し，置場（見本では空欄）は，受け付けた窓口が，組立てラインのどのへんに持っていけばいいのかを，番号で指示することになっている。納入時間は 8:30，14:00，21:00，2:30 1 日 4 回に分けて納入するよう指示されている」［太字は原文］。なお，写真の原文タイトルは「外注かんばん」となっているが，写真中央の下部には「購入部品かんばん」という記載がある。
出所）斉藤繁『トヨタ「かんばん」方式の秘密』89 頁。

期分配）と一〇〇％納入方式を実施した。ＳＤ方式は内製のかんばん方式の効果を確認したうえで、これを外注にも応用して始められたもので、いい変えれば、購入部品に対するかんばん方式であり、その後運用方法の改善をはかりながら鋭意拡大し実施した。[209]

トヨタが自社工場内のほぼ全工程で「かんばん」を適用したのが一九六三年六月であり、同年一二月から「ＳＤ方式」を導入したという。そして、これが「購入部品に対するかんばん方式」だという。したがって、少なくとも一部の購入部品については「ＳＤカード」が一九六三年には採用され始めたことになる。

しかし、筆者はこの引用文を読むまで、直接会った人物たちから「ＳＤ方式」や「ＳＤカード」という用語を聞いたことはなかった。ところが、トヨタに勤めていたと思われる人物がインターネット上の記事で「ＳＤ方式」として次のように書いている。

　社内で確立した「かんばん方式」を仕入先からの部品調達に展開するにあたって、「かんばんでは泥臭い」と大学出の若い連中が主張し「Synchronized Delivery」の頭文字をつけて「ＳＤ方式」と名付けて、説明会を行いました、かんばんのトヨタでの帳票登録は「ＳＤカード」となっていました。今は［かんばんが］国際語になっていることを思うと、嘘のような本当の話[210]

さらに、このＳＤカードについても次のように具体的に説明する。

かんばんには、仕入先の社章が印刷されています、これは人間の仕分けミスを防ぐ工夫として文字よりもイメージの方が確かで一目で判別できるからです。コンピュータがイメージなんか処理できなかった頃ですので、かんばんは手作りでしたが、社章は文字のように手書きは簡単にはできませんし前工程と後工程の組み合わせは膨大で事前に印刷して準備するのも困難です。そこで、用紙を三分割し仕入先の社章、部品情報記入部分、受け入れの色別、それぞれを別々に印刷しておき、かんばんケースを三つの袋で形成し組み合わせて差し込むことにして解決しました。[211]

ＳＤカードも図示されているが、それは現在「外注かんばん」と呼ばれるもの（本章扉の図、図1-3、さらには図1-8）と基本的には同じである。だが、そこには当然のことながらバーコードやＱＲコードはない。残念なことに具体的な年次についてこの記事には記載がない。

この記述を頼りに、出版されている書物からバーコードの付いていない「外注かんばん」の写真を探したのが、実は図1-22である。なぜこの「外注かんばん」に、現在ではほとんど聞くこともない「ＳＤカード」という名前を付けたのだろうか。たしかに「かんばんでは泥臭い」という理由もあったのかもしれない。だが、この「外注かんばん」が社内で使用する「かんばん」とは異なっているという意識が、ＳＤカードという名称にする要因にもなったのではないだろうか。

すでに述べたように、部品購入業務の少なくとも一部は一九五七年にはＩＢＭ機によって処理されるようになっていた。それならば、納入される購入部品がＳＤカードとともに納入されたとしても、そのままトヨタ社内で使われたのだろうか。すでに述べたように、一九六七年になってさえ、サプライヤーが納入するロットをそのままトヨタの製造現場で使うことはなかった。納入されたロットをトヨタ社内の運搬ないし仕掛かりのロットサイズに細分化して「かんばん」を付けていたのである[212]（本章6（1）参照）。

このSDカードとは何か。トヨタが部品購入業務の際に使っていた帳票には、二種類のパンチカード、つまり分割納入カードと検収通知カードとともに、納入指示書があった。二種類のパンチカードは一九七七年にバーコードによって代替されるまで使用されていた。したがって、SDカードは納入指示書を代替したものと考えてよかろう。

SDカードでは、納入指示はいつ、何個の数量が必要かを指示することになり、ある月全体での納入指示を示すことはなくなったであろう。ちょうどトヨタ社内で月一枚の出庫票での部品の受領確認が「かんばん」に代替されたように、購入部品も納入指示書からSDカードに代わったと考えられる。すなわち、トヨタの生産進行に同期化して、部品を納入してもらうための仕掛け（運用手段）がSDカードだったのである。まさに名前はその意図を明確に表しているのである。シンクロナイズド・デリバリー、つまりトヨタの部品使用量に同期化して配送してもらうための運用手段がSDカードなのである。

これは社内で使用し始めた「かんばん」と果たす役割が違っている。実際の購入業務は、納入指示と受領確認を行う二枚のパンチカード（とそれが作り出す帳票）で完結する。SDカードは納入時刻、納入数量、納入場所をわかりやすい形で示したものである。しかも、納入されたロットがさらに細分化されてトヨタ社内の製造現場を動くということであれば、SDカードは納入場所で役割が終わる。細分化されたロットにはまさに「内製かんばん」が付与されたと考えたほうが自然である。この当時はまだ、SDカードと「内製かんばん」は実態からしても、同じ物だとは考えられない状況だったというべきである。SDカードを「かんばん」とは呼ばない理由はここにもあったのであろう。

（6）なぜ購入部品にはSDカードを使ったのか？

なぜ購入部品にはSDカードを使ったのか。この疑問についてはこれまでとは異なる観点で考えてみる必要がある。それはトヨタが展開してきた部品購入業務の機械化（IBM化）の進展との関連であり、またそれを具体的に実践する際のサプライヤーとの関連という二点である。

最初に、部品購入業務の機械化との関連でSDカードの導入を考えてみよう。

すでに本章6(4)で簡単に触れたが、一九五九年の座談会「購買業務の合理化」では、部品の購買業務に関わる事務作業にパンチカードを使うだけでは問題を解決したことにならないという認識が生まれていた。この座談会の最後で、購買部第二部品課長の荒木正次が次のように言う。

IBMの方式にも問題が生じていると思います。最初IBMをとりあげた時には、合理化としては、ひじょうに進んだ形になるんだということで、IBMにそうような流れでやらなきゃいかんと考えてやっていた。それが当時としては成功していたわけなんです。ところが、当時の事情と、現在要求されている合理化の水準とには雲でいの差がある。現在ではワクだけを拡げていくというやり方ではだめなんですね。IBMのやり方についても検討の時期に来ていると考えています。[213]

トヨタがIBM機の据え付けを始めたのが一九五三年末で（『寓話』三九五頁参照）、部品の納入業務に使い始めたのが五七年三月、その業務の多くが同年九月にはパンチカードを使うようになっている（表1-2参照）。それから丸二年も経たない時点で「IBM［を使う納入業務］のやり方についても検討の時期に来ている」という発言がなされているのである。これだけでなく、一九六一年四月の記事でも「月次生産計画その他の資料にもとづく納入計画の作成」はまだ困難だという状況だった[214]（本章6(3)参照）。

ところが、この後に部品購入業務が変化したことを窺わせるような記述が、トヨタの『三〇年史』にはある。しかも、その契機として記されているのは新型のIBM機の導入である。トヨタが「月次生産計画その他の資料に基づく納入計画の作成」を機械化（コンピュータによる計算で実現）しようとしていたことからすれば、まさに新たな展開の契機となりうる事象である。この点についての『三〇年史』の記述は次のようである。

昭和三五［一九六〇］年一月、ＩＢＭの６５０型電子計算機を含む新鋭ＰＣＳを導入して、……需要予測―生産計画―資材計画―機械設備計画―在庫管理―生産実施―評価反省という一連の計画管理計算体系の確立を目ざして、生産管理業務中心の事務の機械化を開始した。[215]

この新鋭機械によって、月次の生産計画から材料計画の策定に及ぶ膨大な作業量が解決されたかのように読める。だが、そのような状況にはなっていなかったのが実態だと思われる。たしかに、ＩＢＭの社史は「翌月の部品ごとの納入日と納入量をＩＢＭ６５０を用いて算出する納入指示プログラムが開発された」と書く。[216]普通に読む限り、納入指示プログラムが月次の生産計画と連携して円滑に動いたように思われる。だが、当時のトヨタにおける生産管理体系を図示したものを見れば奇妙なことがわかる（図1-23参照）。

この図は一見すると、需要予測から始まって月次生産計画、納入部品発注計画などに連なる生産管理体系が示されているように見える（図1-23の左半分）。図1-23の右半分にはフローチャートが示されている。この部分では「車両・補給部品生産計画」から始まって「部品納入計画カード」作成などに連なっている。図1-23の右側は左側をクローズアップして説明したものと考えられがちである。だが、左半分の図には「車両・補給部品生産計画」はない。このように丁寧に図1-23を見ると、奇妙な印象が残らざるをえない。

ＩＢＭ６５０が導入された後に『トヨタマネジメント』（一九六三年）に掲載された論考に、この「奇妙な印象」を払拭する記述がある。

当社「トヨタ」においては、「長期生産計画の確立」という点に、致命的な欠陥をもっている。したがって計画変更によって起る使用量・使用速度の変更は避けられないものなのである。ところが、今度のＩＢＭ化は、

長期計画の確立→生産計画の確立→使用量の確定→納入指示の確定

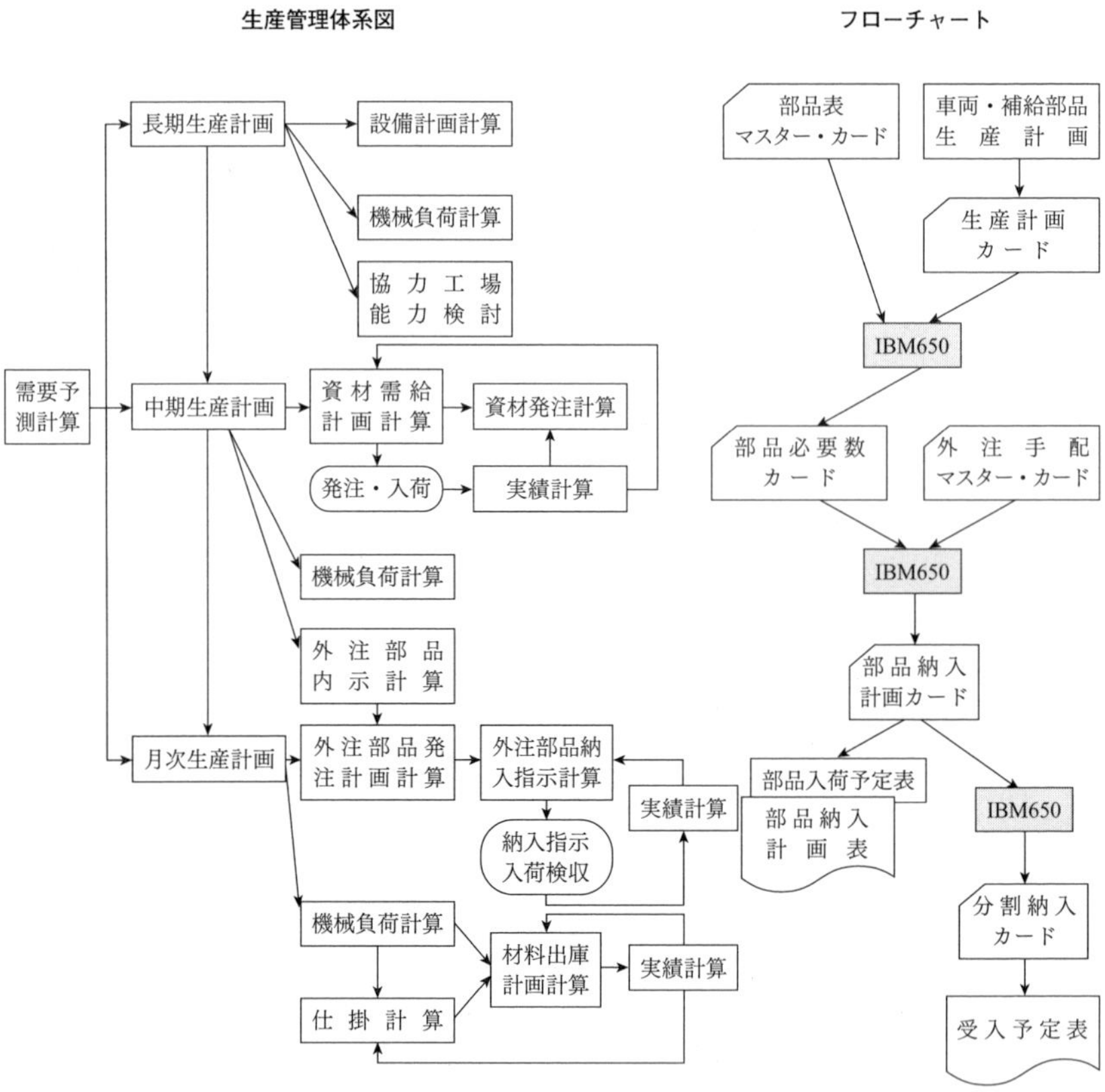

図 1-23　生産管理体系図（1960 年代初頭）

出所）日本経営史研究所企画・編集『日本アイ・ビー・エム 50 年史』（日本アイ・ビー・エム，1988 年）174 頁。

なお，この図は拙著『寓話』403 頁を再掲。

という方向にそって開始されたのではなく、その逆に、末端のところをムリやり［ＩＢＭ］「６５０」に押し込んだわけであるから、そこには、ＩＢＭ化への宿命的限界が横たわっている[217]［二重枠は原文］。
つまり、長期の生産計画から月次のそれ、材料計画を経て納入指示を策定する（引用文の二重枠）のようにはなっていなかったのである。「翌月の部品ごとの納入日と納入量をＩＢＭ６５０を用いて算出する納入指示プログラムが開発された」たとしても、長期計画と密接に関係するようにはなっていなかったのだ。だから図１‐23で右半分と左半分が関連していない。結局、ＩＢＭ６５０が稼働しても、納入指示は長期計画との関連で決定されるまでに至っていなかったのである。

図１‐23のように奇妙な図を掲げ、長期計画と関連づけられた「納入指示プログラムが開発された」かのような説明は多い。この点について水野崇治は一九六九年の論考で次のように注意を促している。

電算機の活用についての話は、どうも〝ホラを吹く〟傾向が強く、事実と観念が混同しがちである[218]。

一九六三年に、トヨタは自社の電子計算機をＩＢＭ７０７４に機種変更する。このＩＢＭ７０７４は回路をトランジスター化し、主記憶装置に磁気コアを用いて高速化したものであった。トヨタでは一九六〇年に、回路に真空管を用い主記憶装置に磁気ドラムを使ったＩＢＭ６５０を導入したばかりであったが、「導入三年にして早くも能力不足を感じるようになった」ためというほど、電子計算機の利用を進めていく（『寓話』五三四頁参照）。それにもかかわらず、購入部品の納入計画を完全に機械化（ＩＢＭ機で処理）することはできなかった。

一九六三年の品番改正は「社内の品番を伴う業務の機械化」を促進することを狙っていたものの[219]（本節（４）参照）、実際には思うように機械化を推進できなかった。部品表の機械化（コンピュータで管理すること）は実現できなかった。「［部品表を］電算技術上［で処理する］可能性についていえば、品番改正（［昭和］三十八［一九六三］年）以降のアプローチはことごとく失敗していた」のである[220]（『寓話』五五四頁）。

一九六三年頃の状況について、トヨタで電算業務に長く携わっていた杉浦幹雄は「私小説風自分誌」の中で次のように述べている。

［ＩＢＭ］７０７４でプログラムを組み、部品表を機械化できるかどうかテストをしてみた。７０７４は磁気テープのシステムなので、読み書きのスピードが速くなったとはいえ、膨大な情報処理はディスクでなくては無理なことがわかった[221]。

杉浦は、ＩＢＭ社にあった「赤黒表紙の英語の適用業務マニュアル」の中で、「自動車産業向けのものが何冊か」（「ＩＢＭがビッグ３でコンピュータの将来の可能性を共同研究したもの」）を参考に「トヨタでの可能性を調べることになった」と書き、次のように続ける[222]。

> その一つが「部品表の機械化」である。車は数千の部品から構成されている、エンジンとかトランスミッションという大物部品、それはまた細部の部品からできている。一番小さいのはボルト、ナット。部品の構成一覧である、部品がいくつ必要か、その図面などを表したものである。膨大な書類・図面から構成されている。さらにモデルチェンジのときなど更新するもの、そのまま使うもの、それらを社内および仕入れ先に連絡しなければならない。車の部品点数の七割は購入部品である。気の遠くなるような情報処理が人手で行われていた。
>
> 機械化に成功すれば人数減だけでなく、スピードが大幅に短縮できる。熾烈な販売競争を繰り広げている自動車業界、商品企画から生産までの期間短縮は競争力強化に繋がる[223]。

部品表の機械化が進展しない中では、部品購入業務の機械化にも限界があった。「ＳＤカード方式は内製のかんばん方式の効果を確認したうえで、これを外注にも応用して始め」たものの、「運用方法の改善をはかりながら鋭意拡大し実施した[224]」と書くのは、機械化の進展に限界があったことが一つの要因であろう。

（７）なぜＳＤカードは急速に広がらなかったのか？

ＳＤカードは急激には広がらなかった。トヨタの『三〇年史』は「昭和三八［一九六三］年には新たに〝かんばん方式〟と呼ばれる管理方式を採用し」たと書く。[225] ただし、購入部品に適用されたかどうかは明確に書いていない。『三〇年史』別巻も「[昭和]三八[一九六三]年一二月から、逐次SD方式（Synchronized Delivery の略、同期分配）と一〇〇％納入方式を実施した」と書き、SDカードが一九六三年から全面的に採用されたとは書かない。「逐次……実施した」のであり、どの程度の速さで進展したかは不明である。こうした点で参考になるのは、トヨタの五〇年史『創造限りなく』の記述である。「外注部品にかんばんが適用」されたのは一九六五年と明確に記している。[226] この記載が誤記・誤植かどうかは不明である。だが記載が正しいとすると、一九六三年に採用された「かんばん方式」というのは内製部品についてだけであり、購入部品に対しても同年末からSDカードが使われ始めたけれども、それが一定程度の広がりを持ち始めたのは一九六五年頃からだったと考えてよいだろう。

なぜSDカード（後の外注かんばん）が一斉に使われ始めなかったのか。この理由は購入業務の機械化進展の困難さだけで説明するのは無理があろう。部品を納入するサプライヤー側の問題についても考えておく必要がある。以下、この問題について簡単に見ておこう。

購入部品業務で「かんばん」の採用がトヨタ社内に比べて遅れた理由は簡単である。サプライヤーの側が、トヨタにとって必要なロットサイズで（従来の基準から言えば小ロット・多頻度で）納入し、その納入したロットに不良品や欠品が生じないようにしなければならないからである。だからこそ、『三〇年史』別巻では次のように書いていた。

　このスーパーマーケット方式は、協力工場［サプライヤー］にも同一歩調をとってもらわねば、実効があがらない。そこで協力工場と密接な連絡をとり、技術の交流を行ない、ばあいによっては機械の貸与を行なった。そしてスーパーマーケット方式にあわせて、計画的な納入を実行してもらうようにした。[227]

トヨタ側が月次計画から納入計画を策定することができたとしても、現実にトヨタが望むロットサイズと頻度でサプライヤーが納入できない限り、「かんばん」を使う納入は実施できない。だからこそ、サプライヤーが納入するロットをトヨタが社内の運搬ないし仕掛かりのロットサイズに合わせて細分化した上で、「かんばん」を付けるという奇妙な状況も生まれていたのである。また、サプライヤーから納入された部品に欠陥があれば生産は停止する。したがって、サプライヤーの技術力向上がなければ、トヨタの生産と同期化してサプライヤーから部品を納入させても、部品の品質が一定程度以上（できれば、納入部品すべてが良品）でなければ、生産は度々停止せざるをえない。このためトヨタはサプライヤーと「密接な連絡をとり、技術の交流を行な」ったのである。

だが、これは実に時間がかかる作業である。トヨタが「サプライヤーの経営や技術面に積極的に指導・介入する状況が生まれたのは、一九五二年から五三年にかけて実施された『系列診断』が契機であった[228]」。つまり、トヨタが購入部品業務の一部の「機械化」を実施した時期から、サプライヤーと「密接な連絡をとり、技術の交流を行な」い始めたのである。

この状況をここで簡単に説明しておこう。トヨタは一九五三年に「検査部総括課に品質管理係を設け、全製造工程にわたる品質管理の適用を企画」する。この点について、トヨタの『二〇年史』は次のように説明する。

とくに、常務取締役斎藤尚一は、協力工場［サプライヤー］の品質管理の実施と、外注部品の受入検査の合理化を図り、協豊会［サプライヤーの団体］総会の席上、品質管理導入の趣旨を説明し、その徹底と協力を期しました。また協豊会主催で、数地区で品質管理講習会を開き、わが社から講師を派遣しました。このようにして、協力工場に品質管理の考え方を普及し、実施に移すとともに、わが社への納入製品には、最終結果の管理図を添えるようにしました。講習会がひととおり終ると、各協力工場に、品質管理を担当する技術員が行って、その実施のありさまを調査するとともに、実地指導に当りました。

……このように、協力工場の品質管理を指導することは、当時としては、他に例がほとんどなく、雑誌にとりあげられたり、いろいろと反響がありました[229]。

これだけではない。一九六〇年にトヨタで開催した生産技術講習会にも協豊会から九名が参加している[230]（生産技術講習会については『寓話』第6章3(3)②参照)。企業規模、技術力だけでなく、経営者の意欲・能力に大きな差があるサプライヤーを、トヨタ側の要請に応えうる水準にまで育成することは短期間でできる話ではなかったのである。いわば、こうした準備期間を経た後、一九六四年にトヨタは協豊会加盟企業に対し、無検査受入を要請する。『協豊会二十五年のあゆみ』は次のように書く。

> 昭和三九［一九六四］年度は、トヨタ自工からの要請により、納品システムの合理化を図るべく、無検査受入制度を導入することになり、各［協豊会］会員会社製品の品質保証体制を積極的に確立し、トヨタ自工の要望に応じた。[231]

こうしたサプライヤーの育成期間を経て、トヨタでは新たな納入方式を追求する。『三〇年史』別巻はSDカードの採用とその推移について淡々と的確かつ明敏に次のように記す。長文であるが引用しておこう。

> 納入メーカーが計画どおり一〇〇%完納することを可能ならしめるため、とりあえず［トヨタの］本社工場でSD方式適用メーカーを対象に、一〇〇%納入方式を試行し始め、完全実施を目標に問題点の検討を進めた。その結果、不良、不足などすべての異常を排除して一〇〇%完納が合理的に達成できるような方式に改善し、［昭和］四一［一九六六］年六月から本社、元町、上郷の各工場で全メーカーを対象に実施した。
>
> このSD方式と一〇〇%納入方式とは、わが社納入方式の二大特徴であり、当初の目標通り特急・過剰在庫をなくし、在庫を常に適正に保つことに効果をあげた。
>
> 以上により、購入部品の在庫管理体制は一応の形が整備されたが、納入計画については、その精度、所要日数などの問題があり、さらに旬間生産計画の実施に対応するための本質的な指示方式の改善が、各工場工務部の部品管理部署および機械計算部を中心に関係部署協力のもとに推進されてきた。その結果、三か月の必要数の内示、日程別必要数をもとにした指示日程の決定などを主体にした新納入方式が完成され、［昭和］四一年一二月から実施の運びとなった。これにより購入部品の納入指示方式はまた大きく一歩前進したのである。[232]

一九六六年になって完成した「新納入方式」というのは、二〇世紀末以降のトヨタで実践されている方式の原型である。トヨタの生産と同期化して部品が納入されるには、指定した時刻に指定した数量が納入される必要がある。これが一応、一九六六年から実施され始めたのである。この一九六六年頃は、また生産日程計画が「三年ほど前［つまり、一九六六年頃］からは電算機［コンピュータ］によって」作成されるようになった時点でもあった[233]（本章6(4)参照）。トヨタにおけるコンピュータ利用の一段の深化が、新納入方式の導入を支援し、トヨタは内製・外注部品に「かんばん」を使い始めたのである。もはや納入された外注部品のロットをあらためて細分することもなくなり、あえてSDカードと呼んで区分することもなく「かんばん」という用語が広まっていったのである。

また、ここで言う「一〇〇％納入方式」については、一九六四年に「生産管理部部品管理課」に異動したというトヨタの元・従業員の次の説明が理解に役立つ。

［サプライヤーの納品すべき］部品が不足した場合でも、伝票の個数の訂正は許さず、一〇〇％完納するまで伝票は保留し、受入場に展示しておき、完納されたらはじめて処理をする、という方法で解決しました。
このことで未納品の目で見る管理もでき、伝票処理の簡素化もできました[234]。

また二〇〇四年にトヨタを退職した元・従業員も次のように説明する。

納品書・受領書は一枚に五部が書けるようになっているため、納期に四部品が納入できて一部品だけ納入できないような場合には、その一部品が納入できるまでは印鑑はもらえない。そしてその未納が月をまたぐような場合には、四部品の代金支払いが一ヶ月遅れてしまう[235]。

両者の証言とも、サプライヤーが納入予定数を完納するまでトヨタ側が支払わない慣行があった点で一致している。このようにして、部品を完全に納入させるインセンティブをサプライヤーに与えただけでなく、トヨタ側は追加納入などに伴う事務手続き（多数の帳票処理作業）を簡略化できた。購入部品数を間違いなく全数納入させるようにしたのが、「一〇〇％納入方式」であろう。

（8）コンピュータ活用で残されたものは何か？

トヨタにおけるコンピュータ活用で、最大の難関として残ったのは「部品表」（Specifications Management System；SMS）となった。ようやく一九七三年末にこの実用化にこぎつけ、「全車種の部品表電算化が完了」したのは一九七五年末であった[236]（『寓話』五五三―五五五頁参照）。トヨタがIBM機を製造現場の工数関係に積極的に利用し始めたのが一九五四年一〇月であったから（本章6(1)参照）、当時の用語で言えば生産管理の「機械化」、つまりコンピュータ利用による生産管理は約二〇年かけて一応、完成の域に達した。『創造限りなく』の「電算・情報システムの変遷」を扱う箇所では、一九七三年に「部品表情報の電算集中管理」が始まり、七五年には「部品表システム利用業務の電算化」がなされたとある。そしてこの「業務の電算化」の内容として「部品手配計算」と「購入部品価格管理ほか」と書かれている[237]。こうした業務こそ、トヨタが長い間「機械化」（電算化）しようとしてきたものだった。一九三〇年代からの互換性部品を使う製造は欧米、特にアメリカの技術や管理方式の模倣から始まったが、ここに、独自性を主張できる方式が一応の完成をみたのである。コンピュータを活用し始めた最初の頃から「部品表」の重要性を認識していたものの（本章6(4)参照）、その実現は実に長く困難な道のりだった。

その部品表は技術情報のみが記されたものと捉えられがちである。なぜなら、部品表が「車両を構成するすべての部品について、品番（部品番号）別に①車両と部品の関係②部品と部品の関係③製造工程④部品の内容（品名、材質など）の四つの内容を明示したもの[238]」だからである。だが、部品表は次のように使われる。

この「部品表の」技術情報をもとにして、機械・冶工具・検査基準の検討などの生産準備活動をはじめとして、受払生産指示、外注部品の契約・手配などの生産購買活動、販売活働および原価・品質保証活動がなされる。

即ち、技術情報の中核としての部品表は、更にまた企業活動の原点として位置づけられるのである。

企業活動の出発点である技術情報は、部品表を取り巻いて製品企画・設計・生産準備・生産・販売・品質・

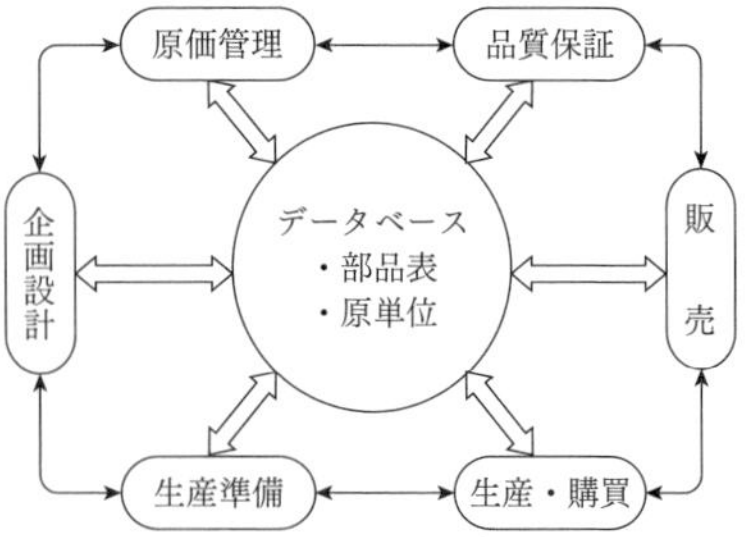

図 1-24　部品表データベースと企業活動の関連

出所）塩谷勝・狩谷哲生・大塚一郎「データベースの実際（6）　部品表を中核として DB／DC システムについて」『情報処理』15 巻 6 号（1974 年），441 頁。

原価など企業活動の全てに関連しており、自動車工業における技術情報としての部品表は、企業活動の全分野に関連した基本的且つ中枢的な情報システムとしてとらえることが出来る(239)。

しかし、この情報システムは「部品表システムの完成とＤＢ／ＤＣ［データベース／データコントロール］のシステムの基礎固めをしたという意味で、長期構想の中の第一段階にすぎない」ものであった。この長期構想とは何であったのか。この点について、当時トヨタ自工電算部の塩谷勝らは次のように説明する。

　今後は、ＤＢの完成を図ることが重要であり、関連業務の統合展開を図るためのシステム開発に着手している。

　これらは各情報サブシステムの集大成であると同時に、従来のオペレーショナルなシステムから、真に経営の効率と意志決定に役立つマネジメントシステムを指向することであると考えている(240)。

このように述べて、「部品表データベースと企業活動の関連」という図を掲げている（図1-24参照）。企業活動全般を「部品表データベース」を中核に統御しようという構想がわかろう。

この構想が短期間に実現したわけではない。ようやく「一九九〇年までにトヨタの企画、設計、製造、物流、販売の一連の基幹業務システム化がひととおり完成する」というから(241)、「全車種の部品表電算化が完了」してからでも一五年を経ている。しかも「ひととおり完成」した「一連の基幹業務システム化」も大きな問題を抱えていた。それを端的に語っているのが、一九九五年に発表された次の文章であろう。

　組織の機能構造に合わせた機能別情報システム化ばかりを推し進め、データベースやネットワークも各々の機能に最適な構成としてきたことである。その結果得られたのは、部分部分の最適化ではあったが、全体として

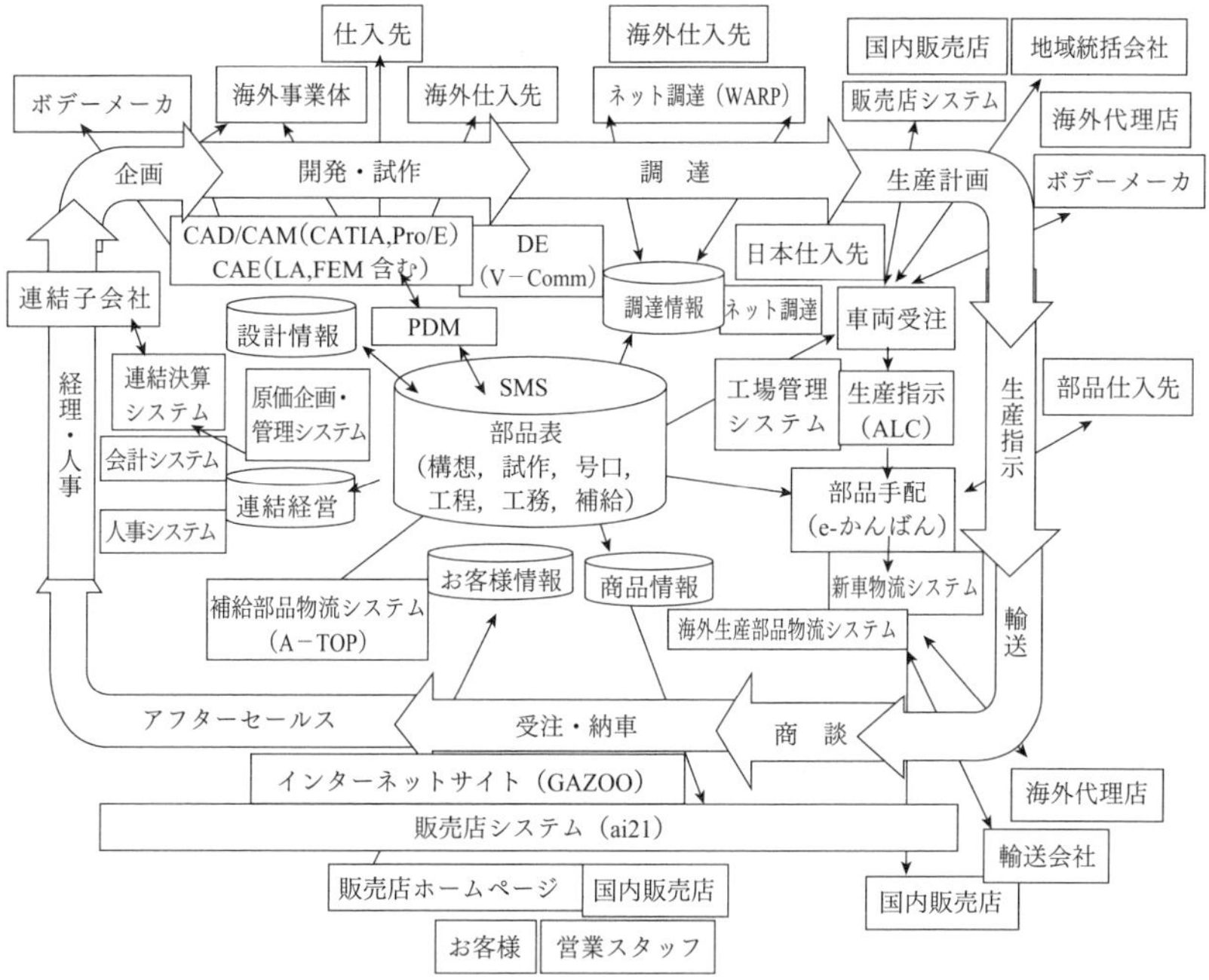

図 1-25　情報システムの全体図概要

注）図のタイトルは原文のまま。
出所）経営情報学会情報システム発展史特設研究部会編『明日の IT 経営のための情報システム発展史』（専修大学出版局，2010 年）61 頁。

の最適化からは、程遠いものとなってしまったということである。[242]企画や設計、製造、物流、販売に即した業務システムが形成されていったものの、全体から見ればパッチワーク的な様相を呈し、各業務の遂行それ自体には問題がなくても、企業活動全体の統御という点からは問題を抱えていたということであろう。それを端的に示しているのが次の引用文である。

> 一台の車両は、数万点に及ぶ部品の集合体である。一つ一つの部品は部品表によって登録、管理されている。従来は、試作車を造る段階での部品表と、本格生産のための部品表が、別々のシステムとして構築されていた。つまり、二つの部品表が存在していたのである。[243]

こうした状況を放置するわけにはいく

まい。だからこそ、この引用文に続いて次のような文章がある。

現在、それを一つにしようというプロジェクトが進行中である。情報を企画・開発から生産・販売の過程で共有化し、競争力のある原価を企画、管理していくためのシステムの再構築である。[244]

この、部品表を中核としたシステムの再構築は困難な作業だったと推定できる。実際には二一世紀初頭になってようやく一応の再構築ができたと考えられるからである。その結果を図示しているのが図1‐25である。もちろん、すべてが円滑に動いているかどうかは外部からはわからない。情報処理技術（ハードウエア、ソフトウエア）の急速な進展によって、絶えざる手直しがなされていることは想像できる。それにもかかわらず、この図1‐25が図1‐24の構想に似通っているのがわかろう。

『トヨタ生産方式』のゴーストライターだという三戸節雄が「連日連夜、考えに考え何度書き直しても書き切れなかったテーマ」だったという「『トヨタ生産方式』と表裏一体になってシステムを構成する『トヨタ式情報システム[245]』」は、ともあれ二一世紀初頭にはこのような形をとるようになったのである（本章5（1）参照）。

8　なぜ「かんばん」は必要なのか？　なぜ円滑に動いているのか？

（1）なぜ「かんばん」が使われたのか？

生産のコントロールが機械化されていく。正確に言えば、コンピュータの計算能力が進展し、長期の生産計画から納入指示までを速く正確に確定できるようになる。そうした状況になっても、なぜ「かんばん」が必要なのだろうか。より問題を限定して言えば、本章の図1‐13のように生産計画のほぼ全体がコンピュータ処理できるようになった時点でも、なぜ図に「外注部品納入指示」が「かんばん」によっていると書く必要があるのか。『トヨタ生産方式』が書くように、コンピュータを「道具として自由に使いこなす[246]」ようになっても、なぜ「かんばん」が必要なのか。トヨタ式スーパーマーケット方式の説明からもわかるように、トヨタの生産管理はコンピュータ抜きでは考えられない。ましてや最終組立工程の平準化を高めることは、コンピュータを「道具として自由に使いこなす」こと抜きには実現できない。こうした状況で、なぜ「かんばん」が必要なのか。

そもそも「かんばん」が使われ出したのは、後工程から前工程に「取りに伺う」ようになって、それまでの帳票が改革されたことによる（本書7(1)(3)参照）。それはトヨタにおいては生産のコントロールの「機械化」の進展（情報システムの整備）と切り離して考えることはできなかった。

『トヨタ生産方式』では「トヨタ式情報システムの一大特徴」として次のように書いていた。張富士夫の執筆と言われる箇所を再び引用しておこう（本章5(1)参照）。

トヨタ生産方式にとっては、この日程計画の立て方が重要である。……トヨタ自工では、……日程計画をさらに平準化して並べた「順序計画」を、最終組立ラインのあたまに、一か所だけ送ってやればよい[247]。

最終組立ラインに「順序計画」を送れば各工程に連鎖的に情報が伝わっていくようにするための運用手段が「かんばん」である。全工程にわたって「かんばん」が採用されれば、最終組立ラインの順序計画が順次連鎖的に各工程に伝わる。

なぜ「かんばん」で情報を伝えていくことが重要なのか。これに対する単純な回答は、本章でもすでに述べてある。『トヨタ生産方式』では次のように書かれていた。

多過ぎる情報は、進み過ぎを誘発し、順序まちがい、つまり必要な物が必要なときにできず、つくり過ぎと同時に欠品をもたらす原因となり、ひいては計画変更が簡単にできないラインの体質に結びつく[248]。

これには現実的な裏付けがあった（本章4(3)参照）。だが、これだけが「かんばん」を使う理由だろうか。

（2）「かんばん」が使われるようになって効率は上昇したのか？

「かんばん」が使われるようになり、トヨタの効率は上昇したのだろうか。こうした疑問に答える論考を、一九七四年に張富士夫が『技術の友』に「トヨタの生産方式」というタイトルで発表している。[249] この論考が書かれたのはトヨタが部品表電算化の実用化にこぎつけた頃で、実は同じ号に「部品表の電算化（ＳＭＳ）」という論考も掲載されている。

この張の論考は「トヨタ［生産］方式の効果」を他社と比較検討している点で興味深い。論考が示しているデータを客観的に検討することも可能であるが、当時のトヨタ（正確には張自身）がどのように考えていたかという点でいっそう興味深いのである。こうした点を考え、オリジナルの数値をそのまま掲載する。また、同業他社名も原文のままとしたが（表1‐4参照）、Ｎ社が日産、Ｔ社が東洋工業、Ｈ社がホンダ、Ｉ社がいすゞ、Ｇ社がＧＭ、Ｆ社がフォードを指すことは自明であろう。

この論考が発表された当時、トヨタ自工と自販が分離していたので、棚卸資産回転率については、トヨタ自工の完成車手持台数が少なかったことに留意しなければならない（表1‐4ａ参照）。張もこの点を指摘した上で、この「完成車の手持ち台数の少ないことを差引いてもこの差はきわめて大きい[250]」と指摘しているように、他社との差は驚くほどの大きさに達している。

この表1‐4ａが一九六五年以降のデータを示しているのも興味深い。なぜなら本章の考察によれば、ＳＤカードの使用が「一定程度の広がりを持ち始めたのは一九六五年頃」だからである（本章7（7）参照）。しかも、「ＳＤ方式適用メーカーを対象に、一〇〇％納入方式を……を改善し、［昭和］四一［一九六六］年六月から本社、元町、上郷の各工場で全メーカーを対象に実施[251]」していることは、同表において一九六六年で回転率が大きく上昇していることとも符合する（もちろん回転率の上昇をもたらしたのはこれだけが原因ではないとしても）。ちなみに、一九六六年以降にいったん回転率が低下しているのはＳＤ方式と一〇〇％納入方式の修正や調整があったことが一因ではないだろうか。

棚卸回転率が前年を下回ったのは一九六七年、七〇年だけで、全体として回転率は上昇傾向にある。この理由は何であろうか。こうしたデータだけで棚卸資産回転率の上昇などの原因を推測するのはきわめて難しい。だが、これまでの考察を踏まえた上で、あえて推測してみよう。

一九六〇年代半ば以降になると、「車両仕様の多様化に対応するため、組付指示の体系化を図り生産指示にオン

表1-4　トヨタ生産方式の効率（同業他社との比較）（1965〜72年）

a）棚卸資産回転率

年	トヨタ	N社	T社	G社（アメリカ）	F社（アメリカ）
1965	41.0回	13.1	15.6	6.9	8.0
1966	57.1	12.5	11.2	6.5	7.7
1967	52.3	14.1	11.8	6.2	7.3
1968	54.9	14.0	16.3	6.6	7.5
1969	69.3	15.0	10.9	6.5	5.8
1970	65.5	12.8	8.6	4.6	5.0
1971	81.4	13.7	9.2	7.1	5.0
1972	86.8	16.0	10.9	−	−

原注）売上高に対する棚卸資産〜製品および仕掛品〜の割合。数値が大きい程在庫が少なく，効率のよい生産を行っていることを意味する。

b）従業員1人当たりの付加価値

年	トヨタ	N社	T社	H社	I社
1965	千円 2,878	3,129	2,729	3,772	2,927
1966	3,569	2,813	2,933	3,060	3,527
1967	4,880	2,927	3,171	2,552	3,518
1968	4,608	3,151	3,051	3,615	3,450
1969	5,685	3,614	3,199	3,965	3,540
1970	5,841	4,328	3,462	4,261	3,582
1971	6,877	4,856	3,588	4,521	3,743
1972	7,119	5,921	3,710	4,620	4,259

c）1組立ライン当たり取扱い種類数

	取扱い車種数	可能取扱い種類数
トヨタ	2	100,000,000
T　社	2	1,600
N　社	2	13,000
G　M	2	不　明

出所）張富士夫「トヨタの生産方式」『技術の友』25巻3号（1974年），2-3頁。

ライン・コントロール・システムを導入」し、「ラインの側に備えられている端末機から生産指示情報を得て、組付を行っていくことになった」[252]。実際に、次のように各工場にこのシステムは導入される。

〔昭和〕四十一〔一九六六〕年には高岡工場、〔昭和〕四十四〔一九六九〕年には元町工場、つづいて〔昭和〕四十五〔一九七〇〕年には新設された堤工場に、このオンライン・コントロール・システムを導入、仕様の多様化に対処することになった[253]。

たしかに、オンライン・コントロール・システム導入はトヨタ内部での「機械化」（電算化）の進展を示すものであるが、このシステム導入自体が問題を引き起こし、端末機による生産指示をやめる方向に動く（本章4(3)参照）。システム導入とその修正だけに回転率上昇の理由を帰すことは難しいであろう。それよりも、さまざまな工程に拡大していった「かんばん」の導入それ自体にこそ理由があるのではないだろうか。

昭和「四十年代前半〔一九六〇年代後半〕には、一つのラインで多種類の部品をロット生産している工程にも、逐次かんばんを導入していった」[254]。つまり、プレス工程などに「信号かんばん」が導入されたのである[255]。このプレス工程では「〝仕掛けの神様〟と呼ばれる工務のベテランが計画を立てていた」[256]。だが予測間違いや月度計画での生産で変更が難しく、「プレス品は過剰在庫である反面〝特急〟〔既定の生産計画を無視して大至急に生産する品物〕が多いといった状態だった」[257]。ところが、かんばんによって仕掛け〔生産を開始する〕指示をするようになると次のようになったという。

本社プレス工場のかんばんによる仕掛け指示は、〔昭和〕四十二〔一九六七〕年から始められ、〔昭和〕四十四〔一九六九〕年には全ラインに定着、プレス品在庫量は半減し、鋼板在庫量も従来の一か月分から〇・一か月分に減少した[258]。

さらにプレス型の段取り替えの時間短縮によって、一ロットの数量を少なくしようとする取り組みが一九七〇年代初頭頃から始まる。

［昭和］四十年代後半［一九七〇年代初頭頃］には、ロット生産を行う各工場で段取り替え時間の短縮に取り組み、次々と十分以内の段取り替え、すなわちシングル段取りを達成していった[259]。

シングル段取り（プレス型を一〇分以内に交換すること）がいつ実際に行われたかを明確に書いてある文献はない。『創造限りなく』本文は「［昭和］四十六［一九七一］年十一月には、当時一時間以上もかかっていたプレスの型段取り時間を一〇分以下にすることになった」と書き[260]、いつ実現したとは断言していない。同書資料集では一九七一年に「プレス段取（全プレス工場）」とのみ書いてある[261]。

だが、シングル段取りが実際に実現した工場、時期を特定するのは困難であっても、一九六〇年代末にはプレス工程でも「かんばん」が採用されて、鋼板在庫量が著しく低下していたことと、その結果をうけて、一九七〇年代初頭からシングル段取りに向けて動き出していたことはわかろう。このプレス工程での進展は、小ロット化のネックを解消し、生産の平準化をさらに推し進めることを可能にしたと思われる。これが表1-4における棚卸資産回転率が一九七〇年代に入ってさらに上昇することを可能にしたのではないだろうか。

回転率の上昇は、従業員一人当たりの付加価値額の増加ももたらした。また小ロット化の進展は、平準化生産をしながら、組立ラインで取り扱う自動車の「種類」を大幅に増やすことを可能にしたであろう。また、それを支える平準化順序計画の策定も大幅に効率化されていたことも忘れてはならない。

（3）コンピュータによる生産指示が可能になっても、なぜ「かんばん」が必要なのか？

プレス工程において仕掛け指示を「かんばん」で行うことによって、鋼板在庫量が大幅に減少したことはわかった。おそらく、このことも棚卸資産回転率の上昇に寄与したと考えられる。しかし、コンピュータを利用した生産指示は一九六〇年代中頃になれば、ほとんどの工程で可能になっただけでなく、購入部品に対する納入指示さえも、ある程度まで可能になっている。それにもかかわらず、トヨタでは「かんばん」や「ＳＤカード」を使い続ける。

たしかに、組み付け順序表を各製造現場に示せば、作業者がその順序表を見ることで、先行して作業するようになり、混乱が生じた。

そうした事情を知った上で、あえて次のような質問をしてみたい。すべてコンピュータの生産指示に依存したらどうなるかと。

こうした疑問は誰でも考えつくようで、文献を探していくと、なぜ「かんばん」に依存するかについて説明してある文章がある。それも、トヨタでコンピュータによる生産指示について詳しい人物（水野崇治）が次のように述べている。

電算機で行なう計画計算だけに依存していては、現場で起こってくる変動に対する修正措置が困難であり、もし強引に行なおうとしても、コスト的にペイしそうもないことである。この中には、現在では前工程の仕掛けの修正指示を必要なリード・タイムで行なえないようなことも含まれるが、これは解決の見とおしがある。しかし、工程間に必要な微調整を完全に行ない、しかも在庫量を一定限度以上に絶対に増加させないためには、当社流の表現でいう〝看板方式〟のような、目で見る簡単な管理を併用する必要が半永久的に残るだろう。その理由は、このような微調整や過剰在庫の抑制に必要なインプット・データを確実安価に得ることがむずかしいからである。[262]

また、コンピュータによる生産指示に実際に携わってきた杉浦幹雄も次のように言う。

一つの箱には一枚のかんばんがついていて、使った箱「パレット」のかんばんを集めてまた翌日に仕入先から運んでくる。定期発注法をコンピューターを使わないでやっているものであり、そのためにコンピューターでいろいろとバックアップしている。それが「かんばんのチェック表」とか「グループ必要数」とかのリストであり、現場での目で見る管理をやらせている。コンピューターでこのような管理システムを採用しようとすると、一億円位のレンタルになり、たとえやったにしても運用面でこれだけの効果を発揮できない。[263]

引用した二人の人物ともに、次の点で一致する。「現場で起こってくる変動に対する修正措置」を完全にコンピュータ処理で行おうとすると、「微調整や過剰在庫の抑制に必要なインプット・データを確実安価に得ることがむずかしい」と。杉浦の言葉によれば、すべての調整（微調整までも含めたもの）のコンピュータ処理を「たとえやったにしても運用面でこれだけの効果を発揮できない」のである。

こうした発言は、一見すると経済的効果（費用対効果）しか述べていないかのようである。ところが、この杉浦はこの引用文の前に「かんばん」のことを「トヨタ自動車の現場の汗の結晶」とあえて述べている。また水野も引用文の中で、「〝看板方式〟のような、目で見る簡単な管理を併用する必要が半永久的に残るだろう」と述べる。これはなぜだろうか。

コンピュータによる生産指示を徹底して「かんばん」を排除するといった発言を、コンピュータの利用を推し進めた人物たちさえもしない理由は次の発言からわかろう。

生産管理システムをダイナミックにフレキシブルに運用することは非常に重要で、それなくしてはＣＩＭ［Computer Integrated Manufacturing（コンピュータ統合生産）］は無用の長物になってしまう。七〇年代に喧伝されたＭＩＳ（Management Information System）が、いいすぎかもしれないが失敗に終ったのは、計画さえ緻密に行えばあとはうまくゆくという、現場ではいかに多くの緻密な知的作業が行われているかを知らないもののコンセプトではなかったと考えられる。あるいは知っていても当時の技術では狙いとするものができなかったことにもよっている。この事情はＣＩＭ、ＣＩＭとさわがれている今日の事情でも大差はないと考えてよい。[264]

現場では「多くの緻密な知的作業が行われて」おり、単にコンピュータで生産指示をするだけではその知的作業を吸収しえないというのである。

このように書いてみても単に「お題目にすぎない」と考える読者もいよう。しかし、製造現場でいかに緻密な知的作業が行われているかのヒントはすでに掲げてある。本節(2)で取り上げたシングル段取りの例を考えてみればよい。「プレスの型段取り時間を一〇分以下にする」際にトヨタの製造現場ではどんなことが生じていたか。次の『創造限りなく』からの引用を読んでもらいたい。

まず本社工場の五〇〇トンプレスをモデルに、一つひとつの作業の見直しが始まった。型の諸元［寸法などの諸要素］統一、型交換作業の合理化、作業手順の改善や標準化など、一〇〇項目にものぼる改善に取り組んだ。一〇分を切るのも間近になると、他の工場から見学に来るものが多くなって改善に拍車がかかり、さらには各工場間の競争も始まって、最終的には三分で型段取りができるようになった。[265]

「一〇〇項目にものぼる改善」をやり遂げるのは、まさに「緻密な知的作業」であろう。また、その知的作業の成果に興奮するからこそ、「他の工場から見学に来るものが多く」なる。それだけではなく、ある工場の作業者からすれば、他の工場に負けまいという競争意識もあったことを示していよう。

「一つひとつの作業の見直し」を行いうる人物たちがいなければ、このシングル段取りは実現できなかった。こうした作業の見直しを行いうる人物たち、つまり「型の諸元［寸法などの諸要素］統一、型交換作業の合理化、作業手順の改善や標準化など、一〇〇項目にものぼる改善」を行いうる人物たちは簡単には出現しない。

トヨタではトヨタ式スーパーマーケット方式を導入する頃から生産技術講習会（一九五五年開始）を実施している。そこで訓練された人材こそがスーパーマーケット方式の導入期における「定時運搬から時刻表を消し去」り、「かんばん」を導入することを可能にした（『寓話』第6章3(3)④参照）。教育の徹底、人材の育成は絶えず新たな条件を加味しながら行われていた。例えば、一九七〇年になりトヨタが「トヨタ生産方式の体系化」に取り組み始めると、「工長研修、組長研修にトヨタ生産方式カリキュラムが織込」まれる。[266] こうした長年にわたる教育訓練で社内に蓄積された人材こそが、製造現場での「緻密な知的作業」を遂行したのである。彼らの努力とコンピュータによるシステム化の進展が両者相まったからこそ、トヨタの製造現場での効率が上昇していったのである。それは棚卸資産回転率の長期的な上昇傾向として示されている（前項参照）。もしもコンピュータによるシステム化（は重要な要件であるが、それ）だけで、製造現場での効率上昇をもたらすことができるとしたならば、同業他社による追い上げは容易であり、かつ急激であったに違いないであろう。

（4）なぜ「かんばん」は円滑に動くのか？

「かんばん」は勝手に動かない。それを動かすのは製造現場で働く人々である。たとえ教育や訓練をうけた人物であったとしても、彼らはなぜ「かんばん」を円滑に動かすのであろうか。シングル段取りを行う際には、「作業手順の改善や標準化」が行われたという（前項参照）。ある特定の作業について標準作業が決まれば、その作業についやす標準時間が決まる。作業条件に変更がなければ、標準原価も決まる。こうした一定の状況に適合的だった作業手順をなぜ改善し、あらためて標準化するのであろう。「改善」とは言うものの、実態は標準時間の短縮にほかならない。わざわざ作業手順を変えるのに、よほどの事情がなければ標準作業時間が長くなり、結果として標準原価が上昇する方向に変化させようとはしない。

標準作業を変更する人材が社内に蓄積されるには長い時間を必要とする。「動作分析、時間研究、稼動分析、疲労研究、標準時間設定、工程研究などについての、徹底した現場実習と研究討論方式」を行う生産技術講習会がトヨタで開催されたのは一九五五年である（『寓話』五二三頁参照）。それ以降、「教育訓練を受けた人材が蓄積されたことによって、製造現場では標準作業の設定・改訂、それに基づく標準作業票と標準時間の設定・改訂を絶えず行うことが可能になった」（『寓話』五二六頁）。

人材が社内に蓄積されたからといって、彼らはなぜ「作業手順の改善や標準化」を積極的に行うのだろうか。ある工程で標準作業時間を短縮し、同じ時間内で製造できる生産量を増したとしても、直接的に得られる経済的便益はごくわずかにすぎない。卑近な例で言うと、標準作業時間を短縮しても手にする給与・賃金の増加はほとんど期待できないか、ごくわずかにすぎない。たとえトヨタのように「生産手当制度」を導入して、作業手順が改訂されて効率があがれば、作業者全体にその効率上昇の恩恵が行き渡るように制度が工夫されていても、作業時間の短縮に直接関与した作業者が手にする直接的な経済的便益は少ないと言わざるをえない。また、標準時間に基づいて算出された結果に基づいて発行された「かんばん」を、作業者はなぜ着実に遅滞なく円滑に動かす（作業標準を守り、標準時間通りに作業を終える）のだろうか。「かんばん」の動きを遅延させ、作業標準に無理があったとしてその改訂や標準時間を延ばすように行動する誘因は作業者にはないのであろうか。

　こうした疑問に対して、製造現場は「緻密な知的作業」を必要としており、その解決は知的な興奮に満ちているという主張もありうるだろう。杉浦幹雄は「私小説風自分誌」の中で、「人はなぜ働くか」ということについて次のように書く。

> 仕事はきつい、それは当たり前である。創意くふう提案、ＱＣサークル活動、各種インフォーマル活動、さらにオヒゲさん［大野耐一の俗称］のかんばんの指導、全部が全部やらされているのではない。自主性が芽生え、それが働き甲斐、生き甲斐になっている面もある。欧米のように労働者が搾取され、ただ時間を切り売りしているのと違うのではないか。ホワイトカラーでも役員でも現場と同じく汗水垂らして働いている会社もあるのだ。[267]

「自主性が芽生え」るということは確かにあろう。だが、それだけなのであろうか。

小池和男が前著『寓話』への書評で指摘した「古典的な問題」は、作業者の側に「自主性が芽生え」るということで解決できないのではないか。これが、ここでの問題である。小池の言う「古典的問題」とは次のようである。

> 古典的とは、出来高制のばあい労働者が効率をあげて出来高をあげると、ふつう経営者は単価を切り下げる。そうすると労働者はまえとおなじ賃金を得るためには、まえより多くを働かねばならなくなる。それがわかっていれば、いったいだれが効率をあげようと工夫しようかと、いう問題である。[268]

さらに小池は次のようにも言う。

とみているようだ。だが、効率に大きく貢献する工夫は、しばしば個人である。集団とはかぎらない。それなのに集団に報酬を還元したら、はたして工夫を促すことになるのであろうか。わたしの考えでは、この問題はいまなお答えがない。簡単な作業なら答えはでてくる。生産高で測ればよい。しかし、高度な労働、ましてや不確実性をこなす技能はどのように促せばよいのであろうか。[269]

この本『寓話』は「生産手当」という集団能率給制度があるので、それが励みとなり作業者は工夫する、

鋭い指摘である。「生産手当制度」やトヨタ式スーパーマーケット方式から始まる「トヨタ生産方式」とその運用手段である「かんばん」に焦点をあて、その成立の経緯について前著と本章は述べてきた。こうしたトヨタという一企業内部における「人間の行動や関係を規制するために確立されたきまり」や「実施されているきまり」、つまりは「制度」や、生産を効率的に遂行するための「秩序だった方法や体系」(「方式」や「システム」)、さらにはその「方式」の目的を「実現するための具体的な方法やてだて」(手段)の成立について、そこに多くの誤解があると思うからこそ、その解明にこれまで力を注いできた。

こうした制度や方式・システム、手段は組織体が一定の目的を遂行するには欠かせない。だが同時に、それだけでは制度などは円滑に機能しない。とりわけ製造現場の作業の効率に関する制度や方式は、作業者の工夫を促し、それをうまく汲み上げていく仕組みがなければ、最初に制度や方式を導入した時点のままであろう。

製造現場には「緻密な知的作業」が必要とされ、作業者がさまざまな問題の解決に当たっていくときに「集団的能率給制度」だけでは、各作業者に全力を傾注するようインセンティブを与えることはできまい。何もインセンティブがなくとも、各作業者に自ずと「自主性が芽生え」て作業の効率化に取り組むことが理想には違いない。だが、そのようなことは現実にはなかなか起きがたい。

それでは、なぜ杉浦は「自主性が芽生え、それが働き甲斐、生き甲斐になっている」と書くのであろうか。企業内で取り組んでいることを「やらされているのではない」と感じ、自主的に取り組んでいると作業者自らが感じる

ようになる。こうした状況こそが、企業側にとって望ましい状況であり、この企業に杉浦が勤めていた時期にはこうした状況が少なからずあったということではないか。

「かんばん」という運用手段を遅滞させることなく（極端な言い方をすれば、「かんばん」を隠すこともなく）円滑に動かす。あるいは作業手順に対しても改善を提案する。こうしたことが、なぜ大きな問題もなく、実施されているのか。

こうした疑問に全面的に答えるのは難しい。各作業者にインタビューしたところで、回答は多種多様であろう。その答えは真実の一面を伝えるかもしれないが、彼らの本当の誘因については自らが気付いていないか、あるいは気付いていても、それをあからさまに口にすることは避けるのではないか。

企業経営の研究者に聞けば、おそらく杉浦が何気なく書いている「創意くふう提案」などに着目して、そうした制度が作業者のモチベーションを高めているという者が多いであろう。提案制度は、「従業員の発案を企業側に提案させ、……採択された提案に対して賞を与える制度」であり、これが「従業員の参加意欲を高め、同時に業務の改善に資するという効果がある」（『日本大百科全書』の項目「提案制度」）と考えられているからである。

なぜ「かんばん」が円滑に動くのかという疑問は、なぜ作業者が業務に参加意欲を持ち、業務を遂行するだけでなく業務の改善をさえ自ら提案するのかという疑問に通じよう。当初の疑問に全面的に答えるのが難しいので、ここでは「提案制度」がどのように機能しているかを考えることで問題に接近してみたい。

なぜ、トヨタの提案制度を対象に議論するのか。それはトヨタの提案制度の実績が一般に目覚ましいように考えられているからである。

トヨタは一九五一年六月から第一回の「創意くふう」の募集を始める。これがトヨタの提案制度（創意くふう制度）の開始である。これ以後、トヨタにおける従業員からの提案件数、採用件数はともに大きく伸びている。『創造限りなく』は一九五一年から八六年までの提案件数、採用件数などの数値を掲げている（表1-5参照）。ここに掲げられている数値を見ると、提案制度がトヨタに順調に根付いているかのようである。提案件数の伸びも著しいが、一人当たりの提案件数や参加率、採用率の数値の伸びは目覚ましい。例えば、一九八六年の数値で言えば、参加率が九五％にも達している。ほぼ全従業員が何らかの提案を行っていることになる。

このような、従業員のほとんどが参加する提案制度はどのように形成されたのだろうか。

なぜ、こんなことを書くかと言えば、この高い参加率には多少なりとも違和感を覚えるからである。提案制度が導入された初期の動向を知っていると、これだけ高い参加率がどうして実現できたのかに疑問を抱かざるをえないからである。

表1-5　トヨタにおける提案制度の変遷（1951～86年）

年	提案件数	1人当たり提案件数	参加率（%）	採用率（%）
1951	789	0.1	8	23
1952	627	0.1	6	23
1953	639	0.1	5	31
1954	927	0.2	6	53
1955	1,087	0.2	10	43
1956	1,798	0.4	13	44
1957	1,356	0.2	12	35
1958	2,682	0.5	18	36
1959	2,727	0.4	19	33
1960	5,001	0.6	20	36
1961	6,660	0.6	26	31
1962	7,145	0.6	20	30
1963	6,815	0.5	21	34
1964	8,689	0.5	18	29
1965	15,968	0.7	30	39
1966	17,811	0.7	38	46
1967	20,006	0.7	46	50
1968	29,753	0.9	43	59
1969	40,313	1.1	49	68
1970	49,414	1.3	54	72
1971	88,607	2.2	67	74
1972	168,458	4.1	69	75
1973	284,717	6.8	75	77
1974	398,091	9.1	78	78
1975	381,438	8.7	81	83
1976	463,422	10.6	83	83
1977	454,522	10.6	86	86
1978	527,718	12.2	89	88
1979	575,861	13.3	91	92
1980	859,039	19.2	92	93
1981	1,412,565	31.2	93	93
1982	1,905,642	38.8	94	95
1983	1,655,858	31.5	94	95
1984	2,149,744	40.2	95	96
1985	2,453,105	45.6	95	96
1986	2,648,710	47.7	95	96

出所）トヨタ自動車株式会社編『創造限りなく――トヨタ自動車50年史』資料集（トヨタ自動車，1987年），136-37頁。

直ちにトヨタの提案制度について考える前に、提案制度そのものが抱える問題点を、他企業の実務担当者が感じたことを紹介しながら考えておこう。

(5) 何が「提案制度」を導入した場合の問題か?

一九五二年頃からいすゞ自動車で提案制度の担当であった人物(越智養治)が、五九年に上梓した『提案制度』という書物がある。著者によれば、提案制度についての「手引きが欲しい」[270]という要望に応える形での出版だという。著者は「日経連」(日本経済団体連合会)が一九五六年六月と一九六七年一〇月に実施したアンケート調査から、「大ざっぱにわが国では、二五〇社内外が現在提案制度を実施している」と推定し[271]、次のように書く。

提案制度は二カ年間[一九五六、五七年]くらいに、その実施率を六〇%高めたが[一九五六年の実施企業を一五〇社ほどと推定]、しかし全企業(日経連加盟のものを対象[一五〇〇社])の一六・六%を占めているにすぎない。実施の率は高いかもしれないが、普及の率は緩慢であるといえよう[272]。

提案制度を積極的に推進しようとしている著者からすれば、当時の提案制度の普及率が「緩慢」のように思われたのはやむをえない。だが、著者が引用している一九五七年のアンケート調査結果からすれば、提案制度を導入して三年未満のものが全体の過半数(五三・六%)を占めている。だからこそ、「わが国で、最近とくに、急激にこの制度[提案制度]が実施され、普及されつつある」とも著者は書いているのである[273]。ともあれ、一五〇社ほどの企業が提案制度を導入し、その過半で(導入してから)二、三年経ている状況であれば、この制度の持つ問題も明白になりつつあった段階ではないか。このように考えて読むと次のような記述が同書にある。

世の中に「マニヤ」がいるように、提案制度にも「マニヤ」はいる。マニヤがいても一向に不思議ではないし、提案制度ではむしろ歓迎するところである。しかし、よく提案マニヤをどう扱ったらよいかという質問を受けるから、一応提案制度の担当者は、勝手の違った、扱いにくいもののような印象を受けているのかも知れない。[274]

『提案制度』の手引きを執筆する著者の立場からすれば、マニアは「歓迎するところ」なのかもしれない。だが、文章からすると提案制度の担当者には「扱いにくい」と考えている者が少なからずいるように思われる。

もし提案制度にとってマニア的存在が何か重大な問題であるとすれば、さらに後の時期に、提案制度を導入してから何年か経った時点で、提案制度の担当者が何かを語っているのではないだろうか。このように考えて文献を探すと、さまざまな会社の提案制度の実務担当者が各社の状況について語っている書物『提案制度の実際』（一九六五年刊）の中で、藤倉電線の担当者（人事部次長の庄司三次郎）がマニアについて次のように述べていることに目が留まった。

提案制度は最初のうちこそ従業員の関心を強く惹きつけるが、一年二年と経つうちに、潮のひくように一般の関心から遠のいてしまい、やがては特定のいわゆる提案マニアだけのものになってしまう性格を、本質的にもっていると考えられる。

そこでこれに対してなんらかの手を打つ必要があるわけで、当社［藤倉電線］でもいろいろと細かい神経を使いながらやってきているが、もとより特効薬はあり得ず、いずれも平凡なことばかりで、それを辛抱強くり返すことのほかに、妙案はないというのが実状である。[275]

藤倉電線は提案制度を導入して七年を経ており、著者の庄司は導入以来の実績を示す表を掲載し、直面している問題を具体的に指摘する（表1-6参照）。彼は「提案意欲の推移を知るためには」、「従業員数、すなわち、提案人口との関連で捉えなければならない」と主張する。たしかに単純に提案件数が伸びているから、提案意欲が増大していると主張しても意味がなかろう。こうした観点で、表1-6の数値を考えるとどうなるか。

［表1-6を］一見して気のつくことは、提案人口が七年間に一、〇〇〇人増えているのに提案数はほとんど増えていないということで、提案率は第四年度をピークとして横ばいから下降に転じている。

しかもさらに子細にみると、上の提案件数はあくまでも件数であって提案者数ではないということが問題となる。したがって、もし提案者数と提案人口の比をとれば、その提案率はおそらく相当急カーブで下降しているのではないかと思われる。(276)

提案件数が増えても、特定の狭い集団（「いわゆる提案マニア」）だけが提案をするようになり、全社的に見れば提案意欲は停滞しているということであろう。これこそ、提案制度導入に際して、実務担当者が頭を悩ませていた問題ではないだろうか。事実、三菱石油総務部副長であった石井正哉も、「投書マニヤというのがあるが提案に関しても同一人物の提案が多いようである」と述べているのである。(277) こうした「いわゆる提案マニア」は会社の方針に沿っているだけに、彼らの提案提出をやめさせることはできない。だが、それを放置すれば、大部分の従業員が改善提案を提出することに消極的になる。このマニアへの対処は、会社側にとってはやっかいな問題となろう。

表 1-6　藤倉電線における提案実績

年度	従業員数(提案人口)	提案件数	提案率(%)
初年度	2,611	501	19
2 年度	2,584	311	12
3 年度	3,091	242	8
4 年度	3,217	617	19
5 年度	3,434	584	17
6 年度	3,319	589	18
7 年度	3,626	570	16

出所）庄司三次郎「藤倉電線の提案制度」（労働法令協会編『提案制度の実際』労働法令協会，1965 年）208 頁。

藤倉電線では、提案「制度実施一周年、三周年、五周年、七周年の記念行事」を実施すると「相当効果があった」という。(278) こうした「時々タイムリーな刺激を加えることによって、かなり大きな効果が期待できるものであるということが、実績によって確認された」ともいう。(279) これは記念行事などを時々実施することで、一時的に提案制度を活性化できたということであって、その行事の影響が長く続くことを意味してはいまい。だからこそ、次のように書かざるをえないのであろう。

提案制度は、ほそぼそと続けることは比較的容易であるが、意欲的に成長させようとすると、思わぬ副作用が起こり、逆効果になったり、空中分解したりする危険をはらむやっかい千万なしろものともいえる。

ときどきタイムリーな刺激を加えるといっても、今後十年二十年とつづけるとすれば、やがて刺激が刺激でなくなってしまうことも考えられる[280]。

しかも、提案制度で従業員自らが携わる業務について、効率化を図るような策を提案していくこと自体に、彼らは何の抵抗も感じないのだろうか。次の言葉は提案制度それ自体の矛盾的な性格を指摘していないか。

作業者が自己の作業を改善するという問題になると、……極限においてはその作業の全部をやめるという点にまで改善が可能かもしれない。作業者がほん気になって自分の仕事を無くするための努力をするとは考えられず、そこにはおのずから限度があろう。すなわち、真に作業の改善を企図するならば、提案ではなく他の方法によるべきだということになってしまう。

提案制度に期待される生産性の向上にはおのずから限界があり、……「改善は無限だ」ということは事実のうえでは当てはまらない[281]。

たしかに「極限においては作業の全部をやめる」ことが改善だと考えれば、「提案制度のねらう一つの面、すなわち、作業の改善によって企業の能率向上に焦点をしぼって考えてみると、果たしてこれが最良の方法かどうかについては理論的に疑問がある[282]」と庄司が言うのもわかる。

改善提案を提出した人物の職層についての庄司の指摘も興味深い。「提案者の大多数が比較的低階層者によって占められて」おり、さらに詳細に検討すれば、「臨時員が［提案者総数の］一四％を占めている」というのである。この理由について庄司は、「低階層［すなわち低賃金層］が比較的提案に対する関心が高い」と、彼らが提案採用による表彰（つまりは賞金）に反応していることを匂わせる。だが、明確な分析や説明もなければ、臨時（作業）員については「注目される」と指摘しながらも、何も説明していない。彼には何らかの推測があったものの、それを書き留めることがためらわれただけのように思われる。

以上、実際に提案制度に関わった実務担当者の見解を紹介しながら、提案制度そのものが持つ問題点を考えてきた。一部の「提案マニア」だけの制度となる危険性もあり、「ほそぼそと続けることは比較的容易であるが、意欲的に成長させようとすると……空中分解したりする危険をはら」んでいること。また、提出される改善提案そのものが、「企業の能率向上」に実際に効果があるのかという疑問もある。さらに積極的に提案する人物たちの職位についても留意しなければ、提案制度の実態は解明できそうもない。

このように提案制度を見てきた後で、トヨタの提案制度の実績数値（表1-5参照）を見ると、この会社の提案制度は特異なのではないかという印象を持たざるをえない。またトヨタの一人当たりの提案件数が多いのは何故だろうかと疑問に思わざるをえない。一人当たりの提案件数が一九七六年以降には年間一〇件、八一年以降は三〇件を超え続けているのである。しかも、参加率から考えても、一部の「提案マニア」だけが改善提案を提出しているとは考えにくい。藤倉電線の庄司の主張、『改善は無限だ』ということは事実のうえでは当てはまらない」という言葉がそもそも誤っているのだろうか。もしそうでないとすれば、なぜトヨタでは提案制度を「ほそぼそと」ではない形で実施し、少なくとも表1-5の実績数値に見られる「意欲的」な成長を遂げることができたのだろうか。もはや提案制度を一般的に考えるのではなく、具体的にトヨタの事例に即して検討することにしたい。

（6）トヨタの提案制度はどのようにして定着し、機能しているのか？

トヨタが提案制度を導入した経緯について、『二〇年史』は次のように書く。

わが社では、広く一般従業員から、アイディアを募集する、いわゆる提案制度を、わが国としては、比較的早い昭和二六［一九五一］年五月から「創意くふう制度」として実施しました。それまでも、よい考案がなされたときは、表彰規定によって表彰するとか、発明考案取扱規則によって、新しい考案の出現を奨励するとか、あるいは、時にはアイディアを募集したこともありました。しかし、つねに従業員が、アイディアを簡単に提出するような制度はなかったわけです。

昭和二五年から二六年にかけて、豊田英二、斎藤尚一がアメリカを視察したとき、提案制度が、各社で行われて、経常の合理化にたいへん役立っているのをみ、帰朝後、さっそく、わが社でも積極的に、これを実施することにしました。[283]

トヨタの提案制度に関する文献のほとんどが、この記述の内容と大同小異である。特にフォード社の提案制度にヒントを得てトヨタで実施した、と強調する。日本における提案制度については研究そのものが少なく、これ以前に日本に提案制度が存在したかどうかはほとんど不問に付されてきた。ただ、社内報『トヨタ新聞』「創意工夫臨時増刊号」（一九五一年九月一三日）が次のように記していることに留意しておくべきであろう。

豊田［英二］・齋藤［尚一］両常務の発案で、提案制度（創意くふう）が実現し、第一回の応募結果が発表された。

この制度は、なにもあたらしいものではなく、わが国でも古くから各方面で実施されていた。

しかし、これがりっぱな実を結ばなかったのは、その運営と基盤に多分問題があったのではなかろうか。[284]

戦前・戦時期の状況を知っていた人物が多くいた時期であり、彼らから提案制度そのものが日本になかったわけではないことを聞いていたのであろう。それだからこそ、日本ではこの制度の利点が発揮されていなかったのに対し、アメリカでは「あのような市民社会のフンイキを反映し、この制度がミゴトに生かされてきたのだ」と説明しているのであろう。[285]

トヨタの提案制度は順調に定着したのだろうか。とりわけ、前項で見たような「提案マニア」の問題はなかったのであろうか。表1-5の実績数値を、一九七〇年代以降に着目して見ている限り、「提案マニア」に関する問題はトヨタではなかったように思いがちである。だが、トヨタでも提案制度を導入した初期には同様な状況に直面していたのである。トヨタの『二〇年史』でさえ、この問題を率直に次のように認めている。

創意くふう制度は、昭和二六［一九五一］年に誕生、実施当初は、かなり順調に進みました。これというのも、各自が、それまで考えていたことを、進んで提案したためと思われます。しかし、昭和二八［一九五三］年ごろになると、特定の人たちだけが提案し、他の人たちは、あまり関心を示さないような傾向になって来ました。[286]

トヨタの提案制度が導入された初期の実績をやや詳細に検討してみよう。トヨタの『二〇年史』は導入初期から月単位での提案件数などの実績を掲載している（表1-7参照）。一九五二年八月以降、提案件数は月平均一〇〇件を下回り続け、五四年四月になって一二八件の提案があったものの、再び月一〇〇件未満の提案が続く。月間の平均提案件数が一〇〇件を上回ったのは初年度の一九五一年以降しばらくなく、再び一〇〇件を上回ったのは五五年以降である。また提案制度への参加率が一〇％を上回るのは一九五五年以降である（表1-5参照）。

もう少し長い期間にわたって詳しい数値を掲載しているのは、ほぼ同時期の実態調査として貴重な『技術革新の社会的影響』（一九六三年刊）である。[287] この書物が掲げているトヨタの提案制度に関する実績を検討してみよう。ある年度の提案を提出した人数を、それまでに提案したことのある人数（旧提案人口）と新たに提案をした人数（新提案人口）とに分けたデータがある（表1-8参照）。この表1-8によれば、新提案人口は一九五二年、五三年と低下を続けている。一九五四年以降、この数は上昇傾向に転ずるが、五一年の新提案人口を上回るのは五八年になってからである。また、一九五三年の新・旧提案人口の全従業員人口に占める割合は五％を下回っている。たしかに新提案人口の累計が従業員全体に占める割合は上昇している。だが、この数字自体は次のことを示していよう。すなわち、一度は提案を提出したものの、毎年のように提案を出し続けている者は少なく、「特定の人たちだけが提案し、他の人たちは、あまり関心を示さないような傾向」になっていることである。つまりは、「提案マニア」の問題がトヨタでも生じていたのである。

この対策として、トヨタがとった方策は次のようなものだったと、『二〇年史』は言う。

従来からあった期別表彰（社外見学）のほかに社長表彰制度や年度賞を設け、会社の標語や創意くふうのポス

表 1-7　トヨタにおける提案件数・採用件数の推移（1951〜57 年）

年	1951		1952		1953		1954		1955		1956		1957		合計	
月＼提・採	提案	採用	提案	採用	提案	採用	提案	採用	提案	採用	提案	採用	提案	採用	提案	採用
	件	件	件	件	件	件	件	件	件	件	件	件	件	件	件	件
1	—	—	91	11	75	27	75	7	53	26	91	39	112	30	497	140
2	—	—	105	19	56	8	73	18	75	30	82	30	133	65	524	170
3	—	—	93	11	91	19	73	19	118	54	157	65	125	44	657	212
4	—	—	74	12	91	21	128	31	140	47	92	75	113	42	638	228
5	—	—	57	8	*115	*26	33	11	133	49	246	89	384	75	968	258
6	183	59	55	9			64	13	151	47	250	91	116	36	819	255
7	79	28	102	13	41	12	41	13	122	51	208	90	106	31	699	238
8	172	38	34	5	72	21	37	15	102	38	175	65	71	34	663	216
9	88	10	71	5	79	17	43	18	122	56	170	63	96	40	669	209
10	204	28	20	4	77	17	37	20	102	24	226	61	77	34	743	188
11	94	16	35	20	85	26	69	33	126	49	149	49	80	43	638	236
12	63	27	25	7	65	10	59	28	80	38	97	26	86	47	475	183
合　計	883	206	762	124	847	204	732	226	1,324	509	1,943	743	1,499	521	7,990	2,533
月平均	126.1	29.4	63.5	10.3	70.6	17.0	61.0	18.8	110.3	42.4	161.9	61.9	124.9	43.4	102.4	32.4
入賞比率	23%		16%		24%		30%		38%		38%		34%		31%	
年賞金	323,300 円		180,400 円		262,800 円		246,000 円		494,000 円		669,500 円		501,500 円		2,677,500 円	

注 1）＊の付いた数字は，それぞれ 5 月分および 6 月分の合計を示す。
　2）採用件数には，参考として取り上げられたものを含んでいない。
出所）トヨタ自動車工業株式会社社史編集委員会編『トヨタ自動車 20 年史』794 頁。

表 1-8　トヨタにおける提案人口の推移（1951〜59 年）

年度	1951	1952	1953	1954	1955	1956	1957	1958	1959
在籍従業員数(A)	5,370	5,243	5,248	5,309	5,226	5,307	5,915	5,826	6,510
新提案人口(B)	436	172	134	212	253	321	324	512	476(571)
旧提案人口(C)	0	138	103	125	247	338	310	550	505(606)
(B+C)/A（%）*	8.1	5.9	4.5	6.3	9.6	12.4	10.7	18.2	15.1(18.1)
新提案人口(累計)(D)	436	608	742	954	1,207	1,528	1,852	2,364	2,840(2,935)
D/A（%）*	8.1	11.6	14.1	18.0	23.1	28.8	31.3	40.6	43.6(45.1)

注 1）＊のついた行の数値は他の数値から再計算した。
　2）1951 年度は提案制度が 5 月に創設されてから 6 カ月間の実績。1959 年は 10 月までの 10 カ月間の実績。括弧内の数値は実績から 1 年間の推定値。
出所）日本人文科学会『技術革新の社会的影響』（東京大学出版会，1963 年）101 頁。

ターを募集し、審査委員と優秀提案者による研究会、懇談会などを開き、さらに職制を中心とした推進運動を行いました。……また会社の標語を従業員から募集し、それらの案をもとにして、「よい品　よい考」と決定しました。このような啓発活動により、しだいに提案数が上昇して行きました。[288]

一九五七年末から矢継ぎ早に「年度表彰」(一九五七年一二月)、会社標語の募集(一九五八年二月)、二周年記念行事(一九五八年六月)、創意くふうポスター募集(一九五八年八月)などの行事が続く。[289]たしかに表彰や懇談会、記念行事などで(「時々タイムリーな刺激を加える」ことで)、提案制度を一時的には活性化できよう。また、職制(管理・監督的立場にある人物)が中心に、従業員に提案提出を勧めたとしても(実質的には命令や指令であっても)、短期間ないし一過性のものであれば、そうした勧告(命令や指令)に従業員は従うだろう。だが、たとえ職制が勧告したとしても長期にわたって提案を提出し続けるものだろうか。逆に、職制が中心になればこそ、従業員の間に提案制度に対する反発が生じるのではないだろうか。

実際には「提案数が上昇して」いるだけでなく、全従業員に占める提案人口の比率も一九五六年以降は一〇%を超える。さらに一九五八年には一〇%台の後半にも達している(表1-8参照)。

トヨタの場合には、藤倉電線の場合と違って(前項参照)「時々タイムリーな刺激を加える」ことの効果が持続し、かつ「提案マニア」問題を解消して、提案制度を「意欲的に成長させ」ることができたのだろうか。

藤倉電線の場合では、実務担当者が「臨時(作業)員」の(あるいは職位の差による)提案制度に対する態度(の違い)について微妙な表現をしていた。この問題をトヨタについて考えてみよう。これを考えるために必要なデータは前出の『技術革新の社会的影響』(一九六三年刊)が載録している(表1-9参照)。「在籍人員構成からみた場合、技術・事務と作業員との提案人口の比率は後者が高い」。だが何よりも「注目すべきは臨時工のそれ[提案人口の比率]の急激な上昇である」。[290]特に、臨時工の在籍人口に占める新提案人口の比率は、一九五八年には一〇%を超え、一九五九年には一〇%半ばに達している。これは技術事務員・作業員での同比率を大きく上回り、特に一九五九年

表1-9　トヨタにおける職種別の新提案人口とその比率（1951～59年）

職種	年度	1951	1952	1953	1954	1955	1956	1957	1958	1959	計
技術事務員	新提案人口(A)	107	22	24	52	72	61	96	84	74 (90)	592 (608)
	A/α（%）	24.5	12.8	17.9	24.5	28.5	19.0	29.6	16.4	15.5 (15.7)	20.8 (20.7)
	在籍人口(B)	1,260	1,232	1,239	1,333	1,331	1,291	1,351	1,391	1,587	1,587
	B/β（%）	23.5	23.5	23.6	25.1	25.5	24.3	22.8	23.9	24.4	24.4
	A/B（%）	8.5	1.8	1.9	3.9	5.4	4.7	7.1	6.0	4.7 (5.7)	37.3 (38.3)
作業員	新提案人口(A)	329	150	110	160	181	259	197	345	224 (269)	1,955 (2,000)
	A/α（%）	75.5	87.2	82.1	75.5	71.5	80.7	60.8	67.4	47.1 (46.9)	68.8 (68.1)
	在籍人口(B)	4,110	4,011	4,009	3,976	3,895	3,767	3,810	3,729	3,654	3,654
	B/β（%）	76.5	76.5	76.4	74.9	74.5	71.0	64.4	64.0	56.1	56.1
	A/B（%）	8.0	3.7	2.7	4.0	4.6	6.9	5.2	9.3	6.1 (7.4)	53.5 (54.7)
臨時工	新提案人口(A)						1	31	83	178 (215)	293 (330)
	A/α（%）						0.3	9.6	16.2	37.4 (37.5)	10.3 (11.2)
	在籍人口(B)						249	754	706	1,269	1,269
	B/β（%）						4.7	12.7	12.1	19.5	19.5
	A/B（%）						0.4	4.1	11.8	14.0 (16.9)	23.1 (25.9)
計	新提案人口(α)	436	172	134	212	253	321	324	512	476 (574)	2,840 (2,938)
	在籍人口(β)	5,370	5,243	5,248	5,309	5,226	5,307	5,915	5,826	6,510	6,510
	α/β（%）	8.1	3.3	2.6	4.0	4.8	6.0	5.5	8.8	7.3 (8.8)	43.6 (45.1)

注1）在籍人口の数は各年5月末現在（「計」欄の在籍人口の数は1959年5月末現在）。
　2）1951年度は6カ月間，1959年度は10カ月間，括弧内の数値は実績からの推定。
　3）各行の％値は人口数より再計算，「計」の人口数も再計算した。したがって，出所に掲載されてある数値とは異なる。
出所）日本人文科学会『技術革新の社会的影響』111頁。

では臨時工の比率が突出している。なぜ臨時工は一九五九年になって、積極的に改善提案を提出したのだろうか。

　トヨタが臨時工を採用し始めた時期と理由を最初に考えておこう。

　吉川洋は『高度成長――日本を変えた六〇〇〇日』の中で「変わる職場」という項目を設け次のように論じる。

> 　さて技術革新は労働者の雇用、賃金のあり方にも大きな影響を与えた。……
>
> （中略）
>
> 技術革新による機械設備の「高度化」に伴い、労働者の若返りと高学歴化が進んだわけである。もっともブルーカラーにおける高卒・高専卒への移行がすべての産業で進行したわけではない。電気機械・自動車などの機械産業ではむしろ逆の動きもみられた。トヨタ自動車の例（表1-10）がこのことを如実に示している。トヨタでは正規社員の中でも中卒が主体であるし、何よ

表 1-10　自工における年次別・学歴別正規採用人員（1951〜61 年）

年度＼学歴	新大院	旧大・大院 1 年修	新大 男	新大 女	短大高専	新高 男	新高 女	中学 看卒	中学 男	中学 女	計	臨時工
1951												
1952							6				6	
1953		6	8				31	3	31		79	
1954	1		12				18	9	37		77	
1955			8			8	8	10	16		50	
1956		3	15				11	10	17		56	200
1957	3		34		女 1	19	22		54		133	362
1958	1		35		女 1	15	59	10	47	28	196	198
1959	1		38	3		30	31		82	28	213	1,465
1960	2	1	48	3		64	60	10	152	45	385	3,752
1961	1	2	95	5	女 3	122	96		230	64	618	3,366

出所）吉川洋『高度成長——日本を変えた 6000 日』（中公文庫，2012 年）90 頁。この表のオリジナルは，田中博秀「日本的雇用慣行を築いた人達（その二）山本恵明氏にきく（2）」『日本労働協会雑誌』24 巻 2 号（1982），65 頁。

りも臨時工の多さに驚かされる。この傾向は高度成長期を通してつづく。[291]〔なお引用文中の表番号は、本書の番号に変えた〕

吉川の言うように、トヨタの臨時工は多く、この傾向が続いている。ではなぜ表1-10に一九五六年から突如として臨時工が出現するか。まさに職場が変わったのである。生産設備への投資によって、トヨタの製造現場は大きく変わる。次の引用文を読まれたい。

〔トヨタが〕臨時工採用をはじめたのは、昭和三〇〔一九五五〕年末に、生産設備近代化五ケ年計画が完了した後のことであり、さらに三四〔一九五九〕年秋に、乗用車専門製造工場として、徹底的ライン・システムを完備した元町工場が完成した後に、臨時工採用がとくに急速に拡大されている。[292]

これは隅谷三喜男と犬飼一郎による実態調査報告書（一九六三年刊）からの引用である。この報告書は、当時のトヨタにおける臨時工の動向について、きわめて詳細に丹念に分析した労作である。この報告書はトヨタ内部に蓄積された臨時工について、実に興味深い指摘をする。

臨時工の本工昇格率はどうなっているだろうか。トヨタ自工では、本工登用制度は、臨時工問題がようやくやかましくなってきた昭和三四［一九五九］年からはじめられた。すなわち、三四年一〇月に、本工登用予定者を臨時工の中から選抜し、これを選抜臨時工とした。選抜臨時工は半年間、特殊な教育・訓練を受けた後、本工登用試験の審査を受け、これに合格したものが三五［一九六〇］年三月に、正式に本工として登用されている。会社側の説明によれば、臨時工の採用基準は低いので、これだけの過程をへて始めて本工の水準に達するとされている。以後も、本工登用の方法は、ほぼ同様な形式でなされているようである。[293]

表1-11　トヨタにおける臨時工の異動率（1958～61年）

期　間	同期平均人員	同期入職者数	入職率（%）	同期離職者数	離職率（%）
1958年6～11月	772	203	26	51	6.6
58年12月～59年5月	1,071	438	40.9	71	6.6
59年6～11月	1,567	728	46.5	150	9.6
59年12月～60年5月	2,468	1,681	68.1	496	20.1
60年6～11月	3,656	1,696	46.4	684	18.7
60年12月～61年5月	4,676	1,753	37.5	833	17.8
61年6～11月	5,113	—		1,044	20.4

原注）算定式　$\frac{\text{前期末臨時工数}+\text{同期末臨時工数}}{2}$＝平均人員数。$\frac{\text{入職者数}}{\text{平均人員数}}$＝入職率

$\frac{\text{離職者数}}{\text{平均人員数}}$＝離職率。

注）入職率、離職率の数値は再計算してある。

出所）『経済成長下の労働市場(1)　豊田労働市場実態調査報告』（日本労働協会調査研究部，1963年）38頁。

この実態調査報告は、「当時の社会保険資格取得者に基づいて」トヨタの入職者数、離職者数を推計している（表1-11参照）。この推計以上に丹念なものは、少なくとも当時の臨時工に関する限りない。この表からわかるように、一九五九年一二月から六〇年五月には離職率が急増している。これはトヨタが初めて本工登用予定者の選抜を行った後である。また一九六一年六月から一一月も離職率は二〇％を超えているが、「これもまた、［昭和］三六［一九六一］年における本工登用選抜の終了後の時期に当っている」のである。[294]こうした点を考慮すれば、「離職率は、本工登用選抜が終った時期か、本工登用者が決定した時期に多くなる傾向があると理解してよい」であろう。[295]さらに、臨時工で「二年以上勤続するものの比率が低下」し、この傾向が続くと考え、その理

由を克明な調査から次のように述べる。

トヨタ自工に留まる限り、臨時工としての職階的身分から脱けだすことは容易でないことに気付いたものが、労働市場の好況に刺激され、ヨリ安定した就業機会をもとめて自発的に退職していくようになったのである。[296]

本工登用選抜の審査に不合格になるという明白な結果だけでなく、臨時工の地位から抜け出せる望みがなければ、トヨタ外部での就業機会と内部での状況を比較検討して身を振っていく。これが臨時工の自発的退職であろう。トヨタで本工に登用されるためには登用試験に合格しなければならない。その試験に合格するために、自らの能力・適性・意欲などを会社側にアピールしていく。そのためには改善提案を積極的に提出するのも一つの方策であっただろう。これが臨時工の新提案人口が急増する背景にあったことを見落としてはならないのではないか。

実は、トヨタの提案制度は個々人による改善提案の提出から性格を変貌させていく。一九六五年五月二九日の『トヨタ新聞』は一面トップに「〝創意くふう〟生れて一四年」と題する記事を掲載する。副題には「年間提案一万件は確実」と順調な様子を伝える風ではある。だが、この副題は「集団提案制を推進」と続く。なぜ「集団提案制」をこのように大きく社内報が伝えたのか。それは、トヨタの「創意くふう提案制度」を支える規則「創意くふう提案取扱規則」の「第4条　提案は、個人提案を原則とする」を変えるものだったからであろう。[297] この集団提案制度によって、トヨタの提案制度は大きく変わる。一九六五年から提案制度への参加率、採用率がともに高まり、持続するようになったのである（表1-5参照）。

集団提案制とは何なのだろうか。これを前述の『トヨタ新聞』の記事は次のように伝える。

提案の仕方も、従来の個人単位のものよりも、話し合いによってアイデアを出しあい、創意くふうを質的に効果的なものにするため、同じ仕事に従事する五名以上のグループによる集団提案制度の規定も設けられ、五月一日から実施に移されているが事務局では、今後この集団提案制度を推進して軌道にのせ、提案内容を一層向上させせようとしている。[298]

この集団提案制の成果は目覚ましく、当時の業界新聞も注目して特集記事を掲載している。

トヨタ新聞［一九六六年二月二六日付］の発表によると、創意くふう事務局は昨年度の目標として、提案件数一万件、参加率二五％を初期の目標としていたが、前期（昭和三十九［一九六四］年十二月〜四十［一九六五］年五月）だけで七千八百件を突破したとなっている。その後、六月にトヨタ自工では集団提案制度を採用し、協力に推進した結果、後期分も八千件を越し、一カ年通算一万五千九百六十七件となっている。また参加率（在籍従業員のうち何人が提案したかの比率）も初めて三〇％に達している。

とりわけ集団提案制度の実施により、参加率は急激に上昇している。集団提案の推移をみると、六月は十二件、参加人員八十四人であったが、順次軌道にのり、十月には百四十二件、九百九十人と飛躍的に上昇、わずか半年で総提案人員六千六百七十人の約四〇％、二千七百人が集団提案に参加したことになる。[299]

なぜ改善提案の提出を集団提案に変えただけで、参加率が急増したのだろうか。もちろん、トヨタでは創意くふう制度開設の一五周年にあたっていたこともあり、会社側が改善提案の提出を積極的に促した、「タイムリーな刺激」を与えたのだと考えることも可能であろう。だが、トヨタの提案制度は、長期的に見てもこの時期を境に参加率も上昇していく（表1-5参照）。何が変わったのか。この点について、業界新聞の記事は次のように説明する。

集団でアイデアを提出する場合その効果的な方法はブレーンストーミングだといわれている。トヨタ自工ではこの方法を採用している。ブレーンストーミングを実施することは、集団提案を容易にすることばかりではなく、従業員全体で遠慮なく話し合うという機会を数多くもつことによって相互理解を深め、職場における人間関係をよくするうえでも大きな効果が期待できるわけ。

ブレーンストーミングにおいては、質よりもまず量を求めることになるが、これは〝一定量には一定の質がともなう〟という原則を適用しているからに他ならない。アイデアをいかにして多く集めるかということが重要になるが、しかし、大勢でアイデアを出す場合には、往々にして他人のアイデアを批判する人々があらわれるものだ。ブレーンストーミングでは、他人のアイデアに対しては批判はもちろん、過度のほめ言葉も禁止しており、また自己批判を防止するために、頭にフッとアイデアが浮かんだら実行の可能性などはいっさい考えずに、すぐに発言するようなシステムをとっている。またブレーンストーミングでは、他人のアイデアに便乗したり、関連したアイデアの提出も大いに推奨している。

トヨタ自工では、このようなブレーンストーミングを実施し、集団提案制度のもつ特質をうまく引き出し、企業体にプラスになるように運営されている。

集団提案は五人から十人ぐらいで一つのテーマにとりくみ、ブレーンストーミングによって、あらゆる角度から議論検討される結果、提案の内容が多くなってきている[300]。

ブレーンストーミングが影響を及ぼしていたことは否定しないとして、その影響は長く続くものだろうか。この点でトヨタグループの豊田紡織［現・トヨタ紡織］の例が参考になろう。同社が改善提案制度を正式に実施し始めたのは一九六六年七月からである。その後の展開を同社社史は次のように書く。

発足当初の活動は活発であったが、しだいに提案件数は激減し、また提出された改善提案も未審査のまま放置されることが多くなり、改善提案活動は衰退していた。

そこで、［昭和］四四［一九六九］年七月に、年度の会社方針「誇り得る品質」、「みんなで意見を出し合おう」をスローガンとして、改善提案活動に積極的に取り組むことになった。この改善活動を全社的なものにし、効果的に運営するために各職場にグループを結成させ、グループ提案を奨励することによって改善活動の活性化をはかった。

その一方で管理、監督者が具体的に問題を提起するなど改善提案に対する指導、アドバイスをして改善提案活動の支援ができる仕組みをつくった。

提案グループは、四四年七月までに全社で三一五グループが結成され、七月には全社合計で一六四件の提案があった。[301]

豊田紡織の一九六九年度における正規従業員数は二七四七名である。提案グループが正規従業員だけを対象にし、その全員が参加していたと仮定すると、一提案グループの平均人数は約八名となる。「五人から十人くらいで、一つのテーマにとりく」むトヨタ自工の集団提案制度と似通っていることがわかろう。ただ業界紙のようにブレーンストーミングに重きを置いた説明を同社の社史はしていない。「改善提案活動の支援ができる仕組み」を重視している。考えてみれば、「一つのテーマにとりく」むこと自体が、おそらく「管理、監督者が具体的に問題を提起する」ことによるのであり、管理された状態にあると考えるべきであろう。

このように改善提案活動に管理者・監督者が関与し、改善提案（創意くふう提案）の提出主体が個人だけでなく、「同じ仕事に従事する五名以上のグループによる集団提案制度」が導入されるとどうなるか。製造現場の管理単位である「班」や「組」が提出主体となると考えられよう。この制度が導入されれば、昇進・昇格や昇給が念頭にある「班長」や「組長」は提案を無視できなくなるだろう（かつて臨時工が本工採用を目指して提案を積極的に提出していたように）。

後に創意くふう提案制度の状況を振り返る際に、なぜ提案件数が増加したかについて、『トヨタ新聞』は時折その原因にも触れる。例えば、「ブレーンストーミングの手法と集団提案制度を導入した昭和四十［一九六五］年には、一万五千件以上に達した」というようにである。[302] ここで注目したいのは、これと同一記事の中で次のように書かれていることである。

提案制度が設けられてから、昭和四十年までの採用率を見ると、ほとんど毎年三〇％台。これが、四十一［一九六六］年から昨年［一九六九年］にかけて、四六％、五〇％、六一％、六八％と、飛躍的に向上している。これは昭和四十年六月に、集団提案制度を採用して以来、各職場で組織的に創意くふう活動が展開されるようになってきたこと、などによるものである。[303]

「各職場で組織的に創意くふう活動が展開される」という状況はどのようなものだろうか。二〇〇二年にトヨタの「鋳造職場の班長」（当時五四歳）がインタビューに次のように答えていることに注目したい（おそらく、この人物の正確な職位はグループリーダー〔GL〕だと思われる。次インタビュー中の引用者による注記を参照）。

Q［質問］：創意くふうには参加していますか？

A［返答］：ああ、ああいうのは、ばからしい。あれは自主参加なのに、実際には半強制だわね。必ず一点出しなさい（ということになっている）。だいたい毎月二〇日締め切りなんだよね。書かないと、SX［シニアエキスパート］かGL［グループリーダー］が出さない人の分も書いて出さなくちゃなんない。だから「創意くふう」は一〇〇%、組で出さなくてはならない。……実施の場合は、「改善しましたよ」ということで、効果確認まで書いて出さなくてはいけない。「これだけ儲かりますよ」と。［トヨタでは一九九〇年代初頭に人事制度を変更し、製造現場の管理・監督ポストは別に、専門職技能職位を新設した。ここで言うSXは組長級資格であり、組長のポストにつかなくとも「組長」として遇される。同時に、それまで班長、組長、工長という三階層の職位は、グループリーダー（GL）とチーフリーダー（CL）の二階層に編成された。前者は従来の「組長」、後者が「工長」］

Q［質問］：いつ書くのですか？

A［返答］：全部、仕事が終わってから現場で書いとった。みんなに「書け、書け」といわれて。もう、五〇〇円もらう程度［未実施の改善提案］であれば、難しく考えても［仕方がないから］……二～三行で、ぱっぱとおわっちゃった。(304)

経営側からすれば、実施した改善案の効果確認を報告書にとりまとめさせることは、問題発見から解決策の考案、その効果の分析を体得する重要な学習の一環だと言いたいであろう。だが、そうした提案活動の全体には関わらず、「未実施の改善提案」を提出するだけの者もいよう。未実施の改善案では、その効果を分析することは会得できない。こうした改善提案でも、上司や周囲の同僚は「書け、書け」と強要する。なぜなら、集団提案制度になれば、班や組で提案提出をとりまとめることのできない班長や組長は、自らの指導力、統率力が経営側から問われることを知っているからであろう。トヨタ自工の提案制度は、集団提案制度を導入することで大きく性格を変えたことを重視すべきである。

ある企業で勤務し続けることは、否応なしに昇給や昇進・昇格に関する選別・競争や査定にさらされていることを意味する。そうした環境から自らを遠ざけたければ、「声をあげる」(voice)か、その企業から「退出する」(exit)するしかない。トヨタの提案制度だけではない。杉浦幹雄が「私小説風自分誌」で「創意くふう提案、QCサークル活動、各種インフォーマル活動」などが「全部が全部やらされているのではない」というのは実感であろうが(本節(4)参照)、そのように感じる従業員も一面では、昇給や昇進・昇格をめぐる競争にさらされている。少なくとも経営側が従業員を厳しく選抜・選択し査定をする環境の中で勤務している。経営側は改善提案の提出数だけでは従業員を評価しまい。これは、経営側が「提案マニア」の出現を歓迎していないことからも明白であろう。従業員は「集団提案制度」であっても「集団能率給制度」であっても、経営側が鋭く厳しく個々の従業員を査定している状況に置かれていると考えて行動している。だからこそ、作業者が「かんばん」をわざと時間をかけて動かそうとしたり、ましてや隠したりするようなことはない。また、そうした行動は、作業現場での小集団が許さない。そうした小集団の形成も経営側は意図的に行っている。

こうしたことはインタビューをしても本音を知ることは難しい。本人自身が自分の行動の底にある動機に直面して素直にそれを認めることも簡単ではないであろう。「全部が全部やらされているのではない」という発言を深読みするしかあるまい。経営側の裁量で特定の労働者の昇進・昇格、昇給が、労働組合との取り決めによって制限されている諸国もある。筆者の限られた観察でも、こうした環境にあるところでは「創意くふう提案、QCサークル活動、各種インフォーマル活動」などの活動へ労働者はあまり積極的に参加していない。このことは、昇進・昇格などの選別・競争の圧力が低い環境（つまり、「上司による主観的な判定[305]」が制限されている環境）であれば、「緻密な知的作業」が必要な製造現場であっても、労働者は「各種インフォーマル活動」には積極的にならない（結果として、「高度な個人の技能の伸張をさまたげる[306]」）のではないだろうか。

一方で、経営側が従業員を選抜・査定した結果（「上司による主観的な判定」）による昇進・昇格などが、あまりに不公平なものになれば、優秀な人材から「退出する」。この意味で、経営側にも厳しい目（従業員からの査定の目）が注がれているのである。

9　なぜ現在のスーパーマーケット方式の理解が生まれたのか？

本章は、トヨタの製造現場を見学したりその生産システムや製造現場に関する文献を読むと、否応なしに頻繁に耳や目にする「かんばん」の紹介・検討から始めた。「かんばん」はトヨタ生産方式の「運用手段」だと、『トヨタ生産方式』でも言う。つまりは、トヨタ生産方式を、「うまく使う（活用する）具体的なてだて」とでも言うべきものである。

トヨタの工場内で使う「かんばん」、特に「仕掛け（工程内）かんばん」が使用される条件として次のように書いた。

生産数量も増え現場の整備が進み、一種類の部品・製品だけが製造される工程であれば、工程内部だけで完結する指示に……詳細な情報は……現場の作業者には必要がなくなったということであろう。（本章1（3）③末尾）

こうした状況がトヨタで実現する契機は何であり、それはいつか、についてはあえて書いてこなかった。確認しておこう。右のような状況とは、より具体的に書くとすれば次のようなものであろう。

技術革新が広汎に導入された自動車生産工程においては、極めて単純な単能作業工程の直列的結合が特徴的である。[307]

これは別の面から考えれば、次のような特徴を備えることになる。

全工程結合のラインにおける、個々の作業工程の要求する技能水準は極めて低く、……生産工程作業に全くの未経験な不熟練労働者が、わずか一週間程度のうちに、人並みの作業を遂行しうるほどである。[308]

作業現場がこのようになれば、臨時工を雇い入れ、短期間の訓練で現場の作業を担当させることもできるようになる。

前述の二つの引用文は、いずれも隅谷三喜男と犬飼一郎による豊田市周辺の地域労働市場についての実態報告書（一九六三年刊）からのものである。

先にも見たように、トヨタが一九五一～五五年にかけて約四六億円の設備投資をして実施した設備近代化五カ年計画が完了すると、[309]生産工程の合理化・近代化が進展し、その結果、臨時工の採用も可能になった。また、生産工程の合理化は「かんばん」のトヨタ社内での運用も可能にした。ほぼ同時期に始まったトヨタ式スーパーマーケット方式は「かんばん」を運用手段とし、トヨタ社内の製造現場で使用されていく。この意味で、設備近代化五カ年計画の影響は大きい。

トヨタ式スーパーマーケット方式は「かんばん」を運用手段としながら、情報処理技術を大いに利用した生産管理方式であった。ただし、本章で論じたように、当時の情報処理技術には制約があり、生産順序計画の立案から購入部品の指示までをスムーズには処理できなかった。そのため部品購入業務では、当初は事務処理だけを切り離して電算処理を実行するようになる。通常、工場などで目にする「かんばん」が「長方形のビニール袋に入った一枚の紙切れ」だからといって、それを運用手段とする生産管理方式ではＩＴ（情報技術）を使っていないかのように考えるべきではない。このことは本章の読者であれば納得してもらえよう。現在のパソコン誕生に大きな影響を与えたとされる第一回のホームブリュー・コンピュータ・クラブの集会が開催されたのが、一九七五年三月であるが[310]、この時期までにはトヨタでは大型コンピュータを駆使した部品表が利用可能になっていた。これはパンチカード・システムの利用から始まる四半世紀ほどの期間をかけて、生産管理の関連業務を電算化してきた（つまり、最先端のＩＴを導入してきた）努力の結果だった。まだパソコンが普及する前にも外注かんばんにはバーコードが付けられていた（本章3(1)参照）が、これもＩＴ利用の例であり、バーコードがなぜ使われているのかを考えていけば、トヨタの生産管理方式にはＩＴが駆使されていることがわかる。トヨタ式スーパーマーケット方式とは、この生産管理方式の原点（起点）とも言うべきものだったのである。

　このトヨタ式スーパーマーケット方式について、『トヨタ生産方式』が「アメリカのスーパーマーケットの研究をし、実地に応用を始め」たことを強調しているせいか、多くの大学生向けのテキストは次のように説明する（特徴的なことに、ＩＴ利用についてはまったく言及することがない）。

> 　トヨタ生産方式の代名詞のようにいわれている「かんばん方式」は当時アメリカですでに普及していたスーパーマーケットからヒントをえました。スーパーマーケット方式を生産現場で実施するためには、後工程が必要なものを必要なときに必要な量だけ前工程から引き取り、前工程は引き取られた分だけ生産する仕組みを確立しなければなりません。この仕組みが「後工程引取り」と呼ばれるものであり、「ジャスト・イン・タイム」の基本原則の一つです。
>
> （中略）
>
> 　今日ではどこにでもあり、だれでも知っているスーパーマーケットですが、一九五〇年代前半（昭和二〇年代後半）の日本ではまだありませんでした。スーパーマーケットが日本に出現するのは、それから数年後のことでした。
>
> 　アメリカ視察を経験した大野耐一は、スーパーマーケットでは顧客が必要とする品物を、必要なときに、必

要な量だけ入手できる店であることから、このスーパーマーケットを生産ラインにおける前工程とみてはどうかと考えたのです。その場合、顧客は後工程であり、顔客は必要な部品を、必要なときに、必要な量だけスーパーマーケットにあたる前工程へ取りに行くようにする。そして前工程は、後工程が引き取っていった分をすぐに補充する。こうすれば、「ジャスト・イン・タイム」に近い形になるのではないかと考えたわけです[311]。

たしかに大野耐一はアメリカに行っている。トヨタの『二〇年史』は年表の一九五六年一月五日の項目に、「取締役大野耐一、技術部主査中村健也、工作機械視察のためアメリカへ出張」し、同年三月一五日に「帰社」した旨、記載している。このように考えれば先の引用文は何も問題がないように思われる。

一九五〇年代中頃、トヨタの経営幹部の渡米は重要な出来事であり、また多額な資金を必要とするものであった（外貨持ち出し制限もあった）から、『二〇年史』はあえて、渡米だけでなく帰社の月日まで記録しているのである。したがって、これ以前に大野が渡米したことはありそうもない。大野自身も「実際にアメリカの『スーパーマーケット』に入ったのは、昭和三一〔一九五六〕年にGMやフォード、その他の機械会社の生産現場を見学に出掛けたとき」だと自ら語っている[312]。大野自身の言明も『二〇年史』の記載と一致する。しかし、『創造限りなく』では、一九五四年を「この年、『スーパーマーケット方式』の検討開始」とし、「生産工程における後工程が必要な部品を必要なときに必要な量だけ、前工程に取りに行く新しい生産管理方式を検討し、後のトヨタ生産方式の実現に着手した」と書いている[313]。大野の初渡米が一九五六年であり、「スーパーマーケット方式の検討開始」時期が『創造限りなく』が書くように一九五四年だとすれば、先の引用文には矛盾が生じる。

また、三戸節雄（この人物については本章5(1)参照）が「工場内に模擬のスーパーマーケットをつくって実験に移すのは、大野［耐一］さんが昭和三一［一九五六］年にアメリカで実物を見る前ですか」と聞くと、次のように大野は答えているのである。

昭和二八［一九五三］年ごろ、すでにトヨタの機械工場内の製造工程にそれぞれ「店」を設けて、工場内を一巡すれば、一つの製品、一つのユニットが出来上がる仕組み、つまり「スーパーマーケット方式」を試み始めていました。[314]

こうした大野の証言や『二〇年史』、『創造限りなく』の記載する時期がそもそも正確ではないということもありえよう。だが、先の引用文で「(中略)」とした部分では『創造限りなく』から次のような文章を採録している。

昭和二九［一九五四］年の春、業界紙にアメリカのロッキード社でジェット機の組付にスーパーマーケット方式を採用し、一年間に二五万ドルを節約したという記事がのった。何の変哲もない小さな記事であったが、これに目をつけた人たちがいた。喜一郎のジャスト・イン・タイムの思想を機械工場で実践し、部分的ではあったが、計画的な流れ生産を可能にした大野耐一らである。[315]

この引用文に続いて『創造限りなく』は次のように書く。「ロッキード社のスーパーマーケット方式の実態がどのようなものか、この小さな記事からは何もつかむことはできなかった……」と。[316] この文章と先の引用文は、実は有馬幸男による一九六〇年の論考「トヨタ式スーパーマーケット方式による生産管理」の内容をパラフレーズしつつ、明らかに大野の役割を強調している（有馬の論考については本章7(2)および『寓話』第6章2(1)参照)。有馬ら当時の関係者からすれば、ロッキード社のスーパーマーケット方式に関する記事からでは詳細がまったく不明な生産方式を、スーパーマーケットのやり方を製造現場に適用するとはどういうことかを類推・熟慮し、トヨタの現状を踏まえてスーパーマーケットと生産現場を類比できる生産方式を案出したという自負もあったであろう。それだからこそ、彼らは意図的に「トヨタ式スーパーマーケット方式」とあえて長い呼称を使ったと考えられる。この有馬の論考が刊行される前にも、『二〇年史』は「トヨタ式スーパーマーケット方式」の「あらまし」を掲載している[317]（本章7(2)参照)。だが、こうした、実際に何が実施されたかという具体的な点に研究者の関心はほとんど向かわず、アメリカのスーパーマーケットからスーパーマーケット方式はヒントを得たという話題に集中したのである（これ自体が、前述したように、かなり危うい情報に基づいているにもかかわらず)。

「トヨタの現状を踏まえて」に傍点をふった。当時の現状とは、「製造現場の工数関係にＩＢＭ機」を使い、製造部門の工数関連の情報をほぼ把握できるところであった（本章6(1)参照）。しかし、この情報を用いて、『『月度生産計画』から『短期生産能力計画（生産諸手配）』にいたるプロセス」をＩＢＭ機で作成しようとしても、当時のコンピュータの計算能力の限界があり、それが可能になるのは一九六〇年代になってからのことであった（本章6(3)参照）。この現状を踏まえればこそ、『『計算の簡単』という」必須の条件を満たしつつ（本章7(2)参照）、後工程から前工程に「『五台分［の部品］をセット』で『取りに伺う』ダイヤ運転が導入され、その際に現場での帳票にも変更が加えられて「かんばん」が導入されたのである。つまり、トヨタ式スーパーマーケット方式の運用手段として「かんばん」が使われ始めたのである（本章7(4)参照）。

有馬の論考がトヨタ式スーパーマーケットについて語っていても、よほど注意深く読み進まない限り、当時ではＩＢＭ機、広く言えばコンピュータを生産管理に使っていることはなかなか気付きにくい（本章7(2)参照）。また『トヨタ生産方式』で「トヨタ生産方式をスムーズに動かすためには、トヨタ式生産計画およびトヨタ式情報システムがしっかりと組み上げられていなければならない[318]」と論じているにもかかわらず（本章5(1)参照）、そうしたシステムを研究者やジャーナリストはあまり論じてこなかった。トヨタ生産方式の運用手段である「かんばん」については多く語るのだが。

なぜ、このような傾向が生じたのであろうか。

一九七〇年代初頭にトヨタが行った「トヨタ生産システム」の体系化に一つの原因があろう。この時点でトヨタがどのような定式化をしたのかは、外部の者にはわかりにくい。現時点で、当時の定式化に関与していた人物を探し出してインタビューをしても、数十年前の記憶は風化・混乱してしまっている可能性も高い。そのため当時、どのような定式化がなされていたかを知るには、張富士夫による一九七四年の論考「トヨタの生産方式」が一つの手掛かりになる（本章8(2)参照）。

この「トヨタの生産方式」という論考は、九頁ほどの短いものである。だが、一九七〇年代末以降（より正確には『トヨタ生産方式』刊行以後）にトヨタの生産方式を論じる論考の内容を先取りしている。あるいは『トヨタ生産方式』の基本的内容の大枠はすでにここにあるとも言える。ここで論考の構成を紹介しておこう。

1．トヨタの生産方式
1-1　トヨタ式生産システムとその効果例
①棚卸資産回転率の比較
②従業員一人当りの付加価値
③デーリー・オーダー・システムの比較
1-2　トヨタ式生産システムの特徴
(1)徹底的無駄排除
(2)二本の柱――ジャスト・イン・タイムと自動化
2．トヨタの生産システムの概要
2-1　かんばん方式
2-2　生産計画及び生産指示
2-3　眼で見る管理と現場での改善
3．今後の方向
3-1　部品共通化の問題
3-2　設備計画段階へのフィードバック
3-3　外注部品のやり方

この構成を見て気付くことは、「1．トヨタの生産方式」と他の章とでは小見出しの付け方が違うことであろう。

この論考が一人で書かれたのではなく、著者が当時所属していた「生産管理部生産調査室」の見解、あるいは同室に在籍する他の人物の協力を得て作成された可能性もある。この論考の内容が張個人の独自・独創的な主張というよりも、「トヨタ生産方式の体系化」が一九七〇年に着手された結果であったとすれば、そのほうがここでの検討にはより適合的である（したがって、この問題は詮索する必要がないだろう）。

この論考の「2-1　かんばん方式」では、次のように「かんばん」と「スーパーマーケット」との関連を説明する。

> 各製造工程は総組立のラインを出発点として、組立ラインで使われた部品が前工程へ取りに行かれ、前工程ではこの分だけ造られる。このやり方が前へ前へとさかのぼり、あたかも鎖の輪のようにつながっている。このときに引取り、あるいは製造指示に使われるのがかんばんである。
>
> 中間の工程はそれぞれ自工程の後に、自工程の製品のストアを持ち後工程の引取りを待っている。製品が引取られると、それについていたかんばんが外れ、次の製造指示となる。ちょうどスーパーマーケットなどで商品を各種陳列し、売れた分を次に仕入れるのと同じである。このやり方をとっていると、前工程は生産の量および優先順位が自動的に決まってくる。後工程で起こる小さな計画変更は時々刻々自動的に調整されるので計画変更に伴うトラブルもなければ進行係も要らない[319]。

非常によく書かれた説明である。だが、もはや「スーパーマーケット」は「トヨタ式スーパーマーケット方式」を連想させることはなく「ちょうどスーパーマーケットなどで商品を各種陳列し、売れた分を次に仕入れるのと同じ」という文章があるだけである。

さらに、かんばんと生産指示との関係については「2-2　生産計画及び生産指示」で次のように説明する。

> 生産計画というのは長期計画（製品企画や工場・設備計画に用いる）は含まず、月度、旬、日および順序計画を指す。現場がかんばん方式で生産をしている時、計画部門ではどんな情報と指示を出さねばならないかについ

て若干ふれたい。計画部門が一番配慮しなければならないのは、計画を平準化するということである。……

（中略）

かんばんは売れたものを造るといっても、明日のことが全くわからないということではなく、平準化という土台の上に、旬レベルのワク組みをきちんとして初めて成立ち、安定するのである。

次に生産指示（順序指示）をどこに出すか、これは原則的には最終の組立ラインだけでよい。前工程は引取られたものが生産指示となるからである。前工程にはもともと順序計画は存在しないので、日又は時間単位での計画変更も存在しない。[320]

達意の文章である。だが、この説明からは「平準化した順序計画や、計画段階における部品ごとの日当たり必要数の計算などはコンピュータを用いてはじめて可能になる[321]」という視点すらない（本章5(1)参照）。

この説明が明確に述べているように、「かんばんは売れたものを造るといっても、明日のことが全くわからないということでは」成立しない。これはトヨタ式スーパーマーケット方式の原理が、「総組立工場の型式別の組立日程の順序に、先行して機械工場の組付ラインは組んで行」くことだったように（本章7(2)参照）、ある程度の情報が前もって流されている必要がある。これからトヨタがサプライヤーとの取引で「内示」と「確定」を事前に流している重要性もわかろう（本章5(1)参照）。生産計画の確定情報が流された後での変更は、「かんばん」によって（最終組立工程で実際に着工した情報が「かんばん」を介して順次伝わることで）生産計画の変更は吸収される。こうした生産計画の微調整にこそ、ただ単にコンピュータだけに依拠した生産管理に対して、「かんばん」を使う有用性があるのである（本章8(3)参照）。

トヨタ式スーパーマーケット方式との関連に気付くことなく、「かんばんが外れる」ことが「スーパーマーケットなどで商品を各種陳列し、売れた分を次に仕入れるのと同じ」と理解し、加えて「順序計画」がどのように作成されるのかという視点を欠くようになればどうなるか。主な焦点は製造現場での「徹底的無駄排除」にならざるをえない。会社にとっては、たしかにこれは重要である。製造現場で直接作業に携わる人間が、生産計画の策定に関わることなく、作業上の問題点に集中することになるからである。そして、会社側からすれば、自らが開発した生産管理上のシステムの根幹に関することを、事細かに説明する必要も一切ない。企業は絶えず他社と競争しているのだから、そのシステムの根幹を開示しないですませられるメリットは大きい。

この「トヨタの生産方式」が定式化した論点は、その後トヨタにおける研修・教育にも用いられた。したがって多くの研究者・ジャーナリストは「スーパーマーケットを生産ラインにおける前工程」と見る「直観が示す真実らしきものを過去に遡って探し求めて」（『寓話』五六三頁）、「アメリカ視察を経験した大野耐一」との関連付けに満足してしまったのであろう。その結果、『トヨタ生産方式』のゴーストライターである三戸節雄が悩んだという『『トヨタ生産方式』と表裏一体になってシステムを構成する『トヨタ式情報システム』』（本章5（1）参照）という視点を欠落させてしまったのではないか。

本章をここまで読んでも、そもそもパンチカードが「かんばん」の役割を果たしていたことがまだ感覚的に納得できないという読者もいるかもしれない。「パンチカードとかんばんは別物だ」と。しかし、トヨタ以外の日本企業（マツダ）は、驚くべきことに一九八〇年代中頃でもパンチカードをかんばんとして使っていた。ちなみに、「かんばん方式といえば、……マツダも早くから導入していた」企業として著名である。[322]この当時のマツダにおける部品調達の説明を引用しよう。文中の図を指示する番号は、本書の番号に合わせたが、それ以外は原文のママである。これを読めば、トヨタが一九七七年に、外注かんばんにバーコードを付した意味もわかる。本章を読み進んできた読者に余計な説明は無用であろう。引用文を掲げるだけにとどめる。

現行の部品調達の仕組みはこうだ。マツダがディーラーの注文をもとに部品メーカーに年間生産計画や月ごとの調達数量を内示、さらに「旬オーダー」といって一〇日分の確定注文を納品カード（これがかんばん＝図

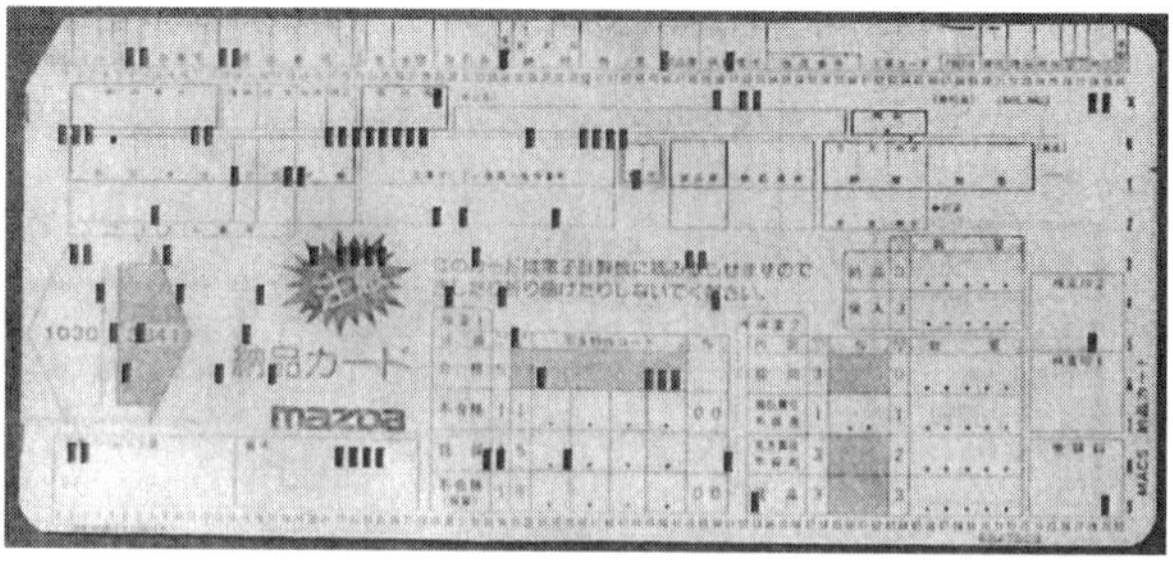

図 1-26　マツダで使用されていた納品カード（1980 年代中頃）

注）この図には次の説明が付けられている。「納品カード（かんばん）。モノといっしょに運ばれ，これによって検収，庫受，代金決済が行われる」。この納品カードの左側に「納品カード」とあり，その下には「mazda」，その上には「注意」とある。その「注意」の横に「このカードは電子計算機に読み取らせますので汚したり折り曲げたりしないでください」とある。

出所）「トヨタ“VAN”の衝撃　関連業界に生産・物流システムの見直し迫る」『日経コミュニケーション』（1985 年 8 月 22 日号）28 頁。

図 1-27　マツダで使用されていた納品カードの配布ボックス

注）この図には次の説明が付けられている。「配布ボックス。月間 150 万枚発行される“かんばん”はすべて部品会社ごとに仕分けされ，このボックスに入れられる」。

出所）「トヨタ“VAN”の衝撃　関連業界に生産・物流システムの見直し迫る」29 頁。

1-26）の形で出している。一台の自動車に使う部品点数は二〜三万点、マツダは三四〇〇〇種類もの仕様の車種を生産するから、どの部品をどのメーカーからどれだけ調達するかといった計算などはむろん、全てコンピュータ処理している。部品メーカーに注文するため、これを納品カードに打ち出すわけだ。

かんばんの月間発行枚数は一五〇万枚にも及ぶ。実際には旬オーダーを出す一〇日に一回、平均五〇万枚ずつを発行し、これを女性社員一〇人が取引先三〇〇社ごとに仕分けした配布ボックス（図1-27）に入れておく。取引先メーカーはマツダに部品を納入した際に、運転手がこのボックスに立ち寄り、自社の引き出しからかんばんを持ち帰り、その指示に従って生産するという仕掛けだ。

　ところが、車種の多様化で、このかんばんの発行量が二年前より、月間五〇万枚も増えている。［昭和］六五［一九九〇］年には月に二〇〇万枚を超す見通しだ。かんばんは納入指示だけでなく、売り掛け、買い掛けなどの照合処理や金券としても使われるから、「かんばんの出力作業だけでなく、人手に頼るハンドリング作業自体が限界にきた」というのである。[323]

第2章 顧客の多様な需要に対し、いかに迅速・効率的に応えるか?

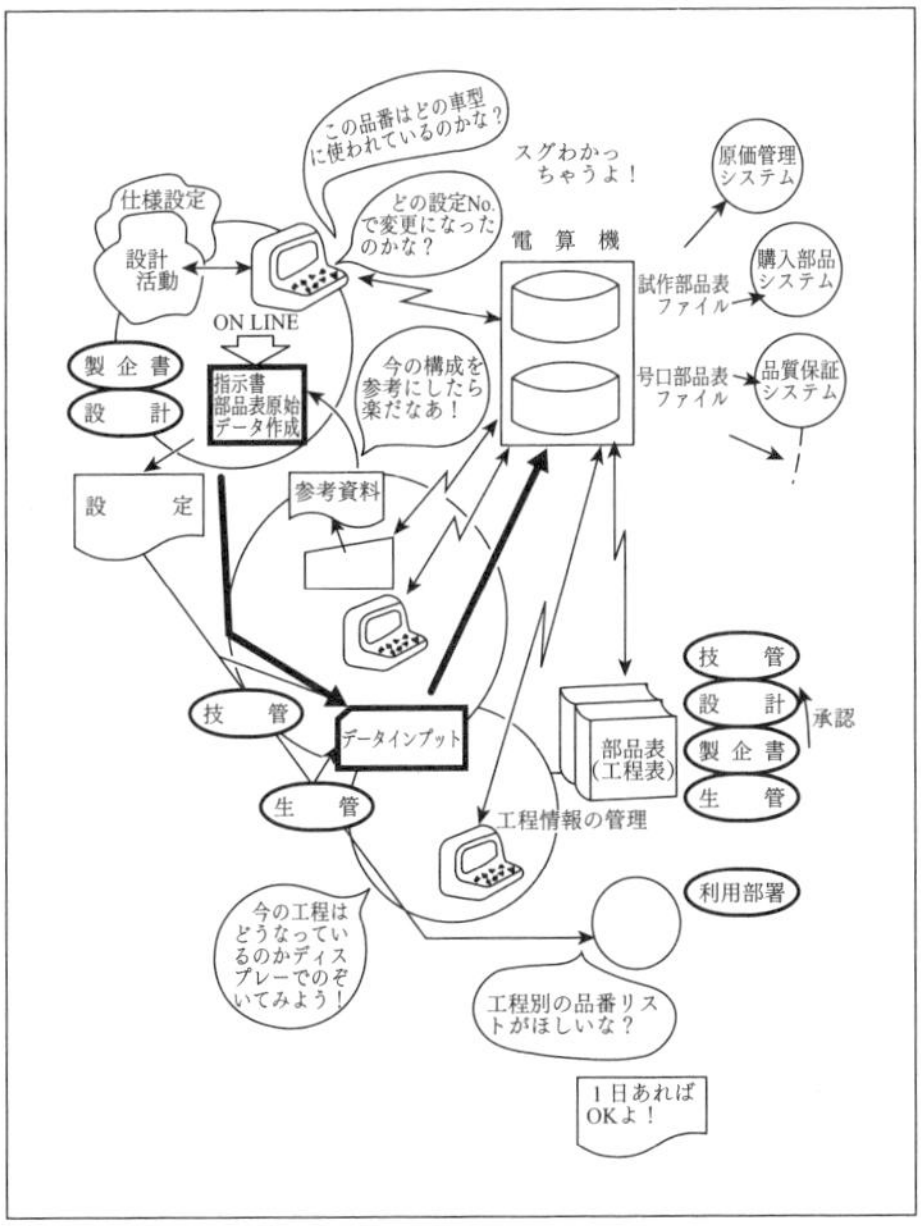

SMS 電算化の概念

出所)「部品表を電算化」『トヨタ新聞』1973年12月14日。

トヨタの生産システムに関する研究は、工場内部の問題に終始することが多い。最終組立工程（組立ライン）が後工程で、その後工程の組立の進行情報が「かんばん」によって前工程に順次伝えられていく。この点を多くの研究者・ジャーナリストは強調する。ラインオフした後のことには、あまり関心を示さない。

しかし、工場の外部には顧客がいる。顧客の多様な需要に対応してこその「生産」ではないのか。工場内部でのさまざまな活動は、需要への対応ではないのか。よく「市場の声を聞け」とか、「お客様第一の観点で」と言うではないか。

トヨタは一九七〇年代初頭になると、独自なシステムを構築する。これは前章のように、ほぼ工場内部に視点を絞ってみても、ある程度まではわかる。しかし、同社が他社に先駆けて画期的なシステムの構築に動いたのは、「市場の声を聞け」、「お客様第一」という視点からの対応であり、潜在的な競争圧力があってこその対応だったことは言うまでもない。

「お客様第一」で「市場の声」に対応するには、常識的に考えれば、製造会社（トヨタ自工）と販売会社（トヨタ自販）が分離しているよりは、両社が一体化していたほうが迅速かつ効率的に対応できるのではないか。「市場の声」（潜在的な、あるいは顕在化した需要）から実際の製造、顧客への納品（製品が自動車なので、正確には「納車」）までのプロセス全体に行き交う部品や完成車などの「モノ」と情報の流れは、会社を隔てる壁がないほうが円滑なのではないか。

では、なぜ一九五〇年に自工・自販の二社体制になり、約三〇年間も再統合しなかったのだろうか。これが本章の2、3で扱う問題である。これを扱うことは、本章の課題からすれば、一見回り道である。しかも、大きな回り道のように感じられるかもしれない。だが、二社が合併へと向かう途上で、どんな方策をなぜ講じていくのかを見ていけば、本章の課題の背景もわかるのではないかと考えたのである。

1　誰が最終製品を顧客に届けるのか？

（1）「生産」は工場内部で終わるのか？

前著『寓話』でも本書でも、たびたびトヨタの社史『トヨタ自動車二〇年史』（一九五八年刊）を引用している。この社史編纂事務局の「まとめ」役であった永礼善太郎と「執筆」者の山中英男の二人は、社史刊行の数年後（一九六一年）、『自動車』という書物を「日本の産業シリーズ」の一冊として公刊した。その中で、彼らは次のように言う。

> 今日、自動車工場の門をくぐり、工場を見学する人々の多くは、整然とした大量生産ラインに目を奪われる。しかし、人々は巨大な生産の流れのごく一部を見るにすぎない。人々は、このラインの背後に工場配置の熱心な研究がなされていること、また、生産ラインが常に正確に流れるように、適正な数量だけの材料がストックされていることを見ない。一つの部品が不足していても生産ラインは止まってしまう。だから、そういうことが起こらないように細密に計画され、その実施のためには、ぼう大な事務量をこなす努力が払われている。しかし、見学者は、そうしたことには気づかないで工場を通り過ぎるかも知れない。[1]［傍点は引用者による。以下、特に断らない限り同様］

前章では、工場（製造現場）を見学しても目につきにくい「細密に計画され」、「ぼう大な事務量をこなす努力」をいくらかでも理解しようとした。だが「工場を通り過ぎ」、工場の外部に目を向けることも重要である。工場の持つ意味・意義を理解するには、工場の内部だけに焦点を絞るのではなく、工場の外部との関連にも目を向ける必要がある。

そもそも「生産」とは何だろうか。それを「消費のための欲望を満足させ、生活に直接、間接に必要な物資や用役を作り出すこと」（『日本国語大辞典』）と定義する辞書もある。消費者（顧客）が「消費のための欲望を満足」させるには、彼らの望んだ製品を彼らの手許に届けなければならない。消費されない物資や用役の「生産」は、社会全体から見れば無駄でしかない。工場内部で製造をいかに効率的に遂行しても、移ろいやすい「消費のための欲望」を満足させることができないこともある。その場合、たとえ効率的に生産した物資や用役であっても、消費されずに放置される。工場内部で「細密に計画」したはずの努力がまったくの徒労に終わる。「細密に計画」する「生産」は、「消費のための欲望」を何らかの形で意識したものでなければならない。これは自明のことであろう。

顧客が製品を発注し、その製品が顧客に届くまでの全プロセスが「生産」だと考えて、再び図1-2を見直してみよう。実際、この図自体、この考え方で描かれているのだ。「お客様」（顧客）が「販売店」を通して「注文」を出す。これをもとに「生産計画（月・旬・日）」、さらに「平準化順序計画」を立案する。この計画に基づいて生産が順次進行し、最終組立ラインのコンベヤーラインから完成した自動車が降ろされる（これを「ラインオフ」という）。工場内部だけに焦点をあてていれば、その後は目に入らない。「ラインオフ」した製品（自動車）は、陸地を車両運搬車（積載車、キャリアカー）や水上・海上を車両運搬船などで販売店に運ばれ、「お客様」の手に届く。ここまでを生産と考えることが可能であろう。

図1-2をやや仔細に見ると、そこに描かれている矢印には三種類あることに気付く。一つは白い幅のある矢印、さらに実線の矢印と点線の矢印とがある。点線の矢印は「かんばん」の動きを示している。実線の矢印は、具体的な物体の動きではなく、発注や生産指示などの情報の動きを示している。実際の製造現場で重要なのは「かんばん」が体現している「情報」と考えることも可能だ（第1章1（2）参照）。この意味で実線・点線の矢印には共通点

がある。

白い幅広の矢印にも二種類ある。一つは細めの矢印で、もう一つは太めの矢印である。細めの矢印は、「かんばん」の情報に基づいて動く部品や素材などの移動を示している。これに対し、太い幅の矢印は製品（自動車）が次第に完成する様子を示している。工場内部には「かんばん」などの情報に基づいて運び込まれた「全種類の部品」が置かれている。それを使って「ボデー」、「塗装」、「組立」の工程を順次経ながら「一台ずつ違った車を確かな品質で手際よくタイムリーに生産する」様子が描かれている。

普通、自動車の「生産」でイメージするのは、この「ボデー着工」から「ラインオフ」までのことが多い。しかし、この図では、「ラインオフ」して工場内部から外部に出た後も、「販売店」を経て「お客様」に製品（自動車）が届くまで、この太い幅の矢印が続いている。顧客が「消費のための欲望を満足させ（る）……物資……を作り出す」ことが「生産」ならば、まさに図1-2の幅広（太めであろうと細めであろうと）の矢印は「生産」を意味している。図1-2の描き手が意識していたかどうかは別にしても、少なくともこの意味での「生産」を見事に示しているのだ。

消費されない「生産」は、社会的役割を果たさない。図1-2における「順序計画」は顧客の発注があってのことであり、この計画によって工場内で生産された製品（自動車）が顧客の手に渡ってこそ「生産」は社会的に意味を持つ。自動車工場内部では、最終組立工程はまさしく最後の工程である。だが、製品が顧客の手に渡ってこそ「生産」プロセスの完結だと考えるならば、工場の外部を問題にする必要がある。

（2）自動車産業は「製造工業」と考えるだけでよいのか？

こうした議論をなぜするのか。この点について自動車産業という観点からも少し説明を加えておこう。自動車産業は、わが国にとって戦後から現在に至るまで重要な産業である。この自動車産業を論ずる際には、ややもすると

「製造」、つまり「原料を加工して製品にすること」(『日本国語大辞典』)にだけ焦点を絞りがちである。前述の『自動車』は、「製造工業としての自動車工業」という用語を使いながら次のように説明する。

製造工業としての自動車工業は、……シャシー・メーカー、ボデー・メーカー、部品メーカーの三者からなるが、そのほかタイヤ・メーカー、自動車用蓄電池メーカー、繊維などの関連工業を含めることができる。(2)

しかし、自動車産業を「製造工業としての自動車工業」のみに限定するのは、あまりにも狭い。この引用文に続けて『自動車』も次のように書く。

より広い意味で自動車産業という場合、自動車の卸売をする販売会社や地方の小売店などの販売部門、さらに修理を行なうサービス部門がある。

シャシー・メーカーの従業員は、合計約四万人であるが、ボデー・メーカー、部品メーカー、販売会社、サービス部門等を加えると、二〇万人以上の人々が自動車によって生計を立てていることになる。そして、その家族を加えると、ゆうに五〇万人以上の人々がこの産業につながって生活している勘定である。(3)

本書の主な研究対象はトヨタである。といっても、本書のここまでの部分でも前著でも、研究対象を製造面に限定していた。そのため、一九三七年に設立されたトヨタ自動車工業㈱のことをトヨタと略称してきた。ただ、周知のように一九五〇年にトヨタ自動車販売㈱が設立される。その後、一九八二年に両社が合併しトヨタ自動車㈱となり現在に至っている(本書ではトヨタ自動車工業とトヨタ自動車販売を区別する必要がある場合には、前者をトヨタ自工〔ないしは自工〕、後者をトヨタ自販〔ないしは自販〕と記すが、文脈から判断できる場合には単にトヨタと記す)。

本書の第1章では対象時期が二社体制になった一九五〇年以降でもあり、対象が主に工場内部であったので、広く自動車産業におけるトヨタの位置づけを考える必要はなかった(というより自明であった)。トヨタ自動車は現在でも自動車産業に主たる事業基盤がある。だが、「製造工業としての自動車工業」に事業分野を限っていない。

さきほど、「消費されない『生産』」は、社会的役割を果たさない」と書き、「工場の外部を問題にする必要がある」と書いた。その際、図1‐2を援用したが、この図の描き手の意識にも自工・自販の合併した状況が反映されているのである。

（3）販売予測を製造計画に反映するためには何が必要か？

製造計画は販売予測に基づいて立案されるという。しかし、これを破綻なく実施していくことは簡単ではない。これが難しいことは、トヨタの歴史自体が示している。トヨタの社史『二〇年史』執筆に深く関与した二人は彼らの著書『自動車』の中で、戦後の経営危機について率直に次のように書いている。

> 自動車の生産は、しだいに終戦直後の衰退状態から回復し、戦時中の地方の自動車配給会社は、各メーカーの専門販売店となった。しかし、戦時の大増産時代の習慣で、需要について、十分見通しを立てたうえで、生産と販売を調整するということが行なわれず、このため、生産しても販売できずに、販売店のストックとなるものが多くなり、かつ販売代金の回収が困難となった。
>
> 各社は、大幅な人員整理と賃金引下げで苦境を脱しようとし、昭和二四［一九四九］年の後半から二五年半ばにかけて、労働組合との間に摩擦を生じた。トヨタ、日産、いすゞの三社は、膨大な過剰設備と低い操業率の中で、倒壊の危機にひんした。[4]

著者たちの経歴を見ると、永礼善太郎は一九四二年にトヨタ自工に入社、山中英男は五五年にトヨタ自販に入社後、翌五六年に自工に転籍とある。永礼は戦後の危機を体験した人物である。戦後危機の原因（遠因）が「生産と販売を調整するということが行なわれ」なかったことにあるというのは彼の率直な感想であろう。逆に言えば、一九六〇年代初頭にこう書くということは、この時期にはある程度まで「生産と販売を調整する」ようになっていたことを窺わせる。著者の一人、山中は短期間で自販から自工へと「転籍」している。両社の関係が悪ければ、二社の間を（おそらく）直接転籍することは困難であろう。山中が転籍する頃には、「需要について、十分見通しを立てたうえで、生産と販売を調整する」関係が自工・自販にはあったからこそ、山中の自販から自工への転籍も可能だったのではないか。ただしこれは、推測（憶測）にすぎない。

なぜ、こんな些末なことにこだわるのかと疑問を抱く読者もいよう。一九五〇年以後の自工と自販のように、製造と販売を別々の会社（つまり、二社）で担っていても、その二社の関係は多様でありうる。製造と販売を別会社で担当している製品は世の中に多数ある。販売を担う会社が発注し、製造会社が受注・製造して送付すればよいだけだ。さらに二社の間に卸売り業者などが介在し、販売会社と製造会社との間に直接的な取引関係も情報交換も何ら存在しない場合すらありうるが、自工・自販の場合、間に介在する業者はいない。少なくとも二社の間では、発注・受注・納入といった業務は直接取引していたはずである。

第1章で見たように、自工の生産管理方式にとって生産計画は要である。『トヨタ生産方式』が言うように「トヨタ生産方式をスムーズに動かすためには、トヨタ式生産計画およびトヨタ式情報システムがしっかりと組み上げられていなければならない[5]」（第1章5(1)も参照）。生産計画が需要を考慮して立案されなければ、製造に費やした努力は徒労に帰す。「需要について、十分見通しを立てたうえで、生産と販売を調整する」ことが、自工・自販の間で行われていなければならない。

しかし、少なくとも法的には独立した別個の二社が「生産と販売を調整する」ためにさまざまな情報交換や取引を行う形態や方式は多様でありうる。そもそも二社間の関係さえ多様でありうる。

自工・自販の二社が具体的にどのように「生産と販売を調整」していたかを理解するためにも、自工と自販が二社体制になり、さらにその後二社が合併した歴史的経緯を考えてみたい。最初に、二社体制がどのように成立したかを確かめることから始めよう。

2　二社体制が成立したのは、どのような経緯を経てなのか？

（1）労働争議によって二社体制が成立したのか？

トヨタ自販の設立について多くの研究者・ジャーナリストは、一九五〇年のトヨタにおける労働争議の結果、設立されたのだと語る。これが通例である。豊田英二も、こうした見解を『決断』（一九八五年刊）で書いている。

トヨタは昭和二十五年春に倒産の危機を避けるため、銀行の手によって無理矢理、工業と販売に分けさせられた。結果は分離したことによって、銀行の支援がえられ、立ち直ることができたのだから、その面では感謝しなければならない。

ただ現実問題として、倒産しかかったとはいえ、日々活動している企業を二つに分割するのだからいろんな後遺症が残る。それを避けるにはどうすればいいか。結論は一体運営することである。[6]

「銀行の手によって無理矢理、工業と販売に分けさせられた」結果、トヨタは倒産の危機から立ち直ったけれども、そのままにしておけば「いろんな後遺症が残る」。後遺症を避けるために、トヨタ自工と自販は「一体運営する」ことにした。このように読める。これだけであれば、多くの研究者・ジャーナリストが語ることと大差ない。さらりと「一体運営する」とあり、自工・自販の二社が具体的にどのように「生産と販売を調整」したのか、などと疑問を挟む余地さえ与えない（かのように読み進んでしまう）。トヨタ自販の設立は「銀行の手によって無理矢理」なされたのであり、その歴史的経緯の探究などは意味のないことである（かのように読んでしまう）。

トヨタ自販の設立経緯そのものが単純明快であれば、同社の社史も歯切れよくその事情を語るに違いない。ところが、同社社史『トヨタ自動車販売株式会社の歩み』（一九六二年刊。以下、『自販の歩み』と略称する）を読むと奇妙な感覚に陥る。この社史の冒頭はトヨタ自販設立の経緯であり、社史本文は次の引用文から始まる。章のタイトルは「設立の前後」でその第一節『「自販」が生まれた日」冒頭のパラグラフである（ただし同社史は章や節といった形式では記載していない）。

昭和二五［一九五〇］年四月三日付で会社設立の登記が行なわれ、この日、トヨタ自動車販売株式会社（以下、「自販」と省略）が誕生した。新会社は、トヨタ自動車工業株式会社（以下、「自工」と省略）から販売業務を譲受けることになっていたので、商法上の諸手続と並行して、人員の引継や、事務の引継が行なわれねばならなかった。しかし、この方は全く忘れ去られたような形で、新会社は開店休業の状態であった。ドッジ・ライン恐慌の中で、「自工」の経営そのものが大きく揺いでいたからである。(7)

この引用文の後、トヨタ自工での状況を説明する一パラグラフが挿入される。そのパラグラフは一九五〇年四月「七日には、いつ果てるともわからぬ大争議の幕が切って落された」という文章で終わり、次のパラグラフが続く。

トヨタ自販は、この大争議の前哨戦の中から誕生した。すべての人の目は、争議のなりゆきに吸いつけられ、「自販」が誕生したことを知らない人も多かった。それは、このような情勢の中では無理もないことである。しかし、「自販」が生れ出てきたことは、決して、この大争議と無関係のものではなかった。それどころか、この大争議を引起すにいたった客観情勢こそ、実は、同時にトヨタ自販を生み出す原因ともなるものであった。(8)

トヨタ自販は、争議の「前哨戦の中から」生まれたと書き、「大争議と無関係のものではなかった」とも書く。加えて「大争議を引起すにいたった客観情勢こそ」が原因だと書く。労働争議の結果（あるいは「銀行の手によって無理矢理」）自販が独立・設立したと明快には書かない。

なぜ、このような回りくどい書き方をするのだろうか。たしかに簡単明瞭に労働争議の結果などとは書けない事情があるのである。自販の設立は労働争議に突入（一九五〇年四月七日）に先立つ、四月三日である。したがって、争議とは「無関係のものでは」ないとか、争議を引き起こす「客観情勢」が原因だと書くことには抵抗がなくても、トヨタ自販の設立が争議へ突入する前だという事情を知っている書き手は、争議の結果、トヨタ自販が設立されたとは書けなかったのである。

　トヨタ自販の設立が労働争議前だったからといって、必ずしも争議と「無関係のもの」とは言えない。だが、なぜトヨタ自販は争議後ではなく、争議前に設立されたのか。この点に、研究者やジャーナリストはあまりこだわらず、日本銀行名古屋支店（とりわけ、その支店長・高梨壮夫）の努力を大いに強調する。しかしその結果、自販設立をめぐる別の動きを見逃してはいないだろうか。ここで検討したいのは、この点である。これは、トヨタ自販の設立経緯に関する問題であるから、とりあえず、自販が最初に公にした社史『自販の歩み』だけに依拠することで問題点を探ってみたい。

　日本銀行名古屋支店が関与する前に、自動車業界が共同して自動車の月賦販売会社を作る構想があった。第二次世界大戦後、自動車は販売統制の下にあったため、「ディーラーの努力は、販売割当台数の枠を、一台でも多くするための分取り競争に注がれて」いた[9]。顧客は現金で自動車を購入していた。自動車の需要に供給が追いつかない状況なので、戦前にあった月賦販売は影を潜めていたのである。ところが、ドッジ・ラインによって経済状況が変化すると、「ディーラーは自らの責任で、分割延払いの販売を行な」う。こうして戦後に月賦販売が「自然発生」する。この状況を『自販の歩み』は次のように説明する。

　自動車メーカーの側には、特別の対策がとれるだけの金融力はなかった。メーカーは、従来どおり卸手形と呼んでいる為替手形によって、ディーラーへ車を引渡していた。事実上の月賦販売をしているディーラーとしては、期日がきても金繰りがつかないので、手形の書換えをメーカーへたのみにくる。これに応じなければ不渡りになってしまう。メーカーとしても、やむなく書換えに応ずるという形で、メーカー資金が販売資金に流れた。つまり月賦制度は、それが制度化される以前に、自然発生していた。しかし、月賦で売られた分の債権を、資金化するルートが場当りのもので、きわめて不十分である点に問題があった(10)。まさしく「生産しても販売できずに、販売店のストックとなるものが多くなり、かつ販売代金の回収が困難となった(11)」。この問題の解決に自動車工業会が動く。

昭和二四［一九四九］年の後半には、自動車メーカーおよびディーラーの間で、業界が共通に利用できる金融機関として、自動車月賦販売会社を設立しようとの機運が起こっている。この計画では、自動車工業会の委嘱を受けた津島寿一氏が中心になって動いた(12)。

この「計画は予想以上に進展し……定款案もでき、初代社長として、日銀系の某氏の名前も現れるようになった」という。しかしこの計画に、トヨタは「批判的であった」。これを『自販の歩み』は「トヨタが「この構想実現に向けた」戦列から後退した(13)」と微妙な言い回しで書く。この「企画を、日銀首脳部は、遠回しに断っ」たこともあって(14)、計画は「昭和二五［一九五〇年］初頭には終止符が打たれている(15)」。

こうした企画・構想は秘密裏に進めるのが常であろう。そのためか、日本自動車工業会が編纂した『日本自動車産業史』（一九八八年刊）の本文には記述が一切ない。ただ、同書の「年表」の「業界」欄の一九四九年の項は次のように記す。「自［動車］工［業］会、割賦販売資金不足を背景に自動車月賦金融会社設立計画（翌年消滅）」と(16)。

それでは、どのような経緯でトヨタ自販は設立されたのか。『自販の歩み』は、一九四九年頃にトヨタが直面していた状況から説明を始める。

この年の春、日銀名古屋支店長として高梨壮夫氏が赴任していた。……この支店長が、「自工」の問題と取組むようになったのは［昭和］二四［一九四九］年の暮からである。「自工」から、歳末を切抜けるための資金として二億円を、日本銀行の融資斡旋に持ちこんできた。

この年の夏頃からトヨタの持ってきた手形の中に、不渡りになりそうなものが、ときどき出てきた。地方のディーラーが「自工」へ持込んだ手形であるから、「自工」としては、そのたびに金繰りをつけて地方へ送金し、不渡りにならぬよう、やりくりしていた。この無理が重なって「自工」としては［一九四九］年末に二億円の金がなければ、どうしても年がこせない状態になっていた。

容易ならぬ事態である。［日本銀行名古屋］支店長は、トヨタの事業が、中京地区でどういうウエートを占めているかを調べた。……もし「自工」につまずきがあれば、中京地区における金融上の大問題であると同時に、三〇〇の下請中小企業の死活問題であることがはっきりした。当然、日本銀行として取上げてよい問題であり、融資斡旋にのせるべきであるとの判断が出てきた。

（中略）

日銀名古屋支店は、早速、トヨタに関係のある銀行二〇数行と下相談をした上で、年末決済資金二億円について、融資斡旋会を開いた。……

年が明けたらすぐ、すっきりした再建計画をたてるということを条件にして、話はまとまった。……

（中略）

明けて［昭和］二五［一九五〇］年には、元旦そうそう再建案作成の仕事が始まった。「自工」として、自ら再建案をたてねばならぬことは当然であるが、日銀としては融資斡旋をした建前から、銀行団に対して、これを説明しなければならぬ立場にあった。再建案作成について、トヨタ側代表として、日銀との折衝にあたったのが、後の「自販」の社長、当時「自工」の販売担当の神谷［正太郎］常務である。(17)


あえて長く引用したが、この内容がほぼトヨタ自販の成立経緯に関する通説と言われるもの（あるいは、自販設立についての定型的な物語）の根幹をなす。引用文の最後に神谷正太郎の名前が出てきていることも（彼が初代の自販社長となったことと考えあわせて）、この説明の信憑性を高めていると考えられよう。

ところが『自販の歩み』自体が、この引用文だけを読むと想定しがちな説（すなわち、日本銀行名古屋支店による着想・構想によって自販が成立したという説）に、次のように論評を加えている。

この案は、日銀の下部機構から生れてきたことになっているが、周知のように「自工」の神谷常務が、戦前からもっていた構想でもあった。

両者の見解は一致して、これが再建案の骨子の一つとなった……。(18)

自販設立構想を神谷が戦前から持っていたことを、「周知のように」と『自販の歩み』は書くが、このことは広く知れ渡っているわけではない（少なくとも多くの雑誌記事や研究論文で、こうした点が強調されることはほとんどない）。いずれにせよ、神谷と日銀名古屋支店との見解が一致して「再建案の骨子の一つ」になったという点には着目しておきたい。

自販設立の着想がいつ頃から出てきたのか。これについても、『自販の歩み』は次のように説明する。

トヨタ自販の分離独立が企てられたのは、昭和二四［一九四九］年の夏ころからである。その前年［一九四八年］の三、四月ころにも話がでたことがあるが、このときのは、過度経済力集中排除法に対応するための方策として考えられたものであるため、「自工」が集排法の適用を解除されるとともに、立消えとなった。しかし、今度は経営の危機打開の必要上、企業の内部で考えだし、企業自らが実施への努力を重ねたものである。(19)

この引用文によればトヨタは第二次大戦後に何度か自販の設立を構想したことになる。

自販の設立は「銀行の手によって無理矢理、工業と販売に分けさせられた」ためだったという説が、広く受け入れられているものの、実はトヨタ側にも二社体制にするという「戦前からもっていた構想」があり、第二次大戦後に何度か「トヨタ自販の分離独立が企てられ」ていた。『自販の歩み』を整理してみると、このようになる。

では神谷は、自販設立の構想をどのように語っているのか。彼は『日本経済新聞』の「私の履歴書」（一九七四年連載）で次のように語る。

わたくし［神谷］は、販売会社の分離独立にはもともと積極的であった。ただ、銀行団が、主として金融機能を販売会社に期待していたのに対し、わたくしは、いまで言うマーケティング全般を推進する機能を販売会社にもたせたいと考えていた。事実、トヨタ自工はそれまでにも再三にわたって、そうした機能をもつ販売会社の設立を検討したことがあった。統制会社である日本自動車配給が解散される直前の〔昭和〕二十一〔一九四六〕年六月、二十二年四月、及び二十三年五月、の三回である。これらは、いずれも流動するGHQの経済政策のまえに去就を決しかねて結局は見送らざるを得なかったが、そうした検討を通じて販売部門の分離独立についての研究成果はあがっていた。

こうしたことから、わたくしは、銀行団との折衝に当たって、かなり主体的に発言し、行動することができた。当社設立の動機が、直接的にはトヨタ自工再建策の一環として金融機関からなされた提案であったにもかかわらず、トヨタの主体性が発露されていると言われるゆえんである。[20]

この神谷の回想でも『自販の歩み』でも、戦後の労働争議以前に自販設立の構想があったという。トヨタ自販が設立後に初めて刊行した公的社史『自販の歩み』は、必ずしも「銀行の手によって無理矢理、工業と販売に分けさせられた」と単純には書いていなかったが、それだけでなく、神谷自身も争議以前に自販設立の構想があったことを認めているのである。

では自販設立構想は本当にあったのだろうか。これを次に検討してみよう。

（2）第二次大戦後にトヨタ自販設立構想はあったのか？

第二次大戦後のトヨタの自販設立の構想について、詳細かつ具体的に論じた研究はほとんどない。それゆえまずトヨタの動きを敗戦直後から追ってみよう。

敗戦から、「わずか一〇日ほどの昭和二十（一九四五）年八月二十七日、豊田産業は戦後初の取締役会を開催する」。なぜ、この豊田産業の取締役会に着目するのか。「豊田産業は、……〔いわゆるトヨタ系〕グループ各社の株式の保有を進め、……経済統制が強まる不自由な時代〔戦時期〕に、グループ各社の株を保有し、グループ全体の経営を牽引していく体制を整え」ていた[21]。敗戦になったため、豊田家が中心となって設立運営していた企業群（当時の用語で言えば「豊田業団」）の存続について考えざるをえなくなるが、この重要な意思決定には、上記のような株式の保有関係になっていたために、公的には豊田産業の取締役会で決定する手続きが必要だったのである。

敗戦直後の「豊田業団」の状況を伝える書物や研究はほとんどない。だが、トヨタグループ史『絆』本編は、資料を引用しながら、当時の状況を伝えている。これに依拠して論を進めよう。

「豊田業団」関係者は、敗戦直後の状況に危機感を覚えていた。豊田利三郎が前述の豊田産業取締役会の冒頭に述べた言葉、これが当時の危惧の念を端的に示している。

今回、真に振古未曾有《しんこみぞう》の［大昔から一度もなかったような］大転局に直面して、わが豊田業団としてもこの際、認識と覚悟とを全然切替えて、新構想をもって時局に対処するの必要を生じ、ここに豊田産業会社をもって業団の中核体としての性格を検討し、いわゆる業団本社機能の昂進拡充を図り、今後の事態の推移とにらみ合わせて、速やかに対策を立てて善処することと致したく、今回の役員会を開きたり。次々に、毎月また必要の場合、臨時に会合を開くこととしたいと存じます[22]。

このような挨拶で始まった取締役会で、豊田業団各社の今後の見通しが論議される。議事録を見てみると、トヨタ自工については、「自動車工業は先ず許可されざるものとの予定」でいなければならないとした上で、「車両の修繕再生等に進む」と当面の事業の方向を示している[23]。

また長期的な自動車事業の見通しについては、次のように考えられていた。

何れは米国二大自動車会社の進出を見るに至らん。或いは、この内一社と協定を策することに得策となすことも考えらる。慎重に考慮の要あり[24]。

この議事録の文章に『絆』がコメントしているように、「戦後の自動車事業の行く末が見えないこの時点で、すでにアメリカの自動車会社との協定を視野に入れていた」ことには注目しておきたい[25]。

この議事録には、豊田喜一郎が「東京から得た情報に基づいて」「グループ全体の将来について語って」おり、自動車工業は「存続六ケ敷《むずかしき》と考えて企画を進めて宜《よろ》しからん」と言う。[26] それと同時に、この議事録には喜一郎の発言が次のように記載されている。

［トヨタ］自動車工業の希望としては

①現状維持

②米国三社、出来ればシボレーとの協定

③［もしも自動車生産設備を中国へ］移さるる場合も二カ年間位は、現状の儘《まま》にて自由販売を認めて頂きたく、一〇〇〇台月産として完全なる設備として少なくとも二年間の余裕を与えられたし

この喜一郎の発言は、『絆』によれば、次の脈絡で考えねばならない。

［豊田］喜一郎は、存続が困難と考えていた自動車工業について、トヨタ自工の取締役の神谷正太郎に対して東京にて関係官公庁と折衝するよう指示を出す。[27]

上記の①〜③は神谷が折衝する際の指針として語られたのであろう。だが、『絆』によれば、この豊田産業の取締役会は自動車工業について何ら具体的な対応策を決めていない。「時局の推移に応じ、逐次、考究立案することに決定」したにとどまる。

この後、自動車工業をめぐる状況は大きく変化する。一定の範囲内であるが、軍需工場の民需転換が許可される。また「復興用トラックの生産が許可され……自動車製造事業は一応、継続できることになった」。こうした状況の変化をうけ、一九四五年九月二五日に豊田産業は戦後二回目の取締役会を開催する。この会議で、「トヨタ［自工］の自動車……は、トヨタ［自工］……に於て自ら販売開拓する」と決議する。トヨタ自工が自ら自動車販売を行うことになり、この時点では自販設立の構想は（少なくとも、表面的には）なくなったことになる。

ところが、トヨタ自工の『トヨタ自動車三〇年史』は、（前述した豊田産業の戦後二回目取締役会から二カ月後の）

一九四五年一一月に自動車販売を豊田産業に担当させる計画を立案したと書いているのだ。

わが社〔トヨタ自工〕は、戦後いちはやく新時代の到来に備えて、事業目的を自動車の製造販売にしぼり、昭和二〇〔一九四五〕年一一月には、日本自動車配給株式会社（以下日配という）の事実上の解散とともに、自動車の配給業務をすでに商事会社に転換していた豊田産業に行なわせる計画をたてていた[28]。

これによれば、一九四五年九月の豊田産業取締役会の決議とは異なる方針を採ったことになる。ある意味で、これは戦後の状況へのすばやい対応の一環とも考えられる。例えば「トヨタ自工は財閥解体令の発せられた同〔一九四五年一二〕月の二十七日の定時株主総会で、定款の事業目的から航空機の製造販売を削除」するとともに、経営者の複数会社の役員兼任を控える動きの一環として豊田喜一郎も複数の会社（豊田産業、豊田自動織機、豊田製鋼）での副社長や社長（トヨタ車体）を退き、トヨタ自工の社長になった（ただし、東海飛行機、改称して愛知工業の社長には一九四六年一二月まで在任した[29]）。こうした変革の中で、豊田産業が自動車販売を担う構想にしたのかもしれない。

しかし、この構想はすぐに頓挫する。一九四五年一二月には、「運輸省陸運管理局資材課の通牒『自動車（新車）配給要綱』により、国産自動車の配給統制が実施され[30]」ることになったためである。まさしく「豊田産業による自動車販売機構の問題は振出しに戻った[31]」結果、トヨタ自工は「日配設立以前のように本社機構内に販売部を設けて自ら販売業務を行なうことになった」のである[32]。同年一二月には神谷正太郎も取締役から常務取締役に選任される[33]。

翌一九四六年になると、四月にトヨタ自工が「三井系会社として制限会社に指定され[34]」るものの、七月に日配が解散すると[35]、トヨタ自工は再び販売会社設立の構想を練り始める。

〔一九四六年〕八月にはいり、地方販売網の編成が進行して、日配も正式に解散したので、わが社〔トヨタ自工〕は独自の立場から、自由競争時代の到来に備えて販売部門を強化するため「トヨタ販売会社」を設立して、販売業務を集中的に統括させる構想をたてた[36]。

この自販設立構想も、トヨタ自工が「戦時補償の打切りに伴い特別経理会社に指定され、つづいて企業再建整備法にもとづき大蔵大臣、商工大臣あてに整備計画を提出することになった」ため、販売会社の「設立計画は振出しにもどり、改めて財閥解体の動向などを考慮しながら企業整備計画の一環として検討されることになった」という。(37)

このように自販設立構想は何度かトヨタ自工内部で練られたようである。だが、明確な形で構想が書かれているのは、一九四八年の場合である。

トヨタ自工は「昭和二二［一九四七］年八月ころには企業再建整備法にもとづく整備計画」をまとめる。だが、翌「昭和二三［一九四八］年二月八日、過度経済力集中排除法による指定を受けたので、整備計画を一部修正して、同年五月、会社再編成計画として申請を行な」う。(38)

この整備計画とは、当時のトヨタ自工が新たに設立する第二会社に現物出資をし、トヨタ自工を解散するというものだった。この第二会社には自動車および同部品の製造などをする「新トヨタ自動車工業株式会社」（資本金二〇〇〇万円）などが含まれていた。ここで注目すべきは、第二会社の一つとして「トヨタ自動車販売株式会社」（資本金七〇〇万円）も設立することになっていた点である。この会社の事業内容としては、「販売部」が「自動車および同部品の販売」を行い、同社内の「中川工場・芝浦工場」で「自動車の再生、修理」を行うことになっていた。外部資料から見る限り、自販設立構想が最も具体的な様相を呈したのは、この整備計画である。

ところが、またもや自販設立構想は実現しなかった。一九四九年一月になると、トヨタ自工に対する過度経済力集中排除法による指定が取り消される。その結果、トヨタ自工が「第二会社をつくって解散するということはやめて、自動車の製造に直接関係のない分工場を、第二会社として分離独立させて企業体制を整備することになった」のである。(39)こうして、日本電装株式会社、民成紡績株式会社、愛知琺瑯株式会社の三社のみが第二会社として設立されることになった。結局、ここでも自販設立の構想が日の目を見ることはなかったのである。

それでは自販設立の構想は、この時点で完全に放棄されてしまったのだろうか。トヨタ自工の『三〇年史』は次のように述べる。

> 販売部門の分離独立はもともと整備計画とは関係なく、販売部門拡大強化の意図から出発しているので引きつづき新会社設立の準備は続けるが、ただし、製造販売一体の建前から新会社の全株式をわが社が所有するため、新会社の設立は、制限会社の指定解除の時期まで待つことにし、その間、証券保有制限令ならびに私的独占禁止法などの規制の対象になるかどうかの検討を行なうことになった[40]。

第二次大戦後、自販設立の構想は何度か練られたが、いずれも実現しなかった。そして、最終的に一九五〇年四月にトヨタ自販は設立されることになる。

これが、トヨタ自工や自販などの社史や関係者の回想録から得られるトヨタ自販設立に関する情報である。これだけでも、単純明快に労働争議の結果、トヨタ自販が設立したとは言えないことがわかろう。

またこのように自販設立構想を整理しただけでも、疑問に感じられる点は多い。そこで論点を絞って考えてみよう。神谷が回想録で販売会社の設立を考えたとして掲げた時点のうち最も早い時期は「日本自動車配給が解散」する直前の一九四六年六月である。だが、これより早い時期に神谷が自販設立を考えてもよい契機があったのではないか。

これまでの状況の整理からすれば、自動車工業の「存続六ケ敷と考え」られていた段階で、「官公庁と折衝する」指示が神谷に与えられていた。しかも、豊田産業は「時局の推移に応じ、逐次、考究立案すること」を決定していた。ということは、神谷には「官公庁と折衝」しながら、「時局の推移に応じ、逐次、考究立案すること」が要請されていたことになる。神谷はかなり大きな裁量権の下で「考究立案すること」になっていたはずである。

また、こうした指示を神谷に与えた時期、豊田喜一郎は敗戦直後にもかかわらず、早くも「米国三社」（フォード、ＧＭ、クライスラー）との提携も視野に入れていた。このような構想が出てくる背景には、戦前に「米国三社」のうち一社との提携構想が存在したのではないだろうか。またもし、こうした提携構想が存在していたとすれば、神谷の行動・構想にも大きく影響を与えていたのではないだろうか。

ではこうした提携構想が本当に存在していたのかどうかを次に考えてみよう。

（3）トヨタとアメリカ自動車会社との提携構想は存在したのか？

敗戦となる前に、トヨタとアメリカの自動車会社との提携構想は存在したのか。この問いに対する答えは簡単である。存在した。豊田英二は『決断』で次のように書いている。

会社［トヨタ自工］の方では私の結婚の前後にややこしい問題が持ち上がっていた。内外メーカーとの提携である。トヨタと日産、それにフォードの三社が提携して、合弁会社をつくろうという話である。その三社提携について喜一郎から聞いたことはなく、真相が分からなかったが、最近証拠物件が出てきた。［昭和］五十九［一九八四］年の春、あるパーティで日本フォードの社長に会ったところ、「ウチの金庫を掃除したところ、こんなものが出てきた。トヨタの方にもあるか」というから「ない」と答えたら、古証文のコピーを送ってくれた。

古証文というのは三社提携のアグリーメントだ。それによると、トヨタと日産がそれぞれ三〇％、フォードが四〇％出資して日本に合弁会社を設立するというものだった。

これには日産は鮎川義介、トヨタは当時の社長豊田利三郎、フォードは日本フォードのコップという人がサインしている。日付は昭和十四［一九三九］年十二月十九日とあった。

喜一郎がこの三社合弁に賛成していたかどうかは疑問だが、証拠物件がある以上、相当詰めた話をしたのだろう。その十四年の七月に喜一郎から「斎藤尚一君（元会長）と一緒に米国へ行って勉強してこい」と言われた。あの時、なぜ喜一郎が米国行きを言い出したかは分からないが、ともかく三社合弁と何らかの関連があったのではないか(41)。

戦前にトヨタ、日産とフォードの提携が模索されたことは、この証言から明らかであろう。だが、これでは具体的な内容はわからない。

この三社合弁は実際にはどのような内容だったのだろうか。この内容を知るための情報（豊田英二の言う「古証文」の写し）が提供される可能性は低いと考えたが、フォード文書館にコンタクトをとった結果、本書巻末に「資料」として掲載したものを入手した。資料的価値を考え本書ではあえて英語原文のまま全文を翻刻している。その最初の頁の写真のみ次に掲げておこう（図2-1）。この資料は全頁に「Ford International Sales Files」と押印されており（図2-1右下）、アメリカのフォード社に保存されていたものだと考えられる。

この資料と豊田英二が言う「古証文」には相違点がある。まず、資料には最初に次のように書かれている。

一九三九年一一月二七日に、横浜の日本フォード、横浜の日産自動車および愛知県挙母町のトヨタ自動車工業との間にアグリーメント（契約）が締結された。

この日付は豊田英二の古証文の日付（一九三九年一二月一九日）より早い。しかしこれだけで、この資料が偽物ということにもならない。資料の最後に、「これは日本語でのオリジナルな契約書の翻訳であり、英語での契約書の字句は実際のものとは多少異なるかもしれない」という注記がある。おそらく、実際に契約に至るまでには何回か三社間で文書のやり取りがあっただけでなく、日本フォードからアメリカのフォード社にも連絡・確認がなされたと思われる。この資料によれば、一九三九年一一月二七日に契約が締結されたことになっているが、「古証文」の日付は同年一二月一九日である。おそらく、資料は契約交渉の最終段階に近いものであろうが、アメリカのフォード社とのやり取りを含む最終的な交渉によって「古証文」に署名がなされたのが一二月一九日だということだろう。

したがって、この資料が「古証文」の内容とまったく同一だという確証は得られない。だが、「トヨタと日産がそれぞれ三〇%、フォードが四〇%出資して日本に合弁会社を設立する」と豊田英二が書いている出資比率は同一である。ほぼ同様の内容であったとは推定できよう。この点を念頭に置きながら、重要と思われる契約内容を見て

COPY

An agreement was made on the 27th day of November, 1939 between the Japan Ford Motor Co., at Yokohama, the Nissan Motor Co., at Yokohama, and the Toyota Motor Co., at Koromo machi, Aichi Prefecture.

THE CONTRACT

The Japan Ford Motor Co. located in Yokohama, the Nissan Motor Co. located in Yokohama, and the Toyota Motor Co. located in Koromo machi, Aichi Prefecture, have entered into the following contract at the Yokohama city:

Article 1.

The Japan Ford Motor Company, with its amalgamation with the Nissan Motor Co. and the Toyota Motor Co. altered the structure of its organization. The said parties, including the Japanese investors and the present American stockholders, fully realizing the advantage in obtaining governmental approval in its enterprise of manufacturing automobiles, decided to distribute its capital stock on percentage basis. The percentage basis for the distribution of capital stock will be altered whenever an increase in its capital is effected.

The stock holdings for the Japan Ford Motor Co. will amount to 40%, the Nissan Motor Co. 30% and the Toyota Motor Co. 30%. The distribution of the shares based on the aforementioned percentages is expected to be completed within two years after the contract has been duly signed by the parties concerned. When the Japanese stockholders wish to bring their stock holdings up to the full stipulated percentage, the American investors, after fully appreciating the necessity of it, will sell their shares to the Japanese investors at their face value.

Article 2.

The aforementioned reorganization will go into effect with the understanding that the competent authorities will grant special privileges to the Japan Ford Motor Co. in the manufacturing of popular types of passenger cars and trucks, moreover, that it will

図 2-1　フォードと日産，トヨタの提携資料

注）全文は本書巻末資料として掲載した。
出所）フォード文書館蔵。

おこう。

豊田英二は「合弁会社を設立する」と書いている。だが、資料の契約第一条は正確に言えば、日本フォード社の再編である。日本フォード社が日産、トヨタと合併して再編するのであり、その際の出資比率が日本フォード四〇%、日産とトヨタ三〇%なのである。この再編に関与する三社は、鶴見にある日本フォード保有地でまだ利用していない土地に、工場を建設・操業することに同意している（第二条）。この工場の他に、部品の組立や補修部品の製造を行う施設として、日産やトヨタの施設が使用される可能性があるが、それもアメリカのフォード社の技術専門家の判断による（第五条）。技術的な問題については、アメリカのフォード社が主導的な役割を担う（第6条 a項、c項など）。

この契約が履行された場合、横浜に再編された日本フォード社が新工場を建設する。既存の日産やトヨタの工場が利用されるか否かは、アメリカのフォード社の専門家が判断する。これでは既存工場が残るか否かはきわめて疑問である。一方、新工場が製造する自動車の販売網は既存のものを利用することになろう。再編された日本フォード社が新工場で自動車を製造しても、それを売りさばく販売網を掌握する重要性は変わらない。

この契約は、最終段階に近いところまで進展したと考えてよかろう。そうでなければ、「日産は鮎川義介、トヨタは当時の社長豊田利三郎、フォードは日本フォードのコップという人がサインしている」という「古証文」が残っているはずもない。

この日本フォード社の再編に関して、実は『自販の歩み』も次のように記している。

トヨタとフォードとの交渉は合意に達した。……この交渉についても、陸軍省整備局の了解をとりつけながら進められてきた。だから、残されたのは契約書の調印だけである。ところがこの段階へきて、思いがけない障害が起こった。障害は、整備局と軍務局との意見対立という形で現れた。話は振出しに戻り、今度はトヨタ、日産、日本フォード三者の提携案が生れた。三者の出資で新会社を作る案である。この案は、三者の合意に達したかと思われたが、調印寸前になって、当事者の一部から異論があらわれ、これまた調印を完了するまでに至らなかった。

昭和一四［一九三九］年末ころのことである。この年の九月には英仏の対独宣戦が布告されており、日米関係も険悪の度を加えていた。提携問題を、これ以上推進できるような雰囲気ではなくなっていた。[42]

この点について、後に加藤誠之（元・トヨタ自販会長）は一九八〇年に『日本経済新聞』へ「私の履歴書」を寄稿した中で、次のように述べる。

歴史を振り返ってみると、同社［フォード社］と［トヨタ］の交渉は再三にわたって行なわれている。最初の交渉は昭和十三年のこと。日本フォード社の日本残留をもくろんだフォード社と、一気に生産規模を拡大したいと願う［豊田］喜一郎氏の考えが一致し、提携は成立するかに見えた。ところが、細目打ち合わせのために神谷さんが渡米する二日前になって、陸軍から中止命令が出た。提携するなら、日産自動車も加えよということだった。

そこで、今度は三社で協議し、トヨタ三、日産三、フォード四の出資比率によって、資本金六千万円の新会社を設立することで合意し、仮調印まで済ませたが、日産自動車の首脳陣の交代などもあって、結局、白紙還元された。昭和十四年末のことである。[43]

加藤が書いているように、豊田喜一郎が「一気に生産規模を拡大したい」という理由から外国の技術を習得しようとしたことは理解できる。[44] しかし、その提携が「古証文」のように三社提携になり、本書巻末に収録した「資料」のように新たに再編する日本フォード社が横浜に新規工場を建設する事態になっても、彼が心の底から賛意を示していたかどうかはわからない。

だが、加藤が言うように「日産自動車の首脳陣の交代」のためだったのか、『自販の歩み』が書くように「当事者の一部から異論があらわれ」たせいなのか、このときの提携は白紙に戻った。また、この「当事者の一部」とは具体的に誰なのかを確定することもできない。

実はトヨタ自工の『三〇年史』も、戦前におけるトヨタとフォードの提携について簡潔ながら記載している。戦前のトヨタとフォードの提携が、「満州関係の問題を扱っていた軍務局」の反対によって「白紙に戻」ったこと、さらにトヨタ、日産、フォードの三社で新会社を設立する交渉が一九三九年一二月には仮調印が行われたものの「調印の寸前になって当事者の一部から異論がでて、調印完了はできなかった」ことも記載されている。[45] 三社による新会社に反対した「当事者の一部」が誰なのかはここでも書かれていない。交渉の内実を知っていた可能性もあるであろう加藤誠之の回想も、『三〇年史』(一九六七年刊)の記述を上回る情報を含んでいない。

ここで言えることは、戦前にトヨタとフォードの提携が試みられた後に、トヨタ、日産、フォードの三社による新会社の設立が実現寸前までいったものの、最終的な調印には至らなかったということでしかない。

(4)「古証文」の構想は、後にどのような影響を及ぼしたのか?

戦前の「古証文」(正確には、本書巻末掲載の資料)が示す構想は後にどのような影響を及ぼしたのだろうか。構想は実現しなかった。だが、こうした構想が練られ、実際に契約寸前の段階まで進んでいたことを知っていた人物にとって、この「実現しなかった構想」が彼の後の行動に影響を与えるのは当然のことではないか。

このように考えるのは、次の文章を知っているからである。

昭和二三[一九四八]年秋、トヨタ自動車工業株式会社　常務取締役　神谷正太郎氏は、取締役副社長　隈部一雄氏とともに田浦工場を実地に視察され、外国車組立てにも国産車生産にも条件の整った当社[関東自動車工業、現・トヨタ自動車東日本]に、トヨタ製品の製作を発注する決心をした。土地、建物だけで、機械設備として何ら見るべきもののなかった新生横須賀から小型車が生れる基礎が、この決定で作りあげられた。[46]

なぜ「外国車組立て……にも条件が整った」という形容句が書かれているのであろうか。この文章は『関東自動車工業三〇年史』（一九七八年刊）からのものであるが、いったい何に基づいているのだろうか。そこで神谷が「思い出」という文章を『関東自動車工業一五年史』（一九四五年刊）に寄稿しているので、その冒頭より関係箇所を引用する。

> 関東自動車工業の前身たる関東電気自動車の首脳の方々に私がお逢いしたのは、昭和二三年の秋のことだったと思う。
>
> 当時の私はトヨタ自動車工業の常務として個人的にお逢いした訳である。
>
> そのころ、関東電気自動車［後の関東自動車工業］では主としてバス・ボデーの生産が行なわれていたが、バス業界における支払条件の悪化が、発足後日の浅いこの会社にとって、大きな金融上の負担になりつつあった。
>
> 偶々その頃の私は太平洋戦争によって断絶されていたフォードとの交流を再開しつつあった。そして、将来提携話を進める上で伝統的に海運の便を好むフォードが、挙母（ころも）というロケーションに興味を持つかどうかということに、一抹の懸念を覚えていた。
>
> この点、関東電気自動車の立地条件は極めて恵まれていた。その上、当時のトヨタが当面していた目先きの乗用車生産だけについて見ても、この会社に期待しうる多くのものが潜在していた。[47]

神谷自らがこう言っているのである。「その頃の私は太平洋戦争によって断絶されていたフォードとの交流を再開しつつあった」と。この言葉の背後には、まさに「古証文」の構想復活が意図されていないだろうか。たしかにフォードは「伝統的に海運の便を好む」。だが、ここで言う「将来提携話を進める」とはどのような構想だったのだろうか。

神谷は販売店網を積極的に整備した。豊田英二は『決断』で、神谷の功績を次のように褒め称えているほどである。

戦時中はトヨタのディーラーも日産のディーラーもひっくるめて「各道府県別地方自動車配給株式会社」になった。戦後［GHQによる統制経済撤廃方針が出て］そういった独占的、統制的システムはやめろということになったわけである。

配給会社がなくなれば、トヨタとしても売るパイプがなくなってしまう。そこで早急に販売パイプを構築しなければならない。そこで日本自動車配給株式会社の常務をしていた神谷正太郎さんが中心となり、トヨタ独自の販売網を作ることになった。

神谷さんがかけずり回って各県にある配給会社を、みんなトヨタのディーラーにしてしまった。あの当時ディーラーの人達は、配給会社が解散して茫然としていた。

その時、神谷さんが、「それではトヨタのディーラーになりなさい」と説いて回り、みんなトヨタに引っ張り込んでしまった。神谷さんの努力で大部分の配給会社は、うちのディーラーになった。日産に比べ、これだけは手の打ちようがえらく早かった。この差が今日のトヨタ、日産の国内販売の差といえばいえる。

うまくいかなかったのは東京と大阪ぐらいである。(48)

この認識は、戦後における系列ディーラーの成立について詳細な研究を発表した芦田尚道も追認している。彼は次のように言う。

戦後の系列別ディーラーの成立にはトヨタ系に迅速さがあり、なかでも［地方］自［動車］配［給会社］商号変更を手段としたケースで、両系列に顕著な差があった。これらの事実からは、多地域で日産系はトヨタ系にいわば「置き去り」にされつつ、一からディーラー作りをし直さなければならなかったということが推定された。(49)

日産系を「置き去り」にするほど顕著な差をつけ、戦後におけるトヨタの販売網を再構築していった最大の功労者は、間違いなく神谷正太郎であろう。

その神谷が、関東電気自動車［後の関東自動車工業］を一九四八年秋に訪れる。これと同じ年の五月には、トヨタ自工が会社再編成計画を申請し、この計画には、第二会社として「トヨタ自動車販売株式会社」（資本金七〇〇万円）を設立することが明示されていた。だが、すでに述べたように一九四九年一月にトヨタ自工に対する過度経済力集中排除法による指定が取り消されたため、第二会社としてトヨタ自販を設立することは取りやめになった。しかし、これで自販設立構想は完全になくなったわけではなく、「引きつづき新会社［トヨタ自販］設立の準備は続けるが、ただし、製造販売一体の建前から新会社の全株式をわが社が所有するため、新会社の設立は、制限会社の指定解除の時期まで待つことにし」たのであった（本節(2)参照）。

こうした事実とつきあわせて考えると、神谷が関東電気自動車を訪問したことは、どのように考えればよいのだろうか。

関東電気自動車の工場は横須賀にあった。この「横須賀は戦前、世界有数の軍港都市だった。……入江が深く切れ込み、いわゆる〝天然の良港〟を生んでいるその地勢が、ドック・軍港機能を中心とする主要軍施設を集積させたのである」[50]。この地形ならば、「伝統的に海運の便を好むフォード」をも満足させるに違いない。だが、こうした条件が、「太平洋戦争によって断絶されていたフォードとの交流を再開」させるために、なぜ必要なのだろうか。フォードは戦前にすでに多数の船舶を利用して自動車部品を輸送し、多数の国・地域で組立工場を操業している。一方、自動車部品だけでなく完成車などを海外から日本へ輸入する、あるいは日本から海外へ輸出する場合にも「天然の良港」は必須である。しかし一九四八年の時点で、日本国内で製造した自動車を海外に輸出することなど、まったく現実的な状況ではない（日本の企業が、自社の自動車を船積みして海外市場で大量に販売できるなど夢想だにしなかった時期なのである）。したがって、「天然の良港」が必要なのは、海外のメーカーが日本に完成車や部品などを運び込むことを想定した場合であろう。

「フォードとの交流」が、完成車を輸入するか、あるいは部品などを輸入してノックダウン工場で組み立てることでなければ「天然の良港」は必要あるまい。『関東自動車工業三〇年史』が記載しているように、「外国車組立て……にも条件が整った」土地が必要な構想とは、海外の自動車企業（具体的にはフォード社）から部品などを輸入して完成車に組み立てるノックダウン工場などの構想だったのではないか。こうした構想であれば、横須賀はうってつけの立地条件を備えている。特に「断絶されていたフォードとの交流を再開しつつあった」ことから、「古証文」の存在を思い浮かべ、重ね合わせて考えるとき、横須賀という「天然の良港」がある土地の持つ意味は大きい。

この神谷の動きが単独行動なのか否か（つまり、豊田喜一郎の指示などによるものなのか）を確認しておく必要があろう。この点について、加藤誠之は次のように述べている。

戦後、喜一郎氏は戦争の空白によってさらに大きく遅れてしまった乗用車技術を補うべく、フォード社の小型乗用車のライセンス生産を企図された。この時も交渉には神谷さんが当たり、トントン拍子で話はまとまった。フォード社からトヨタへ派遣される技術者の人選も終わり、彼等が来日した後の宿舎も決まった。ところが、最終的なツメを行なうために神谷さんが訪米したその日に、朝鮮戦争が勃発した。二十五年六月二十五日。米国防省は戦線が拡大すると考えて、技術者の海外派遣を禁止した。これでこの話も宙に浮いてしまったのである。(51)

神谷の行動は、豊田喜一郎の構想に基づいていたと加藤は言う。念のため、『自販の歩み』の説明を確かめておこう。

「自工」の豊田［喜一郎］社長は、日本の自動車産業を長期的に安定させる道として、フォードとの提携問題を新たな視点から検討し始めていた。中断したものを再開するという形で、両者間の交流が始まった。昭和二五［一九五〇］年六月、戦後第一回目の訪米に旅立った神谷社長は、記者会見で、「アメリカの最近の事情を研究して、日本の自動車工業の反省をしてみたい」とさり気なく語っている。しかし、実際には浪人生活中の豊田喜一郎氏や、その後を継いだ「自工」の首脳部との十分な打合せの上で、フォードとの交渉打開を主眼としての旅であったことはいうまでもない[52]。

『自販の歩み』でも喜一郎の構想が強調されている。ここで「中断したものを再開する」という「提携」とは、戦前のトヨタ、日産、フォードの三社提携ではなく、三社提携以前に存在していたというトヨタ、フォード二社提携の再開にほかならない。

ただ元・自販会長の回想と『自販の歩み』がほぼ同一の見解を示しているといっても、同一会社に関係する人物と公的社史では結局は情報源が同じであることを示しているにすぎないという批判もありえよう。この点について、『自販の歩み』が掲載している写真が参考になる。神谷がアメリカに飛ぶ一九五〇年六月二三日に羽田空港で撮影された豊田喜一郎と神谷とが並ぶ写真である[53]。二人の構想が違う場合には、羽田空港まで喜一郎が見送りに来るだろうか。また、その場にいたという小野彦之丞の証言は次のようである。

［神谷が乗った］飛行機が滑走路を走り出すでしょう。すると喜一郎さんは、手すりに片手をかけながら、飛行機が飛び立つ方向にゆっくりと走り出したんですよ。本当に、走ったんです。まるで飛行機を追いかけるようにね。それは、きっと、頼むぞということだったんでしょう[54]。

戦後直後の混乱期というだけでなく、実現しなかった会社間の提携という案件だけに、真偽を確定する情報は得にくいが、神谷と豊田喜一郎の間に二社提携構想をめぐる確執があったとは考えがたい状況だと言えるだろう。

ここで注意しなければならないのは、トヨタ自工は一九四九年一月には第二会社としてトヨタ自販を設立することは取りやめにしていたことである。自販設立構想は存続していたが、トヨタ自販を完全子会社として設立（トヨタ自工が将来設立される販売会社の全株式を所有）することが可能になる時期を、トヨタ自工は待っていたのである。『自販の歩み』によれば、「トヨタ自販の分離独立が企てられたのは、昭和二四［一九四九］年の夏ころから」であり[55]、「［昭和］二五［一九五〇］年には、元旦そうそう再建案作成の仕事が始ま」る[56]。自販設立までの動きを神谷は次のように回想する。

新会社の社長の人選は、トヨタ側がこれを日銀に一任し、銀行団協議の結果、わたくし［神谷］が満場一致で推薦されて社長に内定した。しかし、会社の設立は思わぬ障害にあって難航した。設立資金の問題と法制上の制約の問題を解決せねばならなかったからである。当時トヨタ自工は制限会社令による制限会社に指定されており、トヨタ自工およびその役員と従業員は新会社への出資を禁じられていた。そのため、わたくしは個人の資格で資金を集めなければならなかった。「なんとか一億」と思い、足を棒にして八方頼んで歩いてみたが、集まったのは部品の現物出資分を含めてやっと八千万円だった。当社の設立時の資本金が八千万円であるのは、そのためである。(57)

このタイミングでトヨタ自販設立の動きが具体化したことは、トヨタ自工の望むところではなかったであろう。神谷が意図していたか否かにかかわらず、トヨタ自工の完全子会社として自販を設立することはできない時期だったからである。だからこそ、豊田英二は『決断』で次のように語っているのである。

神谷［正太郎］さんは［自］工・［自］販が分離した［昭和］二十五［一九五〇］年四月にトヨタ自動車販売に移り、そちらの社長に就任した。トヨタは制限会社の関係で、トヨタから分離した会社の株は持てない。トヨタ自販は完全に裸でほうり出された。営業権みたいなものは持っていただろうが、工・販の間に金のつながりは何もない。

ただ、これでは不安だからダミーに持たせた。日本電装や民成紡績（後の豊田紡織、現・トヨタ紡織）を分離したときも同じである。いずれも脱法行為だが、法律に従うことが正しいとは限らない時代であった。(58)

当事者が意図していたか否かはわからない。だが、トヨタと資本関係がない販売会社が設立され、その会社が「フォード社との交流」を深め、その自動車を自らの販売網で販売することも可能な状況が生まれかけていたのである。だからこそ、「脱法行為」と知りつつも、販売会社の株を「ダミーに持たせ」ることさえしたと、豊田英二は証言しているのであろう。わずかであれ自社にとって危険な状況が生まれそうな時だからこそ、その芽をつんだのである。フォードとの交流は、フォードに「簡単な技術指導をしてもらうことでまとま」った。しかし、朝鮮戦争の勃発によってアメリカ政府が「重要技術者には禁足令を出したため、フォードはトヨタに技術者を派遣できくな」る。結局、フォード社がトヨタの実習生を受け入れることだけが認可された[59]。この実習生が豊田英二であり、斎藤尚一であったのである（彼らの渡米が、トヨタの経営に大きな影響を与える。この点については『寓話』第5章参照）。

3　二社体制の効率的な運営のために、どのような方策がとられたのか？

トヨタ自販は、一九五〇年に設立された。その後、自工・自販の二社体制が続いた後、一九八二年七月一日に両社は合併し、トヨタ自動車株式会社が発足する。新会社の取締役会長になった豊田英二は、新会社の発足当日、「従業員の皆さんへ　新生トヨタのスタートにあたって」と題するメッセージを出す。その中ではトヨタが最初の車を売り出した頃からの歴史が顧みられ、自工と自販の二社体制について次のように述べる。

昭和五七［一九八二］年六月三〇日をもって、トヨタ自動車の戦後は終わりました。そして、七月一日から新しい一歩が始まりました。

（中略）

しかし、戦後の社会的経済的混乱、物資の極度の不足状態の中で、会社の経営は逐次悪化し、……破綻寸前に落ち込み、金融界の援助を懇願せざるをえなくなりました。援助と引換えに出された条件……の中に、生産金融と販売金融を分けるために自工から自販を分離するという一項目がありました。生木を裂かれる思いでしたが、やむをえませんでした。

そして、いかにして自工・自販分離の形でうまく運営するかを工夫しました。人と人のつながりの中で「お互いに切磋琢磨」を図り、時流を先取りしてうまくこれに乗って今日まで発展してくることができました。今や、変動する世界の中で、生き残りを勝ち取らなければならなくなりました。戦後の残渣《ざんさ》を切り捨てて、新しく出発すべき時がきました。本然《ほんぜん》の姿にかえり、持てる力をフルに発揮して、明るい未来を切り拓くために努力しようではありませんか。[60]

二社体制が「戦後の残渣」であり、それを捨てて「本然の姿」（もともとの姿）になることで「トヨタ自動車の戦後」が終わると、このメッセージは強く訴えている。

もちろん、新会社の社長となった豊田章一郎が訴えたように、「国内二百万台体制は、単なるビジョンではなく、早期に実現すべき目標と考え、全社をあげて」それを達成するために、工販合併によって体制を整えたとも理解できる。[61]

だが、ここでは二社体制成立から三〇年以上経た後になぜあえて合併したのかについて考えてみたい。工販合併構想が具体化し始めた後の状況を、豊田英二は次のように述べている。

工販の幹部は合併の意思を持っていたから、あとはタイミングだけである。

合併のタイミングは早いにこしたことはない。すでに工販分離してから三十年経ち、それを過ぎると昔のトヨタを知っている人がだんだんいなくなるからである。[62]

長く分離していた二社が円滑に合併を進めるには、分離前の状況を知っていた人物たちの存在は重要であろう。この意味で、工販分離前の事情を知っている人物たちがまだ活躍していることは、合併促進のタイミングを考える上では枢要なポイントであったろう。

しかし、ここで論じたいのは、このような人的関係の重要性ではない。企業経営である限り、二社が分離している状態に何の問題もなければ（企業経営の効率性を阻害することがまったくなければ）、合併をする必要はあるまい。

もしも、二社分離の状態のほうが事業の効率が高く、合併後に効率が低下したのであれば、合併そのものの意義が問われることになろう。効率上昇に寄与しなければ、「本然の姿」に立ち返ることそのものが、単に経営者の懐古趣味と批判されても仕方あるまい。まともな経営者であれば、現状（二社分離の状態）のままでは（短期的、長期的な観点から）問題が生ずると考えずに、さまざまな労力やコストをかけて合併に踏み切るだろうか。

こうした視点に立てば、二社体制にはどのような問題があったのかを問う必要があろう。それとともに、実際に二社の合併後に効率性は上昇したのかという点も考える必要がある。

（1）二社を「一体運営する」取り決めとはどのようなものだったのか？

一九五〇年の販売会社設立は、「製造販売一体の建前から」トヨタ自販の全株式をトヨタ自工が所有するという形にはならなかった。こうした二社体制で業務の管理は円滑にできるのだろうか。豊田英二は、この問題を次のように指摘していた。

現実問題として、［トヨタが］倒産しかかったとはいえ、日々活動している企業を二つに分割するのだからいろんな後遺症が残る。それを避けるにはどうすればいいか。結論は一体運営することである。[63]

「一体運営する」といっても、一応独立した関係にある二社である以上、人的交流というだけでは不十分であり、二社体制で「製造販売一体の建前」を現実のものとする（「一体運営する」）には、それなりの経営努力が必要であって、経営的な諸制度を整えることが重要であろう。これは、どのように整備されたのだろうか。

こうした観点から、トヨタ自販設立が決定した後に、自工と自販の間でどのような取り決めがなされたのかを最初に確認しておこう。

自販設立の日付（一九五〇年四月三日）で、自工と自販の間に営業権譲渡契約および製品取引契約が結ばれ、その細則が五〇年七月一日に取り決められる。これが二社間の取引を規定するものである。[64] 七月一日とは、自販が実質的な企業活動を始めた日である。四月三日に設立登記が完了した自販が、七月一日まで実質的な企業活動を開始していないのは奇妙に思われるかもしれない。その理由は、私的独占禁止法の適用をめぐって、トヨタ自工が公正取引委員会に「資産内容、契約内容などを説明する書類を提出し、審査を受ける」必要があり、さらに、この「書類の後三〇日経なければ」自販は設立登記をすませても活動できなかったからである。[65]

製品取引契約書はトヨタ自工『三〇年史』が全文を掲載している。[66] この契約書に署名したのは、自工社長の豊田喜一郎と自販社長の神谷正太郎である。だが、同社史が述べるように当時の諸「法令にいたずらに抵触するのをさけて、実務上必要とする最小限度の簡単な表現にとどめて」あるせいか、[67] 短かくそっけない。この製品取引契約書の全文を紹介するよりも、二社間の業務分担について、「関係者の間で準備された具体案の大綱」を紹介したい。[68] というのも、『自販の歩み』によれば、製品取引契約書とその細則には、「これら具体案がすべてそのままもりこまれている」からである。[69]

自工と自販の二社体制になったため、両社間の取引には契約が必要である。ただ自工が自動車を生産し、それを自販が販売するのだから、自動車の発注と生産をどのように統御するかが二社間の契約にとっては肝要である。この問題は「大綱」では生産計画として次のように論じられている。

生産計画については、年間計画、四半期別計画、月別計画の三つについて、いずれも「自工」「自販」が協議の上で決定するが、年間計画（暦年）については、前年の一〇月中旬までに、また四半期計画については、毎四半期の始まる前、四〜五日までに決定することにする。この四半期計画に基づいて「自販」は「自工」へ製品注文書を出し、「自工」からは請書を出す。詳細な受渡し日程は、毎月協議するという仕組みである。[70]

製品価格については、次のように取り決められた。

仕切価格、販売価格とも、毎四半期の生産計画確定のさい、両者［自工と自販の］間で協議決定することにし、製品は原則として「自工」の工場庭先裸渡し、従って製品の荷造費、運賃、保険料および引取りに関する一切の費用は、「自販」の負担ということになる。製品の代金は、現金あるいは「自工」振出し、「自販」引受けの為替手形をもって決済する。輸出品の価格については別扱いとして、そのつど協議決定することになる。(71)

また、クレーム業務については次のように決められていた。

製品のクレーム（保証修理）業務は、すべて「自販」が担当することにした。もちろん保証状は「自工」が出し、保証状に定めた修理に要する費用は、毎月末「自工」から「自販」へ支払われることになる。また「自工」「自販」双方から委員を出して、月例の保証修理委員会も設けることにした。(72)

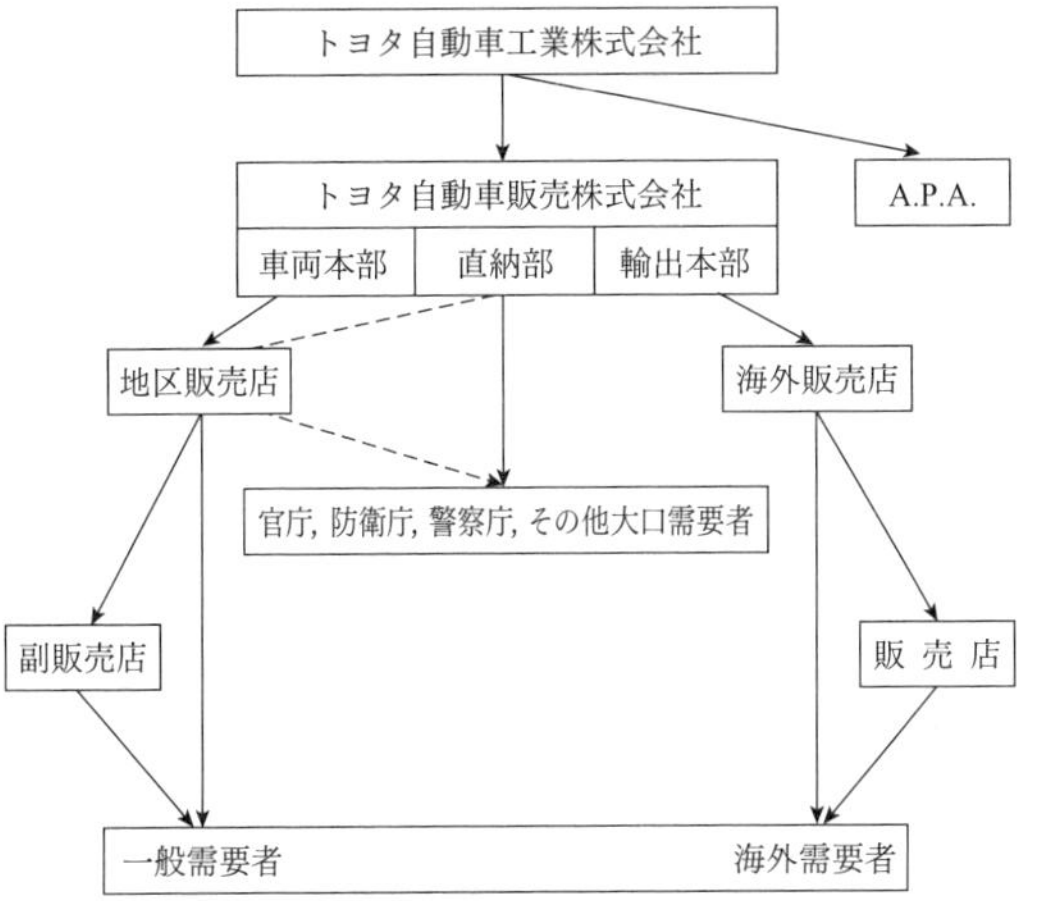

図 2-2　トヨタ車の販売機構

出所）トヨタ自動車工業社史編集委員会『トヨタ自動車 30 年史』別巻（トヨタ自動車工業，1968 年），431 頁。

この二社間取引の枠組みによれば、自工と自販の間で生産計画を決定すれば、自工は基本的に生産問題に焦点を絞っていくことができた。工場の庭先で自動車を自販に渡しさえすれば、それ以後の販売に関連する業務（保証修理も含めた業務）に、自工は一切携わらないことになっていたからである。これは、トヨタ車の販売機構（最終消費者に車両が渡るまでに関係する部署・機関）を図示したものを見ても、印象は変わらない（図2-2参照）。

図2-2では、トヨタ自工と自販の間に矢印線が引かれ、自販からさまざまに線が枝分かれしている。これは自動車を製造する自工から、製品を受け取った自販がいろいろな経路で販売していることを示す。しかし、図2-2にはトヨタ自工から自販以外にもAPA（在日陸軍調達本部）に向かって矢印線が引かれている。これはAPAからの特需関連業務に

自工が直接関与していることを示している。

このＡＰＡ特需は二社間の関係にも大きな影響を及ぼしたのだが、この点を考える前に、ＡＰＡ特需ということすらもあまり知られていないように思われるので、それを次に説明しておこう。

（2）ＡＰＡ特需とは何か？

トヨタにとっての特需の意義と言えば、朝鮮戦争による特需を語るジャーナリストや研究者は多い。だが、このＡＰＡ特需は後のトヨタ（とりわけ、トヨタの輸出事業の推進）にとって、きわめて大きな意義を持っていたのである。

ＡＰＡといっても、現在では理解しがたいと思われるから、当時の『トヨタ新聞』の説明を引用しておこう。ＡＰＡ特需を受注した会社（トヨタ自工）が自社の従業員に対して懇切丁寧に説明をしているのでわかりやすいからである。

こんど、当社［トヨタ自工］の落札したＡＰＡの特需とはどんなものだろうか。ＡＰＡとはARMY PROCUREMENT AGENCYの略語で「在日陸軍調達本部」と訳されている。

ＡＰＡは、かつてのＪＰＡ（JAPAN PROCUREMENT AGENCY）の名前が変ったもので、日本における米国政府の調達機関の一つである。

終戦後、日本に駐屯した連合国軍殊に米軍が、軍の用に供するために莫大な需品［必需品］、役務、土木建築を、現地である日本国内で調達するため、米国政府と日本の各メーカーが契約することに始まったもので、陸軍、海軍、空軍には、それぞれ調達部が置かれて、そのうちの一つ、陸軍の調達部が、ＪＰＡであり、またＡＰＡでもある。

この調達契約は、普通「特需」と呼ばれるもので、単に日本において新しい現象というだけでなく世界的にも先例のないことであるが、この特需が戦争によって崩壊寸前にあった企業をよみがえらせ、戦災のためにマヒしていた経済産業界に活力を与えたものであったことは周知の通りである。

ＡＰＡによる契約は、すべて入札による形式により、入札により定まった納入期限内に正確に納めなければならない。(73)

この引用文の最後のほうで、「戦争によって崩壊寸前にあった企業をよみがえらせ」たとある。これは朝鮮戦争時の特需がトヨタをよみがえらせたと読めばよい。しかし、ここで問題としたい特需は一九五八年六月に入札結果が明らかになったＡＰＡ特需（朝鮮戦争による特需と区別するために、このように呼ぶ）である。

一九五三年に朝鮮戦争は休戦になった。その後、東南アジアではアメリカを中心に相互防衛援助計画が進展する。一九五四年には東南アジア条約機構（The Southeast Asia Treaty Organization；SEATO）がアメリカを中心に組織される（一九七七年に解消）。これに参加した諸国は、アメリカとオーストラリア、フランス、イギリス、ニュージーランド、パキスタン、フィリピン、タイの計八カ国である。こうした動きによって新たな特需が生まれる可能性を、一九五六年末にアメリカは次のように提示した。

1. 東南アジア諸国に対しアメリカが供与している軍用車両三〇万台を、順次日本製新車に置き換えるか、または日本で再生修理する。
2. 日本の防衛庁に供与しているアメリカ製車両約一万四〇〇〇台をアメリカに返還し、アメリカは日本製新車を域外調達して再び防衛庁に供与する。
3. 東南アジア諸国に供与したアメリカ製車両の補修用部品を日本から調達する。(74)

この方針の提示前には、アメリカ国務次官補などが一九五六年四月に全日本自動車ショーを視察し、アメリカ国防省が在日陸軍調達本部（ＪＰＡ、のちＡＰＡ）を通してトラックなど一六台を購入した（表2-1参照）。これらの車両についてアメリカで性能試験をすることになり、各社から二名の技術者がアメリカに派遣される。トヨタでは

表 2-1　アメリカ国防省が買い付けた試験車（1956年）

	車　　種	台数	金額(ドル)
いすゞ	六輪駆動ガソリン 2.5 トントラック	2	10,019
〃	六輪駆動ディーゼル 2.5 トントラック	2	12,512
日　産	ウエポンキャリア（3/4 トン）	2	3,673
〃	パトロール（1/4 トン）	2	3,000
トヨタ	ランドクルーザー（1/4 トン）	2	3,058
〃	ウエポンキャリア（3/4 トン）	2	5,000
〃	六輪駆動ガソリン 2.5 トントラック	2	8,000
菱　和	ジープ（1/4 トン）	2	4,745

注）金額は在日陸軍調達本部（JPA）の買い付け価格。
出所）日本自動車会議所・日刊自動車新聞社共編『自動車年鑑』（日刊自動車新聞社，1957年）178頁。

一九五六年一二月二二日に「技術部主査稲川達、同入谷宰平、アメリカ国防総省の日本車性能試験立会のためアメリカへ出張」する（翌五七年四月二九日に「帰社」）[75]。『日産自動車三十年史』でも、「このテストの結果は、性能の点で米車となんら遜色がないことが証明され、各社の製品が合格した」とある[76]。

公的な社史は、少なくとも自社製品が劣位にあったとは書かない可能性が高い。したがって、同時期の『自動車年鑑』を参照しよう。この『年鑑』には、各社二名の技術者が渡米した理由が次のように書かれている。

> テスト［アメリカでの性能試験］の結果は、［昭和］三二［一九五七］年頃判明するみこみであるが、年末にはすでにいすゞのカーゴ・トラック、新三菱（菱和）の国産化ジープが優秀であるとの折紙がつけられたが、若干の小さな欠点もあることも報告された。
>
> この欠点については前記の四社［いすゞ、ニッサン、トヨタ、新三菱］から各社二名づつの技術者が派遣され説明に当ることになり派遣技術者八名は十二月二二日、空路渡米した[77]。

ともかくも、JPAが一九五七年に車両（九一六三台）を発注した日本メーカーの中にトヨタは入っていない。この理由を、トヨタ自工の『三〇年史』は次のように説明する。

> これ［九一六三台の発注］に対して、わが社［トヨタ自工］、日産自動車、いすゞ自動車、新三菱重工業の四社が応札し、はげしい競争が行なわれた。しかし、わが社は将来のことも考えて出血受注をさけたため、結局、わが社を除く三社がそれぞれ受注することになった[78]。

表2-2　自工のAPA特需の受注実績（1958〜66年）

受注年	車両（台）				補給部品（万ドル）	備　考
	2 1/2 トントラック	3/4 トントラック	1/4 トントラック	計		
1958	3,639	982		4,621	約 93.8	第1次契約
1959	9,364	4,195		13,559	〃 234.2	第2次契約
1960	6,748	6,793		13,541	〃 437.6	追加受注
1961	6,472	3,378	17	9,867	〃 567.2	追加受注
1962	6,740	2,928	17	9,685	〃 483.0	追加受注
1963					〃 583.0	
1964					〃 276.5	
1965					〃 744.9	
1966					〃 517.2	
計	32,963	18,276	34	51,273	3,937.4	

原注）2 1/2 トントラック中には，ダンプトラック5,212台，消防車114台，特殊車シャシー1,211台を，3/4 トントラック中には，病院車865台を含む。
出所）『トヨタ自動車30年史』463頁。

この当時、この車両特需について、各社が通常より安い価格を提示したと言われていたことは事実である。

> この入札には……四社が応札し、激しい競争となったため、各社とも相当安値を出さざるを得なかった模様で、結局トヨタを除く三社が受注したが業界の一部では出血受注だと噂され、米軍も「予算の節約に成功した」と喜んでいると伝えられていたが、その後の鋼材類を始めとする主要原材料の値下りにより受注会社側も「どうにか採算ベースにのった」としてホッとしているといわれている。[79]［一部誤植を訂正］

トヨタが「将来のことも考えて」というのは、受注できなかったことへの負け惜しみだけなのか。ただ、その後の展開を考えれば「将来のことも考えて」受注しなかったのは適切な判断であったように思われる。そもそも、アメリカが日本車を買い上げて性能試験をすることが注目されたのは「試験結果が東南アジア向けの車両特需計画に極めて密接な関連をもつもの」と考えられたためであった。[80]しかし、一九五七年の車両特需とは、「防衛庁向け軍用新車両九、一六三台（部品を含む）の納入契約（三、三〇七万四千ドル）」であり、[81]東南アジア向けの車両納入ではなかった。

一九五八年には、APAが「東南アジア向け救援物資として」車両を購入することになり入札を開始する。その結果、トヨタ自工が四二一一台、新三菱が二二五台を落札したのである。しかも、翌一九五九年には東南アジア向け車両の第二次分の発注が行われた。これも、一回目のAPAからの受注と同様に新三菱が受注した1／4トン車を除き、トヨタ自工が全部落札した。しかし、このAPA特需車両の発注は一九六二年に打ち切られることになった。

トヨタ自工がAPA特需で受注した台数を表2-2に示した。一九五八年から六二年までの「五年間にわたるAPA特需は、この間のわが社［トヨタ自工］の売上高五九七二億円の約六%を占め」た。しかも受注総台数は五万一二七三台、金額にして約一億五五〇〇万ドル（約五五八億円）だった[82]。当時の自工の経営にとって無視しえない重要な業務だったのである。さらに、表2-2が依拠したトヨタ自工の『三〇年史』（一九六七年刊）によれば、「補給部品については毎年契約を更新しながら、現在も受注を続け」ていたのである。

トヨタ自工の一九五八年における年間生産台数の総計が約七万九〇〇〇台である。そこに約四六〇〇台をAPA特需で受注したことを考えれば、トヨタ自工にとってAPA特需が大きな意味を持っていたことがわかろう。

（3） APA特需はどんな影響をトヨタにもたらしたのか？

当時のトヨタ自工にとっては、短期的な経営面のみにおいてもAPA特需は重要だったが、長期的に見ても、APA特需の寄与は大きい。この問題は、後の議論とも関連するのでここで論じておこう。注目したいのは補給部品の供給である。APA特需というと、車両だけに注目しがちである。たしかに総APA特需は金額的に約一億五五〇〇万ドルで、補給部品はその内約四〇〇〇万ドル（表2-2参照）と少ない。それでも全体の二割以上はある。しかも、車両の販売を終えた後も需要が続く補給部品の存在は、企業経営にとって重要だったのである。

だが、APAで補給部品を供給した意義はこれだけではない。トヨタにとっては重要な品質検査や部品梱包などのノウハウに触れた点でも大きな意味を持ったのである。ほぼ同時代の『トヨタマネジメント』（一九五九年）に発表された論考が、補給部品について次のように書いている。

今日の［ＡＰＡ］特需における補給部品……の納入はきわめて厳重な管理のもとに、換言すれば、非常に厳しい検査を受けた後に、はじめて行われている状況であります。……部品は……自工検査員およびＡＰＡ検査官による検査を受けた後、防錆処理および梱包のラインに回されるものであり、これら防錆、梱包の検査を受けて、はじめて納入が行われるのであります。……この防錆、梱包も今回の契約には詳細にその処理方法が指示されており、防錆油の性能はもちろんのこと梱包に使用する木くずの材質まで厳しく規定されております。(83)

なぜ、この言明に注目するのか。実は、補給部品の防錆（つまり「さび止め」）処理と梱包こそは、補修部品だけでなくノックダウンによる輸出（主要な部品、あるいは部品のすべてを輸出して、現地で完成車に組み立てる方式での輸出）にとって、きわめて重要なノウハウなのである。

トヨタ自工の『三〇年史』別巻は、この梱包について次のように率直に論じている。

輸出にとって貴重な勉強となったことは、補給部品の梱包であった。ＡＰＡ特需の実施までわが社の部品梱包はアメリカ軍の梱包規格や技術書を利用し、また参考にして適宜な梱包仕様を設定している。当時の一般的観念として防錆、包装、梱包作業はあまり重要視されていなかった。単に梱包されればよいという程度に考えていたのである。ところが、ＡＰＡ部品の梱包を始めてみると、アメリカ軍規格が予想外にきびしく、細部までの仕様と規格が標準化されていることが判明した。アメリカ軍が第二次大戦で得た経験、すなわち軍用兵器、部品の補給に当たり、その多くがさびあるいは輸送中の破損などにより補給に支障を起こし、戦略的あるいは経済的に大きな被害を被ったことがある。その苦い経験に基づき、軍規格で洗浄、防腐、包装、梱包およびそれに使用される副資材に至るまですべて厳重に検討規格化され、その種類は五〇種以上であった。そこでわが社では、まず契約された仕様や規格を研究理解することから始めたが、これを十分にこなしきれず、当初は不

合格のものが多かった。(84)

ＡＰＡ特需で、トヨタはアメリカ軍の梱包規格などを学んだ。このことは、トヨタにとって重要な意味を持つ。なぜなら、トヨタが輸出を開始した当初は、完成車輸出よりも、ノックダウン輸出が主力であったからである。この方式の輸出にとって、アメリカ軍の補給部品の梱包規格などを学んでいたことは大きな意味を持ったのである。

また先の『トヨタマネジメント』の論考からの引用文は、「非常に厳しい検査を受けた後」とか、「自工検査員およびＡＰＡ検査官による検査を受けた後」、「防錆、梱包の検査を受けて」などと、「検査」を強調していた。この「検査」について、トヨタ自工の『三〇年史』別巻は次のように書く。

検査については、アメリカ軍検査官約百人が各主要工程ごとの検査ステーションに常駐し、検査に立ち会っていたのである。検査官は……詳細に規定された各標準書どおりの製品であるかどうかを管理していた。この標準書はもともとアメリカ軍が一般調達車両に適用するため作っていたもので、必ずしもわが社の生産事情に適合しなかったのである。その許容問題、変更問題についでは再三アメリカ軍検査官とのトラブルも起こしたが、設［計］変［更］などについては極めて厳重な手続きを経ることになっていた。昭和三七年からわが社はデミング賞受賞を目ざして全社的な品質管理、標準化への制度確立に努めることになったが、ＡＰＡでの検査方式およびその考え方、見方が非常に参考になったことは事実である。(85)

検査のやり方（検査基準の設定）は、互換性生産を確立する上では決定的に重要である。ここで言う「許容問題」とは検査に合格させるか否かをめぐる問題であるが、おそらく「許容誤差」（公差）に関する問題ではないかと思われる。「大量生産にはいかなる仕上げ工も存在しない」ように精密な加工をするためには、許容誤差について検査側と製造側が一致した見解（基準）を持っていなければならない。トヨタはＡＰＡ特需によって、アメリカ的な検査方式に直面した。トヨタの品質管理、標準化の制度確立に「非常に参考になった」というのは、これが真に互換性生産を社内に定着させることに貢献したのだと理解すべきであろう。

「検査」についてはアメリカ軍が「詳細に規定された各標準書」を使うことを（また「必ずしもわが社［トヨタ自工］の生産事情に適合しなかった」と書くからには、その標準書の内容についても）トヨタ自工は学んだのである。また、「梱包」についても、ＡＰＡ特需の「契約には詳細にその［防錆、梱包］処理方法が指示されて」いたこともあって、アメリカ軍が梱包の「細部までの仕様と規格」を「標準化」していること（契約に指示されていたことも含めて、防錆と梱包について「細部までの仕様や規格」）を学ぶことができた。このＡＰＡ特需契約を、日産などの他のメーカーは受注しておらず、トヨタにとってはきわめて貴重な情報を得ることができたのである。

トヨタ自工にとってＡＰＡ特需の意義とは「経営面では量産とコスダウンに大きく貢献」したことであるが、また、この引用文の最後が「と言われていた」と書かれているのは、ＡＰＡ特需から約三〇年後に刊行された『三〇年史』別巻（一九六七年刊）でも、この特需の意義は社内でその評価が伝えられていたことを示していよう。

この評価は、広く配布されたトヨタ自工『三〇年史』では次のように温和な表現になっている。

「ＡＰＡ特需が」業績向上の面で大きな役割りを果たしたことはいうまでもないが、ＡＰＡのきびしい検査を通じての品質、性能の向上、輸出、こん包技術の習得、さらに東南アジア諸国におけるトヨタ車への信頼性の向上など、その後のわが社の経営に対して、数多くの面で影響を与えた功績も見のがすことのできない事実である。[87]

このように曖昧な表現になっていること自体、ＡＰＡ特需で何を学んだかを社外に明確にすることを執筆者がためらう状況にあったことも意味しているのかもしれない。この時点でさえ、梱包や検査のやり方自体が、まだトヨタ自工にとっては重要なノウハウだと考えられていたのかもしれない。こうしたことさえ考えさせられる表現ではないか。

（4）APA特需は二社間取引の枠組みにどのような影響を与えたのか？

話をトヨタ自工と自販の二社間取引の枠組みの問題に戻そう。

図2-2を一見すると、自工側は販売業務を一切しなくてもすむと理解しがちである。実際、二社体制の成立後には、販売業務について「［トヨタ］自工は単なる事務処理機関としての製品課設置で充分業務処理が可能である」と考えられ、製品課を設けても「之が所属も工務部と」なっていた。[88] ちなみに一九五〇年九月一五日の職制表によれば、工務部（部長は関山順之助）の下には四つの係（商務係、車両係、部品係、輸出係）が設置されていた。[89]

しかし、製品課が設置されると、「営業的色彩を持つ業務」を拡充する。具体的には、別の部署で行われていた業務を製品課に移管した。例えば、計画課所管であった特定作業受注業務とその代金回収業務（かつては経理部所管）や、工務部で所管していた不要工具販売業務などである。[90] とはいえ、トヨタ自販が設立されたことで、主たる業務自体が単純化したことは否めない（自販設立の意味は、ここにあったから当然である）。当時の『トヨタ新聞』は製品課の業務について次のように書いている。

主製品たるシャシー販売並［び］に部品販売について見ても……販売会社［トヨタ自販］設立の結果当然生ずるインボイスとかクレーム証券発行等極めて単純な業務とシャシー並［び］に部分品引渡しというこれ又単純な現場的作業に其の業務範囲も狭く業務の種類も僅少であった。[91]

二社体制成立後に設置された製品課は、その業務内容が多少拡張されたものの、主力業務に関する限り、その内容は「単純」であった。

朝鮮戦争による特需を受注すると、トヨタ自工は内部に「特需課」を新設する。この時期に設置されたという「特需課」について、トヨタ自工の社史『二〇年史』も『三〇年史』も一切記載していない。だが、ほぼ同時代に発行された『トヨタ新聞』には次のような記載がある。

［朝鮮戦争］特需発生と共に特殊な業務の発生を見、更に第三次特需以降販売的な業務まで発生して来たの

である。之に対応して現場的な作業等は特需課が新設され其の方に移管されたのであるが製品課においても相当量の事務を処理しなければならなくなったのである。[92]

朝鮮戦争の特需を受注した結果、「製品課」の業務内容が変化し量的にも増加した。このためトヨタ自工は一九五一年に営業部（商務課、製品課）を新設する。[93] この商務課はトヨタ自販との「折衝と注文の処理」を行い、製品課はトヨタ自工の「社内手配ならびに製品の出荷業務」を担当することになった。[94] 二社体制になって、トヨタ自販が販売業務を担当し、自工が製造に特化したとはいえ、自工・自販の接触面（インターフェイス）で自工は当然ながら、自販への販売業務を処理する必要があった。さらに、朝鮮特需で急激に需要が増大し（自工にとっては生産が増え）、社内手配や出荷業務は大幅に増え、それを専門に扱う部署が必要になった。これが営業部の新設につながったのである。

この営業部がさらに大きく変わる契機となったのが、ＡＰＡ特需の受注である。

ＡＰＡ特需向けの生産は、トヨタ自工だけで遂行できるものではなかった。トヨタ自工単独ではなくトヨタ車体や豊田自動織機、さらにはサプライヤーの協力を仰いで、ＡＰＡ特需向けの生産が進む。これを『三〇年史』は次のように表現している。「ＡＰＡ特需の大量受注に当たっては、オールトヨタの総力をあげて完納する体制がしかれた」と。[95] 具体的な生産体制はどうであったか。トヨタ自工がシャーシ生産を本社工場で行い、防錆・船積みをトヨタ自販から名古屋港近くの土地を借りて建設した大起工場で行う。トヨタ車体がボディー架装、豊田自動織機が車両検査を担当した。[96] その結果、いわゆるトヨタグループが自動車事業に軸足を移していく契機になったと、トヨタグループの『絆』は次のように書く。

トヨタ自工、トヨタ車体とともに豊田自動織機が［ＡＰＡ特需を］分担生産したのを機に、車両組立の売り上げは増大し、自動車部品加工やエンジン組立、車両組立を合計した自動車関連部門の売上高に占める割合は三十五年に五〇％に達した。トヨタグループの繊維機械製造事業の中核を担ってきた豊田自動織機は、将来の発展を自動車事業に見いだしていったのである[97]。

自工のサプライヤーにとっても、APA特需向けの生産は一つの大きな転機となる。自工のサプライヤーは、関東や関西、東海地区別に「協豊会」を組織し、この組織体を束ねる形で協豊会連合総会がある。この連合総会で、一九五八年五月二三日に「自工取締役社長石田退三が、APA特需完遂に対する全面的協力を要請」する[98]。この協力要請は、APA特需が将来の「本格的な輸出」に向けた準備だと述べ、サプライヤーに将来の方向を示唆するものでもあった。この石田の挨拶を当時の『トヨタ新聞』から引用しておこう。

さて今度はAPA特需を大量落札し、みなさんの工場も一段と忙しくなると思いますが、この特需は、当社の自動車輸出が、ある程度の段階に入ったことを示すもので、どこまでやれるか、私たちに与えられた一つの試金石として、全面的な協力をお願いしたいと思います。

また、これを機会に、もう一度、当社［トヨタ自工］工場はじめみなさん方の工場を再合理化して、将来の本格的な輸出に備えたいとも思っております。お互いに欠点は是正し合って全工場が一体となって、この特需に当ってゆこうではありませんか[99]。

APA特需は、その受注台数・受注額が当時のトヨタ自工の経営にとってはきわめて大きなものだった。そのため、自工単独ではなくトヨタ車体や豊田自動織機、さらにはサプライヤーの協力を仰いで生産が行われた。特需の生産が自工外部との協力によって担われただけに、関連業務も多岐にわたり、特需の規模とも相俟って、関連業務の量を増やすことになった。そのため一九五八年一二月一日「営業部にAPA特需業務を扱う特需課を新設」する[100]。また、一九五九年六月二二日には臨時職制異動を行い「特需車両関係業務の強化」をする。その具体的な内容は「検査部を品質管理部と名称変更」としか記されていないが[101]、この記述からすれば、「特需課」は特需関連業務を完全に統括する部署にはなっていなかったようである。しかしその状況もすぐに変わる。一九六〇年に「特需部」を新設したのである。トヨタ自工『三〇年史』では、この部署の設立月には異なった月を掲げている。参考までに、関係箇所を引いておこう。

　このような各社の協力体制に呼応して、昭和三五［一九六〇］年八月には、従来各部に分かれていた特需関係業務を集中して、特需部を新設し、管理、受検、発送準備の三課をおいて特需車両の完納に万全を期した。[102]

別の箇所では次のように説明する。

　昭和三五［一九六〇］年四月、特需受注体制強化のため、従来関係各部でそれぞれ分担していたAPA（U. S. Army Procurement Agency）の発注に伴う特需車両関係業務を整理、統合して管理課、受検課、発送準備課などの三課からなる特需部を新設した。[103]

特需部の設立月については微妙に異なっているが、新設の理由については何ら異なるところはない。

しかし、APA特需は永続するものではない。契約が終われば特需部は組織としては必要ない。APA特需の終了後、この特需部はどうなったのか。トヨタ自工は「輸出部」を新設し、特需部の業務を引き継ぐ。自工の『三〇年史』は次のように述べる。

　特需部は……特需車両の打切りに伴って昭和三八［一九六三］年四月に解散し、補給部品の契約、納入などの業務は、新設の輸出部に引き継がれた。[104]

二社体制の枠組みを規定した「大綱」では「輸出品の価格については別扱い」になっていたものの、製品が「原則として『自工』の工場庭先裸渡し」という点は同じである（本章3(1)参照）。したがって、図2-2では自販がすべての輸出関連業務を掌握しているように描かれていた。

しかし、この図2-2の状況は、APA特需の受注とともに変化していく（図2-3参照）。

あたかも自販と自工が呼応するかのように、一九六二年、六三年に輸出関連業務に関する組織変革を行っている（図2-3参照）ことに、ここでは注目したい。輸出関連の組織が変化していった理由は、輸出台数が増え始めたことへの対応だったとしても、海外への販売については、自販が全責任を持って業務を遂行することになっていたは

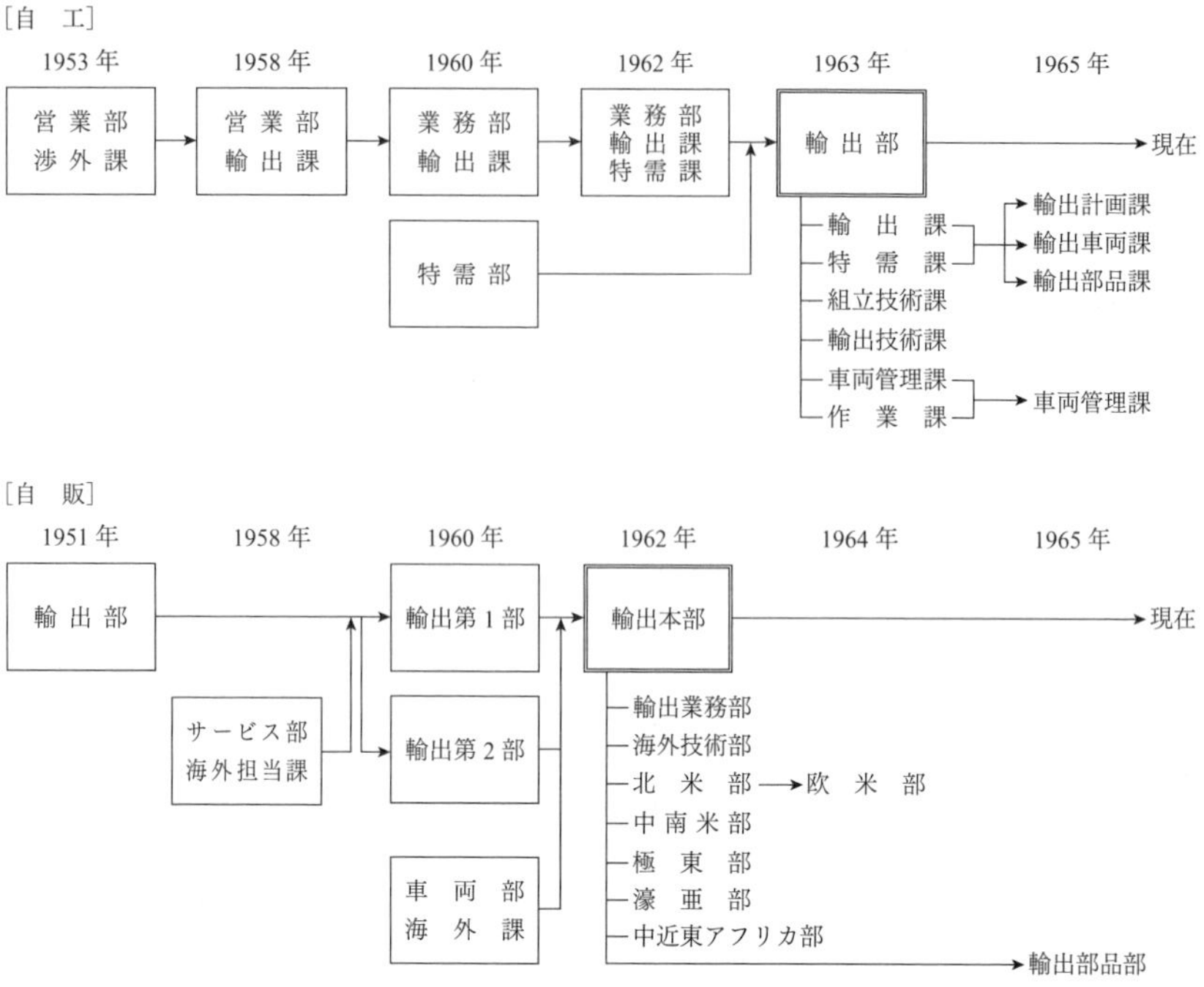

図 2-3　輸出組織の変遷

出所）『トヨタ自動車30年史』別巻，477頁。

ずである（図2-2参照）。ではなぜ、この時期に自販のみならず、自工でも輸出業務に関連する部署が設置されたのだろうか。これを考える前提として、自販がなぜ輸出本部を設立したかを、次に検討しておきたい。

（5）なぜ自販は一九六二年に輸出本部を設立したのか？

一九六二年に自販は輸出本部を設立する。なぜ、この組織が設立されたのだろうか。その理由について、一九六二年、つまり輸出本部設置と同じ年に出版された自販の社史『自販の歩み』は貿易自由化への対応という点を強調する。「輸出部の機構は、海外市場開拓の重要性が高まり、輸出量が増えるに従って、たえず拡充、強化されてきている」と述べ、年次を追って簡潔に組織の展開を書く。その最後が出版年の一九六二年二月であり、次のように説明する。

輸出本部制の採用。七部二〇課の大陣容となる……。貿易自由化の接近に対処し、本格的輸出体制を確立するため、オールトヨタの組織とスタッフを結集したものである。(105)

さらに別の箇所では、自販の貿易自由化への対応策の一つだとして、次のように位置づける。

「自販」がマイ・カー時代に向って着々進めてきた増販体制は、同時にまた自由化に備える重要な布石でもあった。全車種にわたっての大幅な値下げ、国際車ニューコロナの発売、大衆車パブリカの登場、販売店の強化と大衆車販売網の拡充、春日工場はじめアフターサービス体制の確立、オール・トヨタを結集する輸出本部の発足等々、これらはすべて自由化時代への対応をめざすものである。(106)

これに対し、この『自販の歩み』刊行から八年後に出版された自販の社史『モータリゼーションとともに』（一九七〇年刊）は、輸出本部について次のように書く。

輸出本部設置以前においても、当社［トヨタ自販］は輸出部門の組織を徐々に強化してはいた。……形の上では、当社の輸出組織はしだいに整っていった。しかし、拡大する組織に見合った輸出部要員の確保がなされていないところに問題があった。限られたパワーでは、いかに組織をくふうしてみても、その効果はおのずと限界がある。これが当社の輸出体制の強化に一定の限界を与えていたのである。

そこで、輸出本部の設置にあたっては、トヨタ自工からも人的応援を得ることとした。トヨタ自工取締役荒木信司（現当社専務取締役）が、昭和三七年（一九六二年）五月二七日の当社取締役会で常務取締役に選任され、輸出本部長代理に就任したのをはじめ、輸出業務部長に市川雄三（現当社取締役輸出業務部長）が就任、その他中堅幹部、若手社員各数名が、トヨタ自工から当社に転籍し、輸出本部へ配属された。

さらに当社は、一般商社員や、貿易関係の経験をもつ人材を広く求め、これを迎え入れた。また、新卒採用にあたっても、外国語大学出身者など語学にすぐれた学生を輸出部要員として積極的に確保していった。(107)

自販の二つの社史では、輸出本部の扱いが大きく異なるのである。

『自販の歩み』では「七部二〇課の大陣容」になったと輸出組織の拡充を強調する。また「オールトヨタの組織とスタッフを結集」したと曖昧な表現をした上で、「自由化時代への対応をめざ」した組織として輸出本部を位置づける。たしかに、「国内市場で外国車を迎えうつだけではなく、進んで海外市場への進出をはかること、などが」自由化対策の「基本」だという『自販の歩み』の主張には一理ある。[108] これに対し『モータリゼーションとともに』は、「形の上では、当社の輸出組織はしだいに整っていった」ものの「限られたパワーでは、いかに組織をくふうしてみても、その効果はおのずと限界がある」と明確に述べ、輸出本部に自工から人材が供給されたことを明言する。

『モータリゼーションとともに』からの引用文では、自販での人員不足を自工の人材によって穴埋めした上で、新規採用者によって輸出関連業務の人員を確保しただけのように考えられる（もちろん、これとても大きな改革であるが）。豊田英二は回想録で次のように述べていた。自工と自販の二社体制が成立して以降、二社間の「人事交流は、自工から自販に替わる人はいても、［自販から自工に］帰ってくる人はほとんどいなかった。時間が経つにつれ、自工に帰るべき人がいなくなり、それを補充するため、自工から人を出した」と。[109] つまり、輸出本部の設置は二社間での人事交流の一例にすぎない、とも考えられる。

だが、これでは輸出本部を設置した意味を取り違えてしまう。事態は違った脈絡で把握する必要がある。そのためには、なぜ自販が輸出本部を設置したのかを考えねばならないのだ。自販の社史『自販の歩み』が輸出本部の設立理由に掲げていた「本格的輸出体制を確立する」ことが、当時は危うい状況に陥っていた。この状況を自工・自販の首脳陣も認識していたのである。

『モータリゼーションとともに』は、この時期におけるトヨタの輸出について次のように書く（表2-3参照）。

当社の国内販売は、……総じて順調に推移した。しかし、一方、輸出においては、［トヨタは］昭和三二年（一九五七年）に四一一七台、輸出占拠率六三パーセントの実績をあげ、わが国自動車輸出のリーダーシップを確

表 2-3　日本からの輸出台数および占拠率の推移（1957〜62 年）

（単位：台）

年次	1957	1958	1959	1960	1961
トヨタ	4,117	5,523	6,134	6,397	11,675
日産	739	3,232	6,219	10,942	15,534
いすゞ	757	745	1,017	1,959	2,711
業界	6,554	10,243	14,928	21,831	35,327
トヨタ占拠率(%)	62.8	53.9	41.1	29.3	33.1

原注）軽四輪車を含む。
出所）トヨタ自動車販売株式会社社史編集委員会編『モータリゼーションとともに』（トヨタ自動車販売，1970 年）298 頁。

立したかに見えたが、その後著しく低迷した。

自動車輸出に占める当社の地位は、年々低下の一途をたどり、昭和三五年（一九六〇年）には、輸出台数六三九七台、輸出占拠率わずか二九・三パーセントという状態に追い込まれてしまった。それでも、昭和三六年（一九六一年）にはメキシコへのティアラ（コロナの輸出名）の大量輸出……などがあって若干盛り返し、輸出数は前年の二倍近くの一万一七〇〇台に達した。しかし輸出占拠率はなお三三パーセントに過ぎず、日産自動車㈱の一万五五〇〇台、四四パーセントにかなり引き離されていた。[110]

なぜトヨタが輸出では日産自動車に引き離されていたのか。この点についても、この自販の社史は明確に説明する。日産自動車の「ダットサン・ブルーバードやダットサン・トラックのような、サイズ、性能の両面で国際的に通用するいわゆる輸出適格車をもた」なかったことに大きな原因があったと。[111]

一九五〇年代におけるトヨタ車のアメリカ輸出についてはすでに多くが語られている（第3章2(4)でも簡単に触れる）。この時期に行ったアメリカ輸出について、簡明直截な評価を下しているのは、トヨタの五〇年史の英語版である。明確に「失敗」(failure) と書き、これへの対応についても踏み込んだ記述をしている。

この失敗は、試行錯誤を繰り返していた段階であった自販の輸出部門の自信を失わせることになった。一九六一年の総輸出台数は一万二〇〇〇台弱しかなく、日産の輸出台数を下回ったのである。

自工と自販の経営トップは何度となく協議を重ね、一九六二年に組織を刷新することになった。同年二月、自販は自工から人的な支援を受けるともに、商社員や貿易業務の経験者を広く求めて輸出本部（Export Headquarters）を新設した。[112]

自販での輸出本部の設立は、輸出関連組織の単なる拡充ではない。むしろ、それまでの輸出業務の「失敗」への対応だったのである。ある意味で、貿易「自由化への対応策のひとつ」ではあったが、低迷する輸出の打開策（何よりも、輸出で先行する日産自動車に追いつき、追い抜くための組織改革）だったと捉えたほうが実態に即している。

輸出本部の設置以前に、自販はアメリカ以外の国にもノックダウン輸出していた。その輸出が成功したかのように思われた事例がある。一九六一年の「メキシコへのティアラ（コロナの輸出名）の大量輸出」である。[113] だが、この後に事態はどう動いたか。一九六四年に自販はメキシコからの撤退を決意し、六六年四月にはメキシコ駐在員事務所さえも閉鎖する。[114] 企業経営にとって、販売実績が予測を下回ることは多々ある。だから、メキシコの事例を結果だけから評価すべきではあるまい。だが、この事例は、輸出への取り組みの問題点を浮き彫りにするものだった。自販の社史『モータリゼーションとともに』でさえも、自社のことにもかかわらず、次のようにきわめて厳しい評価を下しているのだ。

> 一時的にせよ当社［トヨタ自販］最大の輸出市場となり、また、駐在員事務所まで置いたメキシコから撤退した経緯について若干触れておく必要があるだろう。
>
> その直接の原因は、当社の代理店……の社長が不正事件で逮捕され、同社もメキシコ政府に差押えられたことであったが、その遠因は、代理店選定の段階にすでにあったといわねばならない。輸出本部発足以前における当社［自販］の海外代理店選定は、ことメキシコに限らず、率直にいって、必ずしもじゅうぶんな調査、検討にもとづいていたとはいいがたかった。メキシコの場合、たまたま、そうした問題点が表面化してしまったのであった。[115]

海外での販売を担う代理店の選定さえも、「必ずしもじゅうぶんな調査、検討にもとづいていたとはいいがた」い状況では、いっときの幸運に恵まれて「成功」しても、持続的な業務拡大・定着はのぞむべくもない。トヨタ車の輸出事業は根本的な見直しが必要だった。そしてその端緒が自販における輸出本部の設置だったのである。

（6）なぜ自工でも輸出業務関連の組織設置が必要だったのか？

自工が自動車製造に関わり、自販が販売業務に専念する体制なのに、なぜ販売機構に自工が関わる必要があったのだろうか。図2-2を一瞥しただけでは、その必要性を理解できない。また、自工が輸出業務とはいえ、販売業務に携わることが（図2-3参照）、なぜ必要だったのだろうか。

アメリカでの乗用車の完成車輸出の試みが「失敗」に終わったため、米国トヨタは「ランドクルーザーを中心に販売網の維持に専念」することになった。[116] このランドクルーザーは、アメリカ国防省が在日陸軍調達本部（JPA、のちAPA）を通して購入しアメリカで試験をした自動車に起源を持つ（本節(2)および表2-1参照）、「東南アジア、中近東、中南米の悪路や、山岳地帯に適合した車」であった。競合車種は二種類しかなく、「性能的にランドクルーザーが最もすぐれている」と判断し、この「輸出価格を当面の利益にとらわれずに、国際価格にさや寄せする意思決定を」トヨタ自工側が下した。[117] その結果、トヨタの輸出台数に占めるランドクルーザーの比率は高くなる（表2-4参照）。

また、自国の自動車産業育成を政策とする諸国が多かった時期であるために、アメリカなどを除けば、ノックダウン輸出が主体になった。一九五〇年代末から六〇年代初頭にかけて日本の「自動車輸出をリードしたのは、ノックダウン輸出であ」り、トヨタも「メキシコ、南ア

表2-4　ランドクルーザーの輸出台数と総輸出台数に占める割合（1955〜61年）

年	総輸出台数A	ランドクルーザーの輸出台数B	B/A(%)
1955	281	98	34.9
1956	869	518	59.6
1957	4,117	2,502	60.8
1958	5,523	2,815	51.0
1959	6,134	2,689	43.8
1960	6,397	2,403	37.6
1961	11,675	3,812	32.7

出所）『モータリゼーションとともに』240頁。および同書資料編，110頁。なお比率は，資料が提示しているものと違う年次があるが，ランドクルーザーや総輸出台数の数値に基づいて算出したものを掲載した。

フリカ、オーストラリア、タイ、フィリピンなど向けの輸出を、次々にノックダウン輸出に切り替えていった」[118]。前項で触れたメキシコでも日本から完成車で輸出することは禁止されていたため、一九六〇年「秋にはランドクルーザーとディーゼルトラックのノックダウン輸出を開始し、十二月にはクラウンの導入に踏み切」った[119]。

アメリカ市場への完成車輸出が「失敗」した状況で、輸出台数を伸ばすにはノックダウン輸出しかない。ノックダウン輸出は、部品の集荷から洗浄、防錆、包装、梱包、さらには輸送、開梱、組立といった作業が関わる。これを『モータリゼーションとともに』は次のように述べる。

ノックダウン方式による輸出は、トヨタ自工の生産管理、当社［トヨタ自販］の船積管理、現地における組立工場、あるいは組立技術の指導などの体制が整備されていなければならない。トヨタが、ノックダウン方式にそれまで消極的であったのは、こうした繁雑な業務を遂行する体制が整っていなかったからであった[120]。

ノックダウン輸出に本腰を入れるには、自工が輸出業務に深く関与せざるをえないのである。これが自工にも輸出業務を担う部署が設置・整備された理由であろう。当時の『日刊自動車新聞』も、自工の「輸出部はノックダウン輸出に対処するため自販輸出部と連携をたもつ目的で新設され」たと報じる[121]。また、同紙は別の記事でもトヨタ自工における輸出部新設について次のように書く。

輸出という自由化後の最大な目的に、トヨタ自販だけにはまかせておけないと、トヨタ自工内に別個な輸出部門を設けたわけだ。今後の輸出にはノックダウン方式が増えるという見通しから、ノックダウン輸出をすすめ、現地指導し作業を行う部所［署］をも含めた大がかりな体制だ[122]。

トヨタ自工での輸出部新設は、ノックダウン輸出を見据えての機構改革だった。そして当時の業界紙記者の目にも、「トヨタ自販だけにはまかせておけない」という雰囲気が感じられたことを、この記事は伝えていよう（このような見解が現れる背景については、前項参照)。

自販での輸出本部設置以降、この自工・自販のノックダウン輸出への協力体制の下で、トヨタ車のノックダウン

表 2-5　トヨタ車の輸出台数とノックダウン台数（1961〜65年）

年	総輸出台数(A)	トラックの台数(B)	B/A(%)	ノックダウン台数(C)	C/A(%)
1961	11,675	7,732	66.2	2,762	23.7
1962	11,209	8,664	77.3	1,461	13.0
1963	24,380	14,852	60.9	6,013	24.7
1964	42,474	24,825	58.4	8,168	19.2
1965	63,474	29,809	47.0	12,405	19.5

出所）『モータリゼーションとともに』302頁。および同書資料編，110頁。

輸出台数は増えていく（表2-5参照）。

この表2-5からは別のことも読み取れる。一九六五年になると、ノックダウン輸出の台数は約八〇〇〇台から一万二〇〇〇台へと一・五倍になっているにもかかわらず、総輸出台数に占めるノックダウン輸出の割合は微増しただけである。また、トラックの輸出台数も増えたにもかかわらず、総輸出台数に占めるトラックの割合は低下する。これには次の事情があった。

昭和四〇年（一九六五年）に輸出を開始した新型コロナ（RT40型）が、国内と同様、海外でも好評を得、国際商品として大増販できると見通しをつけたこと、および海外販売網の整備が予想以上に進展した……[123]。

この新型コロナが、アメリカで「セカンド・カーとして大いに好評を博し」たため、トヨタの対米輸出台数も急増した。一九六四年の約四〇〇〇台が、翌六五年に一万一〇〇〇台、六六年には二万六〇〇〇台になる。その結果、トヨタは「ランドクルーザーのみの輸出から乗用車中心の輸出に切り替わっていった」のである[124]。つまり、新型コロナによって「国際商品」、世界の市場で販売が可能な乗用車を手にし、トヨタの輸出は新たな段階に入ったのである。これを裏付けるように、一九六三年末に自工・自販が合同で策定した「トヨタ輸出五か年計画」は、「昭和四一年（一九六六年）以降をきわめて慎重にみている」という理由で一九六五年で打ち切られ、一九六六年を「初年度とする第二次五か年計画に改訂」することになった[125]。

（7）自工・自販の協調は輸出業務に限定されたのか？

自工・自販の二社体制のもとで、少なくとも輸出業務について、両社は協調することになった。ノックダウン輸出の技術的な問題（例えば、車種ごとに必要な部品を取り揃えること）を考えても、実際に海外代理店への販売を担当する自販に対して、自工が積極的に協力しなければ実現できない。しかし製造側からすれば、国内販売が順調なために生産台数の増加に追われている状況である。その状況では、少ない台数の部品を（仕向地ごとに必要な部品が微妙に異なる条件を満たしながら）完全に取り揃える作業は煩雑で手数がかかるだけに厄介視されがちであるし、現場の作業者は、とかく生産台数の増加に積極的に寄与しない業務を邪魔もの扱いしがちである。これを変えるには、会社としてノックダウン輸出を重視する姿勢を明確に示す必要がある。これが、自工にも輸出業務担当の専属部署が必要だった理由であろう。

自工・自販の協調が必要だったのは、輸出に関連した業務だけではなかろう。実際に、輸出業務の協調が実現していけば、二社間の協調はいっそう広まったのではないだろうか。こうした疑問は、人事の交流を見てみればさらに深まる。一九六二年に自販が輸出本部を設置した際には、自工の取締役・荒木信司が自販に移った（同年五月の自販株主総会で同社常務取締役に選任され、同日付で自工取締役を退任）[126]。翌六三年一一月には自工の常務取締役・近藤直が自販に転出する。このことを自工の『三〇年史』は次のように記載している。

トヨタ自動車販売の経営陣強化のため、常務取締役近藤直が同社に転出することになり、わが社［トヨタ自工の］取締役を退任した。なお、近藤直は翌日開かれた同社の株主総会および取締役会で専務取締役に選任されて、車両本部長代理、輸出本部長代理、販売拡張部担当の要職についた[127]。

日本企業が社史を出版する場合は（執筆者が社外・社内の人物であるにかかわらず）、別会社（たとえ自工・自販のように関係が深くても、別会社として設置されている場合）に対し「経営陣強化のため」と書くのは異例である。しかも、荒木信司が自販の「輸出本部長代理」となったように、この近藤直の場合も自販の専務取締役になるとともに、

「車両本部長代理」、「輸出本部長代理」などとなっている（この「代理」の上司はいずれも、自販設立以来の常務取締役・大西四郎である）。自工・自販の間に何かあったのではないだろうか。

　自販の社史『モータリゼーションとともに』は、自工・自販間の問題を次のように書く。

> ［自工・自販の］両社がそれぞれ独立した経営体であるがゆえに、ややもすると両社にわたる経営上の重大な意思決定が遅滞する懸念があった。工販分離による経営体制の一つの問題であろうと思われる。昭和三五［一九六〇］年以降の急激な経営規模の拡大と競争環境の流動的な動きは工販分離の問題点をしだいに表面化させ、両社の連携体制の強化がふたたび火急の問題としてクローズアップされたのである[128]。

　同社史は一九七〇年の刊行であるから、工販が合併する一〇年以上も前に、「工販分離の問題点」や「両社の連携体制の強化」という、社史としてはかなり踏み込んだ表現を使って、この時期の問題点を指摘している。これは刮目に値する。また、同社史によれば、自販側から、工販「両社にまたがる最高意思決定機関が必要ではないか」という問題提起をしたともいう[129]。実際、一九六二年六月には、自工・自販の「両社首脳部で構成される最高政策会議が設置され、そこで両社間の経営上の重要事項を決定することにな」る[130]。この設置に至る過程で、同年三月に豊田英二が自工の部長にアンケート調査をした結果、「［自工・自販］両社の首脳部が、よりいっそう緊密な連携をとり、迅速な意思決定をはかることが不可欠であるという結論に達した」のだという[131]。この経過については、自販社史『モータリゼーションとともに』も、自工の『三〇年史』も変わらない（最高政策会議の設置を前者が一九六二年七月、後者が同年六月としているが、この点は問わないことにしよう）。また、両社史ともに次の点でも一致している。最高政策会議の下に、一九六三年八月に九つの合同会議（企画、生産販売、輸出、新製品、宣伝、人事、財務、購買、品質保証）を設置し、この合同会議運営のために「自工・自販合同会議規則」を一九六三年九月に制定したことである[132]。

　この合同会議の設立によって、ただ単に輸出業務だけにとどまらず、ほぼ経営全般にわたる協議の場が設立されたのである。独立した組織である自工・自販の間で、このように経営全般にわたる分野で合同会議を設立すること自体、異例とも言える。こうした組織が設立されても、これを実際に円滑に運営・運用するには困難が伴わないのだろうか。この点で注目しておきたいのは、TQC（Total Quality Control. 総合的品質管理）である。TQCは品質向上に重点を置いていることは否定できないが、一九六一年六月に自工がTQCを導入した際には、単なる品質管理ではなく、「経営管理の画期的刷新」が目的の一つであり、「トヨタ自動車販売および重要仕入先との協力体制の緊密化」をTQC推進の重点の一つに掲げていたのである。[133]

TQCの導入から一年後の一九六二年七月に、自工では「社長以下全役員ならびにオブザーバーとしての品質管理指導講師らが一団となって各部を巡視し……管理体制の整備状況を確認……その場で改善事項を指摘する」全社監査を初めて実施する。その結果を自工『三〇年史』は「TQC導入の大きなねらいの一つであった部門間の連携が、十分に改善されていないことがわかった」と書く。ここでは自販との関連は明確には述べられていない。だが、TQC活動の成果を問うて立候補し一九六五年にデミング賞を受賞する、TQC推進本部の副本部長であった豊田章一郎は、TQC活動の効果について、製品の品質向上、国内市場における占拠率の向上、原価低減を掲げた後、次のように発言している。

効果の見方をかえてみますと、会社の体質が改善されたことであります。……仕入先からトヨタ自動車販売まで、ひとつの目標に向かって協力していく体制が、TQCという手法を通じてでき上がり、お互いに自分のなすべき仕事の責任と権限がはっきりしたうえで、フランクに話合いのできる場ができました。[134]

自販との関係の緊密化に、実際にTQCがどの程度まで貢献したかはわからない。だが、TQC推進という、この当時の重点活動（いわば「錦の御旗」）の推進は、自工・自販の合同会議の円滑な運用にも寄与することが期待されていたのではないか。

（8）自工・自販の間に緊密な協力関係が実現しても、なぜ合併しなかったのか？

自工と自販の間で、合同会議の運営などによって緊密な協力関係が実現していたとすれば（しかも、緊密な関係が実務的にも必要で、有効なものだったとすれば）、この二社の合併は検討課題に上らなかったのだろうか。

この合併について、豊田英二は『決断』で次のように回想している。重要な点なので、あえて長く引用する。

工販合併を真剣に考え始めたのは、私が社長に就任した後の昭和四十四［一九六九］年前後である。［昭和］三十年代まではトヨタの販売は国内が中心だったが、四十年代に入って輸出が本格化、海外の代理店も増えてきた。代理店契約は自販が結ぶ。外国の人はトヨタ自工の車を売るのに契約は自販という仕組みがどうしても分からない。国内では各ディーラーとも工販分離の経緯を知っているからいいが、外国人にはそれが分からない。自販の存在に疑問を持つ人も出てくる。

だから海外代理店の疑問に対しては、輸出に関してはすべて自工に一本化し、自販には国内販売に専念してもらう考え方もある。事実、提携先の日野自動車はそうやっている。米国でもフォードが一時期この形態をとっていたが、最終的に一本化した。トヨタもそんなややこしい方策をとるより、合併した方が手っ取り早い。もともと一緒の会社だから合併する方がむしろ自然である。

そこで神谷さんに「そろそろ会社を一本にすることを考えた方がいいのではないか」と遠回しのいい方で合併を提案した。ところが、神谷さんは全く合併を考えていなかった。そこへ突然私が言ったものだから、すぐに返事ができるはずがない。その場は「ちょっと待って欲しい。考えておく」ということで終わった。

それから数年経過したが、神谷さんからは何の意思表示もない。神谷さんは私の提案をほったらかしにしていたのではなく、合併をするにしても、今がいいのか、それとももう少し後がいいのか、時期をみはからっていたのだと思う。

目先は確かにうまく動いている。そう急いで、時期を区切ってまで合併しなければならない切迫した理由もないから、私もあえて催促もしなかった。合併はあくまで百年の大計と言うと大げさだが、ロングランに見た場合、一緒になった方がいいに決まっている。(135)

この豊田英二の回想によれば、一九六〇年代後半（昭和四十年代に入って）輸出が本格化したことで自工・自販合併を提案したという。この問題そのものはトヨタの海外展開と輸出について扱う際に考えることにしたい（第3章参照）。

ここで考えてみたいのは、引用文冒頭の「工販合併を真剣に考え始めたのは、……昭和四十四［一九六九］年前後である」という点である。何かを回想する際に、「昭和四十四年前後」というのは切りのよい年次ではない。なぜ彼は昭和四十四（一九六九）年という年次をあげたのだろうか。たしかに、この年次の前には「私が社長に就任した後の」という修飾句がある。だが、豊田英二が自工社長に就いたのは一九六七年である。しかしそれならば、「社長就任後」とか「一九七〇年前後」にするのが普通ではないか。このように考えると、まさに「一九六九年」に何か重要な（少なくとも彼にとっては重要と思われる）事態が生じていたのではないか。この出来事があったからこそ、長年にわたる自工・自販の二社体制の解消・合併に向けて動き出すことを、豊田英二は決断したのではないか。

一九六九年に何があったのか。単純に、自工・自販の関係に焦点をあててみよう。最高政策会議（一九六二年設置）のもとに、九つの合同会議(一九六三年設置)があった。別会社となっている二社間で、機能別に九つの合同会議を設置して、円滑な運営がなされるかについて疑念を投げかけ、TQCの成果である「ひとつの目標に向かって協力していく体制」によってそれは多少なりとも達成されたかのように考えた（前項参照）。しかし、二社間で業務を九つの機能に分けて問題点を論議し、速やかな結論に至るのはかなり難しいであろう。それよりもっと単純な方法がある。少数の人間で九つの機能について論議し結論を下すことである。実際に、自工・自販合同会議発足時における自販側の委員構成を見てみると、きわめて少数で構成されている（表2-6参照）。この委員のうち「部

表 2-6　自工・自販合同会議の発足当時における自販側の委員（1963年8月1日現在）

	役　員　委　員	部　長　委　員
1. 企　画	取締役副社長　大西四郎　専務取締役　加藤誠之 常務取締役　山本定蔵	企画調査部長
2. 生産販売	取締役副社長　大西四郎　専務取締役　加藤誠之 常務取締役　山本定蔵	車両本部各部長 企画調査部長
3. 輸　出	取締役副社長　大西四郎　専務取締役　中江　温 常務取締役　荒木信司	輸出業務部長 車両業務部長
4. 新製品	取締役副社長　大西四郎　専務取締役　加藤誠之 常務取締役　山本定蔵	車両業務部長 企画調査部長
5. 財　務	取締役副社長　青木好之　常務取締役　山本定蔵 常務取締役　神谷龍次	経理部長　車両業務部長 企画調査部長
6. サービス	取締役副社長　大西四郎　常務取締役　山本定蔵 取　締　役　赤坂正喜	サービス部長 車両業務部長
7. 宣　伝	取締役副社長　大西四郎　専務取締役　加藤誠之	販売拡張部長
8. 人　事	取締役副社長　青木好之　取　締　役　大竹　進	人事部長
9. 購　買	取締役副社長　大西四郎　常務取締役　山本定蔵	部品部長

出所）『モータリゼーションとともに』314頁。

長委員」は各担当部長が任命されている。「役員委員」は全部で二四のポストがあるが、そのうち、三名（大西四郎、山本定蔵、加藤誠之）だけで一七ポストを占めている。こうした状況に、その後も大きな変化はなかったようである。自販の社史『モータリゼーションとともに』は合同会議について次のように書いているからである。

　機能別に整然と分割されたこれら九つの合同会議は、構成メンバーが著しく重複し、何もすべての会議を個別に運営する必要がないこと、最高政策会議のメンバーたる副社長が主宰する合同会議の決定事項を、さらに最高政策会議に申達すること自体無意味であることなどの問題があった[136]。

この結果、九つの合同会議のあり方に変更が加えられる。この九つの合同会議の上部組織として、自工・自販の社長を議長として「自工・自販合同会議」を新設する。これは、従来の自工・自販の最高政策会議（一九六二年設置）の解消につながる。

従来の九つの合同会議は、専門委員会的な存在として、自工・自販合同会議の構成機関となり、必要に応じて開催することにした。その結果、最高政策会議は発展的にこれを解消し、「自工・自販合同会議」が両社にわたる重要問題の最高決定機関として機能することになった[137]。

この一九六九年に新設された自工・自販合同会議は、さらに一九七二年七月には「自工・自販政策合同会議」と名称を変更するとともに、「構成員も専務以上」に限定する。これによって、この政策合同会議は自工・自販「両社間の最高政策についての審議・調整および決定を行うことになった」[138]。おそらく豊田英二が「工販合併を真剣に考え始め」、合併を実現させるだけの機構的な整備は、準備されていたのではないか。

しかし、トヨタでは「昭和四十四［一九六九］年前後」に、この自工・自販二社だけにとどまらない組織的な改革がなされている。「工販合併を真剣に考え始め」たのには、そうした変革も関わっていたのではないだろうか。

（9） 一九六九年前後にトヨタでは何があったのか？

一九六九年一月二九日の『日刊工業新聞』は一面トップに「豊田系十社　最高首脳で『朝の会』」という記事を掲載する。その副題は「情報交換を緊密に　毎月一回開き結束、発展をめざす」。リード文は次のようである。

トヨタ自動車工業、豊田自動織機製作所、トヨタ自動車販売など豊田系十社はこのほど十社首脳による「トヨタ朝の会」を発足させ、さらにトヨタグループの結束強化に乗出した。この朝の会は毎月一回定例的に開き、豊田英二トヨタ自工社長が議長になって各社の情報交換を緊密にしようというもの。各社首脳が参加しているだけに朝の会はトヨタグループの最高情報連絡機関といえ、資本自由化、特許攻勢などに対処したトヨタグループの新機軸として関心が寄せられている[139]。

ここで言う「豊田系十社」とは次の会社を指す。トヨタ自工、豊田自動織機製作所（現・豊田自動織機）、トヨタ自販、日本電装（現・デンソー）、豊田工機（現・ジェイテクト）、アイシン精機、トヨタ車体（二〇一二年にトヨタ自動車の完全子会社になる）、愛知製鋼、豊田通商、豊田中央研究所である。この一〇社の社長（所長）が「朝の会」

のメンバーである。だが、この時点で、メンバーの一人である石田退三は豊田自動織機の社長でもあり、トヨタ自工会長でもあった。さらに、トヨタ自工からは社長の豊田英二に加えて副社長の斎藤尚一が、トヨタ自販からは社長の神谷正太郎の他に副社長・加藤誠之、また豊田自動織機からは前述の石田と専務の権田鉦次（一九六九年一一月に社長に昇格）が「朝の会」のメンバーだった。[140]

この一九六九年の記事によれば、「毎月一回定例的に」開催することを予定していた。だが、この会議は本当に長期にわたって継続していたのだろうか。非公式の会議という性格のためか、この「朝の会」が新聞などのマスメディアに取り上げられることは希である。一九八〇年一〇月一五日から『中日新聞』は「中部の企業集団」の掲載をはじめ、その第一回にトヨタ自動車を取り上げているので、その記事（「朝の会　集う直系の一三社長」）から関係箇所を引用してみよう。

［トヨタ自工］事務本館のほぼ東にあるトヨタ会館の正面玄関にトヨタの高級車「センチュリー」、「クラウン」が次々と横付けされる。降り立つのはトヨタグループ十三社のトップだ。毎月恒例の〝朝の会〟の始まりである。会議は正式には「全豊田社長会」だが、朝の会の呼び名が定着している。昭和四十四［一九六九］年一月から始まった。

会議は午前九時から昼食をはさみほぼ三時間。メーン席に座るトヨタ自工社長、豊田英二（六七）……。どんなやりとりがかわされたか、公表はされない。……

会議といっても、あらかじめ議題を設けた堅苦しいものではない。「月に一回ぐらいは顔を合わせ、情報を交換しようという会で、話題にのぼるのは世の中のことすべて」（トヨタ自工首脳）というが、超マンモス集団、トヨタグループ首脳陣による一種のブレーンストーミングであることは事実。

（中略）

自工、自販を頂点にトヨタは巨大な企業集団を形成している。朝の会に参加する十三社は、その中枢に位置

する企業である。それだけに社長の座に就き、初めて朝の会に出席するときは、だれもが一種の緊張感を持つ。(141)

この記事によると、「朝の会」(全豊田社長会)は一九八〇年でも「毎月恒例」となっており、一九六九年から続けられている。それだけでなく、参加している会社数は当初の一〇社に、豊田紡織、関東自工、豊田合成(一九七三年に名古屋ゴムから改称)の三社が新たに加わって一三社に増えている。(142) 豊田紡織の社史によれば、「朝の会」に同社が「参加できたのは[昭和]四五年九月から」だった。(143) 一方、関東自工の社史では「朝の会」に「第一回から参加」したとしている。(144) だが、豊田紡織が「関東自工とともに『朝の会』に参加を許されたのは[昭和]四五年九月度からである。関東自工の南野社長とともに新入会員のあいさつをして歓迎された。豊田英二議長のご配慮で社長空席の当社[豊田紡織]はとくに常務の豊田信吉郎の代理出席が認められた」と記述が具体的であり、人物の役職も符合する。(145) また、トヨタグループ「直系の会社とはまったく出自を異にし」ている関東自動車工業が、(146) トヨタ「グループ各社の従業員がトヨタグループとしての一体感を醸し出す場」である全豊田総合競技大会に初めて参加したのが一九七〇[昭和四五]年だった。(147) このことから考えても、関東自動車工業が「朝の会」に加わったのは一九七〇年のように思われる。豊田合成については、管見する限り、社史には「朝の会」に関する記述はない。だが、同競技会への初参加が一九七五年だったことから、(148) この年か前年に「朝の会」に参加したのではないか。

「朝の会」は参加各社が「情報交換を緊密」にするため、非公開・非公式の開催のため、具体的な情報は少ない。だが、自工の四〇年史『トヨタのあゆみ』は次のように書く。

[昭和]四十四[一九六九]年一月には「全豊田社長会」、同年九月には「全豊田企画調査会議」を設置した。全豊田社長会、通称「朝の会」は、毎月第一金曜日の午前に開催し、関係会社の情報交換、経営方針の審議を中心に運営する。この社長会は、当初全豊田技術会議同様一二社が参加していたが、[昭和]四十九[一九七四]年三月からは豊田合成も加わり、一三社で構成されている。(149)

名古屋ゴムが社名を豊田合成に変更したことは、ある意味でトヨタグループの一員として認められたことも意味したのであろう。

この引用文で説明が必要な点が二つある。一点は「全豊田企画調査会議」であり、もう一点が「全豊田技術会議」である。

全豊田企画調査会議は、普通は「昼の会」と呼ばれている。その「構成は、朝の会に準じており、各社の企画担当副社長、専務、常務を中心に、役員二人が委員として出席する」[150]。この企画調査会議（「昼の会」）の設立について、『日刊工業新聞』は次のように報じている。

ことしはじめ、トヨタ系十社の最高首脳でトヨタ朝の会を発足させたが、この朝の会ではトヨタグループの最高方針を決定するわけで、最高方針を実施に移すためグループの横の連絡機関がさらに必要となってきた。このため十社の専務クラスでオールトヨタ企画調査会議を結成するようトヨタ自工が中心になって準備を進めてきた結果、各社の賛同を得たので［一九六九年九月］二十六日初会合を開き正式発足させたもの。

同会議はトヨタ朝の会の下部組織として朝の会の決定事項を実施に移すよう検討するばかりでなく独自の立場から方針を打出し、トヨタ朝の会に報告することになっている[151]。

一九六九年に、「朝の会」と「昼の会」が相次いで設置され、グループ会社のトップ・マネジメント層が情報交換を緊密にし施策を円滑に実施に移す機構が整備されたのである。

次に「全豊田技術会議」について説明しておこう。前身は一九五七年七月に開催され始めた全豊田技術懇談会である[152]。この懇談会は「トヨタグループ一〇社……の技術担当取締役が一堂に会し、全豊田の技術戦略に関する情報等を交換、連絡する機関」であった[153]。この技術懇談会から生まれたのが豊田中央研究所（一九六〇年設立）であり[154]、全豊田技術会議もここから生まれたのである。『絆』は次のように説明する。

全豊田技術懇談会は、［昭和］四十二［一九六七］年に発展的に解消し、新たに全豊田技術会議が設置された。この技術会議は、グループ各社の技術の研究開発を効果的かつ総合的に推進することを目的に設置されたもので、発足と同時に関東自工がこの会議に加わり、トヨタ自工と豊田中［央］研［究所］に事務局が置かれた。四十二年七月に開催された第一回全豊田技術会議では、「トヨタグループの次期事業に対する技術的予備調査」について意見が交換された。以後、この技術会議には、五十年六月から豊田合成もメンバーに加わった。[155]

さらに、（まだ「朝の会」などが始まっていなかった）一九六八年には「トヨタ自工のトップがグループ各社を訪れ、工場はじめ各種施設・設備を視察し、意見を交わすという『トップ懇談会』が始まった」。[156] 例えば、一九六八年に関東自動車工業で、同社のトップが「メーカーであるから、品質・コストをつくりこむことに専心する」と『工場第一主義』の徹底」を主張すると、豊田英二は次のような講評をしたという。

工場第一主義はよくわかるが、新しい仕事にしても関［東］自［動車工業］になんらかの魅力がなければまわってこない。「トヨタ自動車が自分でやるよりうちでやった方がお得ですよ」といえるようにならなければならない。むずかしい問題ではあると思うが、魅力ある関東自動車工業になってもらいたい。[157]

この講評について、関東自動車の社史は次のようにコメントしている。

この豊田社長の言葉は、たんにトヨタグループ入りを果たしたからといって、常に生産能力に見合ったトヨタ車の受注が保証されるものでないこと、換言すれば、仕事が欲しければ実力をもって奪いとれ――ということを暗に意味していた。

聞きようによっては実に厳しい。しかし含蓄のあるこの一語が当社［関東自動車工業］経営陣の肺腑を貫いた。当社の生産技術へのあくなき挑戦、生産現場における独自の工夫が始まるのは、これが一つの契機となっている。[158]

朝の会、昼の会、全豊田技術懇談会は、トヨタグループ全体の情報交換の場であり、討議の場である。トップ懇談会は、このトヨタグループよりも対象企業の枠をやや広くとった（例えば、朝の会などのメンバー企業でない大豊工業や荒川車体なども対象にした）取引先企業のトップと、トヨタ自工のトップが個別に懇談する場を設定し、各社に具体的な改善や目標を示唆していったのであろう。さらに、一九六九年にはサプライヤーを対象にしたトヨタ品質管理賞を制定し、一九七〇年より同賞の第一回審査が始まる。

まさしく一九六九年前後にはトヨタ自工を中心に関連会社の関係を深める組織機構の整備や施策が次々と実施されているのである。

これはなぜなのだろうか。

その理由は、資本の自由化への対応だったと考えるのが順当であろう。豊田英二は一九六九年一月の初出勤日に従業員に次のように挨拶している。

昨年は、……当社［トヨタ自工］は月産十万台、年産百万台を達成しました。これらの記録は長年の夢であり、大きな目標でした。従業員の絶ゆみない努力の結果だと思います。

しかし、アメリカのビッグ3と比べれば、やっと幕内力士になったところ。資本が自由化されれば、GM、フォードといった横綱と、対等に争うことになるのです。しかも、資本の自由化は目前に迫っています。いわば、世界の舞台で争う日が迫っているのです。[159]

月産一〇万台を達成したどころか、同年二月には生産累計五〇〇万台を達成する。それを伝える『トヨタ新聞』の記事は、五〇〇万台達成までの歴史を次のように語る。

生産累計五百万台は、昭和十［一九三五］年にA1型普通乗用車第一号を、現在の豊田自動織機製作所の工場内で完成して以来、三十有余年にして、成し遂げられたものである。日本人の頭と腕で、大衆乗用車を量産することを目標に、努力を積み重ね、達成されたものである。

その目標に向かって、第一歩を大きく踏み出したのは、昭和十三［一九三八］年に挙母工場（現在の本社工場）を完成した時である。……

しかし、元町工場の完成までは、トラックがその中心であった。この意味で、乗用車専門工場・元町工場の完成は、クラウンの発表、コロナの発表とともに、大衆乗用車量産の理想に向かって、第二のスタートを切ったものといえよう。……

こうした時宜を得た設備拡張、新車発表とともに、全従業員が、「よい品よい考」の合いことばのもとに、常に品質の向上、原価低減に努めてきたことも、増産の大きな力となった。

しかし、いうまでもなく、五百万台達成は、一つのステップにすぎない。資本の自由化は迫りつつある。これに打ち勝ち次の五百万台、一千万台……を達成していくのは、われわれ従業員の頭と腕であることを忘れてはならない。[160]

五〇〇万台達成を伝える記事でさえ、「資本の自由化は迫りつつある」と書くような状況だったのである。神谷正太郎もトヨタの過去を振り返りながら、資本自由化を意識した講演をトヨタ自工で行っている。

トヨタ自動車は、今や日本の一流企業に成長しました。しかし、ここに至るまでには、過去に非常に苦しい時代があったのだということを忘れないでください。

（中略）

昭和二十四［一九四九］年ころは造った車が、どうしても売れない時代。そして、翌二十五年には、トヨタとしては初めてのストライキを経験。二ヶ月間非常に苦しみました。そして、これを契機に、自工と自販が分離。以後、この貴重な体験を基に、生産と販売のバランスのとれた経営に徹してきました。今日のトヨタ繁栄の大きな原因の一つはこれにあると思います。

分離してから十九年、私は潜在購買力の開発に、新市場の開拓に努力してきたつもりです。……

国内では、資本自由化に伴う業界再編成の動きがあります。私は、日本の自動車業界が、最終的には三社ぐらいに集約されるのが望ましいと思います。しかし、その方法は、急に合併するのでなくおのおのが独立して自主的に経営しながら、提携関係を深め、対等でまったく自然発生的に合併するのがよいと思います。

資本自由化については、たいへんな問題であるだけに、遅いにこしたことはないと思いますが、ビッグ3が日本進出を熱望しているので、その時期は、意外に早いかもしれません。ともあれ昭和四十七〔一九七二〕年度からというのは避けられないでしょう。われわれは、その時になって、あわてぬよう販売体制の確立に努力しています。そしてどんなことがあっても、日本という城だけは守っていく覚悟です。

（中略）

最後に、このような海外への進出も、あくまで、国内市場を重点に置いての話であり、民族産業としてのトヨタを、どこまでも守り抜くのだという私の基本的態度を明らかにしておきたいと思います[161]。

この講演で神谷は「生産と販売のバランスのとれた経営に徹して」きたことが、「トヨタ繁栄の大きな原因の一つ」と振り返りつつ、「資本自由化……の時期は意外と早いかもしれ」ないと考えている。その対策としては、「日本という城だけは守っていく」「あくまで、国内市場を重点に置いて」いくというものであった。豊田英二は、海外への本格的な進出を考えるならば、自工・自販の二社体制を解消し、合併すべきという考え方であった。だが、神谷は資本自由化への対応でも、ことさらに国内市場の重要性を強調している。両者の将来への思惑の違いは明白である。あるいは、国内市場重視の姿勢を見せることが（トヨタ自工の社内報にも要旨が掲載される講演会で、このように発言すること自体が）、自工側からの合併打診への回答でもあったのだろう。

ともあれ、自工と自販の合併が実現するのは、神谷の死去後で、一九八二年である。このように考えてくると、本章3の冒頭に引用した豊田英二が従業員にあてたメッセージに、熱い思いを込めた意味もわかるのではないか。彼が、実際に合併を持ちかけた時期から、すでに一〇年余りが過ぎていたのである。

工販合併は、豊田英二だけが思い描いていたわけではない。一九六三年九月に当時のトヨタ自工の社長・中川不器男は対談で次のように述べていた。

生産と販売は車の両輪のようなものであるから、たとえば金融面からいうと営業資金というかそういうものは自販のほうでまかなってやっていける。われわれのほうは生産金融だけやればいいという立場にある。それだけやりやすいということは言えると思います。理屈を言えばそうなる。しかしながらアメリカあたりでは大体私どもが夢を持っている。その夢にたっているシステムのほうがいい。[162]

経営者の発言は、微妙な問題になればなるほど、曖昧模糊となるのが常である。中川の発言も実は要領を得ない。だが、アメリカの例を引きながら「夢にたっているシステムのほうがいい」という発言は、明らかに工販合併を意味している。豊田英二が『決断』で「米国でもフォードが……最終的に一本化した。……ロングランに見た場合、[トヨタ自工と自販は]一緒になった方がいいに決まっている[163]」と述べていたことと考え合わせれば、その真意は明らかであろう(前項参照)。一九六〇年代初頭にもなると、(すぐに実現可能だとは考えていなかったにせよ)自工側の経営陣が将来的な工販合併を視野に入れていた可能性は高い。

4 合併前に業務の統合・効率化はどこまで進展していたのか?

合併に関与していた当事者が、自らの立場から事態を解釈・理解するのは当然である。特に、過去を振り返る際には自己正当化の思惑も働きがちなことは言うまでもない。自工と自販が別会社として存続している時はその合理性を褒め称え、合併後には効率性が向上したと称揚する愚を犯さないようにしなければならない。

販売と製造に特化(専門化)していれば効率的に業務が遂行できるはずではないのか、効率的な業務の実現に自工・自販の間に緊密な関係が必要だったというのは工販合併を正当化する「論理」にすぎないのではないか――こうした主張にも一理ある。そもそも緊密な関係といっても豊田英二が強調していた例は輸出業務にすぎない、と考える読者もいよう。

自動車の製造と販売の業務を担う企業が独立に存続していたにもかかわらず、それらの企業を合併する必要が本当にあったのだろうか。独立して存在する二企業を（時間・手間なども含めた意味で）コストをかけて合併することに合理性はあったのだろうか。「戦後の残渣」をなくす、「トヨタ自動車の戦後」に終焉をもたらす、という経営者の「思い」だけの合併であってよいはずはあるまい。合併による業務の統合に経済的な合理性が存在してこその、経営者の「思い」でなければならないであろう。

製造と販売にそれぞれ専念している別会社が業務上の都合で（業務を効率的に遂行していくために）統合したとすれば、経営者が合併を唱える以前から、実際の現場では実質的に業務の方向性を一致させる動きや具体的な実務的問題で統合の動きが出ていたのではないか。業務の方向性を一致させようという動きについては、ある程度はすでに述べたので（本章3（7）参照）、ここではより具体的な実務的問題から考えてみることにしよう。

（1）自工と自販の業務を円滑に進めるために何が必要か？

自動車の部品は少なくとも数千点、乗用車ともなれば約二万点あると言われる。この多数の部品を効率的に製造して組み立てる。これが自動車製造の肝要な点である。トヨタの生産管理方式もこのために工夫されたものである。多数の部品を使うので、簡単かつ効率的に部品を特定し、製造命令や発注・配送依頼を出す必要がある。部品を特定する際に、我々が日常使う言葉を駆使して、部品を指定することはもちろん可能である。だが、より効率的に部品を特定するには何桁かの数字やアルファベットを使う（通常、これを「品番」と呼ぶ）のが普通である。とりわけ電算化（コンピュータによる処理）を含む効率的な処理を考えると、部品を品番によって管理することは避けられない。だからこそ、第1章で扱った「かんばん」にはすべて品番が記されていた（第1章扉の図、図1-3、図1-6～図1-8、図1-14、図1-15、図1-21、図1-22参照）。トヨタが新しい品番を一九六三年六月一日に導入したことはすでに論じた（第1章7（4）参照）。この時期には、自工・自販の緊密な協力関係の構築も視野に入れたTQCが始まっている。また、自工・自販の首脳による最高政策会議もすでに設置され、合同会議が開始される数カ月前であった。

この新しい品番の採用を『トヨタ新聞』は次のように伝えている。

当社では、最近のめざましい増産にともなう、部品点数の増加、複雑化に対応して、量産体制にふさわしい品番方式を新しく採用するために、検討、準備中であったが、さる六月一日をもって当社［トヨタ自工］、自販、協力会社などオールトヨタ一せいに、新品番切りかえを行なった。(164)

自工と自販のみならず、協力会社（サプライヤー）も含めた「オールトヨタ」で新しい品番を採用したというのである。実際、製造から販売に至るプロセスで部品が同一の品番で管理されることが望ましい。この記事の本文でも「今回の改正は、当社［トヨタ自工］および自販で取扱うすべての自動車用部品および用品を対象と」すると書かれている。(165)

この引用文は、旧来の品番を新たな体系に変更した意味についてはほとんど論じていない。「量産体制にふさわしい品番方式」に変えると言うにとどまる。しかしトヨタ自工側の別資料で、品番変更の意味が、より具体的に次のように書かれていたことを想起されたい（第1章7（4）参照）。

品番の改正によって技術部における品番の付与が合理化されるほかに、社内の品番を伴う業務の機械化が促進されるとともに、現在すでに機械化されている業務においても、工数の節減と完成する資料の確実性を増すことができます。(166)

自工では、品番を使う業務を「機械化」つまり「電算化」するのに適した品番体系に変えたのである（それ以前の品番の問題点については第1章7（4）参照）。

しかし、トヨタ自販にとって新たな品番を採用するインセンティブ（誘因）はあったのだろうか。自販の『モータリゼーションとともに』は品番体系の改正について次のように書く。

コンピューターによる在庫管理システムの開発にあたって遭遇した一つの大きな問題は、部品の品番であった。品番とは部品番号の略で、部品を分類、識別、整理するための名前のようなものである。当時、トヨタの品番は、数字とローマ字との組合せからなり、しかも、桁数が不ぞろいであった。こうした品番体系は、コンピューター利用上、きわめて不便であったのである。

そこで、当社［トヨタ自販］は、トヨタ自工と協力して、約二年間の準備期間を経て、昭和三八［一九六三］年一〇月、現行の一〇桁数字（一部一二桁）から構成される新品番体系を完成させた。この品番改正は、その後、在庫管理にますますコンピューターの役割が高まっていっただけに、きわめて有意義であった。この作業はたいへんな時間と労力がかかったが、一種の先行投資であったとみることもできるであろう。(167)

自販では、この新しい品番を導入する前は一種のカード・システム（カーデックス）で部品の在庫管理を行っていた。同社の経理部には電算機が導入されていたものの、部品在庫管理には不適切な機種（磁気テープを使用し、即座の対応には不向き）だったため、部品在庫はカード・システムによる手作業で対応していた。しかし、取り扱う完成車台数と種類が増えるに従い、扱う部品点数も増えたため、手作業での在庫管理をやめることにする。そのため、自販は一九五九年に「磁気ディスクを使用した電算機」（磁気テープと違い、データにランダムにアクセスできる機種）を導入する。自販の社史によれば、「磁気ディスクを使用した電算機」としては、これが「わが国に導入された第一号機」だったという。(168)

しかしここで、「自販が扱うのは完成車ではないか。なぜ部品の在庫管理が経営管理上の問題になるのか」と疑問を持つ読者もいるであろう。

完成車を販売する事業は、その取引代金の決済では終了しない。完成車を購入した消費者の立場になれば、その状況がよく理解できるはずである。購入した自動車が故障すれば、修理に出す（あるいは一定の期間、乗車した後に車を点検に出す）。こうした場合、一部の部品を交換する場合があり、それを供給する業務も自販が行う。こうした部品を補給（部）品と呼ぶ。そして、市場でトヨタ車の累積数が多くなれば、トヨタ自販にとってもこの業務の重要性は高まる。その重要性の一端は、トヨタ自工がＡＰＡ特需の受注を終えた後も、補給部品を供給する業務が継続したことからも窺われよう（表2-2参照）。

この補給部品の供給が円滑かつ速やかに行われない場合には、消費者のトヨタ車への信頼は低下し、後の購買行動に影響を及ぼす。また、補給部品の供給が遅滞する場合には、市場に純正部品でなく、イミテーション・パーツ（模造品）が出回ることにもなりかねない。つまり、トヨタ自販の業務にとって、完成車だけでなく補給部品の販売・供給は経営的にもきわめて重要な意味を持つのである。この点は看過されがちであるので、補給部品の重要性を認識するためにも『モータリゼーションとともに』から引用しておく。

補給部品の販売は、販売した車両の機能をじゅうぶんに発揮させ、ユーザーの満足と効用を最大にするために必要欠くべからざるものである。言い換えれば、自動車を販売するものにとって、補給部品の迅速な供給は、当然の義務であるともいえよう。

また、一面では、そうした活動が、ユーザーの信頼感と好意を得る一つの手段として、企業経営に積極的にプラスになる。つまり、製品サービスを通じて、マーケティング活動の一端を担っているのである。

部品販売は、上述のマーケティング機能を果たすと同時に、安定収益源として企業経営の安定に寄与する。いうまでもなく、補給部品の需要は、景気の好・不況に直接左右されることはない。むしろ、不況時には、一般に高齢車をもつユーザーが新車への代替を手控えるから、かえって、補給部品の需要が増加することすらありうる。

また、補給部品の需要は、新車販売の動きではなく、保有台数の動きに影響されるから、着実に増加の一途をたどる。したがって、部品販売は、適切な政策さえあれば、安定的な成長が期待できる部門であった。車両手数料以外の自己収益力をつける必要があった当社にとっても、経営の安定基盤の確立を目ざす販売店にとっても、部品部門の運営は一大関心事であった。

さらに、部品販売には、もう一つのマーケティング機能がある。末端におけるユーザーとの接触を通じて収集する市場情報である[169]。

自動車は多数の部品から構成される。その部品は互換可能である。たとえ何万点という種類の部品から構成されていようとも（たとえ異なった何種類の車種があろうとも）、それらの雑多な部品群から部品を素早く特定できれば、それを自工に（場合によれば、自工がさらにサプライヤーに）発注できる。それだけでなく、部品の品質が不安定・劣悪な場合に、データを蓄積することで、故障などの問題が生じやすい部品を特定することは、将来における部品の改良・改善にも寄与する。自動車の構成部品を一定の体系下で特定しやすくしておくことは重要である。自販と自工（さらには、部品製造を担うサプライヤー）の間で同一の品番体系が使用されていれば、特定した部品の情報を企業の枠を超えて（自販から自工、サプライヤーへ）伝えることが容易・確実になる。互換性部品を使った製造には、統一的な品番が欠かせない。ちなみに、自販が管理していた補給部品は一九六一年には三万点を超え、六三年には五万点を上回っていた[170]。この膨大な部品点数の迅速・確実な受発注には同一の品番が欠かせない。だからこそ、この品番改正は自工・自販が「協力して、約二年間の準備期間を経て」行われたのであり[171]、また、『トヨタ新聞』が伝えているように、「当社［トヨタ自工］、自販、協力会社などオールトヨタ一せいに、新品番切りかえ」を行う必要があったのである[172]。

この新しい品番体系の採用は、自工では「社内の品番を伴う業務の機械化」を促進することを狙っていた[173]（第1章7(4)参照）。部品表までの機械化＝電算化をすぐには実現できなかったものの、業務の機械化へ向かって動き出す、この新たな品番が採用された一九六三年こそ、トヨタの社史が「かんばん方式」採用と書く年次であったことにも留意されたい。すなわち、トヨタ式スーパーマーケット方式を導入した自工「機械部［で］……スーパーマーケット方式運用の手段として、品番その他仕掛上の必要事項を標示した『かんばん』を部品に掛け、工程間の情報連絡に使用し」ていたものを、一九六三年六月に「ほぼ全工程に実施」した。[174]トヨタ式スーパーマーケット方式の導入に伴い、工程で使う帳票の変更が、新しい品番を使いながら自工内部の「ほぼ全工程に実施」されたのである。これが、トヨタの社史が一九六三年を「かんばん方式」を実施したとする実態であった（第1章7（3）（4）参照）。新しい品番体系の採用（による業務の機械化）なくして、「かんばん方式」の採用もなかったのである。

トヨタ自工が「社内の品番を伴う業務の機械化」を狙ったように、自販でも業務の機械化＝電算処理が品番改正の目的であった。特に、手作業による在庫管理をやめ、電算処理を導入することが目的だった。トヨタ自販は「昭和三〇［一九五五］年以降の販売台数の急増に伴って」「全国の販売店に補給部品を供給する大部品倉庫（建設当時、延べ約一〇万平方メートル）、サービス本部の本拠、および販売店のセールスマンやサービスメカニックを教育するトレーニングセンターから構成される」施設を愛知県春日村（当時）に建設した。[175]この新たに建設された部品倉庫（春日倉庫）は、トヨタ自販の「メイン部品倉庫」であり、同社はこの「春日倉庫とのオン・ライン化」を一九六五年に実現する。[176]

もちろん自工と自販が業務を円滑に遂行するには、品番を統一化してコンピュータで管理し、さらにオンラインで情報処理すれば、それで能事了れりということではない。部品の在庫管理だけに絞っても、たとえば組織上の工夫（横断的組織の設置）によって組織間の情報交換を密にするだけで、部品の在庫管理が効率的になる場合もある。その良い例が自販内部における設計変更に関する連絡体制の整備であろう。これを、『モータリゼーションとともに』は次のように述べている。

設［計］変［更］連絡会は、部品部、輸出部品部、サービス部、および海外技術部の四つの部が、車両または部品の設計変更に先立ち、相互に意見や情報の交換を行なうものである。その目的は、新設計部品の円滑な補給体制を早急に整えるとともに、旧型部品がデッドストックになるのを未然に防ぐことにある。この連絡会でまとめられた結論は、販売店にも「技連予報」などによって連絡され、販売店の部品在庫管理、発注計画の適正化に活用されている。

設変連絡会は、昭和三九［一九六四］年一月に第一回が開かれて以来、［社史刊行時までに］すでに数百回にわたって開催されコンピューターによる在庫管理とはまた違った面で、部品の在庫管理に大きな効果をあげている。組織の間の良いコミュニケーションが、効率を向上させた一つの事例であろう。(177)

「組織の間の良いコミュニケーションが効率を向上」させることは否定できない。しかも、この自販内部の組織についての記述の背後には、自工・自販の間で設計変更の情報が交換されていることも窺わせる。しかし、二つの企業間で実現しているかもしれない「組織の間の良いコミュニケーション」をそれらの企業の外部から知り、評価することは至難である。

そこで、以下では工場で完成した製品（自動車）がラインオフした後に、顧客の手に届けられる経路に着目してみたい。具体的な業務実態に注目して、業務を円滑に遂行するために何が実施されていくのかを検討してみよう。

（2）完成車はどのように配送されていたのか？

自工の組立工場でラインオフした自動車は「原則として『自工』の工場庭先裸渡し」で自販の管理下に移る。これが自工・自販分離時での取り決めである（本章3(1)参照）。この自動車を販売店にまで輸送することは、自販の責任であった。

自動車の販売台数が少ない時期には、工場から自動車を運転手が個々に運転していった。いわゆる「自走」による陸上輸送（陸送）である。一九五二年になると自販は、トヨタ車の陸送のために、トヨタ陸送株式会社を設立する（六七年一月に、トヨタ輸送株式会社と改称）。(178)しかし「自走」では運転手一人が一台を運ぶので、販売台数が増えると、搬送コスト、運転手の確保の面から考えても効率的な配送の実現には限界がある。それればかりか、「自走」による輸送では「工場出荷時のトヨタ車の品質を確実にユーザーに届ける」点で難がある。(179)そのため、陸上輸送でもトレーラーや貨車での輸送に多様化していった。

トレーラーに自動車を積んで輸送すれば、運転手一人につき複数の車両を運べる。この方式は、「昭和三四［一九五九］年四月に初めて採用、三六［一九六一］年六月のパブリカ発売を機会に本格化」する。(180) 自動車の販売が増加するにつれ、トレーラーによる輸送が増え、一九七二年頃には「二百台のトレーラーが、おもに中・近距離輸送」を担っていた。

陸上輸送でさらに多くの車両を一括して輸送するには、貨車を使う方法がある。「自動車の貨車輸送は戦前戦後のガソリン事情の悪い時期には全面的に実施されていたが、燃料事情の好転とともにしだいに姿を消してい」た。自販は一九六三年に「パブリカの輸送に一部貨車輸送」を再開する。ただし貨車輸送が本格化するのは、一九六六年一〇月に「国鉄が開発した自動車専用貨車が登場」して以降で、七〇年四月には「毎日約一三〇両の自動車専用貨車がトヨタ車を満載して全国各地へ走」っていたという。(181) 当時の事情について、鉄道関連に造詣の深い人物は次のように書く。

試作車二輌による昭和四一［一九六六］年九月までの試験輸送の結果をうけ、いよいよ四一年一〇月ダイヤ改正からク５０００形量産車が登場し本格的輸送が開始されることになった。

そして以後、本形式による自動車輸送は各自動車メーカーに競って取り入れられ僅か数年の間に総計九三二輌に達するという驚異的な伸びを示し、……物資別貨物輸送中の花形として君臨するに至ったのである。(182)

このように自動車の貨車輸送は急激に伸びた。だが、「国鉄ストによる運休多発、再度の運賃値上げなどが自動車メーカーの不信を招き」「鉄道依存度を低下させていった」。その結果、一九八五年三月の「ダイヤ改正でついに国鉄自動車輸送は全面廃止されてしまった」のである。(183)

一九七〇年頃、専用貨車による自動車輸送は急成長していた。トヨタ自販も専用貨車による輸送体制を整備している。当時の状況を確認しておこう。一九七〇年には「月間約三万台のトヨタ車の［貨車］輸送を、国鉄の笠寺、白鳥、熱田の三駅で分散して行なって」いた。[184] 自販は、この分散した体制を一駅に集中する方向に動き出す。国鉄岡多線が一部開通すると、自販は一九七〇年一〇月に岡多線の北野桝塚駅西側に貨車センターを建設する。この場所は、自工の工場南側にあった自販のヤード（自動車の一時的な置き場所）内である（なお、岡多線は本来、愛知県岡崎と岐阜県多治見を結ぶ予定で建設が始まったが完成せず、現在では愛知環状線として岡崎・高蔵寺間を結んでいる。北野桝塚駅は愛知環状線の駅として現存する）。この貨車センターは「十一本の積み込み線、十六本の構内線をもっているほか、トレーラー基地、モータープールとして十五万平方メートル［東京ドーム約三・二個分］の車両ヤード（収容能力九千台）をもつ大規模なもの」だった。[185]

トヨタ車の販売が増大するにつれ、完成車の輸送に自動車専用船も利用され出す。それまでも自動車の海上輸送は実施されていた。だが、それは「石炭船の帰り便を利用し」、一九五七年から九州向けの輸送に部分的に行われただけだった。[186] しかも、専用船でなく、「空船利用のため、日程や輸送可能台数を事前に把握することが困難」で、自動車を届ける日程を販売店に事前に告げることが難しかった。このため自販は自主的に運用できる自動車専用船の建造に乗り出す。一九六二年一一月には「第十一福寿丸」が就航し「名古屋～博多、名古屋～釜石間の輸送にあたる」。[187] この後も専用船の就航が続いた。一九六三年一〇月に「豊嶋丸」、六四年三月には「豊晴丸」と「協豊丸」、さらに六七年九月には五隻目の「豊神丸」が運行を開始した。[188] 一九七二年一〇月には、自販の自動車専用船は「千五百トン（二百台積み）から三千トン（七百台積み）まで十七隻を数え、月間の輸送能力は四万五千台に達し」た。[189] こうした船舶利用の輸送体制を強化するために、一九六四年三月に自販はトヨタ陸送、藤木海運との共同出資でトヨフジ海運株式会社を設立する。

自動車専用船で海上輸送する車両台数が増えると、「船積み基地と荷揚げ地のモータープール施設（自動車の一時的置き場）の強化」が必要となる。自販は「トヨタ車の海上輸送基地としてトヨタ名港センター」を建設することにし、一九六四年五月にその第一期工事を完成する。このトヨタ名港センター（トヨタ名古屋埠頭）は、「約二〇〇

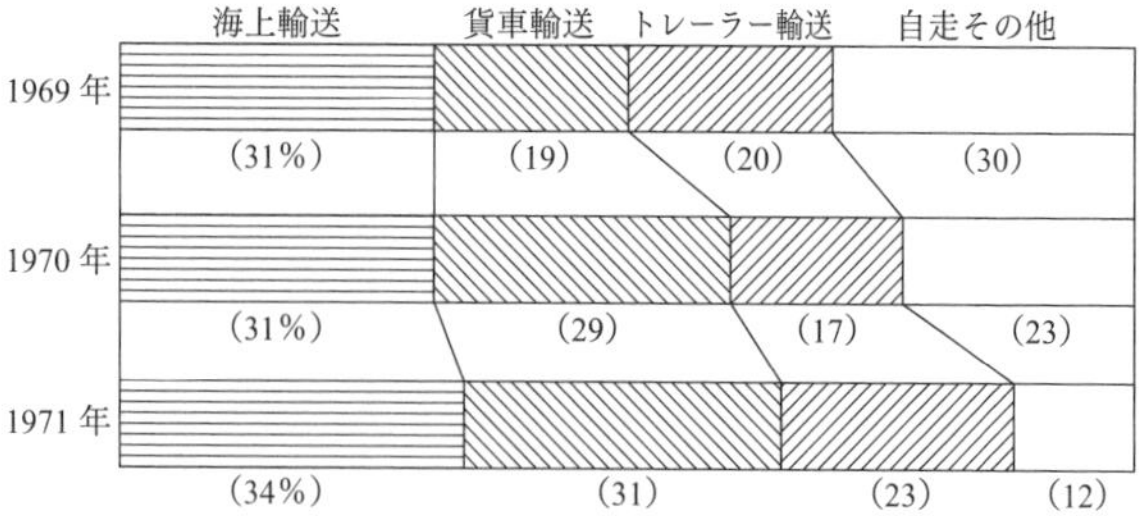

図2-4　トヨタ車の輸送手段の推移（1969〜71年）

出所）「より速く安全で確実に」『トヨタ新聞』1972年9月15日。

メートルの専用岸壁と二〇〇〇台を収容するモータープールをもち、海上輸送の推進に大きな役割を果た」す。また「荷揚げ地の配車センターの増強」も行った。一九六三年には塩釜と福岡県の福間、六六年には苫小牧と水島、坂出、六九年には千葉にモータープールを新設する。[190]

完成車輸出が一九六〇年代後半より増大し始めると、海上輸送台数が一段と増加し、国内・国外の輸送体制を整備する必要に迫られる。名古屋埠頭は第一期工事以降も順次拡張を遂げ、一九六七年には「六万三千平方メートル〔東京ドーム約一・三個分〕の輸出専用埠頭を備え」る。[191] この後も名古屋埠頭の拡張は続く。だが、（販売台数の増加とともに増える）輸送車両の増大には名古屋埠頭の拡張だけでは限界があった。「トヨタ車の船舶輸送の船積みは、国内向け、輸出向けとも名古屋ふ〔埠〕頭で行ってきたが、昨年〔一九七一年〕、国内向け三十九万台、輸出向け七十万台と、合計で百万台を突破するほどに増加し、施設が手狭になっ」たのである。この問題の解決のために、自販は一九七二年に愛知県碧南市の衣浦臨海工業地帯にトヨタ衣浦埠頭を建設する。この衣浦埠頭の敷地は「三好工場とほぼ同じの三十三万平方メートル〔東京ドーム約七個分〕」であり、衣浦埠頭の建設によって、名古屋埠頭は「輸出専用基地として整備、拡充」されることになった。輸出専用埠頭と国内向け輸送用の埠頭とを明確に区分したのである。一九七二年に第一期工事を終えた衣浦埠頭は、国内向け埠頭としての役割を担い、「東北、関東、中国、四国、九州地区に向けて、当面年間三十万台の輸送を行なう」ようになった。[192]

豊田英二が「工販合併を真剣に考え始め」たという一九六九年頃には、工場からラインオフした自動車が国内の

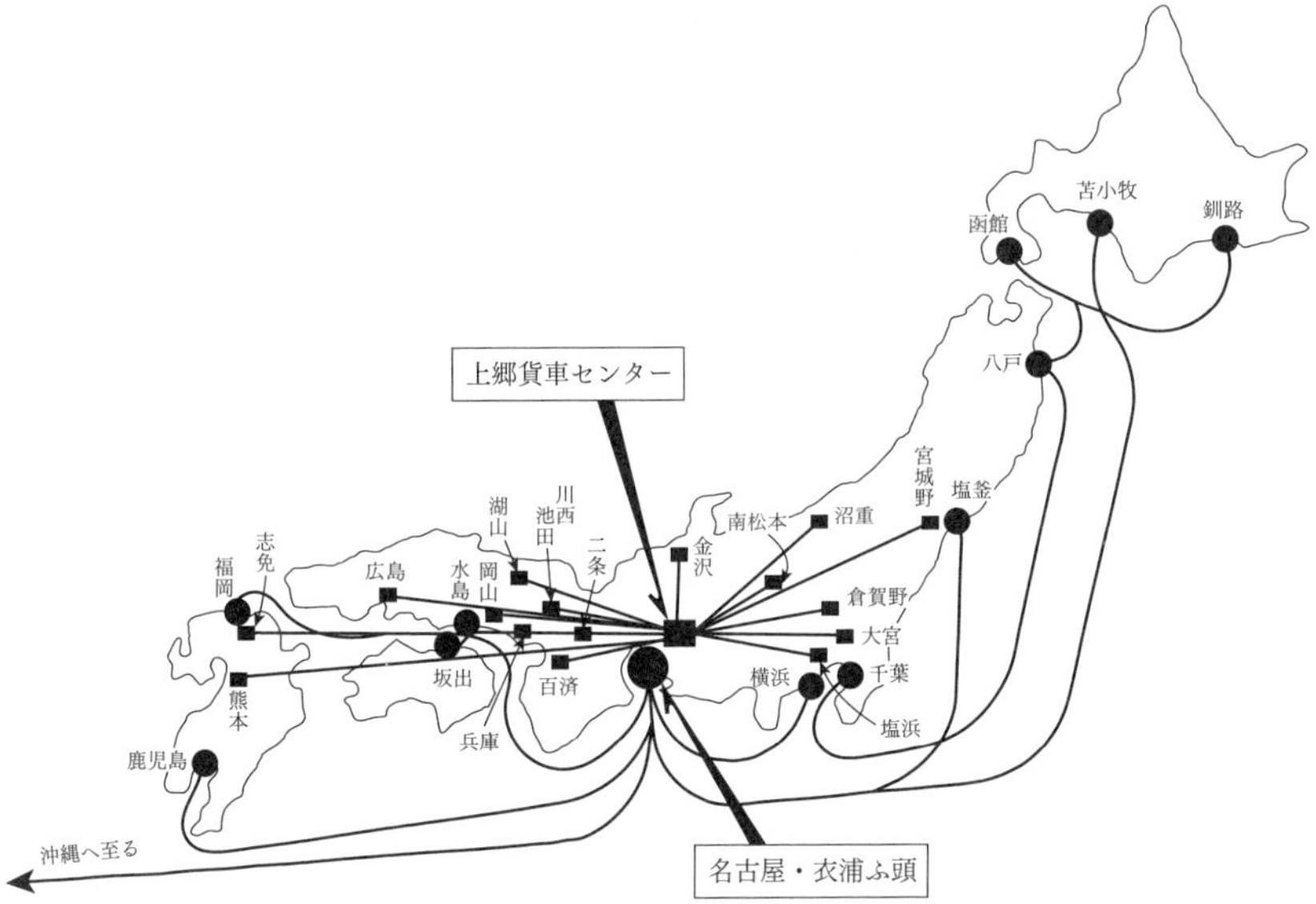

図 2-5　トヨタ車の貨車輸送，海上輸送体制（1970 年代初頭）

出所）「より速く安全で確実に」『トヨタ新聞』1972 年 9 月 15 日。

顧客に運ばれていった経路を見ると「海上輸送、貨車輸送など大量輸送のウエイトが高まっている」ことがわかる（図2-4参照）。どの輸送手段が選択されるかは、主に愛知県に立地する工場（ラインオフ）から販売店までの距離が大きく影響を与えたことは常識的に推測できる。実際に、一九七一年において販売店が立地する地区別に「輸送手段をみると、北海道へは一〇〇%、東北地区へは七〇%強、中国、四国、九州地区へは六〇%強が船で運ばれている。また、関西地区へは半分以上が貨車で運ばれている。中部地区は、トレーラーが半分弱、自走が四〇%を占めている」のである。

一括輸送を利用するには「専用船や貨車のほか、発着荷駅、港、積み降ろし機械、車両ヤードなどの付帯設備」が必要である。それだけでなく、そうした設備を使いこなして輸送を担う主体（事業体）も必要である。こうした条件を、自販は一九七〇年頃までに整えた。上郷貨車センターと衣浦埠頭がトヨタ車の輸送を開始し、国内の輸送体制の大枠が整備された。これが、一九七〇年頃の状況だったのである（図2-5参照）。

ここまで「工場で完成した製品（自動車）がラインオフした後に、顧客の手に届けられる経路」がどのように形成されたかに焦点を絞ってきた。工場内部で自動車のラインオフがきわめて厳格に管理されていたことは、第1章で論じた。すなわち、原材料や部品が工場内部で加工・組立されて完成品になるまでの「流れ」が制御されていた。ところが、ひとたび工場の外に出ると、その完成品（自動車）が流れる「経路」は整備されたものの、自動車の「流れ」を制御する仕組みは、これまでの説明では一切なされていない。

「需要について、十分見通しを立てたうえで、生産と販売を調整する」（本章1（3）参照）ことが行われ、生産が厳格に計画に基づいてなされていた、と考えよう。その後、工場の外に出て顧客の手に完成車が届くまでの「流れ」はどのように制御されていたのであろうか。自販が自動車専用船を建造・使用し始めた理由は何だったかを思い起こしてみよう。石炭船などの荷がない時だけ船舶を借り受け、自動車を船で運ぶと「日程や輸送可能台数を事前に把握することが困難」なことが問題であった。顧客にとって（販売店にとっても）、発注した自動車がいつ入手できるかは重大な関心事のはずである。工場からラインオフされた自動車が販売店まで「流れる経路」（充分な台数の車両が「流れる経路」）は一九七〇年頃には一応の整備はできたものの、その「経路」を流れる速さや販売店に到着する時日を掌握する仕組みはあったのだろうか。「経路」を流れる製品（自動車）が「経路」のどの場所にあるかを掌握し、「経路」の一応の終着点である販売店にいつ到着するかを事前に明確にする仕組みはなかったのだろうか。

原材料・部品などが加工や組立といった作業によって、組立工場の最終ラインの末端で自動車として完成する。しかし、購入予約をした顧客にとっては、製品（自動車）を手にして初めて製品の購買は完結する。購入予約といった行為によって、販売店・自販を経て生産すべき車種・台数などの情報が自工に入る。その情報を基に販売計画を作成し、それを平準化順序計画に組んで必要な指示を関係部署に連絡する。その平準化計画に基づき生産を制御する仕組みがあるからこそ、「一台ずつ違った車を確かな品質で手際よくタイムリーに生産する」ことが工場内で実現できる（図1-2参照）。

これとまったく逆の極端な場合を考えてみよう。販売店が自らリスクをとって、売れると予測した車両を在庫として抱えるというやり方であれば、購買者は販売店で好みの車両を選び、必要な手続きがすめば車両を手にすることができる。これは現代における中古車購入の場合に似ている。販売店の手持ち在庫から特定の実車を選び契約をする。納車までの期日は短い。しかし、二一世紀初頭の日本で新車を購入する場合、販売店を訪ね、そこに在庫されている実車を入手することは希である。インターネットで探して新車購入をしても、納車までにある程度の期間がかかることは想定されている。販売店が多数の実車を店頭に揃えて顧客に販売することは、現代の日本では例外的な商談のあり方となった。もはや顧客は単に車名だけで、購買する車両を選択していない。車名が同じでも、そこからさまざまな装備を選択する。顧客の選択は多様でありうる（結果的に、ほぼ同じ仕様に発注が集中するにしても、顧客は好みに従って仕様を選んで発注することが可能になっている）。このため製造現場では「一台ずつ違った車を確かな品質で手際よくタイムリーに生産する」ことが必須になっている。これが現代の状況である。第二次大戦直後、自動車が販売統制下にあり、販売店（ディーラー）が販売割当台数の枠を多くすることを競っていた状況（本章2(1)参照）と、現代とでは異なる。現代の状況は、自動車の製造・販売を担う会社だけでなく、消費者の対応が築き上げたものである。この状況を形成していく製造・販売会社の動きを（トヨタ自工・自販の動きに焦点をあてて）明らかにすること、これが、これ以後の本章の底に流れる主題でもある。

話を戻そう。一九六〇年代にもなれば、加工途中から完成車までの過程を工場内部では管理している。完成途上の自動車の動く経路は言うまでもなく、各工程間を流れる速さ・位置までを厳密に管理・制御している。しかしラインオフ後、充分な数量の自動車が流れる「経路」を確保したにしても、少なくとも販売店に至るまでの「各工程間を流れる速さ・位置までを厳密に管理・制御」する仕組みについては、これまでのところ扱ってこなかった。こうした仕組みが登場するのは一九六九年になってからなのである。

「一九六九年」という年次は本章3(9)でも扱ったが、以下では違った観点からその前後に何が起きていたかを考察しておきたい。それは前述した「仕組み」が出現する前提条件を考えるためである。

(3) トヨタ自工は資本の自由化にどのように立ち向かおうとしていたのか?

一九六九年はあらためて述べるまでもなく、豊田英二が「工販合併を真剣に考え始めた」頃である(本章3(8)参照)。また、「朝の会」が始まり、いわゆるトヨタグループの会社が緊密な関係を構築し始めた時期でもあった(本章3(9)参照)。これは、資本自由化への対応が現実的な経営課題となったことが背景にあった。ここでは、より具体的にトヨタ自工という会社の内部で、どのように資本自由化に立ち向かおうとしていたのかを考えてみたい。

通常言われることは、一九六九年一〇月に「トヨタ自工は、資本自由化の実施までに年産二〇〇万台体制を確立するという方針を打ち出」したことである。[193] だが、これは生産規模の問題である。組立工場や関連した製造施設を増やす、あるいは既存の設備を改修したり増強する。生産規模を拡大することだけが問題ならば、これで解決する。これならば、資金と時間的な余裕さえあれば、何とかなる。しかし、生産規模を増大したとしても、効率的に管理できない企業であれば、国際的な競争には対応できまい。

トヨタ自工は資本自由化への対応策として、本当に生産規模の増大だけを考えていたのだろうか。生産規模が増えて、効率性が落ちることはよくある。生産規模の増加の他に何か対策を考えていたのではないか。この推測に基づいて、「年産二〇〇万台体制を確立する」方針を示したという一九六九年一〇月には一体、どのような方策が立てられていたのかを検討してみたい。

しかし企業外部から、会社が打ち出した方針の全体像を知ることには限界がある。企業内部の資料(史料)群に自由にアクセスできたとしても、利用可能な資料の質によっては、全体像に迫れるかどうかも疑わしい。ただ、会社の重要な方針であれば（従業員のモラルやインセンティブを高めるためにも、俗な言葉で言えば「従業員をやる気にさせる」ためにも）、従業員に何らかの説明をするであろう。その説明をよりどころに、一九六九年一〇月の方針について考えてみよう。

一九六九年一〇月一八日の『トヨタ新聞』は「〝決意新たに民族資本貫く〟」という記事を冒頭に掲載する。その記事には中見出しが二つある。一つは、「急ピッチで備えよ　資本自由化［昭和］四六年一〇月に」である。そこでは資本自由化の内容について一般的に説明した後、次のように結ぶ。

われわれは、トップメーカーとして、また民族産業としての責任を目覚し、日本の基幹産業である自動車産業を守り、日本経済発展に寄与する決意を新たにしたい。(194)

こうした記事の流れを受け、もう一つの中見出しが「二〇〇万台体制の確立　豊田社長、決意を語る」である。この見出しに続く記事は、豊田英二が自ら語りかけるかのように書かれている。全文を掲げよう。

資本自由化の時期［一九七一年一〇月］が示されました。私たちの要望より、約半年短くなりましたが、日米間の諸般の事情を考えると、やむを得ない処置だと思います。

時期が示された以上、私たちはそれに向かって、今まで以上にピッチを上げ、体質強化を急ぐ心要があります。当社としては、資本自由化後も、民族資本擁護でいく決意です。日本の自動車産業を、われわれ全従業員で守り、進展させていかなければなりません。それが、日本経済の発展のためであり、国民のためだと信じるからです。

そこで、残された二年間にみなさんに次のことをお願いします。

①ビッグ3に対抗するため、最低年産二百万台をメドに、設備の拡充を進めていますが、それらの設備能力を、フルに生かす管理体制の整備に努めてください。

②量産を支える基盤は、信頼性です。現在全社的に進めている品質管理を徹底し、より高い信頼性を確保し

てください。
③規模の拡大は、ともすると情報遅滞を招きます。情報システムの革新をはかり、管理の効率化を強力に進めてください。
④企業を支え発展させるのは人です。人材育成、自己啓発に努めてください。
⑤これを機会に、関係会社、仕入先、販売店などとも十分連携をとって、オールトヨタの総力を、さらに発揮するよう努力してください。[195]

豊田英二が従業員に「お願い」した五点のうち、第一番目の「最低二百万台をメドに、設備の拡充を進め」たことは、これまでの叙述でも明らかである（具体的には、堤工場の建設を進めた）。しかし、その「設備能力を、フルに生かす管理体制」とは何を意味するのだろうか。第三点で言う「情報システムの革新」とは何なのか。第五点は、深読みすれば（単に、精神的な意味合いだけの連携ではなく、関係者の間の意思疎通が素早く、効率的に確実にできる「仕組み」をつくってこそ「十分連携」がとれると考えれば）、前項で述べた「仕組み」との関連があるのではないかとも考えられる。また、第二番目に「信頼性」があげられているのは、一九六九年六月にリコール問題が起きたことを念頭に置いているとすれば理解しやすい。このリコール問題は大きな社会問題となったものであり、トヨタの社史では必ずと言ってよいほど大きく取り扱われる事件である。このリコール問題は、その後、思わぬ方向に影響を及ぼす（この問題については第3章で触れる）。

一九六九年一〇月に資本自由化に立ち向かうために打ち出された方針の全体像は、およそこうしたものだった。この点を確認した上で、前項の最後で触れた「仕組み」の形成を考えてみることにしよう。

（4）完成車の配送効率化はどのように始まったのか？

工場からラインオフした製品（完成車）が、その後どこにあるかを知ることが、企業経営にとって意味があるこ

シェイクスピア時代の読者と観客　山田昭廣著
絵画の臨界　稲賀繁美著
プルーストと創造の時間　中野知律著
美食家の誕生　橋本周子著
イスラームの写本絵画　桝屋友子著
山下清と昭和の美術　服部正／藤原貞朗著
島々の発見　ポーコック著　犬塚元監訳
モンゴル覇権下の高麗　森平雅彦著

マルコ・ポーロ／ルスティケッロ・ダ・ピーサ　世界の
記　高田英樹訳
公共善の彼方に　池上俊一著
日本型排外主義　樋口直人著
アメリカ研究大学の大学院　阿曽沼明裕著
現代インド経済　柳澤悠著
ポンドの譲位　金井雄一著
宇宙機の熱設計　大西晃他編

刊行案内

＊

2013.11
〜
2014.2

＊

名古屋大学出版会

■お求めの小会の出版物が書店にない場合でも、その書店に御注文くださればお手に入ります。
■小会に直接御注文の場合は、左記へお電話でお問い合わせ下さい。宅配もできます（代引、送料２００円）。
■表示価格は税別です。小会の刊行物は、http://www.unp.or.jp でも御案内しております。

◎第56回日経・経済図書文化賞『近代日本の研究開発体制』（沢井実著）８４００円
◎第35回サントリー学芸賞受賞『ヨーロッパ政治思想の誕生』（将基面貴巳著）５５００円
◎第８回樫山純三賞『中東鉄道経営史』（麻田雅文著）６６００円
◎第１回フォスコ・マライーニ賞受賞『イメージの地層』（水野千依著）１３０００円

〒464-0814　名古屋市千種区不老町一名大内　電話〇五二(七八一)五三五三／ＦＡＸ〇五二(七八一)〇六九七／e-mail: info@unp.nagoya-u.ac.jp

山田昭廣著

シェイクスピア時代の読者と観客

A5判・338頁・5800円

劇場へと通い、書物をめくる人々——。英国史上未曾有の「演劇熱」を、推定観客数や戯曲の刊行点数などから捉えるとともに、当時の戯曲本への書き込みを読み解き、読者のリアルな反応を探る。文化史および社会史の両面から、読者と観客の生きた姿に迫る労作。

978-4-8158-0748-1

稲賀繁美著

絵画の臨界

—近代東アジア美術史の桎梏と命運—

A5判・786頁・9500円

「海賊史観」による世界美術史に向けて——。近代以降の地政学的変動のなかで、絵画はいかなる役割を背負い、どのような運命に翻弄されてきたのか。浮世絵から植民地藝術、現代美術まで、「日本美術」「東洋美術」の輪郭を歴史的に捉え、国境を跨ぐイメージと文化の相互作用を考察。

978-4-8158-0749-8

中野知律著

プルーストと創造の時間

A5判・492頁・6600円

それが存在しない世界に——。科学的な実証知が勃興し、旧来の人文教養が失墜した世紀末の憂鬱の只中で、それでも「文学に賭ける」決断を下したプルースト。作家が格闘した、『失われた時を求めて』誕生以前の文の地形を明らかにすることを通して、その出現の意味を探る労作。

978-4-8158-0754-2

橋本周子著

美食家の誕生

—グリモと〈食〉のフランス革命—

A5判・408頁・5600円

食卓のユートピアへ。大革命後のフランス美食文化の飛躍をもたらした〈食べ手〉による美食批評は、レストランガイドの起源となる一方、それにとどまらない深遠な美食観を宿していた。『美食家年鑑』の著者グリモを通して、〈よく食べる〉とはどのようなことかを探究した美味しい力作。

978-4-8158-0755-9

桝屋友子著

イスラームの写本絵画

B5判・3[illegible]2頁・…

書物の文化とともにさまざまな地域・王朝で花開き、驚くべき美の表現を達成してきたイスラームの写本絵画。その多様なる作品世界はどのように読み解くことができるのか。科学書から歴史書・文学書まで、色彩豊かな図版を多数掲載し、イス

-4-8158-0760-3

服部正／藤原貞朗著

山下清と昭和の美術

―「裸の大将」の神話を超えて―

A5判・534頁・5600円

本のゴッホ」など、次々と綽名＝イメージを与えられてきた美術家・山下清。その貼絵が大衆に愛され続ける一方、芸術の世界にも福祉の世界にも落ち着く場所のなかった彼の存在を通して、昭和の美術と福祉と文化の歴史を新たに問い直す。

978-4-8158-07

J・G・A・ポーコック著　犬塚　元監訳

島々の発見

―「新しいブリテン史」と政治思想―

A5判・480頁・6000円

主権と歴史のあいだ――。歴史のポストモダニズムに抗しつつ、大西洋・太平洋を含む「群島」の視点から、多元・多層的な「新しいブリテン史」を構想し、グローバルヒストリーにも重い問いを投げかける、政治思想史の碩学によるもう一つの代表作。

978-4-8158-0752-8

森平雅彦著

モンゴル覇権下の高麗

―帝国秩序と王国の対応―

A5判・540頁・7200円

発展著しいモンゴル帝国史研究の成果をふまえ、高麗王朝の元との宗属関係の実態をかつてない水準で描き出す。「元寇」の性格を規定した元―高麗関係の基本構造の解明により、またモンゴル帝国の周辺支配の最も緻密な実証例の提示によって、日本史、世界史にも新たな領域を開く画期的労作。

978-4-8158-0753-5

高田英樹訳

マルコ・ポーロ
ルスティケッロ・ダ・ピーサ

世界の記

―「東方見聞録」対校訳―

菊判・822頁・18000円

「東方見聞録」の名で知られるマルコ・ポーロの書『世界の記』は、時代の根本史料でありながら様々な版によって内容が異なる。本書は、最も基本的なフランク―イタリア語版、セラダ手稿本、ラムージォ版の三版を全訳・対校し異同を示した世界初の試みであり、全ての探究の基盤となろう。

978-4-8158-0756-6

池上俊一著

公共善の彼方に

―後期中世シエナの社会―

A5判・600頁・7200円

公共善の政治的理想のみならず、近隣・家族・職業・遊興・霊性による結びつきから、裁判記録にみられる噂と評判の世界、人間関係の結節点としての都市空間や諸々のイメージまで、中世都市に生きる人々の社会的絆に注目することで、人間の共同性を更新していく力のありようを探った労作。

978-4-8158-0765-8

樋口直人著

日本型排外主義

—在特会・外国人参政権・東アジア地政学—

A5判・306頁・4200円

ヘイトスピーチはいかにして生まれ、なぜ在日コリアンを標的とするのか？「不満」や「不安」による説明を超えて、謎の多い実態に社会学からのアプローチで迫る。著者による在特会への直接調査と海外での膨大な極右・移民研究の蓄積をふまえ、知られざる全貌を鋭く捉えた画期的成果。

978-4-8158-0763-4

阿曽沼明裕著

アメリカ研究大学の大学院

—多様性の基盤を探る—

A5判・496頁・5600円

研究者・専門職双方の輩出で世界をリードするアメリカの高等教育は、どのように支えられているのか。大学院を動かす仕組みとお金の実態を、インタビュー調査や文献から見通しよく整理。その多様性に富んだあり方を初めてトータルに解き明かす待望の書。

978-4-8158-0761-0

柳澤　悠著

現代インド経済

—発展の淵源・軌跡・展望—

A5判・426頁・5500円

インド経済の歴史的な成長を準備したものは、経済自由化でもIT産業でもない。植民地期の胎動から輸入代替工業化、緑の革命の再評価も視野に、今日の躍動の真の原動力を摑み出す。圧倒的な厚みをもつ下層・インフォーマル部門からの成長プロセスの全貌を捉え、その見方を一新する決定版。

978-4-8158-0757-3

金井雄一著

ポンドの譲位

—ユーロダラーの発展とシティの復活—

A5判・336頁・5500円

ポンドはなす術もなく凋落したのか。ユーロダラーの発展と国際金融市場シティの隆盛も視野に、戦後ポンドの役割を再評価、基軸通貨交代の知られざる意義を描きだす。福祉国家化による国内均衡優先へと舵をきったイギリスの政策転換をも捉えて、一面的な衰退史像を大きく書き換える。

978-4-8158-0759-7

大西　晃他編

宇宙機の熱設計

過酷な宇宙環境において、人工衛星や惑星探査機は温度制御が必須である。本書は、宇宙の熱環境や伝熱過程などの基礎的事項から、熱真空試験、熱制御材料の評価、そして実際の設計例まで、最新情報を含め宇宙機の熱設計の全てをまとめた初

4-8158-0758-0

となのだろうか。多くの読者は、このような疑問を抱くに違いない。こうした疑問を氷解させるためにも、「計画販売を促進　クラウン配車業務を業界初のオンライン化」という『トヨタ新聞』の記事を掲げておこう。

自販は、クラウンの配車関係業務に、オンライン・リアルタイム・システム（即時処理方式）を、［一九六九年］四月一日から採用した。これは日本では初めてのもの。

この方式は、電算機を使って、デーラーからの注文と生産日程計画を引き合わせて、配車関係業務を合理的に行うもの。

これにより、①どこにどんな車がいつ配車できるかが正確につかめ、ユーザーに対して、納期を約束できる②ラインオフした車をどこへ配車するかが自動的に行なえる③配車関係書類が電算機で早く正確に作成できる④どこにどんな車があるかがわかり、早急に車がほしいというユーザーの要望にも、ある程度応じられるようになった。

このシステムは、年内には、コロナ、カローラ、パブリカにも採用される予定。これにより、トヨタ車の計画的販売が、さらに促進されるなど大きな成果が期待される(196)。

この記事には、ラインオフした製品がどこにあるかを知る利点が①〜④まで書いてある。これらの利点について、ここで詳しく論じる必要はないだろう。むしろ、注目したいのは次の点である。配車業務に「電算機を使って、デーラーからの注文と生産日程計画を引き合わせて、配車関係業務を合理的」にすることが、一九六九年四月に初めて「クラウンの配車関係業務」に採用されたことである。さらに「コロナ、カローラ、パブリカにも採用される予定」と一車種にとどまることなく、拡大していくことを告げている点にも注目したい。

引用文に掲げられた①〜④の利点はそれほど大きな効果（成果）をもたらさないと考える読者も多くいよう。文中に「大きな成果が期待される」とあっても、単に字面だけのことだ、と考える読者もいるかもしれない。しかし、引用文からは、新たな配車業務の適用範囲（車種）を拡げる意図が会社側にあることは明らかだ。少なくとも、この時点で、経営陣はそれが経営的にも何らかのメリットがあると考えていたに違いない。この配車業務が実際に拡大していかなかったとすれば、この時点での経営判断が誤まっていたと考えられるが、実際に、この配車業務は他の車種にも拡げられる。ただしここでは、おそらく何らかのメリットがあったためだと考えるにとどめておこう(これについては本節(9)で触れる)。

ここでは「配車関係業務にオンライン・リアルタイム・システム(即時処理方式)」を導入する背景を考えてみたい。

配車業務を実施したのはトヨタ自販である。その自販の動きを一九六九年年四月以前から追ってみよう。自販は、一九六五年一〇月に「ワイドセレクション」という概念をクラウンに導入する。一つの車名(ここでは「クラウン」)でも、消費者が幅広い多様・多彩な仕様から、自分の好みに応じて最終的な仕様を選択できるようにする。これが「ワイドセレクション」である。

なぜ最初にワイドセレクションをクラウンに適用したのか。これはクラウンなどの中型車市場が低迷していたためであった。社用車や官公庁の公用車、タクシーだけでなく、「広く一般ユーザーを対象としたファミリーカーでもあることを訴求」するための方策がワイドセレクションだったのである。(197)

このワイドセレクションの「実質的運用のための方策」が「旬間オーダー」の採用である。(198) これはいったい何を意味するのだろうか。『モータリゼーションとともに』は次のように説明する。

旬間オーダーシステムは、昭和四一[一九六六]年一月からクラウンに限定して採用された。これは、従来の月間オーダーシステムを大幅に前進させたものである。月間オーダーシステムでは、販売店は翌月の注文台数を当月の上旬に当社に提出せねばならなかった。そのため、発注してない車型の注文をうけた販売店は、他の販売店からそれを譲渡してもらえない場合は、……当社[トヨタ自販]からの配車を最低二〇日、最悪の場合は八〇日も待たねばならない。これでは、ワイドセレクションどころではない。

旬間オーダーシステムによって様相は一変した。旬間オーダー制度によれば、……販売店は当旬末に翌々旬の車型別注文を当社に提出すればよい。したがって手持在庫のない車型を受注しても、早ければ一〇日、遅くとも三〇日以内に当社から配車を受けることができるようになった。ワイドセレクションの導入は、旬間オーダーシステムの採用によってはじめて可能であったといっても過言ではない。これにより、販売店の在庫水準を高めることなく納期を短縮し、かつユーザーの満足を得られたのである。[199]

多様・多彩な選択肢から好みに応じた仕様を選べることは消費者にとって魅力的なことかもしれない。しかし、だからといって、発注から納車までの期間が大幅に長くなっては、消費者は購入を躊躇しかねない。これが旬間オーダーの導入の意味である。まさしくワイドセレクションの「実質的運用のための方策」だったのである。

しかしまだ、疑問が残る。なぜ旬間オーダーに関連したことが、本項冒頭のように自工の社内報『トヨタ新聞』で記事になるのか。関連会社の動きを伝えることも社内報の意義だと、考えることも可能だ。だが、この記事には、「デーラーからの注文と生産日程計画を引き合わせ」るとあり、この日程計画を策定するのは自工である。まさに注文をまとめるのが自販、その生産を担当するのが自工なのである。二社が深く関与していることを、この記事はさりげなく伝えているのである。

実際、旬間オーダー・システムは、次のように、自工・自販の二社が深く関わって策定されている。

旬間オーダーシステムは、トヨタ自工生産管理部と当社［トヨタ自販］車両業務部を窓口として相互に連携をとりつつ検討が進められた。そして、トヨタ自工生産管理部長佐久間晃（現同社取締役東京支社副支社長）などの精力的な努力によって推進され実現した。トヨタ自工の高度な生産管理システムが、生産のリードタイムの大幅な短縮を可能にしたのであった。[200]

自工の「高度な生産管理システム」とは何か。これは社史にありがちな関連会社の立場に配慮した儀礼的な言葉ととるべきではない。一九六六年頃には、トヨタ自工では、ついに生産日程計画を電算機で処理するようになっていた。また、「三か月の必要数の内示、日程別必要数をもとにした指示日程の決定などを主体にした新納入方式が完成」したのも、一九六六年一二月だった（第1章7（7）参照）。さらに、組立順序計画も一九六七年後半には「組立ラインごとに、塗色などさらに詳細な条件を加えた、一台単位の計画がたてられる」までになっていた。[201] ちなみに、トヨタ式スーパーマーケット方式は五台単位だった（第1章7（2）参照）。生産平準化がいっそう進展していく途上で、旬間オーダーという自工・自販の連携が企図されたのである。

自工の「生産計画の体系」に即して考えてみよう（図1-13参照）。同図の中央部あたりに「月度オーダー」がある。これを受けて「月度生産計画」がある。さらに、図の下には「ディリーオーダー」がある。それを受けて「組立順序計画」が決定される。この順序計画が生産を平準化するために重要なことは言うまでもない。だが、ここには「旬間オーダー」というものは記されていない。これは次の事情によると考えられる。当初「月度オーダー」のみで月間計画から日程生産計画、組立順序計画が作成されていたものが、「旬間オーダー」を受けて生産計画などを変更する体系に修正された。しかしさらに、この図が作成された時点では、「ディリーオーダー」でも計画が変更されるようになったので、「旬間オーダー」が記されていないのである。

つまり、「旬間オーダー」の導入は、それまでの月次での調整を大きく修正したものだったが、さらに日次レベルでの調整が行われるようになった。このように考えれば、「旬間オーダー」が過渡的なものであったことは否めない。しかし、最終製品の仕様の多様化に対応する方向へと踏み出した大きな一歩であっただけでなく、自工での生産平準化を進める点でも重要だったのである。

（5）旬間オーダーについて研究者はどのように問題を捉えてきたのか？

この旬間オーダーについては、浅沼萬里や岡本博公などのすぐれた先駆的研究がある。[202] 議論の都合上、これらの論に若干触れておきたい。

浅沼は、製品の多様化の問題を全面的に見すえて論を展開する。その際、GMが一九二〇年代にフォードから市場シェアを奪った問題について、経営史家アルフレッド・D・チャンドラーJrの論を次のように要約する。

> 事業部制の導入により、製品多様化戦略の意識的な追求が可能になり、シボレー、ポンティアック、ビューイック、オールズモビル、キャデラックという相異なる車名の車（car-lines）をもって、全体として一つの連続体を構成する相異なるいくつもの市場セグメントに同時並行的に働きかけることができたので、GMはフォードよりも広い市場から養分を吸い上げることができたというわけである。[203]

浅沼の着眼が鋭利な点は、こうした論点に満足せずに、「車名のレベルにおける増殖は、現在の製品の多様化の主要な側面を構成するものではない」と喝破したことにある。[204] 彼は次のようにも言う。

> 一つの自動車メーカーが四〇個にものぼる車名の車を提供していることは、相当な程度の製品多様化だと考えることもできようが、しかし、もし考察をここで止めるならば、真に重要な点を見逃すことになろう。
> 今日では、自動車産業における製品多様化のはるかに大きな比率を占める部分が、個々の車名それぞれの内部でのバリエーションというレベルにおいて、もたらされている。[205]

浅沼はこの「真に重要な点」、つまり単一車名内部での製品多様化に対し、自動車メーカーがどのように対応してきたかを問うた。

この問題意識は岡本にも共有されており、彼は「多品種・多仕様・大量生産に伴う在庫と納期のトレードオフ関係を解消する鍵」は何かと問い、[206] 次のように言う。

> 計画時間と生産のリードタイムをいかに短縮できるかが、……在庫増大と納期の長期化を回避できる条件であった。そうして予測の精度を高め、計画時間・生産のリードタイムを短縮する鍵は、計画ロットを小さくし、かつ計画先行期間を短くすることであった。[207]

こうして、具体的には「月次の調整と旬次の調整・日次の調整がそれぞれレベルと範囲を異にしながら重層的に組み合わされている」仕組みを見事に説明していく。[208] 浅沼・岡本の両者はアプローチが異なるけれども、いずれも「計画ロットを小さくし、かつ計画先行期間を短くする」仕組みを先駆的に示した業績である。

岡本はさらに、旬間オーダーを支えた情報システムにも目を配り、それが「一九六四年に完成したテレックスの全国ネットであった」ことを指摘した。彼が依拠したのは『創造限りなく』の次の文章である。

［昭和］三十九［一九六四］年九月には全国の販売店にテレックスが導入され、同年十二月には全国ネットが完成した。これで前述の旬間オーダーシステムも可能になり、受注業務や販売情報の受発信業務も大幅に迅速化され、全国の販売店別・車型別の受注・販売・在庫状況などが迅速かつ正確に把握できるようになり、それをただちに販売政策や生産計画に反映させることが可能になった。[209]

そしてテレックスの全国ネットに支えられていた旬間オーダー・システムが、次いで一九六六年四月に「オンライン・リアルタイム・システム（即時処理方式）」となり、電算処理されるようになったのである。本書では機械化（電算化）に特に着目しながら、これ以後の展開について考察してみたい。この視角を導入することで、浅沼・岡本が切り拓いた研究の深化に多少なりとも貢献したい。これが筆者の企図でもある。[210]

（6）配車業務の機械化がもたらしたものとは何か？

クラウンから旬間オーダーは始まった。これは浅沼・岡本の先駆的研究からも明らかなように、販売サイドだけが関わる問題でない。だからこそ、「トヨタ自工生産管理部と当社［自販］車両業務部を窓口として相互に連携をとりつつ検討が進められた」のであった。[211] 旬間オーダーは、社史の記述が正しいとすれば、クラウンでとどまることは想定されていなかった。「車両部門の総合的な機械化への第一段階として」位置づけられていた。[212]

旬間オーダーは一九六六年一月にクラウンに導入されたが、ここで注意しておかねばならないのは、旬間オーダーと配車業務の機械化は同時に起きたのではないということである。そもそも、旬間オーダーは、配車業務を機械化する前から実施されていたのである。次の文章を読んでもらいたい。

機械化されたことによって、配車業務は著しく合理化されるとともに、質的にも向上した。たとえば、旬間オーダーの集計は、従来は車型別、塗色別集計にとどまっていたが、これによって、最終仕様別、配車優先度別にも集計することができるようになった。生産段階においても、販売店の配車優先順位にもとづく生産日程計画を組むことが可能となり、出荷順位も一台ごとにリストアップされる、したがって、出荷予定日も一台ごとに販売店に案内することができるわけである。[213]

配車業務を機械化（電算処理）する以前に、旬間オーダーは始まっており、「車型別、塗色別集計」であったものが、機械化によって「最終仕様別、配車優先度別にも集計」できるようになった。これはまた販売店の配車優先順位を考慮した日程計画の作成を可能にし、出荷順序も一台単位で把握できるようになった。配車業務の機械化は、ラインオフした自動車が販売店に到着する日程を管理する仕組みを作る契機になったのである。

配車業務を機械化した目的は何だったのか。それについて、自販の社史は次のように説明する。

まずクラウンの配車業務を機械化することとなった。そのおもなねらいは次の通りである。

（1）当社［トヨタ自販］車両部において、現車引当の機械処理による事務の合理化と質の向上を図る。

（2）メーカーサイドの生産日程管理を充実し、トヨタ自工―当社―販売店を通じての日程上のトラブルを減少させる。

（3）販売店からのオーダーに対する一台ごとの配車順位をコンピューターで適確に判断し、効率的な配車を行なう。

（4）一台ごとの配車日程計画を販売店に連絡することにより、販売店の仕入管理、販売管理あるいは納車管理が充実する。

（5）全国の販売情報や在庫情報が、より精密なものとなり、諸データの質の向上とロケーターサービスの拡充が期待できる。

配車業務の機械化は、このようなねらいのもとに推進され、約一年の研究、検討期間を経て、昭和四四［一九六九］年四月からクラウン乗用車の配車業務が機械化されるに至った[214]。

この（2）の「メーカーサイドの生産日程管理を充実」という点については、すでに簡単に説明したので繰り返さない（本節(4)参照）。

(3)〜(5）について説明を加えておこう。「販売店からのオーダー」を電算機で処理し、どの車をどこの販売店にいつの時点で配送することが効率的かを判断し、その日程を確定して、実際に配車されているかどうかを確かめる（上記(3)(4)の論点)。これこそ、ラインオフした車が販売店に着くまで一台ずつ日程を管理しようとしたことを意味する。このことは理解できよう。だが、配車業務を機械化したからといって、（5）が主張するように「全国の販売情報や在庫情報が、より精密」になるというのは本当であろうか。これは具体的に次のように説明される。

配車と同時にその車両に関する諸データ、たとえば、車種、塗色、フレームナンバー、配車先などをコンピューターに記憶させておき、販売先からの販売報告書によって、これを消し込んでいくことにより、販売店の販売、在庫情報などをより正確に把握することができることになった[215]。

ラインオフして、自販側に渡った車のデータを把握し、実際に販売されたという報告を受けた車のデータを得ることができるからこそ、「全国の販売情報や在庫情報が、より精密」になるのである。

ここまで配車業務の機械化（電算処理）という視点だけでほぼ説明してきた。だが、この機械化は、「オンライン・リアルタイム・システム（即時処理方式）」であった（本節(4)参照)。岡本は、旬間オーダーを支えた情報システムが、「一九六四年に完成したテレックスの全国ネットであった」と述べていたが、これは「全国の販売店にテレックスが導入され」完成したもので[216]、自販と全国の販売店との間のことである。では一九六四年に完成していた全国ネットに、この「オンライン・リアルタイム・システム（即時処理方式）を、［一九六九年」四月一日から採用した」とわざわざ大きく伝える意味は何だろうか。トヨタの『創造限りなく』によれば、「車両の受発注につき販売店と［の間で］オンラインシステム［が］稼動」したのは一九八一年一月であり[217]、一方、同社史が「オンライン配車指示」が始まった時点と明示しているのは一九六九年である[218]。後者が『トヨタ新聞』の記事で言う「オンライン・リアルタイム・システム（即時処理方式）」である。

だが、この「オンライン・リアルタイム・システム（即時処理方式）」とは具体的には何なのだろうか。その前提となるテレックスを知らない読者も多かろう。辞書はテレックスを次のように説明する。

> 加入者はテレタイプを備え、電話と同様に随時ダイヤルで相手を呼び出し、加入者相互間で電信により高速度の記録通信をおこなう方法またその装置。わが国では一九五六年に開設。（『広辞苑』）

この情報システムは一九六〇年代前半としては時代の先端をいく技術であり、全国ネットを一九六四年に確立していたことは驚くべきことである。だが、これは「コンピューターの入出力装置がコンピューター本体に直接連結されて、情報が直接出し入れされる状態」（『広辞苑』）であるオンラインとは異なる。

このオンラインの定義にあてはまる事象で、一九六九年頃に生じたことといえば、すぐに思い浮かぶのは高岡工場の事例である。自工『三〇年史』年表の一九六六年一一月二五日にも「高岡工場のＩＭＢ１４４０を中心とするオンライン・リアルタイム方式の電子計算組織が稼動」とあり[219]、同社史の本文は次のように書く。

> この高岡工場でのもう一つの大きな特徴は、工場管理方式に全面的に電子計算組織を導入したことである。すなわち、工場管理用としては初めてのＩＢＭ―１４４０型電子計算組織の導入によって、各工場の工程管理はもちろんのこと、運搬管理、在庫管理、品質管理にいたるまで、あらゆる管理をオンライン・リアルタイムコントロール・システムで有機的に結び付けて、情報の集中およびその即時処理をおこなうようにした[220]。

この『三〇年史』（一九六七年刊）には、この二カ所しか「オンライン」という単語は見いだしえなかった（約九〇〇頁にもなる大著のため見落としがないとは言えないが）。一九六九年以前に、トヨタ関連の会社で「オンライン・

リアルタイム・［コントロール・］システム」という用語に関して語られるのは、ほぼ高岡工場における管理方式に限定されている、と考えられる。

クラウンの配車業務は機械化（電算化）しただけでなく、「オンライン化」したのであった。だからこそ、これを報じた『トヨタ新聞』記事はタイトルに「クラウン配車業務を業界初のオンライン化」という言葉を使っていたのである[221]（本節(4)冒頭参照）。これは、岡本が鋭くも指摘した旬間オーダーを支えた「テレックスの全国ネット」が変貌しつつあることを示しているのではないか。しかも、高岡工場の事例を見れば、配車業務のみならず自工・自販の業務がオンライン化していくことを示しているのではないだろうか。この視点から、自工・自販の業務の変遷を追ってみることにしよう。

(7) 自工・自販の業務はオンライン化されたのか？

オンライン化、正確に言えば「オンライン・リアルタイム・システム（即時処理方式）」という用語を、クラウン配車業務の機械化を伝える『トヨタ新聞』の記事は使っていた[222]。前項でも、あえて『広辞苑』から「オンライン」の定義を引用した。二〇一〇年代初頭に生きる人間にとって、この用語は日常生活に深く関わっており、あらためて意味を辞書で調べる必要もほとんど感じないが、一九六〇年代末では『トヨタ新聞』の記事が「即時処理方式」という日本語訳を付けていること自体、「オンライン・リアルタイム・システム」という用語が日常的に使う言葉でなかったことを示している。ましてや、簡略化して「オンライン」「オンライン化」などといっても一般には通用しなかった時代だった。この一〇年後の一九七〇年代末になってもパソコンすら普及していると言える状況ではなかったのである（第1章3(1)参照）。

こうした時期だからこそ、社内報といえども「オンライン・リアルタイム・システム」を次のように詳しく説明する。

入力データを、発生地点から直接データを電算機に入力し、これを処理し、その時の周囲条件に反映するのに十分な速さで出力データを使用する場所に直接伝達するシステムである。この入力から出力までの時間のことを、応答時間といい、一般的には、数秒のものをリアルタイムと呼んでいる(223)。

きわめて詳細な説明である。ところが、この説明はクラウンの配車業務機械化を伝えた一九六九年春ではなく、それから約八カ月後の同年一二月のものである。なぜ、配車業務を伝える際には詳しく説明もせずに、この時点になって説明をしたのか。それには自工の社内報『トヨタ新聞』という立場が関わっていよう。配車業務は自販側での業務改革である。この説明を付した記事は「躍進に備え　元町工場でオンライン開始」で、自工側での改革を伝えるものである(224)。自工の社内報が自社に関する情報、しかも業務の画期となる事態について、従業員が十分に理解できるよう懇切丁寧な解説を加えたのである。

いま「業務の画期となる事態」と書いたが、その言葉に納得しない読者も多いだろう。だが、記事は実に重大な画期であることを、次のように伝えている。

元町工場は、［一九六九年］十二月から、電算機を利用した生産ラインのオンライン・リアルタイム・コントロールを開始した。これにより、当社［トヨタ自工］のすべての乗用車組立ては、電算機によってコントロールされることになり、生産ラインの工程管理はいっそう高度なものになる(225)。

自工の乗用車工場すべてがオンライン化されたというのである。だが、具体的にはどのような形になったのか。すでにオンライン化されていた高岡工場との関係はどうなるのか。これについて、記事は詳しく説明する。

これは［元町工場のオンライン化は］、電電公社［現在のNTTグループが民営化される前の会社名］の専用電話回線を通じて、高岡工場の電算機本体と、元町工場の端末機制御装置および工場内に設置された端末機［ディスプレイ］を結ぶことにより、元町の機械、ボデー、塗装、組立の各工場を直結するものである(226)。

高岡工場の電算機を利用する形で、元町工場のオンライン化は進められたのである。しかし、なぜ「電算機によってコントロール」する必要が生じたのか。これは「車種の多様化が飛躍的に進んだ」ため、「生産ラインでこれにタイムリーに対応するために、従来のテレメールによる指示方式では限界があり、コンピューターによる生産指示」が必要となったからである[227]。

浅沼や岡本が着目した一車名の中でのバリエーションの多様さは、生産現場にも大きな影響を与えていたのである。具体的には次のようになった。

各工程でフレーム№をインプットすることにより、その車両の仕様などが端末機に打ち出され、その情報により生産ができるようになった。

しかし、この当時の端末機は情報を打ち出すのみで、組付け部品記号など「はり紙」の作成はすべて手書きで行なわれていた。

その後の技術革新により、現在のような端末機による「はり紙」ができるようになった[228]。

一九八九年発行の文書はこのように、二一世紀初頭の最終組立ラインでも見られる完成途上の自動車に付けられている「はり紙」の起源についても触れる。この説明は、一読すると説得力があるように見える。これは、端末機を工場に配備した後に生じたゴタゴタ（混乱）が、この時点では忘れ去られていたか、あえて触れない方針をとったためであろう。本書の読者には、第1章4、特にその(3)を是非とも想起してもらいたい。

先に掲げた記事「躍進に備え　元町工場でオンライン開始」は、元町工場だけの状況を伝えていただけではない。翌年に予定していることも次のように述べる。

また、来年［一九七〇年］そうそうには、［自工］本社と自販、［自工］本社と高岡の各電算機がオンラインで本格的に結ばれる予定で、これが実施されると、長年の懸案である受注から生産、配車業務のオンライン化実現にむかって、一歩前進し、さらに効率的、効果的な管理体制が確立される[229]。

一九七〇年になると、自工・自販がオンラインで結ばれるという。これが具体的にどのようなものだったかは本節(9)で扱うことにする。

この引用文からすれば、自工・自販間がオンライン化する前に、自販はクラウンの配車業務をオンライン化したことになる。このオンライン化とは具体的に何を意味するのか。これを次に確認したい。

(8) クラウン配車業務は何をオンライン化していたのか？

旬間オーダーは、岡本が指摘したように全国の販売店を結ぶテレックスの全国ネットを基盤として成立した。しかし、これはオンライン化ではない。また、自工と自販の電算機はまだ直結していない。こうした時期にクラウンの配車業務を「オンライン・リアルタイム・システム（即時処理方式）」にしたというのは、具体的には何をオンライン化したのであろうか。

ラインオフした自動車が自工から自販に渡されてから、発注したディーラーにその車を渡す手続きをする。これが配車業務である。この作業のオンライン化を理解するには、具体的な作業を思い浮かべる必要がある。

自工から自販に自動車が渡されると、自工の組立工場近くにある自販のモータープール（ヤード）に運ばれる。そこから直接、ディーラーに運ぶ場合もある。そうではなく、さらに船舶輸送や貨車輸送をする場合には、まずディーラー近くの港や駅のモータープール（ヤード）に運び、そこからディーラーに運ぶ（本節(2)参照）。自販は、このプロセスの詳細な日程計画の策定、自動車と金銭の受け渡しを確実に行わねばならない。物品・金銭の授受には伝票が必要である。多数の自動車が関係するから計画の策定や起票（新しく伝票を書くこと）だけでも膨大な作業である。オンライン化すれば、これらの作業を完璧に実施し、確保した「経路」を使って運ぶ各商品（自動車）の「流れ」を管理できる。

一九六九年春に行われた、自販によるクラウンの配車作業のオンライン化を図示したのが、図2-6である。この図を使い「実際にラインオフした車両がどのように流れて行くか」が次のように説明されている。

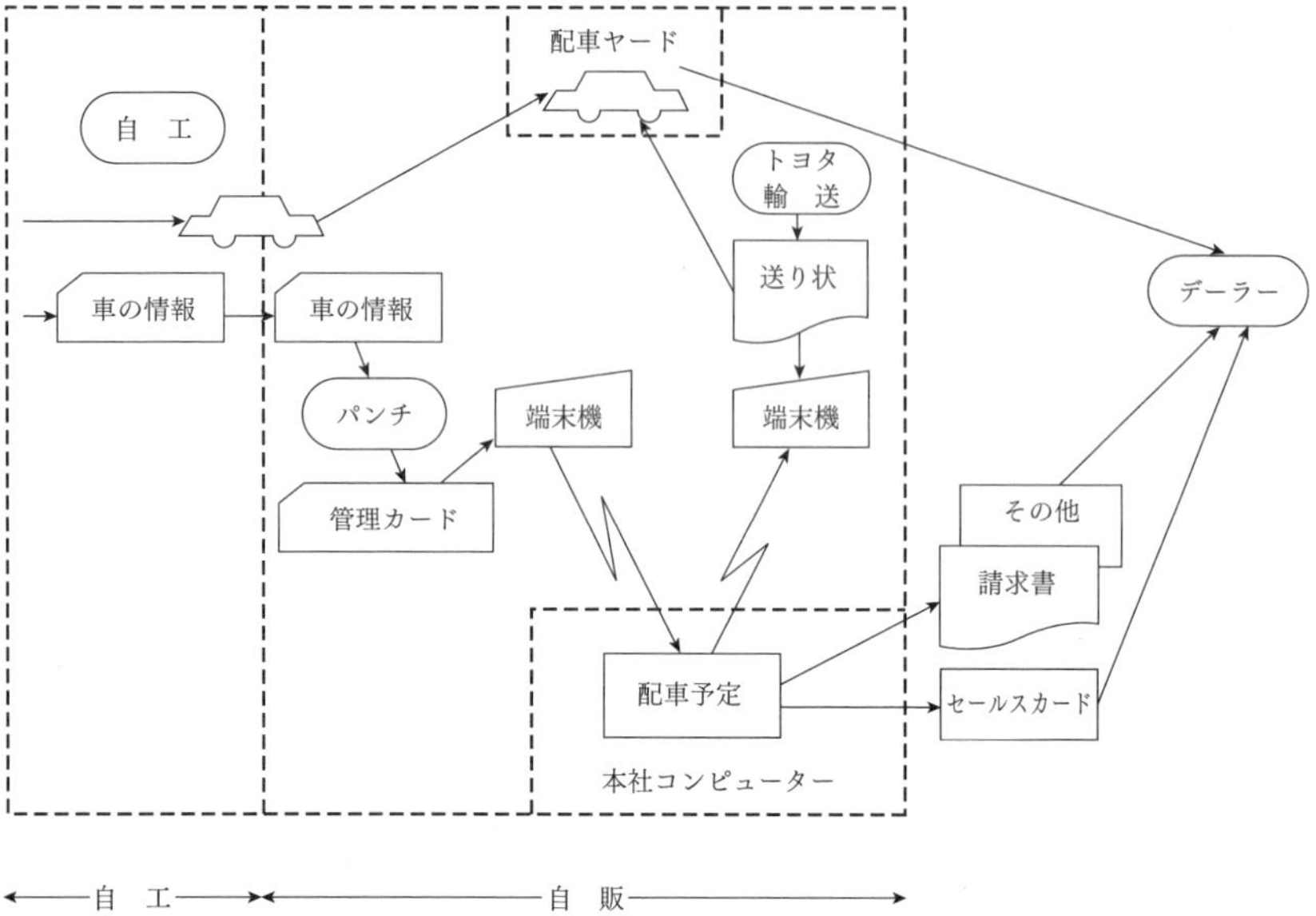

図 2-6　自販における配車作業

出所）清水健太郎「自動車販売と電算機——トヨタ自販におけるコンピュータ利用と海外の状況」『技術の友』20 巻 3 号（1969 年），25 頁。

自工から自販へ車が引き渡される時点で車両の情報がＩＢＭカード［パンチカード］、あるいは伝票の形で自販へ流れ、自販では必要な項目をパンチして端末機にインプットする。インプットされた情報と配車予定とを組み合せて、配車先、輸送手段を指示する送り状等の伝票がオンラインでプリントアウトされる。以降は、この伝票が自販からトヨタ輸送［本節(2)参照］に渡され、車両がデーラーに配車される。セールスカード、請求書等はコンピューターからアウトプットされデーラーへ送られる[230]。

クラウン配車業務のオンライン化とは、ラインオフした自動車が自販に渡った後、自販は管轄下に入った車の情報を処理するが、この業務のオンライン化を指すのである。

前述のように、一九七〇年には自販と自工本社および高岡工場の電算機が結ばれる。次にこれを配車業務だけに限定せず、何が変わったのかを考えてみたい。

（9）自工・自販間のオンライン化は業務をどのように変えたのか？

自販と自工本社、高岡工場の電算機が結ばれたことを、一九七〇年三月の『トヨタ新聞』が報じている。その記事タイトルは「二〇〇万台体制に備え完全オンラインを目指す　自販と電算機直結」である。自工は資本の自由化に立ち向かうために二〇〇万台体制の構築を行おうとしていた（本節(3)参照）が、オンライン化そのものが資本自由化への対策の一環であったことを示唆するタイトルである。

この記事は次のように始まっていた。

このほど、当社［トヨタ自工］の本社電算機と高岡工場電算機、それに自販の本社電算機が、電々公社の回線を通じて直結。［一九七〇年］三月二日から、生産計画、配車計画などのオンラインコントロールが開始された。なお三つの電算機がオンラインで結ばれたのはわが国で初めて。[231]

オンライン化がどのように進展しているかを示す図もこの記事は掲載しており（図2-7参照）、それを見ても明らかなように、一九七〇年三月には自販と各ディーラーの間はまだオンライン化されていない。自販の本社と「受け渡し場所」、つまりモータープール（ヤード）との間がオンライン化されていたにとどまる。三月二日以降、自販の本社電算機と自工本社の電算機が結ばれたことにより何が変わるのか。記事は次のように説明する。

今までは、ラインオフした車を自販のモータープールが受け取り、端末機で出荷情報を伝達、折り返し自販本社電算機から配車指示を受けていた。これが今回のオンライン化で、高岡工場電算機が、車両のラインオフ状況、検査状況などを本社電算機に連絡、同時にその情報が自販の本社電算機に流されるので、モータープールでは、車両がヤードにはいってくる前に、その車両の配車指示が受けられるようになった。[232]

クラウンの配車業務がオンライン化された時との違いは何か。元町工場と高岡工場からラインオフの状況に関するデータが、自工本社の電算機と同時に自販の電算機に送付され、配車作業に反映される。これによって、自工と自販の関係はデータ受け渡しの観点からはより密接になる。これを記事は次のように解説する。

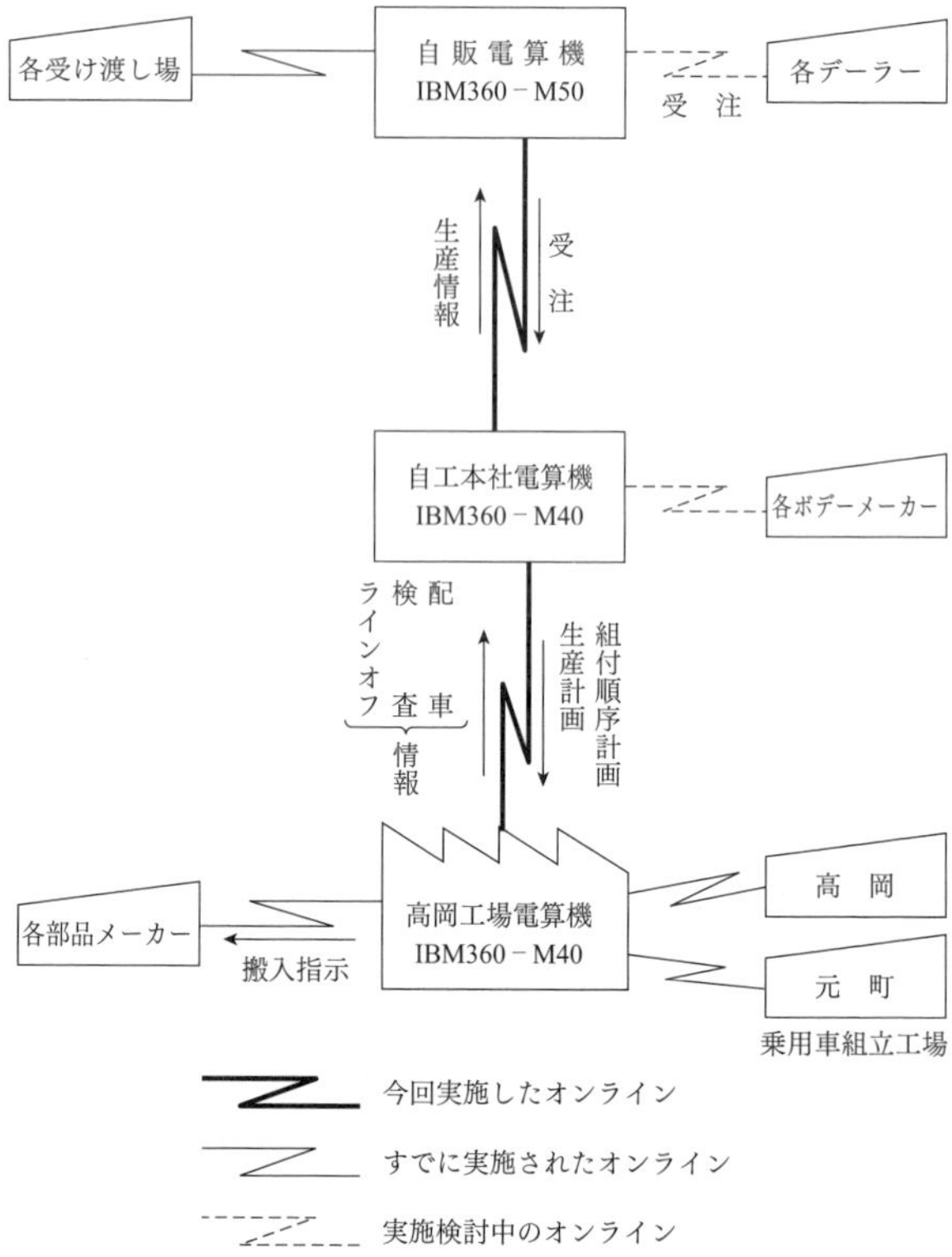

図 2-7　自工・自販間のオンライン化（1970 年初頭）

出所）「200 万台体制に備え完全オンラインを目指す　自販と電算機直結」『トヨタ新聞』1970 年 3 月 7 日。

このオンラインシステムの活用で、情報システムの観点から、自工、自販の距離的なへだたりがなくなり、受注から配車までのリードタイムも著しく短縮される。さらに市場の変動、クレーム対策などを、タイムリーに生産に反映することも可能となった[233]。

トヨタ自工、自販の業務上で車両の受け渡しに必要な情報のやり取りがオンライン化した。それまで自工から受け取った情報を、自販は再び自社のシステムに入力して配車作業に使っていた（図 2-6 参照）が、オンライン化すると、「自販が集計した受注にしたがい、［自工の］本社電算機がスケジュールを組み、それを高岡工場の電算機に連絡」するとともに、自工の工場でラインオフする車両の情報が自販にオンラインで流される。業務遂行に必要な情報が、別個の企業体である自工・自販の間にある「へだたり」を超えて流れ出したのである。まさしく「情報システムの観点」からは二つの企業体の間に存在した隔壁はなくなった（少なくとも、きわめて低い障壁でしかなくなった）。

このオンライン化を受け、自販はすでに実施していたクラウン配車業務の「機械化」（オンライン化）を、他の車種に拡げる。一九七〇年五月の『トヨタ新聞』は次のように書く。

自販は、ニュー・カローラの発売を機に、クラウンに続いてカローラ、パブリカの配車業務のオンライン化も、五月一日から始めた。

これは、すでに直結されている自工、自販の電算機を活用し、デーラーの注文に応じて、迅速に配車業務を行なおうというもの。多様化するユーザーの要望に、できるだけ早くこたえるのが目的である。

配車業務のオンライン化は、車両がラインオフすると、ただちにその車両の種類、仕様などが、組立工場の端末機を通じて、自販本社に連絡されるシステム。したがって、自販は車両完成と同時に、全国ディーラーからの注文に応じて配車指示ができる。

この結果、注文から生産、配車までの業務はいっそう合理化されその間のリードタイムの大幅短縮の実現へ、第一歩を踏み出した。

このほか、完成車両終了書などの作成をはじめ、煩雑な諸業務も減り、自販側の工数低減にも大いに役だつ。また、デーラーからの注文に応じて、迅速に配車できることから、ユーザーの希望する車両をタイムリーに提供できるメリットもある。

配車業務のオンライン化は、昨年［一九六九年］四月からのクラウンが最初。今回のカローラ、パブリカの配車業務に続いて、将来はコロナについても検討されている。(234)

自工・自販間のオンライン化は、クラウン以外の配車業務も変えたのである。また、図2-7を見れば、この後の発展方向も見えてこよう。この当時、トヨタ自工が提携関係を築き、トヨタ自工の生産計画全体の一翼を委託生産という形で担っていた関東自動車工業（現・トヨタ自動車東日本株式会社）などのボディー・メーカーとのオンライン化を進めること。トヨタ自工の組立工場すべてをオンラインで結合すること。さらに、部品メーカーの一部

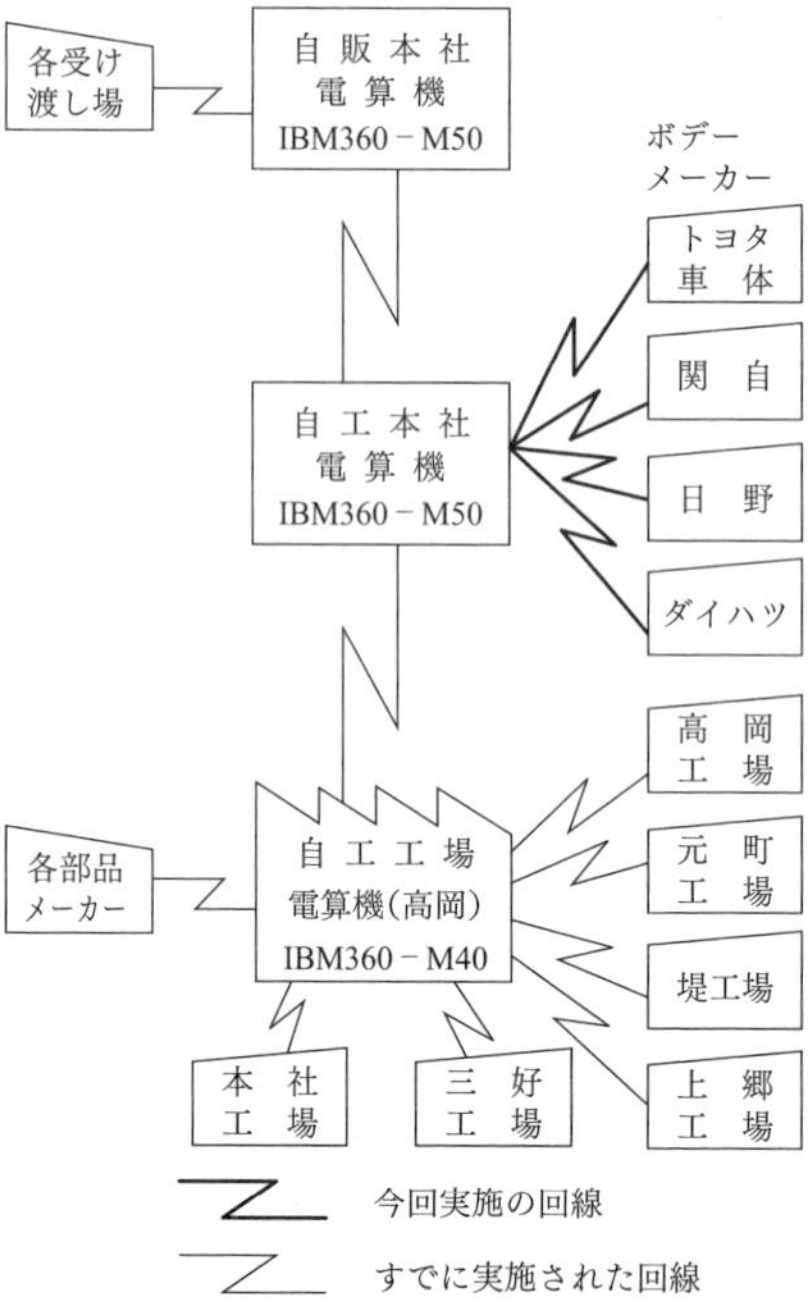

図 2-8　自工・自販間のオンライン化（1972 年春頃）

出所）「オンラインのネットワークを充実」『トヨタ新聞』1972 年 4 月 21 日。

（当時、テレメールで生産指示をしている色物部品の会社）との間をオンラインで結ぶこと。これらが課題とされている。これらは、図2-7でオンラインになっていない箇所をオンライン化する作業であった。

まず部品メーカーと自工とのオンライン化について言えば、図1-17でわかるように、一九六九年の時点では一部の部品をテレメール（図形や文字などのデータを、電話回線を利用して送受信する手段）で指示していた。図中にあるように色物部品（色彩が多様なため生産指示が煩雑）の指示は、事前に納入順序をテレメールで指示し、その順序通りに納入していた。その典型的な事例が、当時、内装部品であるシートを自工に納入していた荒川車体（その後、一九八八年に「アラコ」と社名変更し、二〇〇四年に「トヨタ紡織」になる）である。これが図1-16のように、「堤工場」などからの「CPU」（Central Processing Unit. 中央演算装置）、つまり電算機によるオンライン指示に変わった。少なくとも一部の部品メーカーとはオンライン化が進んだのである。

ボディー・メーカーとのオンライン化の方はどうなったのか。一九七二年春になると、このオンライン化について『トヨタ新聞』が次のように書いている（図2-8参照）。

当面、オンライン化が考えられているのは、トヨタ車体、関東自工、日野自工、ダイハツ自工の四社。現在、トヨタ車体では、コロナおよびマークⅡのハードトップなどを組み立て、関東自工ではコロナバン、カローラバンなどを組み立てている。また、日野自工、ダイハツ自工でもパブリカや小型トラックを委託生産している。これらの生産量の増大とともに、需要の多様化に応じたワイドセレクションの進展により車種も増加する傾向にある。そこで、これら各社といっそうスピーディーに各種情報を交換する必要がでてきた[235]。

オンライン化の進展には、ただ単に販売台数・生産台数の増大だけでなく、浅沼や岡本などが着目していた一車名内部での製品多様化（消費者への「ワイドセレクション」の提供）が大きく影響していたことは前述の通りだが、この時点ではまだボディー・メーカーとのオンラインは実現していなかったようである。

(10) オンライン化の進展は、トヨタ車の販売をどのように変えたのか？

ワイドセレクションの「実質的運用のための方策」が「旬間オーダー」だったことはすでに述べた（本節(4)(5)参照）。旬間オーダーがトヨタのオンライン化を推し進めたことは疑いない。だが、旬間オーダーの採用を進めた時よりも、トヨタのオンライン化は急テンポで進展した（前項参照）。これはトヨタ車の販売に変化をもたらしたのだろうか。

一九七〇年一二月五日の『トヨタ新聞』は記事「デーリーオーダーシステム開始」を掲載する。このリード文は次のようであった。

> 七〇年代のエースとして登場したカリーナ、セリカが、一日から発売を開始した。今後、きびしい市場競争の中で、その真価を発揮し、当社躍進のになない手となることだろう。とくに、わが国初のスペシャルティカーとして、フルチョイスシステムを採用したセリカは、個性化時代を切り開く車として注目される。このセリカのフルチョイスシステムを有効に活用させるため、デーリーオーダーシステムがいよいよスタートする。電算機をフルに活用したこの新方式の生産システムが、受注から配車までのリードタイムの大幅短縮など、大きな効果をあげるものと期待される[236]。

トヨタは「ワイドセレクション」をさらに推し進めた実験的・野心的な「フルチョイス」をセリカに適用した（このフルチョイスは、セリカ以降の車には拡大されずに終わる）。このフルチョイスの実質的な運用策こそがデイリー・オーダー・システムであった。

デイリー・オーダー・システムを、この記事はどのように説明していただろうか。その前に、なぜこの記事をあえて見るのか。社史などでもこのシステムについては説明しているのだから、それで十分ではないか、というのが多くの読者の反応かもしれない。しかし、前述のように、企業の外部から、ある企業の変化・変革を観察しようとするときには、それが生じた時点に近く、孫引きではない資料を探索し、見てみることが大切なのである。この例の場合、どのような状況かを説明しておこう。このシステムについて、自工の『トヨタのあゆみ』も説明しており、[237]自販の『世界への歩み』は引用符を付けて記している。[238]そこには典拠は示されていないが、『トヨタのあゆみ』からの文章である（ただし、自販が出版する書物にふさわしいように社名などには変更が加えられている）。しかし、そもそも『トヨタのあゆみ』の説明自体が、これから紹介しようとする『トヨタ新聞』の記事の要約なのである。したがって、『トヨタ新聞』の記事本文こそが、企業外部から窺える採用当時における同システムの説明なのだ。やや長く引用しておこう。

デーリーオーダーシステムは、字のごとく毎日車の注文を受け付け、一日ごとに工場に生産指示を行なうものである。つまり、全国の販売店はその日の注文車型をテレックスで自販に連絡。自販はそれを集計して毎日午後三時までにデータ伝送により当社に発注する。当社はオーダーのばらつきを吸収して、できるだけ造りやすい生産計画にするため、バック・ログ（受注残）を持ち、この中から、車の優先順位、生産の平均化などを考慮して一日分の組立順序計画を作成し、工場に提示する。工場ではボデーの仕掛けからすべてオンラインコントロール方式で、各工程に仕掛け指示を行なう。

したがって早いものは、自販が注文を受けてから約九十時間でラインオフする。配車の期間を入れると、ユーザーが車を注文してから、車を受けとるまでは最短八日、平均十〜十一日。従来の旬間受注生産システムが、最短十六日、最長三十五日であるから、リードタイムは大幅に短縮、ユーザーとメーカーとの距離も非常に接近するわけである。

また、デーリーオーダーシステム実施の大きな効果として、デーラーの在庫増加の防止があげられる。需要の多様化、オプションの大幅な増加などにより、各車の革型数、仕様数は膨大なものとなっている。とくに、フルチョイス方式を採用したセリカは、エンジン、ミッション、塗色などの組み合わせを考えると、数百万車種にもなるという。

このような多種類の車をすべてデーラーで用意して売るということは不可能である。したがって、量販、在庫販売を基調にしながらも、それで満足しない客には、積極的にデーリーオーダーシステムで応じていくという態勢をとり、種類を増大させながらも、在庫を増大させないことが可能になるものと期待される。[239]

もちろんデイリー・オーダー・システムでも「一日分の組立順序計画」を立てることは重要である。その際に「バック・ログ（受注残）」を持つことによって、順序計画の策定が楽になる。岡本がオーダー・システムの展開を考察する中で次のように語っていることも、これと大いに関係ある。

海外販売分は基本生産計画の段階で確定されている。この意義は大きい。なぜなら、海外販売分が早期に確定され、この部分が生産の平準化と大量生産システムの経済性、効率性を支える骨格を構成するからこそ、その後の調整をフレキシブルに行うことができると言ってよいからである。[240]

国内販売分と海外販売分に分けて生産計画の平準化に触れるというのは実に慧眼というしかない。おそらく、この海外販売分が『トヨタ新聞』の記事による「バック・ログ（受注残）」と同じ役割を果たしているものと推測される。

フルチョイスを採用した車がセリカであり、このセリカとカリーナの生産拠点として建設された堤工場が操業開始することで、トヨタ自工は二〇〇万台体制を実現する。

このデイリー・オーダー・システムは一九七〇年五月の『トヨタ新聞』が次のように予告していた。

自販と各デーラー間、自工本社と関東自動車、トヨタ車体などボデーメーカー間のオンライン化の検討も進められている。

これが実現すると、受注、生産、配車までの即時一貫処理体制が確立。ユーザーの注文により、ただちに生産、配車するデイリー・オーダー・システムが完成する。[241]

些細なことのように読者の多くが感じていたかもしれない「クラウン配車業務の機械化」は、オンライン化の進展による他の車種への展開とデイリー・オーダー・システムの実現を睨んだものだったのである。

(11) なぜトヨタはセリカ、カリーナを投入する必要があったのか?

オンライン化の進展でデイリー・オーダー・システムを導入する基盤ができた。このことは理解できても、なぜセリカ、カリーナの投入が必要だったのだろうか。従来の乗用車のモデルチェンジでは消費者の好奇心・購買心を煽らないという理由だけだったのだろうか。

一九七〇年元旦発行の『協豊ニュース』(トヨタのサプライヤーの団体「協豊会」の機関誌)で豊田英二は次のように述べていた。

明年［一九七一年］十月には自動車に関しまして資本の自由化が実施されます。当社［トヨタ自工］はこの日のあることを予期して着々と手をうって参りましたが、本年は堤工場を完成させ、年産二〇〇万台体制を確立し、万全の体勢を固める所存でございます。[242]

たしかに堤工場は一九七〇年一一月に稼働を始める。この堤工場について『トヨタ新聞』は「資本自由化への備え万全」と題する記事で次のように紹介する。

カリーナ、セリカの専門工場として、総工費五百億円を投じ、昨年［一九六九年］から建設を進めていた堤工場……がこのほど完成。……同工場では、世界水準をゆく新鋭設備、高度に自動化されたラインから、すでにカリーナ、セリカが続々と生産されているが、これで、来春［の］資本自由化対策のかなめともいえる年産二百万台体制が確立したことは心強い[243]。

たしかに堤工場の稼働によって年産二百万台体制が確立したことはわかる。だが、豊田英二が『協豊ニュース』で「着々と手をうって」いたと述べているのは、堤工場の建設だけなのだろうか。

念のため、同じ号の『協豊ニュース』を見ると、花井正八（当時・常務取締役）は、次のように書いている。

今年［一九七〇年］は、資本自由化に備え、年産二百万台体制を確立するために、巨額な資金を投入いたしまして、堤工場の建設を急ぎ、一方、フルラインを拡大しましてシェアをより一層拡大するための数々の施策を実施していく所存であります[244]。

花井は堤工場建設だけでなく、「フルラインを拡大」し、「シェアを……拡大するための数々の施策を実施」という目標を掲げている。まず、「フルラインを拡大」と言う意味について考え、その後に「数々の施策」とは何かを考えてみよう。

一九六七年九月にトヨタは「総排気量三千ccの大型乗用車『トヨタ・センチュリー』」を発表する。この乗用車は「世界でもトップクラスの豪華な車」と喧伝された。トヨタにとって、この車の発売は一つの画期であった。「パブリカ、カローラ、コロナ、クラウン、センチュリーと、大衆車から最高級車まで、それぞれ独自のスタイルをもった乗用車シリーズが完成したことになる」からである[245]。このトヨタ・センチュリーの発売によって、トヨタは乗用車のフルラインを一応完成した。

問題は「フルラインの拡大」とは何を意味するかである。

一九六七年に日本における四輪車の保有台数は一〇〇〇万台を超える。乗用車の保有台数も、一九六七年に約三

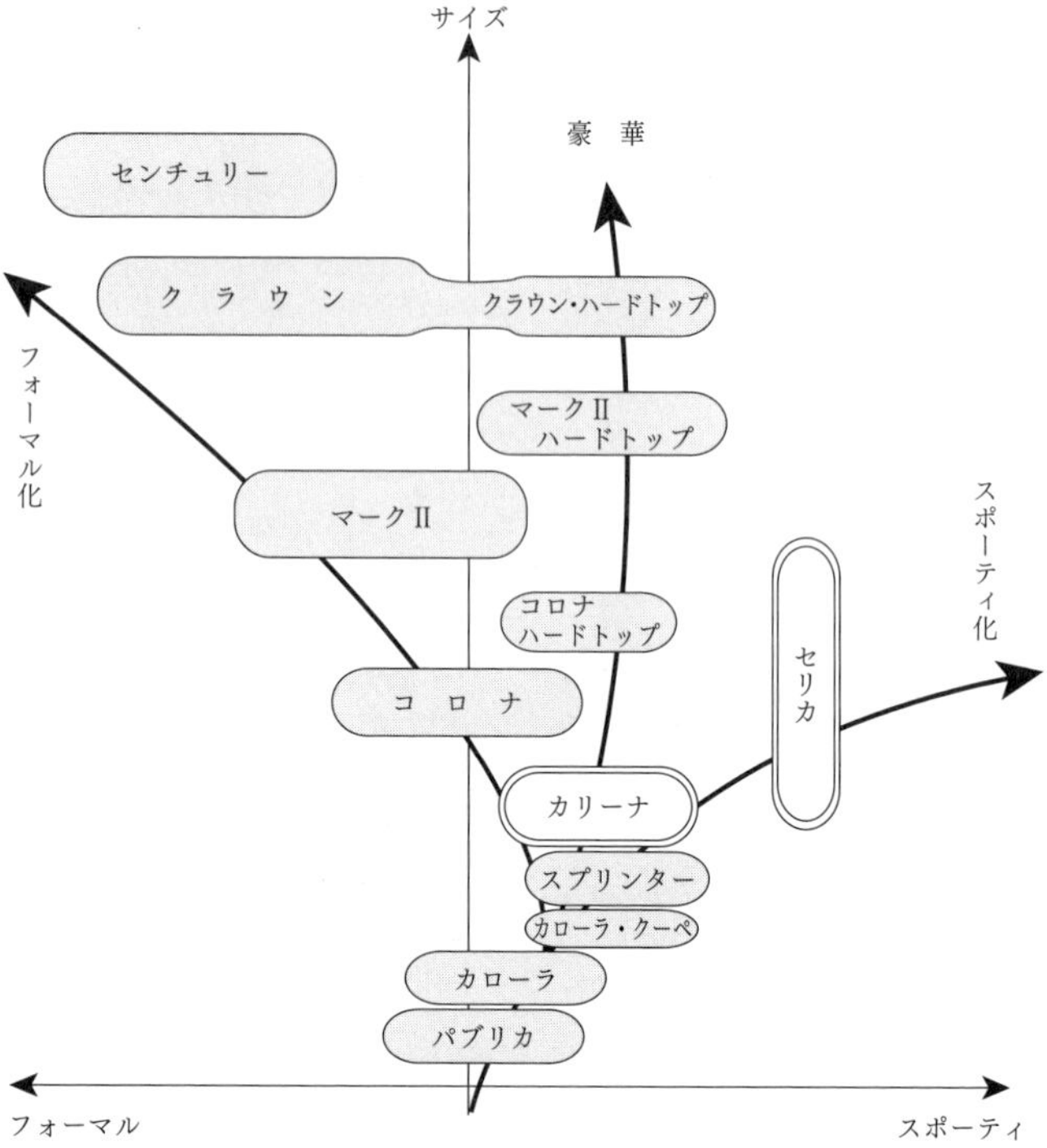

図 2-9　車種体系におけるカリーナ，セリカの位置づけ

出所）トヨタグループ史編纂委員会編集『絆——豊田業団からトヨタグループへ』（トヨタグループ史編纂委員会，2005 年）162 頁。

八〇万台であったものが、七〇年には約八八〇万台、翌七一年には一〇〇〇万台を超えた。[246] この乗用車保有台数の急増には、次のような事情があった。「［昭和］四十［一九六五］年以降急激に増えた大衆車ユーザーが、買い替えに入る時期になっていた。経済成長によって所得水準の上がった大衆車のユーザーが、上級車に買い替えるという傾向も目立ち始め」ていたのである。[247]

この状況への対応が「フルラインを拡大」することだった。既存車種のマイナーチェンジなどもその一環であり、例えば一九七〇年九月には「パブリカシリーズをマイナーチェンジするとともに、新たなパブリカ一二〇〇ハイデラックスを加え」ることを発表するが、「七〇年代のエース」として発表された新小型車カリーナ、セリカこそが「フルラインの拡大」を担う自動車であった。これらの車の発表を『トヨタ新聞』は次のように伝える。

新小型車カリーナ、セリカ……新たに生まれたこの二つの車は、今後最も市場拡大が期待される小型乗用車市場に新風を吹き込み、新しい需要を開拓するとともに、大衆車需要にも十分こたえることができる車として送り出されるものである。

カリーナ、セリカの生産は、新鋭〝堤工場〟で行なわれるが、これによって、来たるべき資本自由化への万全の備えができるとともに、二〇〇万台体制確立の地盤も固まった[248]。

これらの車は「スペシャリティ・カーのセリカと、スポーティセダンのカリーナ」と捉えられ、「カローラ、スプリンターから遠く離れない位置にある製品」として開発されたのである（図2-9参照）。この車種の投入によって、小型乗用車市場での車種構成にバラエティをもたせ、「この市場でのシェアを引き上げる」狙いがあった[249]。前述のように、トヨタでは一九六七年にトヨタ・センチュリーの発売によって「大衆車から最高級車まで、それぞれ独自のスタイルをもった乗用車シリーズが完成し」、乗用車について一応のフルラインを形成していた。そこにこのカリーナとセリカを発売することによって、トヨタはその「フルラインを拡大」したというわけである。

(12) 資本自由化への対策はすべて実現したのか？

一九六九年一〇月に豊田英二が発表していた資本自由化への対策は、二〇〇万台体制の実現だけではなかった。この時に豊田英二が、『トヨタ新聞』を通じて従業員に示した以下の方策は、すべて実現したのであろうか。①最低年産二〇〇万台とそれを活用する管理体制、②品質管理の徹底による高い信頼性の確保、③情報システムの革新による管理の効率化、④人材育成、自己啓発、⑤関係会社、仕入先、販売店などとの十分な連携、の五項目である（本節(3)参照）。①と③、⑤は非常に密接に絡み合いながら施策がなされたことは言うまでもない。また、これらの方策を実施する上で、④が必要不可欠なことも言うまでもない。だがこの点は、企業外部から入手できる資料で詳細に語ることはなかなかできないため、ここでは触れない。残る問題は、②である。特に、前述のように、一九六九年に日本でリコール問題が注目を浴びたが、これはトヨタにとっても大きな事件であった（第3章参照）。ここではトヨタの社史ではなく、東洋工業（現・マツダ）の社史が、このリコール問題を、どのように書いているかを紹介しよう。

昭和四四［一九六九］年にはいわゆるリコール問題が大きくクローズアップされた。同年五月一二日付のニューヨークタイムズは、日本車をふくめた輸入車がリコールキャンペーンをおこなわずに、ひそかに欠陥車を回収している事実を指摘した。この記事はやがて日本でもセンセーショナルに報道され、自動車の安全性について一般の関心をいちじるしく高めたのである。ニューヨークタイムズの指摘は、輸入が急増しつつある日本製自動車にたいする牽制意図をおもわせるものであったが、日本の自動車産業にとって、これが安全性のよりいっそうの強化と、企業モラルの向上をうながす警鐘となったことの意義は大きい。これを契機に運輸省を中心に緊急対策が実施され、リコール車の公表、届け出が義務化され、既存自動車の総点検が展開されていったのである。自動車業界でも同年六月一一日には、代表者会議をひらいて申しあわせをおこない、リコール車問題とその対策について関係官庁に報告するとともに、業界全体として安全についての対策をいちだんと強化することとなった。[250]

社会問題化したこのリコール問題は、当時の自動車業界にとってきわめて重大な問題だったのである。トヨタの経営陣にとっても、もちろん無視できない問題であり、『トヨタ新聞』で豊田英二は、従業員に「貴重な体験として生かせ」というメッセージを送っている。[251] しかし、これで問題が解決するわけではない。従業員に向けて「精神論」で叱咤激励するだけであれば、まともな経営者とは言えまい。この問題を「貴重な体験」として生かす方策を会社としてどうとったのか。こうした視点から、②について考えてみたい。

この②に関して、「品質管理の徹底」と書いたので（豊田英二が『トヨタ新聞』で従業員に語りかけた表現でもあるが）、読者は、研究者の多くが触れてきた総合的品質管理（Total Quality Control；TQC）の体制整備だと考えたかもしれない。だが、この時期のトヨタにおいて経営管理体制の構築とは、まさしく③の「情報システムの革新による管理の効率化」の徹底的な追求と関連しているとは考えられないだろうか。

一九七〇年一二月の『トヨタ新聞』に、この②を、③だけでなく⑤も含めて解決するシステムが開発されたことを示す記事がある。そのリード文は次のように始まる。

> このほどトヨタ車の信頼性の向上をめざし、新しい品質情報システム＝DAS（ダイナミック・アシュランス・システム）がスタートした。これは、最近の顧客の要求品質の多様化と高度化に対処し、品質情報をより早く確実に収集、解析し、その結果をタイムリーに製品企画、設計、製造の各部門、さらには各仕入先にもフィードバックして、オール・トヨタが一体となって品質改善を推進しようというもので、その成果が期待される。[252]

各仕入先（サプライヤー）まで含む「オール・トヨタが一体となって」（まさしく⑤の方向で）、②と関連する「品質改善を推進」するDASとは、いったいどのようなものか。

> 今回、可動した[253]のは、このDASの第一段階で、市場品質情報、とくにクレーム情報を対象にしたもの。一口に言うと、四億ケタの記憶能力を持つデータセルを利用して車の戸籍簿のようなものをつくり、これを中心に品質情報のデータ処理を行なうのである。つまり、この車の戸籍簿＝車歴ファイルには、生産、配車、船積、登録に関する情報が毎日インプットされ、車両一台ごとに型式、仕様、ラインオフ工場、検査合格月日、登録月日、さらには市場におけるその車の故障歴などが整理、ファイルされている。そして、この車歴ファイルを駆使して、提起されたクレームが保証条件と合致しているかどうかのチェック、クレーム情報の技術的解析、信頼性に関する資料づくりなどを行なうわけである。[254]

車両一台ごとに「車の戸籍簿＝車歴ファイル」をつくり、情報を管理する。それは「クレームが保証条件と合致しているかどうかのチェック」に使うだけではない。この車歴ファイルを使えば、「故障が急激に多発した場合」

や市場で発生した「保安部品関係の故障、また、過去に発生したことのない故障が発生した場合」の情報を素早く得ることができよう[255]。さらに重要なことは、故障が発生した場合に、「電算機により、スピーディーに回収指示を行ない、的確に回収されているかどうかをチェックする」ことができる。故障発生を統計的解析だけで満足することなく、故障した「現品」を回収して原因究明にあたるためである[256]。

このDASが「可動」し始めたことは、自工・自販間の情報交換がただ単に販売に関するものだけで終わらなくなっていることも示す。最終製品（自動車）の販売後、一定程度の期間使用する耐久消費財の場合、最終製品ごとに履歴を保持・管理することにしたこの「車の戸籍簿」は、消費者からの故障や不具合などへの迅速な対応に貢献する。

これまで「DAS採用前には」販売店が故障を受付けてからその情報がトヨタ自販を経由し、自工に届くまで四十一日かかっていたのが、十二日に短縮され、情報のフィードバックはいちだんとスピードアップされた[257]。このDASは情報システムを駆使して、品質保証体制を整備しただけでなく、故障などの情報をいち早く販売店から自工にまで吸い上げ、故障原因の解明や将来の設計などに生かすことで品質管理に貢献をしたと考えられる。それと同時に、自工・自販の業務は多様な経路で密接に統合されることにもなる。

豊田英二は一九六九年一〇月に「情報システムの革新による管理の効率化」を方針の一つとしていた（上記③）。これも、自工・自販の業務緊密化という観点からすると、問題が依然として残っている。

自工・自販間のオンライン化は一九七〇年代前半までには整えられた（図2-7、図2-8参照）。だが、図2-7と図2-8を見比べると、奇妙なことに気付く。図2-8は自工・自販間のオンライン化や自工の工場でのそれが図2-7と比べて進展していることを示している。しかし、この図2-8には、図2-7にあった自販とディーラー間の関係を示すものが何も描かれていないのである。図2-7の時点では、この両者の間はテレックスで結ばれていたにもかかわらず。とすれば、これを掲載した自工の社内報『トヨタ新聞』は、自販・ディーラー間のオンライン化の状況（オンライン化が進展していない状況）をあえて示さなかったのではないか。

ディーラーと自販との間のオンライン化が進展したのは一九八〇年代になってからであった。一九八〇年にトヨタ自販は「全国の販売店との間で電々公社のデータ通信設備サービスによる販売在庫管理システム（DRESS）を導入」する。これは「端末装置を各販売店に設置するとともに、センターと自販のコンピューターを結ぶことにより情報伝達を行う、全国規模でのオンラインシステム」である。これが「全国の販売店・百八十社」に導入されたのである。[258]

ただ、このシステムは、オンラインとはいうものの、販売店からのオーダーを自販の名古屋支社に集め、一日一回バッチ処理［一括処理］をするものだった。このため完全なオンライン化とは言いがたく、販売店からのオーダーが「実際に生産に反映されるのは翌日になっていた」。[259]

しかし全体として見れば、一九六九年一〇月に豊田英二が従業員に語った方策は、資本取引の自由化を目前にしてかなりの部分が実現していたのである。

(13) 何がシステムの中核になったのか？

一九六九年以降、製造と販売を担う二社が緊密に業務を遂行するようになった。これを可能にした基盤はオンライン化である。このことは否定できまい。だが、重要なことは、オンライン化によって迅速に行き交うことのできる情報（データ）が何か（何を核として構成されたのか）であろう。次にこれについて考えてみたい。

自動車は（少なくとも、本書が対象とする自動車は）、互換性部品を使って組立製造を行う製品である。その個々の部品に品番を割り当てることが業務遂行にとって重要な役割を果たしていることはすでに述べた。トヨタが品番を変更したのは一九六三年であり、電算処理に適した品番に変更したのだった（本節(1)参照）。

言うまでもなく、部品番号の略が「品番」である。それは、具体的な部品を電算処理しやすいように数字や記号で体系的に示したものだ。この品番は、具体的な部品と対応していなければならない。人間が「具体的な部品」を特定するには、何らかの言葉や用語のほうが理解しやすいから、部品名称（「品名」）が使われる。品番を体系的に整理するに際しては品名と対応していなければならない。品名と品番の対応関係が整理されて、いつでもチェックできるようになっていなければならない。多数の部品（それも互換性部品）から成り立つ製品を製造するためには、品番と品名を細心な注意で管理しておく必要がある。互換性部品を使う製造のメリットは、繰り返し同一の部品を製造すること（類似の部品であれば、以前の設計情報を参考に改変を加えること）で製造単価を押し下げることにある。あるいは、特定の部品が故障・破損した場合、製品全体を廃棄することなく、その部品を交換することで、その製品が再び機能を取り戻すことにある。そのためにも品番と品名の関係（これを「品番情報」と呼ぼう）を整理しておくことは、互換性製造の基礎なのである。

ところが、特定の企業が品番情報をどのように管理しているかは企業外部からはなかなか窺い知れない。ましてや、このようなことに、社史はほとんど何も触れないのが普通である。

品番を電算処理に適したように変えても、一九六〇年代初頭の電算機では多数の文字情報を処理できまい。この当時は、品名・品番の対応関係の管理は紙ベースで行うしかなかったはずだ。とすれば、いずれかの時点で、この管理を電算処理に適したものに変更するのではないか。この推理が正しければ、それはいつ頃か。「一九六八年から一九七八年にかけて単一車種での車型は増え」ている（第1章4(3)、表1-1参照）。また、オンラインの端緒となった「配車の機械化」が行われている車種は一九六九年以降も増大している（図2-10参照）。配車の機械化は（これまでの検討から）電算処理、オンライン化の進展を示す。また単一車種（名）での車型が増加すれば、使用する部品の種類は飛躍的に増える。品番も急増するに違いない。この状況に、紙ベースで対応するには限界があろう。また、これまで検討したトヨタの行動パターンからすれば、この状況にも電算処理で対応しようとするのではないか。トヨタでは一九六九年以降に配車機械化が始まっている。一九七三年まで配車を機械化した車名の数は伸び、七三年から七五年まではやや停滞するものの、七六年から再び増加する（図2-10参照）。品番情報の問題が顕在化するのは一九七三年前後であるから、七五年頃に何らかの解決策が講じられたからこそ、再び配車を機械化する車名の数が伸び始めたのではないかと推測される。

この推定に基づき、当時の雑誌資料を広く渉猟すると、一九七五年の雑誌『IE』に次のようにある。

［トヨタ自工の］技術管理部設計管理課には約一一〇〇冊にわたる品番の戸籍簿（部品台帳と称している）が存在する。この台帳には一冊当に平均三〇〇枚の品番単位の部品台帳カード又は［新しい品番作成の願いを出した時に作成した、品番の］予約カードが保管されており、これを基に品番付与業務がなされていた。

（中略）

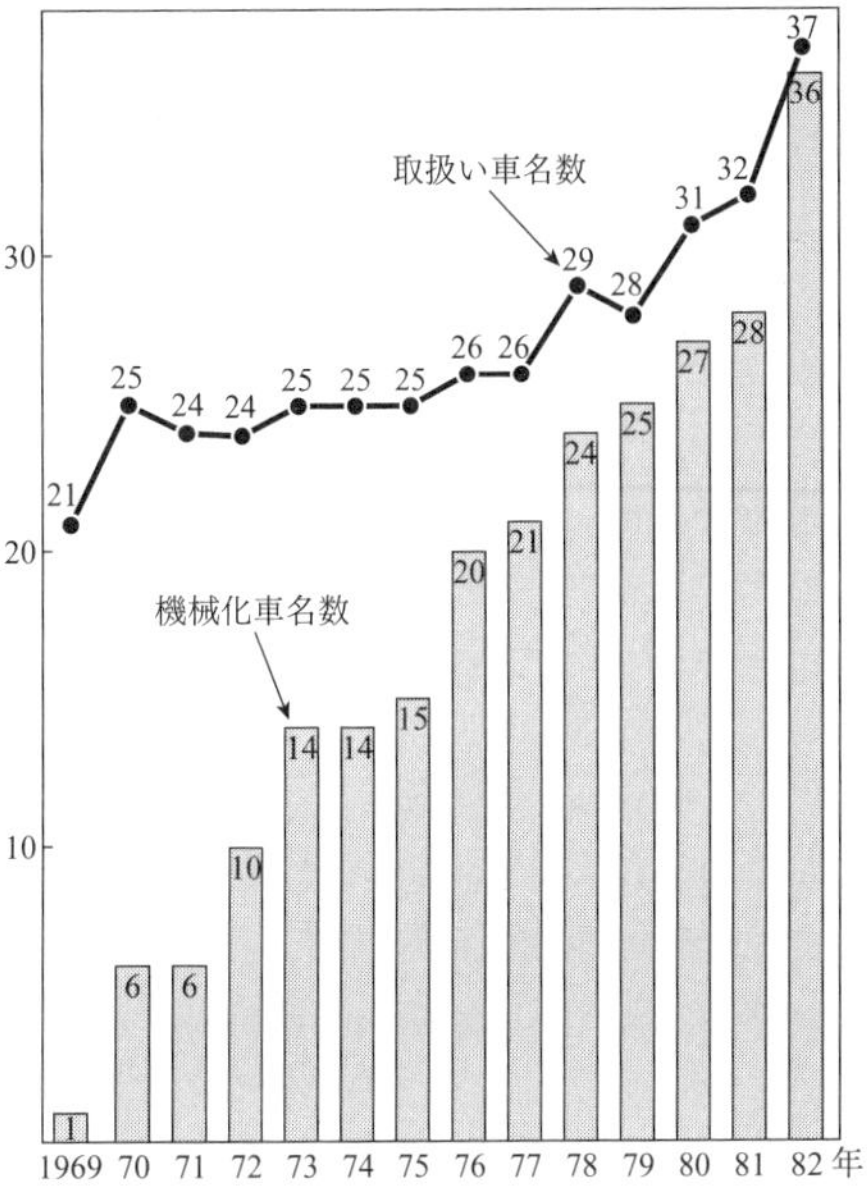

図2-10　配車機械化の推移（1969〜82年）

出所）森晶一「あくなきリードタイム短縮をめざして」『トヨタマネジメント』1983年11月，29頁。

正式［の品番］登録は、図面や部品表が、管理部署へ来た時点に、……正式登録カードが起草される。……部品台帳に［正式登録］カードを挿入する時に、予約カードと照合、チェックがなされ、予約カードは捨てられる。昭和四九［一九七四］年春までは、この処理にて品番の付与がなされていた。(260)

この論考の執筆者は、トヨタ自工の「技術管理部設計管理課図面係長」であり、この記事の内容に業務上関わっていた人物であろう。この引用文の内容が正しければ、トヨタ自工では

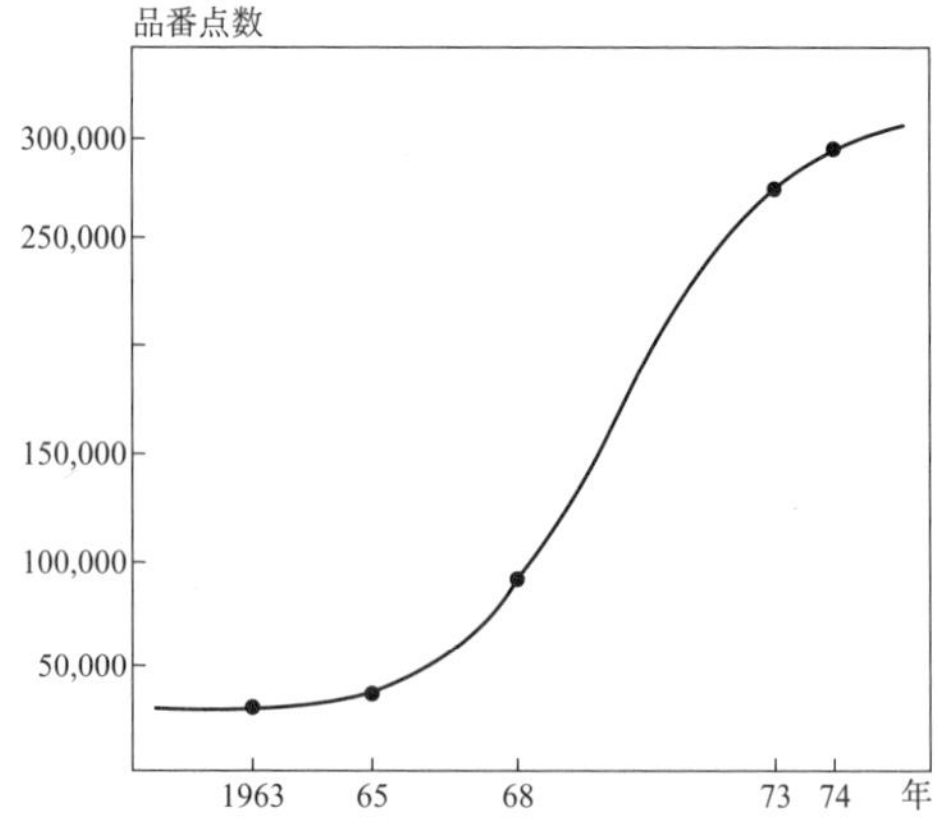

図 2-11 自工における品番（10 桁）総計の推移（1963〜74 年）

出所）松村俊典「トータル化を指向する部品情報の登録・管理システム」(1)『IE』(日本能率協会) 1975 年 2 月, 60 頁。

「一九七四年春まで」品番の管理は紙ベースで行われており、電算機では処理されていない。しかも、品番の総計は一九六〇年代後半から急激に増え、七四年頃には「品番累計［数］は（昭和三八［一九六三］年以降）三〇万点を越して」いた(261)（図 2-11 参照）。

この論考は、一九六三年の品番変更について言及するだけでなく、品名と品番の関係についても次のように書く。

当社［トヨタ自工］は、昭和三八［一九六三］年七月に一度大規模な品番変更を行なっているが、当時は、品番も三万点そこそこで、細かい所まで目の届く管理が可能であった。現在は製品の開発が短期間の上、種類が多く一時期に多量の品番付与（一、二週間に二〇〇〇点から四〇〇〇点の品番付与が必要になる）を行なわねばならない事態が起っており、さらにケアレスミスで発生した品番を三〇万点もの中から探索することはほとんど不可能であり、品名の管理も複雑化し、管理工数がかかる割には細かい管理ができない状況になってきていた。加えて、管理担当者が変わったり、情報のメンテナンスが遅れたりして、基本番号と品名の関係が乱れたまま運用され、品名は年々長文化し、設計部署は勿論、関連部署でも、品番や品名の整理が問題視されるようになってきていた(262)。

ここで言う「基本番号」とは、「同一目的に使用される部品が同一の番号になるようにせっていされたもの「品番のうち、五桁」であり、部品名称……と対になっている」(263)。品番（の重要な部分）と品名の「関係が乱れたまま運用」され、その状況で数千点の新しい品番を付けていくことは業務にとって大きな問題である。

この論考は、「部品番号……の登録制は、部品表情報処理の原点に位置している」と書く。そもそも、タイトル自体が「トータル化を指向する部品表情報の登録・管理システム」で、副題が「トヨタ自工のオンライン化構想」なのである。

論考リード文の冒頭部分を紹介しよう。

トヨタ自動車工業では、自動車部品についての個々の情報、製品の仕様や部品の構成、図面等に関する情報（部品表情報）をコンピュータによって処理する、総合情報管理システムがつくりあげられている。この部品表情報を中心にした一連のすべてのシステムを当社［トヨタ自工］ではＳＭＳ（Specifications Management System）と言っているが、これは、エンジニアリング部門で発生する製品や部品に関する基本情報の管理システムで、製品の企画、設計の分野から、生産活動や経理業務を含めた、共通のデータ・ベースに基づくオンラインのトータル・システムである。(264)

ＳＭＳとは「部品表情報を中心にした一連のすべてのシステム」であって、前著で『日刊工業新聞』を援用して「部品表の電算化システム」と書いたのは一知半解でしかなかったことになる（『寓話』終章、特に五五二、五五七頁参照）。ＳＭＳは「総合情報管理システム」とでも言うか、もしくは「部品表」を核としているので「部品表総合情報管理システム」とでも言うべきである。このことを前提に、次の引用文を読めば、品番情報がＳＭＳの重要な基礎であり、そのシステム化にトヨタが動いたことがわかる。

部品表総合情報管理システムを築く上で、品番と品名の関連づけ、及びそのインプット処理のやり方が取りあげられ、部品表情報を作成する度に、長文の品名をインプットする愚かさを避けるためにも、是非ともシステム化が必要となった。(265)

このシステム化の方向として、「部品表情報と直結した、品名の自動付与システム」と、「いつでも設計者のいる場所から品番登録ができるオンライン予約システムを採用」することがあげられている。まさにオンラインを前提としてのシステム化なのである。このシステムの「開発、移行のプロセスを通じ、品番、品名の大整理を敢行した」という[266]。

しかし、たとえ「品番、品名の大整理を敢行した」とはいえ、紙ベースで管理していた三〇万点にもなる品番、それに品名のデータを電算処理可能な状態に転換することは、どれほどの作業量になるのだろうか。ましてや業務の基盤をなすデータだから、ミスは許されない。次の引用文を読まれたい。

品番……の移行業務は、〔昭和〕四七〔一九七二〕年の一二月末にデータインプットの帳票を決めて以来、翌一月よりデータ変換（部品台帳よりＩＢＭカード・フォーム化へ）が始まった。当時二七万点強の部品に関係する品番、品名、材質等のすべてのデータ移行を五月上旬に完了させた。この間、延べ七、〇〇〇時間にわたるデータの切替工数を投下し、カードパンチ量は、ピーク時の三月、四月にはＩＢＭカード五〇万枚を数えるにいたり、日本国内だけでは短期間にパンチが行なえず、韓国にまでその処理を依頼した。七月八日にはコンピュータへインプットしたデータ・チェックのため、学生アルバイト多数を採用〔〕約五、〇〇〇時間の工数をかけ、二度にわたる部品台帳カードとコンピュータ内のデータとの照合、チェックを行なった[267]。

こうした膨大な作業量を経て、品番情報を電算処理できる状態に変換（デジタル化）した。しかしただデジタル化しただけでは、業務の遂行上、意味がない。では、いったい何をしたのだろうか。品番登録のオンライン化がさしあたり考えられる目標であろう。次の文書を読まれたい。

正式品番登録業務は、技術部内の出図ルートに沿って、運用管理部署で、データ作成、コンピュータ内への登録がなされる。これはオフライン処理により行なわれているが、〔昭和〕四九〔一九七四〕年一一月からはオンライン処理でも可能になる予定である。コンピュータ内での正式登録とは、ＳＭＳ内の基幹情報ファイルである総合品番情報マスター（General Parts Number Master）ファイルに部品番号及びその関連情報が作られた時点のことを言う。総合品番情報マスターを我々はＧＰＮと称している。このＧＰＮは、当社にて使用される部品番号のすべて、及びその経歴が順序立てて記憶されている品番の戸籍簿と言えるファイルである。[268] 品番登録のオンライン化だけでなく、総合品番情報マスター（ＧＰＮ）という「品番の戸籍簿」が作成され、ＳＭＳに基幹情報ファイルとして組み込まれたのである。

一九七三年一二月の『トヨタ新聞』は記事「部品表を電算化」を掲載し、次のように述べる。

> 部品表の電算化が、今月末から一部車種（クラウン）でスタートする。これは、当社［トヨタ自工］の企業活動を進める上での基本的な情報である部品表を従来の各部署による分散管理から電算機を利用した集中管理に移し、必要な情報をタイムリーに提供しようというもので、画期的な試み。[269]

部品表の「各部署による分散管理」とは、具体的にはどういうことなのか。

> 部品表は各部品と車両との関係、各部品の材質や略図などが盛り込まれ、設計部門で作成、技術管理部を経由して、生産管理部がそれぞれの部品の生産工程を決定して完成する。できあがった部品表は、企業活動の基本的な情報システムとして、社内八十部署に配布され、それぞれの必要に応じて利用されている。[270]

多数の「部署に配布され、それぞれ必要に応じて利用されて」いる状況を指して、「各部署による分散管理」と呼んでいることがわかろう。なぜ、それが問題なのか。この時期には、「品番点数二十七万点、部品表本紙枚数二万五千枚という膨大な量に達した」からである。[271] 複写だけでも大変であろう。ましてや、種々の変更を確実に、各部署に配布している部品表に反映しなければならない。

この状況を改革しようと、「電算機を利用した集中管理」を目指したのである。これを記事は次のように書く。

> 今年［一九七三年］十二月末から、部品表の電算化（ＳＭＳ＝スペシフィケーションズ・マネジメント・システム）がスタートすることになった。
>
> 　これにより、利用部署が必要とする情報をタイムリーに提供しようとするもので、わが国としては画期的な試み。さしあたり、各設計部門、生産管理部に三十二台のディスプレイとプリンターが置かれる。その後順次、

工務部はじめ利用各部署にも設置され、オンラインで①車両と部品の関係　②部品と部品の関係　③部品と生産工程の関係　④部品と材質の関係が即時に検索できるようになる[272]。

電算機で部品表の情報にアクセスできれば、関係部署に部品表を紙ベースで配布する必要もない。修正・訂正も簡単である。まさに集中的に管理できる。

この引用文では「部品表の電算化」と書いて、ＳＭＳと説明されている。この時点で電算化されたのは部品表が主である。「部品表情報を中心にした一連のすべてのシステム」こそがＳＭＳであっても、この時点では、「一連のすべてのシステム」の核である「部品表」が電算化されたにとどまっていた。

だが、この記事には「電算化の概念」という図が掲載されている。この図を「ＳＭＳ電算化の概念」とタイトルを変えて本章扉に掲げた。この図はやわらかな表現を使っているが、トヨタが向かうべき「部品表情報を中心にした一連のすべてのシステム」の構想を示しているものと考えてタイトルを変えたのである。この記事は「ＳＭＳによって得られる効果はきわめて大きい」と書いて、いわば効能を五つ掲げる。

1．技術情報の管理水準の向上による精度の向上
2．メインテナンス工数の低減
3．単純ミスの防止
4．必要な技術情報をタイムリーに入手
5．関連業務へのシステムの発展

しかし、1～4は「効能」と呼べても、5は将来の「構想」である。この5を同記事は次のように説明して終える。

企画、設計、生産準備、生産、販売、品質、原価部門の業務の電算化の推進、情報管理のレベルアップなど大きな成果が期待される[273]。

図2-12は、この「構想」も含めて描かれている。これは、「電算化」が進展した場合の「理解の鍵となる言葉をとり出して、これらの相互関係などを図で示」した概念図なのである。[274]

この「概念図」（構想）は、本当に当時から実現に向けて動いていたのだろうか。これは、資料的制約から詳しくはわからない。だが、先に引用した雑誌『ＩＥ』の論考の執筆者がＳＭＳ開発について、一九八〇年代初頭に次のように述べている。

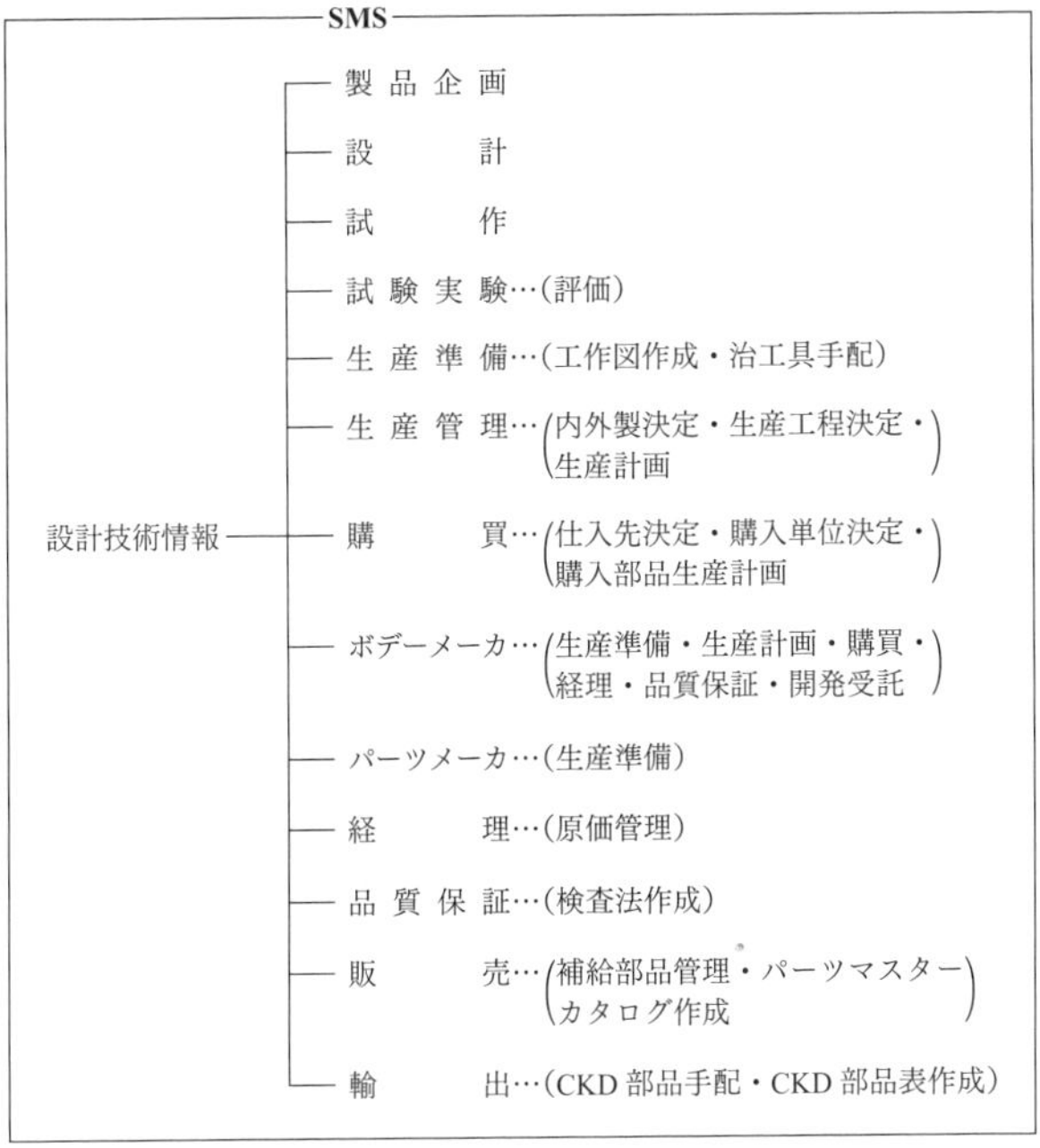

図2-12　SMSに含まれる会社の基幹情報（1980年代初頭）

出所）松村俊典「拡大するSMSの分野　設計技術情報のデータ・ベース　データ・コミュニケーション」『技術の友』33巻1号（1981年），65頁。

　設計技術情報すなわち製品企画の車両仕様書、図面、部品表、製造工程通知書、設［計］変［更］依頼書に記載されている情報は、ほぼ企業活動の全域にわたって使用されている基幹情報と言える。五〇万点を超す部品点数やその組合せを構成する部品表情報、そして日々発生する設計変更情報等……「ダイナミックに変遷する膨大な基幹の情報を発生源からとらえ、集中的に処理管理し関連業務と結びつけ、改善とシステム化を推進する。そして、企業体質の基本的な改革をおこない、確固とした企業基盤をつくる」……という目標をたてＳＭＳの開発がスタートした[275]。

一九八〇年代初頭には、「部品表総合情報管理システム」であるＳＭＳは、まさしく部品表情報を中核にして多様なシステムを含むようになったのである（図2-12参照）。一九七三年の『トヨタ新聞』が記していたように、紙ベースの部品表は「設計部門で作成、技術管理部を経由して、生産管理部がそれぞれの部品の生産工程を決定して完成する」[276]。この部品表作成に必要な情報を電算処理できるようにすれば、少なくとも自動車製造に関しては、「ほぼ企業活動の全域にわたって使用されている基幹情報」を網羅することになる。さらに、製造・販売が緊密化していく中では、この基幹的な情報は派生的なシステムに使われるようになる。これを示しているのが図2-12である（トヨタの生産システムにとって部品表がいかに枢要な役割を担うかについては、第1章7（6）（8）を、特に図1-24、図1-25を参照）。

このように書いても、読者には具体的なイメージはなかなか伝わるまい。具体的に例をあげ、どのように業務を変化させたのかを次に検討してみよう。

（14）ＳＭＳは業務のあり方をどのように変えたのか？

ＳＭＳは業務のあり方をどのように変えたのか。これを一般的に（全般にわたって、あらゆる局面にわたって）論じることはしない。二つの問題に限ることにしよう。第一に、主にサプライヤーとの取引に関することを中心にした製造面。第二に、販売面に関する問題。自工と自販が分離している時期だから、前者は主に自工、後者は主として自販に関わる業務である。

最初に、製造に関する問題を考えてみよう。

トヨタの生産管理システムにとって、サプライヤーへの納入指示は要とも言える重要な問題である。特に、部品引当てを機械化（電算処理化）することは、トヨタ自工の担当者が長年にわたって抱いていた夢であった。第1章

6(4)で次のような引用をした。

車型別組立計画が定まれば〝部品引当て編成マスター〟を使用して、工程ごとの部品必要数は、マトリックス計算で、簡単に計算できる。……

（中略）

発注先・納入整備室・安全在庫・荷姿・納入間隔などのデータは〝購入部品手配単価マスター〟に入っている。

また、この〝マスター〟を利用して、内示数のような仕入先の製作手配に必要なデータを予報することもできる。計算ができれば、納入依頼・納入カード・新入計画表などの管理用資料や、検収や支払いに必要ないっさいの作業は容易に行なえる。(277)

これは一九六九年の論考からの引用である。進むべき方向は理解していても、部品表を電算化することもできていなかったこの状況で、〝マスター〟を利用し車型別に必要な部品数・種類や納入間隔などの、サプライヤーへの指示を電算処理することはできない。

もちろん、部品表に電算機からアクセスできるようになったからといって、直ちに「部品引当て」を電算処理できるわけではない。この電算化を一九七五年六月の『トヨタ新聞』は、「部品表電算化の第二ステップ自動引当編成システムがこのほど完成、一部車種について適用が始まった」と書き、次のように説明を加える。(278)

部品表には、各部品と車両との関係、各部品の材質や図面などの情報が盛り込まれており、この情報を電算機に入れて集中管理するため、昭和四十八［一九七三］年十二月から部品表が電算化された。この情報を有効に活用したのが、今回スタートした自動引当編成システム。(279)

部品引当てについても、次のように懇切丁寧に説明する。

引当編成とは、生産計画に合わせて、各車種の必要部品数を算出するため、部品単位で作成されるもの。当社［トヨタ自工］では、これを利用して毎月一回、仕入先に対して部品納入数の内示を行っている。ところが、部品は各車種について数千点にもおよび、その一点一点について、部品表を調べながら引当［て］編成を作成したり、設計変更のつど、切り換えるのに非常に多くの工数がかかっていた。(280)

この引用文で「仕入先に対する部品納入数の内示」とある。この文章を読むと、次の文章を思い出さないだろうか。第1章6(3)で引用した一九五八年にトヨタ内部で公表された文章である。再度引用する。

部品購入という、せまい意味のＩＢＭ制度ということでは、一応ネライに達した。つまり、会社がどういう部品を、いつ、なん個、入れさせようということを決心したのちに、そのことをメーカーに伝え、そして結果をまとめあげるというのが、第一段のネライであった。ところが、管理ということからすれば、……きまったということにしている、いつ、なん個ということを、きめるのが最も大切なんですね。それについては全然手がついていない。……

ですから、はっきりいえば、手のかわりにＩＢＭを使ったのは、会社の決心をいっせいに通知しよう、つまり事務手続きを一挙に解決しようということではじめたわけですね。それが、いつ、なん個を決めることに、当然発展し、同時に計画からはずれたものをキャッチすることに発展するであろうという予想のもとに、第一歩として事務手続のところだけをやってたわけですが。部品購入全体の立場に立って見れば、それは不充分だと、かんじんなところに手がついていない状態ですね。(281)

サプライヤー（仕入先）に「いつ、なん個」の納入指示をすることは、生産の円滑な遂行には不可欠である。一九五〇年代末に、その煩雑な計算を行うだけの能力はパンチカード・システムにはなかった。そのために、パンチカード利用は納入の事務手続きの方で始めたのであった（第1章6(3)および表1-2参照）。この後、経験による知識の積み重ねと電算機の能力向上によって、「いつ、なん個」の指示が可能になる。ところが、その基本的な作業（引当編成）は紙ベースの部品表を利用していた。次いで部品表をデジタル情報化した後も、これから「自働」的に各車種に必要な部品数を算出することはできていなかった。これがようやく「自働化」されたのである。どのような変化が生じたのだろうか。

新システムは、［デジタル化された］部品表の情報を利用するので、車種、生産工程などを指定することによって、自働的に引当編成が作成されるもの。設計変更に対しても、情報がダイレクトに部品手配に反映されるので、工数低減はもちろんのこと、仕入先への内示精度の向上など、多くのメリットが期待される。[282]

トヨタの生産管理システムが、単に自社の工場内だけでなく、サプライヤーへの納入指示まで含むものとすれば（多くのジャーナリストや研究者が、無意識にせよ、サプライヤーへの納入指示を示す「外注かんばん」に多大の関心を払ってきたことを考えるならば、それを含むと多くが考えていると言わざるをえないのだが）、デジタル化した部品表を利用して「自働的」に引当て編成が作成できるようになったことは大きな転機だと言うべきである。だからこそ、先の『トヨタ新聞』は、この自働引当て編成システムが完成したことを、「部品表電算化の第二ステップ」と書いたのであろう。まさに、「部品表情報を中心にした一連のすべてのシステム」の実現に向けて大きく歩み出したのである。デジタル化した部品表を使って部品引当て編成を行うことは、サプライヤーへの指示にかかる工数を大幅に削減するだけでなく、確実性・迅速性を増したのである。

しかも、デジタル化した部品表の利用はこれにとどまらない。『創造限りなく』の「事務電算システム」年表は、一九七五年に「部品表システム利用業務の電算化」と記し、その下位項目として次の二つを掲げている。「部品手配計算」と「購入部品価格管理ほか」である。前者については、前のパラグラフまでに述べた。後者については、一九七五年六月の『トヨタ新聞』に次のような記事がある。

当社［トヨタ自工］では、このほど総合購買情報管理システム（ＴＯＰＩＡＳ）を開発、［一九七五年］七月一日から、その第一次ステップをスタートさせることになった。これは、当社が購入する部品や仕入先に関する情報が膨大化し、総合的な観点からの購買情報管理が不足してきたことに対応しようというもの。購買管理部と電算部が一緒になり［昭和］四十八［一九七三］年十月から本格的な開発を始めた。[283]

「総合購買情報管理システム」とは何か。ＴＯＰＩＡＳという名称は、"Toyota Purchasing Information Administration System"の略だそうである。[284] この具体的な内容と、なぜ『創造限りなく』が「購入部品価格管理ほか」と書いたのかが不明である。

その前に、なぜ「総合購買情報管理システム」を導入する必要があったのかについては、次の文章を読めば理由がわかる。

購買管理部では現在、部品別原価明細など原価に関する情報と仕入先［サプライヤー］の生産能力や品質、財務に関する情報などを使って購買原価企画や購買原価改善、生産準備活動［、］仕入先の育成・管理などを行っている。ところが、これらの業務には熟練が要求される一方、各種データが個人のファイルとして保管される傾向が強くなってきた。[285]

トヨタではサプライヤーとの取引に際し、サプライヤー側の情報（生産能力だけでなく品質や財務についても）を持っていることがわかる。これをサプライヤーの「育成・管理」に使うとともに、これと、部品ごとの「原価明細」とをつきあわせて発注先を決定している。この「原価明細」は、仕様などの技術的情報で決まる。つまりは、部品表に依存した作業になる。ところが、個々のサプライヤーに関する情報は、購買管理部の担当者が個別に会社や工場を訪ねて集めた情報が主になるので、各担当者が個人で管理しがちである。これを、電算機で処理できるファイルにして、関係者が情報を共有しようというのである。しかも、この情報ファイルと部品表との照合までも電算機上で行うというのである。これは単なる「価格管理」の枠を超えている。それゆえ、「購入部品価格管理ほか」と、『創造限りなく』はあえて曖昧な表現にしたと推測できる。

このシステムは、「購買部門や関連部門の膨大な情報を、電算機を使って集中処理」しただけではない。「データファイル化するだけでなく、必要に応じて情報の加工も行」うことにしていた。「購買管理部に設置された四台のディスプレー装置」で「必要な時に見ることができるようになってい」て、しかも「データファイルの情報量を拡大」することもできた[286]。

このようにトヨタ自工では、部品表を基軸に製造に関するシステムが整備されてくる。

しかし、ここで疑問に感じないだろうか。もはやトヨタ車の製造を行っているのはトヨタ自工だけではない。だからこそ、自工本社とボディーメーカーとの間がオンラインで結ばれたのである（図2-8参照）。このとき、部品表が基軸となれば、生産委託しているボディーメーカーと情報を共有化しないのだろうかと。一九七七年九月に『トヨタ新聞』は次のような記事を掲載する。

SMSのボデーメーカーへの拡大は、当社［トヨタ自工］の部品表をボデーメーカーにも公開することにより、改変情報などを迅速に伝えようというもの。来年［一九七八年］三月にはさらに、当社とボデーメーカーの電算機を直結し、相互の部品表を公開し合うことによりオールトヨタでの部品の共通化などを図ろうと計画されている[287]。

この引用文冒頭の「SMS」に注がつけられているので、これも紹介しておく。

部品表を中核とする技術情報を電算機で集中管理し企画から生産、購買、原価にいたるまでの業務の総合管理向上に役立てるシステム[288]。

このSMSをボディーメーカーに「拡大」するというのである。一九七八年には実施予定と書いてある。だが残念ながら、「実施した」ということを確認できる記事は同年には見当たらない。資本関係などから考えても利害が重なることの多い会社間とはいえ、別個に独立した会社が、製造の要とも言える情報をオンラインで共有化するには、反対も多かったことであろう。

『創造限りなく』の「事務電算システム」年表では、一九八〇年に「オールトヨタ部品表情報の授受体制確立」とある。この「オールトヨタ」が、この場合どこまでを含むのかは定かでない。だが、予定より二年ほど遅れて、自工と「ボデーメーカーの電算機を直結し、相互の部品表を公開し合う」ことが実現したと考えられる。

ここで製造の面を離れて、販売面へのＳＭＳの展開について考えてみたい。トヨタ自工とボディーメーカーとの関連についてはすでに考えた。次は、自工と自販との間のＳＭＳを通した関係について考えてみたいのである。

これまで自動車事業における補給部品の重要性については何回か触れた（本章３（２）、本節（１）などを参照）。この補給部品にも、ＳＭＳと連携した電算システムが開発され、利用が開始される。これが一九七九年一二月である。

［トヨタ自工の］業務部と電算部が共同で、かねてから開発を進めていた「補給品番情報管理システム」が、［一九七九年］十一月に完成し、今月［一二月］から本格的に稼動を開始した。

このシステムは、現号口と旧型も含めた約六十万点の補給部品の補給形態、生産工程、仕入先などを電算機で管理するというもの。この情報は自販、ボデーメーカーを含めた全ＳＭＳ端末機から、いつでも検索することができ、また既存のＳＭＳとＴＯＰＩＡＳと連携させることにより、補給部品の設定業務の効率化も図っている。

このシステムの完成により①人に頼っていた作業も電算化により大幅に工数を低減、②電算機による通知票作成で、タイムリーな発行とミスの防止、③補給形態の標準化と補給部品の共通化の推進、④旧型部品の管理などに大きな効果をあげている。なお、来年［一九八〇年］以降も利用システムの拡充、関連システムの整備など二次システムの開発も予定されている。[289]

この補給品の品番情報システムでは、自工が品番登録をするとＳＭＳに品番情報が（総合品番情報マスターＧＰＮ［前項参照］に）保持され、それがＳＭＳを使う他のシステム（総合購買情報管理システムＴＯＰＩＡＳなど）と連携するようになって、自販側でも利用可能になったのである（図2-13参照）。

また、トヨタ自販の「パーツカタログ作成システム（ＴＯＰＡＣＳ）とＳＭＳと結びつけ、トヨタ自販での新車パーツカタログ作成業務を容易にした」。それまでは、「トヨタ自工から発行された部品表から、ＴＯＰＡＣＳへのデータ入力をすべて人手によっておこなっていたが、ＳＭＳと連結したことにより、転記ミスを無くし、多量の工数が削減できた」のである[290]。

一九六〇年代末以降から、情報システムの革新が自工、自販で追求されていた。その革新はオンライン化を基盤として行われたが、それと同時に、ＳＭＳを基軸に関連業務の連携を深めるものであった。ＳＭＳは購買（サプライヤーの決定など）や生産管理（生産計画など）のシステムと連携をとるように構築されていったのである（本章扉の図参照）。

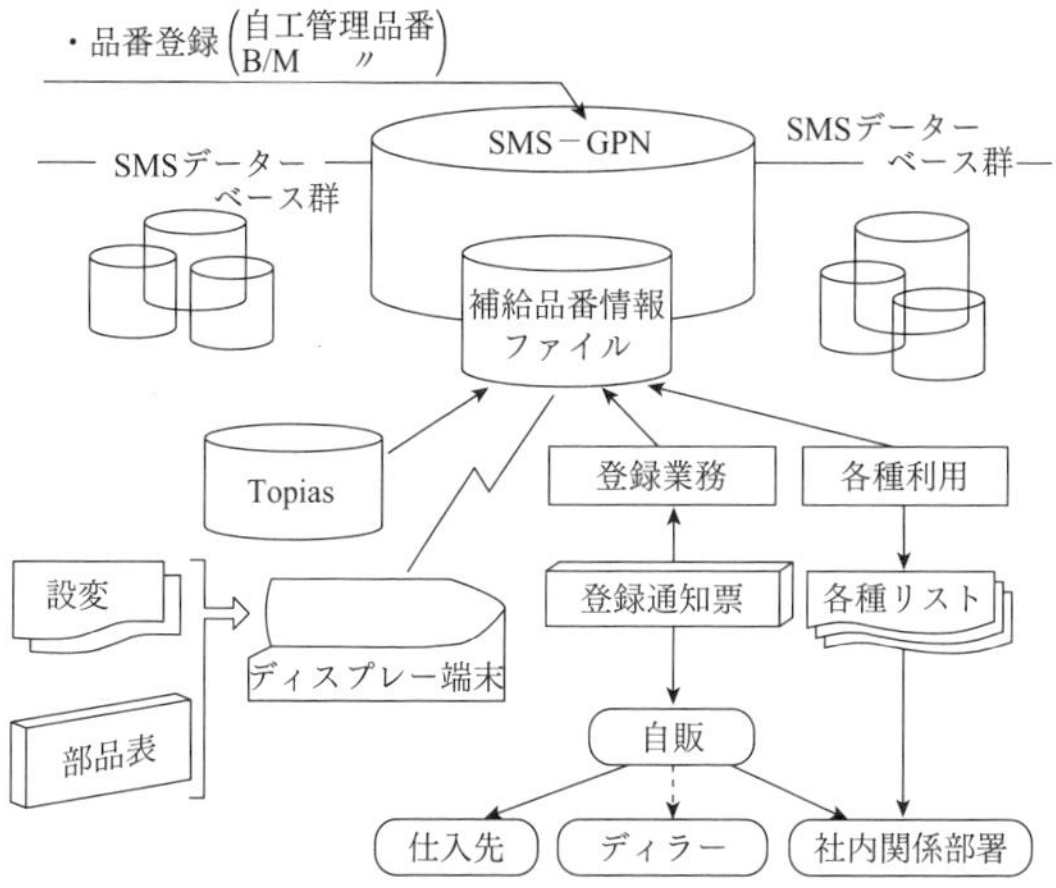

図 2-13　補給部品の品番情報システム（1970年代末）

出所）「今月から本格的に稼働開始　補給品番情報システム」『トヨタ新聞』1979年12月21日。

一九七〇年代初頭には自工・自販間の業務統合は大きく進んでいた。その転機は一九六九年頃であり、資本自由化への対策が契機となっていた。このように考えると、豊田英二が「工販合併を真剣に考え始めたのは、私が社長に就任した後の昭和四十四［一九六九］年前後」だという説明には、真実味があろう。

ただ一九七〇年前後に、企業のトップに立つ人物たちが、資本の自由化への対処に心を砕いていたとしても、企業内部で本当に危機意識があったのかという疑問はありうる。こうした疑問を完全に氷解させることは難しいが、一九六九年にクラウン配車を機械化する前に、自販側の担当者と思われる人物が次のように述べていることに注目したい。

車両メインライン業務［市販車両に関する基軸業務］は短期予測から始まり、受注・発注・(生産)・配車・販売に至る一連の流れを機械化するもので、特に、資本自由化に対処して、ビッグ3との管理レベルの差を埋めることを念頭に置いている。(291)

この文章が掲載されたのは、自工社内の任意団体が発行する雑誌『トヨタマネジメント』の一九六八年九月号(クラウン配車の機械化実施が翌年四月)で、執筆者の肩書きはトヨタ自販の機械計算部機械課となっている。この人物はクラウン配車業務の機械化に何らかの形で関与した人物であろう。この人物がクラウン配車機械化前に発表した文章なので、自社(トヨタ自販)の業務を考慮して「生産」が丸括弧に入れられている。注目したいのは、配車機械化前にもかかわらず、受注から販売までの「一連の流れを機械化」することが意識されていることであり、この機械化を実施する理由が「資本自由化に対処して、ビッグ3との管理レベルの差を埋めること」と明瞭に記してある点である。

一九七〇年代初頭までに、トヨタ自工・自販ではオンライン化を推し進めていたが、その端緒とも言える時点で、すでに実務担当者の間では、あるべき近未来像が共有されていたことを窺わせるのである(もちろん、その「像」が実現に近づくにつれ、環境条件の変化によって、逐次、変更されていったとしても)。「資本自由化に対処して、ビッグ3との管理レベルの差を埋め」ない限り、トヨタ自工・自販ともに市場で生き残れないという強い危機感があったことを窺わせる。経営のトップが抱いた危機感は、実務者レベルにも共有されていたのであろう。

この資本自由化、アメリカのビッグ3と言われる自動車メーカーとの競争は、豊田喜一郎による戦後まもなくの警告が現実になったとも言える。

> コストにおいても外国と競争し得る安価なものにする事が是非共要請されるのであって、この質と価格の二面において諸外国車に対抗してゆかねばならないのである。もしこのことが不可能であるならば、それは自動車工業の経営の死を意味する。(292)

「経営の死」は、まさしく自工・自販が抱く恐れであった。そしてこのことが自工・自販の合併提言、さらには業務の緊密化を推し進めたのである。

5　再合併によって業務は効率的になったのか？

一九七〇年代初頭には自工・自販間はオンラインで結ばれ、業務緊密化の条件を整えた。それを利用してデイリー・オーダーなどを推し進めたため、業務面からすれば、自工・自販の壁は低くならざるをえず、実際に低くなっていった。

単一車名内部での製品多様化を推し進めると、「計画時間と生産のリードタイムをいかに短縮」するかに腐心せざるをえない。その解決策として、トヨタは「計画ロットを小さくし、かつ計画先行期間を短くする」仕組みを作り上げる。この基盤を整えたのは、自販・自工（工場、ボディーメーカーなど）間のオンライン化であった。そこを流れる情報は、ＳＭＳに含まれる会社の基幹情報である。生産計画のロットを小さくした平準化順序計画は、オンライン化やＳＭＳを基軸としたシステムから策定する。これによって、多数の車名だけでなく、単一車名でも仕様が多様な車両の平準化が可能となる。その結果、最終組立ラインに行くと「一台ずつ、違った車を確かな品質で手際よくタイムリーに生産する」状況を見学することになり、感嘆しながら工場を後にするわけである（図1-2参照）。この現代の見学者たちが知るはずもなく、また気にも留めまいが、かつて同じ会社の最終組立ラインでは「同一車種同一仕様の車を五台単位」で組み立てていたのだ[293]。この変化・変容は、自工・自販が業務で密接な関係を築くことで実現したものである。

一九七〇年代には、実務面での業務遂行において二社間で緊密な関係ができあがっていた。この観察が正しいとすると、直ちに疑問が浮かぶ。一つは、業務遂行に緊密な協力が必要だったのなら、なぜ一九八二年まで自工・自販は合併せず、別会社のままとどまったのかである。もう一つの疑問は、逆方向からの疑問と言ってよい。自工・自販が別会社のままで業務を緊密に行うことが可能だったのであれば、あえて二社が合併する必要があったのか。これらの疑問について考えて本章を終えることにしよう。

(1) 自工・自販が再合併せずに、長く別会社にとどまった理由は何か?

別個に組織された製造会社と販売会社が、日常的業務を緊密に実施しないと、顧客に最終商品を「手際よくタイムリー」に届けられない。こうした状況にあっても、個々の会社内では、命令系統や権限・責任が明確に定められていれば、その会社内部での業務遂行は円滑に行いうる(少なくとも、他社と深く関わらない業務については)。だが、二社が緊密に業務を遂行するには、二社の間で調整が必要なことも多い。実務担当者だけで解決できる問題から、会社全体の運営方針に関わり経営上層部が判断に関与しなければならない問題までさまざまである。こうした問題を、少なくともある程度まで解決できたからこそ、一九七〇年代初頭には業務が緊密化できたはずである。一九六〇年代初頭にも二社間の調整を行う仕組みがあったことはすでに述べたが、少し異なった観点からも見ておこう。

自工・自販両社の業務連携の基礎には品番があると述べた(無論、品番統一にも実務担当者だけではなく、経営上層部が意思決定に深く関与せざるをえまい)が、ここで注目したいのは、品番統一が実現した一九六三年になると自販は「販売店・自工・自販の三位一体の揺るぎない連帯の確立」を会社方針の一つに掲げるということである。この背景には「貿易自由化[具体的には、自動車の輸入自由化]に備えたわが[トヨタ]陣営の強化」がある。[294] この後、何が起きたか。自工・自販を結ぶ会議体が創設され(本章3(7)参照)、さらに、この会社方針が示された翌年の一九六四年九月には「全国販売店に対しテレックスの設置を要請され、[同]年内には全国ネットを完成した」[295]。当然ではあるが、会社方針はその後の企業の行動に大きな影響を及ぼす。美辞麗句を並べ、会社の向かう方向を示さないものもあろうが、それは「方針」の名に値しない。

さて一九七〇年代初頭には、少なくとも一定程度まで自工・自販の緊密な協力関係の下で日常業務を遂行している。では、これを超える緊密な関係を築く必要があるのだろうか。こうした疑問を持ち、自販の社史『世界への歩み』に掲載されている次の文章を読むと、いささか奇妙な感覚をおぼえざるをえない。

> 工販の連携強化の必要性は、トヨタ自工側でもその認識が高まり、昭和五二［一九七七］年秋、工販政策合同会議において、両社のあいだで「会社方針」の策定・推進に当たっては双方の連携を強化すべきであるとの確認がなされた。こうした事情もあり「会社方針」の見直しを行なったのである[296]。

一九六〇年代末には、自工の豊田英二が「工販合併を真剣に考え始め」ていた（本章3(8)参照）。したがって、一九七〇年代末になって、自工が「工販の連携強化の必要性」の認識を高めたという表現には驚く。ただ会社が上梓する社史には、こうした表現はままある。重要なのは、会社方針で自工・自販「双方の連携を強化すべきであるとの確認」をしたということである。

この会社方針の見直しを、社史は縷々語る。だが、ここで注目したいのは、自工・自販が連携強化策として何を行ったかである。

> 「会社方針」の策定・推進に当たって、トヨタ自工との連携の緊密化をはかった……。長・短期の目標・方策の設定に当たっては、工販の事務局が十分な連携をとり、その前提となる環境見通し、課題等についての認識を共通にするよう努力した。また、工販のトップレベルでも、工販政策合同会議の場で両社の「会社方針」のすり合せを行ない、意思疎通をはかるようにした。この結果、工販の人事交流ならびに従業員共同研修、海外諸問題の共同検討などの具体策も推進されるにいたった。なお、工販の人事交流ならびに共同研修は、工販の相互理解と連携の緊密化をねらいに、前者は両社の課長クラス数名を相互に受け入れる（期間は二年間）形で進められた。また、後者は両社の次長クラスおよび新入社員の教育を共同で実施することから始められた[297]。

「海外諸問題の共同研究」については、ここでは考慮外とする。興味深いのは、「人事交流ならびに従業員共同研修」を具体的に検討し、実施したことである。これを実際に行ったのかどうかを『トヨタ新聞』によって確認しておこう。

一九七八年七月には記事「強まる工販の連携　合同で次長研修を実施」が次のように伝える。

　次長研修が、初めて工販合同で七、八の両日、スポーツセンター研修所で行われた。これは、今年の会社方針の大きな柱の一つである〝工販の連携強化〟に対応して行われたもので、先の課長層の人事交流や新入社員の合同研修に次ぐ第三弾[298]。

翌一九七九年二月には記事「工販の連携密に」が次のように伝える。

　今年の定期職制異動は、試練の時を迎えて、組織を見直しするとともに、限られた人材の有効活用を図り、新たな飛躍をめざそうと行われたもの。

　辞令交付式では、豊田社長があいさつに立ち「自工・自販の連携の重要性を考え、昨年からスタートした人事交流は、本年も二人の課長の交流を行った。皆さん一人一人がこの趣旨を体して、さらに工販の連携が図られるよう、各人の仕事の上に反映させていただきたい」と強調[299]。

会社方針を自工・自販で調整し、課長層の人事交流を定期職制異動として実施し始める。さらには新入社員の合同研修も実施する。さらに一九八一年になると、自工・自販が合同で部長研修会も開く[300]。この研修会について伝える雑誌『トヨタマネジメント』の記事が、それまで実施した両社の合同研修・人事交流の実績についても次のように概括している。

　工・販の連携強化をはかるため、昭和五三［一九七八］年以来、次長層と新入社員で合同研修を実施し、また、人事交流という形でも、同じ年から課長層を中心に、次長から一般まで、延べ二三名の交流が行われた。現在も、一五名がお互いに出向中である。

今回の工・販合同部長研修は、部長層にも合同研修を拡大し、さらに工・販のコミュニケーションをよくし、両社の一体感をいっそう高めようと新たに実施されたものである。工・販分離後入社の部長五八名を対象に三年間で五回に分け、実施しようとしており、今回はその第一回である。受講者は、自工一一名、自販六名の計一七名。[301]

自工と自販の人的交流が着実に実施されていることがわかる。たしかに両社の全構成員数に占める割合では低いが、管理職層を含んでおり、自工・自販を隔てる垣根を低くする努力が続けられていたことは間違いない。このように事態を整理すると、豊田英二『決断』が次のように書いたのもよく理解できるのではないか。

神谷さんはその後、健康を害し〔昭和〕五十〔一九七五〕年十二月に会長に退かれた。高齢ということもあり、病気はよくならず、最後は意思表示もままならず、〔昭和〕五十五〔一九八〇〕年十二月に亡くなられた。結果的には神谷さんが亡くなられてから、工販合併が具体化してきた。工販の幹部は合併の意思を持っていたから、あとはタイミングだけである。[302]

一九七七年秋に会社方針の策定にあたって自工・自販の連携を強化すべきとし、その後、自工・自販は人事面の交流にまで進んだ。戦後におけるトヨタの販売網を再構築した最大の功労者である神谷正太郎は、工販再合併に対して、賛成の意思表示を明確にしなかった（本章3（8）参照）。この功労者に対する配慮こそが（日常業務の緊密化は進行していたにもかかわらず）、一九七〇年代後半になるまで再合併推進の動きが表面化することを押しとどめていた大きな要因だったのではないか。

（2）自工・自販が合併して、合併前よりも効率的になったことがあったのか？

一九七九年以降になると、自工・自販の業務を緊密化する方策がさらに顕在化する。トヨタとしては「初めて海に面した組立工場」である田原工場が一九七九年一月に操業を開始する（『寓話』五六一頁参照）。それまでのトヨタの工場が地理的に近接した地域に立地していたのに対して、田原工場は離れた場所に作られた。そのため同工場への部品搬入については、物流面から見直しが進み、混載や巡回輸送による納入などが実施される(303)。自販もまた一九七九年一月に田原にモータープールを開設する。さらに自工は一九八一年には田原工場の第二工場の稼働を開始する。この稼働に合わせるかのように、自販もヤードの第二期工事を一九八一年九月に完了する。これを『トヨタ新聞』は次のように書く。

> かねて建設が進められていた国内および輸出車両の総合物流拠点・トヨタ自販田原センター［現・田原ヤード］が、このほど完成し、四日に渥美郡田原町の同センターで完成式が行われた。式には藤城田原町長、青木豊橋市長ら来賓をはじめ、自工・豊田社長、自販・加藤会長ら関係者約二百人が出席した。
>
> 田原センターは、昭和五十四年一月の第一期工事完成以来、国内向け車両の船積み、および陸上輸送拠点として稼働してきたが、今回の第二期工事完成により、輸出船積みの機能も備えた総合物流拠点として、本格稼動することになった。同センターは名古屋、衣浦、横浜に次ぐ四番目の船積み拠点であるが、田原工場と隣接しており、トヨタとしては初めての生産工場と直結した船積み拠点である。工場との直結により、輸送コストの底下と輸送の効率化に大きな効果があがるものと期待されている(304)。

工場と直結したヤードでは、組立工場でラインオフした完成車はすぐにその（自販の）ヤードに運ばれる。このような組立工場と直結した船積み拠点があれば、まさに「輸送コストの底下と輸送の効率化」が達成されるはずだと、多くの読者は考えるだろう。逆に言えば、自工・自販の合併による効率化は、少なくとも田原のようなところでは限定的なはずだと。

ところが、自工・自販の合併によって、物流面での効率が大きく上昇したのである。『創造限りなく』は次のように述べる。

> 旧自工が昼夜二直稼動、旧自販が昼のみの一直稼動であったため、夜間に生産された完成車が受渡点検ヤード

に滞留していた。この不合理をなくすため、工場の稼動に合せて完成車を引き取り、それを順次販売店へ振り当てることにして、完成車の滞留や移動を最小限にとどめることとした。こうした改善によって、作業要員、受渡点検ヤードともに三〇パーセントほど削減することができた。[305]

業界新聞『日刊自動車新聞』も次のように伝える。

新生トヨタ自動車がスタートして三カ月、工販合併で生産と部品、物流部門の連携が強化されたことにより基本管理システムの改善やタイムリーな設備投資への決断など早くも具体的な成果がでていることが明らかになった。工販の仕切りがなくなったことで、従来両社間で行われていた伝票処理が不要になるといった節約面だけでなく、情報処理が敏速化し両社それぞれの課題がひとつの問題意識として対処できることが大きな要因となっている。[306]

顧客の発注から製造・配車までのあらゆる段階で、(部品や仕掛品、完成車に形を変えても)「モノ」が円滑に流れていく(「モノ」の動きを円滑にすることを助ける「情報」の動きも円滑にする)ことによって、効率が向上したのである。その実現のために自工・自販がそれぞれ独自に取り組んでいたのだが、合併によって二社の隔たりがなくなると、さらに円滑な動きが可能なことが判明したのである。

自工側が再合併前に、物流の合理化に手をこまねいていたわけではない。例えば、一九七九年七月の『トヨタ新聞』は、記事「全社で進む!!　物流の合理化　混載・巡回輸送を推進」を掲載する。

当社の物流合理化への方法は、……その改善対象を運搬車両の積載効率、輸送時間、車両、運搬具費などに加え、仕入先［サプライヤー］と工場に部品を在庫することから生まれる在庫関連費にも置いていることが特徴。

このような観点から物流関連費用を、社内工場間輸送、部品メーカー→当社やボデーメーカー、当社→ボデーメーカーなどの部門に分け①運搬車両の積載効率の向上②輸送時間の短縮③運搬車両や運搬具の見直しの三項目を組み合わせることにより改善を進めている。
①の積載効率の向上についてはパレットの収容効率の向上、運搬回数を多くすることとそれを効率的に実現する混載・巡回方式の採用、帰り便を利用して運搬することなどにより対応。②の輸送時間の短縮については、積み卸しと運搬を別々の作業者が行う乗り継ぎ方式や、中継地点の廃止などにより対応。③の輸送車両や運搬具の見直しについては、トラック、フォークリフトなどの更新時期の見直しやパレットを必要以上に持たないことなどで対応している。[307]

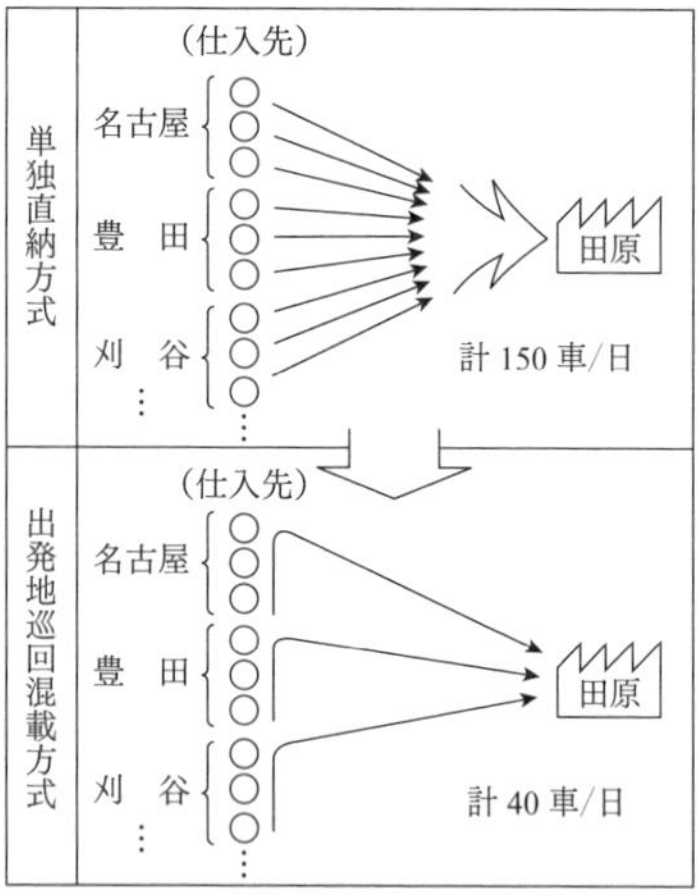

図 2-14　出発地巡回混載方式

出所）「着々と進む物流の合理化　輸送の方法と道具を改善　積載効率の向上へ　安全面も配慮」『トヨタ新聞』1980 年 6 月 13 日。

さらに、翌一九八〇年六月にも『トヨタ新聞』は、記事「着々と進む物流の合理化　輸送の方法と道具を改善　積載効率の向上へ　安全面も配慮」を掲載する。その中で「田原工場へ輸送方式で効率アップ」として、「仕入先［サプライヤー］の部品をエリアごとにまとめて運ぶ出発地巡回混載方式」を紹介している。この方式を採用せずに、サプライヤーが単独で自工の工場などに直納する方式（「単独直納方式」）で輸送すれば、一日当たり一五〇車両が必要と想定されていたものが、四〇車両弱になったという（図 2-14 参照）。記事の言う通り「輸送効率は大幅にアップした」。この方式は、他の工場への納入にも拡大されていく。[308]

また同記事は、本書第1章の読者には興味深い点を論じているので、引用しておこう。

> 当社［トヨタ自工］へ納入されている部品の出荷（仕入先［サプライヤー］）、受入（当社［トヨタ自工］）処理業務は、年々増大している。特に夜勤への対応が難しい状況になってきた。そこで、伝票処理工数の低減を図るバーコードリーダーという機器が開発された。これは、かんばんの働きを全く損うことなく、かんばんに情

報を付加することにより、機器がその情報を読み取り、自動的に納入伝票を作成するというもの。
現在、バーコードリーダーは、購入部品の七五％に適用されており、社内の主な受入場と一部の仕入先に設置されている。今後は、機器の機能を強化することによって、かんばんの正しい運用の延長線上で、利用範囲の拡大を図っていくことが検討されている。
ここで紹介したものは、改善活動のほんの一部に過ぎず、このほかにも全社をあげて、積極的な物流の合理化が図られている。[309]

この記事にはバーコードリーダーの写真も掲載されている。当時、バーコードリーダーは新しく珍しい機器だった。写真には「かんばんの情報を機器が読み取り、自動的に納入伝票を作成するバーコードリーダー」と説明がある。かんばんにバーコードを付けることも、「物流の合理化」の一環として捉えられていたことがわかろう。バーコードを付与することで納入伝票の作成が簡単になれば（伝票処理工数を削減すれば）、自工の部品受入場での処理業務にかかる時間を減らし、受入場での待ち時間などを削減できる。これは結果的に、納入部品が自工の製造現場に円滑に流れることに寄与する（バーコードを付与しない場合の例は、第1章末を参照）。

この記事が掲載されたのは、一九八〇年六月である。こうした合理化努力が合併前まで続けられていたにもかかわらず、前に『創造限りなく』や『日刊自動車新聞』からの引用文が指摘していたように、合併後には少なくとも物流面では効率が大幅に上昇したのである。

本章ではトヨタ自工とトヨタ自販が再合併するまでの道のりを辿ってきた。日本国内でも長く製造・販売の二社体制で事業活動をした後に、合併した自動車企業がある。それは三菱自動車工業である。一九八四年一〇月一日に合併するまで、三菱自動車工業と三菱自動車販売の二社体制の下で自動車事業に携わってきた。

三菱自動車工業［以下、三菱自動車と略称する］でも、二社体制下で、トヨタの場合と同じようにオンライン化を実施する。三菱自動車のオンライン化は、一九七六年春に完成したという。同年一一月に、このオンライン化について説明した文章があるので引用しておきたい。

国内車両システムは、今までバッチシステムとして非常に長い歴史を持っており、……今回の総合オンラインシステムへと発展してきた。このバッチシステムの段階においては、車の輸送状況、在庫状況などをは握する手段として、車両モータプール・販売会社と、自販・自工との相互間の商流・物流情報の連絡は多数のテレックス回線を使用してきたが、今回これらをコンピュータによるオンラインシステムに切換えたものである。

（中略）

生産が完了すると同時にその車両に対しては、行き先として注文のあった販売会社が指示されるとともに、輸送会社に対する輸送指示が行われる。

この車両は引続いて、工場の出入門、モータプールの出入、輸送トレーラの積み卸し時点など、各輸送ポイントごとにコンピュータにより移動状況をフォローしながら販売会社に送り届けられる。これと併行して、輸送の次工程及び販売会社に対しては、到着予定日が正確に事前連絡される。

自動車を移動させるための人間に対する指示は車両発送票で行い、車両が輸送される途中のポイントごとのコンピュータに対する連絡は、車両情報カードを端末機にインプットする……

このように、注文↓生産↓輸送に関連するあらゆる商流・物流情報を、コンピュータのオンラインシステムで常時は握することにより、正確に短時間に顧客のニーズに対応することが可能であるとともに、この一連の商流・物流情報については、関係のあるすべての部門の端末機から照会を行うことにより、コンピュータの中にあるデータベースの内容を即刻知ることができるので、必要なアクションをタイミングよくとることが可能となった。(310)

詳細な点を検討すると、三菱自動車とトヨタの場合のオンライン化には違いがある。だが、それが目指していたこと、すなわち「あらゆる商流・物流情報を、コンピュータのオンラインシステムで常時は握する」ことは同じであった。販売と製造に分かれて自動車に携わっていた三菱自動車とトヨタがオンライン化を実施した時期に一〇年もの差はない。だが、競争の激しいビジネスの世界で、四、五年の差は成果に大きな差を生む。

なぜ、トヨタであれ、三菱自動車であれ、「あらゆる商流・物流情報を、コンピュータのオンラインシステムで常時は握する」ことを目指したのか。この点に関連して、トヨタ自動車の元・会長の張富士夫は次のように述べる。

> 私たちが忘れてはならないのは、お客様第一の観点です。販売のスピードに合わせて部品や車両の生産をタイムリーに行うためには、生産部品を箱に詰める、完成したクルマを港に運び船に乗せる、あるいは、造った部品を〝いつ〟〝どれだけ〟運ぶかといった、〝モノ〟、そして〝情報〟のスムーズな流れを作ることが大切です。調達・生産・販売を一つのチェーンでつながっているかのように同期化し、そのチェーン上に〝モノ〟と〝情報〟を滞留なく流していく。それがトヨタの物流です。[31]

これを図1-2を見ながら読めば、トヨタの生産管理方式を工場内だけに限定して見ることの限界もわかろう。

また、引用文の最後で張が「トヨタの物流」だという「物流」は、前著『寓話』で次のように書いたのと同じ用法である。

> 「ものづくり」とは工程内や工場内部の製造技術だけに眼を向けるのではなく、仕掛品や原材料などの「物」を水が流れるように淀みなく動かすことだというのが、日本の生産技術者たちの考えだったのである。そしてそこから、工程内や工場内部を超えて、サプライヤーとアセンブラーの工場群、さらには最終消費者までの「物」（原材料や部品、最終製品を含む）の流れ、つまり実務家の言う「物流」の重要性を示唆することが本書の隠れた意図でもあったのである。フォード社の工場建築が大きく変化したことも、個別の搬送機器にこだわらなければ、「物流」という切り口で理解できるのである。（『寓話』五四五―四六頁）

工場で完成した製品を最終消費者まで「水が流れるように淀みなく動かす」こと、これは戦前・戦中の「日本の生産技術者たちの考え」に沿ったものでもある。

第3章 なぜトヨタの海外展開は遅かったのか?

ニューヨーク港に入る第6とよた丸

出所)『トヨタグラフ』1970年1月号。

工場で完成した製品を最終消費者まで「水が流れるように淀みなく動かす」仕組みが形成された道筋を辿る。これが目的であれば、前章までで一応の考察はすんだ。

だが、「工場で完成した製品を最終消費者まで」と書きながら、前章までは基本的に視野を日本国内に限定してきた。結果的に、「最終消費者」と言いながら、海外の最終消費者をまったく無視している。二一世紀初頭に生きている者にとって、製品の最終消費者が日本国内だけには限らないことは自明であろう。トヨタの製造施設（組立工場を含む）も日本国内だけにとどまっていない。それどころか、いまや同社の海外での生産台数は日本国内のそれを上回っている。

本章は、トヨタの海外展開全般を事細かに書き記すことはしないが、前章までに考察した生産システムの形成という観点から、トヨタの海外展開を考えてみることにする。

1　トヨタの海外展開の特徴は何か？

一九六〇年代末からトヨタは情報システムに積極的な投資を行い、一車名の下に多数のバリエーションを持つ車両をも消費者に提供できるようにした。この点でトヨタは同業他社をリードしたと、浅沼萬里は述べていた。これもあって、トヨタは資本自由化で押し潰されるどころか、生産台数・販売台数を急速に増加させる。単に販売台数が増えただけでなく、世界の自動車産業におけるトヨタの存在感が増していく。一九八二年（自工・自販合併の年）

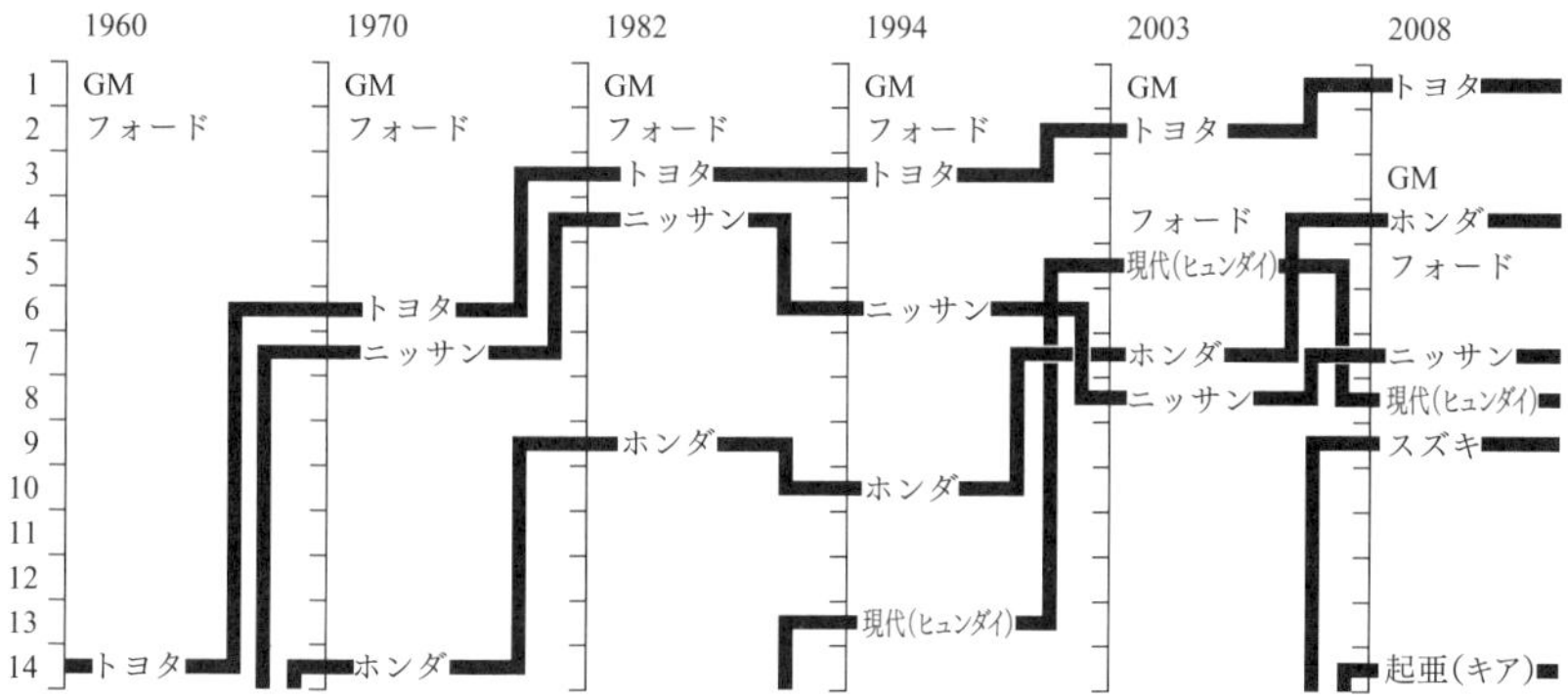

図3-1　世界の自動車メーカーのランキング推移（生産台数）（1960～2008年）

注）このランキングは，全メーカーのランキング推移を示すものではない。この期間に14位以内のランキングにあった日本メーカーは他にもある。だが，ここでは省いてある。このオリジナルの図が，日本と韓国のメーカーの世界の自動車業界における躍進を示すために作成されているからである。
出所）Peter Dicken, *Global Shift : Mapping the Changing Contours of the World Economy*, 6th ed. (Sage, 2011), p. 345.

にはトヨタは生産台数ランキングで世界第三位になる。さらに、その順位はあがり、二〇〇八年には一時的に世界第一位になる。前著『寓話』で描いたように、互換性部品すら満足に製造できなかったことや、互換性部品や車両の多量な製造に苦労したことを思えば、このランキングの推移には驚く（図3-1参照）。

ランキングを見ると、一九六〇年に生産台数で一四位になったトヨタが、八二年には三位になり、その後も上位にとどまっている。他の日本企業では日産とホンダが一九七〇年にランキングに登場し、世界一四位以内にとどまっている。近年になると、韓国企業もランキングに登場する。一方、アメリカのGMとフォードの二社は、このランキングで長く一位、二位の座を占めていた。

『グローバル・シフト』の著者であるピーター・ディケンは、アメリカ企業二社と日本企業三社を取り上げ、自国以外での生産活動の展開という観点から、次のように述べている[1]。

GMとフォードは何十年にもわたって、国際的に事業を展開している。これに対して、主導的な日本企業は、組立部品キットを［日本から］輸入し［て行われる］、地元市場向けの小規模な組立事業を除けば、海外で実際にはほとんど生産せずに、世界のランキングを目覚ましく駆け上った

表3-1　自国以外での自動車生産台数の割合（1982～2010年）

（%）

年	1982	1989	1994	2000	2003	2005	2008	2010
アメリカ企業								
GM	34.8	41.8	49.7	61.8	50.7	57.4	71.5	79.7
フォード	61.5	58.7	58.7	63.9	50.9	54.4	51.4	66.1
日本企業								
トヨタ	—	8.3	17.5	27.5	43.6	48.4	46.8	52.7
日産	2.4	13.8	33.5	35.1	50.0	58.5	61.9	74.0
ホンダ	0.2	28.0	41.7	50.3	59.9	63.3	67.7	72.8

出所）Peter Dicken, *Global Shift*, 1st, 2nd, 3rd, 4th editions for years from 1982 to 2000 ; After 2003, the International Organization of Motor Vehicle Manufacturers' *Statistics*.

（図3-1参照）。一九八〇年代初頭以前には、このような組立事業以外の自動車生産施設をトヨタは海外に何ら保持していなかった。日産は生産台数全体の三%に満たない台数を日本以外で生産していた。事実、トヨタの国際展開はきわめて緩慢であった。……アジア以外に（一九八二年にアメリカのオハイオ州に）生産施設を建設したのは、日本の自動車企業としては比較的小さいホンダ［本田技研工業］だった(2)。［引用文中の図の番号は、本書に合わせた］

たしかに、一九九四年になっても、トヨタの生産台数全体に占める海外生産の割合は低い。GMやフォードのみならず日産、ホンダと比べても低い。一九九四年でトヨタだけが二〇%に満たないのである（表3-1参照）。世界のランキングで三位になったトヨタの海外での生産割合が低く、日産やホンダも海外生産比率が五〇%にも及ばない状況が一九九四年までは続く。その結果、日本車が海外に大量に輸出される状況が生み出されていた。ディケンは次のように言う。

主な自動車生産国のなかでも、日本車の輸出パターンは地理的に最も広範囲に及ぶものである。……日本からの輸出は世界中に向かっているが、特に北アメリカ向け……とヨーロッパ向け……が多い(3)。

図3-2aが示す乗用車だけでも、一九八七年には約四五〇万台が輸出され、そのうち北アメリカ向けが五四・三%、ヨーロッパ向けが三一・三%であった。一九九四年には総輸出台数は百万台ほど減り約三三〇万台になるとともに、北アメリカ向けが四六・〇%、ヨーロッパ向けが二六・八%になった（図3-2b参照）。一九八七年から

九四年にかけて、日本からの総輸出台数が減っただけでなく、そこに占める割合も北アメリカ向け、ヨーロッパ向けがともに減少したのである。

これだけ大量の日本車を輸入する国では政治問題化する可能性があったのではないか、と考える読者もいよう。だが、図3-2の状況は日本からの自動車輸出が「自主規制」下にあった状態でのことなのである。一九九一年に出版された『現代経済史年表』は「対米自動車輸出規制」の項目で、次のように説明している。

［一九］七〇年代半ばから八〇年代後半にかけて、石油ショック後の小型車競争のなかで圧倒的に優勢となった日本メーカーは欧米市場に集中豪雨的輸出を始めた。これが貿易摩擦を生み、通産省はメーカーを指導してアメリカ向けは八一年度から、EC向けも八六年から輸出自主規制に入った。アメリカ向けは乗用車のみの規制で、八一年度は全体で一六八万台、それを過去三年の各社実績（占有率）を各社に割振った。そして、八四年度に一八五万台にし、八五年度から二三〇万台で続いている。八七年度以降は円高とアメリカでの現地生産の増加や輸出カルテルとして日本メーカーにも価格の安定・販売経費の減少・輸出車種の高級化でうま味があり、二三〇万台の枠に達しない年が続いている。それでも九〇年度も二三〇万台での規制継続が決まった。……一方EC向けは、乗用車・商用車両方で前年実績をもとに増加率を押さえることとなっている。[4]

EC向けの自主規制が始まったのは一九八六年である。アメリカ向けの輸出規制は一九九一年度まで上限を二三〇万台とする自主規制が続き、その後、自主規制枠を一六五万台に削減し九三年度まで続いた。つまり、アメリカ向けの乗用車輸出の自主規制は一三年間続けられた。こうした自主規制が続いていても、これほどの状況だったのである。これが一九九〇年代初頭から激化する日米間における自動車交渉の背景にもなっていた（本章4（7）参照）。

ここまでの議論をトヨタに焦点をあてて、単純に考えれば次のようになる。

生産台数を基準に世界の自動車メーカーに順位をつけると、トヨタは一九七〇年代には一〇位以内に入り、その後も生産台数を増大させた。だが、その生産拠点はほぼ日本国内であり、生産した自動車を海外に大量に販売した。

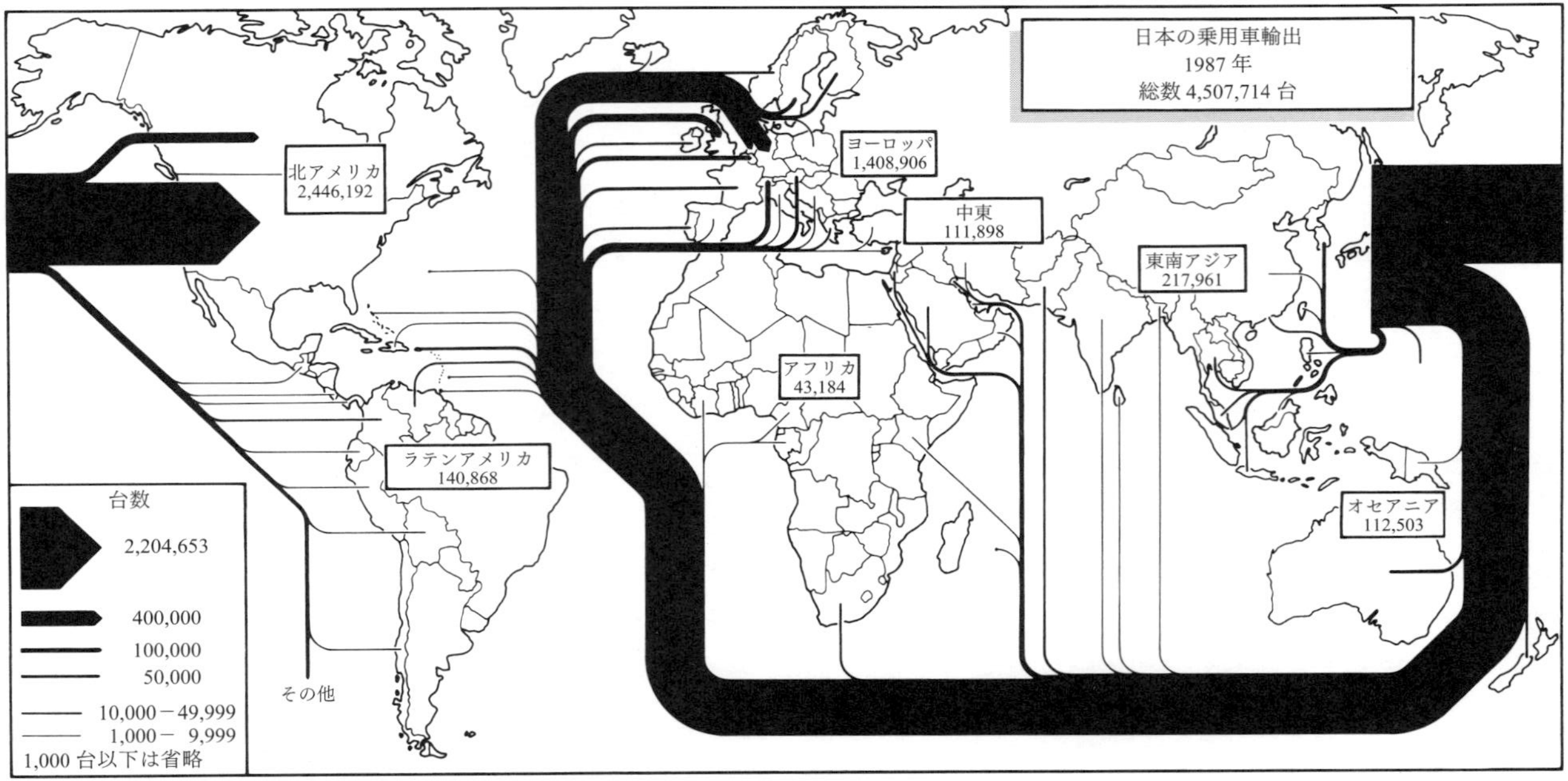

図 3-2a　日本の自動車輸出のグローバル・パターン（1987 年）

出所）Peter Dicken, *Global Shift : The Internationalization of Economic Activity*, 2nd ed. (Paul Chapman Publishing, 1992), p. 274.

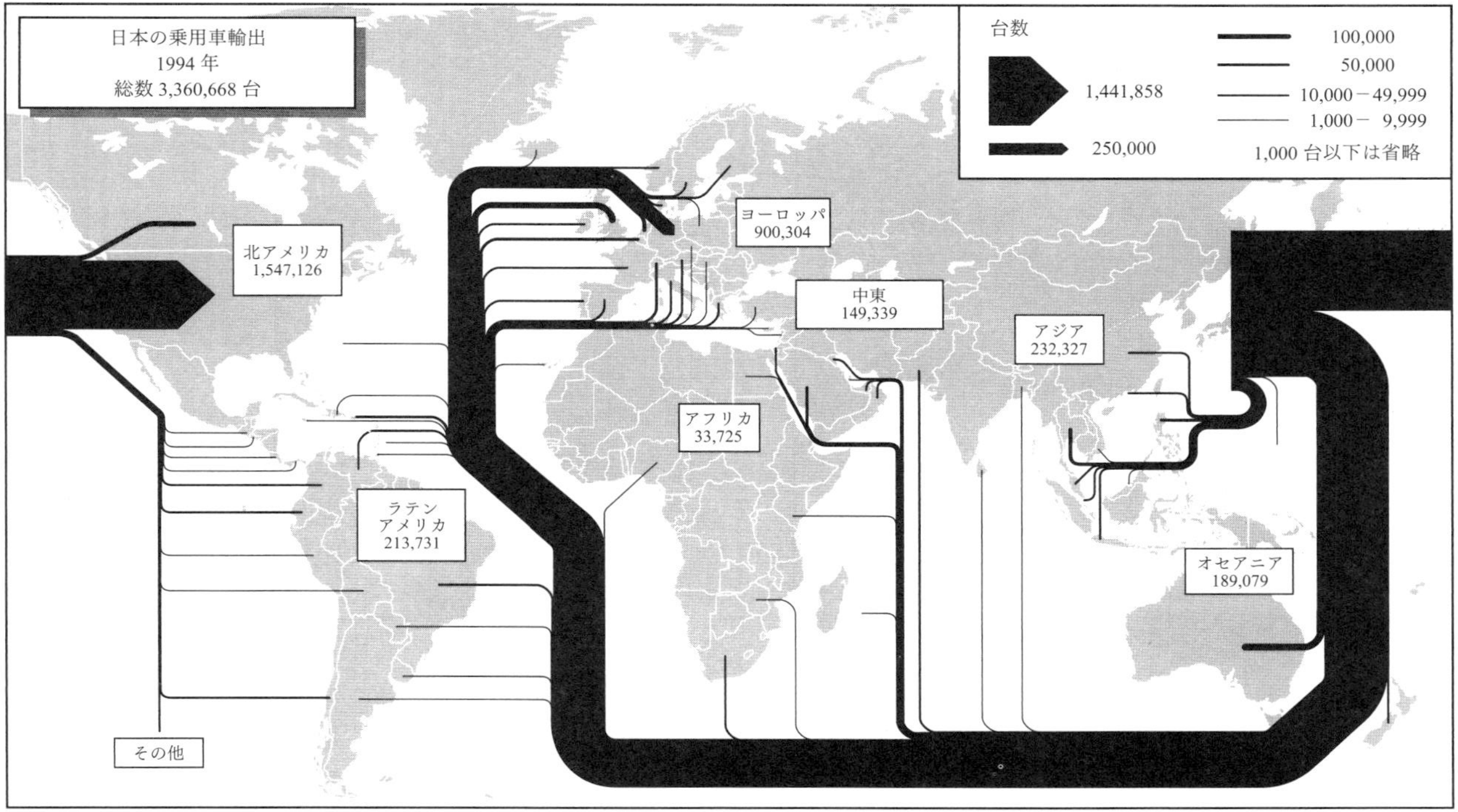

図3–2b　日本の自動車輸出のグローバル・パターン（1994年）

出所）Peter Dicken, *Global Shift : Transforming the World Economy*, 3rd ed.（Paul Chapman Publishing, 1992）, p. 322（ピーター・ディッケン，宮町良広監訳『グローバル・シフト――変容する世界経済地図』下，古今書院，2001年，414頁）.

表 3-2　主要自動車メーカーの在外資産および TNI の推移（2003〜08 年）

	在外資産による順位（資産額百万ドル）			TNI による順位（TNI の値%）		
	2003 年	2007 年	2008 年*	2003 年	2007 年	2008 年*
アメリカ企業						
フォード	3（173,882）	9（127,854）	16（102,588）	72（45.5）	78（51.4）	58（55.9）
GM	4（154,466）	31（ 61,507）	49（ 40,532）	90（32.5）	84（48.5）	71（51.2）
日本企業						
ホンダ	19（ 53,113）	23（ 83,232）	17（ 96,313）	21（72 ）	16（82.3）	17（81.4）
日産	45（ 28,517）	30（ 61,673）	32（ 61,703）	63（48.5）	47（62.1）	48（59.4）
トヨタ	8（ 94,164）	6（153,403）	5（183,303）	68（47.3）	75（51.9）	66（53.1）
ヨーロッパ企業						
ボルボ	62（ 19,451）	54（ 38,171）	54（ 37,105）	18（73.4）	19（81.0）	16（81.8）
フィアット	29（ 41,552）	38（ 54,313）	55（ 36,413）	44（58.3）	45（64.5）	50（58.9）
BMW	25（ 44,948）	21（ 84,362）	29（ 63,201）	50（54 ）	61（56.2）	76（50.1）
フォルクスワーゲン	18（ 57,853）	13（104,382）	11（123,677）	53（52.9）	59（56.9）	47（59.6）
ルノー	57（ 22,342）	49（ 40,186）	57（ 35,560）	82（40.9）	72（53.1）	61（53.1）
韓国企業						
現代（ヒュンダイ）	— —	87（ 25,514）	69（ 28,314）	— —	98（27.9）	86（38.6）

注）TNI（Transnationality Index）は企業の国際活動を捉えようとする指標で，国連貿易開発会議（UNCTAD）が大規模企業の数値を算定し公表したので，参照されることが多い。在外資産率（在外資産額を総資産額で除した割合）と在外雇用人員率，在外販売高率の三つの指標を加えて，3 で除した数値である。順位は，非金融企業での順位。在外資産が多い順に 100 社を選んでいる。TNI の順位はその 100 社で算定したものの順位。なお 2008 年の順位は暫定的である。2007 年に在外資産が多い 100 社についてのみ 2008 年のデータがわかるので，その中でのデータが明示されている企業（90 社）の中での順位。

出所）UNCTAD (United Nations Conference on Trade and Development), *World Investment Report 2005: Transnational Corporations and the Internationalization of R & D* (United Nations, 2005), Annex table A. I. 9; UNCTAD, *World Investment Report 2009: Transnational Corporations, Agricultural Production and Development* (United Nations, 2009), Annex table A. I. 9 & 10.

その結果、「貿易摩擦」を生む一因になった。さらに言えば、一九八二年までは、「組立部品キットを「日本から」輸入し「て行われる」、地元市場向けの小規模な組立事業」しか、トヨタは海外での生産展開をしていなかった。

最近（二一世紀になってから）の動向を国連貿易開発会議（UNCTAD）による報告書で見てみよう。非金融企業における在外資産額、TNIの順位を表3-2に掲載した。

TNI（Transnationality Index）とは、国境を越えた企業の活動が活発になる中、それを簡単な指標で把握したいということで考案されたものである。作成方法は簡単である。在外資産額を総資産額で除したものを、仮に在外資産率とする。これと同じように、雇用人員と販売高についても算出する。こうして算出した在外資産率と在外雇用人員率、在外販売率を単純に加算して、その平均をとる（三で除す）。単純な指標だけに、多くの企業の状況を概観するには便利である。もちろん、この指標だけに依存した分析にはおのずと限界がある。

在外資産の動向を見てみよう。二〇〇三年の時点ではGM、フォードともにトヨタを上回る在外資産額を保持していた。ところが、二〇〇七年になると事態は一変し、アメリカの二社ともにトヨタを下回っている。GMの在外資産の減少は急激で日産、ホンダよりも少なくなっている。二〇〇八年にはGMの在外資産はさらに減っている。これがGMの経営破綻の影響であることは明らかであろう。二〇〇八年にはフォードの在外資産額にホンダのそれが肉薄している。

TNIを見てみよう。二〇〇三年では、GM、フォードよりも、トヨタ、日産、ホンダのほうが値は高い。概してヨーロッパ企業のように、自国の市場規模が小さければ、国外での活動が多くなり、結果としてTNIは高くなる。トヨタのTNI値は、二〇〇七年以降もGMを上回っており、フォードとほぼ拮抗している。

表3-3　主要自動車メーカーの資産・雇用・販売の在外比率とTNI（1995〜2008年）

（%）

年	資　産			雇用人員		
	フォード	GM	トヨタ	フォード	GM	トヨタ
1995	29.0	24.9	30.7	29.8	33.9	23.0
2003	57.1	34.4	49.7	42.3	35.4	33.8
2004	58.9	36.2	52.6	45.5	35.4	35.6
2005	44.2	36.8	53.9	53.3	57.9	37.7
2006	47.1	34.1	60.1	54.8	59.8	38.1
2007	46.2	41.3	53.9	54.8	59.8	38.5
2008	46.0	44.5	57.2	62.9	59.8	38.5

年	販　売			TNI		
	フォード	GM	トヨタ	フォード	GM	トヨタ
1995	30.6	29.2	45.1	29.8	29.3	32.9
2003	37.0	27.8	58.6	45.5	32.5	47.3
2004	41.6	30.6	60.1	48.7	34	49.4
2005	45.4	33.9	62.9	47.6	42.9	51.6
2006	49.3	37.8	38.1	50.4	43.9	45.4
2007	53.1	44.5	63.2	51.4	48.5	51.9
2008	58.7	49.4	63.6	55.9	51.2	53.1

出所）UNCTAD, *World Investment Report.*

トヨタとGM、フォードの三社に限定し、一九九五年（ほぼ図3-2bの状況が続いていた年）と、二〇〇三年から〇八年までの各年について、ＴＮＩとその構成指標を表3-3に掲げた。トヨタのＴＮＩは、ＧＭとフォードのそれと大差ないどころか、時に米二社のそれを上回っている。この大きな理由の一つが、トヨタの在外販売の割合が高いことを指摘するのは容易だ。現地生産よりも完成車輸出の割合が、トヨタはＧＭ、フォードに比べて高いのである。しかし、それだけではない。三社とも在外資産の割合を増大させ、在外雇用人員の比率も増加させている点は変わらない。ただ、近年になりＧＭとフォードがトヨタを上回る勢いで在外雇用人員比率を上昇させる一方で、トヨタはＧＭとフォードと比べて在外資産の割合を着実に増加させているのである。

何が実際に起きているのか。これを理解するために、こうした指標を離れ、各社ごとに完成車組立の国別分布を見てみよう（図3-3参照）。ディケンも似た図を掲げている。(5) ただ最新版（第六版）はすべての自動車ではなく「乗用車」のみ（商用車やバスなどを除いたもの）を掲げている。これでは彼の以前の版と直接、比べることはできない。そこで、(6) あえて原資料から作成した。ただ二〇〇三年の数値は、総生産台数と各国別の生産台数の総数が合わない。台数が二重に計算されている場合があるためである。二〇〇八年、二〇一〇年の場合、「二重には計算していない」（without double counts）と原資料にあえて書かれているのは、この理由による。また、「トヨタ」には日野やダイハツが販売する自動車も含む。これはＧＭ、フォードの場合も同様である。このため、合併や売却は図3-3に直接反映されている。

図3-3を一瞥すると、ＧＭとフォードはアメリカ国内での生産台数を二〇〇三年から二〇一〇年までの間に大幅に削減している。特にＧＭは生産台数を半分以上も削減しただけでなく、ＧＭが最も多く台数を生産しているのはアメリカではなく中国になっている。フォードも二〇〇三年からアメリカでの生産台数を半減させた。両社ともアメリカ本国での自動車生産の過半が乗用車ではない。また中国や韓国、さらにドイツを除外して考えると、両社ともに生産拠点はブラジルやメキシコ、カナダといったアメリカ周辺国である。これに対し、トヨタは本国（日本）の生産割合が高く、タイやインドネシアでの生産台数も多い。

トヨタは二〇一〇年には二一カ国で完成車を組み立て、その国数ではGM、フォードを上回っている。総生産台数で似通っているGMの場合、七カ国（中国、アメリカ、韓国、ブラジル、メキシコ、カナダ、ドイツ）で年産五〇万台を上回る生産をしている。トヨタの場合には、年産五〇万台を超えているのは四カ国（日本、アメリカ、中国、タ

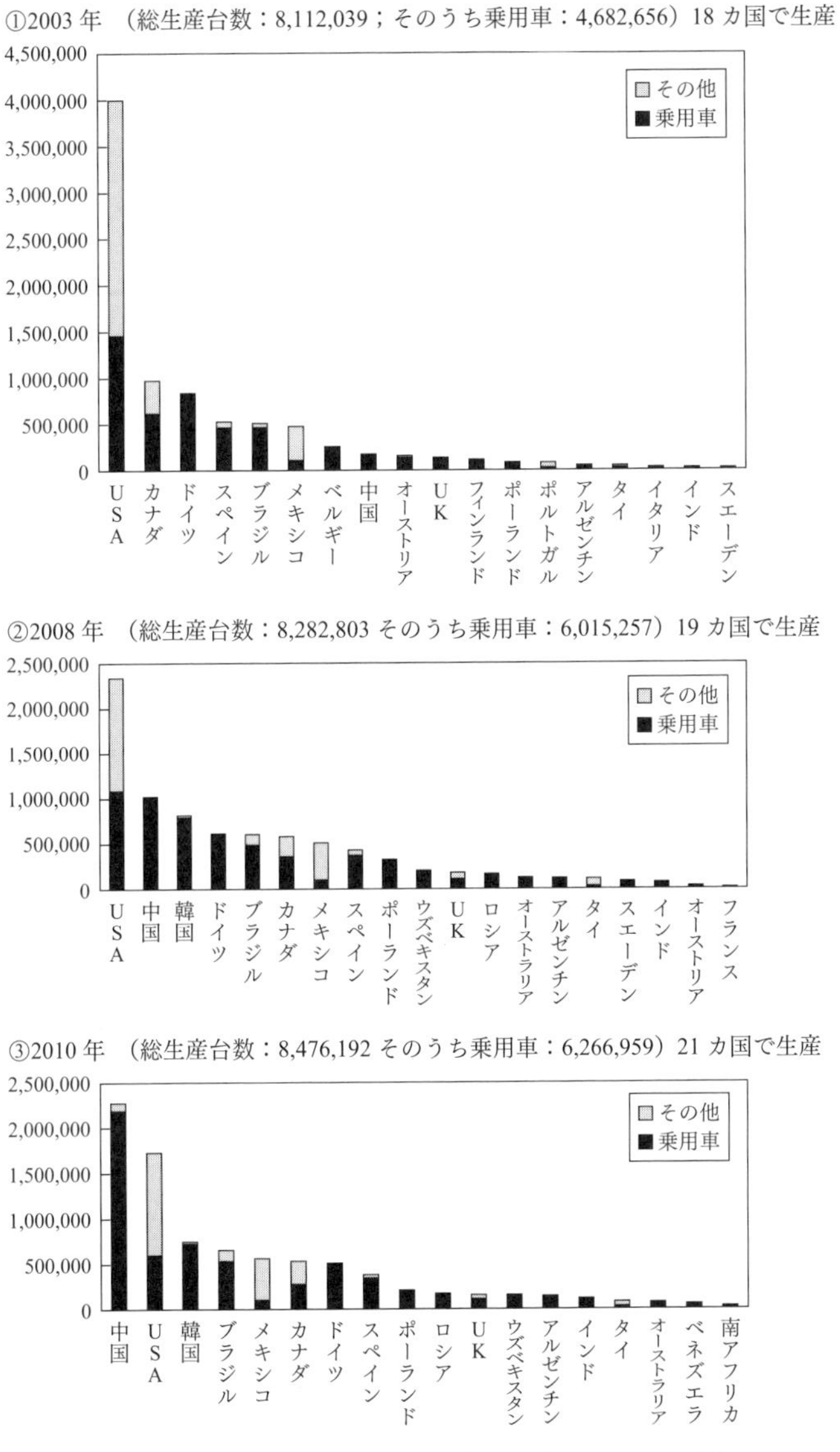

図3-3a　自動車生産の国別分布（GM）（2003～10年）

出所）a～cともOCIA (Organisation Internationale des Constructeurs d'Automobiles) の "World Motor Vehicle Production" の各年次による。2010年のデータを掲載したのは，執筆時点で利用可能な最新のデータであるため。

イ）であり、この水準に近い国が二カ国（カナダとインドネシア）である。
トヨタがGM、フォードと大きく異なるのは、本国における生産台数の、総生産台数に占める割合が大きい点である。もちろん本国以外でも生産を展開しているが、GMやフォードと比べ、本国における生産台数が多いために

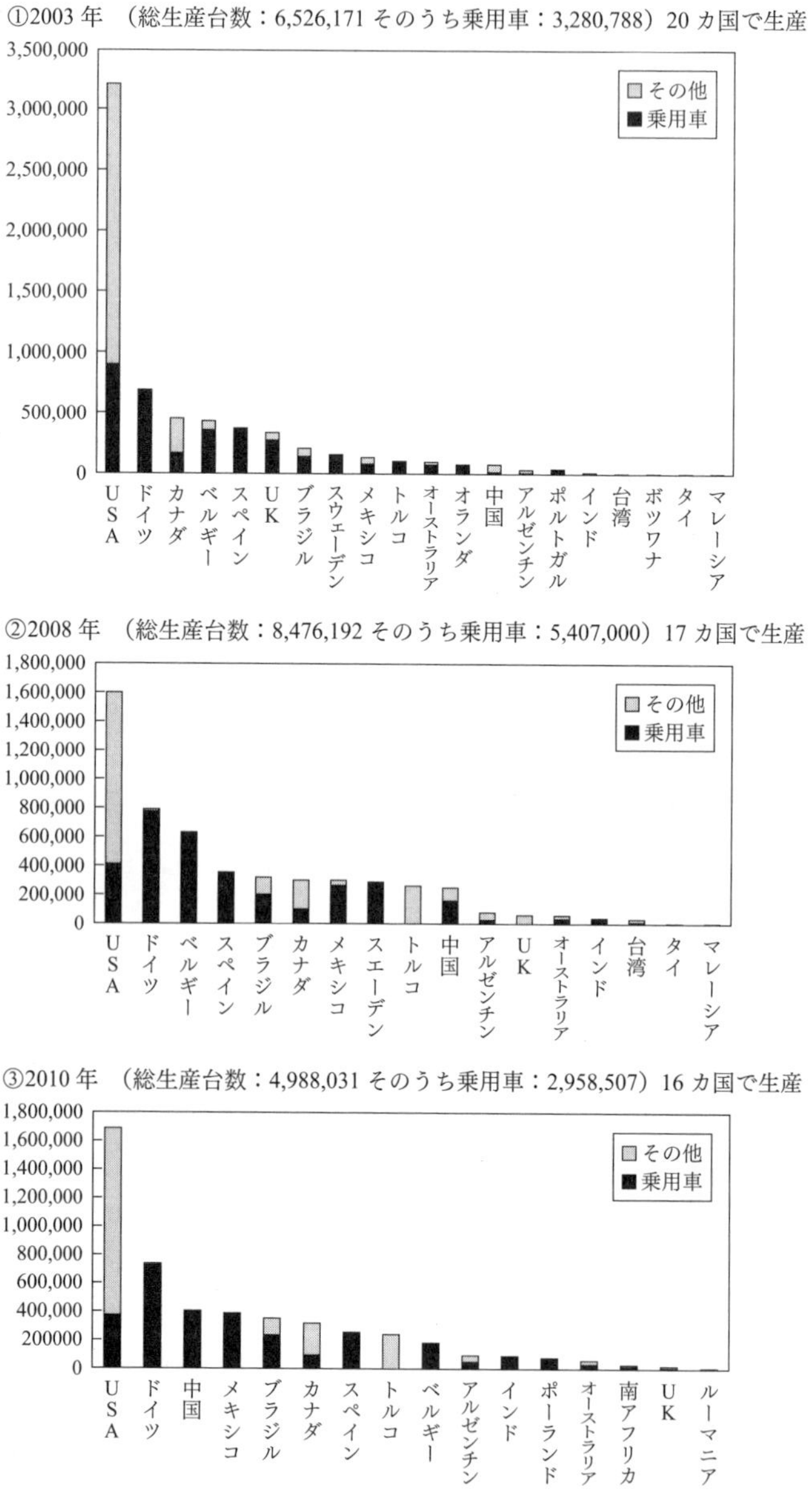

図 3-3b　自動車生産の国別分布（フォード）（2003〜10年）

さまざまな指標にそれが反映されているのである。逆に言えば、二〇〇三年以降、GMとフォードが本国（アメリカ）での生産台数を大きく削減した影響が指標に現れている。

このように考えてくると、一九八〇年代初頭とは大きく様相が異なることに気づかざるをえない。一九八〇年代

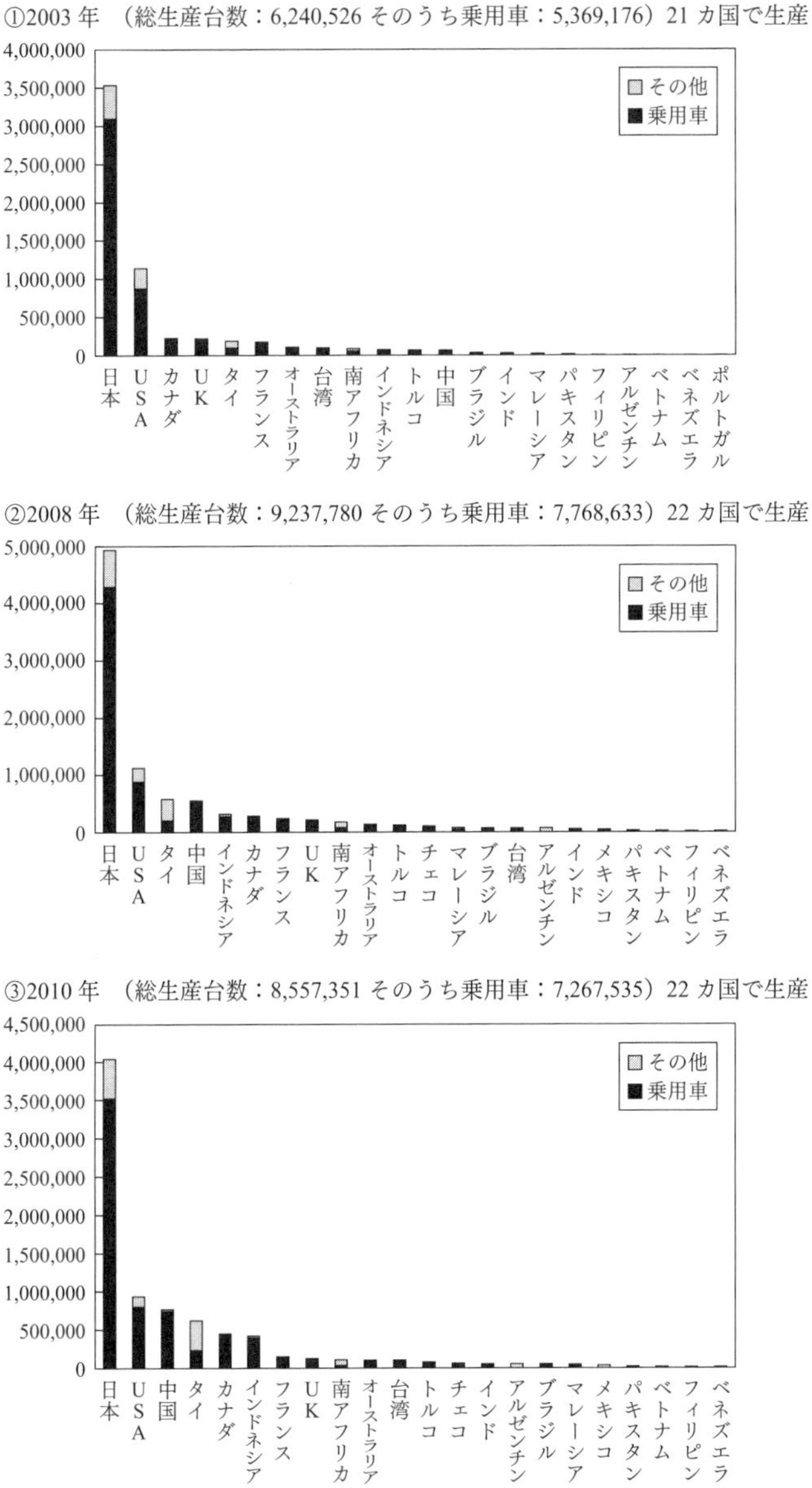

図 3-3c　自動車生産の国別分布（トヨタ）（2003～10年）

初頭には、トヨタは「組立部品キットを［日本から］輸入し［て行われる］、地元市場向けの小規模な組立事業を除けば、海外で実際にはほとんど生産」していなかった。事実、表3-1の一九八二年のトヨタの欄（日本以外での自動車生産台数の割合を示す欄）には数値すら表示されていなかった。約二〇年後の二一世紀初頭には、アメリカで一〇〇万台を超える自動車を生産し、いくつかの国でも自動車生産が定着し始めていた。二〇一〇年になれば、自国での生産割合も依然として高いものの、自国以外での生産も着実に伸長している。もちろん海外生産を展開するにあたっては、競争相手や各国の政策・市場の状況などが影響する。このため会社によって海外生産を展開する地域や国に差が生ずるのは当然である。だが、五〇万台以上を生産する国の数という基準で見れば、トヨタはすでにGMに匹敵するまでになっている。

本章が解くべき主たる問題も明瞭であろう。なぜ一九八〇年代初頭まで、トヨタの海外展開は遅かったのか。これが第一の問いである。そしてこれ以後、特に近年になってなぜトヨタは海外展開を素早く展開することができたのか。これが第二の問いである。これらの課題を事細かに論じることを、ここでは目指さない。あくまでも前章までの議論との関連で、これら二つの課題を論じてみたいのである。

この問題を考えるためにも、工販合併前にトヨタの海外組立工場はどのような場所に、どのような規模のものがあったのかを確認することから始めたい。

2　トヨタはどのように海外へ進出したのか？

（1）一九六〇年代中頃、トヨタの経営陣は輸出をどのように考えていたのか？

一九六〇年代中頃に、トヨタの輸出は新たな段階を迎えていた。一九六五年に輸出を開始した新型コロナ（RT

40型）が「セカンド・カーとして大いに好評を博し」、トヨタの対米輸出台数も急増した。この結果、トヨタは「ランドクルーザーのみの輸出から乗用車中心の輸出に切り替わっていった」[7]。実際、新型コロナで「国際商品」、すなわち世界の市場で販売が可能な乗用車（「輸出適格車」と呼ぶことも多い）をトヨタは手にした。一九六三年末に自工・自販が合同で策定した「トヨタ輸出五か年計画」さえも、「昭和四一年（一九六六年）以降をきわめて慎重にみている」という理由で一九六五年で打ち切られ、六六年を「初年度とする第二次五か年計画に改訂」するほどだった[8]（第2章3(6)参照）。

この輸出増大を支えたのが自販での輸出本部、自工での輸出部設置であった（第2章3(5)(6)参照）。この点について、自工の社史『トヨタのあゆみ』は次のように書く。

［昭和］三十七［一九六二］年二月、トヨタ自販は、わが社取締役荒木信司（現トヨタ自販・取締役副社長）を迎えて輸出本部を設置した。わが社［トヨタ自工］も三十八年二月、従来の業務部輸出課と特需部を合併し、新たに輸出部を設置、取締役花井正八を初代部長に、海外のニーズに対応できる体制づくりを進めていった[9]。

輸出業務の担当者になった二人の対談が一九六五年にトヨタ自工の社内報『トヨタグラフ』に掲載されている。自販の荒木信司（当時・常務取締役）と自工の花井正八（当時・常務取締役）による「トヨタ車の輸出を語る」である。この対談を紹介しながら、一九六〇年代中頃にトヨタの経営陣が輸出をどのように考えていたかを見てみよう。

対談の冒頭、聞き手が次のように話を切り出す。

今年の輸出目標は六万七千八百台となっておりますが、これまでのところ、ほぼ順調に実績を積み重ねております。これには数々の要因がありますが、この活発化の原動力、またこれからの一層の発展のためにわれわれのなすべきことなどお話し願いたいと思います[10]。

一九六五年の「輸出は年間目標台数には到達しなかったが、総輸出台数六万三千四百七十四台と、前年の四万二千七百八十五台を四八・四％上回る大幅な伸びを示した。これにより輸出比率（生産に占める輸出の割合）は「昭和」三十九［一九六四］年の一〇％から四十年は一三・三％に上昇した」と『トヨタ新聞』（一九六一年一月）は伝えている。[11] トヨタの輸出比率は一九六四年に初めて二桁台（一〇・〇％）になり、翌六五年にも輸出は順調な伸びを示していた（表3-4参照）。ただし、東京オリンピック（一九六四年開催）後の「経済界の根強い不況と東南アジアはじめ、後進国向け輸出の伸び悩みなどの影響を受け年初の目標を達成することはできなかった[12]」。輸出は目標

表3-4　トヨタ車の輸出台数（1950〜75年）

年	乗用車	トラック・バス	合計	輸出比率（%）	乗用車比率（%）
1950	3	489	492	4.2	0.6
1951	0	213	213	1.5	0.0
1952	0	307	307	2.2	0.0
1953	0	279	279	1.7	0.0
1954	1	362	363	1.6	0.3
1955	1	280	281	1.2	0.4
1956	18	851	869	1.9	2.1
1957	301	3,816	4,117	5.2	7.3
1958	1,126	4,397	5,523	7.0	20.4
1959	1,638	4,496	6,134	6.1	26.7
1960	1,810	4,587	6,397	4.1	28.3
1961	3,932	7,743	11,675	5.5	33.7
1962	2,505	8,702	11,207	4.9	22.4
1963	9,318	15,061	24,379	7.7	38.2
1964	17,702	25,083	42,785	10.0	41.4
1965	33,297	30,177	63,474	13.3	52.5
1966	70,545	34,600	105,145	17.9	67.1
1967	111,461	46,421	157,882	19.0	70.6
1968	203,169	75,918	279,087	25.4	72.8
1969	287,369	107,733	395,102	26.9	72.7
1970	346,462	135,430	481,892	29.9	71.9
1971	604,923	181,364	786,287	40.2	76.9
1972	555,430	169,122	724,552	34.7	76.7
1973	525,056	195,584	720,640	31.2	72.9
1974	605,433	250,832	856,265	40.5	70.7
1975	612,744	255,608	868,352	37.2	70.6

注）特需は除いてある。輸出比率は生産台数に対する割合。

出所）トヨタ自動車株式会社編『創造限りなく——トヨタ自動車50年史』資料編（トヨタ自動車，1987年），201頁。

まで届かなかったものの、実績と目標の差は三二六台であり、前年比では約七割も増加していた。こうした状況での対談である。冒頭の聞き手の問いかけで、二人は次のように対話を始める。

［花井常務］輸出活発化の原動力は三つある。まず輸出体制ができたこと。［昭和］三十七［一九六二］年に自販に輸出部が設けられ、三十八年に自工に輸出部ができ、また一方でＣＫＤ部門ができたこと。その次は輸出適格車が生まれたこと。第三番目には、輸出を推進する人の養成とデーラーの体制ができたことです。エネルギッシュに輸出を推進する体制ができるに従って、実績も伸びてきている訳です。

［荒木常務］人の教育もしたが、車もよくしてくれた。その他では販売店の強化。一流の自動車販売店と海外でとり組むことに成功し、販売網の整備が進んだことですね。以前は国内向けの車を輸出用にちょっと手直しして出していたが、最近では輸出に向く車を国内に出すようになってきた。さきごろ政府から輸出表彰を受けたがこれは輸出の伸び率が認められたわけですね。ここ数年七割くらいずつ伸びているから。しかし、ここで有頂天にばかりなってはいられない。量そのものが少なかったのだから、伸び率が高くなるのは当然な訳なんだ。……［輸出は］いままでのようにスイスイとはいかないだろう。これからが本当の力を試す時だ。

［花井常務］やっかいなのは自動車工業の後進国が自国の自動車産業育成のため、ノックダウン（現地組立）を要求していることだね。

［荒木常務］これまでもいずれこうした事態が起ることを予想してＣＫＤ工場の整備だとかその国内の安い部品を買うとか、指導者を育成するなど着々と準備を進めてきた。要は国内のメーカーと競争するのではなく、欧米のメーカーと競争すること。それには積極的にまた落着いて総力を結集して進まなければならない。来年あたりはこれまでのように一直線に伸びるのは難しい。マラソンでいえば苦しい段階に入ってきたといえるだろう。

［花井常務］幸い、コロナが輸出適格車として世界の一流車となってきたのでこれを中心にやっていく。欧米といわず、豪洲、アフリカ、東南アジアへも大いに売り込まねばならない。クラウンはモデル［スタイル］で売り込んできたが、こればかりではいけなくなってきた。

［荒木常務］モデルも競争すべきだが、何といっても性能ですよ。コロナはこの点で快心の作だ。最重点はコロナ。これについでクラウン。クラウンは今後いかに高速性能を高めて出すかが問題だ。来年は相手が抵抗を示す年になりそうだし、完成車輸出よりＣＫＤが多くなるだろう。(13)

この対談を読むと、新型のコロナが輸出適格車になり、アメリカにクラウンを輸出した「失敗」がすでに過去のものとなった感がする。実際、コロナの輸出台数は一九六五年には二万台を超え前年の倍以上になった。それだけでなく、トヨタの輸出の牽引役であったランドクルーザーをもコロナは大きく上回っている（表3-5参照）。これが対談でのコロナに対する「快心の作」という評価になっている。

この対談から、もう少し引用しよう。聞き手の「各国市場の特徴といったものはどんなものでしょうか」という問いへの答えである。

［花井常務］やはり［トヨタにとっての］重点市場といえば、オーストラリア、アメリカ、欧州、南ア［フリカ］、タイ、カナダだろう。輸出先として好ましい国というのは、金持で、人口が多く、従来から車も多く使われているところ、また国土が広い所がいい。従来は後進国から手をつけてきたが、今後、目を向けるところはアメリカ、カナダ、北欧のような二、三人に一台の割合で車が使われているところへ向っていかないと多く輸出することはなかなか難しい。

［荒木常務］当社の輸出は、初め、生産国から遠く離れた後進国から始めた。先進国へ輸出できるようになった今でもこれらの国を捨ててはいない。五年先、十年先を楽しみに毎月一定の発注があるようにしている。中近東、中南米、アフリカ、東南アジアなどはね。次にやったのは、先進国に近い所を狙った。これが期せ

表 3-5　主要トヨタ車名別輸出台数（1952～79 年）

年	クラウン	コロナ	カローラ	ハイラックス	ランドクルーザー	その他	合計台数
1952					1	307	308
1953					2	277	279
1954	1				1	361	363
1955	1				85	195	281
1956	18				467	384	869
1957	301				2,439	1,377	4,117
1958	1,115	11			2,803	1,594	5,523
1959	1,807	15			2,690	1,631	6,143
1960	1,239	683			2,398	2,077	6,397
1961	1,431	2,986			3,767	3,491	11,675
1962	1,151	1,548			3,575	4,936	11,210
1963	3,116	6,143			4,628	10,493	24,380
1964	11,836	8,734			8,356	13,859	42,785
1965	14,460	23,106			11,531	14,377	63,474
1966	18,393	60,864	15		10,530	15,343	105,145
1967	19,529	90,386	15,425		11,310	21,232	157,882
1968	36,387	142,359	48,173	2,662	17,378	32,128	279,087
1969	36,843	148,376	94,361	13,247	21,907	80,368	395,102
1970	41,856	91,410	138,084	33,404	29,028	148,110	481,892
1971	25,699	134,776	259,399	51,356	36,280	278,777	786,287
1972	20,450	112,074	260,304	48,308	39,444	243,972	724,552
1973	18,208	111,601	256,273	71,485	36,623	226,450	720,640
1974	16,997	152,627	300,601	98,686	49,502	237,852	856,265
1975	18,761	96,094	352,488	111,351	70,081	219,577	868,352
1976	16,468	113,982	461,576	155,458	81,770	348,060	1,177,314
1977	20,361	136,144	509,791	215,378	104,551	427,010	1,413,235
1978	14,396	92,048	387,498	221,218	124,881	542,133	1,382,174
1979	15,097	95,697	372,347	237,393	110,671	552,443	1,383,648

出所）トヨタ自動車販売株式会社社史編纂委員会編『世界への歩み――トヨタ自販 30 年史』資料編（トヨタ自動車販売，1980 年），114 頁。

ずして英国の旧植民地ということになった。小さな所でマレーシア、それからパキスタン、南ア［フリカ］、豪州、カナダ。これに対する抵抗が出て来て各地で組立と完成車の関税の差を大きくして、完成車を閉め出そうとする傾向がでてきている。要するに現地組立で、現地の部品を使わなければならないということになるわけだ。南アでも、ニュージランドでも、カナダでもこうした問題が起っている。英国の既得権をふりかざしているようで、これが大きな特徴だ。オーストラリアの関税引き上げなどその最たるものだ。この結果日本の他のメーカーがどうあろうとも、トヨタだけは残らねばならないと対策に手を尽している。三年前からオーストラリアで組立をやっているのもそのためだ。南アは、トラックは組立で入ったが乗用車はきつい。カナダもいずれは組立国産化までいかねばなるまい。その次は完成車で入れるような国、組立をやかましくいわないヨーロッパへ突っ込んでいく。最後はとっておきのアメリカへ進むわけだが、アメリカは一番伸びるだろう。現在の持ち駒［トヨタが販売する自動車］で毎月アメリカへ二千台、ヨーロッパへ一千台が当面の目標となっている。この場合、ヨーロッパへ持っていくのに問題となるのはやはり運賃で、これを下げれば価格も下るわけだ。この点を考えて今年から専用船をチャーターすることになった。

［花井常務］性能は良くなっている上にコストも量産でいいところへきている。国内でたくさん売れば必然的にコストは下るのだからまず国内で大いに売らなければ……。(14)［傍点は引用者による。以下、特に断らない限り同様］

この引用文で「当面の目標」という「毎月アメリカへ二千台、ヨーロッパへ一千台」は、対談の翌年（一九六六年）にはほぼ達成する。「ほぼ」というのはアメリカ単独の輸出台数が不明であり、「アメリカ」を北米とすれば年間で約二万八千台を輸出していたからである。(15)この輸出台数がその後、大きく伸びていく。

荒木が対談の中で、トヨタの輸出市場開拓について述べていることにも注目したい。トヨタの「輸出は、初め、［自動車の］生産国から遠く離れた後進国［中近東、中南米、アフリカ、東南アジア］から始めた」。次に「先進国に近い所［マレーシア、それからパキスタン、南ア［フリカ］、豪州、カナダ」を狙った」という。こうした市場開拓がようやく実を結びつつあった時期で、彼が問題として認識していたことは次のことであった。「完成車を閉め出そうとする傾向がでてきている。要するに現地組立で、現地の部品を使わなければならないということになるわけだ」。

トヨタが開拓していた市場では、「現地組立で、現地部品を使わなければならない」。ノックダウン輸出にならざるをえないということになる。この対談の冒頭で、「輸出活発化の原動力」として「輸出体制ができたこと」の中に「CKD部門ができたこと」があげられていた。また荒木も「来年は……完成車輸出よりCKDが多くなるだろう」とまで言っている。この対談全体を通して、たしかに完成車輸出についても触れられているが、CKD輸出（あるいはノックダウン輸出全般）を重視している（あるいは、それが無視できないほど重要だという）様子が感じられる。

二一世紀初頭という時点から過去を振り返ると、ノックダウン輸出の重要性を忘れがちになる。だが、一九六〇年代中頃の経営陣がノックダウン輸出を重視している点、さらにトヨタが八〇年代初頭以前には、ノックダウンによる輸出先での小規模な組立工場の他には海外に生産施設を持っていなかったことを考えあわせて（本章1参照）、トヨタのノックダウン輸出について次に考えてみたい。

(2) ノックダウン輸出とは何か？

自動車の輸出には、完成車輸出とノックダウン輸出がある。とかく完成車輸出に比べて、ノックダウン輸出は軽視されがちである。実際、ノックダウン輸出について論じる研究者も少ない。ノックダウン輸出とは何かを具体的に考えておこう。

ノックダウン輸出を示す「KD」は「knock-down」の略だということは辞書などにも記載されている。ここではトヨタの社内雑誌『技術の友』（一九七二年）に掲載されている内容を紹介しておこう。

ＫＤ［輸出］とは……直訳すれば、完成車輸出に対する〝解体輸出〟のことをいいます。もっと分かりやすくいえば、「車をバラバラの形態に分解して出荷し、現地（この場合は海外）で組立ること」をいいます。

ここでいう、バラバラの分解状態のことを、ＫＤ……といい、この分解の程度によりＫＤは、ＳＫＤとＣＫＤとに分類される。[16]［太字は原文］

ＳＫＤはセミ・ノックダウン（semi knock-down）、ＣＫＤはコンプリート・ノックダウン（complete knock-down）の略である。この論考はさらに詳しく説明する。

［ＳＫＤは］分解の程度が大きい形態をいい、主として、トラック、ランドクルーザー、特装車に適用され、乗用車には通常適用されていません。……

いいかえれば、ＳＫＤとは現地で溶接工程を必要とせず、ボルト・ナット類の結合のみで車両組付が可能な方式です。……

（中略）

［ＣＫＤは］ＫＤ輸出の本命であり、乗用車をはじめとして、商用車、トラックなど全ての車種に適用しています。

分解形態は、ＳＫＤに比べてさらに細かく分解してあり、この組付のためには各種の組付治工具や設備を現地では必要とします。[17]

ノックダウンにＳＫＤとＣＫＤがあることは、いわば常識である。だが、ＳＫＤは「トラック、ランドクルーザー、特装車に適用され、乗用車には通常適用されてい」ないこと、ＣＫＤは「全ての車種に適用して」おり、「各種の組付治工具や設備を現地では必要と」するという指摘はほとんど目にしたことがない。しかし、これはトヨタの関係者（執筆者の肩書きはトヨタ自工の「海外部技術協力課」所属）が、同社がノックダウン輸出の開始（一九六〇年）から十数年経た時点で書いた論考なので、同社の経験が反映されていると考えてよいだろう。

この『技術の友』の記事よりも七年ほど前の『トヨタ新聞』（一九六五年九月）には「多くなったＣＫＤ輸出」という記事が一面に掲載されている。この記事でも、ＳＫＤとＣＫＤについての簡単な説明がある。その内容は前述した『技術の友』の内容とほぼ同じだが、一般社員向けのため、簡潔である。また、まさにＣＫＤ輸出の増大し始めたときだけに、より具体的でもある。その内容を紹介しておこう。

> ＳＫＤはセミ・ノックダウンのことで総組立を行う前の状態で部品を梱包、輸出先で組立てるが、組立時には治具を要せずツールだけで組立てられる。ＣＫＤはコンプリート・ノックダウンのことで、シャシー関係は、ＳＫＤと同じだが、ボデー関係は塗装前のもので現地で治具を用い溶接、塗装、組立を行う。ＳＫＤは技術水準の低い国でも組立てができる。[18]

ＣＫＤでは現地に送るボディー関係部品は「塗装前のもので現地で治具を用い溶接、塗装、組立」作業が必要となる。ボディーの外観を形成するプレス作業は日本で行っても、溶接、塗装、組立作業を行わなければ自動車としては完成しない。この作業は簡単ではない。この説明で「ＳＫＤは技術水準の低い国でも組立てができる」という。これを「ＣＫＤは技術水準の低い国では組立てができない」と言い換えてみれば、事態はいっそう明確であろう。

ＣＫＤとＳＫＤの違いにこだわって考えると、ディケンの言明も違った観点から捉え直す必要がある。ノックダウン輸出用の現地での小規模な組立工場を除けば「トヨタは一九八〇年代初頭には海外には自動車生産施設を何も保持していなかった」といっても[19]、そのノックダウンがＣＫＤかＳＫＤかで「小規模な組立工場」の内実が大きく異なるからである。この点については、トヨタのノックダウン輸出の推移について考察する際に論じることにする（本節（5）参照）。

（3）ノックダウン輸出は容易にできるものか？

ＣＫＤにせよＳＫＤにせよ、ノックダウン輸出は「車をバラバラの形態に分解して出荷」するため、非常に手間がかかる。ノックダウン輸出のためには「車両構成部品を製造・組立の途中工程から集荷し、洗浄、防錆した後……梱包する」[20]。この際、「部品のもれがないように細心の注意を払」わねばならず、ノックダウン輸出を開始した頃は、担当者は「部品表と首っ引きで部品」を揃えなければならなかったという[21]。

自動車一台を構成する部品点数は（自動車に要求される性能・機能の変遷や車種によって違うけれども、本書が対象とする時期では）少なくとも数千点であり、乗用車になれば一万点をゆうに超える。このように書いても、実際にどれほどの量なのか実感しにくいだろう。社史に、面白い例が掲載されているので紹介しておこう。一九五七年に「南米コロンビアでランドクルーザーを組み立てる権利が「トヨタに」認められ、ＣＫＤ部品の「コロンビアへの」輸入認可のために、梱包形態を示す写真がいることになった」という。これがトヨタの「ＣＫＤ「輸出」第一号になるはずであった」が、コロンビアでクーデタが起きたため、このＣＫＤ輸出は中止になる。この時の梱包は、部品「四台分一セット」を「一辺が一・五メートルから二メートルもあるような箱」に詰め、「六箱ぐらい」になったという[22]。当時では、四台ほどをまとめて梱包して送っていたこともわかるが、ともかく、これだけの容積にもなる部品をすべて間違うことなく取り揃えなければならないのである。

ＣＫＤであれば「細かく分解」する。また、当時の部品表は紙ベースであり、デジタル情報で管理されていない。このため設計変更があって、本来は部品表に訂正を施すべきものが元のままになっていることもあっただろう。こうしたことが、少なくともメキシコへのノックダウン輸出の際にあったことが、社史にさえ記述されている。メキシコに「送られてきた部品には注文したものとは違う部品がまじり、欠品も多かった。当時は部品表のメンテナンスシステムが完備されていなかったためのミスである」と[23]。

車種ごとの部品表を絶えず最新の状態に保持することを手作業で行っていくのが実に大変なことは想像に難くな

い（第1章6（4）参照）。この作業の簡便さのためにも、部品表をデジタル処理することが目指されたのであった。だが、その完成は一九七〇年代初頭になる（『寓話』終章参照）。

しかも、ノックダウン輸出は「完成車［輸出］の場合とはまるで異質の、余分の手間を要する」と一九七〇年代初頭にトヨタの従業員は書いている[24]。どんな「手間」か。

同じ左ハンドルのコロナであっても、ペルー向けのとフィリピン向けのとでは、ボディーの分解の程度がちがうから、当社のボディー・ラインのどこから部品をぬいてくるか、という「集荷」、日本からもってゆく部品、もってゆかない部品もちがうから、フィリピン向けの分は部品メーカーへ手配し、ペルー向けの分はある部品メーカーへは発注しないでおくといった「部品手配」、そのための「リスト作り」、さらに「員数チェック」「防錆」「梱包」と、大ざっぱにいってこれだけ完成車の手配とはちがう、余分の作業がある。

同一車種でも仕向け国によってまるでちがうのである。そのうえに、現地での組み立てとそのための指導、そのもとになる資料の作成・提供という問題もある。単に台数や仕向け国がどれだけふえたか、ということだけでは評価できない問題が背後にあることがおわかりいただけよう[25]。

仕向け国によって法的規制などで同一車種でも仕様が異なり、部品の手配から梱包までの作業も異なっているのだ。

仕様が異なることをさしあたり考慮しないとしても、部品を梱包して輸送する作業はノックダウン輸出には欠かせない。「トヨタ自工は……APA特需によって米軍の規格、標準書などから多くを学び、部品の洗浄、防錆、包装、梱包についても貴重な体験を積んでいた[26]」（第2章3（3）参照）。しかしそれでも、メキシコへのノックダウン輸出の際には問題が生ずる。「梱包を解くとブレーキチューブなど柔らかい部品が途中で変形して取付方法がわからなくなったり、パネルが錆びて使えなかったりした」という[27]。

この原因は何だったのか。『創造限りなく』は次のように曖昧に書く。自工による「部品の洗浄、防錆、包装、梱包」の「体制確立にはまだしばらく時間が必要だった」と。[28] だが、自工の四〇年史『トヨタのあゆみ』は明快に次のように述べていた。

ＣＫＤ輸出の梱包については、開始当時はすべて外注していた。しかし、ＣＫＤ輸出の拡大に伴い、昭和三十八［一九六三］年の輸出部設置とともに、ノックダウン専門の組立技術課を新設、乗用車のＣＫＤについては、社内に梱包工場を建設した。[29]

ノックダウン輸出にとって重要な梱包を外注にまわしていたのである。外注に出すことが悪いわけではない。しかし、せっかくＡＰＡ特需で得た経験やノウハウを（おそらくは重要だと考えなかったため）外注先に伝えることもなく、梱包作業がなされていたのであろう。この状況を変えたのが、一九六三年の輸出部設置だったのである（この輸出部設置については第2章3(5)(6)を是非とも参照）。

ノックダウン輸出のためにトヨタがどのような体制を作ったのかを一九六五年の『トヨタ新聞』は次のように具体的に書く。

当社［トヨタ自工］では昭和三十七［一九六二］年、本社にＣＫＤ輸出用のセットアップ工場をつくったのをはじめ、翌三十八年には輸出部内に組立技術課を設置、三十九年には、元町工場にＣＫＤ専用工場をつくるなど体制を整えてきた。

これに伴って、現地組立による輸出台数も、昭和三十八年には前年の一千四百七十九台から一挙に八千六百十九台と急増、昨年は総輸出台数の約二五％にあたる一万九百九十台が現地組立であった。[30]

部品セットを送り出す体制が不十分なために、ノックダウン輸出の需要に応じられない状況だったことを、この記事は暗に示している。この状況を打破するために、ノックダウン輸出用の体制整備が進められ、その輸出が「一挙に……急増」という形で現れたのである。

この記事にある「組立技術課」、「ＣＫＤ専用工場」の実態はどのようなものだったのか。たしかに、トヨタ自工の『トヨタ自動車三〇年史』（一九六七年刊）に掲載されている組織図、職制表には輸出部の下部組織として「組立技術課」がある。だが、これ以上の詳しい説明は何もない。

この組織は何をしていたのだろうか。二一世紀初頭になって元・社員にインタビューをしたところで、明確に答えられる人は少ないに違いない。なぜなら一九六四年に『トヨタグラフ』が「職場紹介」でこの組織を紹介する際に、次のように書き始めているのだから。

> 社内で、「輸出部組立技術課第二作業係」がはたしてどこにあるか正確に知っている人はあまりいないだろう。
>
> 元町車体工場の最西端、通称ＫＤ工場といわれるところで、ノックダウン輸出用の乗用車梱包作業を受けもっているのが組立技術課第二作業係である。
>
> 組立技術課が一つの組織として誕生したのは昨年［一九六三年］二月のこと。歴史は浅いが、いまでは月に六百台もの乗用車を各アッセンブリーごとに梱包し、遠くオーストラリア、フィリピン、タイなどへ送り出し、輸出推進の一翼をになっている。(31)

この「職場紹介」は、この輸出部組立技術課「第二作業係二五二組」の作業を具体的に次のように説明する。

> 第二作業係二五二組は……二班二十名により編成され、各アッセンブリーのさび止め作業を担当している。さび止め作業は一見、簡単なようだが、一カ所でも不良部分があると輸出途上で塩風、塩水におかされるため、手ぬかりは許されない。
>
> エンジン、ミッション、足廻り部品などのさび止めを担当している第一班の……作業について「エンジンはキャブレター、プラグなどをはずし、どこからも塩水、塩風が入らないよう密封しています。仕向国によって分解工程がまちまちですので誤欠品の防止には神経質なくらい気を使っています。誤欠品のまま梱包して送ってしまえば、現地の組立工場に大変な迷惑をかけますからね」と苦労話をひろうしてくれた。

第二班は、主としてボデー関係のさび止めを担当している。……十三名でボデー部品の集荷、フロア部品の組付から洗浄、さび止めまでと作業内容はバラエティに富んでいる。洗浄、さび止めは自動的に行われるが、さび止め作業は油タンクにドブ漬けするため、床面は油で汚れやすい。……クラウン一台あたりに必要なさび止用油は四・六リッター前後、これをいかに少なくするかが当面の問題で、冬期には油が固まりやすい関係で油の温度を高め、使用しているとか。

社内でも比較的地味な職場といえるこの組について「作業係ができた当初は、社内各部署からの寄せ集めでチームワークの点に難がありました。その後、自分達の職場を少しでも働きよいものとするよう、工長方針にもとずいて創意くふうに力をいれており、次第にその効果があらわれてきました」と……創意くふうの浸透を強調する。(32)

ノックダウン輸出には、こうした「さび止め作業」や梱包を担当する「比較的地味な職場」だけでなく、梱包の船積みなどの担当部署も必要になる。だから、自販の『モータリゼーションとともに』は次のように論じているのである。

ノックダウン方式による輸出は、トヨタ自工の生産管理、当社［トヨタ自販］の船積管理、現地における組立工場、あるいは組立技術の指導などの体制が整備されていなければならない。トヨタが、ノックダウン方式にそれまで消極的であったのは、こうした繁雑な業務を遂行する体制が整っていなかったからであった。(33)

輸出本部が自販、輸出部が自工に設置されたことで、トヨタのノックダウン輸出が本格化する体制が整備されることになったのである。

(4) なぜノックダウン輸出をすることになったのか？

ノックダウン輸出をするには、梱包やさび止めなどをしなければならず、完成車輸出に比べて手間がかかる。それでは、トヨタはなぜノックダウン輸出をしたのだろうか。

これを考えるには、一九五〇年代末のトヨタが試みた輸出について考える必要がある。

一九五〇年代末に、トヨタはアメリカへの輸出を試み、それをトヨタの五〇年史英語版は、明確に「失敗」（failure）と書いていた。このことにはすでに触れた（第2章3(5)参照）。この一九五〇年代における「失敗」がトヨタ自販・自工に輸出組織の再編・新設をもたらしたこともすでに述べた（第2章3(5)(6)参照）。だが、この「失敗」は具体的にはどういうことであったのか。これについて考えてみたい。

この「失敗」については、多くのジャーナリストや研究者が語ってきた。しかし、意外と事の顚末を詳しくは書いていない。そこで、この「失敗」を簡単に紹介することから始めよう。

一九五七年一〇月に、自工と自販は折半出資でカリフォルニア州法人トヨタ・モーター・セールスUSA社（以下、米国トヨタと記す）を設立する。翌五八年二月には、米国トヨタから卸売業務を分離しトヨタ・モーター・ディストリビューター社と、ディーラーのハリウッド・トヨタ社を設立する。[34] このように体制を整えてから、日本国内で評判の高かったクラウンを一九五八年からアメリカで販売開始した。

発売後、何が生じたか。これを自販の『モータリゼーションとともに』は次のように書く。

> 発売後、約一か月間は、一日に二、三人の割りで青い目のクラウンユーザーが誕生していった。しかし、やはり問題が発生した。それも予想以上に。パワー不足、ボデーの過重、最高速などについての不評もさることながら、維持費がかかるという点が致命的であった。つまり、燃料費こそ経済的だが、連続高速運転に対する耐久性が乏しく、オイルの消耗、エンジンのオーバーヒート、各部のひんぱんな点検、調整が必要であることなどから、結局は修理費や維持費がかさみ、経済車とは言いがたいという結論である。……月に二度も三度もサービス工場に持ち込まねばならない車を経済車と考えるわけにはいかなかった。あまりにも多いトラブルに、デーラーにフリーサービスを強要するケースもでてくる。デーラーは、これをきらってクラウンの販売を手控

える。残念ながら最悪の事態となった。[35]

ここで、なぜ「やはり問題が発生した」と書いているのか。「やはり」とは、「予期した通りの事態であるさま、順当な事態であるさまを表わす語」（『日本国語大辞典』）である。つまり、この事態は想定できたというのである。自販内部でも「いま、アメリカへ進出することには商品もさることながら、企業力からみてもたいへん無理がある」という意見があり、対米進出には「圧倒的に反対」だったという。[36]「もとより、実力の面では時期尚早であることをじゅうぶん承知の上で決行したもので、大量輸出を期待したわけではなかったが、率直に言って、これほど打ちのめされるとは考えていなかった」と、[37]対米進出について書く。なぜ「打ちのめされ」るほど、アメリカの市場にトヨタが適応できなかったのか。ある技術者は次のように語る。クラウンを「アメリカに輸出してみると、全くだめなんです。日本では高速道路がなかったため、高速耐久試験をしていなかったんです。……日本では到底壊れないところが壊れる」といった状況だったのである。[38]

高速耐久試験をしていないクラウンでは、アメリカの消費者に受け入れられない。このことがわかると、クラウンの「パワー不足を補うため、一九〇〇 ccエンジンを搭載したRS32Lシリーズ［クラウン・カスタム］を昭和三五年（一九六〇年）七月から輸出」する。ところが、アメリカでは一九五〇年代末よりコンパクト・カーが販売好調で、アメリカの自動車メーカーがコンパクト・カーを市場に投入していた時期であった。クラウン・カスタムは「コンパクトカーと価格的に競合するものであったから、多くを望むべくもなかった[39]」。

しかし、これで万策尽きたわけではなかった。

トヨタには、コンパクトカーに対応する策があった。トヨペット・ニューコロナである。かねてからアメリカ車との競合をさける方針をとってきた当社は、コンパクトカーよりひと回り小さいコロナをクラウンに替えて対米輸出の本命とする考えであった。[40]

このニューコロナはどのように受け止められたのか。

［一九六〇年］四月のニューヨークショーにニューコロナに一五〇〇ccエンジンを搭載したティアラ（ニューコロナの輸出車名）を出品した。そのスタイルは、イタリアのカーデザイナー、ピニンファリナも絶賛したものである。その機構は、世界の一流水準にあるユニークなものであった。前人気はよかった。(41)

スタイルは「絶賛」され、機構も「世界一流水準」であり、「前人気」も高い。これを受けて、一九六〇年六月にティアラの本格輸出を開始した。しかし、自販社史『モータリゼーションとともに』でさえ認めるように、ニューコロナは「車そのものにあまりにも弱点が多すぎ……特に新機構を意欲的にとり入れた部分が弱［く］……［日本国内の］タクシーに酷使されたコロナはトラブルを多発し」ていた。(42) こうした車がアメリカで通用したのだろうか。その顚末を詳しく語る必要もあるまい。『モータリゼーションとともに』も次のように簡潔に述べる。

［日本］国内ですらトラブルが続発したニューコロナである。アメリカのハイウェイで通用するものではなかった。デーラーはどんどん離反していった。もっとも、トヨタ系のデーラーはアメリカ車との併売店であったから、日の出の勢いのコンパクトカーに魅力を感じ、クラウンやティアラを捨てたのも無理はなかった。(43)

アメリカの「デーラーはどんどん離反してい」った結果、一九六〇年末に「工販両社の首脳は乗用車の対米輸出の中止を決定」せざるをえなかった。(44) 米国トヨタは「販売不振のため人員削減に追い込まれ、ビバリーヒルズにあった社屋もハリウッドの賃借ビルに移転せざるを得なかった。さらに、シカゴとサンフランシスコに設置していた事務所は閉鎖、［アメリカ東部の］ニュージャージーに必要最小限の人員を残すだけになった」のである。(45)

こうした事態を「米国トヨタ販売会社、トヨタ・モーター・ディストリビューター社を核としたアメリカへの橋頭堡を確立した」と評価できるだろうか。(46) 後にアメリカへの輸出が順調に推移し始めた結果から、初期のアメリカ輸出の試みに余計な意義までを盛り込んではいないか。(47) 遠い将来の出来事（アメリカへの完成車輸出の成功）を知らない当時の人々は、「デーラーはどんどん離反していった」ことを「失敗」と考えたからこそ、自販は輸出本部を設置し、自工でも輸出部を新設したのである。

この歴然たる「失敗」は、冷徹な事実をトヨタにつきつけた点で貴重であった。『モータリゼーションとともに』は、次のように書く。

クラウンに対する若干の過信がわれわれ［トヨタ］にあったことは否めない。なにも国際的にも一流の車とは思っていなかったが、国際商品を完成するまでのつなぎにはなると思っていた。ところが、完膚なきまでにうちのめされた。国際商品とは、アメリカで通用する車、ハイウェイで通用する車であるという認識、および、その完成への挑戦は、この経験によって喚起されたといえる。(48)

クラウンとニューコロナではアメリカ市場を開拓することはできない。これが明確になった時点で、輸出できるだけの性能があった自動車といえば、ランドクルーザーしかトヨタにはなかった。このため米国トヨタは、さしあたり「ランドクルーザーを中心に販売網の維持に専念」するしかなかったのである。(49) このランドクルーザーは悪路や山岳地帯に適した車であり、「対象市場が小さい」。それでも、「輸出価格を当面の利益にとらわれずに、国際価格にさや寄せする意思決定を」トヨタ自工側が下すことで、(50) ランドクルーザーの輸出台数は伸びたのである（この点については、第2章3(2)および(6)、また表2-1参照）。

アメリカへの完成車輸出の「失敗」についてはすでに多くの文献がさまざまに語ってきた。だが、ほぼ同時期にトヨタ自工が設立した海外生産事業体についてはあまり触れられることはない。

このアメリカでの「失敗」とほぼ同じ時期に、トヨタ自工は海外に本格的な生産事業体をブラジルに設立する。これはトヨタとしても、戦後、初の海外での本格的な生産事業体の設立であった。これは当初の計画では、自動車の構成部品を輸出して現地で完成車に組み立てる「ノックダウン輸出」ではなく、「現地生産に近い国産化計画であったから、……［自販は］参加せず、メーカーであるトヨタ自工が担当した」。(51) 一九五八年に現地法人をトヨタ・ド・ブラジル有限持ち株会社として設立する。生産車種はランドクルーザーであった。

しかし、このブラジル進出も苦難の連続であった。簡単に説明しておこう。

自工は一九五八年一〇月に「ランドクルーザーの現地国産化用として、エンジンなどを含む、台当たり重量比四〇％に相当する組立部品八〇〇台分の輸出」をブラジルに向けて行う[52]。当時のブラジルは自動車国産化方針を推進していた。このためにイギリスのローバーはブラジルから撤退する。このローバーの工場をトヨタは買収し現地生産を一九五九年に始めたのである。ブラジルの国産化率は、政府の国産化方針によって引き上げられ、一九六〇年には九五％になる。ほぼすべての部品をブラジル国内で生産せざるをえなくなったのである。この施策に対応するため、トヨタはブラジルベンツからランドクルーザー用のディーゼル・エンジンの供給を受け、トヨタ・バンデランテとして発売した[53]。このようにして、この生産事業体は生き延び続けたのである（図3‐3cにブラジルが掲載されているのが、その証である）。

一九七二年の『トヨタマネジメント』には次のような見解が（個人の意見として）掲載されている。

ブラジルは、急速に一〇〇％近い国産化を強行せねばならず、モノがほとんど日本から［輸］出［でき］ないことから、日本ですぐれた新製品がその後開発されてもその恩恵に浴すこともできず、まったく独立のメーカーとして生き残らねばならなかった。このような条件のところにこの当時進出したのは果たして妥当であったかどうか、異論のあるところではないかとも思われる[54]。

ブラジルトヨタは一九七八年に創立二〇周年を迎えた。この年に『トヨタ新聞』が、この事業体二〇年について簡潔な記事を掲載する。

ブラジルトヨタは、昭和三十三［一九五八］年一月、当社の一〇〇％出資の現地法人として、サンパウロ市近郊サンベルナルド・ド・カンポ市に設立された。当初、一万クルゼイロの資本金でスタートしたが、高い国産化率と猛烈なインフレに悩まされ当社から赤字補てんや追加投資を繰り返してきた。この結果、現在の資本金は八千百八十七万四千七百三クルゼイロ（約十二億三千万円）となっている。

設立当初から、バンディランテ（ランドクルーザーの現地名）のみを生産し、三十九年には月産二百三十台までになったが、物価統制令により、コストインフレをカバーするだけの値上げができず、大幅な赤字を余儀なくされた。このため、月産台数を五十台程度に落として生産を続け、会社を維持してきた。

その後、〔昭和〕四十八〔一九七三〕年から四十九年にかけて、鋳造、鍛造設備を導入するとともに、機械加工設備を増強。これによって足廻り部品の内製化を図り、付加価値を高めるとともに、当社の指導により生産の大幅な合理化を推進した。その結果、五十年には特別値上げによって、採算が好転したこともあって増産に転じ、昨年は月産二百七十台を達成した。こうした内製化率の向上や増産に現有人員で対処した結果、五十年からは収益が改善され、五十一年、五十二年には利益を計上することができた。

現在、ブラジルトヨタの従業員は約四百人で、当社からは酒巻社長ら二人が現地で活躍中である。ブラジルの広大な大地でバンディランテがより多くの人に愛されるとともに、ブラジルトヨタがさらに発展するよう祈りたい。(55)


ようやく一九七六年、七七年になって「利益を計上」できたとはいえ、月産三〇〇台たらずで生産を維持している状態である。撤退こそしなかったけれども、この事業体が辿った道は苦労の連続だったと言えよう。

ブラジルの国産化方針と、日本国内での自動車需要への対応（元町工場の建設）などのため、ブラジルの現地法人に対して、日本のトヨタから新規工場の建設などの大規模な直接投資が行われたのは近年になってからである。一九五八年にアメリカに向けた本格的な完成車輸出、さらに戦後初めての本格的な海外生産事業体設立が企図された。これはともに、初発から華々しい成功とはならなかった。このためトヨタの輸出は初期にはノックダウン輸出に依存することにならざるをえなかったのである。

(5) トヨタのノックダウン輸出はどのように推移したのか？

トヨタの総輸出台数の中で、ノックダウン輸出はどの程度の割合を占めていたのだろうか。またノックダウン輸出の中では、ＳＫＤとＣＫＤの割合はどちらが多かったのか、また時期によってそれに変化があったのだろうか。

実は、ノックダウン輸出の統計は入手困難である。例えば、トヨタの場合、ノックダウン輸出台数を過去に遡って調べようとしても、社史『創造限りなく』資料編がノックダウン輸出台数を（完成車輸出と別枠で）明示するのは一九七九年以降である。[56] それ以前は、総輸出台数の中にノックダウン輸出台数は含まれており分離できない。この年（一九七九年）にはトヨタの総輸出台数は約一四六万台で、ノックダウン輸出は約七万八〇〇〇台である。[57] 一九七〇年代末ともなれば、トヨタでは完成車輸出が主力になっていたことがわかろう。

長期間にわたってノックダウン輸出（ましてや、ＣＫＤとＳＫＤそれぞれ）の推移を見ることは難しい。この意味

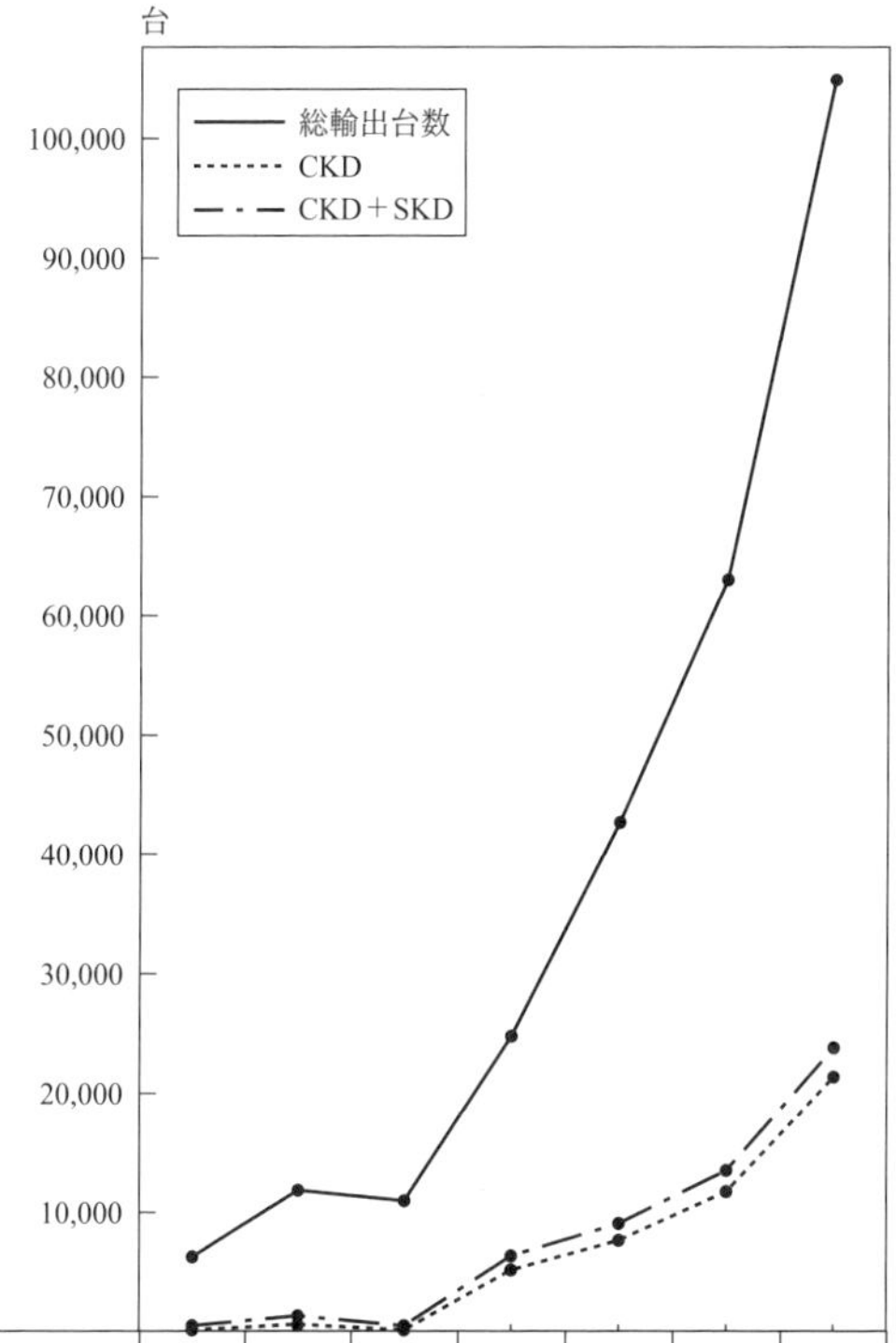

年	1960	61	62	63	64	65	66
SKD	0	1,717	1,230	1,607	2,275	2,240	1,914
CKD	270	1,600	1,150	6,013	8,168	12,405	22,380
総輸出台数	6,393	11,675	11,209	24,380	42,785	63,474	105,145

図3-4　輸出に占めるCKDとSKD（1960〜66年）

出所）トヨタ自動車工業社史編集委員会『トヨタ自動車30年史』別巻（トヨタ自動車工業，1968年），471頁。この資料については本書第1章注（193）参照。

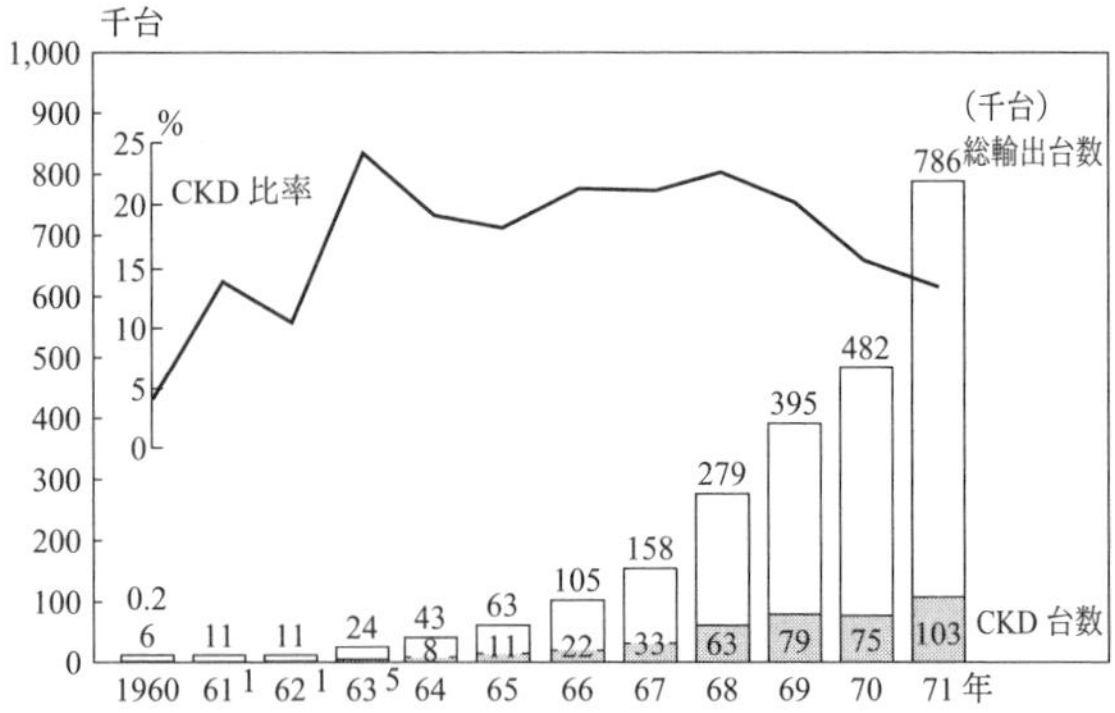

図 3-5　CKD 輸出の推移（1960〜71 年）

出所）浦西徳一「輸出の現状と将来の展望」『技術の友』24 巻 1 号（1972 年），13 頁。

で図３‐４はＣＫＤとＳＫＤの推移がわかるので貴重である。

この図３‐４によれば、一九六三年以降になるとＣＫＤが大きく伸び始める。これ以降になると、ノックダウン輸出のほとんどがＣＫＤになる。これに対して、ＳＫＤはほぼ二〇〇〇台前後で一定している。

なぜ、ＳＫＤはノックダウン輸出の中で小さい割合しか占めないのだろうか。これはＳＫＤとＣＫＤの組立に必要な技術的差異にも関係がある（本章２(２)参照）。この点は一九六六年に発表された論考「トヨタＣＫＤの現状」も次のように指摘する。

> 極端ないい方をすれば読者のあなたの庭先でも、あるいはガレージの中でも組立てられるというのがＳＫＤという荷姿であり、組立工場や治具、溶接設備、塗装設備をもたないと完成車ができないというのがＣＫＤという荷姿になります。
>
> したがってＳＫＤの場合は生産台数も（二台／月〜二〇台／月）程度であり、仕向地も後進国が主になり、車種もトラック、ＦＪ［ランドクルーザー］系が主で、乗用車、商用車はほとんど出荷されておりません。(58)

トラックやランドクルーザーが主体であり、大量に生産・販売する市場を対象としないのがＳＫＤということになる。この論考では著者が（おそらく何気なく）「ＫＤ輸出のうち約八〇％の量を占めるＣＫＤ」と書いている箇所がある。(59) ＳＫＤの比率を増大させようという意識は論考を通していささかも感じられない。これが常態なのだという意識だったのであろう。

図3-4より長期にわたって、トヨタの輸出に占めるCKD比率がどのように変化したかを示したのが図3-5である。この図3-5を掲載した論考でも、輸出全体に占める（SKDを含めた）ノックダウン輸出の割合が大幅に変わるとは著者はまったく考えている様子がない。(60)

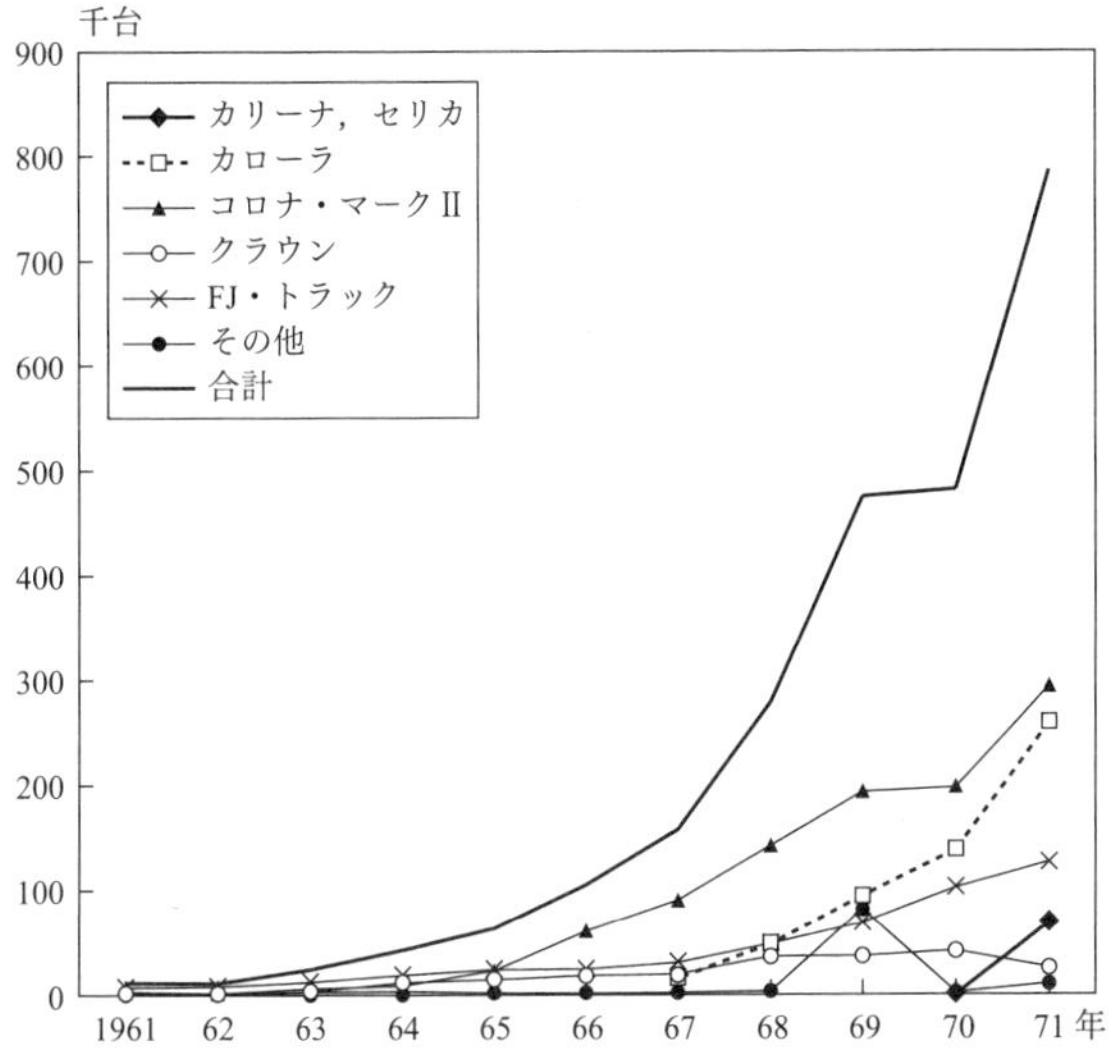

台

車　名	1961	1962	1963	1964	1965	1966
カリーナ，セリカ	—	—	—	—	—	—
カローラ	—	—	—	—	—	—
コロナ・マークII	2,970	1,548	6,138	8,730	23,096	60,864
クラウン	1,443	1,150	3,120	11,836	14,451	18,393
FJ・トラック	7,260	8,074	12,314	18,793	24,050	24,491
その他	2	438	2,808	3,426	1,877	1,497
合　計	11,675	11,210	24,380	42,785	63,474	105,245

車　名	1967	1968	1969	1970	1971
カリーナ，セリカ	—	—	—	9	68,723
カローラ	15,425	48,173	94,361	138,084	259,399
コロナ・マークII	90,386	142,507	193,547	197,582	294,233
クラウン	19,530	36,390	36,844	41,856	25,699
FJ・トラック	30,520	48,667	68,539	102,251	127,742
その他	2,021	3,350	81,811	2,110	10,491
合　計	157,882	279,087	475,102	481,892	786,287

図3-6　輸出における車名別の推移（1960〜71年）

出所）浦西徳一「輸出の現状と将来の展望」8頁。なお合計の数値が個別車名の合計と一致しない場合には訂正し，グラフも数値に対応したものに訂正した。表3-4，表3-5，図3-7の数値と齟齬が生じるが，その他は原文のママ。

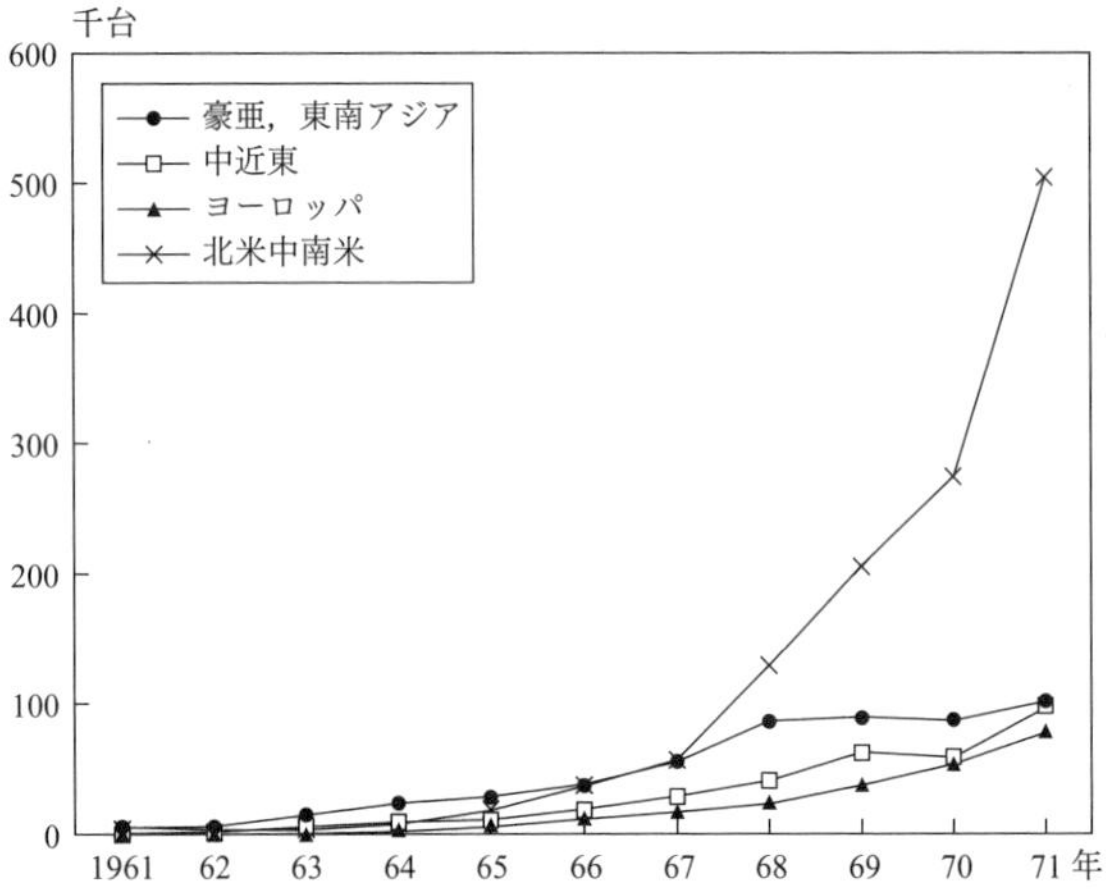

台

	1961	1962	1963	1964	1965	1966
豪亜，東南アジア	5,132	5,952	14,679	23,618	28,664	38,043
中近東	718	1,799	5,763	9,375	11,070	19,077
ヨーロッパ	63	3	413	2,114	5,597	11,456
北米中南米	5,657	3,453	3,525	7,678	18,143	36,569
(アメリカ)	(413)	(1,085)	(1,164)	(3,964)	(11,072)	(26,346)
合　計	11,570	11,207	24,380	42,785	63,474	105,145

	1967	1968	1969	1970	1971
豪亜，東南アジア	55,245	86,351	89,384	86,644	98,246
中近東	28,947	40,773	62,497	58,413	95,778
ヨーロッパ	16,888	23,078	37,335	53,303	77,951
北米中南米	56,802	128,885	205,886	273,532	505,691
(アメリカ)	(38,754)	(94,766)	(150,166)	(209,534)	(395,788)
合　計	157,882	279,087	395,102	471,892	777,666

図 3-7　輸出における仕向地別の推移（1960〜71 年）

出所）浦西徳一「輸出の現状と将来の展望」9 頁。なお合計の数値は各仕向地別台数の合計と一致しない場合には訂正し，グラフも数値に対応したものに訂正した。表 3-4，表 3-5，図 3-6 の数値と齟齬が生じるが，その他は原文のママ。

一九六三年にＣＫＤ比率は約二五％に達した後、ほぼ二〇％で推移したものの、六〇年代末から急に比率が低下している（図3-5参照）。このＣＫＤ比率の推移は、トヨタの輸出の車名別推移と輸出仕向地の推移と比べてみると興味深い（図3-6、図3-7参照）。輸出車の中でコロナ、ついでカローラが大きな割合を占めるにつれて、北米（とりわけアメリカ）が輸出仕向地として比重を増している。

このように書くと、疑問を感じる読者がいよう。輸出車全体の中で乗用車が大きな割合を占め、アメリカ市場向けの輸出が増えたことと、ＣＫＤ比率が低下したことを関係づけているが、実はノックダウン輸出をしている車名や仕向地については何も触れていない。この「関係」は実に曖昧なままだと。

その通りである。次に、よりＣＫＤに焦点をあてて車名や仕向地について考えてみたい。

（6）どんな車がどこに向けてノックダウン輸出されたのか？

トヨタのノックダウン輸出を担った車は何で、どこに向けて輸出されたのだろうか。ノックダウン輸出といっても、前述のように、実質的にはＣＫＤがほとんどで、ＳＫＤの割合は小さかった（図3-4参照）。これは一九六〇年代中頃までの特殊事情ではなく、六〇年代後半から七〇年代初頭でも変化がない（図3-8参照）。

一九七一年のノックダウン輸出を乗用車とトラックなどに大別し、仕向地別に分類すると（図3-9参照）、ノックダウン輸出でも、もはや乗用車が主体になっている。これが、この特定の年度だけの特殊な状況ではないことは、この図を引用した一九七二年の論考での次の表現からもわかろう。

ＫＤ全体の生産台数はここ数年間急ピッチで伸びてきています（図3-8）。
その輸出構造も、かってのトラック主導型より、完全に乗用車主導型の先進国タイプにかわってきています。
とくに、コロナ、カローラがその中心になっています（図3-9）。[61]［引用文中の図の番号は、本書に合わせた］

コロナが輸出適格車であることは、すでに引用した一九六五年の対談でも言われていたことである（本章2（1）

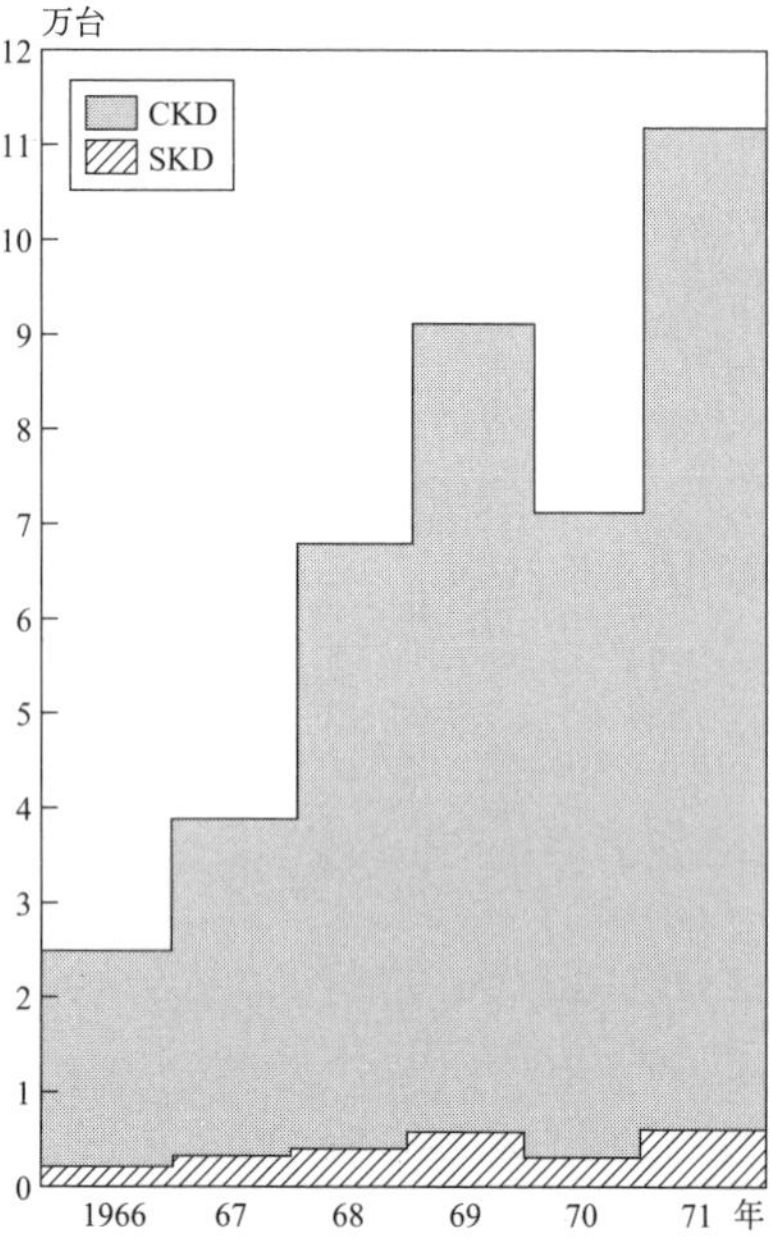

図3-8　ノックダウン輸出の推移
（1966〜71年）

出所）小松義雄「当社のKD輸出」『技術の友』23巻1号（1972年），29頁。

参照)。しかし、本当に「コロナ、カローラが「ノックダウン輸出の」中心になっていたのだろうか。これを確かめるためにも、この時点でトヨタがCKDを適用していた車種を見てみたい（表3-6参照)。

　たしかに、トヨタはコロナを一三の仕向地あてにノックダウン（CKD）輸出している。表3-6に掲載してある車の中でも、最も多くの仕向地に輸出しているのがコロナである。輸出仕向地の数が多いからといって、輸出台数が多いとは限らないが、表3-6を図3-9と合わせて検討すれば、南アフリカにノックダウン輸出している乗用車はコロナ、コロナMKⅡだけであり、計一万二五二〇台である。これは南アフリカへの乗用車以外も含めたノックダウン輸出の約四割のシェアを占めている（図3-9参照）。

　しかもこれは、一九七一年の特殊な事情で南アフリカへのノックダウン輸出台数が多くなっているのではない。このことは、次のような説明からもわかる（図3-10参照）。

　仕向地別生産実績としては、南アフリカ、オーストラリア、韓国がつねにベスト3としてリードしてきたが、六九年以降韓国の急落ぶりが目立ち、替って、ポルトガル、インドネシアなど国産化規制による影響の少ない国が伸びてきています（図3-10）。[62]〔引用文中の図の番号は、本書に合わせた〕

時期をもう少し遡って一九六〇年から六五年までのCKD輸出の仕向地別推移を見ても、南アフリカの比重は大

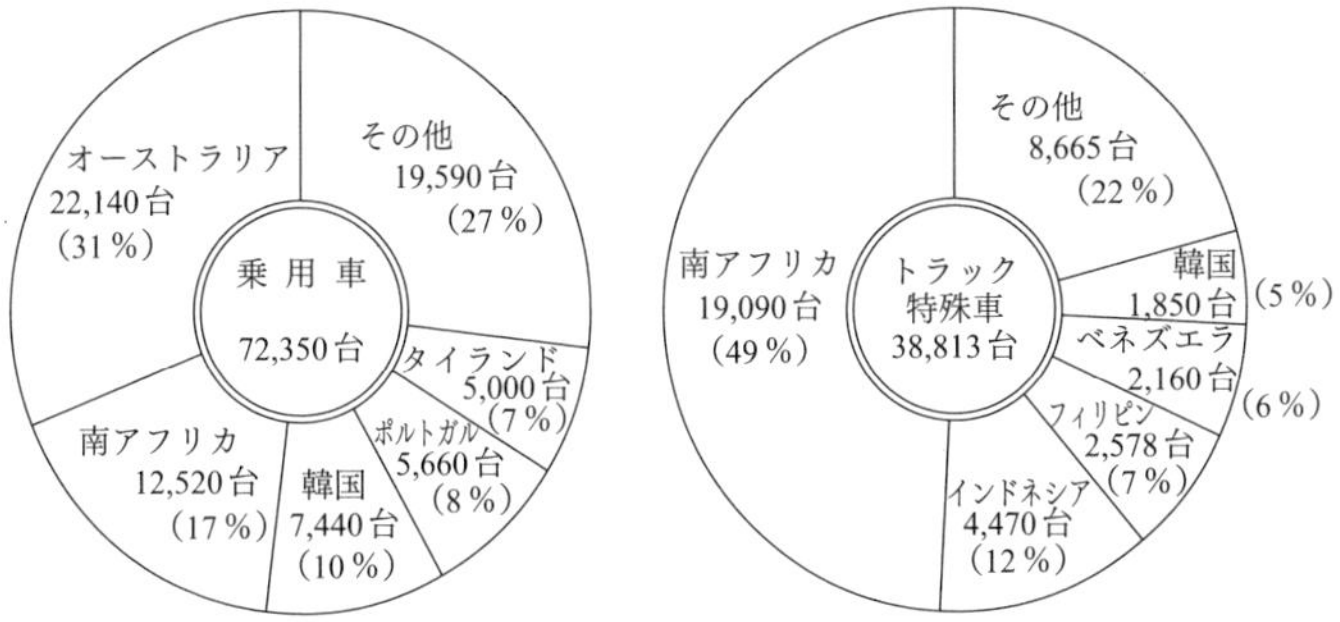

図 3-9　ノックダウン輸出の内訳（1971 年）

出所）小松義雄「当社の KD 輸出」29 頁。なお割合を示す数値は，台数を示す数値で再計算した。

表 3-6　CKD 導入一覧（1972 年 6 月 1 日現在）

No.	仕 向 国	クラウン	コロナ MK II	コロナ	カローラ	小型トラック	大型トラック	ランドクルーザ
1	韓　国	○		○			○	
2	台　湾			○		○		
3	フィリッピン	○		○	○	○		
4	タイランド	○		○	○			
5	マレーシア		○	○	○	○		
6	インドネシア			○	○		○	○
7	オーストラリア	○		○	○			
8	ニュージーランド			○	○	○		○
9	パキスタン							○
10	ポルトガル			○	○	○		
11	ガーナ			○		○	○	
12	南アフリカ		○	○		○	○	○
13	カナダ				○			
14	コスタリカ	○		○	○			○
15	ペルー			○				
16	トリニダッド	○	○					
17	ウルグアイ					○		
18	ベネズエラ							○

出所）小松義雄「当社の KD 輸出」29 頁。

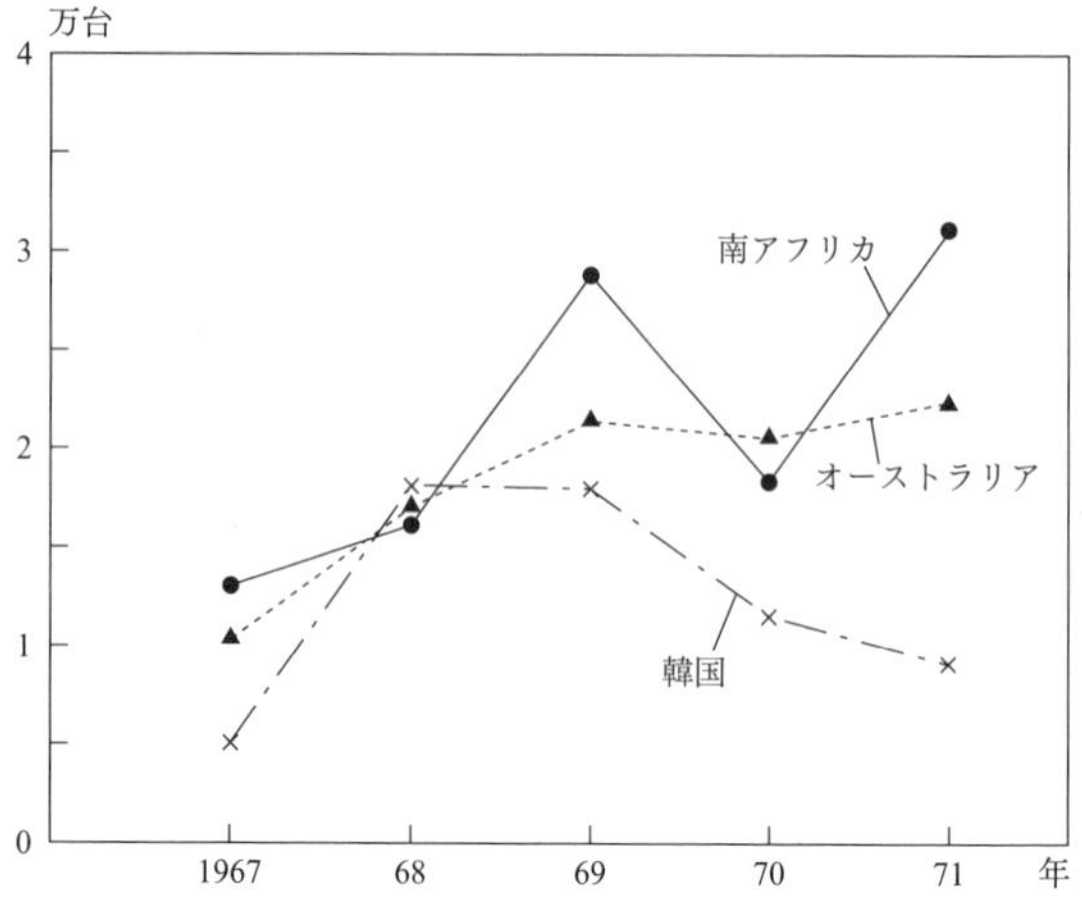

図 3-10　CKD 主要 3 カ国向け輸出の推移（1967〜71 年）

出所）小松義雄「当社の KD 輸出」29 頁。

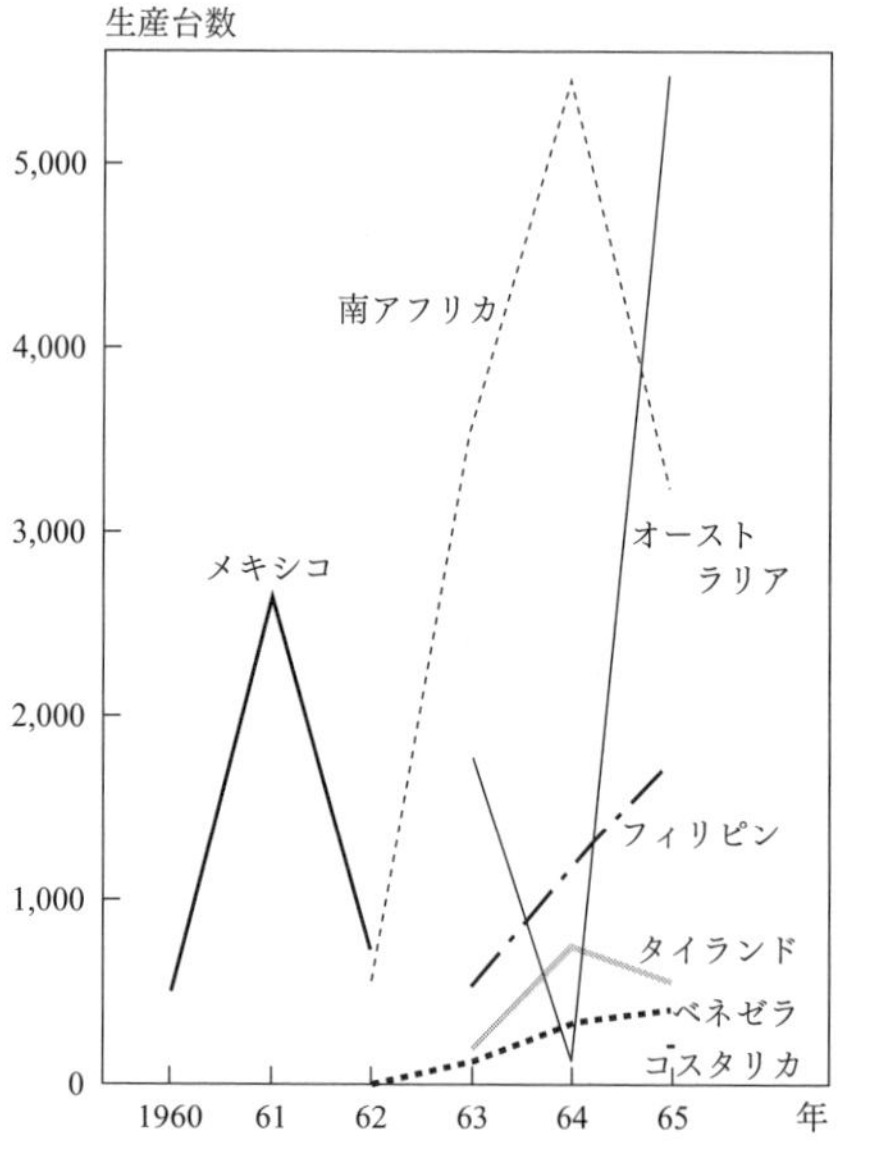

図 3-11　CKD 輸出の仕向地別の推移（1960〜65 年）

出所）山田浩「トヨタ CKD の現状」『技術の友』17 巻 3 号（1966 年），29 頁。

きい（図3-11参照）。

トヨタのノックダウン輸出は、一九七〇年代中頃でも乗用車が中心という状況には変化がない。一九七四年のノックダウン輸出のうち、乗用車は六七・六%を占めていた。車名別に見ても、カローラ（三〇・一%）とコロナ（二九・五%）が他を圧している。かつてのノックダウン輸出の中軸を担ったランドクルーザーも五・七%と存在感を示してはいるものの、乗用車がノックダウン輸出の主役となったのである。一九六〇年代末に社史が次のように語っていた「大きいネライ」が実現したのである。

ＣＫＤ輸出の開発は、もともと大市場への進出を目ざしていた。大市場の需要は大半が乗用車である。したがって、乗用車の増販を確立することが、大きい、ネライであった。すなわち従来のランドクルーザーやトラック主体の輸出から、乗用車主体の輸出へと脱皮しようというわけである。(63)

一九六〇年代中頃以降、トヨタのノックダウン輸出は乗用車が中心になっていった。この先頭を切ったのがコロナＲＴ４０型である。だからこそ、この車を指して一九六五年の対談でも「輸出適格車」と呼んでいたのである（本章２(1)参照）。

(7) ノックダウン輸出を効率的に遂行するための工夫はあったのか？

ノックダウン輸出には梱包などの作業があり、実は容易でない。このことはすでに書いた（本章２(3)参照）。乗用車はトラックよりも部品点数が一般に多い。それを仕向地別に異なる仕様に合わせて、間違いなく部品を揃えるだけでも大変である。にもかかわらずノックダウン輸出をする利点の一つは、完成車でなくノックダウンで運ぶ場合には運ぶ容積が小さくなり、輸送費が節約できることである。これは、かつてフォードが全米各地に組立分工場を展開した理由としても挙げられてきた（『寓話』第1章5(2)参照）。

コロナＲＴ４０型は主にアメリカ市場を狙う完成車輸出だけでなく、かなりの台数をノックダウンでも輸出することを意図していた。だとすると、車の設計段階からノックダウン輸出を容易にする工夫がなされていたのではないか。

その前に、このコロナＲＴ４０型をノックダウンに分解して運ぶ場合と、完成車で運ぶ場合の容積の違いはどの程度か、確認しておこう。

ＲＴ４０を完成車で輸送する場合その容積は三二〇・四立方フィートであり、ノックダウンの場合の容積は一七八・五立方フィート（推定台当り）で完成車にくらべ五五・七％の容積になり運賃もこの比率で低減されることになります。[64]

前著『寓話』で扱ったフォードT型の場合はどうだっただろうか。塩見治人は次のように言う。「フォード社のT型車をノックダウン形態で輸送する場合、完成車六台分のスペースで部品一〇台分が運べたといわれ、この方法で輸送費を半分近くまで節約する可能性さえあ」ったと。[65] この情報では細かく比較できないが、フォードT型と比べて多くの機能・機器を装備したＲＴ４０型のような二〇世紀後半の乗用車でも、ノックダウンにするとT型とほぼ同じ程度に容量を縮減できたことは確認できるだろう。

しかし、フォードT型と比べて豊富な機能を持つ乗用車を効率的にノックダウンに分解するには、相当な工夫が必要だったのではないか。それはいったいどのようなものだったのだろうか。こうした疑問を持って見ると一九六五年の『技術の友』掲載の論考に、「コロナのＣＫＤ分解形態［は］……号口［つまり、量産］ラインのメーンボデー組付ライン以前のＳＵＢ、ＡＳＳＹ［サブ・アッシイ、つまり完成車を形作る一部］の形態」になっているとあり、ただ、一部は「号口の形態では空間のロスが生じるため、こん包の容積が大きくなってしまい海上運賃の低減という効果がうすくなるため」、ＣＫＤへの分解は号口生産の工程とは一部を違ったようにしてあるという。[66] こういうことが本当に可能なのか。次の引用文を読まれたい。

本来からいえば号口生産工程とＣＫＤ分解形態とは同一であることが望ましく、またたとえ完全に一致しない場合でも号口生産工程の途中工程がＣＫＤ分解形態と一致できるような工程であれば、特別なＣＫＤ専門の工程を作る必要はなく、かつＣＫＤ担当者としても、可能な限り号口ラインの生産工程のサブアッシーと同一形態でこん包の組み合せを考え、こん包容積の低減をはかってこん包設計をしています……。ただニューコロナ［ＲＴ４０型］の場合は設計初期段階からＣＫＤを考慮した設計で計画されてあるため、……ＣＫＤのみの［工程で］号口と変った分解形態をとることが可能になったわけです。[67]

こうした設計段階からの考慮が、ＣＫＤ輸出を効率的に行う上で重要であった。

また、繰り返し述べているように、ＣＫＤ輸出には、必要な部品をすべて間違いなく集め、梱包する作業が必要であり、この作業を完璧に行わなければならない。この点について前に、「そのためノックダウン輸出の担当者は『部品表と首っ引きで部品』を揃える必要があった」と書いた(68)（本章2(3)参照）。本書の読者なら、デジタル化した部品表、正確にはＳＭＳを使って、ＣＫＤ輸出作業を効率的に行うことができるようにならないかと考えるかもしれない。

こう考えて『トヨタ新聞』（一九七六年七月）を眺めてみると、次の文章に出会う。

　ＣＫＤ業務の円滑化を目的とし当社がかねてから開発を進めてきた「ＣＫＤシステム」が、このほど一部完成し稼働を開始した(69)。

このＣＫＤシステムがなぜ必要なのか、またどんなものなのか。これについても記事が的確に説明している（図3-12参照）。

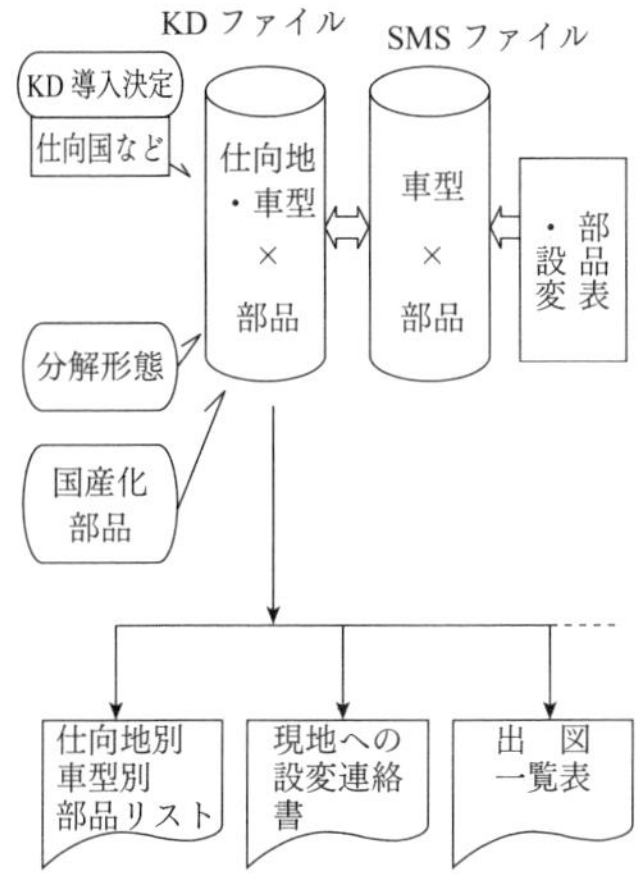

図 3-12　CKD システムの概要

出所）「KD 業務を電算化　SMS を利用し事務改善」『トヨタ新聞』1976 年 7 月 16 日。

　近年、好調を維持している輸出の一翼を担って、ＣＫＤ（コンプリート・ノックダウン）輸出も増加。さらに、各国それぞれの国産化規制強化などによって、ＫＤ関係の業務は、ますます煩雑になってきた。このシステムは、これらに対応し、業務を効率化する目的で、開発を行ってきたもの。

　ＫＤ業務では、部品工程表をもとに、仕向国・車種別（現在十六カ国に百五十車型）に、分解形態や国産化部品リストや控除部品リストを作成する。さらにこれらを、梱包単位別の部品リストに展開し、全部品を間違いなく、集荷、梱包、発送しなければならない。同じ車種でも、国によって全く違うKD部品リストを、国別、車種別に作成、維持するために、多くの工数を要し、特に新車の切替え時や新規導入時には、ミスも起こしがちである。

このCKDシステムは、従来の部品表電算化システム（SMS）を活用し、車型と部品の関係をベースに各種リストの作成、設変処理などにおける読み取りミス、転記ミスを防止するとともに、処理工数を削減するなど、KD業務の改善に、大きな効果が期待されている。(70)

CKD輸出作業の効率化にも、SMSが利用されるようになったのである。第2章4(14)の「SMSは業務のあり方をどのように変えたのか？」にも、このCKDシステムは付け加えられるべきものである。一九七〇年代後半からSMSを中軸にトヨタのさまざまな業務が編成されていったことを示していよう。

(8) 完成車をどのように仕向地まで運んだのか？

トヨタの輸出にはCKDだけでなく、もちろん完成車輸出がある。次にこれについても見ておこう。日本国外に完成車を輸出するためには、海上を運ぶ必要がある。輸出台数が少なければ、積荷が少ない船舶に完成車を載せて運ぶことが考えられる。実際、そのようなことが日本国内での自動車輸送ではあったし（第2章4(2)参照）、国内での完成車輸送と同じように、完成車の輸出が少ない時には一般貨物船を利用していた。これを吉識恒夫『造船技術の進展』は次のように書く。

輸出台数が少ない時代は、その当時定期航路を運航していた一般貨物船の船倉に、一台ずつ船に装備されたデリックポスト［貨物の積込みや揚荷作業に使う荷役装置］などにより、積み卸しを行う方法であった。貨物船には船倉内に中間デッキ・ピラーなどがあり、積み付け台数には限界があるので、他の方法を考案せねばならぬ状況となった。船倉構造内部に突起構造物が少なく、広いスペースのあるバルクキャリアを利用する案が発案され、バルクキャリア船倉内に、乗用車を搭載する移設甲板を仮設する案が生み出された。ばら積み貨物と兼用にすることにより、空船の航海を避けることができるので、当初この方式による自動車運搬船が建造された(71)。

国内販売台数が増え海上輸送の台数が増えると、国内販売では自動車専用船が利用され出した。これと同じように、完成車輸出が増え出すと自動車専用船の使用をトヨタは検討し始める。

昭和三八～四二［一九六三～六七］年がトヨタ車輸出の発展期といえます。これは、ティアラ（コロナの初期輸出モデル名）に始まる乗用車を主体とした急伸張期にあたります。すなわち、ティアラCKDが、オーストラリア、フィリピン等で本格化し、その後、クラウン、新型コロナ、カローラ等で地盤を強化しました。この発展期の中ごろまでは、トヨタ車の輸出はすべて定期船で行なわれていたのですが、この発展期にあたり、将来の台数増加に対処するため、船舶の確保、品質の維持、輸送経費の節減を目的として専用船の利用が検討されました(72)。

自動車専用船の運用でトヨタに先んじたのは日産自動車である。一九六五年六月に自動車専用船運航業務を行う日産専用船運航株式会社を発足させるとともに、「わが国初の自動車輸出専用船『追浜丸』」を建造し、六五年一一月には「ブルーバードなど一一一六台を積んで長浦港からアメリカに向かって処女航海についた(73)」。

しかし、ここまでの説明に疑問を抱く読者もいるはずだ。日産であれトヨタであれ、ここで言う自動車専用船とは何かと。吉識恒夫が言うところの「バルクキャリア船倉内に乗用車を搭載する移設甲板を仮設［し］……ばら積み貨物と兼用にする……自動車運搬船」がここで言う自動車専用船である。正確に言えば、ばら積み貨物兼用自動車運搬船（カー・バルク・キャリア Car Bulk Carrier）である（表3-7参照）。

トヨタのアメリカ向けの初の自社建造船は「第一とよた丸」である。この船の就航を『トヨタグラフ』（一九六九年一月）は次のように伝える。

表 3-7　ばら積み貨物兼用自動車運搬船

船　名	台数	載貨重量（トン）	建造年	建造造船所	備　考
追浜丸	1,200	16,155	1965	日立桜島	カーラダー，エレベータ
第一とよた丸	1,273	18,057	1968	川重神戸	
第五とよた丸	1,288	18,980	1969	名村造船所	日本郵船
第七とよた丸	2,188	30,326	1970	〃	〃
栃木丸	1,900	27,156	1971	日立舞鶴	
豊穀山丸	3,076	52,258	〃	三井玉野	
菱光丸	2,172	38,082	1972	佐野安船渠	
第二十とよた丸	2,434	37,350	〃	来島どっく	日本郵船／太平洋海運
ジャパンチャリオット	1,942	29,473	〃	常石造船	
白光丸	2,100	32,595	1976	尾道造船	

注）備考欄で「追浜丸」にある説明は車を船に積み込むための装備。他の船は船舶運航会社。
出所）吉識恒夫『造船技術の進展――世界を制した専用船』（成山堂書店，2007 年），195 頁。

新しい年のすがすがしい朝の光が、水平線のかなたから波上を駆けてくる。その大海原を、スクリューの音も力強く、ロスアンゼルス目ざして進んでいく真新しい船がある。全長百五十九㍍、球状の船首、巡洋艦を思わせる船尾。〝第一とよた丸〟の雄姿である。

……〝第一とよた丸〟は、このような米国での激増する需要に対処するために造られたトヨタ車の輸出専用船である。……この〝第一とよた丸〟就航により、米国への輸送の効率アップはかりしれないものがある。霞ヶ関ビルをひとまわり大きくしたほどの船体には、コロナクラスで千二百台を搭載でき、太平洋を十五・五ノット（自動車積載時）の速度で航海、十四日間で横断する。しかも、独特のカー・ラダー（自動車専用はしご）で岸壁と船倉を直結し、輸出車は自力で船上へ走り込み、専用エレベーターで能率よく搭載される。(74)

これまでの引用で「専用船」というのは、正確に言えば自動車の「輸出専用船」（自動車輸出専用船）である。この輸出専用船は輸出仕向地に自動車を送り届けた後、日本への帰路に何らかの荷物を積み込む。この意味で自動車の「輸出専用船」であるが、自動車のみを積載する純粋な自動車専用船ではない。

こうした輸出専用船が造られたのは、日本からの自動車輸出が増えたためであった。従来の自動車積載船では、「クレーンなどの荷役装置による積み込み／積み卸し（Lift On / Lift Off: LO / LO）方式」であった。これでは、「荷役時間がかかり、車に損傷を起こすこともあ」るため[75]、自動車を運転して船に積み込む（自走）方式が採用され、積み込み方式にも次のように変更が加えられた。

岸壁と船の間に自動車が自走できるランプ（Ｒｕｍｐ）［前の引用文で言う「独特のカー・ラダー（自動車専用はしご）」］を渡し上甲板に上がり、上甲板から船倉内にはエレベータにより移動し、その後仮設自動車甲板へ走行する方法によった。[76]

先の『トヨタグラフ』からの引用文では「コロナクラスで千二百台を搭載でき」るとある。これは格段注目すべき箇所と普通は考えない。だが、トヨタのコロナ（ＲＴ４０型）がアメリカ市場で販売台数を伸ばす時期にあたっていたこともあり、輸出専用船での搭載車両台数を示す表現として「コロナ」で何台搭載できるかが慣用となって二一世紀でも定着している。いかにコロナが輸出に果たした役割が大きかったかを示すものであろう。

完成車の輸出台数がさらに伸びると、自動車専用船（Pure Car Carrier ; PCC）が導入される。これは「日本とアメリカ西海岸をピストン運航」して[77]、多くの自動車を輸出することを目的としたものである。アメリカから日本への復路には積荷を搭載せず、船舶にできる限り多くの自動車を搭載するため次のような設計になる。

甲板間の高さを積載車種の高さに合わせた配置とし、可能な限り多数の甲板を設置する。車の自走による積み付け順序を考慮し車の配列間隔を最小となるようにも配慮する。甲板間の車の移動は、甲板間に設けた傾斜ランプウェイを自走により上下移動する。[78]

この自動車専用船（ＰＣＣ）を日本で初めて導入したのがトヨタである。これを『トヨタ新聞』（一九七〇年七月）は「初の完全用船」と呼び、その進水について次のように伝える。

当社［トヨタ］の好調な伸びを続ける輸出に対処し、昭和四十三［一九六八］年末から、とよた丸船団の建造が進められてきた。今回完成した第十とよた丸はその八番目にあたるもの。日本と米西海岸を結ぶ太平洋ラ

表 3-8　とよた丸の建造実績と計画（1969 年末）

船　名（とよた丸）	船社	就航時点	積込台数	年間輸送台数 アメリカ西海岸向け		メキシコ湾岸向け	
No. 1	川崎汽船	1968 年 11 月	1,300 台	6 航	7,800 台	4 航	5,200 台
2	〃	1969　2	〃	〃	〃	〃	〃
3	〃	〃　3	〃	〃	〃	〃	〃
5	日本郵船	〃　6	〃	〃	〃	〃	〃
6	〃	〃　8	〃	〃	〃	〃	〃
7	〃	1970　3	1,800	—	—	〃	7,200
8	〃	〃　7	〃	—	—	〃	〃
10*	〃	〃　7	2,000	11 航	22,000	—	—
11*	川崎汽船	〃　9	〃	〃	〃	—	—
12*	〃	〃　11	〃	〃	〃	—	—

注）＊は復航空荷のピストン運航船。表の積み込み台数は概数。また「第 12 とよた丸」の実際の就航は 1970 年 10 月。「第 4 とよた丸」「第 9 とよた丸」は存在しない。おそらくは忌み数として，これらの数字を避けたためであろう。1970 年以降の実績については，次を参照。『世界への歩み』資料編，39 頁。
出所）飯武明「自動車輸出専用船」『技術の友』21 巻 2 号（1969 年），55 頁。

インに就航。おもにサンフランシスコ、ロスアンゼルス、ポートランド、などにトヨタ車を輸送する。

この第十とよた丸はまったくの自動車専用輸送船。従来のとよた丸が、トヨタ車を運んでいったあと穀物や石炭をバラ積みして帰る兼用船であったのに対し、第十とよた丸は帰途は空船。このため、帰りの積み荷のつごうでスケジュールが狂うということもなく、計画的な輸送が可能である。

船体は、……従来のとよた丸に比べて小さくなっている。しかし、自動車輸送専用に設計されているため、車両積載台数はコロナクラスで約二千五十台と、これまでのとよた丸……より大幅に増大している。また、航海日数もロスアンゼルス寄港の場合、往復で四十日（従来のとよた丸は六十日）と短くなっており、年間で九往復、約一万八千台のトヨタ車を輸送できる。[79]

一九六〇年代末から七〇年代初頭にかけて、主にアメリカ向け完成車輸出の輸送体制（船団）をトヨタは急速に整える（表3-8参照）。ただ単に輸送台数を増やすだけではなく、次第に計画的に（いつ港に完成車が到着するかが予測できるように）輸送体制を整備する。これは名古屋埠頭の拡張だけでなく、名古

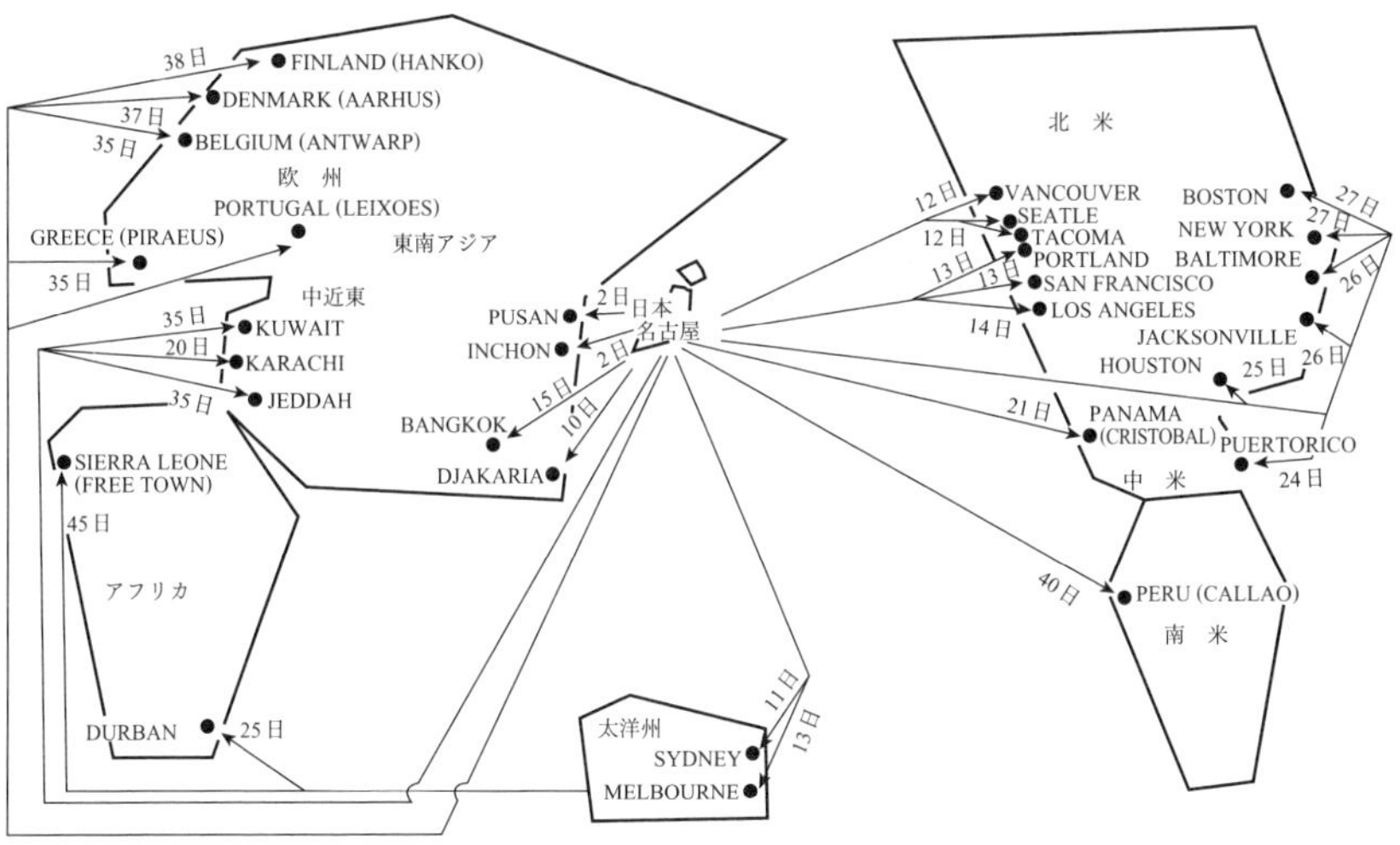

図3-13　トヨタ車の航海日数（1977年頃）

出所）渡辺堯「輸出車両の輸送と現状と将来」『技術の友』28巻2号（1977年），50頁。

屋埠頭を「輸出専用基地として整備、拡充」し、新たに国内輸送向け基地として衣浦埠頭の建設へと導く動きの一環だったのである（第2章4(2)参照）。

一九七〇年代後半ともなれば、トヨタ車を世界に輸送する船舶の経路、日本から仕向先の港までの日数が把握できるようになる（図3-13参照）。港からディーラー、顧客までの経路を確保し、その移動を管理する進展度合いは各国によって大きく異なっていたにせよ、その前提条件を整えつつあった。

CKD輸出にせよ完成車輸出にせよ、日本で製造した（ないしは組み立てた）ものを海外に運ぶ。これがトヨタによる海外進出であった。これは、トヨタが生産台数で世界第三位になっても、基本的に大きく変化しなかった（図3-1、表3-1参照）。自動車（ないし部品）の製造・組立の多くは日本の製造拠点で行われ、それが海外に運ばれた。そのため、日本での生産台数に占める割合はトヨタが大きく（図3-2が示す自動車輸出台数のかなりの部分をトヨタが占めるため）、日本からの自動車輸出が政治問題化するとトヨタの動向が注目されることにもなった。

だが、トヨタの海外進出において、CKD輸出は重要な意味を持っていた。CKD輸出は輸出相手国で組み立てるため、CKD輸出には何らかの組立工場が必要である。これらの施設をトヨタは一九七〇年代初頭にどのように展開していたのかを次に検討しよう。

3　一九七〇年代初頭、トヨタは海外組立工場をどのように展開していたのか？

(1) 海外の組立工場はどこにあったのか？

ディケンは、ノックダウン輸出用の現地（海外）における小規模な組立工場を除けば「トヨタは一九八〇年代初頭には海外には自動車生産施設を何も保持していなかった」と言う。[80] だが、その内実について、具体的に触れることはない。

一九七〇年代初頭には、トヨタは主にアメリカ輸出向けの船団を整備していた（本章2(8)参照）。では、この時期にトヨタは日本以外のどこで組立工場を保持していたのだろうか。

一九七二年の『技術の友』に「当社の海外組立工場」という論考がある。[81] これには海外のどこにトヨタの組立工場が立地しているかが図示されている（図3-14参照）。立地している国が一八カ国なのは、トヨタのCKD輸出国がこの時点で一八カ国だったからである（図3-15参照）。また、表3-9からは各工場での組付車種やトヨタとの資本関係の有無もわかる。この表を見ると、組立工場といっても、トヨタの自動車だけを組み立てる工場ばかりではない。同時に他社の車種を組み立てる工場も多いことがわかろう。組立工場の作業に詳しいであろう自工からの駐在員が、すべての組立工場に派遣されているわけでもない。むしろ自工の駐在員がいるのは、南アフリカとオーストラリアだけで、自販から駐在員が派遣されている工場のほうが多い。

これらの工場について、前述の論考では次のように言う。

図 3-14　海外組立工場の立地（1972 年頃）

出所）大庭元・川原亮一「当社の海外組立工場」『技術の友』24 巻 1 号（1972 年），36 頁。

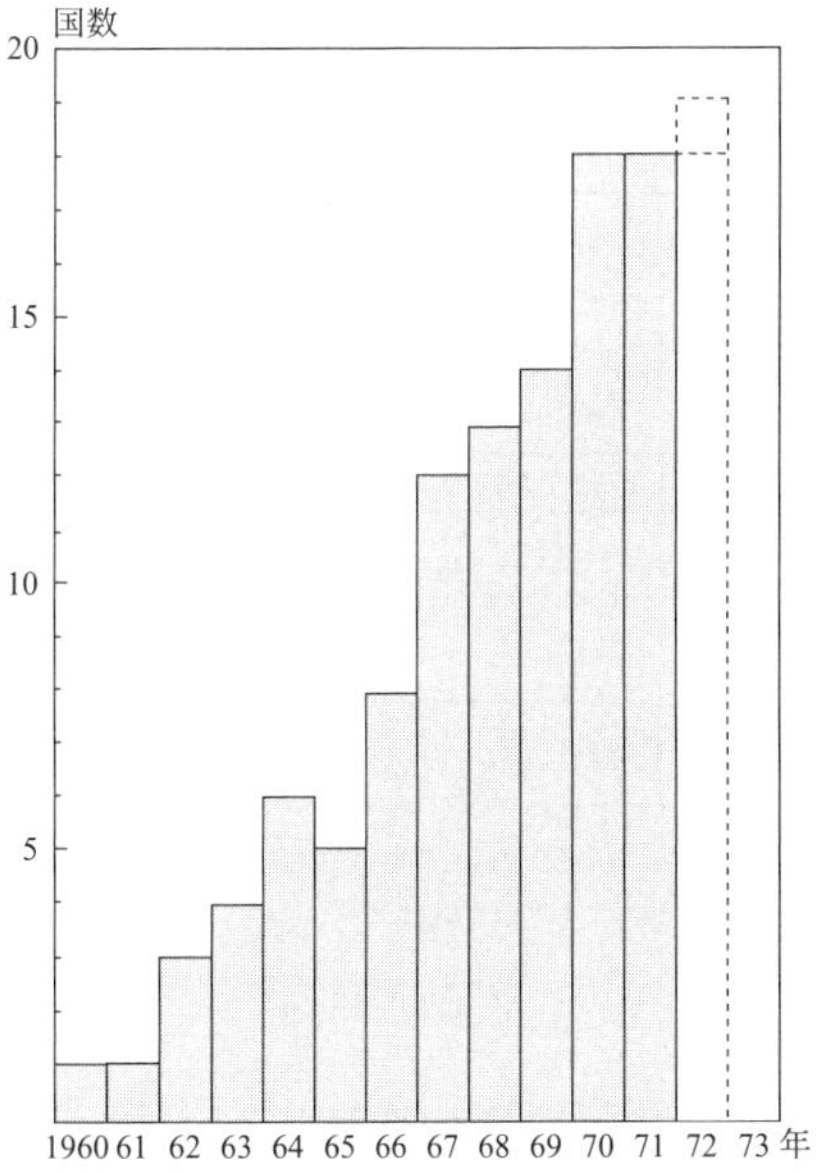

図 3-15　CKD 輸出国の推移（1960〜73 年）

出所）大庭元・川原亮一「当社の海外組立工場」35 頁。

海外組立工場の工場規模は、大小様々であります。そこで、これらの特色のみを述べてみますが、特に目に付くことは、工場敷地スペースが国内ボデーメーカーに比べて、生産台数の割には、大きいことであります。これには、色々な理由がありますが、主としてCKDボックス［日本からCKD輸出のための部品キットを入れて送る箱］在庫が、タイ、マレーシア、オーストラリア等では、ほぼ二ヵ月分あり、南アフリカでは、五ヵ月分近くあります。[82]

この在庫状況は当時の日本でのトヨタの工場と大きく異なるた

表 3-9　海外組立工場の概要（1972 年頃）

No.	立地場所	販売事業者名	組立事業者名	工場形態	組付車種	資本関係の有無	駐在員の有無
1	南アフリカ	Toyota Sales Africa	Motor Assemblies	委託組付	トヨタ，RAMB-LER マツダ，VoLVo	×	販○ 工○
2	オーストラリア	Australian Motor Industries	←	自営工場	トヨタ BLMC	○	販○ 工○
3	韓　国	Shinjin Motor（新進自動車）	←	〃	トヨタ 日野，カイザー	×	×
4	ニュージーランド	Consolidated Motor Distributors	Steels Motor Assemblies	委託組付	トヨタ（RT，FJ） CIMCA 他	×	×
			Campbell Industries	〃	トヨタ（KE） 日野，プジョー他	×	×
5	タ　イ	Toyota Motor Thailand	←	自営工場	トヨタのみ	○	販○
			Thai Hino Industries	委託組付	トヨタ 日野	×	×
6	マレーシア	Borneo Motors Sendirian Berhad	Champion Motors	〃	トヨタ V. W., BENZ, GE	×	×
7	フィリピン	Delta Motor	←	自営工場	トヨタのみ	×	販○
8	ポルトガル	Salvador Caetano Industrias Metalurgicas	←	〃	〃	○	販○
9	インドネシア	P. T. Astra International	P. T. Gaya Motor	委託組付	〃	○	販○
10	ベネズエラ	Compania Anonima Tocars	Enamblate Superior C. A.	〃	トヨタ GMbus body	×	×
11	ペルー	Toyota del Peru S. A.	←	自営工場	トヨタのみ	○	販○
12	コスタリカ	Purdy Motor S. A.	Ensambladora Centroamericana de costa rica S. A.	委託組付	トヨタ RAMBLER	×	×
13	ガーナ	Fattal Brothers	←	自営工場	トヨタのみ	×	×
14	ウルグァイ	Ayax. S. A.	←	〃	トヨタ FIAT	×	×
15	台　湾	Ho Tai Motor（和泰汽車）	Llo Ho Automobile Industrial Corporation（六和汽車）	委託組付	トヨタのみ	×	×
16	カナダ	Canadian Motor Industries	←	自営工場	〃	○	販○
17	トリニダッド	Amar Auto Supplies	←	〃	〃	×	×
18	パキスタン	Ghandhara Industries LTD.	←	〃	トヨタ　ベッドフォード ボグゾールビクター ウイリス	×	×

出所）大庭元・川原亮一「当社の海外組立工場」『技術の友』24 巻 1 号（1972 年），36 頁。

め、論考の著者たちは「ゼロ在庫に近い状態で工場が稼働しているのとは大差があります」と書き、また生産性のバラツキについても次のようにコメントをする。

このようなCKD輸出全体の中で、やはりトヨタとの資本的結びつきがあり、駐在員のいる工場、すなわちポルトガル、カナダ、オーストラリア、タイが、その生産性が特に高いのが、目につきます。

このような生産性は、それぞれの国民性にもよりますが、主にその生産方式によるものと思われます。[83]

「生産性」を具体的に示す数値は何も書かれてない。だが、「生産性」が高いとされたオーストラリアとタイですら、CKDボックスの在庫を二カ月抱えながらの稼働である。CKD工場は問題山積といった状況だったことがわかる。

トヨタの海外工場がどこに立地していたかという疑問は、前掲の図3-14や表3-9で解決したかに思われる。ところが、他の公表資料と照合すると、これらの工場立地国でさえ一致しない場合がある。自販の三〇年史『世界への歩み』資料編（一九八〇年刊）には一九八〇年五月現在の「海外KD拠点」が掲載されている。[84]この資料で一九七二年以前に組立を開始している「海外KD拠点」と、前述の一八カ国とは一致しない。一八カ国のうち韓国とガーナ、ウルグアイ、台湾、カナダの五カ国が「海外KD拠点」には掲載されていない。また、トヨタの社史『創造限りなく』資料編（一九八七年刊）には「海外工場一覧」が掲載されているが、ここには全部で二一カ国（三一工場）が掲載されている。[85]その地域的内訳は北米二カ国（五工場）、中南米六カ国（六工場）、ヨーロッパ一カ国（一工場）、豪亜六カ国（一三工場）、中近東二工場、アフリカ四工場である。この一覧には生産開始年月があり、それによれば、一九七二年以前に生産を開始している工場は一〇カ国（一三工場）となる。

このように各資料による整合性がないことをどう考えればよいのだろうか。ここで、CKD輸出は仕向け先の政策によって大きな影響を受けることを無視すべきではない。

CKDが単なるCKD、つまり構成部品のほとんどを日本から輸入し、現地では組み立てだけ、という状態にいつまでもとどまっている、ということはありえない。推進のやり方、程度は国によって遅速・程度の差こそあれ、いったんCKDを推進する政策をその国の政府がうちだした以上、輸入される部分をより少なくし、その国での付加価値を少しずつでも増加させようとするのは、論理的にも、また現実の問題としても必然である……。

つまり、CKDは国産化への確固たる第一歩なのであり、これらの「製品による」海外進出を考えた場合、国産化という問題にわれわれとして大きな注意をむける必要がある。(86)

仕向け先での自動車国産化に向けた政策によって、CKD輸出そしてKD工場そのものが大きな影響を受ける。良い例が韓国の場合である。一時期、韓国はトヨタのCKD輸出の仕向地としては大きな役割を占めていた(図3-10参照)。表3-9にも、海外組立工場の一つとして掲載されている。しかしその後は、前掲の自販などの社史にも韓国の工場は掲載されていない。

韓国へのノックダウン輸出の出足は順調であった。[昭和]四十一[一九六六]年一月には、韓国の小型乗用車生産許可会社である新進自動車工業と[トヨタは]提携し、四月から新型コロナのノックダウン輸出を開始した。さらに翌年以降、同社に対する指導・支援を強化し、クラウン、パブリカ、トヨエース、ランドクルーザー、大型トラック、バスをこれに加えた。(87)

しかし、韓国での政策変更がこのノックダウン輸出に大きな影響を及ぼす。

韓国では、[昭和]四十二[一九六七]年末に自動車工業保護法が期限切れになると同時に、[フォードやフィアットなどが進出し]競争がいっきに激化した。こうした情勢のなか、トヨタは新進自動車工業に対し、機械設備のプラント延払い輸出を行うなどして提携を強化し、四十四[一九六九]年の輸出実績を一万八〇〇〇台と伸ばし、同社も順調に利益をあげていた。ところが同社は、常に資金不足に悩まされ、他資本の導入を考えていたため、トヨタも出資して合弁会社を設立することを検討したが、経営路線をめぐって見解が一致せず、四十七［一九七二］年六月には同社がＧＭとの合弁会社の設立に踏み切って、トヨタとの提携も同年十月解消されたのである。(88)

この韓国の例について、『創造限りなく』は「改めて海外進出の困難さとリスクを認識させるものであった」と書いている。(89)

このようにノックダウン輸出先での提携関係の変化などが、海外組立工場が各種資料で不整合な理由の一因だと思われる。

だが、この海外組立工場の立地に関する情報に不整合がある点を見逃せないのは、こうした理由からではない。さきほど、『創造限りなく』の「海外工場一覧」によれば、「一九七二年以前に生産を開始している工場は一〇カ国（一三工場）」だと書いたが、この中に、アメリカで一九七一年一一月に生産を開始した工場が掲載されているのである。これは、トヨタがアメリカ国内で工場を設立したのは一九八四年にＧＭとの合弁企業として設立したニュー・ユナイテッド・モーター・マニュファクチュアリング（New United Motor Manufacturing, Inc. 以下ＮＵＭＭＩと略称する）が初めてであるという一般に信じられている「常識」とは異なる。

ＮＵＭＭＩ以前に、トヨタはアメリカ国内で工場を保持していたのだろうか。この点について、次に検討してみたい。

（2）一九七〇年代初頭にトヨタはアメリカに生産拠点を保持していたのか？

一九七〇年代初頭にトヨタがアメリカに生産拠点を保持していたかという問いには、否定的な答えも肯定的な答えも可能である。「トヨタ」が厳密にトヨタ自工を指すとすれば否定するしかない。だが、否定してしまうと、トヨタの社史『創造限りなく』の「海外工場一覧」にアメリカが掲載されている意味を無視することにならないか。問題になっている生産拠点を最初に確認することにしよう。

①生産拠点の名称は何か？（その1）

生産拠点があれば、名称を確定するのは簡単なはずだ。ところが、この場合は名称すら公表資料で確定することが難しい。正確に言えば、混乱をきたしやすい。

『創造限りなく』の情報を最初に紹介する。社名はトヨタ・オート・ボディ（Toyota Auto Body Inc. of California）で、一九七一年一一月に生産を開始し、八六年の生産台数は一五万五四六七台。その生産・組立品目は「ハイラックスのリヤデッキ、NUMMI向けフェールタンク」である。

この社名の短縮形（TABC, Inc.）で探索すると、アメリカのトヨタのウェブ・ページに次のような情報がある。「TABCは、カリフォルニアのロングビーチに位置しており、トヨタの北米における最初の製造プラントである」と。[90] 通常は、短縮された社名には正式な名称を書き添えてあることが多いが、ここでは単に「TABC, Inc.」としか書かれていない。

さらに奇妙なことに、この当時の北米における「生産・組立品目」を頼りに探索してみると、自販の社史『世界への歩み』（一九八〇年刊）には、「海外関係会社」を列挙した表の枠外に「参考」として、アメリカの関係会社が掲げてある。会社名はトヨタ・モーター・マニュファクチャリングUSA（Toyota Motor Manufacturing, U.S.A., Inc.）であり、一九七四年六月に「米国トヨタ」が「一〇〇％」出資したとある。表の枠内にある関係会社は、自販が（それに自工も）すべてに出資しているのに対し、[91] トヨタ・モーター・マニュファクチャリングUSA社は、自販も自工も直接出資していないので、関係会社としては「参考」として掲げたのであろう。ちなみに「米国トヨタ」は通常、トヨタ・モーター・セールスUSA社（Toyota Motor Sales U.S.A. Inc.）を指す。この米国トヨタは、一九五七年のアメリカ進出の試みに際して、自工と自販がそれぞれ半額を出資して設立した会社である（本章2（4）参照）。

トヨタ・モーター・マニュファクチャリングUSA社の業務は「ハイラックス　リヤデッキ生産」である。この業務内容からすれば、一九七一年に生産を開始したトヨタ・オート・ボディと同じ業務である。この二社が同じ会社で継承関係があれば、トヨタ・オート・ボディが、一九七四年にトヨタ・モーター・マニュファクチャリングUSA社に改編されたことになる。

しかし、この推定をくつがえす情報がある。これについて詳述しておこう。

トヨタはGMとの合弁企業NUMMIでの生産を稼働させた後、トヨタ単独でアメリカとカナダに直接進出することを一九八五年一二月に発表する。このアメリカ、カナダへの進出をトヨタ社内では「北米プロジェクト」と呼んでいた。この進出準備について『創造限りなく』は次のように書く。

> 北米プロジェクト〔の準備を担当する〕委員会は、工場計画、生産準備〔の〕大日程などを矢つぎばやに決定していった。昭和六十一〔一九八六〕年一月には、トヨタ・モーター・マニュファクチャリングUSA社（TMM）、トヨタ・モーター・マニュファクチャリング・カナダ社（TMMC）を設立し、生産部門と北米事業部門を統括する取締役副社長楠兼敬が両社の社長に就任した。現地の税制や今後の運営方法などを総合的に判断した結果、TMMは米国トヨタ八〇パーセント、当社二〇パーセント、TMMCは当社一〇〇パーセントの出資とした。また楠副社長は、前年十二月には米国トヨタの会長にも就任しており、現地での生産から販売に至る体制が整った[92]。

これは奇妙ではないか。一九八六年一月にトヨタ・モーター・マニュファクチャリングUSA社を「設立」するというのである。『世界への歩み』では、トヨタ・モーター・マニュファクチャリングUSA社は一九七四年に米国トヨタが一〇〇％出資したとあった。したがって一九七四年には、トヨタ・モーター・マニュファクチャリングUSA社は存在していた。それにもかかわらず、同一名称の会社をトヨタは、「米国トヨタ八〇パーセント、当社〔日本のトヨタ自動車〕二〇パーセント……の出資」で「設立」するというのである。この一九七四年と八六年に設立された同名の会社はどういう関係なのだろうか。

このように「生産拠点」の名称確定すら簡単ではなく、名称だけを調べても、ここで掲げた会社の関係は解明できそうにもないので、業務の実態を見ていこう。

②なぜトヨタはリアデッキの生産をアメリカで始めたのか？

アメリカの生産拠点で、トヨタは「ハイラックスのリヤデッキ」を生産していた。この業務をなぜ一九七〇年代初頭に始めたのだろうか。しかも、なぜハイラックスで、そのリアデッキなのか。

ハイラックスはトラックに分類される車の名称である。より正確に言えば、エンジンが運転席の前にあり、エンジンを覆うボンネットがある「ボンネット・トラック」の車である。このハイラックスを一九七二年五月に、トヨタは「安全性、信頼性の向上とメーンテナンス・フリーの推進をねらって」モデルチェンジする。[93] このモデルチェンジはアメリカでの消費動向を考慮したものであった。

アメリカでは日本の小型ボンネット・トラックが若者の自由な多用途車として、キャンピング、ショッピング、通勤など、日本と全く違った用途にも使用されている。

これは、小型ボンネット・トラックが乗用車的ムードと実用性を兼ね備えた点に着目されたためである。新型ハイラックス（RN20型系）は、アメリカ市場でのこうした乗用車的な使用と、国内その他一般輸出向けに要求されるトラック本来の積載機能という相反する条件にきめ細かく対応、次第に販路を拡大していった。[94]

ところで、このモデルチェンジの前から米国トヨタでは「チキン・タックス」問題があった。この問題について、J・B・レイは『アメリカ日産二〇年の軌跡』で次のように述べている。

一九六二年に欧州共同市場は、アメリカから西ドイツへ輸出するチキンの量を思い切って削る共通農業政策を採用したのだ。アメリカ政府は抗議し、関税貿易一般協定（GATT）を通じて交渉したが元に戻すことに失敗し、欧州共同市場製品に対抗して関税を引き上げた。これらの中には、一〇〇〇ドル以上のトラックに対し

> 二五%の従価税をかけ［ることが含まれており、それが］、一九六三年一二月四日に発効した。狙いは、アメリカにおけるピックアップ・トラックの輸入市場を当時支配していたフォルクスワーゲン・コンビだった。しかし、「最恵国条項」により、関税は日本車にも適用されねばならなかった。……日本製のピックアップ、とくにダットサンはフォルクスワーゲンを市場から追い出しつつあり、欧州共同市場に対する報復としてとられた関税引上げ［の影響］をモロに受ける立場だった。[95]

このチキン（鶏肉）をめぐる争いを「チキン戦争」と言い、トラックに課せられた二五%の関税を「チキン・タックス」と呼ぶことが多い。アメリカ日産を含めて、このチキン戦争の遺産である二五%の輸入関税を免れるための方策を考えることになる。[96] レイはアメリカ日産がどのような行動をとったかを次のように書く。

> 関税撤廃や引下げの努力は空しかった。……日本のメーカー各社は、トラックの荷台［リアデッキ］とシャーシーを別々に輸送し、アメリカに着いてから組立てたりして負担を軽くすることはできた。この作業は、一九七三年当初カリフォルニア州のロサンゼルスでダットサンが始め、……拡がっていった。[97]

レイはアメリカ日産の行動に的を絞っているものの、「日本のメーカー各社」が「トラックの荷台［リアデッキ］とシャーシーを別々に輸送し、アメリカに着いてから組立て」たと書いている。それでは、米国トヨタはチキン・タックスにどのように対応したのだろうか。自販の『世界への歩み』は次のように書く。

> 昭和四六年（一九七一年）七月八日、米国トヨタは、カリフォルニア州ロングビーチに所在するアトラス・ファブリケーターズ社とハイラックスのリヤデッキ生産・架装に関する契約を結んだ。リヤデッキの生産・組付けは同年一一月から開始され、一年後には月産三、〇〇〇台のリヤデッキを生産するまでになった。[98]

日産とトヨタの対応が同じだと考えてはいけない。日産では「トラックの荷台［リアデッキ］とシャーシーを別々に［日本から］輸送」していた。これに対して、トヨタの方は「リヤデッキの生産・組付け」をアメリカで行う。なぜ、両社に違いがあったのか。トヨタ側の主張を聞こう。

当社［トヨタ自販］ならびに米国トヨタは、その［チキン・タックスへの］対策を検討した結果、当初案としてはキャブ付シャシーとリヤデッキを日本国内で分離生産して別送、現地で再度組み付ける方法が考え出された。この方法について、アメリカ関税当局にも事前にその合法性を確認した。しかしながら、当社は、この方法は高関税を免れるための便宜的色彩が強く、将来問題となるおそれもあると判断し、リヤデッキを現地で生産する方針をとることにしたのである。現地で生産すれば、それだけ輸送コストを削減できること、また、アメリカ政府のバイ・アメリカン政策にも寄与できることなどを勘案した結果である。[99]

日産と同じく「キャブ付シャシーとリヤデッキを日本国内で分離生産して別送」する方策も考え、「その合法性を確認」したものの、それは「高関税を免れるための便宜的色彩」が強い方策だとして米国トヨタは採用しなかった。そしてこの決断によって、「リヤデッキを現地［つまり、アメリカ］で生産する」ことになる。

これが、アメリカにおけるトヨタの生産拠点の起源である。つまり、トヨタはアメリカに生産拠点を一九七〇年代初頭に保持していたのである。そこで次に、この拠点がどのように形成され、どのような経過を辿ったかについて検討しながら、それを通して、再び名称の問題に迫ってみたい。

（3）生産拠点の名称は何か？（その2）

アメリカでリアデッキを生産する方針を決めると、自工と自販、米国トヨタは「調査を開始、多くの候補のなかから結局、アトラス社と提携することに決定」する。[100]この提携による「生産開始当初は、必ずしも円滑な生産ができなかったが、一年後には軌道に乗った」と『世界への歩み』は書く。[101]

会社自らが発行する公的社史で「必ずしも円滑な生産ができなかった」と表現されていることからすれば、当初かなり大きな問題があったと考えざるをえない。また、「軌道に乗った」と書いてあっても、大幅に生産が増大したことを必ずしも意味しない。実際の生産推移はどうだったのだろうか。

米国トヨタが提携したという「アトラス社」の正式な社名を確認しておこう。これは『創造限りなく』に次のような記載がある。

> 米国トヨタはすでに［昭和］四十六［一九七一］年七月、カリフォルニア州のアトラス・ファブリケーターズ社との間に、ハイラックスのリヤデッキの生産に関する契約を結び、同年十一月から生産を開始していた。その後四十九［一九七四］年二月、米国トヨタは同社を買収、社名もロングビーチ・ファブリケーターズ社と変更して、現地の雇用促進に協力しながらハイラックスの増販に対応した。[102]

アトラス社とは「アトラス・ファブリケーターズ社」であり、この会社こそがトヨタのアメリカにおける最初の生産拠点の名称である。その後、この会社を米国トヨタが買収し、社名も「ロングビーチ・ファブリケーターズ社」に変更したのである。なお『日刊自動車新聞』（一九七五年一月）では、米国トヨタが買収したのは一九七四年二月ではなく八月だという記事があるが、ここでは社史によった。[103]

この会社について米国トヨタの『二〇年史』（英文）に簡単な記載があるが[104]、より詳しい情報は『トヨタ新聞』（一九八〇年二月）に掲載された特集記事「トヨタ・ロングビーチ・ファブリケーターズ」に見られる。注意深い読者ならお気づきと思うが、記事タイトルは、前述した社名「ロングビーチ・ファブリケーターズ」ではなく、「トヨタ・ロングビーチ・ファブリケーターズ」となっている。これを同特集記事は次のように説明する。

> 米国でのハイラックス・リヤデッキの生産は、一九七一年十一月に、アトラス・ファブリケーターズ社へ生産委託したのが始まりである。これは、トラックの完成車輸入に対する高率関税に対応して始められたもので、その後、一九七四年二月に同社を米国トヨタが買収。ロングビーチ・ファブリケーターズと社名変更され、米国トヨタの一〇〇％子会社となった。さらに、一九七九年四月にはトヨタ・ロングビーチ・ファブリケーターズと社名変更され、今日に至っている。
>
> （中略）

資本金は、米国トヨタが資本参加した一九七四年二月、二百五十万ドルでスタートしたが、その年の十一月には三百万ドルに増資。さらに今年［一九八〇年］一月、新たに二百万ドルを増資して五百万ドル（約十二億円）となっている。この間、生産台数は順調に伸び続け、昨年は十万二千台を生産。生産累計も昨年末で四十万台を突破した。[105]

社名が変更されていたのだ。この特集記事とほぼ同じ文章を自販の『世界への歩み』（一九八〇年一二月刊）は掲げ、一九八〇年三月に社名が「トヨタ・モーター・マニュファクチュアリングUSA社」にまた改められたと書いている。[106]この会社の略称はTMMとなる。しかし、さらに会社名が次のように変わった。

その後、TMMは［一九］八六年四月、「トヨタ・オート・ボデー・オブ・カリフォルニア」に変更した。ケンタッキーに大規模工場を設立することが決まったため、そちらに社名を譲ることになったからである。さらに八八年六月には「TABC」に変更した。[107]

ここで「ケンタッキーに大規模工場を設立」とあるのは、トヨタ単独で（合弁ではなく）北米初の組立工場を建設することになったことを指す。その際に設立した会社名を「トヨタ・モーター・マニュファクチャリング・USA」（現「トヨタ・モーター・マニュファクチャリング・ケンタッキー（TMMK）」）とするので、ロングビーチの生産拠点名が変更されたのである。しかしこの生産拠点の名称も実態に合わなくなり、略称であったTABCが正式社名になった。

アメリカでのトヨタ初の生産拠点は、乗用車の大規模な組立工場ではない。また、名称は変遷を繰り返した。こうした理由のせいであろうか、研究者もジャーナリストもこの生産拠点にほとんど言及することがない。

この生産拠点での業務について、もう少し詳しく見てみよう。

（4）アメリカ初の生産拠点の実態はどのようなものだったのか？

先に引用した『トヨタ新聞』の特集記事には、一九七九年の生産台数が年に「十万二千台」とあり、小さな生産拠点ではない（前項参照）。ただし、この数はハイラックスのリアデッキのものであり、完成車をこの拠点で製造しているわけではない。

同記事には生産台数の伸びが図示してあり（図3-16参照）、その推移から、「生産開始当初は、必ずしも円滑な生産ができなかった」ことや「一年後には軌道に乗った」ことがわかる（前項参照）。自販の『世界への歩み』は、アトラス・ファブリケーターズ社は「他部門の衰退により経営が悪化」したので、一九七四年二月に米国トヨタが買収したと書く[108]。では、この生産拠点の「他部門」とは何だったのか。

楠兼敬（トヨタ自動車、元・副社長）は、この拠点について次のように述べる。この拠点について具体的に書いてあるものは少ないので、やや長く引用する。

> このLBF［ロングビーチ・ファブリケーターズ］が、いわばトヨタ初の米国製造工場と言える。……社長はTMS［米国トヨタ］の社長が兼務し、実務はTMSのサービス担当副社長が歴代携わることになった。
>
> もともと経営不振に喘いでいた会社だったため、LBFの生産設備は非常に古かった。プレス機械もメーカーは一流だが、日本の生産技術者が見たこともないような大正時代のものもある。溶接、塗装設備も古い。

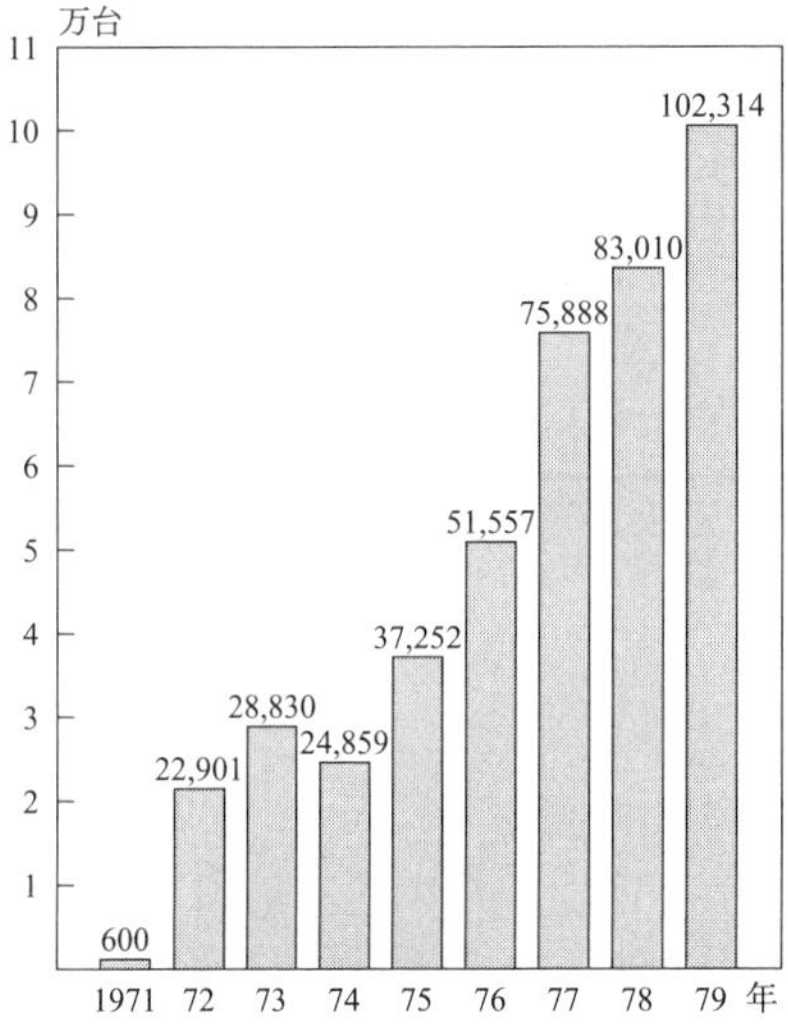

図3-16　アメリカ初の生産拠点におけるハイラックス・リアデッキの生産台数の推移（1971〜79年）

出所）「トヨタ・ロングビーチ・ファブリケーターズ」『トヨタ新聞』1980年2月22日。

また、従業員はメキシコ系が多く、ローカルのメキシコ語というのは七つぐらいあるそうだ。チームスターという、穏健だがUAWと並ぶ大規模な組合にも入っていた。その上、日本から運んでくる車体と色が合わないとか、穴の位置が違うとかの問題も頻発した。こうした環境でも、トヨタ車に相応しい品質を確保せねばならない。従事した人たちにとって、ここの工場運営は大変な苦労だった。

当初は、日野自動車から二名程度駐在員を派遣してもらい、指導してもらった。これは当時、ハイラックスはトヨタグループでは日野しか生産しておらず、また、シンプルな設備で効率的に少量生産をこなすノウハウが、もうその頃にはトヨタには無くなってきていたからである。

LBFは、カリフォルニア州ロングビーチの小規模な会社。ロサンゼルスを訪れるトヨタの人たちは、TMSを訪問するが、近隣のLBFに立ち寄る人はほとんどいない。いわば陽の当たらない場所で努力をしてくれていた会社だった。悪条件にもかかわらず、関係者の努力の甲斐あって、ハイラックスそのものは米国で順調に販売を伸ばしていく。特に、林業、農業が盛んな北西部で人気があり、オレゴン州ポートランドには、分工場も作ったほどだ。[109]

ロングビーチ・ファブリケーターズ社は、「生産設備は非常に古」く、「日本から運んでくる車体と色が合わないとか、穴の位置が違うとかの問題も頻発」するほどで、品質に問題があったのだ。

問題を整理しよう。トヨタのアメリカ初の生産拠点は、ハイラックスのリアデッキ生産以外の部門にも携わっていた。そしてこの部門の「衰退により経営が悪化」し、経営不振に喘いでいた。この会社を一九七四年に米国トヨタが買収したものの、「生産設備は非常に古」く、品質問題も起きていた。いったい、この会社のリアデッキ生産以外の「他部門」とは何だったのか。また、非常に古い生産設備の会社をなぜ米国トヨタは買収したのであろうか。たとえチキン・タックスの問題があろうと、なぜ他の会社を提携相手にしなかったのか。

アメリカの自動車専門誌『オートモーティブ・ニュース』はトヨタのアメリカ進出五〇年記念号でこの生産拠点

に書く。

を扱い、二〇〇一年に三〇年間トヨタに在籍し退職したリチャード・ガリオの話を伝えている。彼は、アトラス・ファブリケーターズ社に、米国トヨタが派遣した担当者（managers）三人のうちの一人だという。同誌は次のように書く。

アトラス［・ファブリケーターズ］社がベトナム戦争向けにヘリコプターの着陸用マットやナパーム弾の弾筒を製造しており、財務面で非常に困窮していたことは、彼［リチャード・ガリオ］にはすぐわかった。[110]しかも『オートモーティブ・ニュース』は、彼の発言として「設備はトヨタの水準どころではなかった」、「製品［リアデッキ］の品質は基準に達していなかった。危うい状況なのに、米国トヨタ［トヨタ・モーター・セールスUSA］には製造の経験は何もなかった」と記している。

なぜ、このような会社に生産委託をしたのだろうか。それはアトラス・ファブリケーターズ社と米国トヨタの立地が関係していよう。同誌も次のように書く。

カリフォルニア州ロングビーチがトヨタにとっての主要な荷揚げ港だったことや、また米国トヨタの本社がトーランスにあったという理由から、米国トヨタとしては、トラック荷台を地元で調達したかった。この調達先がアトラス・ファブリケーターズ社であった。同社は都合の良いことにロングビーチの北側にあり鉄道の支線に近かった。[111]

トーランスからロングビーチまでは約二五キロメートルの距離であり、米国トヨタから近かったことに加えて、日本からハイラックスのキャブ付きシャーシをアメリカに運び、それにアメリカ製のリアデッキを架装して完成車にする点で、ロングビーチは都合がよかった。一九八〇年頃になると、この生産拠点で「造られたリヤデッキは米国にあるトヨタの九つの港に運ばれ、そこでキャブ＆シャシーに架装。米国全土千六十二のディーラーに配送されている」[112]。

念のため、トヨタの歴史文化部が刊行した『自動車王国アメリカへの挑戦』（二〇〇三年刊）を見ると、この拠点について次のように説明している。

リヤデッキは百ドル以下で生産しないと採算が成り立たない計算であったが、……大手メーカー数社の見積りは、三百〜四百ドルで、大幅に目標価格を上回るものであった。そんな中で、ロングビーチのアトラス一社だけが、百ドル以下の価格を提示してきた。この会社は、魚雷のコンテナーを生産している会社で、失業者を雇用していたため政府関係の仕事を受注していた。ところが、スペースこそ十分であったものの、設備が非常に古く、技術的レベルも低かった……。(113)

「魚雷のコンテナー」を製造していたという記述は、『オートモーティブ・ニュース』の情報とは異なる。だが、ベトナム戦争に関係すると思われる戦時・軍事関係の物品を製造していたことは間違いなさそうである。問題はアトラス・ファブリケーターズ社の生産現場の実態である。「設備が非常に古く、技術的レベルも低かった」ことは証言が一致している。だが、具体的なことは不明だ。この点について、一九七五年から八三年まで米国トヨタの社長であった牧野功は次のように言う。

私［牧野］がそこ［アトラス・ファブリケーターズ社］に［おそらくは買収直後に］行ってみると、製造施設は貧弱で——食堂もなく、手洗いもなかった。我々は食堂と手洗いを設置した。これは、組合チームスターから高く評価された。チームスターは喜んでくれた。彼らが我々を支持してくれたので、ロジスティクスでは大いに助かった。(114)

この貧弱な製造施設の増強や改善を短期間で進めたのであろう。それでなければ、「生産開始当初は、必ずしも円滑な生産ができなかったが、一年後には軌道に乗った」と、この生産拠点について『世界への歩み』が書くことはできないだろう。(115) 実際、一九七二年になると、この生産拠点でのリアデッキ生産は二万台を上回る実績を残しているのである（図3-16参照）。この時期、ハイラックスが「リヤデッキ付き乗用車として」人気を集め、アメリカ「西海岸を手始めに、北部、東部へとしだいに販路を広げていった」ことで、リアデッキの生産も増加していった。(116)

（5）なぜ、この拠点がアメリカ生産拡大の基軸として機能しなかったのか？

このロングビーチの生産拠点はアメリカにおけるトヨタ初の生産拠点であった。しかも、一九七九年には年間のリアデッキ生産台数は一〇万台を超えていた（図3-16参照）。この図3-16だけを参照する限り、この生産拠点は順風満帆だったように思われる。

だが、この拠点を紹介した一九八〇年二月の『トヨタ新聞』の特集記事には次のような記述がある。

> 生産施設は、約八万平方メートルの敷地に、プレス、ボデー、塗装などの工場が建てられており、建屋総面積は約一万八千平方メートル。生産能力は年産約十万台となっている。従業員も、牧野功社長（米国トヨタ社長、自販専務）ら三人を除いて全員米国人で、約四百五十人が働いている（加盟労働組合＝チーム・スター）。
>
> ……
>
> （中略）
>
> このように、同社は順調に生産活動を続けているが、このほど千六百万ドル（約三十九億円）に及ぶ設備投資を行うことを発表、生産施設の大幅拡充へ踏み切った。その拡充はプレス、ボデー、塗装、組立の各工程にわたっており、完成は今年の秋の予定である。完成後の生産能力は、年産十二万台に伸び、従業員数も約五百人に増える見込みである。
>
> 同社の昨年一年間の従業員への支払賃金は約七百万ドルに達し、また各種の原材料の購入額は、鋼材が六百十万ドル、塗料が百十万ドルとかなりの額にのぼっている。こうしたことから、同社の活動は地域経済にも大きく貢献しており、今回の拡張でさらに貢献度が高まるものと期待されている。[117]

この生産拠点での生産施設の大幅拡張や従業員数、従業員への支払い、原材料の購入費まで示し、同拠点の「活動は地域経済にも大きく貢献」していると書く理由は何であろうか。

この記事が『トヨタ新聞』に掲載されたのが一九八〇年二月だということを考える必要があろう。一九八〇年には日本は生産台数が「一、一〇四万台と同年のアメリカの八〇一万台を抜き、世界一の自動車生産国とな」り[118]、それとともに、日本の自動車メーカー（とりわけ、日本で生産台数最多のトヨタ）へのアメリカからの批判は厳しさを増していた。この状況は次の引用文からも窺い知れよう。

> 米国への日本車の輸入が激増した一九七九（昭和五四）年には米国の自動車業界、労働組合、議会からの対日批判が相次いだ。まず一〇月に在日米国商工会議所においてフォード前会長が、日本車の輸入急増を憂慮するとともに、日本メーカーが大規模な対米投資を実施するよう提起した。一一月には米国自動車労働組合（United Automobile Workers. UAW）のフレーザー（Douglas Fraser）会長が、全米の組合地方幹部の会合で、日本のメーカーに対して米国政府が強硬路線を採り、さらに、日産自動車とトヨタ自動車の対米工場進出を勧告すると公表した。彼はその後も精力的に対日批判を進め、翌一九八〇年一月には来日して大平正芳首相をはじめとする政府首脳及び自動車業界の首脳と会見し、秩序ある輸出と、日本の自動車メーカーの対米工場進出を求め、いわゆるフレーザー旋風を引き起こした。帰国後彼が熱心なロビー活動を続けたこともあずかって、三月以降、米国議会で日米自動車問題が採り上げられるようになった[119]。

『トヨタ新聞』の特集記事は、まさに「秩序ある輸出と、日本の自動車メーカーの対米工場進出を求め」る「フレーザー旋風」が吹き荒れている中で書かれたものである。トヨタは名指しで「対米工場進出を勧告」されていた。これへのトヨタ側の対応は、ロングビーチの拠点での「活動は地域経済にも大きく貢献」しており、「拡張でさらに貢献度が高まる」という主張であったのだろう。だが、これで問題が終息するはずもなかった。

一九八〇年に入ると、アメリカへの日本メーカー進出の動きも顕在化する。本田技研は乗用車工場建設、日産は小型トラック工場建設を明らかにした。実際にも、本田技研は一九八二年、日産は八三年から小型トラック、八五年からは乗用車の生産を開始する[120]。

一方、トヨタは一九八〇年四月から「野村総合研究所、スタンフォードリサーチ、アーサー・D・リトルの三社に委託してアメリカ進出のための調査を行った」ものの、これらの調査では「工場進出した場合の採算について……進出したほうが有利であるとの判断はなかった」という[121]。それでも、トヨタ側はフォードに対し「アメリカにおける合弁生産を提案」し、一九八〇年六月にフォードの「ピーターセン社長がトヨタ自工本社を訪れ、トップ会談の席上、アメリカにおける共同生産を実現することを目的に、交渉を開始することに合意」する[122]。

このフォードとの提携交渉が緒についた頃（一九八〇年六月）に、米国自動車労働組合（UAW）は「日本の対米乗用車輸出が米国自動車産業に被害を与えているとして、一九七四年通商法二〇一条（エスケープ・クローズ）に基づきITC〔国際貿易委員会（International Trade Commission）〕に提訴」する。一九八〇年八月にはトヨタと提携交渉に入っていた「フォード社もITCに提訴した。しかし一一月に出されたITC裁決では、日本からの輸入車が米国自動車産業の被害を大きくしている実質的原因ではないとの結論が下され、提訴は却下された[123]」。

しかし、これで日本車への風当たりが和らぐことはなく、「米議会内では、輸入車の制限立法の制定の動きが出て」くる。そして一九八〇年八月二一日付で税率の引き上げを行う。何の税率か。アメリカ向け日本車輸出の中で乗用車以外の「大部分を占めるキャブ・シャーシについて部品から完成車への関税再分類を実施し、四％から二五％への一方的な税率引上げを行った」のである[124]。

この税率変更がトヨタに与えた影響の大きさは、自販の『世界への歩み』の記述が公的社史には珍しく感情の動きが現れる表現になっていることからもわかる。関税再分類について次のように述べる。

アメリカ政府は、ＩＴＣ問題とは別に昭和五五年（一九八〇年）五月、かねて検討していた小型トラックのキャブシャシーの関税区分の変更を法的要件が満たされていないにもかかわらず強行、同年八月、キャブシャシーに対して三八年（一九六三年）に欧州への報復として設定した二五パーセントの暫定税率をそのまま適用した[125]。

この税率変更はロングビーチの生産拠点の存在意義すら危うくする。そのためか社史では、さらに過去に遡って、関税区分が不当だと主張する文章が続く。

トヨタは昭和四七年（一九七二年）にリヤデッキの現地生産を開始以来着々と投資を続け、アメリカにおける雇用創出や、地域経済の発展に貢献してきた。また、現地生産に当たっては四六年（一九七一年）と五〇年（一九七五年）の二度にわたり、「キャブシャシーをシャシーとみなすという関税区分は公正」という確認書をアメリカ政府から取得、さらに五四年（一九七九年）にも財務省がその正当性を改めて公式に表明したのを受けて、いわばアメリカ政府の保証のもとに投資を行なってきた。それをアメリカ政府がここへきて高関税率の適用を決定したことは、あきらかに通商上の信義に反するものである。トヨタはアメリカ政府のこうした不当な措置に対し、米国トヨタを通じて、関税法の手続に従い財務省への不服申立てを経て、関税裁判所への提訴を行なう方針をただちに決定している。[126]

「通商上の信義に反する」「不当な措置」だとして、「工販両社と米国トヨタは、財務省へ不服申立てをするとともに、関税裁判所へ提訴した。しかし、第一審判決、控訴審判決ともトヨタ側の敗訴となり、最高裁への上告は断念せざるをえなくな」る。[127]その結果、ロングビーチでの生産拠点でリアデッキ生産を拡大する道は実質的に閉ざされた。

この後、一九八一年にはアメリカ向けの、八六年からはＥＣ向けも、日本からの乗用車輸出自主規制が始まる（本章1参照）。こうした状況の中で、トヨタは一九八〇年代になって初めて本格的に海外での生産体制を構築し始めるのである。

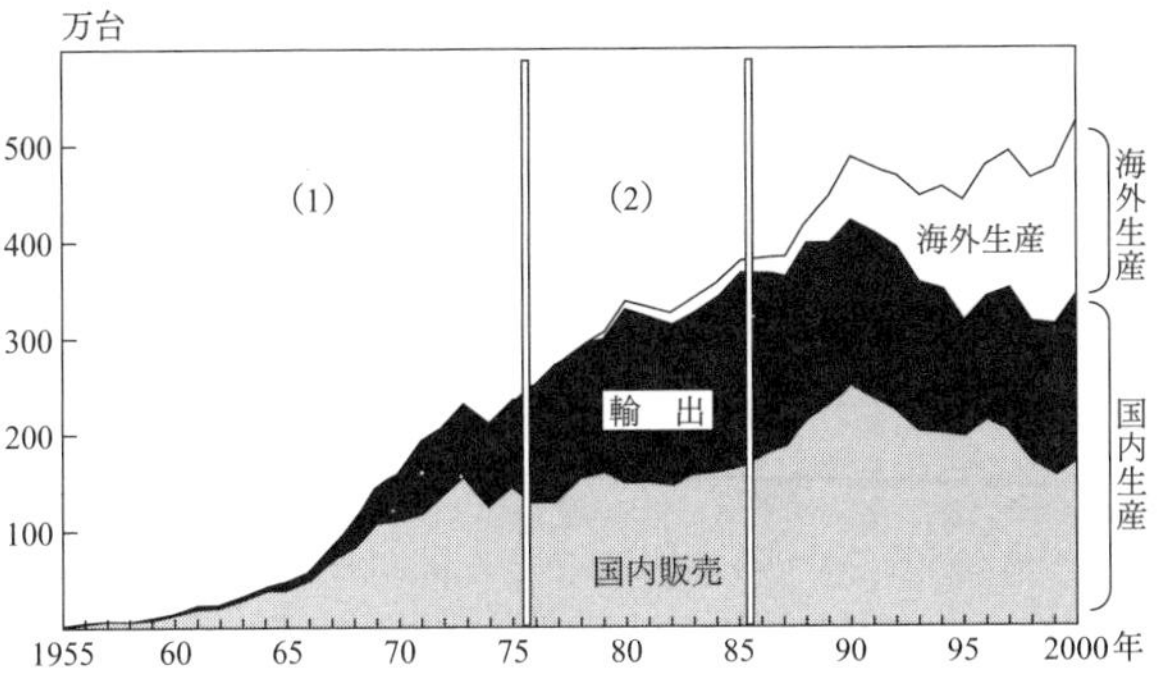

図3-17　生産台数の推移（1955〜2000年）

出所）小西俊次「グローバル生産とロジスティクス」『ロジスティクスシステム』11巻10号（2002年），64頁。

4　なぜトヨタの海外生産の展開は遅かったのか？

トヨタがアメリカで本格的に生産を展開するのは、一九八二年の工販合併以降になる。合併後の一九八三年に、トヨタは基本方針を改訂する。この基本方針の第一項が「自動車産業の使命を深く自覚し、わが国並びに世界の経済・社会の発展に積極的に貢献する」であり、「世界の」とあるように、海外への展開を視野に入れていることを明確にしたものであった。一九八〇年代半ば以降のトヨタの海外展開に関する研究は多いので、その具体的な展開については、それらの研究に譲り、本章では扱わない。

ここではトヨタの海外生産の展開を概括的に見ておこう（図3-17参照）。図3-17は、トヨタの生産台数の推移を示している。この図を著者のトヨタ自動車社員は次のように説明している。

> 網がけの部分は国内生産・国内販売の部分、黒ベタの部分が国内生産・海外販売の部分、一番上の白い部分は海外生産・海外販売の部分である。二〇〇〇年は、それぞれがほぼ均等になっている。
>
> 一九七五年ごろまで生産は国内だけだったが、その後少しずつ海外へシフトしてきた。図3-17を見ても八五年以降は白い部分（海外生産・海外販売）が急激に増えている。これは北米を中心に

欧州、イギリス、フランスに工場をつくったことで、台数が伸びたためだ［引用文中の図の番号は本書に合わせた］。(128)

この引用文のように、一九七五年頃までは「生産は国内だけだった」と考えるのが普通である。そもそもノックダウン輸出であれ、ほとんどの部品は日本国内で製造されて海外に輸出されていたのだから。一九七五年から「少しずつ海外へシフト」し、八五年以降は海外生産が「急激に増えている」というのも通常の理解であろう。

それにもかかわらず、本章では一九七五年以前の海外展開にこだわって議論してきた。なぜか。資料を丹念に集めてみると、一九七〇年頃にトヨタの海外展開を論じたものが多いからである。なぜ資料が多くなるのか。これを次に考えてみたい。

（1）なぜトヨタの海外拠点に関する情報が一九七〇年頃に多いのか？

トヨタの海外拠点の情報や資料が一九七〇年頃（六〇年代末頃から七〇年代初頭）に多いのは、情報や資料を生み出す原因となった出来事があったからに違いない。

このように考えるとトヨタの社内誌『トヨタマネジメント』（一九七二年三月）に特集「トヨタの海外政策に感ずること」という論考が掲載されており、その副題が「ＣＫＤ調査団に参加して」とあることに気付く。(129) この論考は二部に分かれ、それぞれ次のように始まる。

このたび、薮田［東三］重役をリーダーとするわれわれチームは、［一九七一年］一〇月八日より一一月四日にわたる間、主としてタイ国、南アフリカ共和国を訪れた。その間われわれが、現地で肌で感じたことを主として申し上げ、今後のなんらかの資料となれば幸いである。(130)

昨年［一九七一年］一〇月上旬から一カ月間、オーストラリア、インドネシア、フィリピンのＣＫＤ調査チームに参加して旅行してきた。(131)

このＣＫＤ調査団について、日本語の社史『創造限りなく』（一九八七年刊）や『世界への歩み』（一九八〇年刊）には本文にも年表にも言及がない。管見の限りでは、唯一、英語版のトヨタ五〇年史に言及されているだけである。この英語版によると、ＣＫＤ調査団はきわめて重要な組織変更をもたらした。英語版から関係箇所を引用しよう。

> 一九七一年に、トヨタ自工とトヨタ自販はトヨタ車が現地組立や現地［で一部の部品］製造をしているさまざまな国々、ＣＫＤ調査団（survey missions）を派遣した。調査団による実態調査をもとに、トヨタ自工は一九七三年八月に海外の現地組立、現地［で一部の部品］生産国にＣＫＤ調査団を派遣して実情を調査し、その調査結果をもとに、トヨタ自工は七三年八月、海外投資を担当する海外事業室（Overseas Project Office）と、海外工場の現地生産を支援する海外技術部（Overseas Engineering Department）を新設した。
>
> それまでは、現地組立はトヨタ自販の海外技術部（Overseas Technical Department）が担当していた。だが、国産化の進展とともに次第に対応しきれなくなり、エンジンなどの主要部品を現地生産する国については、メーカーであるトヨタ自工の海外技術部が担当して技術支援を充実することにした。
>
> トヨタ自販も一九七四年に海外組立部（Overseas Knockdown Department）を新設した。これにより、自販の海外技術部は地域別サービス会議の開催や各種マニュアルの発行、現地メカニックの技術講習などアフターサービスの充実にいっそう専念できるようになった[132]。

このＣＫＤ調査団が派遣された結果、社内の雑誌『技術の友』などに海外のノックダウン拠点に関する論考や、ノックダウンそのものについての論考が多くなった、と推定できるのである。

前の引用文によると、このＣＫＤ調査団による実情調査はトヨタの海外展開に大きな影響を及ぼしたことになる。一九六二年、六三年に自販と自工が相次いで輸出業務に関する組織改革、組織新設を行ったことが、その後のトヨタにおけるノックダウン輸出に向けての体制整備となった（第2章3(5)(6)参照）。それでも自工のノックダウン輸出に対する関わりは、日本の工場からノックダウン輸出用に梱包して、自販に渡すところまでであったろう。つまり、海外の代理店を開拓することから、海外でノックダウン用に梱包された部品を完成車に組み立てる業務までほとんどが自販にまかされていた。豊田英二が『決断』の中で「[昭和]三十年代まではトヨタの販売は国内が中心だったが、四十年代に入って輸出が本格化、海外の代理店も増えてきた。代理店契約は自販が結ぶ」と述べている状況である。(133)

実態は代理店契約だけでは終わらず、ノックダウン輸出の仕向地での完成車への組立も「トヨタ自販の海外技術部」が担当していた。しかし、ノックダウン輸出の仕向先で、国産化比率を上げる政策が実施されると、この仕向地で一部の主要な部品を国産（現地生産）化せざるをえない。自販ではこれに「次第に対応しきれなくなり、……メーカーであるトヨタ自工の海外技術部が担当して技術支援」をすることになったのである。

何が問題だったのか。すでに、トヨタの国内工場では「ゼロ在庫に近い状態で工場が稼働している」のに対し、「在庫が、タイ、マレーシア、オーストラリア等では、ほぼ二ヵ月分あり、南アフリカでは、五ヵ月分近く」あると書いている『技術の友』（一九七二年）掲載論考を紹介した(134)（本章3（1）参照）。

また、本項ですでに触れた『トヨタマネジメント』の論考では、次のように厳しく海外での組立状況について述べている。

内地［日本国内］で社内の皆さんが必死になってやってきた合理化や、品質保証のことが、海外においてははなはだ立ちおくれているということである。

この立ちおくれをいかに早く進めるかが、またトヨタの発展の重要ポイントを握ることではあるまいかと思う。これには内地のやり方をただ現地に押し進めるやり方ではいけない。すなわち、現地の国情、労働者、産業発展の実情をよく見きわめて行なうべきで、ただ形式的なものを押しつけるやり方では必ずや失敗すると思う。あらゆる方面から分析してそれぞれの国に沿うやり方を見つけてやらねばならないと思う。これらのすすめ方の基本的条件として相手との契約条項を明確にしておかねばならないと思うが、単に現地駐在員まかせ、自販まかせのやり方から早く脱皮し、自販、自工、協力工場の中で、どのように進むべきかを早く立案し、実施することをやらねば、たいへんなことになるのではあるまいかと感じ立《ママ》った。[135]

この論考の著者の見解ではあるが、国内での合理化や品質保証の水準から見れば、「海外においてははなはだ立ちおくれている」という。注意すべきは、「現地駐在員まかせ、自販まかせのやり方から早く脱皮」しなければならないという主張である。

トヨタの五〇年史英語版によれば、ＣＫＤ調査団は一九七一年のトヨタ自工と自販によるものだけではない。この後、一九七三年にも自工はＣＫＤ調査団を海外に派遣し、それが「メーカーであるトヨタ自工の海外技術部が担当して技術支援」する組織再編に結実した。

ＣＫＤ調査団の派遣の結果、海外での生産拠点にも「メーカーであるトヨタ自工」が関与する体制が一九七〇年代初頭にできあがったのである。これは「工販分離」以後のきわめて大きな変革である。

この変革を引き起こしたＣＫＤ調査団は、なぜ一九七〇年代初頭に海外に派遣されたのだろうか。これを次に考えてみよう。

（2）なぜＣＫＤ調査団が派遣されたのか？

なぜトヨタはＣＫＤ調査団を派遣したのかという問いに、直接的に答えるかのような記述が、トヨタ技術会（トヨタに勤める技術者の団体）の四〇年史『新たな飛躍』（一九八七年刊）にある。

一九七一年、豊田［英二］会長［書物刊行時の職位。この時点では社長］がオーストラリアのＡＭＩ［Australian Motor Industries］で現地製クラウンをご覧になり、〝Ｔ／Ｍ［トランスミッション］、Ａｘｌｅ［アクスル］等全て現地製で日本オリジナルとは随分違う〟と何らかの対応を図るべしとのご指示があった。これを受けて、前述のＣＫＤ調査団の派遣、続いてトヨタ自工技術部よりオーストラリア、南アフリカに技術者を駐在させる事となった。

即ち、日本のオリジナルに現地製部品等を採用した現地改造車が増えつつあった[136]。

一九七一年に豊田英二がオーストラリアで「現地製クラウン」を見たところ、それは「日本のオリジナルに現地製部品等を採用した現地改造車」となっていた。しかも、エンジンやアクスル［車軸］といった基幹部品がトヨタのオリジナルではなく現地製部品に置き換えられていたのである。ノックダウン輸出の場合、仕向け先国が国産化比率の引き上げを政策的に課すと、オリジナルな部品を現地製部品に替えねばならない。課される国産化比率の割合が高ければ、基幹部品も現地製部品に置き換える必要が生ずる。トヨタは一九六〇年代初頭にブラジルへの進出で、こうした経験をしていた。ブラジルベンツからランドクルーザー用のディーゼル・エンジンの供給を受け、トヨタ・バンデランテとして発売していたのである[137]（本章2(4)参照）。

したがって、この引用文の説明は説得力があるように思われる。だが、ノックダウン輸出の場合には、基幹部品が現地製部品に代替されることは予想されたことであろう。また、トヨタでは実際にブラジルで経験していたことでもある。ではなぜ、この時点で豊田英二は「何らかの対応を図るべし」との指示をしたのだろうか。まず豊田英二は本当に一九七一年にオーストラリアを訪れているのか、その確認から始めよう。

豊田英二は第九回日豪経済合同委員会に出席するために、一九七一年五月二日から一四日にかけてオーストラリアやインドネシアなどを訪問している[138]。しかも、彼は帰国後の六月二五日にトヨタ工業高等学園で「オーストラリア、東南アジアをめぐって」という題で、トヨタの「部長会、課長会、係長会」の共同開催になる次のような講演をしている。

> オーストラリアにおけるトヨタ車の評判は非常によい。そのため同国の代理店ティース・トヨタ社及びＡＭＩ杜は、車をもっと多くほしいといっている。
>
> ところが、同国では、国産化率によって、輸出できる台数のワクが決められており、思うように輸出するこ

とができない。今回渡豪した機会に、政府へワクを広げるよう陳情したが、むずかしい問題があるようだ。今後はあせらず地道に制限をゆるくするよう努力していくことがたいせつだと思う。

（中略）

いまや、当社は世界に飛躍しつつあり、トヨタ車は世界のどこでも通用する国際商品といえる。したがって、ノックダウンを中心に輸出している国についても、適切な品質保証は絶対に欠かせない。そのため、現地でのトヨタ車に対する評価を的確にはあくし、常に最終的にできあがった製品の品質に関心をもつようにしていただきたい[139]。

この引用は『トヨタ新聞』の記事による。同記事には、この引用文の前にも、豊田英二が「オーストラリア東南アジアは現地組み立てが多いが、その場合でもできあがった車はトヨタの車として評価される」と言ったと記してある。「ノックダウンを中心に輸出している国についても、適切な品質保証は絶対に欠かせない」と、当たり前のことを言っているだけのように感じる読者も多いであろう。だが、この講演の数年前に何が起きていたかを思い出すと、受ける印象は変わるのではないだろうか。

一九六九年六月にリコール問題が起きていたことはすでに述べた（第2章4(3)(12)参照）。豊田英二が従業員に向けて「貴重な体験として生かせ」というメッセージを『トヨタ新聞』に掲載し[140]、一九七〇年末には「新しい品質情報システム＝ＤＡＳ（ダイナミック・アシュランス・システム）」が動き出している[141]。

この脈絡の中に、豊田英二の講演を置いて考える必要があると思われる。彼がオーストラリアで「現地製部品等を採用した現地改造車」を見たときの衝撃は大きかったのではないか。国内ではリコール問題から品質情報システムを構築し、品質保証体制を整えつつあった。しかし、国内での品質保証体制の整備に道筋をつけたにもかかわらず、ノックダウン輸出している車に対する品質保証が視野から抜け落ちていたのである。

ノックダウン輸出国でのトヨタ車の品質保証をどのように確保するか。この問題についての調査や情報の収集が、

CKD調査団を派遣した理由だったと思われる。

(3) CKD調査団の派遣はトヨタの行動にどのような影響を与えたのか？

トヨタの五〇年史英語版が書いていたように、このCKD調査団派遣によって、「メーカーであるトヨタ自工の海外技術部が担当して技術支援」をノックダウン輸出の主要拠点に行うことになった。しかし、CKD調査団派遣がトヨタの行動に影響を与えたのはこれだけだったのか。より大きな影響を及ぼしたのではないか。

CKD調査団に加わった人物は次のように述べている。

> それぞれの国で組み立てられているトヨタ車のCKD組立の現状を、主として品質面より観察し、今後のトヨタ側からの援助体制にその結果を反映させることが今回の調査の主たる目的であった。このことはとりもなおさず、当社の海外政策・海外進出を見直してみることを意味している。調査結果は別途報告がおこなわれ、……[142]

トヨタの「海外政策・海外進出を見直してみる」こと、これがCKD調査団による「調査の主たる目的」であると認識されていたのである。これは、同調査団に加わった別の人物も同じようなことを書いている。

> 将来のトヨタの基盤を作るものとして、全社上げて海外問題にとりくむ時期と判断する。
>
> 短期間にわたる調査でここまで申し述べることはいささか出過ぎた感をしない訳ではないが、私達の感じたことが少しでも将来の発展に寄与するものなれば、幸いに思う。
>
> 最後にできるだけ海外に出かけ現実を肌で感ずる人達が増せば増すほど、多岐にわたる見方、考え方が生まれるであろう。当面海外実務にタッチしている方々はもちろん、あらゆる担当の方々が肌で感ずることを進めたい。[143]

しかし、これはあくまでも調査に派遣された人物たちの個人的見解である。残念ながら、企業外部からの観察者にとって、同調査団が「別途報告」した「調査結果」を読む機会はない。したがって、この後にトヨタが会社として、どのような見解を表明したか、行動をとったかで、CKD調査団のもたらした影響を判断するしかない。

CKD調査団に参加した人物たちが、「全社上げて海外問題にとりくむ時期」だとか、「当社の海外政策・海外進出を見直してみる」といったことに関連することを、トヨタは表明しているであろうか。この時期、例年一月にトヨタ自工は会社方針を発表し、それを踏まえた形で、社長が年頭のあいさつをしている。CKD調査団が帰国し、さまざまな論考が一九七二年に社内の雑誌にも発表されたのであるから、CKD調査団による「調査結果」が会社としての方策に影響を与えているとすれば、一九七三年一月の社長の年頭あいさつに示されるはずである。この「社長年頭あいさつ」を例年『トヨタ新聞』が掲載している。

一九七三年一月の「社長年頭あいさつ」の記事は、副題に「排気対策を万全に　首位の座さらに強固に」とある。だが、記事枠には「副題」の反対側に「海外飛躍の意義ある年へ」と副題と同じ大きさで書かれている。この記事のリード文は次のようである。

> 社長の年頭のあいさつが［一月］五日、トヨタホールで行なわれた。［豊田英二］社長は全部課長を前に、排気・安全対策車の早期開発と生産体制の確立に全社一体となって万全を期すこと、業界での首位の座を確実なものにするため、お客の身になって考え、とくに品質の向上に努めること、そしてことしを海外飛躍への意義ある年にすることを強調した[144]。

部長と課長を全員集めての「年頭あいさつ」である。経営トップとしては自ら幹部社員に語りかける絶好の機会であるとともに、『トヨタ新聞』記事で全社員にメッセージを届けることができる。この中で、「ことしを海外飛躍への意義ある年にする」と述べたという。記事本文の関係箇所を引用しよう。リード文にある二点について訴えた後に、豊田英二は次のように語っている。

> 第三は、ことしを、トヨタが海外に飛躍する意義ある年にすることである。海外に製造工場をもつという点

について数年来検討してきたが、ことしからいよいよその具体化に着手することになった。これは、われわれにとって新しい仕事であり、未知の分野でもある。皆さんの覚悟と心構え、努力をお願いしたい。[145]

ここで「海外に製造工場をもつ」こと、「ことしからいよいよその具体化に着手する」ことを明確に述べたのである。この方針に基づき、自工だけでなく自販でも組織の改編が行われる。

トヨタ自工は［昭和］四十八［一九七三］年七月に海外事業室、海外業務部、海外技術部を設置し、トヨタ自販も四十九年二月に海外技術部の組立課を独立させて海外組立部を発足させた。この体制のもと、エンジンやプレスなどの現地生産を行う国はトヨタ自工が支援し、そのほかのノックダウン国に対してはトヨタ自販が支援することにし、両社の分担をはっきりさせた。[146]

一九七三年中に海外に自工と自販が合同で調査団を派遣している。六月にはナイジェリア、イラン、九月には再びイランに。[147]一方、一二月には「南米アンコム［アンデス共同市場］国産化法に基づくペルー政府エンジン／ミッション国産化入札でトヨタが落札」するも「正式契約には至らず」といったことがあった。[148]また、フィリピンの国産化計画に参加し、現地の「デルタ・モーターにエンジンとシートの工場を建設すべく……［一九七二年］十月から十一月にかけ、鋳物・機械加工組付設備の船積みを行な」い、[149]七三年九月にはエンジン工場で試作を開始し、[150]同年一二月には操業を開始している。[151]だが、現地で自動車「タマラオ」の組立を開始するのは、一九七六年になってからである。

こうした状況を受け、一九七四年一月の『トヨタ新聞』掲載の「社長インタビュー」で、豊田英二は次のように話す。

現地生産についてはかなり進展したが、海外での仕事は、腰を落ち着けて地道に取り組まなければならない。相手のあることなので、必ずしもわれわれの思ったスピードで進まないし、その間には、いろいろ困難な問題も出てくるが、一つずつ解決して、粘り強く前進を図るべきだ。[152]

結果としてみれば、一九七三年一月に表明した「海外に製造工場をもつ」点については、著しい進展がなかった。排気ガスへの対策、さらに一九七三年秋に発生した石油危機への対応に追われたことも一因であったろう。一九七三年一二月に行った「自工の生産計画説明会では、それまでのように翌年の生産計画を明確に示すことはできなかった」ほど、この時期には市場の動向を見きわめることが難しかった。さらに一九七四年一月からは自工は減産を余儀なくされた[153]。

こうした中で、「粘り強く前進を図るべきだ」と言うだけなら簡単なように思われる。しかしこの後、将来の海外展開に向けて何かを試みていったのではないだろうか。

（4）一九七三年以降、トヨタの海外展開に向けた試みはどのようなものだったのか？

豊田英二が海外展開への意気込みを語ったその一カ月後（一九七三年二月）に『トヨタ新聞』は「特集　海外でのトヨタ」を掲載する。そこではＣＫＤ工場について紹介し、次のように書く。

当社は常に相手国の立場を尊重、［フィリピンに向けて一九七二年末に鋳物・機械加工組付設備の船積みを行ったように］国産化計画にそってエンジンなど大物部品の製造にも積極的に取り組んでいる。

今後は国内と同じレベルの高品質で低コストのトヨタ車を造り出していくために、技術援助をいかに行なっていくか、海外組立車の品質保証体制をいかに確立するかが問題となってくる。これを解決した時初めて、トヨタの海外飛躍への道が開かれるのである[154]。

この記事が、ＣＫＤ調査団報告や豊田英二による海外展開への積極的発言をうけていることは言うまでもないだろう。だとすれば、この問題「技術援助をいかに行なっていくか、海外組立車の品質保証体制をいかに確立するか」について、一九七三年以降、トヨタは具体的にどんなことに取り組んでいたのだろうか。

トヨタ自工は海外のＫＤ工場から研修生を定期的に受け入れ始める。一九七三年九月の『トヨタ新聞』は、記事

「コロナ組立てOK　一〇カ国から研修生」を掲載し、次のように書く。

［一九七三年九月］十七日、世界十カ国からコロナ新型のCKD生産に携わる技能員十二人が来社、十月四日まで堤工場でコロナ新型のボデー、艤装、検査などの研修を受けている。

これは海外のCKD工場で生産されるコロナ新型が、当社工場で生産される車と同じレベルの高品質で、しかも低コストで生産されるように技術指導を行い、同時に効率的な当社の生産方式を学んでもらおうと行われているもの。

十二人のメンバーは自国のCKD工場で生産に直接携わり、同時に指導的な立場にある人たちで、フィリピン、インドネシア、マレーシア、タイ、オーストラリア、ニュージーランド、ペルー、コスタリカ、南ア［フリカ］、ポルトガルの世界十カ国から参加している。

研修生は最初から真剣そのもので、指導する技術員の作業手順に食い入るような目を注ぎ、熱心な質問を投げかけていた。

その中の一人、南アフリカのモーターアッセンブリー社のシュミットハウスさんは「この研修の成果をトヨタ車の品質向上に大いに役立てたい」と、元気よく研修への抱負を語っていた[155]。

まさしく海外への技術援助であり、海外組立車の品質保証体制を構築する一環である。この取り組みは単年では終わらない。翌一九七四年九月にも『トヨタ新聞』は「組立技術を学びに　九カ国から研修生一二人」という記事を掲載し、次のように書く。

［一九七四年九月］十八日、カローラ30のCKD生産に携わる技能員十二人が世界九カ国から来社。十月五日まで、高岡工場でカローラ30のボデー、艤装、検査などの研修を受けている。

これは、海外のCKD工場で生産されるカローラが、当社の工場で生産されるものと同じレベルの高品質であるように技術指導を行い、同時に効率的な当社の生産方式を学んでもらおうと行われているもの。

当社は、昭和三十八［一九六三］年から乗用車ＣＫＤ輸出を開始。当時は、新型車導入時点で、こちらから指導員を送っていた。しかし、昭和三十九［一九六四］年のＲＴ４０以降は乗用車の改良があるたびに、各国から研修生を招き、ボデーと組立工程の研修を行っている。

今回来社した十二人のメンバーは、自国のＣＫＤ工場で生産に直接携わり、同時に指導的な立場にある人たちで、オーストラリア、ニュージーランド、タイ、フィリピン、マレーシア、コスタリカ、南アフリカ、インドネシア、トリニダード・トバコの世界九カ国から参加している。[156]

この二つの記事ともに、「高品質」で生産されるように技術指導を行い、かつトヨタの「効率的な生産方式」を学ぶ機会を提供していると述べている。これは、ＣＫＤ調査団参加者が感じていたＫＤ工場での問題点に対応したものである。

ただ、一九七四年の記事では、一九六四年以降は「乗用車の改良があるたびに、各国から研修生を招き、ボデーと組立工程の研修」をしているという記述がある。だが、管見の限りでは、トヨタ自工が定期的に研修生を受け入れている旨の記述は自工の社史などには見いだすことができなかった。一九六〇年代中頃では、海外の代理店の開拓からノックダウン輸出の仕向地での完成車の組立に至るまで関与していたのは自販である。自販は一九六五年から海外の技術員に対し、次のような技術研修を実施し始める。

技術教育については、ディストリビューターのサービス技術員のなかから将来性のある者を日本に招き、技術研修を実施するという方法をとった。［自販の］海外技術部は、四〇年（一九六五年）からこの制度を本格的に開始した。……研修生は帰国後、自社ならびに傘下デーラーのサービス員に対し技術講習を行ない第一線サービス員の技術力向上に寄与している。[157]

これは年表の一九六五年四月の項には、次のようにもっと明確に、定期的となったことが記されている。

トヨタ・セールスカレッジに海外代理店サービス体制の確立と強化を目的とする海外技術員教育コースを開

設（以来毎年春秋二回研修生を招待して実施[158]）

こうした記述からすると、一九六〇年代中頃からは海外の研修生が定期的に自販に来て、サービス体制を確立することに寄与したが、その研修生が自工で研修することはあっても、あくまでもサービス技術員としての研修だったと思われる。

トヨタで生産管理畑をずっと歩んだ熊本祐三がインタビューで言うように、「昔からのＣＫＤ工場は自販スタッフで、自販ベースなので」あった。[159] この熊本はＣＫＤ工場について次のようにも言う（インタビューであるが、熊本の発言の関係箇所を抜き書きしてある）。

……簡単に言えば、［海外の工場は］自販主体で進められ、自工は最初の頃の海外工場のプランニングには積極的に参加していない。

（中略）

ジャスト・イン・タイムではないのでしょうかというよりも、そういうことを考えたレイアウトになっていない。一つずつ作るとか、できるだけ中間工程を減らすとか、そういうレイアウトになっていない。

（中略）

そうですＣＫＤだから、輸入品がロットで行く、行ったモノを車両にする、簡単に言えばそういうことです。そこに思想がない。[160]

こうした海外の生産拠点の状況に対し、自工からＣＫＤ調査団に参加した人物たちは、国内の工場と海外のＣＫＤ工場との違いに愕然としたのである。一九六〇年代中頃から自工が海外工場に積極的に関与していたとは思われないから、先に引用した一九七四年の『トヨタ新聞』記事の説明にもかかわらず、自工が海外の研修生を定期的に受け入れ、高品質で生産するための技術指導やトヨタの生産方式についての研修を始めたのは一九七三年以降と考えておく。

海外での現地生産が急激に進展しなかったとはいえ、輸出（完成車輸出とCKD輸出）はトヨタにとって重要であった。自販は海外の需要（海外からのディーラーからの発注）を取りまとめて生産の手配をし、工場でラインオフした自動車（あるいはノックダウン用のキット）を船積みして海外のディーラーに配送することが必要であった。国内ではクラウンの配車業務の機械化から始まり、自工・自販間がオンライン化され業務が大幅に変わった（第2章4(9)(10)参照）が、海外からの需要が、こうしたシステムに組み込まれていた様子はなかった。

輸出が増えていく状況で、国内販売だけを考えて生産の平準化を追求しても、効率化にはほど遠い結果となることは自明であろう。輸出業務を合理化するだけでなく、海外での需要を組み込んで生産計画を作成する（それも素早く、効率的に作成する）ことが求められたのではないか。このような疑問を抱いて『創造限りなく』を参照すると、一九七三年二月に「輸出車両総合管理システム（ECS）開始」とある。[161] ところが、このシステムについての説明は本文編には何もない。名称からすれば、輸出業務の効率化に関係しているように思われる。しかもそれだけでなく、国内業務のシステムを補完するシステムだったのではないかと想像される。次にこの点について検討することにしよう。

(5)　輸出車両総合管理システム（ECS）とは何か？

自販は一九六二年に輸出本部を設置して以降、輸出業務の根幹を担ってきた。むろん、輸出する完成車両やKDセットの準備などには自工との密接な協力が必要であった（第2章3(4)(5)参照）。

自販の輸出本部は石油危機以後、人員を増加させ「昭和五三年（一九七八年）三月末には一、〇五〇人に達した。五年間で三五パーセント増、会社平均をはるかに上回る増員ペースで」あった。[162] 輸出本部での人員増加とその組織改編によって、輸出と輸出業務の増大に対応したのである。積極的に海外市場を開拓するためには、海外の市場についての的確な情報を得ることが欠かせないが、この点について自販の『世界への歩み』は次のように書く。

輸出本部では、輸出本部組織の強化を進めつつ、海外市場情報、ディストリビューター情報等の整備に努力した。海外市場情報の面では、まず、昭和四九年（一九七四年）に、機械計算部と協力して、主要市場の登録情報をシステム化した。各国自工会、民間会社等が発表する自動車登録情報をベースに主要市場の自動車登録情報の分析処理を行なうもので、現在、アメリカ、カナダ、ヨーロッパ主要国、東南アジア主要国、オーストラリアなど、世界二一カ国の登録情報を対象とし、市場分析に役立てている。[163]

海外市場で自動車の販売を活性化するには、各市場の特性を分析する必要があるのは言うまでもない。この分析のために、自販は「主要市場の［自動車］登録情報をシステム化」したのである。自販の観点からすれば、重要なのは市場の状況だけでない。その市場で実際に顧客と直接応対するのはディーラーである。その「デーラーを直接管理するのはディストリビューターであるが、そのあり方を指導するのは、われわれ［自販］の役割である」[164]。自販の社史には「現地パートナー（ディストリビューター）の慎重な選定」が海外進出の際には重要だとも書いてある[165]。ここで「現地パートナー」と書いて、それを補足するように括弧で「ディストリビューター」と書いてあるのは、自販の社史による記述である。市場を開拓するには、市場全般の情報だけでなく、まさしく現地パートナーであるディストリビューターの情報収集も重要なのである。情報は単に集めるだけでなく、ディストリビューターの経営状態の監視や指導にも必要なのだ。自動車販売が活況を呈する可能性を秘めた市場状況であっても、その可能性を顕在化させ、実際の需要として具現させるにはディストリビューター、ディーラーの努力が欠かせない。だから、自販の輸出本部は「ディストリビューターの経営情報の収集にも努力し、きめ細かなディストリビューター指導に役立て」るシステムを作ったのである[166]。

このシステム構築について、自販の『世界への歩み』は次のように書く。

昭和五二年（一九七七年）一二月にはディストリビューターの財務情報をシステム化した「海外関連会社財務管理システム」を完成させた。これは、……「ＥＣＳ」の一環として完成させたものである。[167]

海外のディストリビューターの経営情報を集めるシステムを、「『ＥＣＳ』の一環として完成させた」というのである。ただし、自工と自販の関係は深いとはいえ、合併前の自販の社史で言う「ＥＣＳ」が、合併後の『創造限りなく』で書く「輸出車両総合管理システム（ＥＣＳ）」と同一なのだろうかという疑問は残る。

自販の社史は次のように「ＥＣＳ」を説明する。

> 昭和四八年（一九七三年）二月、「ＥＣＳ」（Export Control System）が稼働を開始した。これは、四六年（一九七一年）以来、輸出本部内関係各部および機械計算部が共同して開発を進めてきたもので、ディストリビューターからの受注、トヨタ自工への生産手配、輸出車両の現車管理（船積業務を含む）等の輸出関連業務をシステム化した輸出車両総合管理システムである。(168)

ＥＣＳは「輸出車両総合管理システム」である。その英語表記（Export Control System）を直訳すれば「輸出管理システム」であり、海外のディストリビューターの発注から生産手配、配送までを管理するシステムということになる。この引用文で「輸出車両の現車管理（船積業務を含む）」とあるが、国内販売業務の効率化が始まったのも「配車業務の機械化」からであった。そこでは、ディーラーからの発注と生産日程計画を引き合わすことがコンピュータを使って行われ始めたのだった（第2章4(4)参照）。輸出管理システムが目指したことも、輸出車両に対し「どこにどんな車がいつ配車できるかを正確につかみ、ディストリビューター（ディーラー）に納期を約束」できるようにしたものと考えられる。

しかし、輸出の場合には国内への配車業務と大きく異なる条件がある。仕向地別に多様な仕様の車を配送しなければならないだけでなく、仕向地によって搬送日数が大きく違う（図3-13参照）。そのため、システム構築に難しさが伴う。『世界への歩み』は次のように書く。

> ＥＣＳの稼働は輸出業務の合理化に成果をあげた。しかし、多岐多様な仕向先、多種多様な車両仕様、「仕向地ごとに違う」リードタイムの長さなど、輸出の特性もあって、このシステムには問題点も少なからず残さ

れた。[169]

一応、輸出車両総合管理システムは構築されたものの、「問題点も少なからず残」ったのである。この後、問題点があったというシステムは、どのようになったのか。この点について次に考えてみよう。

(6) 輸出車両総合管理システム（ECS）はどのように変革されたのか？

会社が自ら刊行する社史で「問題点も少なからず残」ったという表現を使うことはほとんどない。どのような意図で書いたにせよ、こうした表現は担当部署や個人などの責任をあげつらうことになりかねないからである。もしも、これが許される場合があるとすれば、社史刊行（正確には校了）時点で、「ほとんど問題が解決している」か、「解決の見込みがたっている」、少なくとも「対策を講じつつある」場合ではあるまいか（もちろん、社内での精査が不十分でこのような表記が見過ごされている場合も可能性としてはあるが）。この場合も、先の引用文に次のような文章が続く。

> 昭和五四年（一九七九年）七月には、輸出本部とシステム部により新たなプロジェクトチームが発足し、オーダー管理業務の簡素化・効率化、物流関係業務の合理化等を目的に、輸出車両関連システムの抜本的見直しと再構築の作業を急いでいる。[170]

注目したいのは、一九七九年七月に発足したプロジェクトチームについて触れている点である。この社史の刊行は一九八〇年一二月一日である。社史の内容は、通常は各部署が内容を精査し、訂正・補正・加筆などの作業を経て印刷・刊行となる。このプロジェクトに具体的な成果が得られているか、その見通しがついていなければ、当該の問題の「抜本的見直しと再構築の作業を急いでいる」などとは書かない。これが自社で刊行する社史というものの性格・限界であろう。

このように考えれば、輸出車両関連システムは何らかの形で、この社史公刊からほどなく再構築されたと推測したほうがよい。

もう一点、注目しておきたいことがある。直近の引用文の直後に社史では段落を変えて、次のような文章が続いている。

> なお、昭和五四年（一九七九年）五月には、最重要輸出国アメリカとのあいだでGE社提供の国際ネットワーク網MARKⅢを利用した新しい車両オーダーシステム（Delayed TVO System）を開発・導入し、稼働させている。(171)

この文章では「新しい車両オーダーシステム」が稼働していることはわかる。しかし、この新しいシステムが、一つ前の引用文で言う輸出車両関連システムを再構築したものだとは言っていない。この微妙な表現は何を意味するのだろうか。

新しいシステムについて考えてみよう。ここで「TVO」とあるが、略称は『トヨタ語の事典』によれば、"Toyota Vehicle Order"だという。直訳すれば「トヨタ車両発注システム」となる。とすれば問題は二つある。一つは、この"TVO System"を形容する"Delayed"というのは何を意味するのか。「遅れる」とか「遅延する」という意味だとすると何が「遅れる」のだろうか。もう一つは、"TVO System"とはそもそも何かである。

この"TVO System"を『トヨタ語の事典』は次のように説明する。

> 車両のオーダー情報（台数、仕様、仕向等）のこと。COSMOSの画面上で、オーダー属性の確認が可能である。(172)

この〝COSMOS〟とは何か。これは"Comprehensive Overseas Sales Mangement &Operation System"の略称で、「コスモス」と読み、意味するところは次のようだという。

> 「海外車両オーダー・出荷システム」のことで、トヨタの海外車両販売をサポートするシステム。二一世紀の海外販売を支える基幹情報インフラとして、ATOMS（輸出車両総合管理システム）が再構築されてこの名称

となった[173]。

このATOMS（Advanced Total Overseas Order & Vehicle Management System）については『創造限りなく』資料編で二カ所に記載がある（本文編には何も記載がない）。いずれも、年表で一九八一年の項である。列挙する。

海外新オーダー現車管理システムATOMS開始[174]

六月一〇日　輸出車両総合システム（ATOMS）開始[175]

ATOMSの訳語が数種類ある。出現順に掲げてみよう。

輸出車両総合管理システム

海外新オーダー現車管理システム

輸出車両総合システム

この訳語から類推して、次のように説明しても違和感がないのではないか。「ディストリビューターからの受注、トヨタ自工への生産手配、輸出車両の現車管理（船積業務を含む）等の輸出関連業務をシステム化した輸出車両総合管理システム」だと[176]。この説明は自販社史による「ECS」の説明である。

このように考えると、再構築されたECSがATOMSであると言える。それは一九八一年六月から稼働を開始したと。そしてこのATOMSがさらに再編されて、コスモス（COSMOS）となる（コスモスについては、本節(8)参照）。さらにコスモス（略称を直訳すれば、包括的海外管理および経営管理システム）の一部としてTVOがある。

このTVOになぜ「遅れる」とか「遅延する」という形容がついているのか。一九七九年に「GE社提供の国際ネットワーク網MARKⅢ」を利用したというところに、それを解くヒントがあろう。「MARKⅢ」に疎い読者のために次の説明を引用しておこう。

米国最大の総合電機メーカーであるGEは、一九六五年MARK-Iと呼ばれる商用タイム・シェアリング・サービスを開始し、その後一九七二年、リモート・バッチ処理に会話型処理を加えMARK-Ⅲサービスを開始した。

その子会社のGEインフォメーション・サービス（GEISCO）は日本では電通国際情報サービスと提携して、MARK-Ⅲというデータ通信サービスを行っている。(177)

この一九七九年当時、コンピュータは高額で主流はメイン・フレームである。端的に言えばこのコンピュータを共同利用することが「タイム・シェアリング」であった。共同利用するために、データのやり取りはバッチ処理（一定の期間や量のデータをまとめての一括処理）で行った。共同利用するコンピュータが遠隔地にあれば、通信回線を介してデータを送付しバッチ処理するのである。データ処理をするコンピュータとデータ送信側が離れているから、これを「リモート・バッチ処理」と呼ぶ。バッチ処理であるから、リアルタイム処理と異なり、データ処理は遅れる。だから、TVOの前に、あえて「遅延する」「遅れる」という形容をほどこしたのであろう。つまりは、リアルタイム処理でないことを明確にしたのだ。

このMARKⅢを導入する前と後で、データの授受にどのような違いが出たか。一九八一年の『技術の友』掲載の自販社員による論考は次のように語る。

> 海外ディストリビュータとのデータ送受信は、従来、テレックス、専用線（データル［Datel のことでブリティッシュ・テレコムが提供していた加入企業向けの高速データ通信］）、磁気テープ輸送等で行われてきたが、内外の時差、輸送所要時間等で多くの問題があった。
>
> （中略）
>
> この［MARKⅢを利用する］システムにより、データの授受時間が飛躍的に短縮され海外代理店では、在庫の低減・機械《ママ》［会］損失の解消に寄与すると共に、代理店、自販、双方からオーダー、配車の状況が管理出来るようになった。
>
> 現在、米、英、西独、仏、スイス、オランダ、ベルギー、カナダ、オーストリア、フィンランド等で利用し

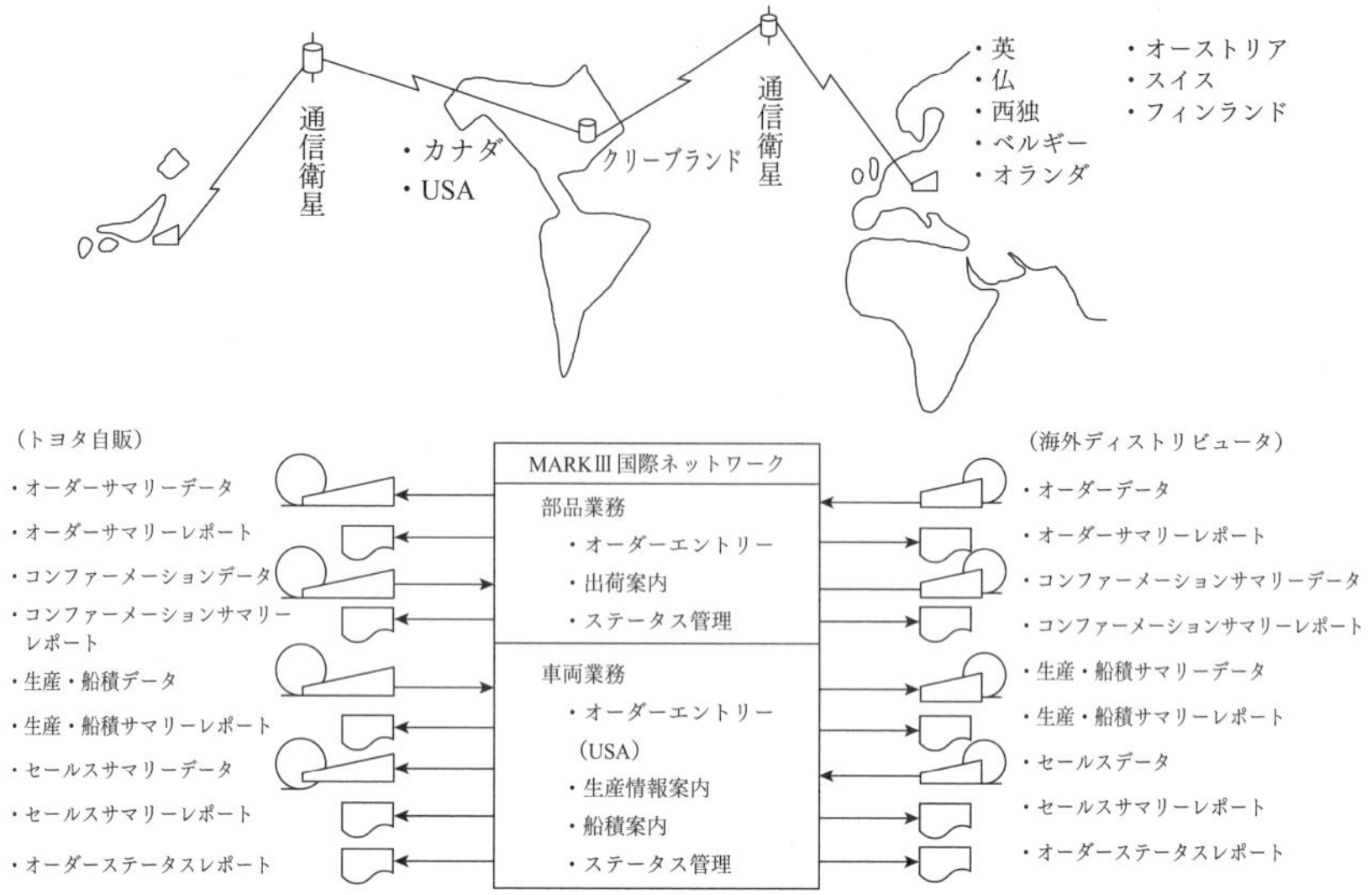

図 3-18　自販における MARKIII を使った海外データ処理・通信システムの概要（1980 年頃）

出所）川出彰「自動車の販売におけるコンピュータの利用」『技術の友』33 巻 1 号（1981 年），82 頁。

ている。[178]

MARKⅢの導入によって「データの授受時間が飛躍的に短縮」し、「代理店、自販、双方からオーダー、配車の状況が管理」できるようになったという。しかも、その範囲が広く欧米に広がったのである（図3-18参照）。

トヨタがMARKⅢを使い始めた一九七九年はどんな年だったか。インベーダーゲームが流行した年だということなどについてはすでに触れた（第1章3(1)参照）。また、この前年には大野耐一『トヨタ生産方式』が上梓されている。この頃にはコンピュータは非常に高価であったし、二一世紀初頭に生きる人間から見れば処理能力はまだごく限られたものだった。こうした状況で一九七九年から国際ネットワークを利用して車両オーダーシステム（TVO）をバッチ処理で行い始め、八一年には新たな輸出車両総合管理システム（ATOMS）を稼働させ始めたのである。

この輸出車両総合管理システム（ATOMS）がどのようなものかを、一九九一年に刊行された論考

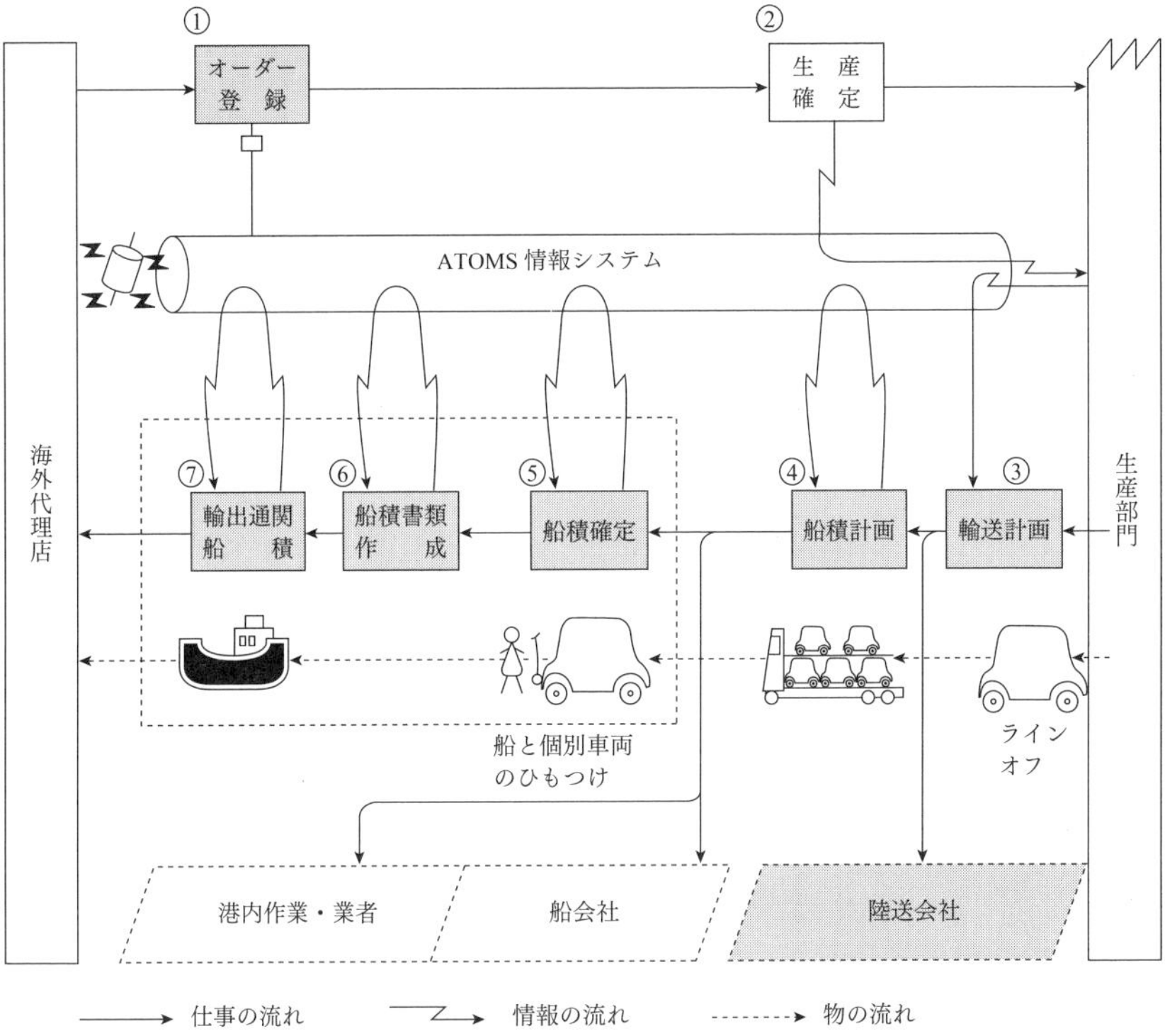

図3-19　輸出車両総合管理システム（ATOMS）の概要

出所）「戦略ネットワークの研究　トヨタ自動車」『日経コミュニケーション』1991年1月21日号，61頁。

によって紹介しよう（図3-19参照）。輸出車両が最終需要者に届けられるまでには次のような作業が必要である（引用文中のカギ括弧内の丸付数字は図3-19中との対応を考えて付け加えた）。

> 海外からのオーダーを受け［①］、注文された車両をどの工場でいつ作るかという生産計画にはめこんで行く。オーダーは現在［一九九〇年頃］は毎月中旬に締める月間オーダーで、これを変更オーダー（はじめに注文したのとは別の仕様やカラーに変えるなどの変更が可能）で微調整する。こうして生産計画を確定する［②］。
>
> 一方、完成車両を輸出するために、どの対地［仕向地］に向けて、いつ、どれだけの積込み

スペース（主として輸送船の）を確保するかという「輸送計画」を立てる［③］。この輸送計画に基づいて、各工場から生産されてくる車両をどの船に積み込むかの「船積計画」を作る［④］。

……工場で生産された車両にはあらかじめ、オーダーの登録番号、仕向地などを示すバーコードをサイド・ウインドウに貼り、積込み港別、輸送船別にまとめて工場から送り出す。

積込み港では、個々の車両についてどの船に載せるかの「船積確定」をする［⑤］。同時にオーダー登録番号などATOMS情報システムに入っているデータを使って、船積書類（通関書類も含めて一四種類以上）を自動的に作成する……［⑥］。通関、船積みを経て外国航路に送り出される[179]［⑦］。

一九八一年から稼働し始めたATOMSは、「車両のステータス情報を要所要所で吸い上げ、この情報を海外のディストリビュータなどの求めに応じて提供できる[180]」。ただし、そのためには、情報が素早く得られるようなインフラが前提として必要である。

この輸出車両総合管理システム（ATOMS）が稼働し始めた一九八一年の『技術の友』に掲載された記事で、自販社員が次のように書いている。このシステムが目指したところを示していると読むことができよう。

販売の合理化・システム化は、物、情報が流通過程全般に亘って、一本のパイプのように、よどみなく流れる事によって達成されると考えるが、従来のシステム化は、ともすれば、販売店、ディストリビュータ、自販の各々の個別システムで成り立っており、その効果も企業内の範囲にとどまっていた。

しかし、今後は、これらのシステムを先に述べたデータ通信ネットワーク［MARKⅢ］を基盤とし、相互に結びつけ効率よく運用すると共に流通過程におけるあらゆる情報を必要な時に必要な場所で利用できるように、いわゆる「システム・ネットワーク」を構成する事が目標となろう。[181]

本章冒頭に「工場で完成した製品を最終消費者まで『水が流れるように淀みなく動かす』仕組みが形成された道筋を辿る」と書いた。このATOMSによって、トヨタは海外の最終消費者を対象に「物、情報が流通過程全般に

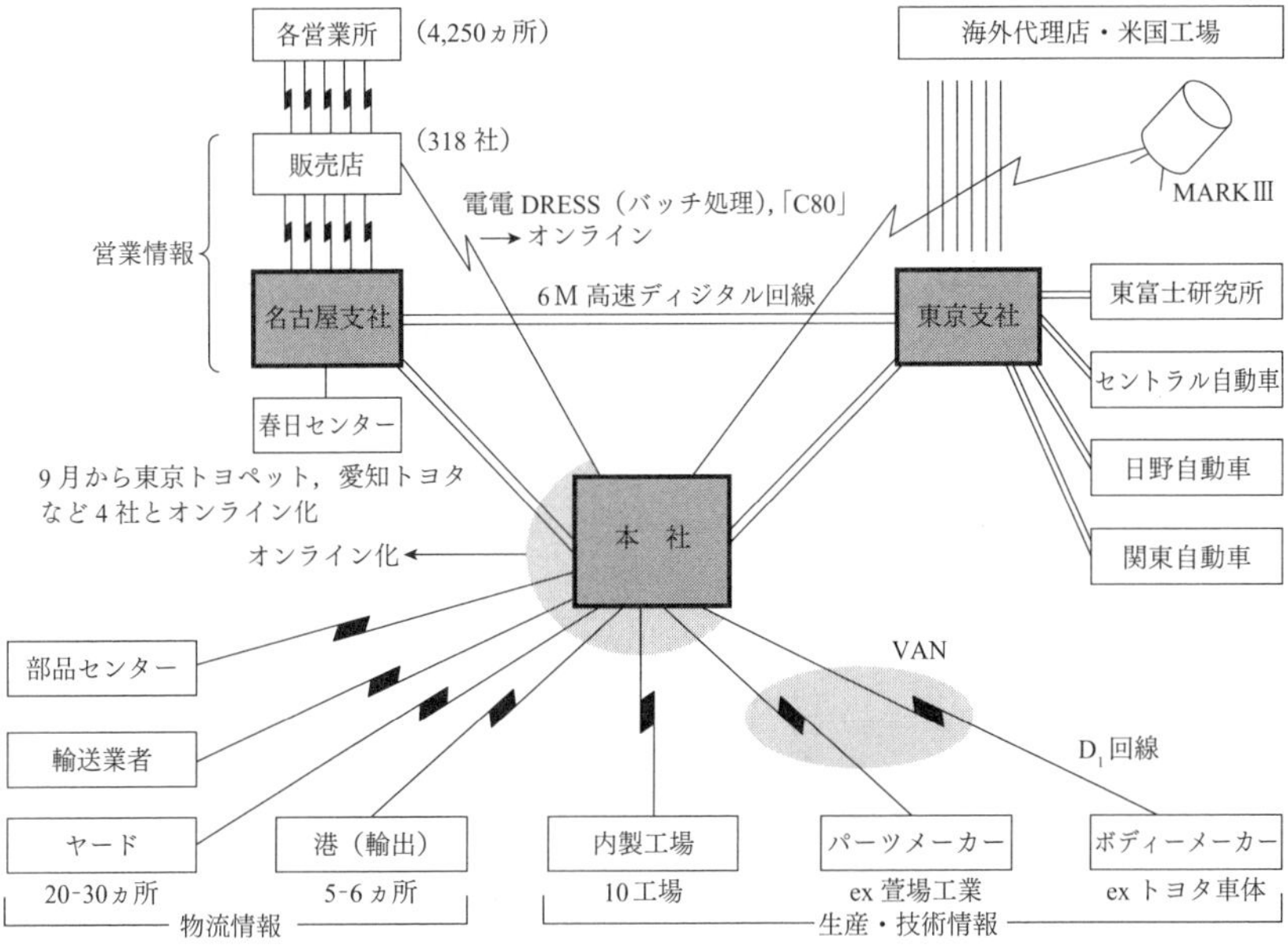

図3-20　情報通信ネットワークの概要（1980年代中頃）

出所）「トヨタ“VAN”の衝撃　関連業界に生産・物流システムの見直し迫る」『日経コミュニケーション』［特別編集版］1985年8月22日号，31頁。

亘って、一本のパイプのように、よどみなく流れる事」を実現するシステムの構築へと向かった。だが、このようなシステム化が進めば、自工・自販が分離したままで、システムを効率的に運用できるのかという疑問が浮かぶ。まさに自工・自販の合併前夜というべき時期であることがわかろう。

『トヨタ生産方式』では「トヨタ生産方式をスムーズに動かすためには、トヨタ式生産計画およびトヨタ式情報システムがしっかりと組み上げられていなければならない」と言われていた[182]（第1章5（1）参照）。この書物が上梓された頃には、自販のシステムは海外に展開し、一九八〇年代中頃（工販合併後）になると、トヨタのシステムは大まかには図3-20のように展開していた。日本と海外の間はMARKⅢを使うリモート・バッチ処理であり、この時代の技術的制約であった。だが、次第にこの制約条件を乗り越える必要が出てくる。

このため、自工・自販の合併後には情報システムの再構築が実施される。これは次の引用文を読めばわかろう。

自工と自販の合併後の［一九］八〇年代中頃からオールトヨタ情報ネットワーク委員会が発足し、グループ全体での情報ネットワーク構築がスタートし、トヨタとしてのグローバルネットワークの構築が始まる。［一九］八六年にトヨタと販売店間をオンライン化するＴＮＳ（Toyota Network System）が開発された。[183]

（7）海外生産拠点を大幅に拡大するには何が必要だったのか？

一九八五年には、トヨタが海外拠点で生産する台数が生産台数全体に占める割合はまだ小さい（図3-17参照）。ところが、これ以降（特に、一九九〇年代に入って以降）、海外生産は拡大していく。

この海外生産拡大が何によってもたらされたかを考える際、多くは政治的圧力に目が向きやすい。

一九八一年から日本製乗用車の対米輸出自主規制は始まっていた（本章1参照）。だが、日本製自動車が大量に輸出されている状況では「貿易摩擦」はなくならなかった。一九八九年に日米構造協議が始まり、九三年には日米包括経済協議が設置される一連の動きにおいても、焦点の一つは自動車および自動車部品であった。「もともと日米包括経済協議の一分野に過ぎなかった自動車・同部品分野の協議」を日米の関係者が「日米自動車交渉」と「いつの間にかこう呼ぶようになっていった」という。[184] その理由を一九九五年の「日米自動車交渉」の決着後に出版された『ドキュメント日米自動車協議』は次のように解説してみせる。

自動車産業が［日米］両国にとって特別な存在であり、他の分野の協議がかすむほどの重みがあったからにほかならない。

年間六百六十億ドルにのぼる米国の対日貿易赤字のうち、三分の二が自動車に関連した要因だとされる。自動車問題を放置しておく限り、おそらく日米間の貿易摩擦はなくならないだろう。……

日米自動車交渉は、両国の長い通商交渉の歴史のなかでも異質な存在だった。米国製部品購入に関する日本企業の自主計画が、最後まで交渉の焦点であり続け、産業に対する政府の権限をめぐり、約二年間にわたり日米政府間の議論は平行線をたどった。問題点をとことん議論し尽くすことで、双方が納得して合意に達したのではない。土壇場の決着を導いたのは、結局のところ、企業がまとめた自主計画であった[185]。

一九九五年の日米自動車交渉については依拠すべき研究文献がすでにある[186]。だが、ここでは当時の『日刊自動車新聞』に依拠して（あえて自動車業界がどのように考えていたかに力点を置き）、「自主計画」の意味について考えてみたい。

一九九五年六月三〇日の同新聞は、橋本龍太郎通産大臣がにこやかな笑顔でマイケル・カンター通商代表と記者団の前で握手する写真とともに、一面トップで「危険性はらむ生産増強計画」という記事を掲載している。そのリード文は次のように始まる。

　二年間に及んだ日米自動車交渉がようやく決着した。数値目標をめぐる長い攻防は「日本政府は関与しないが、米国は各社の増産計画を基に推測できる」とする〝あいまい〟な形での合意となった。日本メーカーは、対日制裁が避けられたことで一応は安どの表情を見せる。だが、合意に合わせて発表した海外生産増強計画が再び公約として蒸し返される危険性をはらみ、市場開放や規制緩和でも、これまで以上の努力を求められることになる[187]。

同紙が同じ一面に「交渉打開に大きく貢献　メーカー五社自主計画発表」を掲載していることからもわかるように、この交渉「合意に合わせて発表した海外生産増強計画」こそが、個々の会社の「自主計画」だった。

翌七月一日の同紙一面のトップ記事は「確実に進む国内空洞化　自主計画は〝両刃の剣〟」であった。だが注目したいのは、その記事に付された写真である。そのキャプションは「日米協議の決着を受けて自主計画を発表したトヨタ自動車の張富士夫常務［当時］」とある。普通は、これで十分な説明のはずだが、キャプションには「二九日午前〇：三〇」ともある。まさに協議決着を受けての異例の深夜発表だったことがわかる。なぜトヨタの発表の様子だけが写真で掲載されているのか（実際には、午前零時から日産が東京・大手町の経団連会館の記者クラブで自主計画を発表した後に、同じ場所でトヨタが同じく自主計画を発表した。[188] それにもかかわらず、この業界新聞は日産の発表については触れていない）。これは、記事を読めばトヨタが特別だったからだということがわかる。この記事にはリード文はなく、本文は次のようである。

「自主計画は生産能力の事業計画であって、公約ではない」。日本自動車工業会の岩崎正視会長［一九九五年に豊田達郎が病気療養のため自工会会長を降り、トヨタ副社長の岩崎が同ポストに就いていた］は［六月］二十九日に開いた記者会見であらためて強調した。対日制裁回避、合意への〝切り札〟とされた大手メーカー五社の自主計画は、確かに効果があった。だが、米側が現地調達部品の購入額などを「推測」の形で公表。将来的にはその解釈をめぐり、日米が再びギクシャクすることも想定される。……

（中略）

……今回の自主計画を見ても、米国での新工場建設の計画を入れたのはトヨタと日産だけ。内容的にはトヨタだけが盛りだくさんで、一部のメーカーは形だけの公表との印象も受ける。[189]

自動車業界に特化した新聞記者たちの目からして「内容的にはトヨタだけが盛りだくさん」といったその内容とはどんなものだったのか。同紙はトヨタの自主計画について次のように伝える。

トヨタ自動車はこの日［六月二九日］の記者会見で、現地化の推進と輸入拡大を柱として国際協調や円高など経済環境への今後の対応を織り込んだ「新国際ビジネスプラン」を発表した。同プランでは①九八年までに日本を除く海外での販売台数の六五％を海外生産とする②九八年までに北米での現地生産能力を九四年実績比五〇％増の百十万台に引き上げ、新工場設立も検討する③海外部品の購入拡大に向けて「トヨタ世界最適調達制度」を世界で導入する④輸入補修部品を調達・販売するための新会社を九六年までに設立する――などを骨子とした。

トヨタは北米での現地化計画として、米国工場TMM［現・トヨタ・モーター・マニュファクチュアリング・ケンタッキー（TMMK）］の生産能力を九四年実績の二十八万五千台から九八年には五十万台に、カナダのTMMC［トヨタ・モーター・マニュファクチュアリング・カナダ］も同八万六千台から二十万台に引き上げるほか、四年後をめどに米国内に年産十万台規模の新工場設立を検討していることを正式に表明。「カムリ」「カローラ」など現在生産している四車種に加え、ミニバンを含む三〜四車種を新規に現地生産する計画を明らかにした。

また、エンジン関連部品の北米シフトも大幅に推進し、カローラ系車種のエンジン生産も米国の現地化、米加両工場で年産三十五万基に引き上げる。[190]

この自主計画はトヨタの海外での現地生産を本格化することを事実上、宣言したに等しい。事実、トヨタの海外生産は加速する。

このように書くと、あたかも政治的な圧力だけが海外生産を加速したかのように考えがちである。だが、一九八四年にGMとの合弁NUMMIで生産が始まってから一〇年を経ても、なぜ日米自動車交渉が繰り返されていたのだろうか。もしも、政治的圧力だけで北米生産を拡大するのなら、もっと早い時期に現地生産台数が急増していてもおかしくない。

一九八二年に自工と自販が合併して以降、新型車や主力製品モデルチェンジを相次いで実施し、八三年の「国内販売台数は約一六〇万台、シェアは四〇・二%に達した」。シェアが四〇%を回復したのは九年ぶりであった。その後も国内販売台数は一九八四年一六二万台、八五年一六八万台、八六年一七五万台、八七年一八八万台と「堅調に推移し、シェアも四〇%台を維持した」。さらにバブル景気で「自動車需要は一気に膨れ上がり」、トヨタ車の国内販売台数は一九八八年には「二一二万台と初の二〇〇万台を記録し」ただけでなく、八九年には二三一万台、九〇年には二五〇万台と「右肩上がりで推移し」ていった。[191] こうした旺盛な国内需要に対応すべく、海外生産の展開が遅くなったとも考えられる。

だが、一九九五年に入ると、国内市場の「環境は一変」する。通年でもシェア四〇%を維持することは難しい状況となった。同年八月に社長に就いた奥田碩は、「①商品企画力の強化、②技術開発力の抜本的強化、③国内シェアの早期挽回、④海外展開のスピードアップ、⑤新規事業の開発・育成、の五項目を重点課題として掲げ」た。まさしく、日米自動車交渉での自主計画「新国際ビジネスプラン」を速やかに実施する必要もあったのである(④)。

この時点で、トヨタが「海外展開のスピードアップ」を重要課題としたのは、裏返してみれば、それまでの海外展開が緩慢だったからにほかならない。しかし、この緩慢さの理由を国内市場の拡大と関連づけるだけでよいのだろうか。あるいは外国、とりわけ米国からの政治的圧力が弱かったからと考えるだけでよいのだろうか。むしろ、トヨタ自体に海外生産を積極的に展開する条件が整っていなかったからではないのか。

『トヨタ生産方式』では、「トヨタ生産方式をスムーズに動かすためには、トヨタ式生産計画およびトヨタ式情報システムがしっかりと組み上げられていなければならない」と言っていた[192]。これを裏付けるように、一九九五年から「情報システム高度化推進会議」を開始し[193]、トヨタの情報システムを大幅に変える「情報システム高度化プログラム」が展開する。

この「情報システム高度化」プログラムは、「一九」九五年後半に開発、生産、販売の関連部門トップからなる「情報システム高度化推進会議」という会議体を中心に推進され、「グローバルITサミット」、「i－Toyotaビジョン」などへ展開される。情報システム高度化プログラムにより、社内、グループでのネットワーク環境の整備、「一人に一台のパソコン」という社内情報インフラ整備に始まり、BR［ビジネス・リフォーム(業務改善)］活動から展開された多くの情報化テーマが推進された。

情報システム高度化プログラムは、トヨタの全社的なIT化推進、グローバル化への情報基盤整備を意味し、投資額も倍増して当時一、〇〇〇億円規模となった。しかし、トヨタの情報化投資は米ビッグスリーなど同業他社に比べて売り上げ比率では半分程度で決して高くはない[194]。このプログラムによって何が変わったのだろうか。これについて次に考えてみよう。

（8）情報システム高度化プログラムは何をどのように変えたのか？

情報システム高度化プログラムを始める前でさえ、トヨタは情報システムを構築してきた。トヨタは「ワールドワイドに拡大してきた生産、販売活動の基盤として、一九八二年より、社内・社外、日米欧間のグローバル・ネットワークを構築して」いた[195]。

このように書けば、すでに「日米欧間のグローバル・ネットワーク」があったのだから、情報システムはトヨタが海外での生産を拡大する制約条件にはなっていないのではないかという疑問が浮かぶ読者も多いに違いない。しかし、問題はその「グローバル・ネットワーク」の実態である。一九九一年一一月の時点におけるトヨタのグローバル・ネットワークを図3‐21に示す。この図で「ｂｐｓ」とあるのは、"bits per second"の略で、一秒間に転送されるデータ量を表す。「ｋｂｐｓ」はキロビット毎秒、「Ｍｂｐｓ」はメガビット毎秒の転送速度を示し、前者がｂｐｓの10^3倍、後者が10^6倍である。図では実践の太さがデータの転送速度を表していると考えてよい。

図3‐20と図3‐21を比べると明瞭なことは、図3‐21にはアメリカ国内とヨーロッパの工場が書き込まれていることである。米国トヨタ（ＴＭＳ）がＮＵＭＭＩとケンタッキー工場のデータを集約する場所になっており、そのＴＭＳと東京本社が結ばれている。しかも、そのデータ転送回路は二つある。ＩＤＣは海底光ケーブルで、ＫＤＤは日米間専用線であり、通信衛星を介している。ヨーロッパや他の地域と日本との間は、この時点は依然としてＭＡＲＫⅢ（本章4(6)参照）を使っていた[196]。

図3‐21からわかるように、トヨタのネットワークは「本社（愛知県豊田市）、名古屋ビル、東京本社の三大拠点を中心にした基幹ネットワーク」が中心にあり[197]、トヨタの「生産・販売拠点の拡大に伴い、コスト低減だけでなく

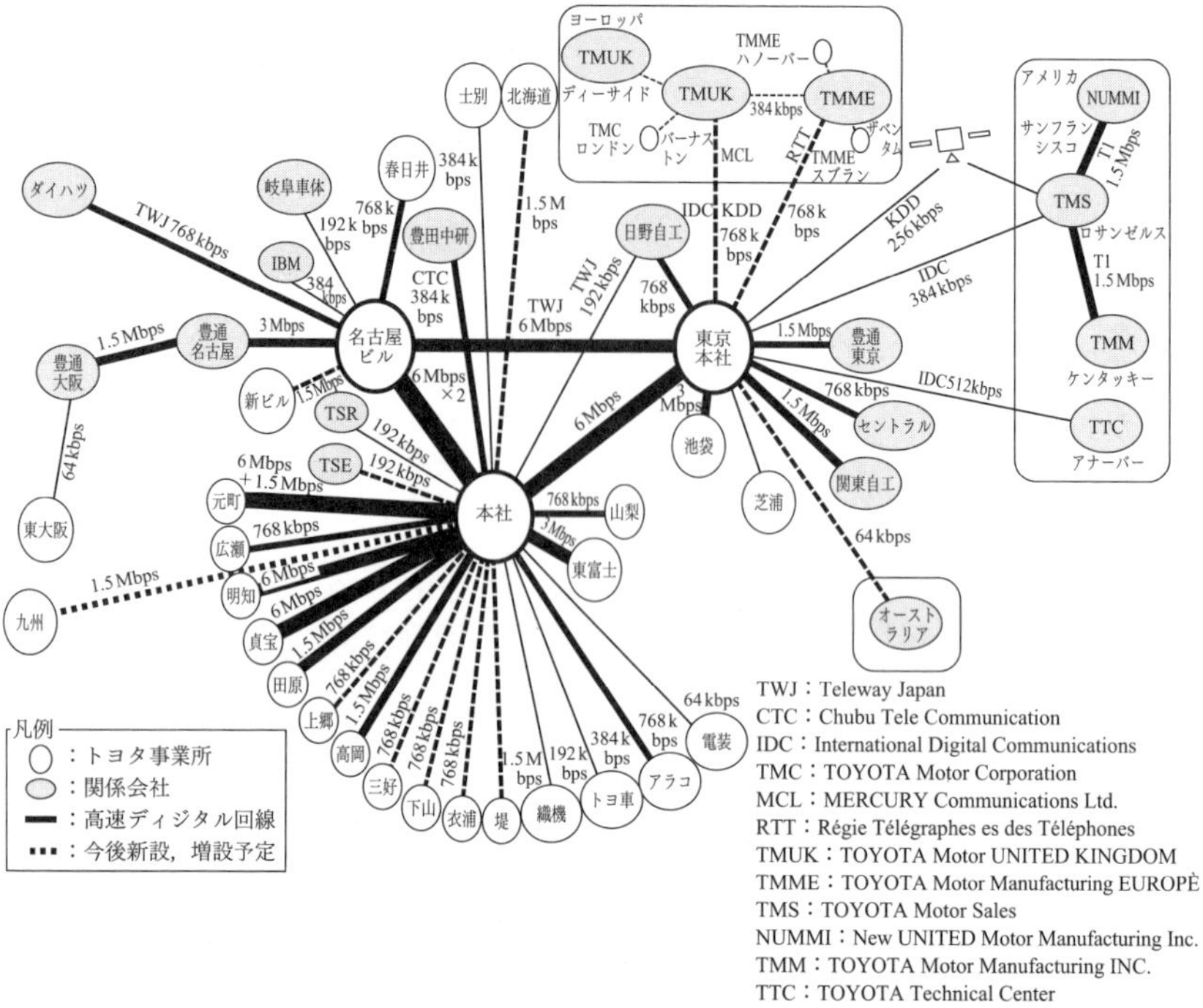

図 3-21　基幹ネットワーク（1991 年 11 月現在）

出所）中嶋敏文・各務正洋「グローバル化するトヨタ自動車の広域ネットワーク」『コンピュータ＆ネットワーク LAN』1991 年 12 月号，101 頁

企業活動のインフラストラクチャとして戦略的にネットワークを拡張しており、国内では九州、北海道の新たな生産拠点、海外ではヨーロッパなどへ基幹ネットワークを拡張」していた。この「豊田、東京、名古屋の三大拠点は、それぞれの地域におけるハブの役割（たとえば、豊田地区では本社を中心に工場、関連会社が放射状に接続されている）を果たしている」ため、「三大拠点間は十分な信頼性を確保する必要があり、伝送路障害に際して迅速なバックアップが可能となるようトライアングル状に構築」されている[198]（この大枠は図 3-20 でも同様である）。

このように日本国内の三大拠点がハブになり、工場や関連会社が高速なデータ転送ができるように接続されているのに対して、海外との接続は、一応なされてはいるものの、日本国内の工

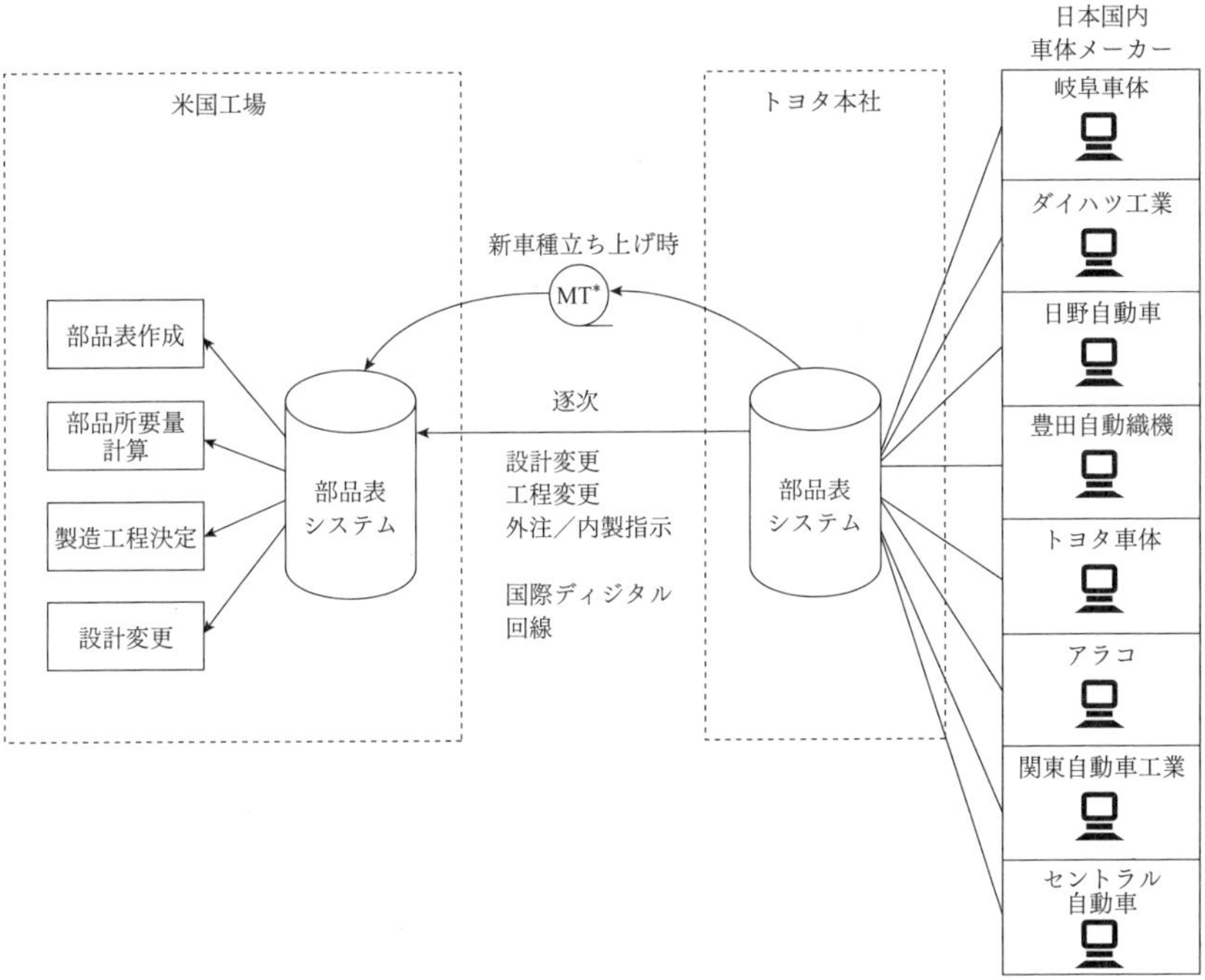

図3-22　日本と米国工場における部品表システムの利用（1990年5月頃）

注）＊磁気テープ（マグネット・テープ）。
出所）「戦略ネットワークの研究　トヨタ自動車」『日経コミュニケーション』1991年1月21日号，57頁。

場・関連施設ほど高速ではない。トヨタが部品表（SMS）を事業の基盤に置いているのだとすれば、これで効率的な事業が海外（特にアメリカ）で可能だったのだろうか。疑問を抱かざるをえない。

そもそもアメリカの工場では部品表を使っていたのか。これについて、雑誌『日経コミュニケーション』（一九九一年）掲載の論考は次のように書く。

> 米国工場では［一九］九〇年五月から生産車種である「カムリ」について、部品表システムを導入した。カムリの中でもワゴンなどいくつも車種があり、またオプションなどによって生産する車両の種類は膨大になる。これらの部品の手配を行ったり、製造工程を最適化したり複雑な作業を支援するのが部品表システムである。(199)

この説明に図3-22が付けられている。

その原題には「米国工場でも一元的に部品表が利用できる」とあり、「日本国内の車体メーカーと同様にトヨタ本社で一元的に部品表システムが管理されており、新車種立ち上げ時はＭＴ（磁気テープ）で送り、その後逐次変更データが通信回線で送られる」とある。[200] これでも、状況が改善されたことは次の説明からわかる。

以前は部品表をＦＡＸなどハードコピーで米国工場に送り、米国工場でそのハードコピーを元に部品手配用端末に入力していたため、入力ミスがあったり、手間もかかっていた。「部品表システムの利用で、精度、効率が向上した」……という。

部品表のデータは二四Ｍ〜三二Ｍバイトと大量なため、新車種立ち上げ時はＭＴ［磁気テープ］でトヨタ本社から米国工場に送り、その後は設計変更、工程変更、外注／内製指示などのデータ（一Ｍ〜二Ｍバイト程度）の変更が生じるたびに、ＴＮＳ-Ｏ［ＴＮＳはトヨタの基幹ネットワークシステムを指すToyota Network Systemの略で、このシステムのうち海外・日本間のデータ授受を受け持つ部分。これを示すために、海外（Overseas）を示すＯがＴＮＳの後に付けられている］を使って伝送している。[201]

この国際的に拡がったネットワークを利用して、輸出車両総合管理システム（ＡＴＯＭＳ）の運用も行われていったのである（本節(6)参照）。

このネットワークに何も問題はないだろうと考える読者は多いに違いない。だが、このシステムには大きな問題がはらまれていた。それはこのシステムが日本をあくまでも中核としているものであるということである。言い換えれば、日本の生産拠点から完成車輸出やＫＤ輸出を海外に向けて行うことを前提としたシステムなのである。このままでは、絶えず日本に情報が集約され事業が進行することになる。これは過去のトヨタの事業の進め方であり、それを反映したネットワーク構造になってしまっているのだ。この問題は一九九〇年代初頭には認識されていたことが、次のトヨタ取締役の談話からもわかろう。

今のところトヨタ本社が中央でコントロールしながら、世界ネットワークを運用し、生産、販売などの事業を展開している。しかし、いずれ海外拠点のそれぞれが自主的な判断によって行動するような仕組みを作って行かないと、世界戦略が行き詰まってしまうだろう。単に中央集権的に情報を集めるためでなく、現地で判断して、現地で事業を展開するための道具としてネットワークが使われるべきだ。[202]

「トヨタ本社が中央でコントロール」する体制から脱却して、「単に中央集権的に情報を集めるためでなく、現地で判断して、現地で事業を展開するための道具としてネットワーク」を使うようにする。これなくして、海外生産の展開は進まない。一九六〇年代中頃に「最後はとっておきのアメリカへ進むわけだが、アメリカは一番伸びるだろう」と言っていたアメリカ市場への「輸出」ではなく（本章２(1)参照）、アメリカでの現地生産を本格化するためには、情報システムの抜本的な改革が必要だったのである。

しかし、システムの変革は一朝一夕にできるものではない。現実に変革され始めた初期の試みは、二一世紀初頭に生きる人々にとって、ごく常識的な環境整備にしか見えない。次のようである。

情報システム高度化プログラムは、トヨタの全社的なＩＴ化推進、グローバル化への情報基盤整備を意味した。情報システム高度化プログラムで第一にスタートしたのは社内情報インフラ整備であり、全社共通のメール環境とグループウェアやＷｅｂシステム「Ｔ-Ｗａｖｅ」である。「Ｔ-Ｗａｖｅ」により社内通知・通達（福利厚生、交通安全、社内ルール、会議体報告など）をはじめ、社内外のニュースの閲覧など、提供する情報コンテンツは増大していった。それらに加え各種の依頼書などの手続き型、特定調達や出張、年休などの決裁型、法人税法など法制度による書類保管（請求書や納品書など）が全て電子化されていった。[203]

しかし、これはまさしく「トヨタの全社的なＩＴ化推進、グローバル化への情報基盤整備」を目指し、「グローバル経営管理」の実現を念頭に進められたプロジェクトであった。[204]

一九九〇年代後半になると、先に紹介した輸出車両総合管理システム（ＡＴＯＭＳ）も再構築されることになる。それが「コスモス」である。『トヨタ語の事典』は次のように説明する（本章４(6)参照）。

「海外車両オーダー・出荷システム」のことで、トヨタの海外車両販売をサポートするシステム。二一世紀の海外販売を支える基幹情報インフラとして、ATOMS（輸出車両総合管理システム）が再構築されてこの名称となった。

ATOMSは、海外代理店からの車両オーダーを受け生産手配するまでの海外営業と、ラインオフから船積までの現車物流をカバーした総合管理システムであったが、急激な状況変化に対応するため新しいシステムが求められるようになっていた。そこで、さらなる海外販売の増加を目指し、多様化したユーザニーズへのすばやい商品対応やグローバルレベルでの需給管理の充実、業務効率化とスピードアップを図るため、ATOMSからの再構築が実施された。

状況変化の一つとして、日本生産車のCBU（完成車）輸出販売から、海外生産台数の増強に伴う現地生産車中心の販売への移行があった。COSMOSはこうした状況の変化を受け、商品情報提供の期間短縮や価格策定業務の効率化、需給リードタイムの短縮化やオーダー台数調整の効率化、価格情報の共有化やオーダー制度の向上、市場・販売分析の精度向上や三国間輸出車両の納期管理充実等を目標として構築された(205)。

上述のようにATOMSは、あくまでも日本で製造した車両の輸出に関わるシステムであった。しかし状況は「日本生産車のCBU（完成車）輸出販売から、海外生産台数の増強に伴う現地生産車中心の販売へ」移行しつつあった。これに情報システムが追随して変化していったのである。

しかし、海外車両のオーダー・出荷管理だけが問題ではあるまい。アメリカ国内だけでも生産拠点・ディーラーは多数にのぼる。それだけでなく、他の国々での現地生産も増えていく。一定程度までは、トヨタの基幹ネットワークの情報移転のスピードを速めるだけでも対応できよう。しかし、次第に日本に情報を集約するネットワークの構造自体が、海外での生産をさらに展開する制約になりつつあったのではないか。

このように考えると、何かが二〇世紀から二一世紀の転換期にトヨタで起き始めていたのではないかと思えてくる。この点について次に考えてみたい。

（9）二一世紀への転換期にトヨタでは何か大きな変革があったのか？

トヨタの海外での現地生産が進展したことは二〇世紀末には多くの人にとっては語る必要もない自明なこととなった。しかし、二〇〇〇年一二月の『日刊自動車新聞』は、本書の読者にとっては奇妙にも考えられる記事を一面トップに掲載する。記事タイトルは「部品データベース確立　各部連動で効率化」であり、そこに「トヨタ、〇三年メド」ともある。[206]

なぜ「本書の読者にとっては奇妙にも考えられる」と書いたのか、念のため説明しておこう。「部品データベース」はすでにトヨタでは部品表（ＳＭＳ）として確立しているはずである（第2章4(13)参照）。部品表システムの作成にあたって、どれほどの労力をかけて部品レベルのデータをデジタル化したかを知るだけに、何を今さら「部品データベース確立」と騒ぎ立てるのかと考えざるをえないのである。

この記事のリード文は次のようである。

トヨタ自動車は、二〇〇三年をめどに国内の調達、開発、生産、販売などを網羅するコンピュータネットワークシステムを構築する。これまでシステムの基礎となる部品のデータベースが十分に整備されていなかったために、各部門が個別にシステムの開発を進めるケースが多かった。今後は二万点以上の部品のデータベースを確立、各システムを連動させ開発や生産準備の効率化、競争力強化につなげる。また国内と並行して海外の生産拠点を結ぶネットワークの整備も進める。[207]

「システムの基礎となる部品のデータベースが十分に整備されていなかった」とは、少なくとも本書で述べてきたことと大きく異なるのではないか。この点に留意しつつ、本文を読み進んでみよう。

トヨタは、デジタル設計や生産準備のシミュレーションシステム「Ｖ－Ｃｏｍｍ」［Virtual & Visual Communication の略称」、販売店の業務効率化のための「ａ・ｉ－２１」［Toyota Advanced Information System 21 の略称］など部門ごとにコンピューターシステムの開発・導入を進めている。こうしたシステムを機能的に連動させることで、全体の業務の効率向上を図る。

　これに向け部品のデータベースの整備に取り組む。自動車の構成部品は約二万点にのぼり、ボルトやナットなども加えるとさらに点数が増える。こうした部品のデータを取りまとめ各部門が共有できる体制とする。共通のデータベースを活用することで、部門ごとのシステムを連携させる。

　同時に日本のほか海外の主要拠点である北米、欧州、アジアの各拠点を結ぶネットワークを構築。これまで商慣習などの違いから連動が難しかったが、二〇〇三年までに世界四極を網羅する。開発や生産の効率アップを目指す考えだ。[208]

「Ｖ－Ｃｏｍｍ」は、「車のボデー開発」でデジタル・エンジニアリングを可能にするものである。また、「ａ・ｉ－２１」は販売店総合支援システムで、かつて一九八〇年代にはＣ－８０、九〇年代にはＣ－９０で販売店業務を支援していたシステムが進化したものである。いずれも、一九九〇年代の情報システム高度化による成果でもある。[209]また、「日本のほか海外の主要拠点である北米、欧州、アジアの各拠点を結ぶネットワークを構築」することは、一九九〇年代初頭において認識されつつあった、日本だけを中核とする集権的なシステムの問題につながっているだろう。記事本文では「二〇〇三年までに世界四極」という用語が使われており、これは一極集中ではなく多極化（つまりは、分散化）を目指すとも読める。とりわけ本文の前に掲げられている小見出しが「世界四極の拠点もつなぐ」となっているので、日本一極集中からの脱却とも読める。

　ともあれ、この記事は、リード文が冒頭で述べている「国内の調達、開発、生産、販売などを網羅するコンピュータネットワークシステムを構築」することを伝えたものである。だが、トヨタが築いていた部品表（ＳＭＳ）との関連が不明確な点が気にかかる。

その後、時間が経つにつれ、この「部品データベース確立」とは、部品表（ＳＭＳ）の再構築であったことが判明する。ビジネス関連の雑誌などに関係する記事が掲載されるようになるからである。このプロジェクトに深く関わった日本ＩＢＭが上梓している雑誌『PROVISION』から記事を紹介しよう。タイトルは「さらなるグローバル展開に向けて、基幹システムである『部品表システム』を再構築」である。このタイトルだけでも内容は推測できようが、リード文の冒頭はこのようである。

トヨタ自動車株式会社では、二〇〇〇年六月より再構築を進めていた部品表システムの運用をスタート。同社の基幹システムともいわれる部品表システムが刷新されることで、グローバルに展開する生産業務の一元管理が可能になるとともに、一層の業務の効率化や、リード・タイムの短縮が実現します[210]。

この記事が書くように、部品表システムはトヨタの「基幹システム」である。だが、この時期になぜ「刷新」する必要があったのだろうか。「グローバルに展開する生産業務の一元管理が可能になる」と書いてあるが、そもそも部品表は少なくとも「生産業務」については「一元管理」されていたのではないのか。このような疑問を生む書き方である。

この記事で内山田竹志（当時・専務取締役）はトヨタの部品表システムについて次のように言う。

実は、当社［トヨタ］の部品表システムは約三〇年前に構築されました。いわゆるコンピューター・システムがこれだけ長期にわたって使い続けられることはめったにないはずです。われわれが三〇年間、このシステムを使い続けることができたのは、当時、部品表システムを構築したエンジニアたちの先見の明にほかなりません。というのは、十分に余裕のある桁数や項目数で設計してあったため、その後の部品数の増加にもなんとか対応できたのです。

その意味では、当時のエンジニアは、本当に感嘆すべき仕事をしたと思っています。

当社の企業規模は、三〇年前には想像できないほど大きく成長しましたが、それを見通してシステムを構築していたということです。そうでなければ三〇年間もシステムを使い続けられるはずがありません[211]。

たしかに、トヨタでは一九七〇年代中頃に部品表システムが構築されているから、それから約三〇年間使われてきていたのである。だが、この説明だけでは、積極的に部品表を「再構築」する理由としては弱い。この点について、彼は次のようにも言う。

〔トヨタの〕各部門では、その時々のニーズに応じて、部品表データベースのサブセットを利用するアプリケーションを開発してきたという経緯がありました。また、海外の生産拠点やボディ・メーカーでも部品表データベースを基に独自のアプリケーションを開発していったことからトヨタ・グループ全体で部品表の整合性を取るのがますます難しくなってきました。

トヨタ自動車全社で一つの部品表でありながら実際には部門ごとにそれぞれ細部が異なった部品表を使っているという状況になってしまっていたのです[212]。

この文章を読んだときの衝撃は忘れがたい。「全社で一つの部品表」は当然ではないのかと。それが「部門ごとにそれぞれ細部が異なった部品表を使っているという状況」で、部品表の意味があるのかと。これだけでは具体的な問題がわからないのだが、同記事には安川彰吉（当時・常務役員）が、その点について次のように語っている。

部品表というものは、単なる記号の入れ物であり、部品の一覧表にすぎないのですが、その一方で「部品の一覧表」という言葉では語り尽くせない意味深い存在です。

現在、私は、上郷工場・明知工場・下山工場の各工場長を兼任する立場にありますが、それ以前は生産管理や新車進行などの各部門で長年にわたって実際に部品表システムを使ってきました。その経験から言うのですが、現行の部品表システムはいわば〝恐竜〟なのです。

というのは、部品表は一種の記号体系ですから当然ながら各記号はトヨタ自動車の全工程で首尾一貫している必要があります。ところが私が新車進行管理部長になったころには、前工程から流れてくる部品表の整合性が必ずしも取れていないということがありました。そのままでは後工程に流すことができないため、ラインを立ち上げる寸前にはスタッフを総動員して、徹夜をしてでも記号体系を整えるということがよくありました。部品表があまりにも巨大になってしまった結果、その維持に大変な苦労をしたり、膨大なエネルギーを使わなければいけなくなってしまったのです。まさに巨大な恐竜になってしまったということなのです。

このまま放っておいたらいずれバーストする、いずれ恐竜のように死滅してしまうと危機感を持ち、部品表システムの再構築を訴えました。[213]

「前工程から流れてくる部品表の整合性が必ずしも取れていない」状況では、むろん、「そのままでは後工程に流すことができない」。まさに「トヨタ自動車の全工程で首尾一貫」させるべく作成した「部品表の整合性が必ずしも取れていない」ことは大問題である。安川が、部品表が「巨大な恐竜」になったという表現を使いたくなることもよくわかる。

この部品表の再構築作業は二〇〇〇年六月から始まったと、この記事のリード文では書いてあった。しかし、「部品表システムの再構築を訴え」た安川に対し、会社はすぐには「ゴー・サイン」を出さなかったという。だが、「その数年後には再構築の機運が一気に高まっていった」という。[214]

この再構築の動きはいつから始まったのか。これについての記事は、さらに時間を経た後に世に出る。これによると、次のようであったという。

一九九六年から、トヨタは部品表データベースのあり方について検討を始めた。この準備作業だけで、一年半の期間と一〇数億円を投じたと見られる。新SMSプロジェクトを本格的に始めた二〇〇〇年より、はるか以前のことである。[215]

この記事を信じれば、「部品表データベースのあり方について検討を始めた」のは一九九六年である。ところが、一九九四年三月末に『中日新聞』は「トヨタ、車開発期間を短縮　現行三〇カ月を一八カ月に　競争力回復図る」

という記事を一面に掲載し、次のように伝えている。

［トヨタは］自動車の企画・開発から生産・発売までの「リードタイム」を、現状の三十カ月（二年半）から最短で一挙に十八カ月（一年半）に大幅短縮する方針を明らかにした。今後二年から三年での実現を目指す。……同社は「仕事の仕組みを根本から変える」……としており、二十年近く見直していなかった同社の生産管理システムの教科書とも言える部品管理システム「ＳＭＳ」の改革にも踏み込むなど、従来の発想を根底から転換する全社的な業務改革に四月から取り組む方針だ。[216]

この記事から考えれば、一九九四年にはそれまでの部品表（ＳＭＳ）についての問題点が社内では認識されていた。ただ、その動きが本格化するのは一九九〇年代半ば以降ということになろう。一九九五年にはトヨタが国際的な競争力の強化策に乗り出さざるをえない出来事が相次いでいた。前述の橋本・カンター会談による急転直下の日米自動車交渉の妥結、その深夜にはトヨタが「新国際ビジネスプラン」を発表する一方、同社内では情報高度化プログラムをスタートさせていた（本節(7)(8)参照）。このように考えれば、情報システムの再構築の中で、「部品表データベースのあり方について検討を始め」ることは十分理解できる。事業活動をいっそう国際的に展開しようとしたときに、実際に部品表システムを使っている人々が訴えていた、「まさに巨大な恐竜になってしまった」基幹システムの再構築が大きな課題として浮かび上がってきたのであろう。

(10)　新たな部品表（ＳＭＳ）は何をどのように変えたのか？

既存の部品表（ＳＭＳ）をトヨタはどのように変えたのだろうか。執筆対象時期が現在に近づくにつれ、またトピックが企業活動の根幹に関わるものであればあるほど、情報は限られる。また真偽を確かめにくい。一九六九年に水野崇治が「電算機の活用についての話は、どうも〝ホラを吹く〟傾向が強く、事実と観念が混同しがちである」[217]と書いていたことも思い出される（第1章7(6)参照）。

新部品表システムの構築を検討する委員会の委員長は、前出の安川彰吉であった。彼は、古い部品表について次のように語る。

実は、現行の［古い］部品表システムは、どちらかといえば部品を手配するためのものであり、平面的な構成になっていました。それを奥行きを持ってツリー状に部品を表現できる記号体系に切り替えるということです。[218]

たしかにトヨタでは部品表によって部品手配を容易にすることが大きな目的のひとつであった（第１章６（４）参照）。二〇一〇年代になって部品表について簡単に調べようとすると、当然のごとくツリー状に構成されているものと考え、その理解を単純に過去に投影しがちである。だが、かつては平面的な構成になっていたという。考えてみれば、過去の限られたコンピュータ処理能力では、記号体系である部品表をツリー状構造にすることは難しかったのであろう。ではなぜツリー状にする必要があるのか。これについて、安川は次のように語る。

記号自身にツリー状の体系を持たせる……例えば、自動車を分解することを考えてください。タイヤはいつでも分解して単体の部品として扱えます。一方、エンジンは複数の部品で構成されていますから奥まった位置に［ある］部品をいきなりばらすことはできません。順番に分解していくことになります。一台の車を分解していくと、最後には数千種類・数万点の部品になります。そして部品分解する際にその順番が決まっているということは、部品の構成をツリー状で表現できるということになります。また、われわれはエンジンを一つの部品として扱いますが、エンジン・メーカー側ではエンジンをツリー状の部品構成で表現することができます。こうして二次サプライヤーさん、三次サプライヤーさんにまで下りていって、すべての部品でツリーを作れるようにするということが大切です。[219]

実に明快で、説明を付け加える必要もあるまい。現時点で部品表とは何かを調べようとしても、このようになろう。

安川は「前工程から流れてくる部品表の整合性が必ずしも取れていない」と指摘していた（前項参照）。したがって、新たな部品表がその欠点を修正するものであったことは言うまでもない。彼は次のように言う。

開発～生産～物流という流れの中で、一つの記号体系として整合性を持つということです。上流から下流のすべての段階で利用できる記号体系です。[220]

これは部品表の基本要件とでも言うべきもので、これについても付け加えることはない。

ここで考えたいのは、海外展開との関係である。これについても、安川は雄弁に語る。

現行の部品表は国内で使われているだけではありません。タイや米国などの海外の各生産拠点でも使われています。ただ、まったく同じものではありません。簡易化したりパッケージ化されたものが使われているのです。グローバル展開ということを考えると、例えば国内の上郷工場で作った部品も米国に持っていったのであれば同じ記号でいいでしょう。しかし同じ規格の部品を米国の工場で作った場合には、上郷工場で作ったものと同じ記号を振ってしまうのは正確ではありません。本来なら異なる記号を付けてそれが確実に分かるようにして初めてグローバルな記号体系として使うことができるということです。[221]

トヨタの「『生産』を『管理』する仕組み」の要には部品表がある。そして海外生産工場ではどのように部品表を参照していたのかが、ここには述べられている。「簡易化したりパッケージ化されたものが使われている」と。海外における生産拠点が増えても、日本と海外との情報交換にはその量と速度に制約があった（図3-20、図3-21参照）ため、日本の部品表に直接オンラインでアクセスすることはせず、簡易化したものを参照していたのである。そして海外工場で生産したものが日本や他の国に輸出されることもなかった状況であれば、「同じ規格の部品を米国の工場で作った場合には、上郷工場で作ったものと同じ記号を振って」いても、おそらく大きな問題は生じなかったであろう。だが、品質のことを考えても、問題が生じたときにその解決のためには、製造した工場を特定できたほうがよい。いや、生産した工場を特定できなければ、原価の把握さえままならない。そもそも海外工場では原価を正確に把握できていたのかどうかすら疑わしい。これではトヨタが営々と築き上げてきた「『生産』を『管理』する仕組み」の基礎が揺るぎかねない（『寓話』第4〜6章参照）。だから、安川が新部品表の作成に動くよう経営幹部を説得したときには次のように話したという。

「現行の部品表システムを今後も使い続けていって世界で戦えますか、この原価のままで戦えますか」という話になれば、納得せざるを得ないということです。特に原価はキーワードになりましたね。実際、米国・ケンタッキーやオーストラリアに進出した当時は、国内のような形で原価を把握することは困難でしたから。(222)

トヨタの強みの一つは、原価の正確な把握から、その低減を進めることにある。このことに大きな異論を唱える人はほとんどいまい。その会社の強みが、海外工場ではなかったということになる。「米国・ケンタッキーやオーストラリアに進出した当時は、国内のような形で原価を把握することは困難」だったというのであるから。こうした状況を把握している経営陣の立場からすれば、海外で生産工場を積極的に建設していく意思決定はなかなか下せない。これがトヨタの海外展開が遅かった大きな理由の一つであろう。

この状況をさしあたり変革するためにも、新しい部品表は必要だったのである。

現行の「古い」部品表システムはオンライン時間が限られるという制約があったため、時差の関係から海外の生産拠点ではオンラインで利用したくても利用できないという課題がありました。仮にネットワークで世界中をつないでも、肝心のコンピューターがオンラインで利用できないのでは意味がありません。この問題を解決するには二四時間三六五日連続稼働が必須と考えられました。(223)

少なくともこの時点では、日本の部品表（ＳＭＳ）にアクセスして「二四時間三六五日連続稼働」させることはできていなかった。こうした条件を整えるには、企業の外部で情報通信技術が発展するとともに、この企業が自社の情報通信インフラを整える必要もあった。

こうした条件が整うと、トヨタが海外展開を進める大きな障害は取り除かれていった。また、すでに海外展開した工場の原価も正確に把握できるようになり、トヨタの強みが海外工場でも発揮されていったと思われる。

（11）新たな部品表（ＳＭＳ）の再構築は何をもたらしたのか？

しかし、部品表を新たにすることは難事業である。「巨大な恐竜」になってしまったものを手なずけながら使いつつ、新たな部品表を再構築する。しかも自動車の部品点数は多く、他の製品での部品表と比べて膨大な情報量を扱う。この点については次の引用が参考になろう。

自動車は航空機に次いで部品点数の多い工業製品であり、一般に、一台の自動車には約三万点の部品が使われているといわれます。しかも航空機とは異なり、自動車メーカーは同時に多くの車種を製造し、しかも一つの車種に複数のモデルが存在します。その意味では、自動車の構成部品にかかわるすべての情報を格納する部品表は、ほかの製造業とは比較にならないほど複雑で膨大なものとなります[224]。

このように「複雑で膨大な」部品表、しかも「巨大な恐竜」と化したものをスムーズに再構築できたのであろうか。ビジネス雑誌のようなところでは、困難を極めた状況については、成功話の味付けとして語られることはあっても、深く立ち入った実情を知ることは困難である。ただ、気を付けているとヒントは見つかる。この部品表再構築の場合には次のように語られていた。

ＳＭＳプロジェクトが二〇〇三年三月をもっていったん終わった後も、トヨタのコーポレートＩＴ部は、基幹システムの再構築に挑み続けている。その後の取り組みの中で大きかったプロジェクトとして、自動車販売後のアフター・サービス業務を支える「新補給部品システム」がある。

二〇〇三年末に動かす予定だったが、プロジェクトが難航。いったんはシステムを完成させたようだが、「処理速度が遅すぎて実務では使えない」との理由から、すぐさま大改修に踏み切った。補給部品データベースを見直すなどして今年［二〇〇六年］五月、号口［通常の稼動］にこぎつけた。さらに今後数年をかけ、新補給部品システムを世界の各国拠点に展開するとみられている。[225]

ここで書かれているように、二〇〇三年三月にプロジェクトが終わる。だが、直ちに「大改修に踏み切」らざるをえなかった。新たな部品表はすんなりとは動かなかった。たとえその基幹部分ではないとしても、構成する一分野では問題があったのである。

安川は部品表（ＳＭＳ）を「ちょうどＰＣ（Personal Computer）におけるＯＳ（Operating System）のような存在」だと喩えていた。パソコンを使っている人であれば、ＯＳを新しくしたときに、それまで稼働していたプログラムなどに関してトラブルが皆無でないことはよくご存知であろう。だから安川は二〇〇四年に新しい部品表の評価について次のように語っていたのである。

部品表システムの導入効果については、技術部品表システムや生産工程管理システムなどの一部の運用を始めたところですから、まだ評価できる段階ではありません。効果がはっきりと見えてくるのは、ボディ・メーカーや海外の生産拠点を含むトヨタ自動車全社で新部品表システムへの切り替えが完了してから後のことでしょう。[226]

こうした発言から考えれば、二〇〇四年以降も大小さまざまなトラブルを生じさせながら、新旧の部品表システムの交替が進んでいったことが推測される。

しかし、その具体的な過程を詳しく述べた論考はほとんどない。社内情報システムの根幹に関わることで、企業自らが積極的に情報を公開するものでないからだ。この状況で、いちはやくトヨタの新ＳＭＳプロジェクトの進行についてレポートし、その全体像を「複数の周辺取材をもとにまとめた」記事が『日経コンピュータ』の二〇〇一年一二月一七日号に掲載されている。まさに同時進行中と言える時期に、この記事はプロジェクトの全容を次のように伝えていた。あえて長く引用することにしたい。

車の企画・開発・設計から生産準備・部品調達、生産、販売・物流、そしてアフターサービスに至る業務プロセスを支援する業務アプリケーションがずらりと並ぶ、そのほぼすべてについて再構築プロジェクトが進行中だ。各業務アプリケーションが利用する共通データベースとして、部品表と顧客情報の二つも再構築する。

自動車の製造・販売・サービスという複雑な業務に対応するため、アプリケーション群もまた複雑である。メインフレーム上にがっちり作り込む、部品手配や生産指示などの生産管理アプリケーションがあると思えば、ＵＮＩＸマシンを中心としたＣＡＤ／ＣＡＭや図面管理も含まれる。

いわゆるｅマーケットプレイスとして、グローバル調達管理システム「ＷＡＲＰ（ワールドワイド・オートモーティブ・リアルタイム・パーチェシング・システム）」がある。ＷＡＲＰは大手部品メーカーであるデンソーらと共同で全世界を対象に利用する。

さらに次世代の販売店向け業務支援システム「ａｉ（愛）２１」、グループ企業であるトヨタファイナンスのクレジット・カード「ＴＳ^{3} ＣＡＲＤ（ティーエスキュービックカード）」用システムなども開発しなければならない。

生産管理アプリケーションは開発の真っ最中である。ＣＡＤ／ＣＡＭは長年育ててきたトヨタ独自のものを、汎用パッケージ製品に切り替える英断を年末にまでに下し、二〇〇二年から切り替え始める見通しだ。

一部稼働を始めたアプリケーションもある。販売店の受発注や車両管理兼務の効率化を図るａｉ２１は二〇〇〇年七月から稼働を始めた。全国の販売全社三〇〇社の全店舗五四〇〇カ所に導入するため、全面稼働は二〇〇三年末になる。四〇〇億円を投じたとされる、トヨタファイナンスのカード・システムは今年四月に第一次稼働を始めたが、第二次開発案件が目白押しという。ＷＡＲＰは二〇〇〇年末から北米で稼働している。「まだ改良の余地がある」（トヨタグループ関係者）ため機能強化を続け、二〇〇二年春を目標に日米欧で本格稼働させる。

業務プロセスを支援するアプリケーションの再構築と並行して、グローバルな市場の中でトヨタの経営スピードを高めるためのシステムも作る。その一つが、「グローバル経営情報システム」である。

これは全世界レベルで、経営管理指標やコード体系などを統一し、各国の経営状態を日次レベルで収集、トヨタ本社で把握できるようにするもの。経営管理指標は地域別、会社別、事業部別、車種別といったさまざまな切り口で分析できるようにする。

原価管理アプリケーションにも手を入れる。車一台当たりの原価をつかむことが狙い。現状では工場単位の原価しか把握していない。今後は、一台ごとに設計変更や工程情報まで把握し、原価を積み上げられるようにしていく。

膨大なアプリケーションを動かす基盤であるグローバルネットワークも刷新中だ。部品メーカーや世界の工場との間で、設計図面や生産指示など多種多様かつ大容量なデータを高速にやり取りするため。基幹部分を除いてはＩＰ（インターネット・プロトコル）ネットワークに切り替えていく。[227]

この作業は広範囲にわたっており、新たに部品表を作成することに等しい。それどころか、旧来の部品表を使って業務をこなしながらの作業であり、きわめて難しい。しかも同記事が言うように「部品表データベースの移行に失敗すれば、トヨタは倒産する」ほどのダメージが避けられない。だから、「トヨタは段階的にデータベースと関連アプリケーションを切り替えていく計画を立て」た（図3-23参照）。この過程はトヨタにとって大転機であり、新たな部品表に「切り替えた直後も新旧データベースをしばらくの間は同時更新」する体制をとった。[228]

ここまで労力とコストをかけた新たな部品表が目指したのは、それまで「業務ごとに分散していた部品表データベースを統合」すること、つまり「グローバル統合部品表データベース」にすることであった。[229] このデータベースにさまざまな業務アプリケーションがつながっていくことを目指したのである（図3-24参照）。その結果、トヨタ自動車の情報システムの全体像を一新する意義もあった（図3-25参照）。

新しい部品表導入による目覚ましい効果はすでにある。『日経コンピュータ』は次のような話を紹介している。

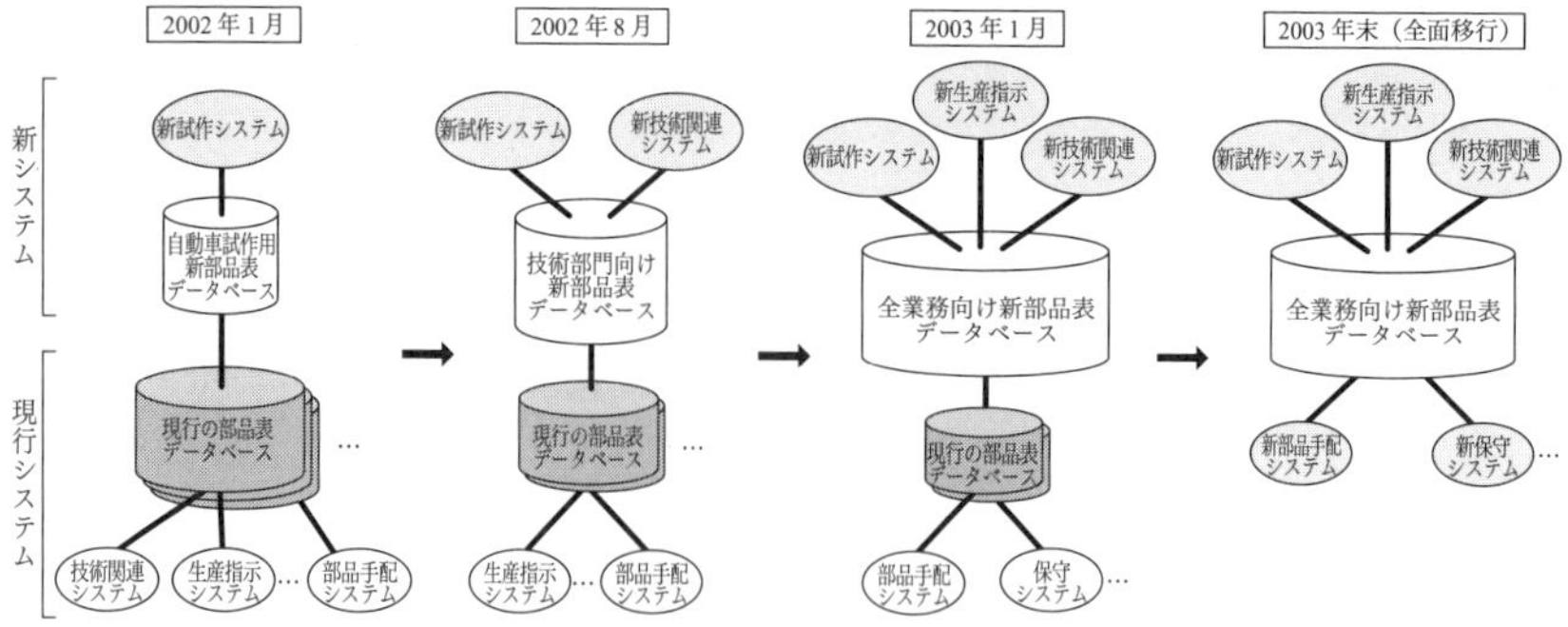

図 3-23　新部品表データベースへの移行手順（推定）

出所）中村建助・戸川尚樹「特集　トヨタ，知られざる情報化の全貌――全基幹系システムを 2003 年中に刷新」『日経コンピュータ』2001 年 12 月 17 日号，60 頁。

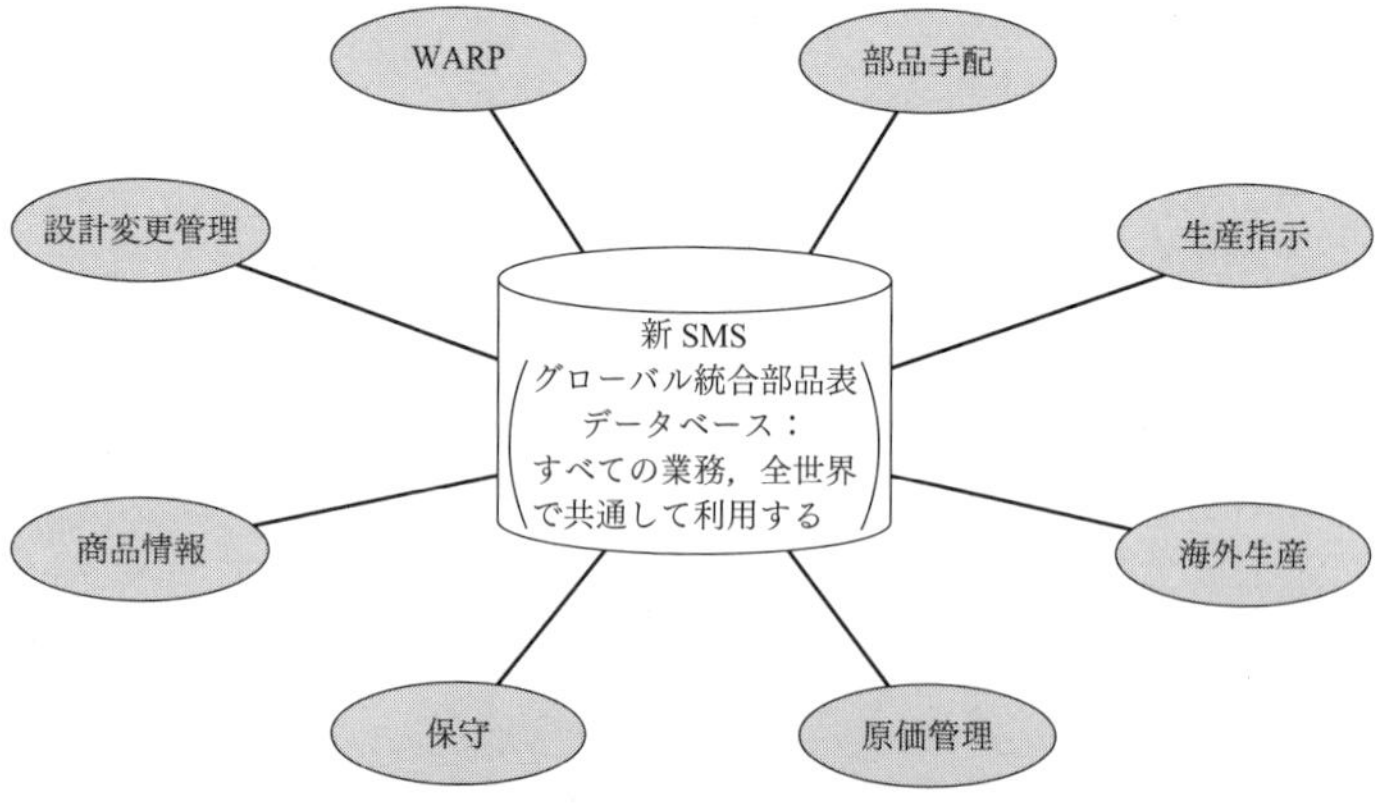

図 3-24　新 SMS の概要

注）WARP：ワールド・オートモーティブ・リアルタイム・パーチェシング・システム。
出所）中村建助・戸川尚樹「特集　トヨタ，知られざる情報化の全貌」59 頁。

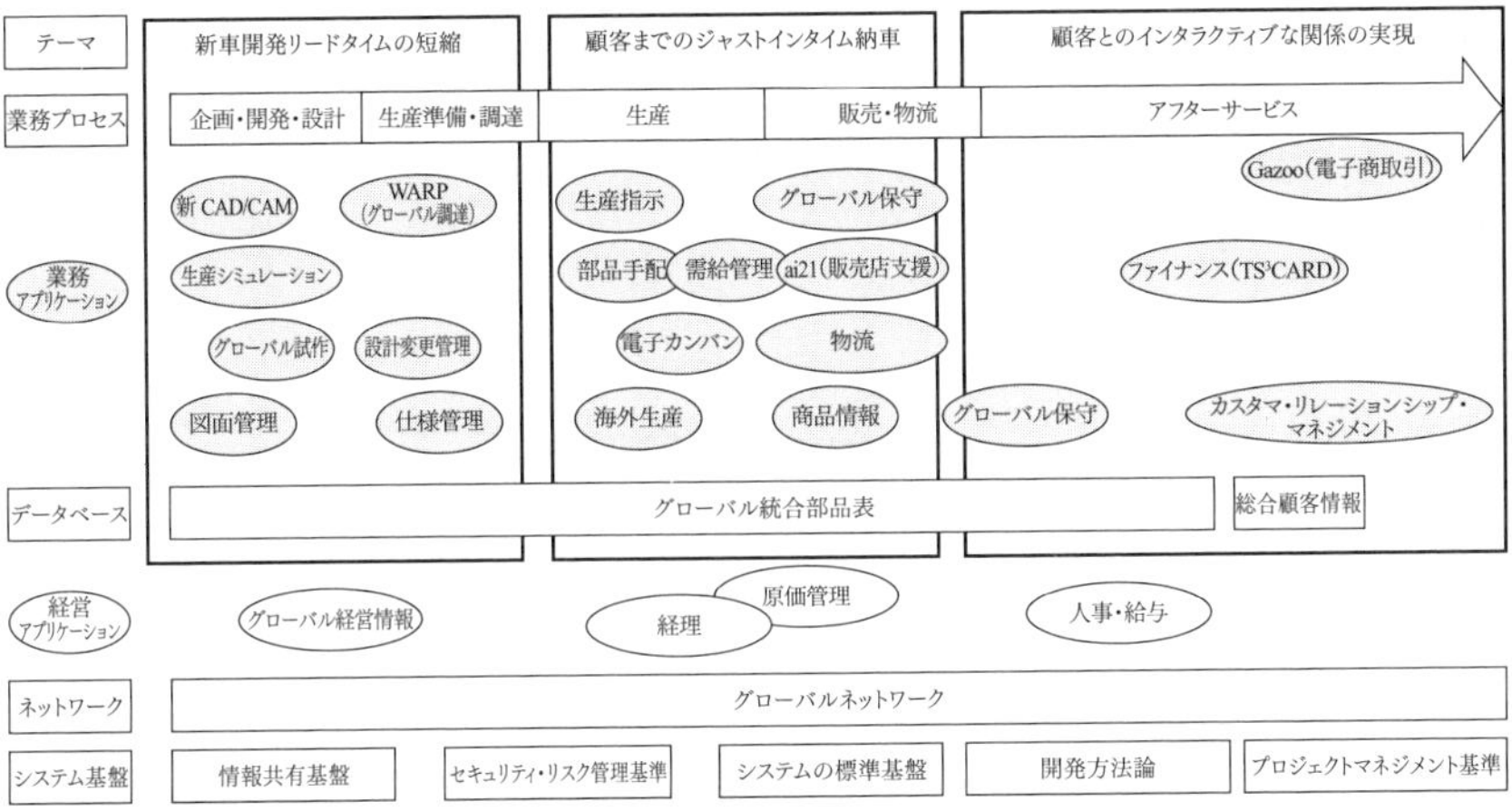

図 3-25　情報システム全体像（推定）

出所）中村建助・戸川尚樹「特集　トヨタ，知られざる情報化の全貌」52-53 頁。

「新ＳＭＳ〔部品表〕がなかったら、『ＩＭＶ』〔Innovative International Multi-purpose Vehicle の略称〕は成功しなかったのではないかな。情報システムというインフラのステージが一段上がると、ビジネスの活動範囲が格段に広がる」。あるトヨタ役員は「ＩＭＶ」を投入した後、周囲にこう語った。

（中略）

ＩＭＶの特徴は、部品調達から生産、物流まで、一切を海外で完結させること。トヨタにとって初の試みだ。通常は、日本で生産実績のある車種を基にして、海外で生産し販売する。こうした〝日本ありき〟の海外展開だけでは、世界市場で闘えない、もっとグローバルにビジネスを進めたい、という危機感がトヨタにあった。[230]

ＩＭＶは「二〇〇四年に一四〇カ国以上の市場に導入することを前提に開発された」車で、二〇一二年三月現在で全世界で販売累計が五〇〇万台に達している。[231] このＩＭＶプロジェクトについて、これまで何度か参照した『トヨタ語の事典』は次のように説明する。

「ＩＭＶプロジェクト」では、二〇〇四年に供給を始める世界戦略車の生産・調達体制のモデルケースとして、アジア地域で「ＳＣＡ」（サプライ・チェーン・アクティビティ）を実施する。ＩＭＶプロジェクトは、アジア・南米・南アフリカで、ユーザーニーズに立脚した独自の量産車を展開していくものである。国をまたいだ生産を進めることになるため、これまで各国が独自に進めてきた地域個別のシステムに代わり、どこの地域でも利用できる同じシステムの構築が命題になる。その一貫として、「新ＳＭＳ」等のアプリケーションへの作り替えが進められている。[232]

ＩＭＶプロジェクトは「部品調達から生産、物流まで、一切を海外で完結させる」ことが目的であった。そして現実に「国をまたいだ生産」が進行している。これが新しい部品表（ＳＭＳ）構築と絡んでいたということであろう。ただし、ＩＭＶプロジェクトは二〇〇一年から開発が始まったと言われるので、[233]開発段階から新部品表によって行われたわけではない。しかし、まさに「部品調達から生産、物流まで」が「海外で完結」したのである。ようやくトヨタは本格的に、〝日本ありき〟ではない海外展開へ大きな一歩を踏み出したと言えよう。だが、「大きな一歩」ではあっても、一歩は一歩である。研究開発から物流まで「一切を海外で完結させる」ことを成し遂げてこそ、真のグローバル企業であるとすれば、そこまではまだ達していないのが現状である。

終　章
トヨタの独自性とは何か?

GMの危機

出所）*The Economist*, Nov. 17, 2005.

1　なぜ本書の副題に「独創性」ではなく「独自性」を用いたのか？

本書は副題に「独創性」ではなく「独自性」という言葉を用いた。ビジネスの世界での成功には独創性こそが肝要だと主張されることも多いが、「独創」とは辞書的には「模倣によらないで、自分の考えや着想でこれまでにないものをつくり出すこと。また、そのもの」（『日本国語大辞典』）であり、「芸術作品などの表現・過程および結果について見られる独自の新しい着想」（『日本国語大辞典』）（傍点は引用者による。以下、特に断らない限り同様）であって、なかなか実現できるものではない。実際、ビジネスの世界で、絶えず独創性あふれる製品・サービスを世に提供し続けることはきわめて困難である。しかし、同じような製品・サービスを提供している企業が世に多数存在している中で、独創的とまでは言わなくとも、他の企業との違い、すなわち独自性を保ち続けなければ、その企業の存在意義はあまりない。また、存在しても、他企業に比べて多い利益、高い利益率を生み出すことは難しい。

こうした例は過去一世紀の自動車産業を振り返ってみれば簡単に見いだすことができる。フォードT型と呼ばれる互換性製造による自動車を低価格で世に送り出すという独創的な試みをフォード社は行い、莫大な利益を生み出した。だが、他の企業もまもなく互換性製造に乗り出しただけでなく、鋼鉄製の密閉型車体という当時の新たな技術革新を導入して、このフォードT型に対抗した。さらに、多数の企業を合併して誕生したGMは、アニュアル・モデルを導入し、多くの弱小メーカーを市場から駆逐した。毎年のように少なくとも外観が異なる金属製車体を生み出すにはプレス型が必要で、その型製作には巨額の資金が必要だったために、多くの台数を販売する企業が有利となった。中でも、多様な種類・外観をした自動車を市場に送り出し、多様な消費者の需要に応えるために、製品ラインを整備したのがGMのアルフレッド・P・スローンJrであった。彼は「各ブランドの価格帯を明確にし、消費者の予算に合わせた車種」を提供するという、それまで他の自動車メーカーが行ったことのなかった独創的な着想を実行した。これは、GMが度重なる吸収合併を繰り返して成立した企業であることを強みに変えるアイデアでもあった。この独創性に満ちた着想を、しかし他の企業が模倣していく。いくら独創性に満ちた着想であっても、後続の企業がそれを学び、しかも自社に適したように変えていく。これを声高に論難しようと、ひとたび有益だと考えられた着想は他の企業者や企業に刺激を与え、多かれ少なかれ模倣されることはとどめがたい。この模倣が進展する中にあって、独創的な着想を見いだした企業が、その後も他の企業と一線を画し、独自性を保持できるかどうかがビジネ

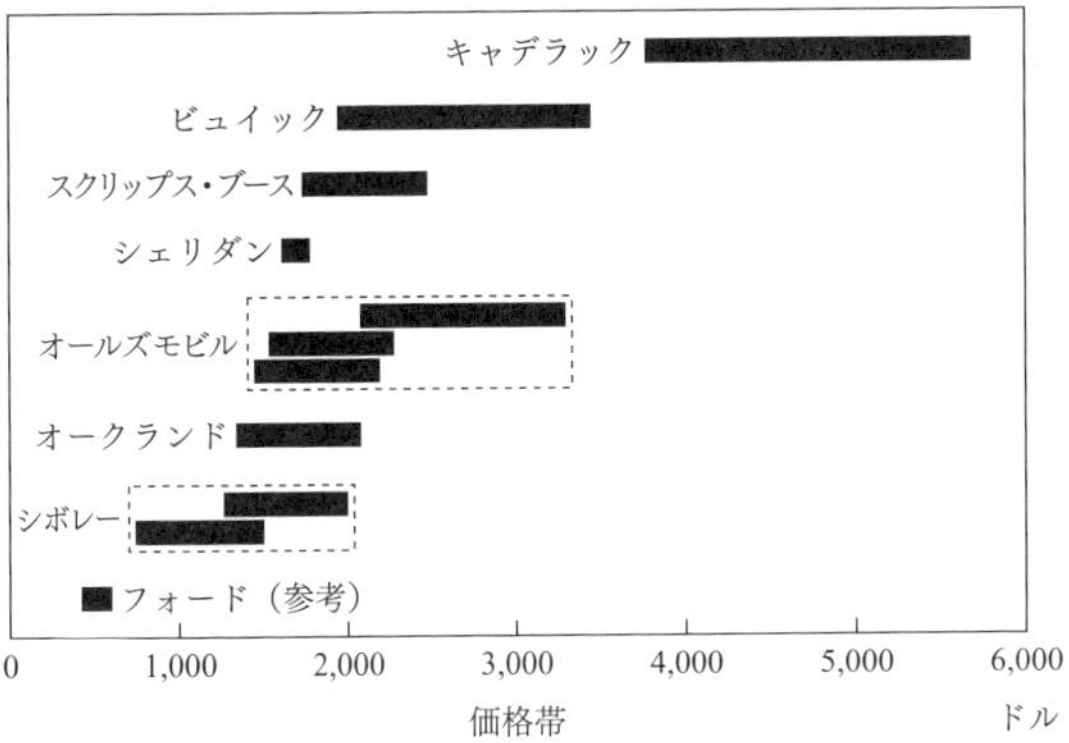

図終-1　GMの製品ライン（1921年4月）

出所）Richard P. Rumelt, *Good Strategy, Bad Strategy : the Difference and Why It Matters* (Profile Books, 2011), p. 219（村井章子訳『良い戦略，悪い戦略』日本経済新聞出版社，2012年，291頁）.

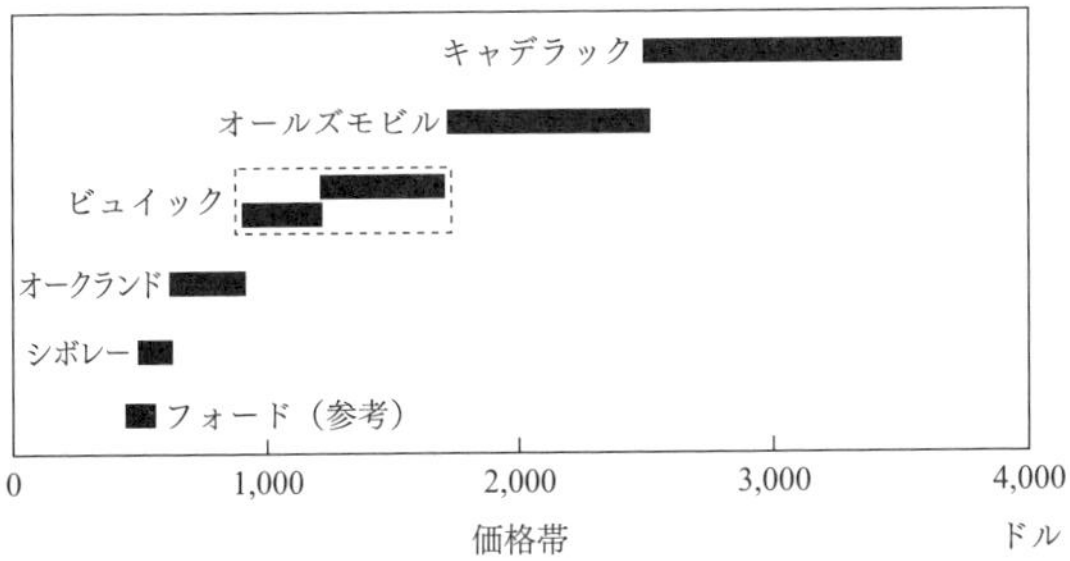

図終-2　スローンの方針によるGMの製品ライン（1921年）

出所）Richard P. Rumelt, *Good Strategy, Bad Strategy*, p. 220（『良い戦略，悪い戦略』292頁）.

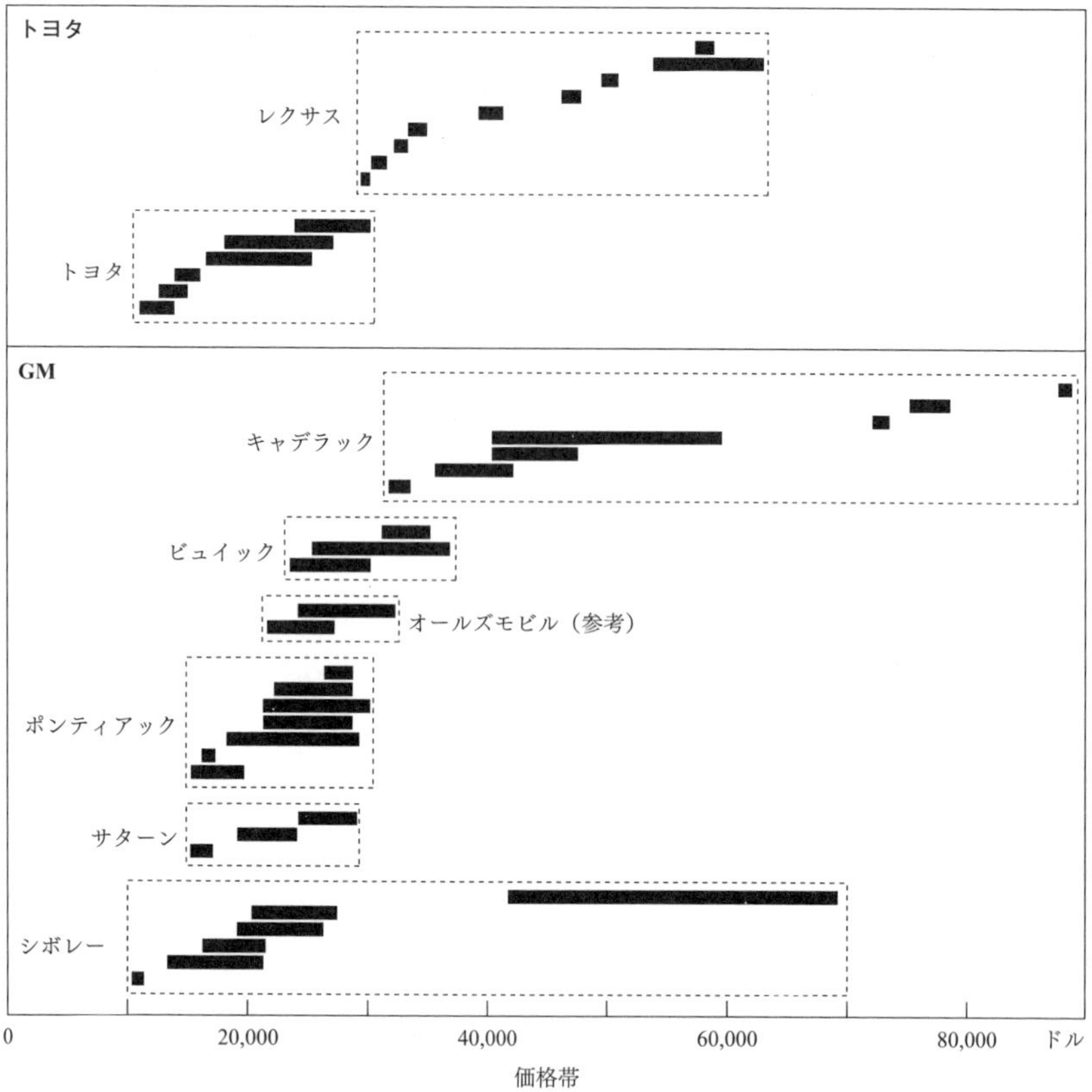

図終-3　GM とトヨタの製品ライン（2008 年）

原注）各ブランドに属すモデルを横棒で示し，ブランドは点線で囲んである。SUV，ハイブリッド車，バン，トラックは含まない。GM のオールズモビルは 2001 年に廃止されており，図には 2000 年式モデルの物価調整後の価格を示した。シボレーのハイエンド車種はコルベットのブランド名で販売されている。

出所）Richard P. Rumelt, *Good Strategy, Bad Strategy*, p. 222（『良い戦略，悪い戦略』294 頁）.

スの世界では重要である。

大学生向けの経営学のテキストでは必ずと言ってよいほど、GMの製品ラインの整理について言及される（図終-1、図終-2参照）。まさしく二〇世紀の「アメリカ文化の一部にもなった」ほどの影響力を与えた独創的な経営政策であり、後続の自動車企業にも大きな影響を及ぼした。だからこそ、二〇〇八年におけるトヨタの製品ラインは、かつてのGMの製品ラインのように整理されていたのである。ところが、肝心のGMの製品ラインは二〇〇八年になると、かつての整備された製品ラインからは大きく乖離していた（図終-3参照）。たとえ独創的な着想を行動に移した企業でさえも、他社と一線を画す独自性を何に求めるか（自社の強み）を見誤ると、市場の激しい競争で劣勢にたつ原因にもなりかねないのである。

このように考え、トヨタの独自性とは何かについてあらためて考察することで本書を終えることにしたい。

2　「かんばん」が生産システムを統御しているのか？

トヨタの生産システムが他の企業と比べて独自である点は何か。このように問いかけると、多くの人が、少なくとも本書を読む前には、「かんばん」を使う点だと答え、「かんばん」がトヨタの生産システムを統御していると言うに違いない。そのような人が多いからこそ、トヨタの生産システムを「かんばんシステム」と呼ぶことが定着しているのであろう。「かんばんシステム」という用語は、ただ「かんばん」を使う「方式」と言っているにすぎないのだが、それにもかかわらず（いや、「かんばん」を使うと明示しているからこそ）、トヨタの生産システムの独自性を示す名称としてふさわしいと考えられているのだろう。

一体、「かんばん」とは何なのだろうか。具体的に「かんばん」すべて（トヨタ社内で使用されているものや、トヨタとサプライヤーの間で使われているもの）に共通している情報は何だろうか。それは「品番」である。トヨタが社史で明示的に「かんばん方式」を導入した年が、まさに同社が戦後に新たな品番を採用した一九六三年だというのも示唆的であろう。品番こそ、「かんばん」に記載してある重要な情報であり、明確に他の部品と識別できる品番なくしては「かんばん」そのものが成り立たない（第1章7（4）参照）。

「原価という計数によって、単に製品価格の決定のみでなく、生産工程自体を把握し、目標どおりの生産を円滑に達成すべく工場全体を管理しようとする方法」として帳票を活用する方策が、アメリカで導入されており、これを日本の生産技術者は戦前から学び、積極的に導入した。この伝統の中で育った人物にとっては、旧来から使用していた現品票、作業指示票、移動票から「かんばん」を理解しようとするのは当然であった（第1章2（1）参照）。実際、「かんばん」が果たす機能はそれらと同じである。ただし「かんばん」は、基本的に同一製品を繰り返し生産する製造現場で使用されるので、起票の手間を省くため、繰り返し継続的に使用される。「かんばん」に記載されている「品番」「数量」は、書き直すことなく繰り返し使われるのだ。そのため、実務的には『「かんばん」』を回す」という表現が定着することになった。同一の工程間を同じ「かんばん」が還流することで、仕掛品の動きを制御しているからだ。

こうした「かんばん」の動きだけを見れば、「かんばん」が生産プロセスを統御しているかのように考えがちである。だが、本当にそうなのか。

トヨタは一九六三年に「かんばん方式」を導入するまでに、何を実施していたのか。一九五一年から五五年にかけては設備近代化五カ年計画を実施し、生産工程を合理化した。これは、臨時工でも製造に携われる工程を大幅に増加させ、その後の急激な臨時工採用にもつながった。

設備近代化計画を終えてから、一九六三年の「かんばん方式」導入に至る期間は、トヨタ式スーパーマーケット方式を定着させる時期であった。製造現場では五台単位のセット生産、定時運搬が行われ、一方では生産の平準化を目指す意欲的な試みも始まった。製造現場での改革は、情報処理技術による生産計画策定と相携えながら進展したのである。

平準化計画を現実に製造現場で運用するためには、それまでの製造現場での慣行も大きく変えていく必要があった。現場での作業慣行だけでなく、製造現場で使われていたさまざまな帳票類も変わっていった。前述のように伝票の起票を省き、同じ帳票を繰り返し使ったのが「かんばん」であるが、より正確には、トヨタ式スーパーマーケット方式の運用手段として、品番その他仕掛上の必要事項を記して、工程間の情報連絡に使用したのがその起源である（第1章7（4）参照）。そのためには工程の整備だけでなく、品番の整備が必要だった。それゆえに、トヨタでは一九六〇年代初頭に、それまで使っていた品番を自工・自販が共同で二年を費やして改訂したのであった。

「かんばん」は生産順序の着実な実施を確認する点でも、生産順序の急な変更に安価に対応できる点でも便利な手段である。だが、生産の平準化計画、順序計画を「かんばん」が策定するわけではない。トヨタの生産システムでは、情報処理技術を駆使して生産計画が策定され、「かんばん」はあくまでその運用手段である。運用手段は生産計画の遂行に役割を果たすとしても、生産計画を策定するわけではないのである。

3　外注かんばんの記載はずっと変わっていないのか？

ところで「かんばん」と言っても、大学生向けのテキストやビジネス書の多くが掲げているのは外注かんばんである。企業（ここではトヨタ）外部の観察者の目に触れるのも、ほとんどがこれである。二〇一〇年代初頭に、トヨタのある組立工場に一般見学者として訪問してみたとき、「かんばん」の例として掲げてあったのも、第1章扉に掲載した外注かんばんの図であった。ここではこの外注かんばんを対象に、そこに記載されている内容が変化していないのかを確かめてみたい。

外注かんばんの出自はSDカードであり、これが広く使われ出したのは一九六五年頃だった（第1章7(5)〜(7)参照）。この一九六五年四月の『トヨタ新聞』に、「かんばん」に関する「創意くふう」が紹介されている。外注かんばんの運用にとって、その発行枚数を決めることと、サプライヤーが外注かんばんを受け取った後、トヨタへの何回目の配達時に納入するかを指示することが重要である。だからこそ、第1章で紹介した外注かんばんにはこうした情報が明示されていた（第1章1(3)参照）。この外注かんばんの使用が本格化した時期に、その運用について改善提案がなされる。改善前と改善後とに分けて、その内容が次のように明示されている。

改善前

協力工場から当社へ納入される部品には、通箱ごとに看板（とりはずしできるナンバー）が設置されている。現場で各種部品を組付けると、その看板は一カ所に集められ、次の納入まで間に合うように、ある一定量だけ見こして看板を協力工場に渡し、看板を渡された協力工場側では、その指定された数量だけ、納入する。このように看板の枚数によって、欠品にならないようなシステムとなっている。しかし次の納入まで間に合うように看板を渡す場合、どれだけ渡すかを計算するのに、今まで非常に時間がかかり、面倒な仕事であった。

改善後

いちいち各部品ごとにソロバンで算出していたものを今度新しく円形の簡単な計算盤を考案し、使用するようにした。これによると今までの十分の一の時間で済み、また正確な答えが得られるようになった[1]。

引用文は当時の表記そのままである。トヨタの「かんばん方式」は日本で生まれたものだから、「かんばん」の表記はあくまでも平仮名で、漢字で看板と書いてはいけないなどと、元・従業員が書いている場合がままあるが、外注「かんばん」が使われ始めた頃には、看板という表記が普通に使われていたのだ。

しかし、この記事を引用したのは、表記について触れるためではない。外注かんばんの運用には発行枚数と、それがトヨタにどの時点で戻ってくるかの設定が肝要である。そしてこの設定は「面倒な仕事」だったのだ。それを簡単に算出する方法があれば、いわば現場の「ノウハウ」とされたに違いない。この設定作業は一九六五年頃には「ソロバンで」行われており、計算方法が先輩から後輩へと伝授されていたに違いない。だが、繰り返し算出するうちに、作業者自らが「簡単な計算盤を考案」したというのだ。このことに注意を向けたいために、記事を引用したのである。

たしかに、この作業者の創意くふうには感心する。だが、このような考案が出てくること自体、外注かんばんの運用に肝要な情報（図1-3の「納入サイクル」など）が初期の外注かんばんには記載されていなかったことを示している（第1章1(3)①の説明と比較）。逆に言えば、作業者個人が創意くふうし「簡単な計算盤」を使わなければならない作業を排除できるように、その後、「外注かんばん」に記載される情報さえも変わっていったことになる。

ここで外注かんばんの記載が変わった例をあげてみよう。サプライヤーを訪問して年輩の人たちと話すと、製品の切り換え時に外注かんばんの数を減らしてくることがいかに大変だったかを懐かしそうに語る場合がある。実際、トヨタからすれば、外注かんばんを減らさない限り、生産指示を出したままということになる。生産を打ち切るには外注かんばんがトヨタとサプライヤーの間を動くことを止めさせねばならない。問題は、彼らが、なぜ「懐かしそうに語る」かだ。「昔、そういうことがありましたなー」という風情で語るということは、そうした苦労は過去の思い出になったということであろう。これは外注かんばんからも傍証できる。外注かんばんの重要な情報であった「納入サイクル」（図1-3参照）は、外注かんばんが電子かんばん化されるともはや記載されていない（図1-8参照）。このように書くと、電子かんばんのQRコードに記載されているのではないかと考える読者もいよう。そんなことは、おそらくない。なぜなら、外注かんばんが電子かんばん化されると、「トヨタ自工と協力企業［サプライヤー］相互間の情報として、縦横に駆け巡」ることはなくなったからである。(2)

電子かんばん化されたことによって、外注かんばんの動きはどのようになったか。図終-4を前著『寓話』から

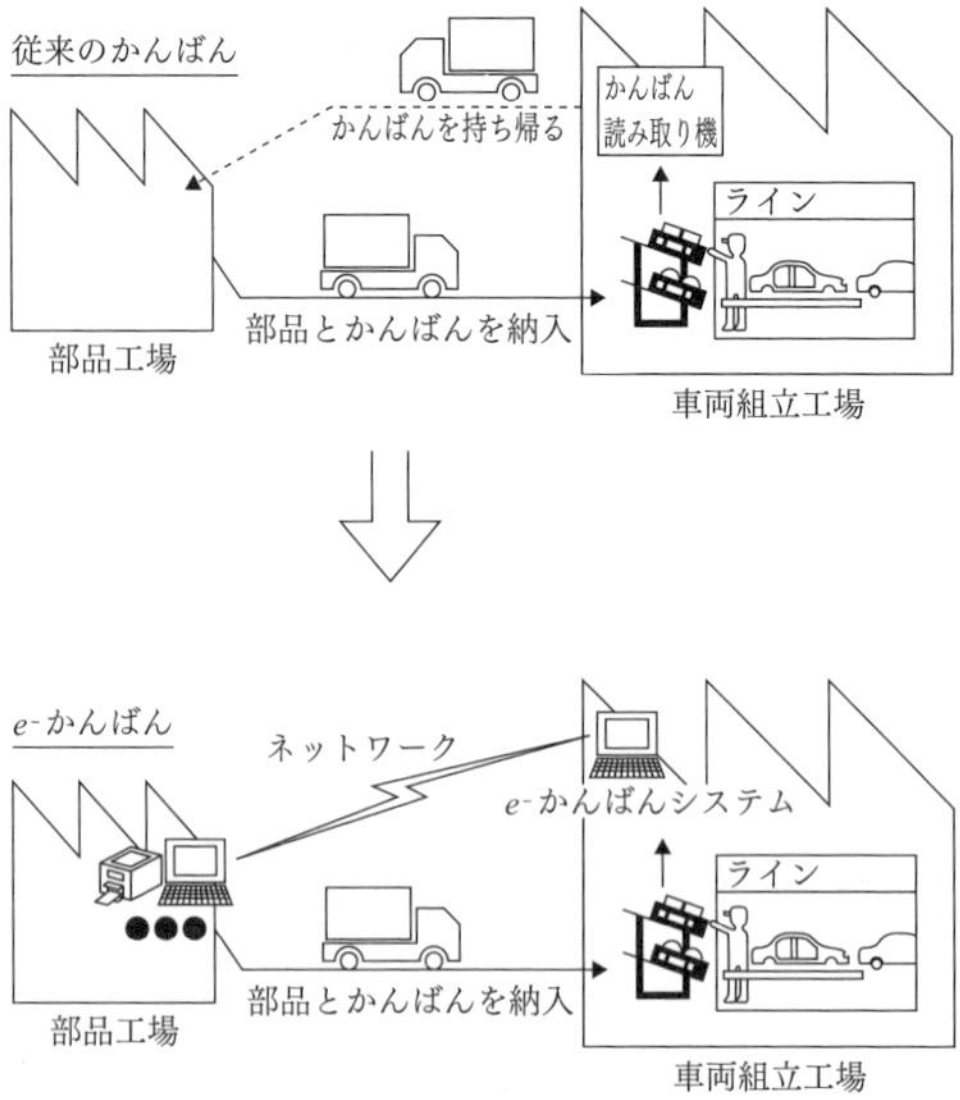

図終-4　「電子かんばん（e-かんばん）」化された「外注かんばん」と従来の「外注かんばん」の動き

出所）産業技術記念館の展示説明を一部修正。なお，この図は拙著『ものづくりの寓話』（名古屋大学出版会，2009 年）538 頁を再掲。

再び掲げる。電子かんばん化されたことで、情報がネットワークを経てサプライヤーに示される（問題を単純化するために、すべての部品はサプライヤーで製造されているものと考えておく）。サプライヤーからトヨタへ納入される際には、部品と外注かんばんが一緒に納入される。従来の外注かんばんの場合は、サプライヤーが持ち帰るが、電子かんばんの場合は納入した後で、現在のところ紙に印刷されていた外注かんばんは廃棄される。したがって、サプライヤーとトヨタの間を外注かんばんが「縦横に駆け巡」ることはない。情報がトヨタから送られ電子かんばん化されたところから、トヨタへ向かうまでの片道通行になっているからである。したがって、納入サイクルを記すことも無意味であろう。トヨタは、無意味なことにコストをかけ続けるような企業ではあるまい。このことから類推されるように、製品打ち切りに伴って外注かんばんの数を調整する努力は、かつては重要なノウハウであったが、それも必要なくなった。だからサプライヤーで「懐かしそうに語る」人たちがいるのだ。

なぜ外注かんばんは「かんばん」としては一方通行だけになったのか。このように書くと怒る読者もいるかもしれない。情報通信技術（ＩＣＴ）の発達によって、情報がネットワークを経てサプライヤーに前もって渡るのだから、一方通行なのは当たり前ではないかと。しかし、それだけが理由だろうか。

トヨタが切り拓いた自動車事業は、一車名の下に多数のバリエーションを持つ車両を消費者に提供するようになった（さしあたり、第2章4(10)参照）。バリエーションが多くなるということは、同一の部品が同じ車名すべてに使われる場合もあるが、部品によっては特定のバリエーションにしか使われないものも出てくることを意味しよう。その結果、何が起きたのか。次の文章を読まれたい。

［一九］八〇年代からの生産車両の多種多様化で、五〇％以上の部品のかんばんは日に一回しか外れない、すなわち極少量使用部品が増加したことやかんばん枚数の増減調整頻度が増大してきたことから、人手による伝統的かんばん方式の運用の難しさが増大していった。

［一九］九〇年代初めから顧客嗜好の多様化、車両組立てラインの多車種混流化、生産拠点の遠隔地化などで伝統的なかんばん方式をＩＴと融合して、生産環境の変化に柔軟に対応する新しいかんばん方式へと進化させてきた。

（中略）

伝統的かんばん方式では、車両生産計画から、予め部品仕入先と車両工場で回転するかんばん枚数が決定され、日々の使用部品数量からかんばん枚数の増減を人手で補正し、外れかんばんの後補充で部品が仕入先から納入されるが、ＴＯＰＰＳ［Toyota Parts Procurement System. トヨタの部品調達システム］では生産車両を組立ラインへ投入する順序計画から部品仕入先へ電送するかんばん枚数と種類を計算し、使用実績を外れかんばんで補正する。さらに車両組立てラインの生産情報システム……により、組立て車両の進度と部品組み付け場所情報（深度）とをリンクして部品仕入先へ部品納入のかんばん情報を電送する方式である。(3)

つまり、外注かんばんが電子かんばん化されたのは、単に情報通信技術が発達したためだけではない。トヨタの自動車事業の変遷とも深く関わっているのである。

4 「かんばん」に記載される「品番」改訂にはどのような意味があったのか？

トヨタでは自工・自販が共同で二年を費やし一九六三年に品番を大幅に改訂した。この品番が「かんばん」には必ず記載されている。だからこそ、トヨタは社史で明示的に「かんばん方式」を導入した年として、一九六三年を掲げている。品番こそ、「かんばん」に記載してある重要な情報であり、明確に他の部品と識別できる品番なくしては「かんばん」そのものが成り立たないからである（第1章7（4）参照）。

なぜ、トヨタはこの時点で品番を改訂したのか。理由は簡単明瞭であろう。パンチカード・システムとなり、情報機器で処理可能になると考えてのことである。

品番を些末なものと考えているせいか、とかく研究者はそれについての説明を省きがちである。だが、多数の互換性部品を使って製品を作る企業にとって、品番はきわめて重要なものである。

互換性部品を利用して製品を作り消費者に提供すること（本書や前著『寓話』で「ものづくり」と表現したこと）、これには繰り返し製造することが含意されている。繰り返し製造するのでなければ、互換可能な部品を使うことに大きなメリットはないからである。部品を互換可能な状態に保つためには「規格」が必要である。一定の形状や寸法、材質などが同じでなければ互換が不可能だからである。この規格は社内限りの場合もあれば、国際的な基準になる場合もある。一方、近頃の乗用車では二万点を超える部品が使われているというが、装備類などに消費者が多様な選択肢を求めるから、一車種のみを販売する会社でも、部品点数はこれを遙かに上回る。五つの車種を販売する会社では、各車種とも共通部品を使わずに製造しているとすれば、一〇万点を超える部品を扱うことになる。一製品に多数の部品が使われるから、それぞれの部品に記号・番号（品番）を付け、その部品を明確に他の部品と区別する。互換性部品を使う製造の基礎には、まさに品番を個々の部品に割り当てる作業があるのである。

しかし、一万点を超す部品に番号を割り当てる作業は容易ではない。作業現場で目にしたり手にしたりした部品に順次一番から一万番まで番号を付けていっては後で混乱を招く。機能や完成品のどの部分に使われる部品かがわかるような品番が工夫されねばならない。これは企業ごとに特異でありうるが、取引先が使う品番を自社でそのまま使う場合もある。いずれにせよ、品番の付け方ひとつで混乱を招くことになりかねない。だからこそ、合理的な品番の割り振りは、互換性製造の基礎と言ってもよいほど重要なことなのである。

品番を決めるためには、使う部材などが一定で明確になっていることが前提である。同一品番で金属部材から作られているものと、プラスチック部材によるものとが混在しているようなことでは製造の基盤ができていないも同然である。明確な品番を意図的に付ける作業をするには、特定の品番の部品に使う素材・部材、寸法や規格が固定されている（少なくとも一定期間は変わらない）ことが必要である。同一の品番で違う規格の部品があるようでは、品番の意味をなさない。したがって、部品の素材や寸法などを一部でも変更したら、それは品番に反映されねばならない。このようなことを考えただけでも、多数の部品に体系的に品番を付けておかないと、後で混乱を起こしかねないことがわかろう。

つまり、品番を意図的に付ける作業ができるということは、特定の品番の部品に使う部材や素材が明確になっているということでもある。さらに突き詰めて考えれば、特定の品番に使う工具や治具、作業手順もほぼ一定になっているということにもなる。この手順を書き出すか否かは別にしても、標準的な作業手順があり、標準作業票を明示できることを意味する。より効率的な作業手順を見いだせば、それが新たな標準作業になる。ただし、標準作業を変更しても、完成する部品や製品に変更がなければ、品番は変わらない。

品番を意図的に決めた時点で、標準的な作業手順が存在していれば、標準的な作業時間が決まっている。したがって、特定の品番を取り上げてみれば、使う部材・素材もわかり、作業時間もわかることになる。つまり、標準的な原価も製造に取りかかる前にわかっている。この情報をどのように使うか、具体的な処理方法は、企業によって異なるにしても、標準的な原価がわかる状況になってこそ、互換性部品を使って繰り返し製造を続ける経営的なメリットも明確になる。

品番がすべての部品について合理的に付与され、情報機器によってデジタル処理が可能になったと考えてみよう。すぐに思い浮かぶのは、部品の受発注の処理が容易になることであろう。トヨタでは部品購入業務（トヨタとサプライヤーとの間での受発注業務）については、当初は事務処理だけを切り離して電算（正確に言えば、パンチカード・システムによる）処理を実行するようになった。こうした事情が、「外注かんばん」とトヨタ社内で運用される「かんばん」の形式に反映されているし、当初「外注かんばん」は「かんばん」という名称ではなかったことにも反映されている（第1章7(5)〜(7)参照）。一方でこれは次の事情による。生産順序計画の立案から購入部品の指示までをスムーズに処理できるだけの計算能力が当時の情報機器にはなかったことである。

情報機器に十分な計算能力が備わっていたなら、生産の平準化計画、順序計画を策定し、必要な部品の発注計画まで策定したかったのである。しかし、自動車のような多数の部品を使う製品においてすべての部品の発注計画を実用で使えるほど短時間で策定するには、情報機器の計算能力が圧倒的に不足していた。他方、もしも計算能力が向上した場合には、工程全体を把握している必要があった。

5　工程全体を把握するにはどのようにすればよいのか？

では、なぜ工程全体を把握する必要があり、またどうすれば工程全体を把握することになるのだろうか。

ある会社が最終製品Xを部品α、β、γの三種類を使って製造していると想定してみよう（ここで使う部品は互換性部品とする）。部品αを部品βと結合し、その後にγと組み合わせてXが完成する。互換性部品をある一定の精度で加工可能な工作機械と均質な素材があり、それを活用できる知識やノウハウを持つ人材がいれば、設計段階で定めた公差内で加工することは、いまやそれほど困難なことではない。

たしかに、二一世紀初頭の日本では「それほど困難なことではない」のだが、これは長い時間をかけて人類が実現したものである。日本に黒船がやってきた頃（一九世紀半ば）、産業革命期を経た先進工業国イギリスの著名な機械技術者ホイットワースは、「機械製の銃部品は、いかなる状況でも、手作業による摺り合わせが不要となるほど精密になることはあり得ない」と証言していた。[4] この「摺り合わせ」とは辞書が次のように述べていることを指す。

機械部品などの精密仕上げを行なう際に、基準形状もしくは、その部品と接触する他の部品との間の接触面が、一様な面接触となるように、接触状態を検査しながら、加工を進めて行く作業。キサゲ、ラッピングおよび鑢（やすり）かけが作業内容となる。（『日本国語大辞典』）

つまり、ここでの「摺り合わせ」とは部品などの接触面を物理的に削る作業を意味する。きわめて高い加工精度を要求する部品の場合には、誰にでもできる簡単な作業ではない。だが、この日本でも約半世紀ほど前には、互換性部品を使う製造で「ヤスリ掛け」が当然のように行われていたのだ。だからこそ、トヨタの『トヨタ自動車二〇年史』（一九五七年刊）はあえて次のように書いていた。「自動車を組立てるときになって、部品どうしが、うまくはまらず、ヤスリをかけたり、穴をさらえるとかの手直しをしなければならないようでは、シゴトの流れをすっかり乱してしまう」[5]と（『寓話』「はじめに」参照）。「各部品の取付穴はずれており、ドア、フード、ステー類などの取付には、こじ棒でこじったり、木ハンマで打って穴ずれを修正」しているという状況では「シゴトの流れ」を円滑にするどころではなかった。[6]

高い精度で互換が可能な部品を製造できない。これが戦前から戦後にかけての製造現場の実態であった。だが、遅れて互換性製造に参入した日本にとっては、先進国の事例や概念・理論から学び、いつか互換性部品を手にできた日に「シゴトの流れ」を円滑にするための方策に考えをめぐらすこともできた。

　三種類の部品を組み合わせて最終製品を完成するのであれば、部品の構成も工程の流れも、紙に書いて示すまでもなく簡単に理解できる。だが、数千の部品を組み合わせて最終製品にするとなると、すべての部品や工程を把握し、効率的に部品を手配することを、記憶だけで行うのは難しい。一回だけ（一個だけ）製品をつくるのであれば、工程がどうであろうと部品の手配が滞ることがあろうと、その場限りの話ですむ。互換性製造は基本的に繰り返し同一品をつくることが基本だ。部品や素材の手配、工程の善し悪しは、その製品原価に大きく跳ね返る。幸いなことに、精度の高い互換性部品を製造できるようになる日の来ることを夢見て、互換性部品を使う最終製品をいかに効率的につくるかに思いをめぐらす人々が、この国にはいた。

　互換性製造によって製品が世に送り出されても、それらは長く高価格帯の製品であった。この状況を、「フォード社は最低価格の自動車を製造し、より一層大きな需要を喚起するために、絶えず価格を引き下げ」ることで大きく転換させた。まさに、「コストの最小化と生産量の最大化によって利潤を最大にできることを初めて示した」のである。[7] これは各国の経営者や製造に携わる技術者だけでなく、企業経営に関心を示す研究者やジャーナリストの関心事となっていた。日本でも事情は同じだったのである。

　フォード社は組立ラインを実現しただけでなく、工場内部の様子までも世に広く喧伝した。このことは、フォード社が互換性製造の採用によって製品価格を下げたにもかかわらず利潤を大幅に増大させたのはなぜかについて、思索する人々にも手掛かりを与えた。互換性部品を利用した最終製品が次々と製造されるとしても、製造を進めるのには完成までの順序がある。自動車のように一台ずつ完成させるのであれば、その個々の一台を製造する過程で必要な部品を、作業を行う場所に必要な時刻に届け、必要な人員が作業に取り掛かれるようにすれば、作業は途絶えることなく円滑に遂行できる。それならば、特定の一台を完成させる過程を細い水の流れに喩え、その細い流れが絶えることなく流れるようにすればよいと考える人たちがいた。最終的に一台を完成させるに十分な流量があり、流れが途絶えなければよいのだと彼らは考えた。この細い流れを途絶えさせず、また流れを堰き止めなければ、作業現場にある工程内在庫をわずかにでき、使う資材を最も効率的に使うことができると。フォード社のように機械設備を数多く設置する方策を模倣できない状況だったからこその思索の方向だった。設備投資に資金を潤沢に振り向けられないからこその着想であった。

この細い水の流れをいかに実現するかが次の課題だった。最終製品そのものに特定の識別番号を付け、それに必要な部品・材料を必要とする場所に届くようにする工夫が生み出された。最終製品の製造に必要な部品や資材が作業に必要な時点・場所に揃えてあれば、作業を円滑に遂行できる。このためには各作業工程に必要な作業時間のみならず材料・部品などをすべて明らかにしておく必要がある。ちょうど最終製品が大きな樹木だとすると、細かい多数の葉や小枝がやや太い枝や幹につながり、最終的に大きな幹に至る様子を思い浮かべればよい。こうした方式は、我が国では戦時中の飛行機製造で号機管理という名称で実際に行われていた。細い水の流れが絶えることなく流れるように作業を実現すること（「流れ作業方式」）は、必ずしも大規模な資本設備を持たずに大量（多量）に生産を実現する方式であり、効率性においても優れていると考えられたのであった。ちなみに、同じ時期にイギリスでも水の流れを喩えに使い、やはり流れ作業方式が提唱されている。

この流れ作業方式を実現するには、生産工程全体をシステムとして把握している必要がある。かつて日本の生産管理者は次のように述べていた（『寓話』四一五頁）。

> 製作には緩急順序の決定が必要である。製作は出来る限り必要順序に行わねばならない。そこで計画者としては、現場を握る方法として部品組立表を書く。即ち、部品を組立てられて行く順序に、遠慮なく枝で紙上に書いて行く。その紙がどんなに長くなろうとも、完成するところまで行く。……こうして書き上ったものは、……沢山の葉を持った一本の樹木の如きものになる。各々の葉は部品を表わす。組立工場では、どの単一部品を、どの集成部品を、いつ頃欲しがっているか明瞭に表示されている。更に各々の部品の製作に、どの位の時

日を擁するかを調査すると、結局どの部品はいつ完成させるために、いつ作業を始めれば良いかがわかる。部品所要の緩急度に応じ番数をつけ、部品製作の日時の大小に応じて級数をつけ、番数と級数と加え合わせることにより部品手配の緩急順位を明瞭ならしめることが出来る(8)。

生産工程全体を「沢山の葉を持った一本の樹木」のように（システムとして）理解するために、「部品組立表」を書いていたのである。かつて工程管理や生産管理の専門家は、「部品所要の緩急度に応じ番数をつけ、部品製作の日時の大小に応じて級数をつけ、番数と級数と加え合わせることにより部品手配の緩急順位を明瞭」にすることだけを語っていたかのように考えられがちだ。だが、彼らの思考の前提には部品組立表があり、「部品手配の緩急順位を明瞭」にして生産を円滑に遂行することに関心を集中させていた。まさに、この部品組立表こそは生産工程全体を把握するために必要なものだと考えられてきたのである。

6　なぜ部品組立表は必要なのか？

こうした部品組立表の必要性を強く認識せざるをえなかったのは、構成部品の点数が多い最終製品を製造する場所であった。前述のように、三種類の部品α、β、γだけを組み合わせて完成する製品Xであれば、最終製品に必要な部品や資材、さらに各部品の工程さえも製造担当者の記憶だけを頼りに製造することができよう。しかし、必要な部品点数が数百、数千になると、部品や資材が必要になる時点・場所を記憶だけで正確に指示できる人はほとんどいまい。こうした状況が生じたのが、戦前・戦時の日本では、飛行機製作だった。担当者は次のように書いている。

飛行機製作に於て、工程管理の困難な点の一つは、それを構成する部品が圧倒的に多いことである。一機種でも数万種という部品があるから、幾つかの機種にでもなると夥しい数にのぼる。而も一品でも遅延すれば、すぐ作業上支障を来す。「必要なる時期に必要なる部品を揃えて渡す。」といった、僅かこれだけのことが実行となると仲々の仕事である。では、係員の努力とか精神で行くかというと、それだけでは不十分で、色々と方法を考えねばならなくなるのである。[9]

ことさら「係員の努力とか精神」を強調するのではなく、生産工程全体にわたって「部品手配の緩急順位を明瞭」に書き表し、それに基づいて管理しなければならないことが明確に意識されたのである。

しかし、生産に必要な数万点もの部品すべてについて「手配の緩急順位を明瞭」にすることは簡単ではない。たとえば、ある機能部品αを構成する部品がα_1、α_2、…α_pから、機能部品βがβ_1、β_2、…β_qから構成されているからといって、それら構成部品を同時に手配してしまえば、「必要なる時期に必要なる部品を揃え」ることにはならない。必要な時期が来るまで多数の構成部品が工程内に在庫として積み上げられたままになる。細い水の流れで最終製品をつくるどころか、至るところに満々と水をたたえる巨大なダムを出現させてしまうようなものだ。水が滞留したり淀む場所がなく、細い水の流れが工程全体を貫かなければならない。これをどうやって実現するのか。個々の部品を列挙し、必要な時点に入手できるように手配しただけでは、工程全体を貫く細い水の流れは実現できない。なぜなら、複数の部品に共通した素材が使われている場合があり、工程全体としては直ちに使う必要のない素材を抱え込むことになりかねない。「現場を握る方法として部品組立表を書く」には、必要な部品やその素材を列挙するだけでなく、各部品の工程についても掌握し、必要な場所に必要な時に必要な量の部品や材料が届くようにしなければならないのである。

戦後になり、一九五〇年代末にトヨタで原単位の情報が欲しいと要望された購買担当者は次のように答えていた。「とりあえず部品表、工程表を整理しておいて、いざ［原単位の］資料が必要となった時には、それらを基にして作れば作れる状態にしておこう」[10]と（第1章6（4）参照）。ここで担当者が「部品表、工程表」と答えているように、二つはセットで考えられているのだ。時には「部品表」だけで最終製品を構成する部品・素材を列挙するものを指す場合もあるが、詳しい工程表と一体化させて運用するものも「部品表」と呼ぶ。前に引用した飛行機製作に携わった生産管理者が「部品組立表」と書いていたのも、理念としては、後者を目指していたことを意味しよう。

トヨタが「部品表」の電算化を実現したときの内容を、社史は「車両を構成するすべての部品について、品番(部品番号)別に①車両と部品の関係②部品と部品の関係③製造工程④部品の内容(品名、材質など)の四つの内容を明示したもの」[11]と説明していた(本書第1章7(8)、『寓話』終章参照)。これは、まさに「部品組立表」の理念を引き継いだものであろう。だからこそ、トヨタは部品表の電算化システムをSMS(Specifications Management System)と呼び、その名称の中に"specification"、つまり通常は「仕様書」や「設計明細書」を示す用語を使ったのであろう。しかも、この部品表はトヨタの「企業活動の全分野に関連した基本的且つ中枢的な情報システム」[12]で、まさしく経営管理(マネジメント)に欠かせないシステムだとの意味合いまで込めたとさえ読める。

7 部品表をどのように作成したのか?

では、生産工程全体を「沢山の葉を持った一本の樹木」のように把握し、「部品手配の緩急順位を明瞭」にして「現場を握る」——部品表を生産工程全体の管理の要とする——には、何が必要だったのだろうか。

あらゆる部品や材料を細い水が流れるようにして——工程内在庫を可能な限り少ない状態に保ちながら——最終製品を遅滞なく完成するには、工程で使う部品や材料すべてのリードタイムを明確——「部品手配の緩急順位を明瞭」——にしなければならない。すなわち、リードタイムを把握しなければならない。だが、リードタイムが著しく不安定であれば、それを把握する努力は無意味である。部品や材料を手配する時間、日数さえ大幅に変動する不安定な状況では管理は不可能である。「管理」とは、まさしく「ものの状態、性質などがかわらないよう、保ち続けること」（『日本国語大辞典』）であり、「ある規準などから外れないよう、全体を統制すること」（『大辞泉』）である。部品や材料の入手時間が大幅に変動する中で、最終製品の完成予定といった「規準などから外れないよう、全体を統制すること」は不可能である。「管理」する状態にすら達していない。

こうした状態から、日本の互換性製造は始まったのである。わずか数点の部品どころか、数千、数万の部品を使って、生産を管理状態に置く努力を重ねなければならなかった。まさに糠に釘といった状態であった。

この状況を脱するためには、個々の部品の工程を安定した状態にもって行かねばならない。そのためには工程を安定した状態（定常状態）にしなければならない。それが標準動作から標準作業に至る追求であり、標準作業票を作成し、それに基づいて作業を行うことが目標となった。そしてそれには製造現場の作業実態を掌握し、データを入手しなければならない。これを生産管理者たちは粘り強く追い求めたのである。

また一方で、工程全体が管理状態にないにもかかわらず、生産増大という差し迫った状況に直面する場合もあった。その典型的な例が戦時期の飛行機の組立である。数万点に及ぶ部品を使い、最終製品である飛行機を繰り返し製造することが緊急の課題であった。ゆったりと時間をかけ「部品手配の緩急順位を明瞭」にする余裕はない。こうした状況が生み出した成果の一つが、前進作業方式であった。これが考案されたのは名古屋航空機製作所での航空機の機体組立においてである。必要な部品から始まって機体組立まで組立が行われる順番にデータを蓄積し、各工程の標準作業を定めた上で、それに基づいて管理を行う。これは合理的なように思われる。だが、合理的な計画策定に時間をかけても、それが完全に実施できるかどうかはわからない。それでは、戦時にあって一機でも多くの機体組立の実現を求められている火急の状況には不向きだと考えられた。このため機体の最終組立工程から前工程に遡りつつ工程に関するデータを集め、工程の問題点を逐次解決していく方策がとられた。この前進作業方式の実施担当者は次のように述べている。「部品工場から始めた方が計画的で宜しいと思うが入り方としては組立から入った方がやり易い」と。また、「何処に隘路があるかと云うことがはっきり」すると「其の隘路を補強し」ながらこの方式を実現したと[13]（『寓話』第2章3（2）②b参照）。

完全な部品表を作成し、まったく非のつけどころのない生産計画を樹立して、生産を管理する。こうした手順を踏むことは現実には困難なことが多い。喩えて言えば、「沢山の葉を持った一本の樹木」図を描こうとして、無数にある葉を描くことに専心していると、それが樹木だと判明するまでに多大な時間がかかってしまうようなものである。不十分な情報しかない中で生産を続行しながら、最終組立から前工程に遡ってデータを集め、部品表を作成・修正していく。樹木を描くのに大きな幹から小枝、小枝から多くの葉へと筆を進めるがごとくである。

各作業工程を、定めた時間通りに遂行できれば、「必要なる時期に必要なる部品を揃えて［次工程に］渡す」ことができる。ここで「定めた時間通り」と書いたのは、互換性部品を使う製造だから、同一作業を反復するので、労働者の習熟度も含めて生産現場の状況が不変な限りにおいて（したがって、ごく短期間には）唯一最善の作業方法を見いだすことが可能であり、それを標準的な作業方法として定着させ、その作業方法で予め定まった量を生産するのであれば、事前に作業にかかる時間を知ることが可能だからである。もちろん、事前に原価を算定することも可能になる。ここまでくれば、「原価という計数によって、単に製品価格の決定のみでなく、生産工程自体を把握し、目標どおりの生産を円滑に達成すべく工場全体を管理しようとする方法[14]」である、帳票を使った管理が実現する（『寓話』「はじめに」参照）。

しかし、実際に日本で上記のような管理を実現することは難しかった。加工途中の仕掛品と帳票を一緒に動かすことさえままならず、帳票にパンチカードを使うアメリカ企業での方法が日本企業で戦前・戦中に定着することはなかった（『寓話』第5章1（3）③参照）。均一な部品を製造する資材や工作技術などの基礎が定まっていない状況では、一見簡単そうに思われる管理手法を実施することさえ困難だったのである。だが、こうした困難な状況を乗り越える工夫が随所で行われていく。工程管理の面では、号機、機種と手配番数を使った管理、さらには工程全体を小単位の組織に細分し、各単位に区長、進行員、検査員を置いて作業の進行を綿密に管理しようとした推進区制工程管理などが生み出された。

こうした工程管理についての考えや試みがある程度まで進展した後に、日本における自動車製造は始まった。トヨタでは互換性部品の製造にさえ苦労する時期を経て、戦後になると次第に個々の部品の加工時間を把握するためのデータ収集、生産工程の改善・再編、能率給の導入などを実施する。この途中で一九五〇年の労働争議があり、倒産の危機に瀕したものの、五五年末に生産設備近代化五カ年計画が終わり、翌五六年に元町工場が竣工する頃には生産工程の再編が一段落する。この頃から臨時工が大量に採用されたのも、こうした生産現場の変化を反映したものであった（第1章8（6）参照）。前述のように、生産設備近代化五カ年計画が終わり、各工程間の関係が整備・単純化されたために、作業者が行う作業も単一・単純化された作業が多くなったのである。こうした生産工程の整備によって、パンチカード・システムを活用した工数計算を進め、標準原価の把握へと大きく道を切り拓いていく。生産工程の整備はまた、製造の現場で使う帳票類の記載内容を簡潔することにも寄与した。その一つの到達点が部品表の整備であるとともに、そのデジタル処理だったのである。

8　部品表がデジタル情報として処理できると何が変わるのか？

工程全体で使う部品だけでなく、その素材に関する情報を集め、デジタル処理するようになると何が変わるのであろうか。繰り返し述べているように、少数の部品であれば、すべての素材や加工プロセスまで一人の人間の記憶に依拠して製造を進めることも可能かもしれないが、ある程度まで多数・多種類の部品を使って製造する場合には、その製品を構成する部品をすべて列挙するだけでも大変な作業である。その部品に使用する原材料や加工方法も掲げ、原価を特定できるようにし、これらの互換性部品の組立の順番や方法を最終製品まで詳細に書き出しておけば、製造担当者が変わっても、同じ最終製品を製造する基本的な情報は伝達できる。もちろん、こうした情報を紙ベースで処理することもできるが、コンピュータ処理が可能になると、さまざまな利用の仕方が考えられる。

簡単に思いつくことは、多数・多種類の部品を使っているとは言いながら、同じ素材を使っている部品などを、より発見しやすくなることである。同じ素材を使うのであれば、それを購入する時期や数量を工夫することで、従来よりも「細い水の流れ」にすることも可能かもしれない。また、類似している部品を、多少の設計変更で共通した部品にしていくことも可能になろう。

さらにデジタル情報を三次元化すると、従来、数値だけでは理解しがたかったものが視覚に訴える形で理解が容易になる可能性もある。前に掲げた例で考えてみよう。「沢山の葉を持った一本の樹木」が生産工程の全体だとしよう。大きな幹とやや大きな枝、小さな枝、さらに葉が出ている。これらが部品を表しているとしても、全体を大きく区分することは可能だ。例えば、大きな枝と小さな枝といった具合に。幹につながる大きな枝がαだとし、その大きな枝から分かれて小枝の一つβが出ていると考えよう。大きな幹とαとの接続面、αとβのそれが複雑で、平面図からは理解が難しい場合でも、三次元で立体的に表現されると、接合上の問題が理解しやすいだけでなく、接合上の条件を事前に設定することも以前と比べて容易になる。逆に、最終製品全体を見渡して、αとβなどの接合面の規格・標準を見直し、製品全体で共通部品を増やして原価を低減させる動きをとることも可能になる。こうした変化は、従来の開発・設計の組織編成の見直しを伴うだろう。また、製造上の問題点を、実際に製造を開始する前に開発・設計へとフィードバックすることも迅速に行えるだろう。こうした動きの一つがすでに具体化されつつある。二〇一二年三月に『日本経済新聞』はトヨタの新たな新車開発手法を次のように伝えている。

トヨタ自動車の佐々木真一副社長は一日、自動車部品の設計共通化を加速することで「(部品生産のための)設備投資額を四年以内に半減させる」考えを示した。部品の製造コストについても三〇~四〇%の低減を目指し、競争力を高める。

トヨタは新車開発で「トヨタ・ニュー・グローバル・アーキテクチャー（ＴＮＧＡ）」と呼ぶ設計手法の導入を始めた。車体のデザインや内装などは地域ごとに特徴を出す一方、外から見えない部品の設計を統一し、全体で四〇〇〇～五〇〇〇種類の部品のうち半分程度で共通化を目指す方針だ。共通化により車種ごとに用意する必要があった加工設備も種類を減らし、設備投資や操業にかかる固定費を抑える。同一部品の発注量を増やし、部品メーカーのコスト低減を後押しすることで、部品調達コストの削減につなげる。[15]

「車体のデザインや内装」にはバラエティを持たせつつ、部品の「半分程度で共通化」を目指すという。こうしたことは従来では二律背反と考えられていたことだ。しかも、部品用の設備投資額や部品の製造コストを大幅に低減させるというのである。このＴＮＧＡの目指す方向に関するトヨタの説明にはその後も揺らぎはない。「昔から行っている共用化とか標準化をもっと進展させていこうと考えている」と言い[16]、現実に各地域に向けた車の販売計画が公表されつつある。

ＴＮＧＡが発表当時から注目を集めたのは、モジュール生産と違うのか否かであった。ここで言うモジュール生産とは、『日刊自動車新聞』によれば「大手部品メーカーが車両各部を『部位』と呼べるような状況までサブアセンブリーし……自動車メーカーの生産ラインに供給し、ブロックのように組み立てていく」ものである。[17]また、「トヨタは工場にモジュール生産を導入する考えはない」というのが自動車業界紙の認識であった。[18]業界紙では少なくとも自動車のモジュール生産手法には、「部品や部位の〝共通化規模〟が最大のポイント」「複数のブランド、複数のモデルで共通設計を採用することで、開発のやり直しを無くしたり、部品の量産コストを高めることに」強みがあると考えていた。[19]それだから、そもそもＴＮＧＡとは何なのかだけでなく、競合他社のモジュール戦略と何が違うのかが自動車業界に詳しい新聞記者たちにとっても関心事だった。後者の質問に対し、二〇一三年の会見で、当時の副社長（加藤光久）は次のように答えている。

設計のモジュール化においては他社のモジュール戦略とTNGAは同じようになっていくと思う。ただ、その先において、これまでの強みでもあるすり合わせは必要だ。商品力の向上や差別化にはすり合わせが重要であることに変わりない。[20]

この引用文で言う「すり合わせ」（摺り合わせ）は部品などの接触面を物理的に削る作業を意味しているのではない。「意見、主張などの異なる両者が、互いに折れ合って話をまとめること」（『日本国語大辞典』）である。この「すり合わせ」には関係者・関係部署の意見調整が必須である。このためトヨタは二〇一三年一月になるとTNGAの導入促進のために組織改正も行う。[21] TNGAは部品の共通化（共用化）、標準化を大幅に進めつつ、車体の多様なバリエーションも提供しようとする手法である。トヨタの加藤光久が「設計のモジュール化」では、TNGAと「他社のモジュール戦略」が「同じようになっていく」と返答したのは、目指す方向性は同じだという意味である。ただ、TNGAは、デジタル化した部品表を使い「沢山の葉を持った一本の樹木」を大きな幹や小枝に分けて開発・設計を行うことによって目標を達成しようとしている。この具体的な作業では意見調整という意味での「すり合わせ」が重要であり、公的な意見調整には組織面での整備（権限関係の明確化）が必要なのである。このTNGAが成功を収めるか否かは、今後の動向を見守るしかない。だが、大幅な共用化・標準化が可能になった背景にはデジタル化された部品表の存在がある。

このTNGA以外にも、情報処理能力が格段に進展したため、さまざまな情報を組み合わせて企業経営に有効・有益な形で利用することが進行している。これが現代のデジタル化された部品表の持つ意義である。

9　トヨタの海外展開には部品表は関係がなかったのか？

「トヨタの独自性は何か？」という質問に、「長い間、海外展開をしなかったこと」とシニカルに答えることも可能なほど、一九八〇年代初頭までトヨタの海外進出は遅かった（第3章1参照）。「遅々として進まなかった」という古風な表現があてはまるほどであった。こう書くと、一九八〇年代中頃にはGMとの合弁企業NUMMIが設立され海外生産が展開していたではないかと言われかねないが、九〇年代中頃でさえ生産台数全体に占める海外生産の割合は低かったことを想起してほしい（表3-1参照）。日本は自動車の対米輸出の自主規制を始めていたにもかかわらず、一九九〇年代中頃の日米自動車交渉の決着まで、自動車の対米輸出は絶えず日米間の大きな政治問題となりかねない状況にあった。その一因は、一九八〇年代になってもトヨタの海外生産が「遅々として進まなかった」ことにあると考えられる（第3章4（7）参照）。

世界の市場で競争して売れる製品（自動車）がなければ、そもそも海外で生産を展開することなどできない。このことを如実に示したのは、一九五〇年代末の大胆とも言える行動（トヨタの五〇年史英語版が「失敗」と記した行動）であった。また、海外進出に際しては、自動車産業確立を目指す各国の政策動向にも関心を払う必要がある。このことは自工による戦後初めての海外直接進出プロジェクトの帰趨からも明白であった（第3章2（4）参照）。

しかし、この一九五〇年代末の経験によってトヨタの海外展開が遅々として進まなかったと結論づけるのであれば、まるで「羹に懲りて膾を吹く」と論じて満足するようなものだ。一九六〇年代中頃にはトヨタは「輸出適格車」を手にしたものの、その当時は日本国内の自動車市場が急拡大した時期でもあったため、海外に生産を展開することよりも、国内での生産体制の整備が優先された。その結果、海外市場の開拓はノックダウン輸出と完成車輸出に大きく依存することになったのである。そしてこれが自工・自販の二社体制の下で進展したため、ノックダウン輸出において仕向地で必要となるノックダウン組立工場の運営は自販の主導で進むことになった。自工・自販の間で合意した製品取引契約の「大綱」によれば、自工が製品を工場庭先で自販に渡すのが原則だったので、ある意味では当然の成り行きであった（第2章3（1）参照）。

一九五〇年代末にはまだ、規模が大きな海外の市場で量販可能な輸出適格車がトヨタにはなく、市場規模の小さな車種・地域から販売拡大を目指さざるをえなかった。これは、トヨタの輸出車両や地域の変遷に見事に反映されている。当初、ランドクルーザーがトヨタの輸出車に占める比重がきわめて高く、輸出先の開拓でも欧米などの自動車「生産国から遠く離れた後進国から始め……次に……先進国に近い所を狙った」のである。[22] 販路を拡大するためには、完成車輸出・ノックダウン輸出のいずれにしても、仕向地に適するように細かく仕様を変えて製品を製造せざるをえなかった。これは自工の製造面にとって負担の重い作業でもあった。特にノックダウン輸出の場合には量産ラインから各仕向地用の部品を正確に集め、さび止めを行い、梱包しなければならない。少なくとも数千点にも及ぶ部品の集荷から発送までの作業を紙ベースの部品表に依拠して行うことは手間がかかるだけでなく、間違いを防ぐのも難しかった。細かい設計変更のたびに、多数の異なった仕様の自動車の部品表を最新の状態に保持することは、想像しただけでも大変である。

前述のように、自工・自販の二社体制下では、海外市場の開拓は主に自販主体で進められた。輸出適格車がない時期からの販路拡大であり、さまざまな回顧録を読んでも、まさしく筆舌に尽くしがたい苦労の連続だったことがわかる。しかし、一九七〇年代初頭にもなると、少なくとも国内の製造工場内部では、まさしく細い水が淀まず絶えることなく流れるように（工程内在庫の少ない状態で回転率を高めて）効率性を追求した製造を実現しつつあった（第1章8（2）、表1-4参照）。こうした工場を見慣れた自工社員が、一九七〇年代初頭にＣＫＤ調査団の一員として、海外のノックダウン工場で二カ月分の在庫を保持して作業している姿を実際に目の当たりにしたときの驚きは察するに余りある。「［国内では］ゼロ在庫に近い状態で工場が稼働しているのとは大差がありますと、一見穏やかな表現でノックダウン工場の現状について書いてはいるものの、実際はあきれ果てていたに違いあるまい[23]。海外に派遣された自工社員は「［日本国内］で社内の皆さんが必死になってやってきた合理化や、品質保証のことが、海外においてははなはだ立ちおくれている」とまで書いていたのである[24]（第3章4（1）参照）。こうした事情が明らかになると、自工は海外からの研修生を定期的に受け入れて技術指導やトヨタの生産方式についての研修を始めた。だが、問題はもっと大きく広がり、自工・自販の二社体制を大きく変えていくことになった。日本国内で自動車製造を担当していた自工が海外技術部を新設し、海外での組立に関与していくことになったのである（第3章4（1）参照）。

トヨタは一九七〇年代初頭に部品表のデジタル化に一応成功すると、国内の消費者向けだけでなく、海外の最終消費者（当初は海外の販売業者）にまで、工場で完成した製品を「水が流れるように淀みなく動かす」体制を整えていく。だが、こうした体制構築には大きな限界があった。工場で製造した製品を最終消費者に届けるといっても、その「工場」とは実質的には日本国内に立地する工場を意味していた。一九七〇年代に稼働した部品表（SMS）をフル活用して海外での設計や生産を行うには、海外と国内で情報や通信が円滑にかつ大量にやり取りされる必要があったが、グローバルな情報通信基盤は一九八〇年代末になってもできていなかったからである。また、当時の部品表（SMS）は、そうしたことを想定して作成されたものでもなかった。

トヨタが海外で現地生産を展開しても、実は「米国・ケンタッキーやオーストラリアに進出した当時は、国内のような形で原価を把握することは困難」だった[25]。海外の生産拠点では当時の部品表（SMS）をオンラインで「二四時間三六五日連続稼働」で利用できなかったからである[26]（第3章4（10）参照）。「トヨタ生産方式をスムーズに動かすためには、トヨタ式生産計画およびトヨタ式情報システムがしっかりと組み上げられていなければならない[27]」（第1章5（1）参照）。日本国内で情報システムが「しっかりと組み上げられて」いても、海外の拠点でそれを活用し「トヨタ生産方式をスムーズに動かす」ためには、通信によって日本国内の情報システムと連結される必要があったのである。

一九九〇年代中頃になると、ようやく情報通信の基盤が大きく変わり始め、それに対応した企業活動も活発化し始めた。その状況を二〇〇五年に発表された文章が次のように伝えている。

本書［遠藤諭『計算機屋かく戦えり』］の初版刊行は、［一九］九六年十月なので、およそ一〇年ほど経過してこの文章を書いていることになる。その頃といえば、九五年一一月のウィンドウズ95日本語版の発売以降のパソコンブームの真っ只中である。いまのパソコン概念が、よくもわるくも完成域に近づいてきた頃ともいえる。……デジタルカメラが市場を賑わせはじめた時期でもある。そして、九七年二月にはＮＴＴドコモが、携帯・自動車電話が一〇〇〇万契約を突破したと発表した。九九年のｉモード開始でコペルニクス的展開となる下地が着々と作られていたわけだ。

しかし、この時期のデジタル業界の最大の関心事は、やはりインターネットである。ＷＷＷ（ワールドワイドウェブ）とそのブラウザによって、一夜にしてメディアの体裁を整えたかの印象があった。米国では、九四年にヤフー！とアマゾン（当初 Cadabura. com）、九五年にイーベイ（当初 AuctionWeb）がスタート、九六年にグーグルのプロジェクトがスタートして（創業は九八年）、四大ドットコムが出そろう。

トヨタが海外で生産拠点を増大・拡大するためには、部品表（ＳＭＳ）をオンラインで「二四時間三六五日連続稼働」できるようにしなければならなかった。そのために新たな部品表（ＳＭＳ）の構築が目指されるとともに、一九九〇年代中頃になるとオンラインで「二四時間三六五日連続稼働」させる可能性も切り拓かれつつあったのである。

トヨタが新たな部品表（ＳＭＳ）を一応、完成させたのは二〇〇三年である。これを『朝日新聞』が次のように伝えている。まさに新たな部品表（ＳＭＳ）の完成がトヨタの海外展開を推し進める役割を果たすことをいち早く伝えた記事なので、ここで引用しておこう。

トヨタ自動車は、部品調達や生産体制を世界規模で効率化する新情報システムの運用に入った。中核となる「グローバル部品表データベース」は日本と二六カ国・地域の全生産拠点で部品の呼称などを統一し、最適な調達と生産を支援する。カンバン方式や原価企画をテコに国内で達成した高い生産性を、グローバルに実現するのが狙いだ。

［二〇〇三年］八月中旬から稼働を始めた部品表データベースは、自動車一台で二万～三万点ある部品を一〇けたのコードで管理し、仕様と価格、製造元、設計変更の履歴などがコンピューターで一覧できる。世界の拠点を結ぶ専用回線も引いた。

部品のコストや調達時間などを比較し、世界中にある拠点のどこで生産すれば最も有利なのかが割り出せる。新車の開発期間を短縮して市場動向に合わせたり、きめ細かいアフターサービスに活用したりもできる。

（中略）

［二〇］〇四年から東南アジアの工場間で部品の相互供給に役立て、中南米やアフリカ向けの小型トラックでコストダウンを図る。さらに活用範囲を広げ、「生産の最適化を世界規模に拡張したい」（幹部）考えだ。

トヨタの海外生産は過去一〇年で三倍に拡大し、〇二年は全体の四割に当たる二一五万台に達した。しかし、急速な拡大で「部品の規格などもそろわず、現場で話が通じなくなった」（幹部）。グローバル化が、お家芸である効率生産の基盤を脅かす恐れが出てきたため、システム統合と情報共有化を急いでいた。(28)

10 「生産」を「管理」する仕組みを、なぜ簡単に模倣できないのか？

トヨタにおける「『生産』を『管理』」する仕組み」が、本書や前著『寓話』で強調したように、情報通信技術に大きく依存しているならば、なぜ簡単に他企業が模倣できないのか。情報通信技術に依拠している「仕組み」であれば、簡単に模倣・移転ができるはずではないか。二〇世紀末頃には、本書で描いたような「『生産』を『管理』する仕組み」が、パッケージ化されたソフトとして販売され始めていた。だからこそ、「あるコンサルタント」の言として、『日経コンピュータ』は次のような談話を紹介していた。

トヨタ生産方式にヒントを得て、欧米のパッケージ会社が製品を作り、日本で拡販している現状にトヨタは忸怩たる思いのようだ[29]。

このように書くと、こうした新たなシステムのエッセンスを抽出・模倣して自社に取り込んでしまえば、順調に事業を展開できるだろうと考える読者がいるかもしれない。しかし、そういうわけではないのだ。情報通信技術が進んで、事業の運転がシステム化されても、それを使えばすべて順調にいくわけではない。その典型的な例を示しておこう。些末なことを扱っても、それは大勢には関係がないと考える読者も多いと思うので、トヨタ車の品質に焦点をあててみたい。「工場から出荷した状態でそのままお客様にお渡しできる品質」を、二一世紀初頭におけるトヨタ車購入者は期待しているであろう。だが、それは一朝一夕に達成されたものではない。このような品質は、自工・自販が合併した一九八二年頃でも達成されてはいなかった。

当時［工販合併頃の］のトヨタ自工はトヨタ式生産システムの完成期にあり、不必要な部品の在庫はなくなっていたが、自工と自販との間にある完成車は相当な量であった。……自工の検査ラインを出た車は自販の受入点検を受け、これをパスした車が国内の販売店に積み出されていた。自工は昼夜二交替であるが、自販は常昼勤なので、夜勤に［自工の検査ラインを］出た車は自販のヤードにプールされていた。……工販が合併してみると、工場の最終検査ラインを合格して出て来た車を、また同じ会社の別の部の人間が点検をするというのは妙な話であり、その点検を廃止すれば車の流れは良くなり、車の在庫の減少が可能となる。しかしこの受渡点検（自販の受入点検を合併後はこのように呼んだ）を廃止することは簡単なことではなかった。当時の受渡点検で全数の不良が検出されていたわけではないが、相当数の不良車が検出され修正されていた事は事実である。[30]

先に、自工・自販の合併によって、「物流面で効率が大きく上昇した」とは書いた（第2章5（2）参照）。たしかに効率は上昇した。しかし、それには「相当数の不良車が検出され修正されてい」る状況を変える必要も関わっていたのである。「受渡点検を廃止しなければ物流の改善はできないし、受渡点検の廃止は品質の改善なしにはできないという結論を出して」問題に取り組んだというのが実情だった。トヨタは「出荷品質を画期的に向上させる絶好のチャンスが到来した」と問題を捉え、「出荷品質改善活動は生産部門の統括者の命令」として「全工場で大展開」したのである。「各工場の改善情況は品保部の点検結果で評価されその評価データをもとに……歩合会議で改善情況をフォロー」するようになった。そして「二年間を費やした物流点検の廃止のための品質向上への取り組みの結果、市場に出ていく当社［トヨタ］の車両の品質は著しく向上した」という。[31]

この事例をどのように考えるか。「不良車が検出され修正されていた事」は、不良箇所を検出・登録するシステムが存在し円滑に稼働していればわかる。だが、不良箇所がどれほど多かろうと、それを問題だと認識し、その解決策を探り、対策を施さない限り、問題は解決しない。この場合も、個人が問題を提起して、それが全社的な問題として受け止められ、対策が実施されたのである。これは品質向上を狙った対策ではなかった。「初めは工数低減とか物流の改善のために始めた出荷品質向上活動が、結果的にはお客様に喜んでもらえる車づくりとなり、車の販売に寄与できたのである[32]」。誰しも結果を完全に予測できるわけではない。

業務上の問題点を発見し、その解決策を提起し実施できる人間が出てくるには教育や訓練が欠かせない。ある問題を解決しようとすると、実際に意図したものと違うものが出てくる場合も多い。そうしたものをシステムに絶えず取り込んでいくことをトヨタは行ってきた。これこそが企業の独自性を支え維持してきたものだと考えるべきであろう。「現場（単なる製造現場を超えた現場）」での問題発見の実力は欠かせないが、それとともに、現場での問題発見を容易にするシステムを構築する実力も、現場の問題提起をシステムに組み込んでいく実力も欠かせないことは強調しておかねばならない。そうでなければ、外注かんばんの変容も、トヨタ車の品質の長期的な変化も生じなかったのであるから。

「現場」の実力も重要だが、あまたの改善・改良をシステムに組み込んでいく実力がなければ、企業の長期的な繁栄はありえない。一方、システムだけであれば、情報通信技術を利用し複製・利用することも可能であろう。だが、絶えざる改革を実施できるよう、従業員に教育投資をし、彼らのモチベーションを高く保っておかなければ、一時的にシステムを模倣することは容易でも、すぐに陳腐化してしまうのだ。

ある時点で「画期的な仕組み」を作りあげたとしても、次の瞬間から競合他社や競争相手とは考えてもいなかった個人や企業が、その「仕組み」を超える「仕組み」の構築に取り組む。だから「画期的」な仕組みも、つねに「画期的だった」仕組みになっていく。しかし、画期的な仕組みが絶えず「画期的だった」と言われる宿命にあるとしても、「画期的だった」に変わる時間・期間は先行企業に与えられている。この与えられた時間を活用して、仕組みを洗練したり、あらたな仕組みを案出したりすることは、先行者の特権だ。その与えられた時間がどれほどの長さになるかは誰にもまったくわからない。また、場合によっては、「画期的な仕組み」を実現しながら、それを自らが崩してしまうことすらある。この終章の冒頭で掲げたGMの製品ラインのように。「画期的だった」に変わる時間・期間をいかに利用するか、それこそが企業に問われている課題と言えよう。

注

第1章

（1）ウォルター・アイザックソン著、井口耕二訳『スティーブ・ジョブズ』Ⅱ（講談社、二〇一一年）、三九頁。
（2）同前、一一七—一一八頁。
（3）同前、一一八頁。
（4）同前、一二〇頁。
（5）大野耐一『トヨタ生産方式——脱規模の経営をめざして』（ダイヤモンド社、一九七八年）五二頁。
（6）同前、二一九頁。
（7）和田一夫『ものづくりの寓話——フォードからトヨタへ』（名古屋大学出版会、二〇〇九年）五三六頁。以下『寓話』と略称する。
（8）門田安弘『トヨタシステム——トヨタ式生産管理システム』（講談社、一九八五年）七七—七九頁。なお、この書物は一九八九年に講談社文庫に収録された。この後も門田は『新トヨタシステム』（講談社、一九九一年）、『トヨタプロダクションシステム——その理論と体系』（ダイヤモンド社、二〇〇六年）を上梓し、まったく同一の説明を掲載している。門田はその著書で繰り返し同じ説明を記述している場合が多い。そうした場合、できる限り早い時期に出版された書物の該当箇所を示している。
（9）門田安弘『トヨタシステム』七九頁。
（10）青木幹晴『全図解トヨタ生産工場のしくみ——元トヨタ基幹職が書いた』（日本実業出版社、二〇〇七年）二七頁。
（11）トヨタに在籍していたことのある小谷重徳も次のように言う。「当社「トヨタ」のロット工程では、後工程の部品の引き取りにより部品在庫が減少して発注点になったら仕掛けをするという発注点方式で運営している」（小谷重徳「生産管理システム」『オペレーションズ・リサーチ』一九九七年二月号、六六頁）。段取り時間と在庫部品数、部品の使用時間を勘案して、生産に支障をきたさない「発注点」をロット生産の場合には決めておき、その合図をするのが「信号かんばん」ということである。
（12）門田安弘『トヨタシステム』七七頁。
（13）同前、七六頁。
（14）同前。
（15）青木幹晴『全図解トヨタ生産工場のしくみ』二七頁。
（16）門田安弘『トヨタシステム』七七頁。
（17）青木幹晴『全図解トヨタ生産工場のしくみ』二四頁。
（18）同前、二四—二五頁。
（19）新郷重夫『トヨタ生産方式のＩＥ的考察——ノン・ストック生産への展開』（日刊工業新聞社、一九八〇年）二五九—六〇頁。
（20）同前、二六〇—六一頁。
（21）同前、二四八頁。
（22）同前。
（23）大野耐一『トヨタ生産方式』五四頁。
（24）Horace Lucian Arnold, *The Complete Cost-Keeper; Some Original Systems of Shop Cost-Keeping or Factory Accounting, together with an Exposition of the Advantages of Account Keeping by Means of Cards instead of Books, and a Description of Various Mechanical Aids to Factory Accounting, now comp. for the First Time* (New York: Engineering Magazine Press, 1900). また彼の次の書物も参照。Horace Lucian Arnold collected and arranged, *The Factory Manager and Accountant: Some Examples of the Latest American Factory Practice* (New York: Engineering Magazine, 1903).
（25）トヨタ自動車工業株式会社社史編集委員会編『トヨタ自動車二〇

年史』（トヨタ自動車工業、一九五八年）一九三頁。

(26) 同前、二五四頁。

(27) トヨタ自動車工業株式会社編『トヨタのあゆみ――トヨタ自動車工業株式会社創立四〇周年記念』（トヨタ自動車工業、一九七八年）二一二頁。これは元・取締役の辻源太郎の回顧。

(28) トヨタ自動車工業株式会社社史編集委員会編『トヨタ自動車三〇年史』（トヨタ自動車工業、一九六七年）四二五頁。

(29) 大野耐一『トヨタ生産方式』二二九頁。

(30) 同前、五三―五四頁。

(31) 日本生産性本部編『事務管理――事務管理専門視察団報告書』（日本生産性本部、一九五八年）一一〇頁。

(32) 青木幹晴『全図解トヨタ生産工場のしくみ』、小谷重徳『理論から手法まできちんとわかるトヨタ生産方式――入門書の決定版』（日刊工業新聞社、二〇〇八年）。

(33) 風早正宏『ゼミナール経営管理入門』（日本経済新聞社、二〇〇四年）三二〇頁。

(34) 青木幹晴『全図解トヨタ生産工場のしくみ』六八頁。

(35) 同前。

(36) 同前。

(37) 同前、七二頁。

(38) Henry Metcalf, "The Shop-Order System of Accounts", *Transactions of the American Society of Mechanical Engineers*, vol. 7 (1886), p. 440.

(39) メトカーフの上記論文だけでなく、次の書物にもさまざまな帳票が提示されている。Henry Metcalf, *The Cost of Manufactures and the Administration of Workshops, Public and Private* (New York, J. Wiley & Sons, 1885).

(40) 土屋守章「アメリカにおける『管理の科学』形成の基盤」『経営史学』一巻二号（一九六六年）、六頁。

(41) 土屋守章『現代経営学入門』（新世社、一九九四年）四四―四五頁。

(42) 同前、四五頁。

(43) 次の二論文が先駆的な研究である。Joseph A. Litterer, "Systematic Management : the Search for Order and Integration", *Business History Review*, vol. 35, no. 4 (1961) ; Do., "Systematic Management : the Design for Organizational Recoupling in American Manufacturing Firms", *Business History Review*, vol. 37, no. 4 (1963).

(44) S・M・ジャコービィ著、荒又重雄・木下順・平尾武久・森杲訳『雇用官僚制――アメリカの内部労働市場と〝良い仕事〟の生成史』（北海道大学図書刊行会、一九八九年）六九―七〇頁。

(45) 同前、七一頁。

(46) 同前、七二頁。

(47) 同前。

(48) 同前、七四頁。

(49) アルフレッド・D・チャンドラーJr.著、鳥羽欽一郎・小林袈裟治訳『経営者の時代――アメリカ産業における近代企業の成立』上（東洋経済新報社、一九七九年）、四九二頁注（七四）。

(50) 同前、四六七頁。

(51) 大河内暁男『経営史講義』第二版（東京大学出版会、二〇〇一年）、一四八頁。

(52) 同前、一五四頁。

(53) Litterer, "Systematic Management : the Design for Organizational Recoupling in American Manufacturing Firms". なお本章注(30)も参照。

(54) Metcalf, *The Cost of Manufactures and the Administration of Workshop, Public and Private*.

(55) Metcalf, "The Shop-Order System of Accounts".

(56) 安藤彌一『工場改善――日本の科学的工場管理』（ダイヤモンド社、一九四〇年）の「著者略歴」による。

(57) 同前、三六七頁。この書物の別冊付録には多数の帳票例が掲げられている。

(58) 同前、三六八頁。なお次の論考も安藤の考えを知るには有益である。安藤彌一「工程管理」（陸軍省編『工場経営講座』管理篇下冊、日刊工業新聞社、一九四一年）。この時の彼の職は「長岡高等工業学校講師」となっている。
(59) 平井泰太郎撰竝ニ著『産業合理化図録』（春陽堂、一九三二年）三〇一―〇二頁。
(60) 同前、三一〇頁。
(61) 長谷川安兵衛『原価計算』（ダイヤモンド社、一九四一年）二四二頁。
(62) 引用文中の引用は次の論考による。小野常雄「まだまだ運用の妙に暗い工程管理――今後は事務技術的面の改良に俟つ」『マネジメント』一一巻五号（一九五二年）、六頁。
(63) 新居崎邦宣「工程管理の一方式」『日本能率』三巻五号（一九四五年）、五頁。
(64) 安藤彌一「工程管理」一一五頁。
(65) 同前、一四〇―四一頁。
(66) 同前、一四一頁。
(67) 門田安弘『トヨタシステム』七七頁。
(68) デンソーの一部門は後に独立してデンソーウェーブとなった。http://www.qrcode.com/aboutqr.html 参照（最終アクセスは二〇一一年三月三日）。
(69) 大野耐一『トヨタ生産方式』五二頁。
(70) 門田安弘『トヨタシステム』三六四頁。
(71) 同前、三六六頁。
(72) 同前、三六七頁。
(73) 同前。
(74) 同前、三七一頁。
(75) 同前。
(76) 大野耐一『トヨタ生産方式』五三―五四頁。
(77) 同前、五四頁。
(78) 門田安弘『トヨタシステム』七九頁。
(79) 青木幹晴『全図解トヨタ生産工場のしくみ』六七頁。
(80) 同前、六四頁。
(81) 同前、六五頁。
(82) 同前。
(83) 同前、六七頁。
(84) 同前、六二頁。
(85) バーコードの開発・実用化については次の書物を参照。Stephen A. Brown, *Revolution At the Checkout Counter* (Cambridge, Mass. : Harvard University Press, 1997).
(86) Sandra S. Vance and Roy V. Scott, *Wal-Mart : A History of Sam Walton's Retail Phenomenon* (Twayne Publishers, 1994), p. 93.
(87) セブン-イレブン・ジャパン編『セブン-イレブン・ジャパン――終りなきイノベーション 1973-1991』（セブン-イレブン・ジャパン、一九九一年）二〇一頁。
(88) 日本電装株式会社社史編集委員会編『日本電装三五年史』（日本電装、一九八四年）一六六頁。
(89) トヨタ自動車株式会社編『創造限りなく――トヨタ自動車五〇年史』（トヨタ自動車、一九八七年）六六九頁。
(90) 日本電装『電装時報』（一九七八年七月）一四頁。
(91) 日本電装『電装時報』（一九八〇年四月）二二頁。
(92) 同前。
(93) 同前。
(94) 日本電装『電装時報』（一九七六年六月）三二頁。
(95) 日本電装『電装時報』（一九八〇年四月）二二―二三頁。
(96) 蛇川忠暉「『生産管理』『切替管理』の発展について」（四〇年史編集委員会編『新たな飛躍――四〇年の歩み』トヨタ自動車株式会社トヨタ技術会、一九八七年）二六四頁。

(97)『トヨタ自動車三〇年史』八六八頁。
(98) 日本電装『電装時報』(一九八〇年四月)二二頁。
(99) 門田安弘『新トヨタシステム』九四頁。
(100) 同前、九三頁。
(101) 大野耐一『トヨタ生産方式』八八頁。
(102) 同前、八九頁。
(103) 青木幹晴『全図解トヨタ生産工場のしくみ』二五頁。
(104) 大野耐一『トヨタ生産方式』八九頁。
(105) 同前、八五頁。
(106) 門田安弘『新トヨタシステム』一七六頁。
(107) 同前、一八五頁。
(108) 同前、一八〇―八三頁。
(109) 同前、一八〇頁。
(110) 階層的なコンピュータ・システムと工程ごとの制御についての概要についても、さしあたりは同前(一八一―八二頁)掲載の図を参照。
(111) 同前、一八五―八九頁。
(112) 大野耐一『トヨタ生産方式』八九頁。
(113)『創造限りなく』五八七―八八頁。
(114) 同前、五八八頁。
(115) 同前。
(116)『トヨタのあゆみ』三四五―四六頁。
(117) 同前、三四六頁。
(118) 豊坂照夫・真野正俊「一〇年後の生産量管理と工務の役割」『トヨタマネジメント』(一九七八年九月号)三五頁。
(119) 同前、三四頁。
(120) 同前、三三―三四頁。
(121) 同前、三四頁。
(122) 同前、三四―三五頁。
(123) 同前、三五頁。
(124) 同前、三六頁。
(125) 同前。
(126) 三戸節雄『日本復活の救世主大野耐一と「トヨタ生産方式」』(清流出版、二〇〇三年)二二八―二九頁。
(127) 大野耐一『トヨタ生産方式』二三一頁。
(128) John McDonald, *A Ghost's Memoir : The Making of Alfred P. Sloan's My Years with General Motors* (MIT Press, 2002).
(129) 三戸節雄『日本復活の救世主大野耐一と「トヨタ生産方式」』二四六頁。
(130) 同前。
(131) 同前。
(132) 大野耐一『トヨタ生産方式』八六―八七頁。
(133) 同前、八五頁。
(134) 同前、八九―九〇頁。
(135) Y. Sugimori, K. Kusunoki, F. Cho, and S. Uchikawa, "Toyota Production System and Kanban System : Materialization of Just-in-time and Respect-for-human System", *International Journal of Production Research*, vol. 15, no. 6 (1977), p. 559.
(136) 大野耐一『トヨタ生産方式』八五頁。
(137) 北田寛一「需要の変動、多様化に対する工場の対応」『トヨタマネジメント』(一九八二年九月)二〇頁。
(138)『寓話』三九五頁。
(139) 以下の説明は次の記載に基づく。『トヨタ自動車二〇年史』八〇一―〇五頁。
(140) 同前、八〇四頁。
(141) 同前。
(142) 安藤彌一「工程管理」一四〇頁。
(143)『寓話』四〇二頁。

(144)　以下の業務についての説明は次の記載に基づく。『トヨタ自動車二〇年史』八〇四―〇五頁。
(145)　山川邁・木下潔「外注部品の量および納期管理について」『トヨタマネジメント』（一九六九年一二月）五五頁。
(146)　草場郁郎編「講座　買手・売手の関係――第9講　買手・売手の発注・生産、在庫計画・納期管理」における「実例」（執筆は水野崇治）『品質管理』一八巻九号（一九六七年九月）、七二頁。
(147)　同前。
(148)　同前。
(149)　大塚純一『伝票とのたたかい――帳票のはなし』（白桃書房、一九五九年）六一頁。なお引用文「……たとえば購入要求書、見積依頼書などです」の傍点部分は原文では「ほ」であるが誤植と考え訂正して引用した。
(150)　巻島秀雄「部品管理と電子計算機」『トヨタマネジメント』（一九六一年四月）。
(151)　『創造限りなく』三〇六頁。また同時に、一九五七年に購買部は「購入部品の契約方式を従来の三か月ごとの数量契約から六か月ごとの単価契約に改めて価格交渉の負荷を減らし」ている（同上）。
(152)　巻島秀雄「部品管理と電子計算機」二四頁。
(153)　蛇川忠暉「『生産管理』『切替管理』の発展について」二六四頁。
(154)　トヨタ自動車株式会社編『創造限りなく――トヨタ自動車五〇年史』資料集（トヨタ自動車、一九八七年）、一三〇頁。
(155)　『創造限りなく』六六九頁。
(156)　「座談会　現場技術員は語る」『トヨタマネジメント』（一九五八年一一月）三一―三二頁。
(157)　巻島秀雄「部品管理と電子計算機」二四頁。
(158)　太田治「電子計算機導入による標準化」『トヨタマネジメント』（一九六二年三月）一九頁。
(159)　「購買業務の合理化」『トヨタマネジメント』（一九五九年二月）一四―一五頁。
(160)　同前、一五頁。
(161)　同前。
(162)　同前。
(163)　同前。
(164)　同前、一五―一六頁。
(165)　同前、一六頁。
(166)　田中宏尚・辻道彦・星昭治「部品表の電算化（ＳＭＳ）」『技術の友』二五巻三号（一九七四年）、七八頁。なお『技術の友』誌の巻号の表記は刊行時期によってやや異なるので、その当時の表記にできるだけ従う。
(167)　水野崇治「プロダクション・コントロール」『品質管理』二〇巻三号（一九六九年三月）、三七頁。
(168)　同前。
(169)　同前。
(170)　同前。
(171)　田中宏尚・辻道彦・星昭治「部品表の電算化（ＳＭＳ）」七九頁。
(172)　同前、七八―七九頁。
(173)　「購買業務の合理化」一九頁。
(174)　『トヨタ自動車三〇年史』四二四頁。『三〇年史』では「元町工場の稼働開始以後は、生産台数の急増と生産車種の多様化」が生じたことを具体的に図示している（同頁）。
(175)　同前、四二五頁。
(176)　大野耐一『トヨタ生産方式』五三頁。
(177)　有馬幸男「トヨタ式スーパーマーケット方式による生産管理」『技術の友』一一巻二八号（一九六〇年）、九一頁。
(178)　工程管理便覧編集委員会『工程管理便覧』（日刊工業新聞社、一九六〇年）二七二頁。
(179)　同前、二七四頁。

(180) 同前、二七五―七六頁。
(181) 『トヨタ自動車二〇年史』四九〇頁。
(182) 同前。
(183) 同前、四九〇―九一頁。
(184) 『トヨタ自動車三〇年史』四二三―二四頁。
(185) 有馬幸男「トヨタ式スーパーマーケット方式による生産管理」九三頁。
(186) 同前。
(187) 巻島秀雄「部品管理と電子計算機」二四頁。
(188) 太田治「電子計算機導入による標準化」一四―一五頁。
(189) 水野崇治「プロダクション・コントロール」三七頁。
(190) 同前。
(191) 岸本英八郎編『日本産業とオートメーション』(東洋経済新報社、一九五九年)八七頁。
(192) 水野崇治「プロダクション・コントロール」三七頁。
(193) 『トヨタ自動車二〇年史』四九四頁。またトヨタ自動車工業史編集委員会『トヨタ自動車三〇年史』別巻(トヨタ自動車工業、一九六八年)も、ほぼ同じ表現の文章を掲載している(一八六頁参照)。このトヨタの『三〇年史』別巻の存在は研究者の間ではよく知られていた。なぜならば、田中博秀「日本的雇用慣行を築いた人達(その二) 山本恵明氏にきく(1)―(3)」『日本労働協会雑誌』二八〇―八二号(一九八二年七―九月)の中で、山本恵明氏が同書から引用しながらインタビューに答えているからである。同書の利用は不可能と思われていたが、本章の最終段階(二〇一一年一二月)になって豊田工業大学図書館に所蔵公開されていることを知り、利用することができた。同書「編集後記」の序文には次のように書かれている。「この別巻は三〇年史の編集に際して、各部に執筆・編集をお願いした原稿・資料をとりまとめ、部門史としたものである。したがって、総合史である「トヨタ自動車三〇年史」の基礎資料としての意味も持つものであり、今後各部における業務上の参考資料にとどめ、配布も社内に限られ、社外持ち出しを禁止するものである」。
(194) 『トヨタ自動車二〇年史』四五一頁。
(195) 大野耐一『トヨタ生産方式』二二九頁。
(196) 有馬幸男「トヨタ式スーパーマーケット方式による生産管理」九一頁。
(197) 『トヨタ自動車二〇年史』四九四頁。
(198) 『トヨタ自動車三〇年史』別巻、一八六頁。
(199) 巻島秀雄「部品管理と電子計算機」二四頁。
(200) 小出武夫「トヨタに於ける型式と品番に就て」『技術の友』一巻一号(一九四九年一一月)、六七頁。
(201) 同前。
(202) 宇佐美正晴「品番・品名の改正について」『技術の友』一五巻一号(一九六三年)、八六頁。
(203) 同前、八八頁。
(204) 同前、九三頁。
(205) 『トヨタ自動車三〇年史』別巻、一九一―九二頁。
(206) 『トヨタ自動車三〇年史』四二五頁。
(207) かつて、「多くの伝票を使用し、伝票中心の管理方法」が一般的だった頃には、「伝票式工程管理」と呼ぶことはほとんどなかった。推進区制方式管理が導入されると、従来の工程管理とは一線を画したことを強調するために、旧来の管理方式を伝票式工程管理と呼んだ(『寓話』三三一―三三頁参照)。
(208) 斉藤繁『トヨタ「かんばん」方式の秘密――超合理化マニュアルを全面解剖する』(こう書房、一九七八年)九三頁。
(209) 『トヨタ自動車三〇年史』別巻、一九二頁。
(210) http://www2a.biglobe.ne.jp/~qpon/toyota/kanban/hiwa/index.html(最終アクセスは二〇一二年四月)
(211) 同前。

(212) 草場郁郎編「講座　買手・売手の関係：第9講　買手・売手の発注・生産、在庫計画・納期管理」における「実例」（執筆は水野崇治）七二頁。
(213)「購買業務の合理化」一九頁。
(214) 巻島秀雄「部品管理と電子計算機」。太田治「電子計算機導入による標準化」一四―一五頁。
(215)『トヨタ自動車三〇年史』四三〇頁。
(216) 日本経営史研究所企画・編集『日本アイ・ビー・エム五〇年史』（日本アイ・ビー・エム、一九八八年）一七三頁。
(217) 荒木隆司「当社における部品納入計画・進行統制および在庫管理――納入指示のＩＢＭ化にともなう新しい問題点」『トヨタマネジメント』（一九六三年一月号）五三頁。
(218) 水野崇治「プロダクション・コントロール」三六頁。
(219) 宇佐美正晴「品番・品名の改正について」九三頁。
(220)『トヨタのあゆみ』三五四頁。
(221) 柴浦雅爾『試練のかなた――トヨタ回想録』（講談社出版サービスセンター、二〇〇八年）四四頁。柴浦の本名は、杉浦幹雄である。杉浦には次の論考がある。「自動車工業における組立ライン管理システム」（プラント・オートメーション・シンポジウム事務局編『ＩＢＭプラント・オートメーション・シンポジウム報告集　第1回』日本アイ・ビー・エム、一九七一年）。
(222) 柴浦雅爾『試練のかなた』四二頁。
(223) 同前、四二―四三頁。
(224)『トヨタ自動車三〇年史』別巻、一九二頁。
(225)『トヨタ自動車三〇年史』四二五頁。
(226)『創造限りなく』資料集、一三〇頁。
(227)『トヨタ自動車三〇年史』別巻、一八五―八六頁。
(228) 和田一夫「自動車産業における階層的企業関係の形成――トヨタの事例」『経営史学』二六巻二号（一九九一年）、七頁。
(229)『トヨタ自動車二〇年史』四三八―三九頁。
(230)『協豊会二十五年のあゆみ』（協豊会、一九六七年）三二頁。なお、『寓話』（五二二頁）に引用した文献では、「関係協力工場の技術員一〇名が参加」したとなっており、参加人員について多少の相違があるが、協豊会加盟会社からも、生産技術講習会に参加した点では一致している。
(231)『協豊会二十五年のあゆみ』三七頁。
(232)『トヨタ自動車三〇年史』別巻、一九二頁。
(233) 水野崇治「プロダクション・コントロール」三七頁。
(234) これは「かんばん方式（トヨタ生産方式）の裏話」の中で、「一〇〇%納入方式」という項目で紹介されている話である。次を参照。http://qpon.cool.ne.jp/toyota/kanban/（最終アクセスは二〇一一年四月）
(235) 青木幹晴『全図解トヨタ生産工場のしくみ』六五頁。
(236)『創造限りなく』資料集、三五四頁。
(237) 同前、二四〇―四一頁。
(238) 同前、三五四頁。
(239) 塩谷勝・狩谷哲生・大塚一郎「データベースの実際（6）部品表を中核としてＤＢ／ＤＣシステムについて」『情報処理』一五巻六号（一九七四年）、四三六頁。著者たちは論考発表の当時は全員が「トヨタ自動車工業㈱電算部」所属。
(240) 同前、四四一頁。
(241) 戸田雅章「トヨタにおける情報システム化の概要と今後の方向」『オフィス・オートメーション』一六巻四―一（一九九五年）、八頁。
(242) 同前。
(243) 同前、九頁。
(244) 同前。
(245) 三戸節雄『日本復活の救世主大野耐一と「トヨタ生産方式」』二四六頁。
(246) 大野耐一『トヨタ生産方式』八五頁。

(247) 同前、八七頁。
(248) 同前、八九―九〇頁。
(249) 張富士夫「トヨタの生産方式」『技術の友』二五巻三号（一九七四年）。この論考によると、張の当時の所属は「生産管理部生産調査室」である。
(250) 同前、二頁。
(251) 『トヨタ自動車三〇年史』別巻、一九二頁。
(252) 『トヨタのあゆみ』三四五頁。
(253) 同前。
(254) 同前、三四一頁。
(255) 『創造限りなく』は「信号かんばん」の導入と明示している。『創造限りなく』五八六頁。
(256) 『トヨタのあゆみ』三四一頁。
(257) 同前。
(258) 同前。
(259) 同前。
(260) 『創造限りなく』五八六頁。
(261) 『創造限りなく』資料集、一三〇頁。
(262) 水野崇治「プロダクション・コントロール」三七頁。
(263) 杉浦幹雄「自動車工業における組立ライン管理システム」六―一四頁。
(264) 黒須則明「CIMにおける生産管理」『オペレーションズ・リサーチ――経営の科学』三七巻一〇号（一九九二年）、四七四頁。この論考発表時の黒須の所属は「トヨタ自動車㈱FAシステム部」である。
(265) 『創造限りなく』五八六頁。
(266) 『創造限りなく』資料集、一三一頁。
(267) 柴浦雅爾『試練のかなた』一〇六頁。柴浦の本名は、杉浦幹雄である。
(268) 小池和男「書評　和田一夫『ものづくりの寓話――フォードからトヨタへ』」『経済研究』（一橋大学）六二巻三号（二〇一一年）、二八四頁。
(269) 同前。
(270) 越智養治『提案制度』（日本能率協会、一九五九年）一頁。
(271) 同前、二六頁。
(272) 同前。
(273) 同前、二八頁。
(274) 同前、七五頁。
(275) 庄司三次郎「藤倉電線の提案制度」（労働法令協会編『提案制度の実際』労働法令協会、一九六五年）二〇三―〇四頁。
(276) 同前、二〇八頁。
(277) 石井正哉「三菱石油の改善提案制度」（労働法令協会編『提案制度の実際』労働法令協会、一九六五年）二八六頁。
(278) 庄司三次郎「藤倉電線の提案制度」二〇四頁。
(279) 同前、一九五頁。
(280) 同前、二〇九―一〇頁。
(281) 同前、二〇九頁。
(282) 同前、二〇八頁。
(283) 『トヨタ自動車二〇年史』三四七―四八頁。
(284) 『トヨタ新聞』（創意工夫臨時増刊号）一九五一年九月一三日、一頁。
(285) 同前。
(286) 『トヨタ自動車二〇年史』四三六頁。
(287) 日本人文科学会『技術革新の社会的影響』（東京大学出版会、一九六三年）。
(288) 『トヨタ自動車二〇年史』四三六頁。
(289) 同前、四三六―三七頁。
(290) 日本人文科学会『技術革新の社会的影響』一一〇頁。

(291) 吉川洋『高度成長——日本を変えた六〇〇〇日』（中公文庫、二〇一二年）八八—八九頁。
(292)『経済成長下の労働市場(1) 豊田労働市場実態調査報告』（日本労働協会調査研究部、一九六三年）三二頁。これは労働市場研究会（代表隅谷三喜男）への委託調査研究報告書であり、執筆者は隅谷三喜男、犬飼一郎である。
(293) 同前、三四頁。
(294) 同前、三九頁。
(295) 同前。
(296) 同前、四〇—四一頁。
(297)『トヨタ自動車二〇年史』七九一頁。
(298)『トヨタ新聞』（一九六五年五月二九日）一頁。
(299)「トヨタの集団提案制度」『日刊自動車新聞』（一九六六年三月二八日）三頁。
(300) 同前。
(301) 豊田紡織編『豊田紡織四五年史——豊田紡七七年のあゆみ』（豊田紡織、一九九六年）三三七—三八頁。
(302)「二〇万件にあと一息」『トヨタ新聞』一九七〇年七月四日。
(303) 同前。
(304) 辻勝次『トヨタ人事方式の戦後史——企業社会の誕生から終焉まで』（ミネルヴァ書房、二〇一一年）四五四頁。また人物の入社年次などについては同書、三七九頁参照。
(305) 小池和男『海外日本企業の人材形成』（東洋経済新報社、二〇〇八年）一三〇頁。
(306) 同前。
(307)『経済成長下の労働市場(1)』三二頁。
(308) 同前。
(309)『トヨタ自動車二〇年史』四二〇頁。
(310) ホームブリュー・コンピュータ・クラブについては、さしあたりスティーブ・ジョブズとともにアップル社を創業したスティーブ・ウォズニアックの次の自伝を参照。スティーブ・ウォズニアック、井口耕二訳『アップルを創った怪物——もうひとりの創業者、ウォズニアック自伝』（ダイヤモンド社、二〇〇八年）第一〇章。
(311) 東北大学経営学グループ『ケースに学ぶ経営学』（有斐閣、一九九八年）一八一—八二頁。執筆担当者は安田一彦。
(312) 三戸節雄・広瀬郁『大野耐一さん「トヨタ生産方式」は二一世紀も元気ですよ——写真で見る「ジャスト・イン・タイム」』（清流出版、二〇〇七年）五三頁。
(313)『創造限りなく』資料集、二八五頁。
(314) 三戸節雄・広瀬郁『大野耐一さん「トヨタ生産方式」は二一世紀も元気ですよ』六六頁。
(315) 東北大学経営学グループ『ケースに学ぶ経営学』一八一—八二頁。この引用部分のオリジナルは、『創造限りなく』二七九頁。
(316)『創造限りなく』二七九頁。
(317)『トヨタ自動車二〇年史』四九〇—九一頁。
(318) 大野耐一『トヨタ生産方式』八六—八七頁。
(319) 張富士夫「トヨタの生産方式」五—六頁。
(320) 同前。
(321) 大野耐一『トヨタ生産方式』八五頁。
(322)「トヨタ〝VAN〟の衝撃 関連業界に生産・物流システムの見直し迫る」『日経コミュニケーション』（一九八五年八月二二日号）二六頁。
(323) 同前、二八頁。

第2章

(1) 永礼善太郎・山中英男『自動車』（有斐閣、一九六一年）一四四—四六頁。
(2) 同前、一一一頁。

(3) 同前。
(4) 同前、九八頁。
(5) 大野耐一『トヨタ生産方式——脱規模の経営をめざして』(ダイヤモンド社、一九七八年) 八六—八七頁。
(6) 豊田英二『決断——私の履歴書』(日本経済新聞社、一九八五年) 二三八頁。
(7) トヨタ自動車販売株式会社社史編集委員会編『トヨタ自動車販売株式会社の歩み』(トヨタ自動車販売、一九六二年) 三三頁。
(8) 同前、三四頁。
(9) 同前、三八頁。
(10) 同前、三八—三九頁。
(11) 永礼善太郎・山中英男『自動車』九八頁。
(12)『トヨタ自動車販売株式会社の歩み』三九頁。
(13) 同前。
(14) 同前、四六頁。
(15) 同前、三九頁。
(16) 日本自動車工業会編纂『日本自動車産業史』(日本自動車工業会、一九八八年) 三三〇頁および三三二頁。
(17)『トヨタ自動車販売株式会社の歩み』四二—四三頁。
(18) 同前、四四頁。
(19) 同前、三六頁。
(20) 神谷正太郎『明日をみつめて——私の履歴書』(トヨタ自動車販売株式会社、一九七四年) 五一—五二頁。なお、「本書は、日本経済新聞『私の履歴書』欄に、「昭和四十九［一九七四］年八月十九日から九月十一日にかけて、二十八回にわたり連載したものを日本経済新聞社の諒解を得て再録したものである」(同書、「はしがき」)。
(21) トヨタグループ史編纂委員会編集『絆——豊田業団からトヨタグループへ』(トヨタグループ史編纂委員会、二〇〇五年) 五六頁。この書物には筆者も監修者の一人として関与している。
(22) 同前、六一頁。この引用文は豊田産業の取締や会議事録からとなっている。この議事録を長く引用しているのは、現在までのところ『絆』の他には見当たらない。
(23) 同前、六三頁。
(24) 同前、六四頁。
(25) 同前。
(26) 同前、六七頁。
(27) 同前。
(28) トヨタ自動車工業株式会社社史編集委員会編『トヨタ自動車三〇年史』(トヨタ自動車工業、一九六七年) 二七二頁。
(29)『絆——豊田業団からトヨタグループへ』七四—七五頁。
(30)『日本自動車産業史』六二頁。
(31)『トヨタ自動車三〇年史』二七二頁。
(32) 同前。
(33) 同前、八二六頁。
(34)『絆——豊田業団からトヨタグループへ』七六頁。
(35)『日本自動車産業史』三二八頁。
(36)『トヨタ自動車三〇年史』二七三頁。
(37) 同前。
(38) 同前。
(39) 同前、二七四頁。
(40) 同前。
(41) 豊田英二『決断』九六—九七頁。
(42)『トヨタ自動車販売株式会社の歩み』九四—九五頁。
(43) 加藤誠之『ざっくばらん——国産車に夢をかけて』(日本経済新聞社、一九八一年) 九〇—九一頁。本書は、加藤が『私の履歴書』を柱に随筆集を一冊に纏め」たものである (同書、二三三頁)。
(44) 筆者は次のように書いたことがある。豊田喜一郎は「どこまでも国産技術だけでやっていくという考え方をしていなかったと思われる。喜一郎の課題は、真の意味で、日本に自動車事業を根づかせるということだったろう。そのためには、最初から自らは研究もしないで海外の技術を鵜呑みにするのではなく、まず研究をし、自ら製造していくなど実践的な経験を積み、ある程度までの吸収能力さえ身に付ければ、あとは海外からの優秀な技術を導入しても、それは構わないと考えていたのであろう」と。和田一夫・由井常彦『豊田喜一郎伝』（名古屋大学出版会、二〇〇二年）三六八頁参照。

(45)『トヨタ自動車三〇年史』三四六頁。

(46)関東自動車工業株式会社編『関東自動車工業三〇年史』（関東自動車工業、一九七八年）九〇頁。

(47)関東自動車工業株式会社編『関東自動車工業一五年史』（関東自動車工業、一九六三年）九頁。

(48)豊田英二『決断』一三六—一三七頁。

(49)芦田尚道「経営人材面からみた『自配』商号変更の意義——戦時期自動車配給会社からメーカー系列別ディーラーへの役員移動」『産業学会研究年報』二二号（二〇〇七年）、一〇一頁。この引用は芦田の次の論考によって得られた結論を、芦田自身がまとめた部分である。芦田尚道「トヨタ・日産の戦後初期（一九四六—一九四七年）における販売網形成——配給統制会社と系列ディーラーの関係を中心とした定量的分析」『産業学会研究年報』二〇号（二〇〇五年）。

(50)関東自動車工業四十年史編集委員会編『関東自動車工業四十年史』（関東自動車工業、一九八六年）二頁。

(51)加藤誠之『ざっくばらん』九一頁。

(52)『トヨタ自動車販売株式会社の歩み』九五頁。

(53)同前、五六頁。

(54)和田一夫・由井常彦『豊田喜一郎伝』三六八頁。

(55)『トヨタ自動車販売株式会社の歩み』三六頁。

(56)同前、四三頁。

(57)神谷正太郎『明日をみつめて』五二頁。

(58)豊田英二『決断』一四七頁。

(59)同前、一四八—一四九頁。

(60)『絆——豊田業団からトヨタグループへ』二三八頁。なお、このメッセージ全体の写真が、トヨタグループ史編纂委員会編集『絆——目で見るトヨタグループ史』（トヨタグループ史編纂委員会、二〇〇五年）八二頁に掲載されている。

(61)豊田章一郎「心ひとつに新たな飛躍」『トヨタ新聞』（一九八二年七月一日）一頁。この記事全体の写真は、『絆——目で見るトヨタグループ史』八三頁に掲載されている。

(62)豊田英二『決断』二四二頁。

(63)同前、二三八頁。

(64)『トヨタ自動車三〇年史』三〇八頁。

(65)同前。

(66)同前、三一〇—一一頁。

(67)同前、三一〇頁。

(68)『トヨタ自動車販売株式会社の歩み』三七頁。

(69)同前、三八頁。

(70)同前、三七—三八頁。

(71)同前、三八頁。

(72)同前。

(73)「APA四二一台を受注」『トヨタ新聞』一九五八年六月二一日。

(74)『トヨタ自動車三〇年史』四六一頁。この『三〇年史』の引用文は、次の箇所に掲載してある文章を簡潔にしたものだと思われる。日本自動車会議所・日刊自動車新聞社共編『自動車年鑑』昭和三二年版（日刊自動車新聞社、一九五七年）、一七六頁。

(75)トヨタ自動車工業株式会社社史編集委員会編『トヨタ自動車二〇年史』（トヨタ自動車工業、一九五八年）八六〇頁。

(76)日産自動車株式会社総務部調査課編『日産自動車三十年史——昭和八年—昭和三十八年』（日産自動車株式会社、一九六五年）三四八

頁。トヨタ自工の『二〇年史』も、「試験は昭和三一［一九五六］年一一月から四ヵ月間実施され、わが社［トヨタ自工］の車はいずれば優秀な成績をおさめました」とあるから、一応の水準に達する自動車だったのであろう。

(77) 日本自動車会議所・日刊自動車新聞社共編『自動車年鑑』昭和三二年版（日刊自動車新聞社、一九五七年）、一七八頁。

(78)『トヨタ自動車三〇年史』四六二頁。

(79) 日本自動車会議所・日刊自動車新聞社共編『自動車年鑑』昭和三三年版（日刊自動車新聞社、一九五八年）、一九八頁。

(80)『自動車年鑑』昭和三二年版、一七八頁。

(81)『自動車年鑑』昭和三三年版、一九八頁。

(82)『トヨタ自動車三〇年史』四六三頁。

(83) 黒田慶二郎「ＡＰＡ補給用部品の納入について」『トヨタマネジメント』（一九五九年八月）二八頁。

(84) トヨタ自動車工業社史編集委員会『トヨタ自動車三〇年史』別巻（トヨタ自動車工業、一九六八年）、四六八—六九頁。この資料については、本書第1章注(193)参照。

(85) 同前、四六八頁。

(86) 同前。

(87)『トヨタ自動車三〇年史』四六四頁。

(88)「営業部を新設」『トヨタ新聞』一九五一年九月四日。

(89)『トヨタ自動車二〇年史』七四九—五〇頁に挿入されている「職制表」参照。

(90)「営業部を新設」『トヨタ新聞』一九五一年九月四日。

(91) 同前。

(92) 同前。

(93)『トヨタ自動車三〇年史』八三六頁。

(94)『トヨタ自動車三〇年史』別巻、四三一頁。

(95)『トヨタ自動車三〇年史』四六四頁。

(96) 同前。

(97)『絆——豊田業団からトヨタグループへ』一〇五頁。

(98)『トヨタ自動車三〇年史』八五〇頁。

(99)「協豊会連合総会開催さる」『トヨタ新聞』一九五八年七月二日。

(100)『トヨタ自動車三〇年史』八五〇頁。

(101) 同前、八五二頁。

(102) 同前、四六四頁。

(103) 同前、五〇二頁。

(104) 同前、四六四頁。

(105)『トヨタ自動車販売株式会社の歩み』二二二頁。

(106) 同前、二五五—五六頁。

(107) トヨタ自動車販売株式会社社史編集委員会編『モータリゼーションとともに』（トヨタ自動車販売、一九七〇年）二九八頁。

(108)『トヨタ自動車販売株式会社の歩み』二五五頁。

(109) 豊田英二『決断』二三九頁。

(110)『モータリゼーションとともに』二九六頁。

(111) 同前、二九六—九七頁。

(112) Toyota Motor Corporation, *Toyota: A History of the First 50 Years* (Toyota Motor Corp., 1988), p. 168.

(113)『モータリゼーションとともに』二九六頁。

(114) 同前、三〇五頁。

(115) 同前。

(116)『創造限りなく』四〇五頁。

(117)『モータリゼーションとともに』二四〇頁。

(118) トヨタ自動車工業株式会社編『トヨタのあゆみ——トヨタ自動車工業株式会社創立四〇周年記念』（トヨタ自動車工業、一九七八年）二九四頁。

(119)『創造限りなく』四〇七頁。

(120)『モータリゼーションとともに』三〇一—〇二頁。

（121）「トヨタ自工機構改革」『日刊自動車新聞』（一九六三年二月二日）一頁。
（122）「世界の自動車輸出と日本」下『日刊自動車新聞』一九六三年三月八日、三頁。
（123）『モータリゼーションとともに』三〇三頁。
（124）同前、三〇四頁。
（125）同前、三〇三頁。
（126）『トヨタ自動車三〇年史』四九七頁。
（127）同前。
（128）『モータリゼーションとともに』三一二―一三頁。
（129）同前。
（130）『トヨタ自動車三〇年史』五二〇頁。
（131）『モータリゼーションとともに』三一三頁。
（132）『トヨタ自動車三〇年史』五二〇―二一頁。および『モータリゼーションとともに』三一三―一四頁。
（133）『トヨタ自動車三〇年史』五〇七頁。
（134）同前、五一四頁。これは、一九六六年七月三〇日の第一〇回品質管理セミナー「重役特別コース」での講演での発言。
（135）豊田英二『決断』二四〇―四一頁。
（136）『モータリゼーションとともに』三一四頁。
（137）同前。
（138）『トヨタのあゆみ』三六〇―六一頁。
（139）『日刊工業新聞』一九六九年一月二九日。
（140）同前。
（141）『中日新聞』一九八〇年一〇月一五日。
（142）同前。
（143）豊田紡織編『豊田紡織四五年史――豊田紡七七年のあゆみ』（豊田紡織、一九六六年）二四一頁。
（144）『関東自動車工業四十年史』九八頁。
（145）『豊田紡織四五年史』二四〇頁。
（146）関東自動車工業社史編集委員会編『関東自動車工業五十年史』（関東自動車工業、一九九七年）六四頁。
（147）『絆――豊田業団からトヨタグループへ』一四七頁。
（148）同前。
（149）『トヨタのあゆみ』三六一頁。
（150）同前。
（151）「トヨタグループが結束強化」『日刊工業新聞』一九六九年九月二七日。なお、ここで言う「トヨタ系十社」とは「朝の会」設立時のメンバー企業と同じである。
（152）『絆――豊田業団からトヨタグループへ』一四八頁。
（153）豊田中央研究所編『豊田中央研究所三十年の歩み』（豊田中央研究所、一九九〇年）五頁。なお、ここで言う「トヨタグループ一〇社」は次を指す。豊田通商、豊田自動織機製作所、トヨタ自工、民成紡績（現・豊田紡織）、トヨタ自販、豊田工機（現・ジェイテクト）、愛知製鋼、日本電装（現・デンソー）、愛知工業（現・アイシン精機）、トヨタ車体である。同前、九頁。
（154）一九六〇年二月の全豊田技術懇談会で「研究所構想案が提出され」、一九六〇年五月の懇談会で研究所「建設に関する基本概念が確立された」という。同前、五頁。
（155）『絆――豊田業団からトヨタグループへ』一四九頁。
（156）『関東自動車工業四十年史』九八―九九頁。
（157）同前、九九頁。
（158）同前、九九―一〇〇頁。
（159）「信頼こそ発展のカギ」『トヨタ新聞』一九六九年一月一八日。
（160）「生産累計五、〇〇〇、〇〇〇台達成」『トヨタ新聞』一九六九年二月一五日。
（161）「国内市場踏まえて世界へ」『トヨタ新聞』一九六九年三月一日。
（162）「社長対談」『日刊自動車新聞』一九六三年九月九日、四頁。対談

の相手は、日刊自動車新聞の社長・梅村守文である。
(163) 豊田英二『決断』二四〇―四一頁。
(164)「六月一日から新品番を採用」『トヨタ新聞』一九六三年六月八日。
(165) 同前。
(166) 宇佐美正晴「品番・品名の改正について」『技術の友』一五巻一号（一九六三年）、九三頁。
(167)『モータリゼーションとともに』四〇八頁。
(168) 同前、四〇六―〇七頁。
(169) 同前、一三〇―三一頁。
(170) 同前、三二七頁。
(171) 同前、四〇八頁。
(172)「六月一日から新品番を採用」『トヨタ新聞』一九六三年六月八日。
(173) 宇佐美正晴「品番・品名の改正について」『技術の友』一五巻一号（一九六三年）、九三頁。
(174)『トヨタ自動車三〇年史』別巻、一九一―九二頁。
(175)『モータリゼーションとともに』四一〇頁。
(176) 同前、四〇八頁。
(177) 同前、四〇九―一〇頁。
(178) 同前、一二七頁。
(179)「より速く安全で確実に」『トヨタ新聞』一九七二年九月一五日。
(180)『モータリゼーションとともに』一二八頁。
(181) 同前、五三五頁。
(182) 渡辺一策編『車を運ぶ貨車』上（ネコ・パブリッシング、二〇〇六年）、三〇頁。なお、この文章は、吉岡心平、渡辺一策の両氏によるもの。
(183) 同前、三七頁。なお、この文章は、吉岡心平、渡辺一策の両氏によるもの。
(184)「円滑輸送の新鋭基地　上郷貨車センター」『トヨタ新聞』一九七〇年一〇月一二日。
(185)「より速く安全で確実に」『トヨタ新聞』一九七二年九月一五日。
(186)『モータリゼーションとともに』五三三頁。
(187)「より速く安全で確実に」『トヨタ新聞』一九七二年九月一五日。
(188)『モータリゼーションとともに』五三二―三三頁。および、「五隻目の国内車両輸送船が就航」『トヨタ新聞』一九六九年九月三〇日。
(189)「より速く安全で確実に」『トヨタ新聞』一九七二年九月一五日。
(190)『モータリゼーションとともに』五三四頁。
(191)「トヨタ専用埠頭を増設　東洋一の自動車輸送基地」『トヨタ新聞』一九六〇年八月二三日。
(192)「海上輸送体制を充実」『トヨタ新聞』一九七二年九月一五日。
(193)『絆――豊田業団からトヨタグループへ』一六三頁。
(194)「〝決意新たに民族資本貫く〟」『トヨタ新聞』一九六九年一〇月一八日。
(195) 同前。
(196)「計画販売を促進　クラウン配車業務を業界初のオンライン化」『トヨタ新聞』一九六九年四月五日。
(197)『モータリゼーションとともに』三六六頁。
(198) 同前、五三七頁。
(199) 同前、三六九頁。
(200) 同前、三六九―七〇頁。
(201) 水野崇治「プロダクション・コントロール」『品質管理』二〇巻三号（一九六九年三月）、三七頁。
(202) 浅沼萬里著、菊谷達弥編集『日本の企業組織・革新的適応のメカニズム――長期取引関係の構造と機能』（東洋経済新報社、一九九七年）、特に第9章の「生産・販売システムにおけるコーディネーションの比較分析」。岡本博公『現代企業の生・販統合――自動車・鉄鋼・半導体企業』（新評論、一九九五年）、特に第3章の「自動車企業における生産・販売統合システム――A社のオーダー・エントリ・システム」。これらの著作は先駆的であるばかりでなく、学ぶところが多い。

(203) 浅沼萬里著、菊谷達弥編集『日本の企業組織・革新的適応のメカニズム』三一二―一三頁。さらに付け加えるならば、全金属製の閉鎖型ボディーへの移行という要因も重要である。この点は、『寓話』第1章6参照。

(204) 浅沼萬里著、菊谷達弥編集『日本の企業組織・革新的適応のメカニズム』三一三頁。

(205) 同前。

(206) 岡本博公『現代企業の生・販統合――自動車・鉄鋼・半導体企業』（新評論、一九九五年）六一頁。

(207) 同前、七一頁。

(208) 同前、五九頁。

(209) 『創造限りなく』四〇七頁。

(210) 浅沼には、前掲の著書に収録されていない論考がある。浅沼萬里「情報ネットワークと企業間関係」『経済論叢』（京都大学）一三七巻一号（一九八六年）。この論考は壮大な構想に導かれた論考であり、きわめて刺激的な論点を提示している。

(211) 『モータリゼーションとともに』三六九―七〇頁。

(212) 同前、五三七頁。

(213) 同前。

(214) 同前、五三六―三七頁。

(215) 同前、五三七頁。

(216) 『創造限りなく』四〇七頁。

(217) 『創造限りなく』資料集、一三九頁。

(218) 同前、二四〇頁。

(219) 『トヨタ自動車三〇年史』八七八頁。

(220) 同前、六〇三頁。

(221) 「計画販売を促進　クラウン配車業務を業界初のオンライン化」『トヨタ新聞』一九六九年四月五日。

(222) 同前。

(223) 「躍進に備え　元町工場でオンライン開始」『トヨタ新聞』一九六九年一二月六日。

(224) 同前。

(225) 同前。

(226) 同前。

(227) 『元町三〇年のあゆみ』（トヨタ自動車元町工場、一九八九年）二七頁。

(228) 同前。

(229) 「躍進に備え　元町工場でオンライン開始」『トヨタ新聞』一九六九年一二月六日。

(230) 清水健太郎「自動車販売と電算機――トヨタ自販におけるコンピュータ利用と海外の状況」『技術の友』二〇巻三号（一九六九年）、二六頁。

(231) 「二〇〇万台体制に備え完全オンラインを目指す　自販と電算機直結」『トヨタ新聞』一九七〇年三月七日。

(232) 同前。

(233) 同前。

(234) 「タイムリーに配車　カローラ、パブリカ　オンライン実施へ」『トヨタ新聞』一九七〇年五月九日。

(235) 「オンラインのネットワークを充実」『トヨタ新聞』一九七二年四月二一日。

(236) 「デーリーオーダーシステム開始」『トヨタ新聞』一九七〇年一二月五日。

(237) 『トヨタのあゆみ』三二一頁。

(238) トヨタ自動車販売株式会社社史編纂委員会編『世界への歩み――トヨタ自販三〇年史』（トヨタ自動車販売、一九八〇年）二四七頁。

(239) 「デーリーオーダーシステム開始」『トヨタ新聞』一九七〇年一二月五日。

(240) 岡本博公『現代企業の生・販統合——自動車・鉄鋼・半導体企業』七五—七六頁。
(241) 「タイムリーに配車　カローラ、パブリカ　オンライン実施へ」『トヨタ新聞』一九七〇年五月九日。
(242) 豊田英二「総力を結集し自由化に対処」『協豊ニュース』一九七〇年一月一日。
(243) 「資本自由化へ万全の備え」『トヨタ新聞』一九七〇年一二月一二日。
(244) 花井正八「二〇〇万台体制仕上げの年」『協豊ニュース』一九七〇年一月一日。
(245) 「『トヨタ・センチュリー』を発表」『トヨタ新聞』一九六七年九月三〇日。
(246) 『日本自動車産業史』三九〇—九一頁。
(247) 『絆——豊田業団からトヨタグループへ』一六一頁。
(248) 「七〇年代のエース　自由化にも万全の備え」『トヨタ新聞』一九七〇年一〇月二四日。
(249) 『絆——豊田業団からトヨタグループへ』一六一頁。
(250) 東洋工業株式会社五十年史編纂委員会編『東洋工業五十年史——沿革編』(東洋工業株式会社、一九七二年) 四四七—四八頁。
(251) 「リコール問題　〝貴重な体験として生かせ〟」『トヨタ新聞』一九六九年七月五日。このリコール問題については、さしあたり次を参照。『絆——豊田業団からトヨタグループへ』第三章。
(252) 「信頼性向上をめざし　DASスタート」『トヨタ新聞』一九七〇年一二月一九日。なお、このDASについても社史はほとんどスペースを割いて説明することはない。次の社史に簡単な説明がある。『創造限りなく』五二九頁。
(253) ここで「可動」となっているのは、いわゆるトヨタ用語。トヨタでは、必要のないものを作っても無駄なため、一般的な「稼働率」は重視しない。設備を運転したいときに正常に稼働できる状態(「可動」)を重視する。「可動率」の目標は常に一〇〇%である。そこから転じて、一般には「稼働」と書く場合も「可動」と書く傾向が強い(『絆——豊田業団からトヨタグループへ』二〇〇頁)。
(254) 「信頼性向上をめざし　DASスタート」『トヨタ新聞』一九七〇年一二月一九日。
(255) 「信頼性向上をめざし　DASスタート」『トヨタ新聞』一九七〇年一二月一九日。
(256) 同前。
(257) 同前。
(258) 「全販売店を直結　DRESSで情報処理」『トヨタ新聞』一九八〇年八月一日。
(259) 『創造限りなく』七九四頁。
(260) 松村俊典「トータル化を指向する部品情報の登録・管理システム(1)」『IE』(日本能率協会) 一九七五年二月、六〇頁。
(261) 同前。
(262) 同前。
(263) 同前、五九頁。
(264) 同前、五七頁。
(265) 同前、六〇頁。
(266) 同前。
(267) 松村俊典「トータル化を指向する部品情報の登録・管理システム(2)」『IE』(日本能率協会) 一九七五年三月、四九頁。
(268) 同前、五二頁。
(269) 「部品表を電算化」『トヨタ新聞』一九七三年一二月一四日。
(270) 同前。
(271) 同前。
(272) 同前。
(273) 同前。
(274) 『日本国語大辞典』の「概念図」の項を参照。

(275) 松村俊典「拡大するSMSの分野　設計技術情報のデータ・ベース　データ・コミュニケーション」『技術の友』三三巻一号（一九八一年）、六五―六六頁。
(276) 「部品表を電算化」『トヨタ新聞』一九七三年一二月一四日。
(277) 水野崇治「プロダクション・コントロール」三七頁。
(278) なお「自働」とあるのは、「自動」（人の手を介さずに勝手に動くこと）を嫌い、人間の知恵をつけて動かすという意味を込めて、「ニンベン」のついた「働」を用いるトヨタ用語。
(279) 「電算化で業務の効率向上」『トヨタ新聞』一九七五年六月二〇日。なお、この記事には部品引当ての他にも、設備購入に電算機を使うようになったことが報じられている。
(280) 同前。
(281) 「座談会　現場技術員は語る」『トヨタマネジメント』（一九五八年一一月）三一―三二頁。
(282) 「電算化で業務の効率向上」『トヨタ新聞』一九七五年六月二〇日。
(283) 「電算機で購買管理システム　来月から新システム」『トヨタ新聞』一九七五年六月二七日。
(284) 柴田誠『トヨタ語の事典――世界最強企業の秘密が「丸ごと」わかる』（日本実業出版社、二〇〇三年）一〇〇頁。
(285) 「電算機で購買管理システム　来月から新システム」『トヨタ新聞』一九七五年六月二七日。
(286) 同前。
(287) 「大型電算機を導入　SMSを関連会社へも拡大」『トヨタ新聞』一九七七年九月九日。
(288) 同前。
(289) 「今月から本格的に稼働開始　補給品番情報システム」『トヨタ新聞』一九七九年一二月二一日。
(290) 松村俊典「拡大するSMSの分野　設計技術情報のデータ・ベース　データ・コミュニケーション」七一頁。
(291) 桜井淳一「トヨタ自販の経営情報管理システム」『トヨタマネジメント』（一九六八年九月）二四頁。
(292) 豊田喜一郎「自由経済下の自動車技術」和田一夫編『豊田喜一郎文書集成』（名古屋大学出版会、一九九九年）五二二頁。また、『寓話』三二七頁参照。
(293) 『寓話』四四一頁参照。また本書第1章7(2)参照。
(294) 『モータリゼーションとともに』三八八頁。
(295) 同前、三九一頁。
(296) 『世界への歩み』五二三頁。
(297) 同前、五二四―二五頁。
(298) 「強まる工販の連携　合同で次長研修を実施」『トヨタ新聞』一九七八年七月一四日。
(299) 「工販の連携密に」『トヨタ新聞』一九七九年二月二日。
(300) 「活発に意見交換　工・販合同で部長研修会」『トヨタ新聞』一九八一年四月三日。
(301) 教育部第一教育課「第一回　工販合同部長研修会」『トヨタマネジメント』一九八一年五月、四六―四七頁。
(302) 豊田英二『決断』二四二頁。
(303) 「全社で進む！　物流の合理化　混載・巡回輸送を推進」『トヨタ新聞』一九七九年七月一三日。
(304) 「工場直結の流通拠点　自販・田原センターが完成」『トヨタ新聞』一九八一年九月一一日。
(305) 『創造限りなく』七五一頁。
(306) 「部品即納率向上」『日刊自動車新聞』一九八二年一〇月一日。
(307) 「全社で進む!!　物流の合理化　混載・巡回輸送を推進」『トヨタ新聞』一九七九年七月一三日。
(308) 「着々と進む物流の合理化　輸送の方法と道具を改善　積載効率の向上へ　安全面も配慮」『トヨタ新聞』一九八〇年六月一三日。
(309) 同前。

(310) 西村真船・清川芳信「コンピュータを利用した自動車の販売生産管理」『三菱重工技報』一三巻六号（一九七六年）、一一四―一五頁。

(311) 張富士夫「物流改善がトヨタ生産方式の原点」『TOYOTAクリエイション』二〇〇九年一月、五頁。なお、次の雑誌インタビューでも、ほぼ同じ趣旨のことを張は語っている。張富士夫「トヨタ生産方式の原点は〝物流改善〟」『マテリアル・フロー』二〇〇六年一〇月。

第3章

(1) ピーター・ディケンの『グローバル・シフト』は企業活動の国際化に着目した書物で、原著初版が一九八六年に出版された。それ以来、新版を刊行するたびに、副題を変化させながら、現在では第六版を重ねている書物である。初版は以下の通り。Peter Dicken, *Global Shift: Industrial Change in a Turbulent*, 1st ed. (Harper & Row, 1986). なお、三版のみに邦訳がある。この書誌情報は本書の図3-2bの出所を参照。なお訳書では著者名が「ピーター・ディッケン」となっているが、本書では「ピーター・ディケン」と記す。

(2) Peter Dicken, *Global Shift: Mapping the Changing Contours of the World Economy*, 6th ed. (Sage Publications, 2011), p. 351.

(3) ピーター・ディッケン著、宮町良広監訳『グローバル・シフト――変容する世界経済地図』下（古今書院、二〇〇一年）、四一四頁。

(4) 矢部洋三ほか編『現代経済史年表』（日本経済評論社、一九九一年）三〇三頁。

(5) Dicken, *Global Shift*, 6th ed., pp. 352-53.

(6) ここで念頭に置いているのは、ピーター・ディケンの『グローバル・シフト』原著五版に掲げられている図との比較である。Peter Dicken, *Global Shift: Mapping the Changing Contours of the World Economy*, 5th ed. (Sage Publications, 2007), pp. 297 & 300.

(7) トヨタ自動車販売株式会社社史編集委員会編『モータリゼーションとともに』（トヨタ自動車販売、一九七〇年）三〇四頁。

(8) 『モータリゼーションとともに』三〇三頁。

(9) トヨタ自動車工業株式会社編『トヨタのあゆみ――トヨタ自動車工業株式会社創立四〇周年記念』（トヨタ自動車工業、一九七八年）二九四頁。

(10) 「対談　トヨタ車の輸出を語る」『トヨタグラフ』一九六五年九月。

(11) 「不況下にコロナ伸びる」『トヨタ新聞』一九六六年一月二九日。

(12) 同前。

(13) 「対談　トヨタ車の輸出を語る」『トヨタグラフ』一九六五年九月。

(14) 同前。

(15) トヨタ自動車販売株式会社社史編纂委員会編『世界への歩み――トヨタ自販三〇年史』資料編（トヨタ自動車販売、一九八〇年）、一一四頁。

(16) 小松義雄「当社のKD輸出」『技術の友』二三巻一号（一九七二年）、二五頁。

(17) 同前。

(18) 「多くなったCKD輸出」『トヨタ新聞』一九六五年九月四日。

(19) Dicken, *Global Shift*, 6th ed., p. 351.

(20) 『トヨタのあゆみ』二九四頁。

(21) 同前、二九四―九五頁。

(22) 同前、二九四頁。

(23) トヨタ自動車株式会社編『創造限りなく――トヨタ自動車五〇年史』（トヨタ自動車、一九八七年）四〇七頁。

(24) 東浦嘉彦「これからの海外進出」『トヨタマネジメント』（一九七二年三月）一三頁。

(25) 同前。

(26) 『創造限りなく』四〇八頁。

(27) 同前。

（28）同前。
（29）『トヨタのあゆみ』二九六―九七頁。
（30）「多くなったCKD輸出」『トヨタ新聞』一九六五年九月四日。
（31）「CKD工場の鍵握る　輸出部組立技術課第二作業係二五二組」『トヨタグラフ』（一九六五年三月）。
（32）同前。
（33）『モータリゼーションとともに』三〇一―〇二頁。
（34）『創造限りなく』三三〇―三一頁。
（35）『モータリゼーションとともに』二五五頁。
（36）同前、二四九頁。
（37）同前、二五七頁。
（38）『トヨタのあゆみ』二三三頁。この発言は、クラウンをアメリカに輸出した当時、自工の取締役であった梅原半二の回想。
（39）『モータリゼーションとともに』二五六頁。
（40）同前。
（41）同前。
（42）同前、一九四頁。
（43）同前、二五七頁。
（44）『創造限りなく』四〇五頁。
（45）Toyota Motor Corporation, *Toyota: A History of the First 50 Years* (Toyota Motor Corp., 1988), p. 168. こうした情報は日本語の社史『創造限りなく』にはない。
（46）『モータリゼーションとともに』二五七頁。
（47）アメリカへの完成車輸出に関する社史の記述は、多くが次の書物に依拠している。神谷正太郎『明日をみつめて――私の履歴書』（トヨタ自動車販売株式会社、一九七四年）七九―八六頁。まさしく回想によるものである。過去の「失敗」という事実を、後に「成功」がわかった時点から振り返り、「成功」の一因に帰す典型ともいえる例であろう。なお、この書物については、本書第2章注（20）参照。
（48）『モータリゼーションとともに』二五七頁。
（49）『創造限りなく』四〇五頁。
（50）『モータリゼーションとともに』二四〇頁。
（51）同前、二四二頁。
（52）『トヨタ自動車三〇年史』四五二頁。
（53）同前、四五三―五四頁。
（54）東浦嘉彦「これからの海外進出」一六頁。
（55）「強まる企業体質　ブラジルトヨタ創立二〇周年迎える」『トヨタ新聞』一九七八年一月二七日。
（56）『創造限りなく』資料集、二〇一頁。
（57）同前。
（58）山田浩「トヨタCKDの現状」『技術の友』一七巻三号（一九六六年）、二九頁。
（59）同前。
（60）浦西徳一「輸出の現状と将来の展望」二四巻一号（一九七二年）。
（61）小松義雄「当社のKD輸出」三〇頁。
（62）同前。
（63）トヨタ自動車工業社史編集委員会『トヨタ自動車三〇年史』別巻（トヨタ自動車工業、一九六八年）、四七一頁。
（64）山田浩「トヨタCKDの現状」二六頁。
（65）塩見治人「フォード社と自動車産業」同他『アメリカ・ビッグビジネス成立史』（東洋経済新報社、一九八六年）二一二頁。なお塩見はフォード研究の古典ともいえるAllan Nevins, *Ford: The Times, The Man, The Company* (New York: Scribner, 1954)を掲げ、その一〇五頁を参照するように書いているが、これは五〇一頁の誤植である。
（66）山田浩「トヨタCKDの現状」三〇頁。
（67）同前。
（68）『トヨタのあゆみ』二九四頁。
（69）「KD業務を電算化　SMSを利用し事務改善」『トヨタ新聞』（一

九七六年七月一六日)。
(70) 同前。
(71) 吉識恒夫『造船技術の進展——世界を制した専用船』(成山堂書店、二〇〇七年)四八頁。
(72) 飯武明「自動車輸出専用船」『技術の友』二一巻二号(一九六九年)、五四頁。
(73) 日産自動車株式会社社史編纂委員会編『日産自動車史——一九六四—一九七三』(日産自動車、一九七五年)一七九頁。
(74) 「トヨタ車乗せ大海原へ——〝第一トヨタ丸〟就航」『トヨタグラフ』(一九六九年一月)。
(75) 吉識恒夫『造船技術の進展』四八頁。
(76) 同前。
(77) 飯武明「自動車輸出専用船」五五頁。
(78) 吉識恒夫『造船技術の進展』四八頁。
(79) 「わが国初の純自動車専用船」『トヨタ新聞』(一九七〇年七月一七日)。
(80) Dicken, *Global Shift*, 6th ed., p. 351.
(81) 大庭元・川原亮一「当社の海外組立工場」『技術の友』二四巻一号(一九七二年)。
(82) 同前、三七頁。
(83) 同前、三七—三八頁。
(84) トヨタ自動車販売株式会社社史編纂委員会編『世界への歩み——トヨタ自販三〇年史』資料編(トヨタ自動車販売、一九八〇年)、四六頁。
(85) 『創造限りなく』資料集、一〇六—〇七頁。
(86) 東浦嘉彦「これからの海外進出」一三頁。
(87) 『創造限りなく』資料集、四六八頁。
(88) 同前、五一七—一八頁。
(89) 同前、五一七頁。
(90) http: //www. toyota. com / about / our_business / engineering_and_manufacturing / tabc / index.html. 最終アクセスは二〇一三年二月。
(91) 『世界への歩み』資料編、三六頁。
(92) 『創造限りなく』八〇三—〇四頁。
(93) 『トヨタのあゆみ』三七七頁。
(94) 同前、三七八頁。
(95) J・B・レイ、秋山康男訳『アメリカ日産二〇年の軌跡』(三嶺書房、一九八四年)九七—九八頁。
(96) 同前、一二九頁。
(97) 同前、九八頁。
(98) 『世界への歩み』三五六—五七頁。
(99) 同前、三五七頁。
(100) 同前。
(101) 同前。
(102) 『創造限りなく』五二一頁。
(103) 「トヨタ自販　米子会社に拡大再投資」『日刊自動車新聞』(一九七五年一月六日)一面。
(104) Toyota Motor Sales, U. S. A., Inc., *TOYOTA The First Twenty Years In The U. S. A.* (Toyota Motor Sales, U. S. A., Inc., 1977), p. 63.
(105) 「トヨタ・ロングビーチ・ファブリケーターズ」『トヨタ新聞』一九八〇年二月二二日。
(106) 『世界への歩み』三五七—五八頁。
(107) 楠兼敬『挑戦飛躍——トヨタ北米事業立ち上げの「現場」』(中部経済新聞社、二〇〇四年)五一頁。
(108) 『世界への歩み』三五七頁。
(109) 楠兼敬『挑戦飛躍』四九—五〇頁。
(110) "U. S. Manufacturing began with an effort to duck chicken tax : Tiny truck operation was start of vast network", *Automotive News*, October 29, 2007, p. 68.

(111) Ibid.
(112) 「トヨタ・ロングビーチ・ファブリケーターズ」『トヨタ新聞』一九八〇年二月二二日。
(113) トヨタ自動車歴史文化部『自動車王国アメリカへの挑戦――挫折、苦難を乗り越えて』（トヨタ自動車、二〇〇三年）一一七―一八頁。
(114) “U. S. Manufacturing began with an effort to duck chicken tax, p. 68.
(115) 『世界への歩み』三五七頁。
(116) 『創造限りなく』五二一頁。
(117) 「トヨタ・ロングビーチ・ファブリケーターズ」『トヨタ新聞』一九八〇年二月二二日。
(118) 日本自動車工業会編纂『日本自動車産業史』（日本自動車工業会、一九八八年）二七〇頁。
(119) 通商産業政策史編纂委員会編、阿部武司編著『通商・貿易政策』（通商産業政策史一九八〇―二〇〇〇）第二巻（経済産業調査会、二〇一三年）、一〇九―一〇頁。
(120) 『日本自動車産業史』二九〇―九一頁。
(121) 『創造限りなく』七一三頁。
(122) 同前、七一三―一四頁。
(123) 通商産業政策史編纂委員会編、阿部武司編著『通商・貿易政策』第二巻、一一一頁。
(124) 同前。
(125) 『世界への歩み』五八三頁。
(126) 同前。
(127) 『創造限りなく』六九六頁。
(128) 小西俊次「グローバル生産とロジスティクス」『ロジスティクスシステム』一一巻一〇号（二〇〇二年）、六四頁。
(129) 「トヨタの海外政策に感ずること」『トヨタマネジメント』（一九七二年三月）。この特集記事は二つの記事から構成されている。その二つとは以下の注二つに掲載したもの。
(130) 小泉政二「タイ、南アフリカ」『トヨタマネジメント』（一九七二年三月）二四頁。
(131) 布施宏成「豪、比、インドネシア」『トヨタマネジメント』（一九七二年三月）三二頁。
(132) Toyota Motor Corporation, *Toyota*, pp. 240–41.
(133) 豊田英二『決断――私の履歴書』（日本経済新聞社、一九八五年）二四〇頁。
(134) 大庭元・川原亮一「当社の海外組立工場」『技術の友』二四巻一号（一九七二年）、三七頁。
(135) 小泉政二「タイ、南アフリカ」二七頁。
(136) 山本武司「〝海外生産事業体と本社機能〟とのコーディネイターとして」（トヨタ技術会四〇年史編集委員会編『新たな飛躍――四〇年の歩み』（トヨタ自動車株式会社トヨタ技術会、一九八七年）三〇二頁。
(137) 『トヨタ自動車三〇年史』四五三―五四頁。
(138) 「豊田社長、豪州へ　日豪経済合同委に参加」『トヨタ新聞』一九七一年四月二四日。
(139) 「国際商品の自覚を　社長、豪州視察で講演」『トヨタ新聞』一九七一年七月三日。
(140) 「リコール問題　〝貴重な体験として生かせ〟」『トヨタ新聞』一九六九年七月五日。このリコール問題については、さしあたり次を参照。トヨタグループ史編纂委員会編集『絆――豊田業団からトヨタグループへ』（トヨタグループ史編纂委員会、二〇〇五年）第3章。
(141) 「信頼性向上をめざし　DASスタート」『トヨタ新聞』一九七〇年一二月一九日。
(142) 布施宏成「豪、比、インドネシア」『トヨタマネジメント』（一九七二年三月）三二頁。
(143) 小泉政二「タイ、南アフリカ」三二頁。
(144) 「社長年頭あいさつ」『トヨタ新聞』一九七三年一月一二日。

(145) 同前。
(146)『創造限りなく』七〇二頁。
(147)『世界への歩み』資料編、二〇〇―〇一頁。
(148) 同前、二〇一頁。
(149)「特集　海外でのトヨタ」『トヨタ新聞』一九七三年二月一六日。
(150)『世界への歩み』資料編、二〇〇頁。
(151)『創造限りなく』資料集、二一四頁。
(152)「社長インタビュー」『トヨタ新聞』一九七四年一月一日。
(153)『絆――豊田業団からトヨタグループへ』一八二頁。
(154)「特集　海外でのトヨタ」『トヨタ新聞』一九七三年二月一六日。
(155)「コロナ組立てOK　一〇カ国から研修生」『トヨタ新聞』一九七三年九月二一日。
(156)「組立技術を学びに　九カ国から研修生一二人」『トヨタ新聞』一九七四年九月二〇日。
(157)『世界への歩み』三八三―八四頁。
(158)『世界への歩み』資料編、一八四頁。
(159) 松島茂・尾高煌之助編［熊本祐三述］『熊本祐三――オーラルヒストリー』（法政大学イノベーション・マネジメント研究センター、二〇〇七年）一八〇頁。
(160) 同前。
(161)『創造限りなく』資料集、三〇四頁。
(162)『世界への歩み』四五二頁。
(163) 同前、四五五頁。
(164) 同前、四三九頁。
(165) 同前、一七三頁。
(166) 同前、四五五頁。
(167) 同前、四五六頁。
(168) 同前。
(169) 同前。
(170) 同前。
(171) 同前。
(172) 柴田誠『トヨタ語の事典』（日本実業出版社、二〇〇三年）一二九頁。
(173) 同前、一二五―二六頁。
(174)『創造限りなく』資料編、二二一頁。
(175) 同前、三一二頁。
(176)『世界への歩み』四五六頁。
(177) 郵政省電気通信局監修、旭リサーチセンター編『TDFウォーズ――国際情報通信戦略』（出版開発社、一九八五年）四五頁。
(178) 川出彰「自動車の販売におけるコンピュータの利用」『技術の友』三三巻一号（一九八一年）、八一頁。著者の所属は「トヨタ自販（株）システム部企画課」である。
(179)「戦略ネットワークの研究　トヨタ自動車」『日経コミュニケーション』一九九一年一月二一日号、六一頁。
(180) 同前、六二頁。
(181) 川出彰「自動車の販売におけるコンピュータの利用」『技術の友』三三巻一号（一九八一年）、八三頁。
(182) 大野耐一『トヨタ生産方式――脱規模の経営をめざして』（ダイヤモンド社、一九七八年）八六―八七頁。
(183) 黒岩恵「トヨタ自動車における情報システムの発展」経営情報学会情報システム発展史特設研究部会編『明日のIT経営のための情報システム発展史（製造業編）』（専修大学出版局、二〇一〇年）五一頁。なお、黒岩恵は元トヨタの社員で「社友」（トヨタ勤続時に一定程度の職位にあった人物に対し退職後に与えるトヨタの称号）。この論考は黒岩が執筆したものを編集したものという注記があり（同書、七九頁）同書には黒岩稿となっていないが、実質的内容を考えてこのように表記する。
(184) 日本経済新聞社編『ドキュメント日米自動車協議――「勝利無き

戦い」の実像』（日本経済新聞社、一九九五年）二頁。
(185) 同前。
(186) 通商産業政策史編纂委員会編、阿部武司編著『通商・貿易政策』第二巻。
(187)「危険性はらむ生産増強計画」『日刊自動車新聞』一九九五年六月三〇日、一面。
(188) 日本経済新聞社編『ドキュメント日米自動車協議』八八―八九頁。
(189)「確実に進む国内空洞化　自主計画は〝両刃の剣〟」『日刊自動車新聞』一九九五年七月一日、一面。
(190)「交渉打開に大きく貢献　メーカー五社自主計画発表」『日刊自動車新聞』一九九五年六月三〇日、一面。
(191)『絆――豊田業団からトヨタグループへ』二九二頁。
(192) 大野耐一『トヨタ生産方式』八六―八七頁。
(193) 黒岩恵「トヨタ自動車における情報システムの発展」四八頁。
(194) 同前、五三―五四頁。
(195)「トヨタ自動車のグローバル・ネットワーク」『コンピュータ&ネットワークLAN』一九九二年五月号、五七頁。
(196) 中嶋敏文・各務正洋「グローバル化するトヨタ自動車の広域ネットワーク」『コンピュータ&ネットワークLAN』一九九一年一二月号、一〇六頁。なお、この論考の著者はトヨタ自動車のCIS企画部通信技術室の室長と係長である。
(197)「トヨタ自動車のグローバル・ネットワーク」五七頁。
(198) 中嶋敏文・各務正洋「グローバル化するトヨタ自動車の広域ネットワーク」一〇〇頁。
(199)「戦略ネットワークの研究　トヨタ自動車」『日経コミュニケーション』一九九一年一月二一日号、五七頁。
(200) 同前。
(201) 同前。
(202)「『現地の判断をサポートするのがネットワーク本来の役割』――改田護トヨタ自動車取締役に聞く」『日経コミュニケーション』一九九一年一月二一日号、六八頁。
(203) 黒岩恵「トヨタ自動車における情報システムの発展」五八頁。
(204) 同前。
(205) 柴田誠『トヨタ語の事典』（日本実業出版社、二〇〇三年）一二五―一二六頁。
(206)「部品データベース確立　各部連動で効率化」『日刊自動車新聞』二〇〇〇年一二月二一日、一面。
(207) 同前。
(208) 同前。
(209) 黒岩恵「トヨタ自動車における情報システムの発展」参照。
(210)「さらなるグローバル展開に向けて、基幹システムである『部品表システム』を再構築」『PROVISION』四〇号（二〇〇四年冬）、一六頁。
(211) 同前、一八頁。
(212) 同前、一九頁。
(213) 同前。
(214) 同前。
(215)「二〇〇七年問題をぶっとばせ　トヨタ奮戦記」『日経コンピュータ』二〇〇六年七月二四日号、五二頁。
(216)「トヨタ、車開発期間を短縮　現行三〇カ月を一八カ月に　競争力回復図る」『中日新聞』（一九九四年三月三〇日）朝刊、一面。
(217) 水野崇治「プロダクション・コントロール」『品質管理』二〇巻三号（一九六九年三月）、三六頁。
(218)「さらなるグローバル展開に向けて、基幹システムである『部品表システム』を再構築」一二一頁。
(219) 同前。
(220) 同前。
(221) 同前。

(222) 同前。
(223) 同前。
(224) 同前、一七頁。
(225) 「二〇〇七年問題をぶっとばせ　トヨタ奮戦記」五五頁。
(226) 「さらなるグローバル展開に向けて、基幹システムである『部品表システム』を再構築」二三頁。
(227) 中村建助・戸川尚樹「特集　トヨタ、知られざる情報化の全貌——全基幹系システムを二〇〇三年中に刷新」『日経コンピュータ』二〇〇一年一二月一七日号、五二—五三頁。
(228) 同前、六一頁。
(229) 同前、五九頁。
(230) 「二〇〇七年問題をぶっとばせ　トヨタ奮戦記」『日経コンピュータ』二〇〇六年七月二四日号、五四頁。
(231) トヨタ自動車「ニュース・リリース」(二〇一二年四月六日)。ウエブでのアクセスは次で可能。http://www2.toyota.co.jp/jp/news/12/04/nt12_0405.html
(232) 柴田誠『トヨタ語の事典』三六頁。
(233) 久保文克「グローバル化とアジア化」(橘川武郎・久保文克編著『グローバル化と日本型企業システムの変容一九八五—二〇〇八』講座・日本経営史　第六巻、ミネルヴァ書房、二〇一〇年)五九頁。

終　章

(1) 「創意くふう紹介　看板発行枚数を計算盤で」『トヨタ新聞』一九六五年四月二四日。
(2) 大野耐一『トヨタ生産方式——脱規模の経営をめざして』(ダイヤモンド社、一九七八年)五二頁。
(3) 黒岩恵「トヨタ自動車における情報システムの発展」(経営情報学会情報システム発展史特設研究部会編『明日のIT経営のための情報システム発展史(製造業編)』専修大学出版局、二〇一〇年)七三頁。
(4) デーヴィッド・A・ハウンシェル、和田一夫・金井光太朗・藤原道夫訳『アメリカン・システムから大量生産へ——一八〇〇～一九三二』(名古屋大学出版会、一九九八年)三三頁。
(5) トヨタ自動車工業株式会社編『トヨタ自動車二〇年史——一九三七～一九五七』(トヨタ自動車工業、一九五八年)一二六頁。
(6) 和田一夫『ものづくりの寓話』(名古屋大学出版会、二〇〇九年)二三七—三八頁。
(7) ハウンシェル『アメリカン・システムから大量生産へ』一四頁。
(8) 中野功一「工程管理と統計会計機械の応用」『科学主義工業』七巻五号(一九四三年五月)、八九頁。
(9) 同前。
(10) 「購買業務の合理化」『トヨタマネジメント』(一九五九年二月)一六頁。
(11) トヨタ自動車株式会社編『創造限りなく——トヨタ自動車五〇年史』資料集(トヨタ自動車、一九八七年)、三五四頁。
(12) 塩谷勝・狩谷哲生・大塚一郎「データベースの実際(6)部品表を中核としてDB／DCシステムについて」『情報処理』一五巻六号(一九七四年)、四三六頁。著者たちは論考発表の当時は全員が「トヨタ自動車工業(株)電算部」所属。
(13) 土井守人「組立作業に於ける前進作業実施に就いて」『日本能率』二巻九号(一九四三年)、一〇頁。
(14) 大河内暁男『経営史講義』二版(東京大学出版会、二〇〇一年)、一五四頁。
(15) 「トヨタ副社長『部品共通化で投資半減』競争力向上へ四年内に」『日本経済新聞』二〇一二年三月二日、朝刊。
(16) 「(会見概要)トヨタ自動車『もっといいクルマづくり』説明会」『日刊自動車新聞』二〇一三年三月二八日。
(17) 「〈基礎講座〉モジュール生産って?」『日刊自動車新聞』二〇一三

年一月二九日。
(18) 同前。
(19) 同前。
(20)「(会見概要) トヨタ自動車『もっといいクルマづくり』説明会」『日刊自動車新聞』二〇一三年三月二八日。
(21)「トヨタ、一月一日付で組織改正」『日刊自動車新聞』二〇一三年一月五日。
(22)「対談　トヨタ車の輸出を語る」『トヨタグラフ』一九六五年九月。
(23) 大庭元・川原亮一「当社の海外組立工場」『技術の友』二四巻一号（一九七二年）、三六―三七頁。
(24) 小泉政二「タイ、南アフリカ」『トヨタマネジメント』（一九七二年三月）二七頁。
(25)「さらなるグローバル展開に向けて、基幹システムである『部品表システム』を再構築」『PROVISION』四〇号（二〇〇四年冬）、二二頁。
(26) 同前。
(27) 大野耐一『トヨタ生産方式』八六―八七頁。
(28)「トヨタ、世界規模で新システム　部品統一、部品名統一、調達最適化」『朝日新聞』二〇〇三年九月二三日、朝刊。
(29) 中村建助・戸川尚樹「特集　トヨタ、知られざる情報化の全貌――全基幹系システムを二〇〇三年中に刷新」『日経コンピュータ』二〇〇一年一二月一七日号、五五―五六頁。
(30) 松島康夫「出荷品質向上活動の歩み」（トヨタ技術会四〇年史編集委員会編『新たな飛躍――四〇年の歩み』トヨタ自動車株式会社トヨタ技術会、一九八七年）八五―八六頁。この論考の筆者は「品質保証部部長」とある。
(31) 松島康夫「出荷品質向上活動の歩み」八六―八八頁。
(32) 同前。

あとがき

「やっと終わった」「これで解放された」と、この「あとがき」を書き始めるのだろうと考えていた。ところが、校正刷が届いて修正をしていると何故かそういう気分ではなくなった。

一九八〇年代中頃に本書に関連する研究に着手して以来、約三〇年間にもなるから「やっと終わった」という感がまったくないわけではない。原稿を書き始める前には、関連する資料群と思われるものに目を通し、構想を練った後に執筆にかかる。ところが、いつの頃からか、執筆に取りかかると私の頭の中で「対話」が始まるようになっていた。学生時代に質問を投げかけてくれた先生、知人・友人だけでなく、学生や同僚などが、書いている私に多くの質問・疑問を投げかけていると感じるようになったのである。その問いかけたるや、書こうとしている私が答えに窮するものだったりした。だから資料を再読するだけでなく、新たな資料と思われるものを探さざるをえなくなる。探す対象がすぐに思い浮かぶときはまだよい。「無理だ。そんなことを論証できるはずもない」と考えて、自分の中で思い浮かんだ考えを忘れようとする場合もある。だが、忘れようとすると、逆に疑問や問いかけは自分の中でしっかりと定着してしまう。こうなると目の前の同僚や家族との会話では上の空のような状況が続いているらしい（自分ではわからないが、時に「話を聞いている?」などと言われることがあるから）。

頭の中での「対話」に登場する人物は実に多数・多彩なので、すでに幽明境を異にしてしまった外池正治、米川伸一という、学部時代から何かと議論・コメントをしていただいた先生のお名前だけをあげておきたい。本書の第1章は「かんばん」を扱っているが、執筆を進めようとすると「かんばんなんて見たことがないよ。どんなものなの?」と聞くのは米川さんだ。無理もない、自動車工場の現場にはほとんど出向かれたことがないはずだ。また、かんばんの簡単な説明ですませようとすると、「かんばんの種類はこれだけなの？」「かんばんのこの数値はどんな意味なの？」「かんばんの奇妙な模様は何なの？」と詳しく聞いてきたのは外池さん。いろいろ質問が飛び交う。なんて元気なのかと思う。考えてみれば、お二人が病の床に臥せられたのは、現在の私よりも若い時で、「対話」に登場するのはお元気な時のままだからである。お二人とも、かつてのように「他人の言っていることと同じことを書いても研究じゃないんだよ」「面白いかい？　自分が面白くなくちゃ、他人が興味を持つわけないんだよ」と言って去って行くかと思うと、また突如として「それ、違うんじゃないか？」などと言いながら現れる。いろんな視角からの論点を考えろと、学部時代の先生がたがご教示くださっているのだと勝手に解釈して、徹底的に「対話」した結果が本書だと言える。

我に返ったときには長い時間が経っていることもあった。だから、書き終わりさえすれば、こうした状況から「解放され」て「ホッとする」と思っていた。原稿を編集者に渡して初校ゲラが出てくるまでの間はまさに「我が世の春」と言うべきすがすがしい時を過ごせると思い込んでいたのだ。しかし、それはまるで違っていた。むしろ逆だった。「対話」が続く時こそ楽しいのだと実感させられた。

「対話」ついでにもうひとつ言えば、石川健次郎さんから退職記念号に寄稿するようにとのお誘いを引き受けた時には、第1章の構想はほぼできていたので、喜んでお引き受けした。ところが、いったん「対話」が始まると、到底、締め切りには間に合わなくなってしまった。第1章と同じタイトルで寄稿はしたものの、その内容は大幅に異なっている（『同志社商学』六三巻五号、二〇一二年）。また二〇一二年夏にパリで日・欧の経営史学会の共同開催で学会を開くことになり、大阪大学の阿部武司さんのお誘いもあって学会準備の裏方として協力することになった。ところが、裏方作業をやるだけでなく、研究発表もしてこそ研究者として学会に貢献することになると主催者側は力説する。その結果、裏方担当者四名が発表する場が設定された。このため第3章の一部に使った草稿を発表した。だがその後やはり「対話」が始まり、これまた内容を大幅に変更・拡充することになった。これ以外に、本書の内容に関する既発表のものはない。

本書の大部分が書き下ろしであるだけでなく、ほぼ章の番号順に本書の原稿は書き上がった。原稿は何度も書き直し訂正・修正をしたのだが、提出した原稿に大きく手を入れ、さらに細かい字句の訂正から図表の数値に至るまでチェックしてくれたのは名古屋大学出版会の橘宗吾、長畑節子さんのお二人である。初校が手元に戻った時には驚いた。かなり大胆に削除されてある箇所もあれば、細かい字句の訂正から図表のグラフの内容や数値に至るまでがチェックされていた。それだけでない。表記の統一は無論、より適切な表現の提示まである。初出の原稿でいかなる方針で書かれていても、本書では引用文の旧字・旧かなは新字・新かなに改め、引用文中の［　］は引用者による補足として統一したが、これとても彼らの丁寧なチェックがあったからこそ統一されたのである。彼らの鋭い指摘を免れた頁はまず一頁もない。執筆者と編集者の「対話」と言うよりも共同作業であったと言うのが正確である。

この書物の執筆は、前の職場の研究室に積み上げられたままになっていた資料などを一掃する意図もあった。企業活動を活発に行っている会社が重要な意思決定を記した書類などに、外部の研究者に何の制約も課すことなくアクセスを許可することはない。しかも現時点に近くなれば、ほぼ不可能だ。これが現実であろう。分析や発表に何らかの制約を受けても、内部資料にアクセスすることを優先する研究者も多い。実際、私もそうしたことをしてきた。実に数多くの実務家にインタビューもした。ただ、インタビューしたからといって、その人物の名前を掲げて論証の一つとして引用することは避けた。多くの生産・物流拠点も長年にわたって意図的に見学した。その中には定点観測と称して、数十年にわたって見続けているところもある。こうした過程で個人的に集めた資料が本書の中核をなす。一見すると、誰でも簡単に入手できそうだが閲覧さえ困難なものも多い。イギリスで文書館や企業の文書室に通い、そこにある資料群と格闘し、企業内部での意思決定プロセスを資料から推測していた経験は、資料の探索や本書の執筆にとって大いに役立った。また、資料提供の面でもさまざまな人々、図書館・文書館から多大な便宜を図ってもらった。とりわけ東京大学経済学部図書館、東海学園大学図書館の蔵書・サービスなどがなければ脱稿は不可能であった。心より感謝したい。

本書は科学研究費補助金の基盤研究（B）「物流と開発・生産機能の分散と統合――グローバル化とローカル化の間で」の中間報告の一部である。生産・物流拠点を実地に見なければ本書を書き上げることは不可能であった。見学を許可してくださった関係者、また共同研究者には深く感謝申し上げたい。

二〇年間勤務した職場を早期退職し（単身生活を終えて）、生活の要が老猫の凜太郎と趨、妻・芳という家に戻った。本書は新たな環境に適応しながら書き上げたものであり、この意味で私としても格別の意味を持つ書物である。

和田一夫

二〇一三年六月

《著者紹介》

和田一夫《わだかずお》

1949年生

1973年　一橋大学商学部卒業

1989年　ロンドン大学（LSE）でPh.D.を取得

南山大学助教授，東京大学大学院経済学研究科教授などを経て

現　在　東海学園大学経営学部教授

著訳書　『ものづくりの寓話』（名古屋大学出版会，2009）

Fordism Transformed（共編著，Oxford University Press, 1995）

『豊田喜一郎伝』（共著，名古屋大学出版会，2002）

『企業家ネットワークの形成と展開』（共著，名古屋大学出版会，2009）

『豊田喜一郎文書集成』（編，名古屋大学出版会，1999）

D. A. ハウンシェル『アメリカン・システムから大量生産へ』（共訳，名古屋大学出版会，1998）

G. オーウェン『帝国からヨーロッパへ』（監訳，名古屋大学出版会，2004）他

ものづくりを超えて

2013年10月10日　初版第1刷発行
2014年 9 月10日　初版第2刷発行

定価はカバーに
表示しています

著　者　和　田　一　夫

発行者　石　井　三　記

発行所　一般財団法人　名古屋大学出版会

〒464-0814　名古屋市千種区不老町1 名古屋大学構内
電話(052)781-5027/FAX(052)781-0697

Printed in Japan

印刷・製本 ㈱太洋社

ISBN978-4-8158-0742-9

乱丁・落丁はお取替えいたします。

索　引

ア 行

カ　行

サ　行

タ　行

ナ　行

ハ　行

マ　行

ヤ　行

ラ　行

ワ　行

図表一覧

資　料

フォードと日産，トヨタの提携案

An agreement was made on the 27th day of November, 1939 between the Japan Ford Motor Co., at Yokohama, the Nissan Motor Co., at Yokohama, and the Toyota Motor Co., at Koromomachi, Aichi Prefecture.

THE CONTRACT

The Japan Ford Mortor Co. located in Yokohama, the Nissan Motor Co, located in Yokohama, and the Toyota Motor Co. located in Koromomachi, Aichi Prefecture, have entered into the following contract at the Yokohma city :

Article 1.

The Japan Ford Motor Company, with its amalgamation with the Nissan Motor Co. and the Toyota Motor Co. altered the structure of its organization. The said parties, including the Japanese investors and the present American stockholders, fully realizing the advantage in obtaining governmental approval in its enterprise of manufacturing automobiles, decided to distribute its capital stock on percentage basis for the distribution of capital stock will be altered whenever an increase in its capital is effected.

The stock holdings for the Japan Ford Motor Co. will amount to 40%, the Nissan Motor Co. 30% and the Toyota Motor Co. 30%. The distribution of the shares based on the aforementioned percentages is expected to be completed within two years after the contract has been duly signed by the parties concerned. When the Japanese stockholders wish to bring their stock holdings up to the full stipulated percentage, the American investors, after fully appreciating the necessity of it, will sell their shares to the Japanese investors at their face value.

Article 2.

The aforementioned reorganization will go into effect with the understanding that the competent authorities will grant special privileges to the Japan Ford Motor Co. in the manufacturing of popular types of passenger cars and trucks, moreover, that it will be

permitted to construct and operate an appropriate factory on the premises set aside at the company's property at Tsurumi.

After having received the special privileges and permission, the estimated capital needed for the construction of the plant facilities on such a scale deemed necessary for the meeting of production demands can be increased to ¥60,000,000.

Thus, thethree contracting parties will exert their utmost efforts towards the completion of the factory within two years reckoning the period from the time the construction and other permits are granted from the competent authorities.

Article 3.

The present assets of the Japan Ford Motor Co. is authorized at ¥29, 000, 000 whereof ¥10, 000, 000 will be a royalty for the many special rights given by the American Ford Motor Co. To this royalty, an equivalent amount of shares will be issued to the American stockholders. The Japanese stockholders, within three years after the issuance of the stocks, must pay to the American stockholders reserving the right to buy back all of these shares.

Based on the exercise of this right, when the American Ford Motor Co.'s stockholdings should be less than the stipulated 40%, the Nissan Motor Co. and the Toyota Motor Co. will sell the necessary amount of shares of their respective stockholdings will reach the 40% mark.

Article 4.

Both the Nissan Motor Co. and the Toyota Motor Co. will divide the balancer of their capitals into two parts with each of them investing its due shares.

The investment may be made in any form desirable including cash, land, buildings and installations but the American Ford Motor Co. is technical expert will decide which of the aforementioned instruments of investment will be utilized.

Article 5.

When the American Ford Motor Co.'s technical expert considers it advantageous to use the manufacturing facilities of the Nissan Motor Co. and (or) the Toyota Motor Co., and when there is no objection by the Nissan Motor Co. and (or) the Toyota Motor Co., a separate contract pertaining to the assembling materials or the

manufacturing of service materials will be arranged between the Japan Ford Motor Co. and the Nissan Motor Co. and (or) the Toyota Motor Co. so that increased production could be realized by the American Ford Motor Co.'s main factory.

Article 6.

When the amalgamation of the Japan Ford Motor Co. with the Nissan Motor Co. and the Toyota Motor Co. becomes recognized as a licensed company, the new company will have a share or voice by the act of grace resulting from and the Japan Ford Motor Co. The main points of the contract are as follows :

(a) Technical Assistances

The American Ford Motor Co. will supply all the necessary technical and laboratory aids in the planning, crafting and building of the Japan Ford Motor Co.'s plant. The quality of the products of the new plant shall equal that of the products of the American producers and, in order to keep up the standard as in America, the American Ford Motor Co. will supply all the plants, blue prints, etc., of passenger cars, trucks, parts and supplies.

The new passenger cars and trucks will mean the two cheapest types of cars placed on the American market today or those cars that will replace those two types in the future.

(b)

In compensation for the use of the patents, name, technical aid , etc., the Japan Ford Motor Co. will pay to the American Ford Motor Co. 2% of all the net incomes resulting from the sales at wholesale prices to dealers of passenger cars and trucks, parts and supplies made in Japan. The payment hall have to be made within three months after each semi-annual term and the minimum amount to be sent each semi-annual period will be $125,000 and the maximum amout $250,000 and not for any cause these amounts be changed.

Although the accounts will be reckoned from the day when the plants are completed with all necessary tools of operating depending upon the conditions and sales, amounts too much of a strain, it shall have the right to suggest a change of the terms.

(c)

The American Ford Motor Co. shall assist in the buying and selecting of the

necessary machineries and supplies for the new Japan Ford Motor Co.'s plant. The best and easiest terms shall be given the Japan Ford Motor Co. for the payment of these supplies.

(d) Sales Teritories

As specifically stated in Article 6 (a) of this contract, the Japan Ford Motor Co. shall have all rights to the patents in producing and selling of passenger cars and trucks, parts and supplies in Japan proper, Manchuria, and territories in China under Japanese control. According to the contract, the Japan Ford Motor Co. shall be prohibited to export products to districts outside of the aforementioned territories or countries, nor have the authority to empower third persons to export nor have the rights to contract general agents, exporters, and sole dealers to export to prohibited districts and shall plainly state it so.

Should the products of the Japan Ford Motor Co. be exported to these prohibited districts unknown to the American Ford Motor Co., it will have to pay 10% of the sales of the contracts to the American Ford Motor Co., henceforth, every means and effort shall be exerted by the Japan Ford Motor Co. to prevent such an occurrence. At the same time, the American Ford Motor Co. and its branch firms will make every effort to produce their own products to encroach upon the Japanese markets.

(e)

Should the Japan Ford Motor Co. be able to market and have a surplus, the American Ford Motor Co. and its branches through their buying and selling organizations will act as the middle-man for the exportation of products to the districts prohibited to the Japan Ford Motor Co. However, should the exportation of Japanese products affect the market of the American producers, the American producers will have the right to defer their decisions to act as the middle-men.

(f)

Because of the variance in laws and tariffs of the districts specified in the contract, should the price of American products become cheaper than that of the Japanese, the Japan Ford Motor Co., may either import and sell the American products or so condition the markets price of their products so that the price may be the same.

(g) Patents and Trade Marks

The American Ford Motor Co. will permit the use of all the rights to the patents and

trade marks of the present day popular Ford passenger cars and trucks, supplies and parts taken put during the period of contract within the districts limited by the terms of Article 6 (a) of the contract.

Also by this contract, the American Ford Motor Co. will have access to the patents of the inventions and improvements on the products of the Japan Ford Motor Co.

(h)

The Japan Ford Motor Co. as specified in Article 6 (a) of this contract, has all the rights to all Ford's name and trade mark of passenger cars and trucks. This right to the permit will remain effective as long as the aforementioned cars are sold as Fords. Should the cars be placed on the market under another name, the access to the patent rights will immediately cease and the use of Ford by the Japanese Company shall be excluded upon request by the American Ford Motor Co.

(i)

The contract shall remainin force 10 years after it has been duly signed. At the termination of the contract, should neither party send in a written statement stating the termination of the contract, the effectiveness of the terms thereon shall remain undecided. After the termination of the first term of the contract, any one of the party to the contract can terminate the agreement by giving a written statement on one year's notice.

Article 7.

Supposing that the Japanese Government has recognized the contract, the contract shall take effect after the technical experts from the American Ford Motor Co. have arrived in Japan ad the parties to the contract have in regards to the relations of the chief stockholders of the Japan Ford Motor Co. and the American Ford Motor Co. will be drawn up in a supplementary to the contract.

Notes :

This is a translation of the original contract in Japanese and the actual wording of the contract in English may be slightly different.